Werkstoffe und Bauelemente
der Elektrotechnik

H. Schaumburg (Hrsg.)
Sensoranwendungen

# Werkstoffe und Bauelemente der Elektrotechnik

Herausgegeben von

Prof. Dr. Hanno Schaumburg, Hamburg-Harburg

Die Realisierung neuer Funktionen in der Elektrotechnik ist in der Regel verbunden mit dem Einsatz hochentwickelter elektronischer Bauelemente, deren Herstellung abhängig ist von neuen Erkenntnissen auf dem Gebiet der Werkstoff- und Fertigungstechnologie. Darauf basiert das Grundkonzept dieser Buchreihe: die Darstellung der für die Elektrotechnik bedeutsamen Werkstoffe und deren Anwendung auf neue Bauelementkonzepte.

Die Buchreihe „Werkstoffe und Bauelemente der Elektrotechnik" ist in ihrem Umfang nicht eingeschränkt: Sie ist offen für neue Entwicklungen, die schnell eine technische und wirtschaftliche Bedeutung gewinnen können. Sie setzt sich zum Ziel, dem Leser – sowohl an den Universitäten als auch in der Industrie – die neuesten Entwicklungen aufzuzeigen und ihn umfassend zu informieren. Gleichzeitig soll die Reihe aber auch die Funktion eines Nachschlagewerkes haben für die Vielzahl der konventionelleren Techniken, die in der Praxis weitverbreitet sind und auch bleiben werden.

# Sensoranwendungen

Herausgegeben von
Hanno Schaumburg

Unter Mitwirkung von

D. H. Althen   U. Baumann   G. Ehrler
G.-P. Fischer   G. H. Gautschi   W. Heidenreich
A. Heier-Zimmer   D. Hellwege   H. Hencke
G. Hötzel   H. Jacques   J. Jessen
L. Kirberich   W. Kuhlmann   J. Lagois
H. Neumann   K. Panzer   H. Paul
A. Peppermüller   J. Riegel
H.-M. Wiedenmann   H. Weyl

Mit 391 Bildern und 37 Tabellen

Springer Fachmedien Wiesbaden GmbH

Herausgeber:

Prof. Dr. Hanno Schaumburg, Technische Universität Hamburg-Harburg


Verfasser:

Dieter H. **Althen GmbH Kelkheim**
Uwe Baumann, **Siemens AG, München**
Günter Ehrler, **Siemens AG, München**
Gerd-Peter **Fischer, vorm. Philips GmbH, Hamburg**
Gustav H. **Gautschi, Kistler Instrumente AG, Winterthur**
Wolfgang Heidenreich, Siemens AG, Regensburg
Angelika Heier-Zimmer, Heraeus Sensor GmbH, Kleinostheim
Dieter Hellwege, Philips GmbH, Hamburg
Henri Hencke, vorm. Honeywell GmbH, Offenbach
Dr. Gerhard Hötzel, Robert Bosch GmbH, Stuttgart
Dr. Harald Jacques, vorm. Sensycon, Hanau
Jürgen Jessen, Philips GmbH, Hamburg
Lothar Kirberich, vorm. Endress & Hauser GmbH & Co., Maulburg
Dr. Werner Kuhlmann, Siemens AG, München
Dr. Johannes Lagois, Drägerwerk AG, Lübeck
Dr.-Ing. Harald Neumann, Robert Bosch GmbH, Stuttgart
Dr. Klaus Panzer, Siemens AG, München
Dr.-Ing. Heinrich Paul, Hottinger Baldwin Meßtechnik GmbH, Darmstadt
Alfred Peppermüller, vorm. Philips GmbH, Kassel
Dr.-Ing. Johann Riegel, Robert Bosch GmbH, Stuttgart
Dr. Hans-Martin Wiedenmann, Robert Bosch GmbH, Stuttgart
Helmut Weyl, Robert Bosch GmbH, Stuttgart

Die Deutsche Bibliothek – CIP-Einheitsaufnahme

**Sensoranwendungen** : hrsg. von Hanno Schaumburg. Unter Mitw. von H. Althen. Stuttgart : Teubner, 1995
  (Werkstoffe und Bauelemente der Elektrotechnik : 8)
  ISBN 978-3-322-96722-0    ISBN 978-3-322-96721-3 (eBook)
  DOI 10.1007/978-3-322-96721-3
  NE: Schaumburg, Hanno [Hrsg.]; Althen, Dieter, H.: GT



© Springer Fachmedien Wiesbaden 1995
Ursprünglich erschienen bei B. G. Teubner Stuttgart 1995
Softcover reprint of the hardcover 1st edition 1995

Satz und Bilder: Art Type Kommunikation, Seevetal 2

# Vorwort

Der vorliegende Band ist der bisher praxisbezogenste der Buchreihe "Werkstoffe und Bauelemente der Elektrotechnik". Auf der Basis der im Band "Sensoren" beschriebenen Grundlagen beschreiben Fachleute aus der Industrie jeweils die Sensoren auf ihrem Spezialgebiet. Dabei stehen Anwendungsbeispiele im Vordergrund. Von gleichrangiger Bedeutung ist die dazugehörige Schaltungstechnik: Erst bei optimaler Auslegung der Schaltungsperipherie lassen sich die Sensoreigenschaften voll ausnutzen.

Die Vielzahl der Beiträge gibt einen Eindruck von der enormen Bandbreite der modernen Sensortechnik, das gilt sowohl für die Funktionsprinzipien wie die Anwendungsmöglichkeiten. In dieser Beziehung steht der Praktiker, der die optimale Lösung für seine Aufgaben sucht, häufig vor großen Problemen. Deshalb dürften die Informationen dieses Buches in vielen Fällen eine wichtige Stütze sein.

In diesem Band wird bewußt darauf Wert gelegt, daß keine theoretischen Spezialkenntnisse vorausgesetzt werden müssen, d.h. das Buch wendet sich generell an den interessierten Ingenieur und Techniker, unabhängig von dessen Vorbildung. Der Band ist daher gleichermaßen wichtig für die Werkstatt wie für das Labor: Im Vordergrund steht die praktisch anwendbare technische Realisierung des Sensorsystems.

Die satztechnische Realisierung dieses Buches erfolgte nach dem bewährten Vorbild der anderen Bände dieser Buchreihe. Wiederum führte die erfahrene und engagierte Arbeit von G. Krümmel, ArtType Kommunikation, zu einem optisch sehr ansprechenden Buch. Für die ständige Unterstützung – auch in bewegten Zeiten – sei Herrn Dr. J. Schlembach vom Verlag B. G. Teubner auch diesmal wieder herzlichst gedankt.

Hamburg, Mai 1995     H. S.

# Inhalt




# I. Temperatursensoren

## I-1 Keramische und Silizium-Temperatursensoren und ihre Anwendungen

Von J.Jessen und G.-P. Fischer

## I-2   Temperatur- und Luftstrommessung mit lasergetrimmten Si-/Permalloy-Temperatursensoren

Von H. Hencke



## I-3   Temperaturerfassung mit Schwingquarzsensoren

Von A. Heier-Zimmer

## I-4  Industrielle Meßtechnik mit Pt-Schichtmeßwiderständen
Von H. Jacques



# II.  Kraft- und Drucksensoren

## II-1  Piezoresistive Drucksensoren mit ionenimplantierter Vollbrücke
Von H. Hencke

## II-2 Kenngrößen von piezoresistiven Silizium-Elementardrucksensoren

Von U. Baumann und G. Ehrler



## II-3 Piezoresistive Drucksensoren mit Polysilizium-Dehnungsmeßstreifen

Von A. Peppermüller

## II-4  Ein elektronisches Manometer mit Dünnfilm-DMS-Drucksensor
Von H. Paul



## II-5  Digitale Höchstpräzisions-Druckmessung durch Schwingquarz-Verfahren
Von D. H. Althen



## II-6  Innovative Druckmeßtechnik mit Keramiktechnologie
Von L. Kirberich

## II-7 Anwendungsbeispiele für piezoelektrische Kraft-, Dehnungs-, Druck- und Beschleunigungs-Sensoren

Von G. H. Gautschi

# III. Magnetsensoren

## III-1 Anwendungen von magnetogalvanischen Halbleitersensoren
Von W. Heidenreich



## III-2 Analoge und digitale Halleffektsensoren auf Siliziumbasis
Von H. Hencke

## III-3 Magnetfeldsensoren auf Metallpermalloy-Basis und ihre Applikationsfelder

Von J. Jessen

# IV. Optische und Strahlungssensoren

## IV-1 Technologie und Anwendung bipolarer Fotodetektoren
Von W. Kuhlmann



## IV-2 Anwendung optischer Sensoren in Empfängern für Systeme zur Überwachung oder Datenübertragung mit Licht
Von K. Panzer

# IV-3 Infrarotsensoren

Von D. Hellwege

## IV-4 Bildverstärker
Von D. Hellwege



# V. Chemische Sensoren

## V-1 Gassensoren und ihr Einsatz in Gaswarngeräten
Von J. Lagois

# V-2 $ZrO_2$-Lambda-Sonden für die Gemischregelung im Kraftfahrzeug

Von H.-M. Wiedenmann, G. Hötzel, H. Neumann, J. Riegel und H. Weyl

# Stichwortverzeichnis

# I-1 Keramische und Silizium-Temperatursensoren und ihre Anwendungen

Von Jürgen Jessen und Gerd-Peter Fischer

## 1.1 Einleitung

Die Temperatur ist eine der variablen Parameter, die im täglichen Leben am häufigsten gemessen und geregelt werden muß. Der Ablauf vieler technischer Prozesse wird maßgeblich von der Temperatur bestimmt, da das Verhalten von Flüssigkeiten, Gasen und Feststoffen stark von der Erwärmung bzw. der Abkühlung abhängt.

Es gibt mehr als 20 Arten, um die Temperatur elektronisch zu messen, wovon die im folgenden Artikel beschriebenen Methoden mit Hilfe von keramischen und Silizium-Sensoren in der modernen Technik am häufigsten angewendet werden. Hier liegen die Vorteile in der Genauigkeit, der Stabilität und der Schnelligkeit über einen weiten Temperaturbereich von −55 °C bis +300 °C, in Sonderfällen bis +1000 °C. Weiterhin beschreibt dieser Artikel, wie durch Neu- und Weiterentwicklung von Temperatursensoren, durch Verbesserung von Meßverfahren und durch den Einsatz der Mikroelektronik zunehmend komplexere thermische Prozesse beherrscht und geregelt werden können.

## 1.2 Physikalische Grundlagen

Keramische und Silizium-Sensoren setzen Temperaturänderungen in elektronisch meßbare Widerstandsänderungen um. Technologisch unterscheiden sie sich jedoch stark, was sich insbesondere durch ihre verschiedenen Widerstands-Temperatur-Charakteristiken ausdrückt. Trotzdem gibt es viele Anwendungen, für die beide geeignet sind. Wie im folgenden erläutert, sind hier die physikalischen Eigenschaften für die Auswahl und die speziellen Einsatzgebiete ausschlaggebend.

Es folgt eine Gegenüberstellung der wichtigsten Produktunterschiede von Silizium- und Heißleiter-Sensoren.

Vergleich der wichtigsten Parameter :

| Eigenschaft | | Silizium | Heißleiter |
|---|---|---|---|
| Temperatur-Koeffizient | | positiv | negativ |
| Linearität | | linear | logarithmisch |
| Empfindlichkeit | | 10 bis 80 mV/K | 50 bis 500 mV/K |
| $R_{25°C}$ (Nennwert) | | 1 und 2 kΩ | 3,3 Ω bis 1 MΩ |
| Temperaturbereich | - standard | –55 bis +150 °C | –40 bis +150 °C |
| | - speziell | 0 bis +300 °C | –40 bis +300 °C |

### 1.2.1 Keramische Sensoren

Aus der Reihe der keramischen Temperatursensoren interessieren für die später behandelten Anwendungen sowohl die Heiß- und Kaltleiter (Band 3, Abschnitt 3.3.4
und 3.3.5). Heißleiter sind Widerstände mit stark negativen Temperaturkoeffizienten
zwischen 2 % und 6 % pro Kelvin (Bild 1.2-1). Sie werden aus polykristallinen
Halbleitermaterialien hergestellt, die Mischungen enthalten reinste Metalloxide aus
Mangan (Mn), Eisen (Fe), Kobalt (Co), Chrom (Cr), Nickel (Ni) und Zink (Zn).

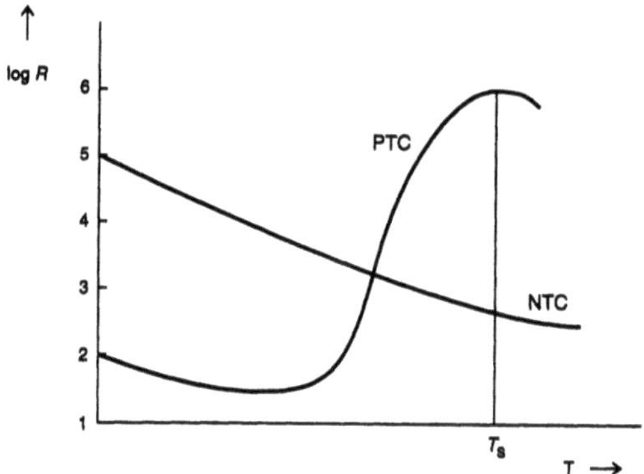


Bild 1.2-1        Typische Widerstands/Temperaturcharakteristik von NTC- und PTC-Widerständen

Durch neueste Entwicklungen in der Keramik-Technologie lassen sich Heißleiter mit
Material(B-Wert-)-Toleranzen von 0,75 % und Widerstandstoleranzen bis zu 0,5 %
herstellen. Diese NTC-Widerstände sind äußerst stabil über einen weiten Temperaturbereich.

Kaltleiter sind dagegen nur in einem relativ engen Temperaturbereich einsetzbar, in
dem sie sich durch einen großen positiven Temperaturkoeffizienten von etwa 7 bis
70 % pro Kelvin auszeichnen (Bild 1.2-1). Diese Eigenschaften der PTC-Widerstän-

de erreicht man durch Sintern von Barium(Ba)- und Titan(Ti)-Oxiden (s. R. Waser, "Lineare und nichtlineare Widerstände", in Band 5). Durch bestimmte Zusammensetzungen der Keramik kann die Schalttemperatur, bei deren Überschreitung der Widerstand um mehrere Zehnerpotenzen erhöht wird, in weiten Grenzen variiert werden.

Bisher ließ sich die Forderung nach engen Toleranzen bei Heißleitern nur unzureichend erfüllen, da die übliche Methode der Ausselektion von Standardelementen zu engen Toleranzen hin mit einer geringen Fertigungsausbeute und damit teuren Endprodukten verbunden war. Somit war ein Umdenken in der Heißleiter-Entwicklung notwendig geworden.

Entscheidend für die Genauigkeit der Temperaturmessung mit Heißleitern sind zwei Parameter (Band 3, Abschnitt 3.3.4 und 3.3.5):

1. der R-Wert mit Toleranz und

2. der B-Wert mit Toleranz.

Es genügt also nicht, die Toleranz des Widerstandes z.B. bei 25 °C ($R_{25}$) zu messen. Einen weit stärkeren Einfluß übt die Toleranz des B-Wertes auf die Genauigkeit des Sensors aus. Bild 1.2-2 verdeutlicht den Einfluß der beiden Toleranzen auf die Genauigkeit eines Sensors.

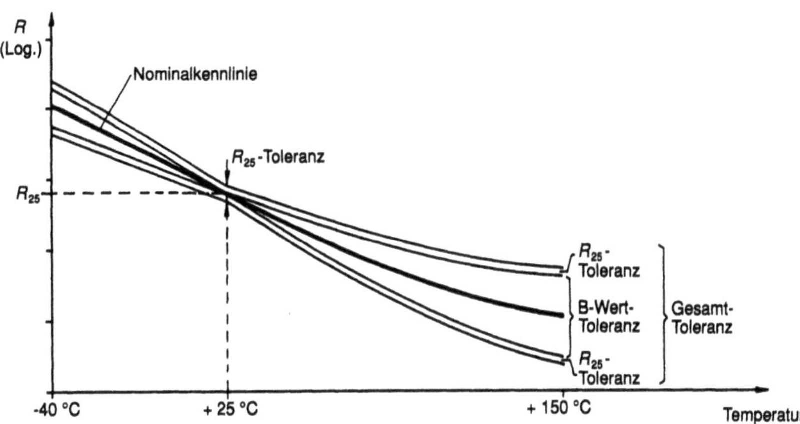


Bild 1.2-2      Schematische Darstellung des Widerstands/Temperatur-Verhaltens unter Einbeziehung der Toleranzen

Der **B-Wert** (Band 3, Abschnitt 3.3.4) ist ein Maß für die Temperaturabhängigkeit des Heißleiters. Bei Heißleitern wird der B-Wert gemäß DIN 44070 immer auf zwei Meßtemperaturen bei 25 °C und 85 °C bezogen. Hieraus ergibt sich also die Steilheit der Kennlinie. Je größer der $B_{25/85}$-Wert ist, gemessen in Kelvin (K), desto empfindlicher ist der Sensor, ausgedrückt im negativen Temperaturkoeffizienten $\alpha_R = -B/T^2$ in %/K (Band 3, Abschnitt 3.3.4, Bild 4). Aus Bild 3 läßt sich das Resultat ablesen, das mit obigen Maßnahmen erreicht wird. Gegenüber den B-Wert-Toleranzen von +5% der herkömmlichen Preßtechnologie erhält man nun B-Wert-Toleranzen bis hinunter zu +0,75%, wodurch eine erhebliche Reduzierung der Gesamttoleranz und somit der Meßungenauigkeit

$$\Delta T = \frac{\text{Gesamttoleranz}}{\text{Temperaturkoeffizient}} \text{ in Kelvin}$$

über den gesamten Temperaturbereich von -40 °C bis 150 °C erzielt wird.

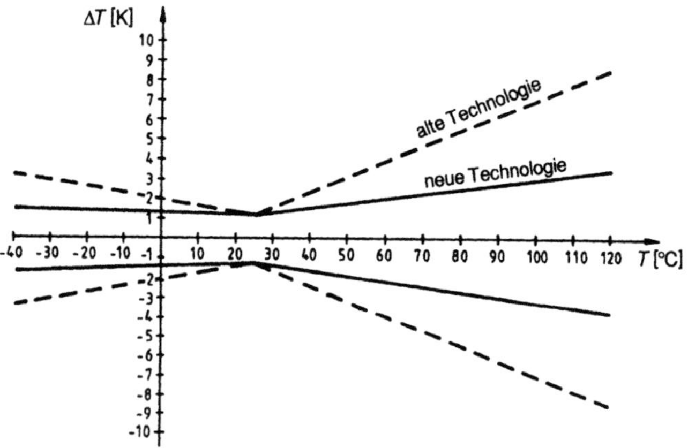


Bild 1.2-3    Temperaturtoleranzen in Abhängigkeit der Umgebungstemperatur

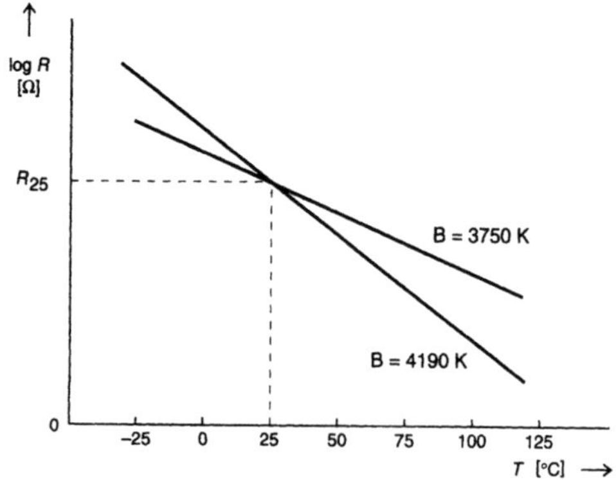


Bild 1.2-4    Steilheit der Kennlinien von NTC-Widerständen ausgedrückt durch typische $B_{25/85}$-Werte

### 1.2.2 Temperatursensoren auf Halbleiter-Siliziumbasis

### 1.2.2.1 Technologischer Überblick

Bei Halbleiter-Silizium-Temperatursensoren handelt es sich um Sensorelemente, die nach dem Prinzip des **radialen Ausbreitungswiderstands (spreading resistance**, s. Band 3, Abschnitt 3.3.3) arbeiten. Sie bestehen im wesentlichen aus einem Silizium-Kristall, bei dem die untere (Bild 1.2-5) metallisierte Fläche den einen und eine sehr kleine, kreisförmige Elektrode auf der Oberseite den anderen Kontakt darstellen. Zwischen beiden Kontakten bildet sich (in erster Näherung) eine kegelförmige Stromverteilung aus, die bewirkt, daß Toleranzen in den Kristallabmessungen einen merklich geringeren Einfluß auf den Sensorelementwiderstand ausüben als bei anderen Ausführungsformen. Als Ersatzschaltbild ergibt sich eine temperaturabhängige Reihen- und Parallelschaltung von Widerständen (Bild 1.2-6).

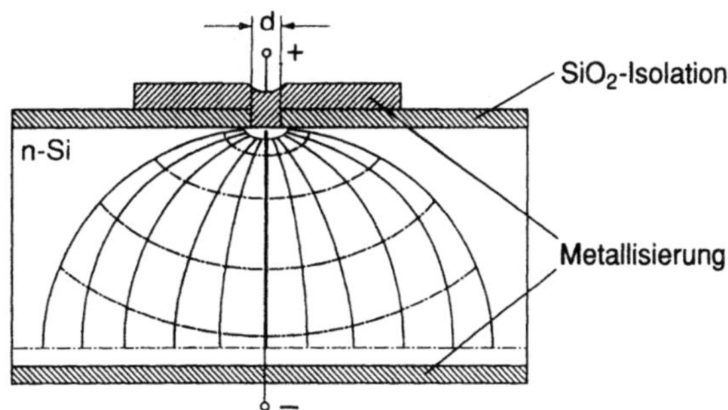


Bild 1.2-5        Stromverlauf im Sensorelement

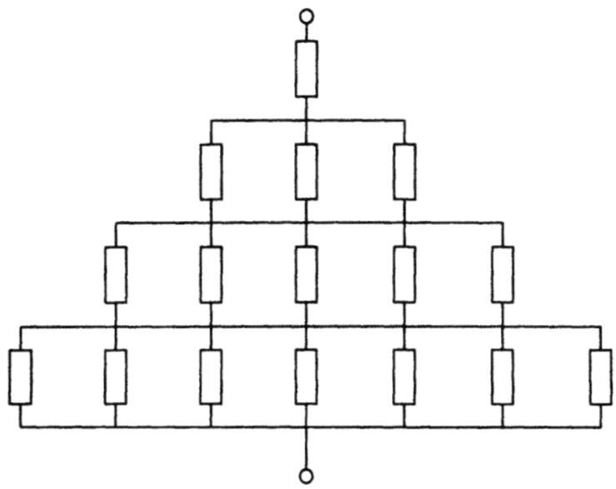

Bild 1.2-6        Ersatzschaltbild

### 1.2.2.2 Elektrisches Verhalten

*a) Widerstandswert-Kennlinie*

Die Abhängigkeit des Sensorelementwiderstands von der Temperatur läßt sich mit hoher Genauigkeit mittels der quadratischen Beziehung

$$R_T = R_s \left[ 1 + \alpha^* \Delta T + \beta^* (\Delta T)^2 \right] \tag{1}$$

beschreiben. Hierin bedeuten

$$R_T \ = \ \text{Widerstand bei der Temperatur } T$$
$$R_s \ = \ \text{Widerstand bei der Temperatur } T_s = 25^\circ \text{C}$$
$$\Delta T \ = \ T - T_s \ \text{Temperaturdifferenz}$$
$$\alpha^*, \beta^* \ = \ \text{Temperaturkenngrößen:}$$
$$\alpha^* \ = \ 0,773 \cdot 10^{-3} \, \text{K}^{-1}$$
$$\beta^* \ = \ 1,83 \cdot 10^{-5} \, \text{K}^{-2}$$

Für die praktische Dimensionierung von Schaltungen, insbesondere aber für Toleranzbetrachtungen, läßt sich die Funktion $R = f(T)$ mit der einfacher zu handhabenden Gleichung

$$R_T = R_s \cdot \exp(A \cdot \Delta T) \tag{2}$$

in der Regel hinreichend genau berechnen.

$R$, $R_s$ und $\Delta T$ haben die bei Gl. (1) angeführte Bedeutung, $A$ ist der Temperaturkoeffizient bei $T = 25\ °\text{C}$ ($A = 0{,}773 \cdot 10^{-2}\text{K}^{-1}$).

Eine bessere Näherung ergibt sich, wenn man den Temperaturbereich aufteilt und mit zwei verschiedenen $A$-Werten rechnet, und zwar für

$$T \leq T_s: \ A \ = \ 0,82 \cdot 10^{-2} \, \text{K}^{-1}$$
$$T \geq T_s: \ A \ = \ 0,7 \cdot 10^{-2} \, \text{K}^{-1}$$

Bild 1.2-7 zeigt die Funktion $R = f(T)$ berechnet nach Gl. (1), nach Gl. (2) und nach Gl. (2) mit unterteiltem Bereich.

Der so berechnete Sensorelementwiderstand ist nur bis zu einem bestimmten Stromwert konstant. Höhere Ströme bewirken einen Anstieg von $R$. Bild 1.2-8 zeigt den typischen Verlauf der Stromabhängigkeit. Der Betriebsstrom des Sensorelements sollte also, wenn man einen Widerstandsanstieg sicher vermeiden will, merklich weniger als 1 mA betragen!

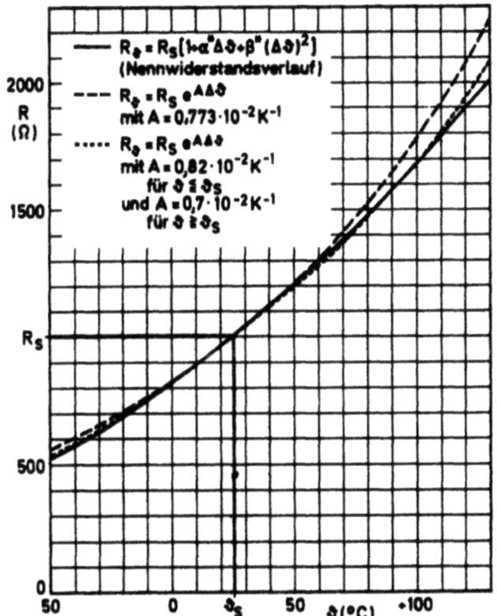

Bild 1.2-7    Berechnete Sensorkennlinien für Silizium-Temperatursensoren:

———— nach (1), -------- nach (2), .⋯⋯ mit unterteiltem Temperaturbereich

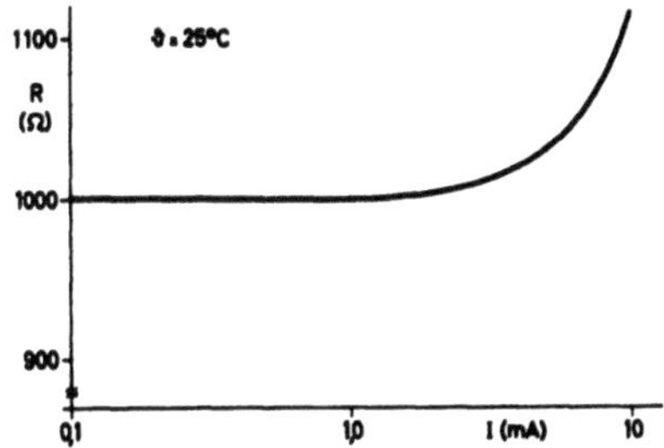

Bild 1.2-8    Abhängigkeit des Sensorwiderstandes vom Betriebsstrom

## 1.3  Toleranzbetrachtung

Für die jeweilige Applikation ist neben dem Nominal-Widerstandswert eines Temperatursensors insbesondere die Toleranz der Widerstandswertkennlinie von Interesse. Ausschlaggebend für den Einsatz eines speziellen Sensortyps sollte der geforderte Toleranzbereich in einem bestimmten Betriebstemperaturbereich sein. Die unterschiedlichen Sensortypen differieren somit auch in erster Linie in ihrer Toleranz zum spezifizierten Nominalwert des Widerstandswertes und den jeweils vorgesehenen

Betriebstemperaturbereichen. Wie sich dieses speziell auf die Toleranzbänder der einzelnen Typen auswirkt, zeigt das Bild 1.3-1. Hierin wird deutlich, daß ein Sensor, der z.B. bei 25 °C spezifiziert ist, eingesetzt bei über 100 °C deutlich schlechtere Werte aufweist als ein Sensortyp, der zusätzlich bei 100 °C in seiner Toleranz eingeengt wird. Somit ist anzuraten, insbesondere im höheren Temperaturbereich, Sensoren einzusetzen, die auch entsprechend mit ihrem Nominalwert und Toleranzwert im Hochtemperaturbereich spezifiziert sind.

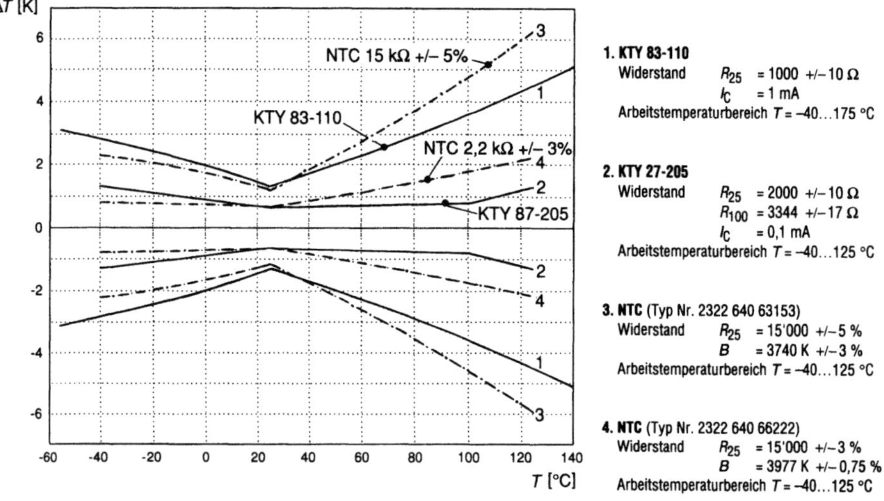


Bild 1.3-1    Temperaturabhängigkeit des maximalen Meßfehlers $\Delta T$ verschiedener Sensortypen

## 1.4  Kennlinien-Linearisierung

In Meßanwendungen ist häufig eine Linearisierung der Sensorcharakteristik wünschenswert, weil dies bei analoger Auswertung die Kalibrierung erleichtert. Verbunden ist die Linearisierung aber mit einem Verlust an Empfindlichkeit. Die einfachste Form der Linearisierung erreicht man mit einem Parallel- oder Serienwiderstand (Band 3, Abschnitte 3.3.3 und 3.3.4).

Ein Parallelwiderstand $R_P$ führt zu einem linearisierten Bereich des Gesamtwiderstandes aus $R_P$ und $R_T$, während ein Serienwiderstand $R_R$ entsprechend zu einem linearisierten Leitwert führt.

Steht eine konstante Spannung zur Verfügung, schaltet man einen Widerstand in Reihe mit dem Sensorelement. Der Gesamtleitwert hängt dann in einem bestimmten Bereich annähernd linear von der Temperatur ab. Für die Meßspannung $U_M$ gilt (Band 3, Abschnitt 3.3.3 und Bild 1.4-1a)

$$U_M = U \cdot \frac{R}{R + R_T} \tag{3}$$

Soll mit Stromeinspeisung gearbeitet werden, dann legt man dem Sensorelement einen Widerstand parallel (Bild 1.4-1b). $U_M$ ergibt sich dann aus

$$U_M = I \cdot \frac{R \cdot R_T}{R + R_T} \tag{4}$$

Als Beispiel wurde ein Sensorelement in Serie mit einem Widerstand von 2370 $\Omega$ betrieben.

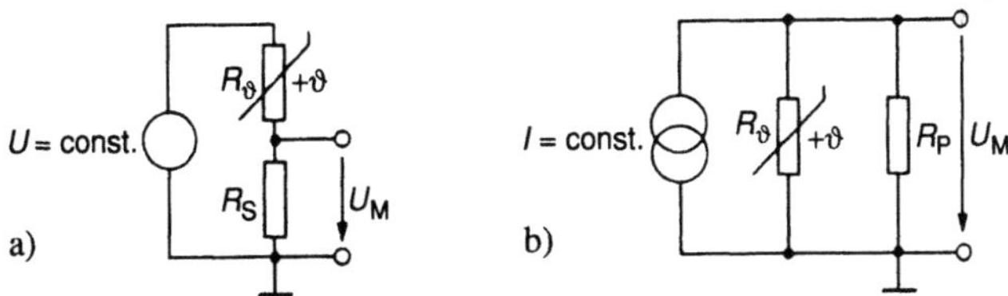

Bild 1.4-1     Schaltungen zur Linearisierung des Verlaufs $R = f(T)$
       a) durch Serienwiderstand
       b) durch Parallelwiderstand

## 1.4.1 Linearisierung von NTC-Widerständen

Die $R = f(T)$-Kennlinie eines NTC-Sensors hat einen gekrümmten Verlauf. Für viele Anwendungen stört diese Eigenschaft nicht; es gibt jedoch Fälle, bei denen ein möglichst linearer Verlauf gewünscht wird. Für eine optimale Linearisierung haben der Parallelwiderstand $R_P$ und der Serienwiderstand $R_S$ den gleichen Wert.

Als Faustformel für die Berechnung von $R_S$ bzw. $R_P^S$ gilt

$$R_P, R_S \approx R_M \frac{B - 2T_M}{B + 2T_M} \tag{5}$$

Hierin ist

$R_M$    Widerstandswert des NTC-Sensors bei der Temperatur $T_M$
      (kann der $R = f(T)$-Kennlinie entnommen werden).

$T_M$    Temperatur (absolute Temperatur) in der Mitte des zu linearisierenden, von $T_{min}$ bis $T_{max}$ reichenden Temperaturbereichs;
      $T_M = 273\,K + T_M$ mit $T_M = (T_{min} + T_{max}) / 2$.

$B$    Kennwert des NTC-Sensors (siehe Datenblatt).

*Rechenbeispiel*

Temperaturbereich:    $T_{min} = 100\ °C$;    $T_{max} = 200\ °C$.

NTC-Sensor 2322640 90005:  $B = 4300\ K$

Man erhält

$$\vartheta_M = \frac{100\ °C + 200\ °C}{2} \approx 150\ °C \triangleq T_M = 423\ K \tag{6}$$

Der $R = f(T)$-Kennlinie kann man entnehmen

$$R_M \approx 3700\ \Omega$$

Damit wird

$$R_P, R_S = 3700\ \frac{4300 - 2 \cdot 423}{4300 + 2 \cdot 423} = 2483\ \Omega \tag{7}$$

Der so errechnete Wert liegt dem optimalen recht nahe. Der genaue Wert läßt sich nur über eine aufwendige iterative Rechnung ermitteln. Es sei jedoch darauf hingewiesen, daß die Kennwerte der NTC-Sensoren (wie aller übrigen Bauelemente auch) fertigungsbedingte Toleranzen aufweisen. Diese haben zur Folge, daß auch ein aus den typischen Kennwerten sehr genau berechneter Linearisierungswiderstand für das jeweils verwendete toleranzbehaftete Sensorexemplar keineswegs den optimalen Widerstand darstellen muß. Trotz dieses Nachteils wird jedoch auch mit einem für das Einzelexemplar nicht optimal bemessenen Linearisierungswiderstand ein beachtlicher Linearisierungseffekt erreicht.

### 1.4.2  Linearisierung bei Halbleiter-Temperatursensoren

Da die $R = f(T)$-Kennlinie des Si-Sensorelements leicht gekrümmt ist, muß sie bei Anwendungen mit hoher Genauigkeitsanforderung, ähnlich wie bei NTC-Widerständen, linearisiert werden.

Der Wert des Serien- bzw. Parallelwiderstandes hängt von dem gewünschten Betriebstemperaturbereich des Sensors ab. Eine Methode zur Widerstandsermittlung wird im folgenden für eine durch drei Temperaturpunkte ($T_a$, $T_b$ und $T_c$) festgelegte Kennlinienkurve (mit Temperaturfehler Null) beschrieben.

Die erste Formelableitung beschreibt eine Parallelschaltung des Widerstandes gemäß Bild 1.4-1b.

Für die Annahme, daß der Sensor bei drei Widerstandspunkten $R_a$, $R_b$ und $R_c$ mit den Parallelwiderständen $R_{pa}$, $R_{pb}$ und $R_{pc}$ korrespondiert, ergibt sich für die Linearität bei diesen drei Temperaturpunkten:

$$R_{\mathrm{pa}} - R_{\mathrm{pb}} = R_{\mathrm{pb}} - R_{\mathrm{pc}}$$

$$\frac{RR_{\mathrm{a}}}{R + R_{\mathrm{a}}} - \frac{RR_{\mathrm{b}}}{R + R_{\mathrm{b}}} = \frac{RR_{\mathrm{b}}}{R + R_{\mathrm{b}}} - \frac{RR_{\mathrm{c}}}{R + R_{\mathrm{c}}} \qquad (8)$$

$$R = \frac{R_{\mathrm{b}}(R_{\mathrm{a}} + R_{\mathrm{c}}) - 2R_{\mathrm{a}}R_{\mathrm{c}}}{R_{\mathrm{a}} + R_{\mathrm{c}} - 2R_{\mathrm{b}}}$$

Wenn das System von einer Konstant-Spannungsquelle versorgt wird (Bild 1.4-1a), dann wird ein Widerstand in Serie mit dem Halbleiterwiderstand geschaltet. Die Spannung über dem Sensor und dem Widerstand ist dann annähernd eine lineare Funktion der Temperatur.

Für die Linerarisierung mit einem Serienwiderstand nach Bild 1.4-1a mit einer Konstant-Spannungsquelle:

Dementsprechend ergeben sich für die drei Temperaturpunkte
drei Spannungswerte $U_{\mathrm{a}} - U_{\mathrm{b}} = U_{\mathrm{b}} - U_{\mathrm{c}}$.

$$\frac{VR_{\mathrm{a}}}{R + R_{\mathrm{a}}} - \frac{VR_{\mathrm{b}}}{R + R_{\mathrm{b}}} = \frac{VR_{\mathrm{b}}}{R + R_{\mathrm{c}}} - \frac{VR_{\mathrm{c}}}{R + R_{\mathrm{c}}} \qquad (9)$$

Somit ergibt sich die gleiche Widerstandswertermittlung wie in Formel (8), was bedeutet, daß sowohl für die Parallel- wie auch für die Serienschaltung der gleiche Widerstandswert verwendet werden kann .

Unter Verwendung von Formel (9) gibt Bild 1.4-2 die Erläuterung für drei vorgegebene Temperaturwerte (0 °C, 50 °C und 100 °C) und die daraus resultierende Widerstands-/Temperatur-Kennlinie. Der Linearisierungswiderstand ergibt sich hierbei mit 2870 $\Omega$.

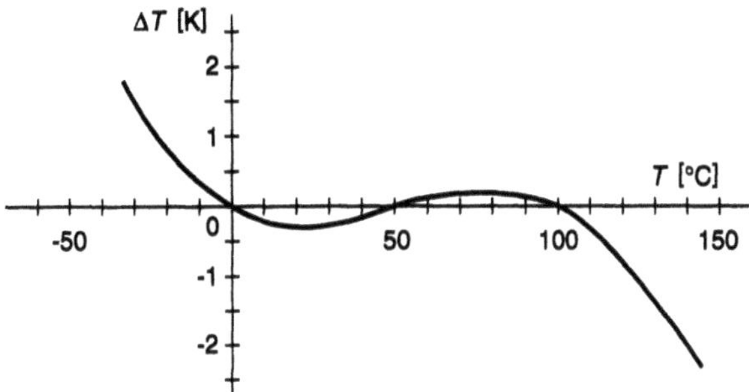

Bild 1.4-2    Temperaturfehler $\Delta T$ ermittelt für einen KTY81-Sensor mit einem Linearisierungswiderstand von 2.870 $\Omega$.

### 1.4.3  Beispiel:  Linearisierung eines Halbleiter-Silizium- und keramischen Temperatursensors

Im folgenden sollen an zwei konkreten Beispielen die Linearisierungsmöglichkeiten von Halbleitersensoren und keramischen Sensoren dargestellt werden. Es wurde jeweils nur ein Parallelwiderstand aus der E96-Reihe gewählt. Für zwei Temperaturbereiche sollte hiermit ein Optimum erreicht werden:

Betriebstemperaturbereich:

    a.)   0...100 °C               b.)    30...70 °C

*Linearisierung von Temperatursensoren durch* **Parallel***widerstand*

1. Silizium-Temperatursensoren KTY

$$\text{Parallelwiderstand}:\quad R_\mathrm{P} = \frac{R_\mathrm{b}(R_\mathrm{a} + R_\mathrm{c}) - 2R_\mathrm{a}R_\mathrm{c}}{R_\mathrm{a} + R_\mathrm{c} - 2R_\mathrm{b}}$$

$R_\mathrm{a}$ – Widerstand des Sensors an der *unteren* Grenze
$R_\mathrm{b}$ – Widerstand in der *Mitte*
$R_\mathrm{c}$ – Widerstand an der *oberen* Grenze des Linearisierungsbereiches

Beispiel: KTY 83-110 : Linearisierungsbereich 0-100°C

$R_\mathrm{a} = R(0) = 820\ \Omega$, $R_\mathrm{b} = R(50) = 1202\ \Omega$, $R_\mathrm{c} = R(100) = 1670\ \Omega$

berechnet: $R_\mathrm{P} = 2929\ \Omega$, gewählt aus Reihe E 96: $R_\mathrm{P} = 2940\ \Omega$

2. NTC-Widerstände

$$\text{Parallelwiderstand}:\quad R_\mathrm{P} = R_\mathrm{m} \cdot \frac{B - 2 \cdot T_\mathrm{m}}{B + 2 \cdot T_\mathrm{m}}$$

$R_\mathrm{m}$  – Widerstand des Heißleiters bei der mittleren Temperatur des Linearisierungsbereiches

$T_\mathrm{m}$  – mittlere Temperatur des Linearisierungsbereiches in Kelvin

$B$  – $B$-Wert des Heißleiters

Der berechnete Widerstandswert führt nur bei einem kleinen Linearisierungsbereich um $T_\mathrm{m}$, d.h. etwa ±15°C, zu guten Ergebnissen. Bei größeren Bereichen ist die Wahl eines größeren Wertes für $R_\mathrm{P}$ zweckmäßig (siehe Beispiel).

Beispiel: Typ Nr. 2322 640 66222, $R_{25}$ = 2200 Ohm, $B$ = 3977 K

mittlere Temperatur $T_m$ = 50 °C, berechnet: $R_P$ = 565 Ohm

Linearisierungsbereich 0-100 °C: $R_P$ = 649 Ohm

Linearisierungsbereich 30-70 °C: $R_P$ = 590 Ohm

Die Berechnung des verbleibenden Temperaturmeßfehlers $\Delta T$ zeigt, daß sich mit diesen Widerstandswerten (Reihe E96) ein etwas kleinerer und gleichmäßiger über den Linearisierungsbereich verteilter Restfehler ergibt, als für den berechneten Wert..

Die Ergebnisse der Linearisierung sind in den Bildern 1.4-3a und 1.4-3b zusammengestellt.

a)

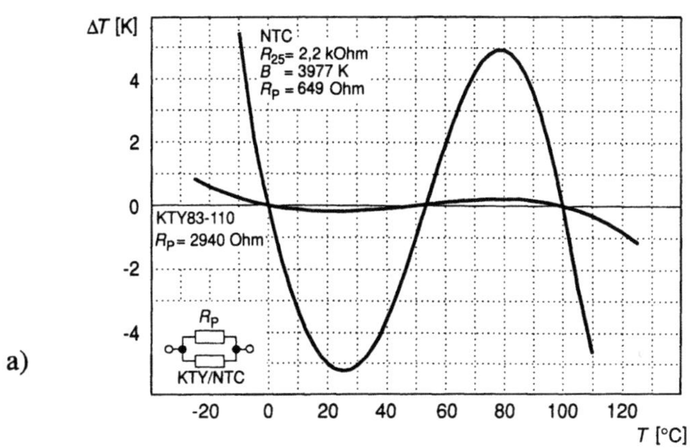


b)

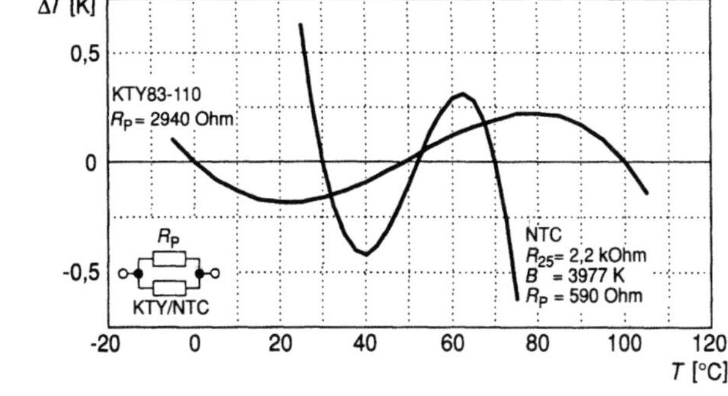


Bild 1.4-3    Linearisierung der $R(T)$ von Temperatursensoren. Dargestellt ist jeweils der Temperaturfehler $\Delta T$ (Restfehler), der sich aus der Abweichung vom linearen Verlauf ergibt.

a) Optimierung der Linearität im Bereich von 0 bis 100 °C

b) Optimierung der Linearität im Bereich von 30 bis 70 °C

Wie aus den beiden graphischen Darstellungen der berechneten Ergebnisse zu ersehen ist, zeigt der Silizium-Temperatursensor eine von Haus aus sehr lineare Kennlinie, die mit einem zusätzlichen Parallelwiderstand auch über große Betriebstemperaturbereiche eine nur geringe Abweichung vom Nominalverlauf aufweist (s. Zeichnungen).

Wird der zu linearisierende Betriebstemperaturbereich eingeengt wie beim zweiten Beispiel (30...70 °C), so ist das Ergebnis in der Linearisierung beider Technologien ausgeglichen.

## 1.5   Stabilitätsverhalten von Temperatursensoren

Je enger die Toleranzen für die Widerstandswerte von Temperatursensoren spezifiziert werden, desto stärker muß auch im Prinzip eine **Langzeitdrift** berücksichtigt werden. Unter den zum Teil extremen Einsatzbedingungen in der Applikation (Temperaturzyklen über –50...+200 °C) können hierdurch nicht vernachlässigbare Effekte auftreten.

Bei der Auswahl von Bauelementen sollte gerade deshalb auf konstruktionsbedingte Einflüsse, wie z.B. *gelötete* Anschlußdrähte oder *Klemm*kontaktierung, geachtet werden, da insbesondere die Bauelemente-Kontaktierung bei höheren Einsatztemperaturen einen Einfluß auf das Driftverhalten ausübt. Generell ist eine Klemmkontaktierung im Hochtemperaturbereich daher vorzuziehen.

Moderne NTC-Keramik-Massen, sowie die Silizium Halbleitertechnologie weisen jedoch im Prinzip ein nur geringes Driftverhalten auf, welches bei unterschiedlichsten Tests, wie z.B. feuchte Wärme, trockene Hitze oder Temperaturwechsel, typisch unter 1‰ liegt und damit für die meisten Applikationen unkritisch ist.

## 1.6   Auswahl und Konfektionierung eines Sensors

Anwendungsgebiete für Temperatur-Sensoren finden sich vor allem in der Automobilindustrie, dem Haushaltsgerätesektor und der Heizungs- und Klimatechnik. Je ein Beispiel ist in den Bildern 1.6-1...3 abgebildet. Den noch weit größeren Umfang des Marktes zeigen heute weitere Anwendungen in der Industrieelektronik, der Medizin und der allgemeinen Meß- und Regeltechnik. Das jeweilige Anforderungsprofil in einem dieser Märkte ist entscheidend für die Auswahl des Typs und der Konfektionierung (Gehäuse, elektrischer Anschluß u.a.) des Bauelementes.

Bild 1.6-1        Innentemperatursensor im Kfz

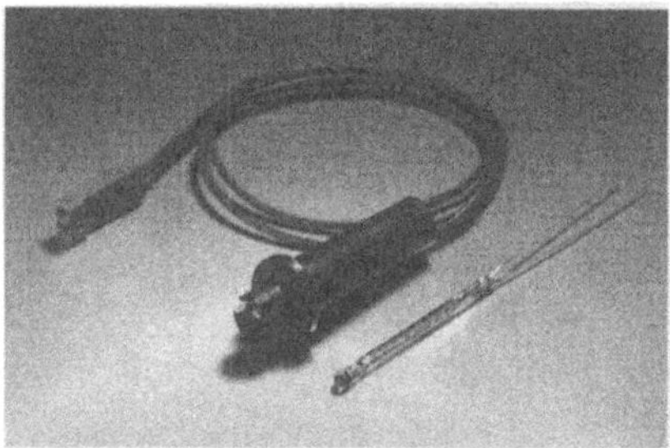

Bild 1.6-2        Warmwasserfühler im Boiler

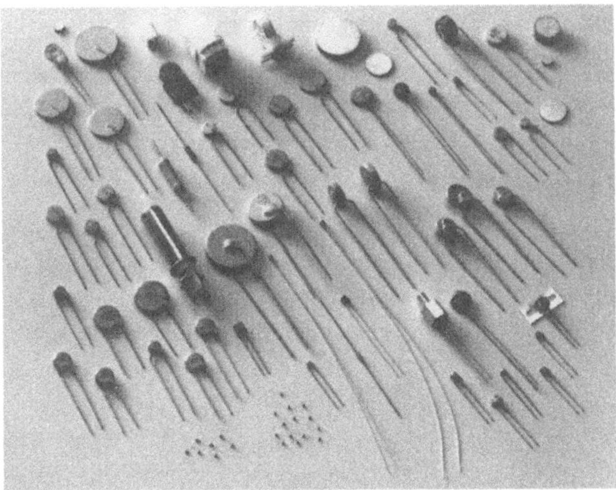

Bild 1.6-3        Verschiedene Beispiele für die Konfektionierung von Sensoren

### 1.6.1  Auswahl eines Sensors

Von der Auswahl des Bauelementes, d.h. von seinen physikalischen Eigenschaften und speziell bei Temperatursensoren von der R/T-Charakteristik, hängt der Aufwand ab, den der Anwender später für die Konfektionierung, die Meßschaltungen und die Auswertelektronik einkalkulieren muß. Daher steht am Anfang die Entscheidung über folgende Kriterien:

- Der *Arbeitsbereich*:
  Welche Grenztemperaturen können in dem betreffenden Anwendungsgebiet auftreten? Beispielsweise sind in der Automobiltechnik Temperaturen von -40 °C bis +80 °C für die Klimaregelung relevant, im Motorbereich aber Temperaturen bis über 300°C. Bei Haushaltsgeräten, z. B. Bügeleisen oder Herden, werden sogar noch weit höhere Temperaturbereiche gefordert.

- Der *Nennwiderstand*:
  Wird bei Raumtemperatur ein nieder- oder hochohmiger Widerstand benötigt? Wie groß muß bei hohen Temperaturen der Restwiderstand sein, damit eine Messung bzw. Regelung überhaupt noch möglich ist?

- Welches *Gehäuse* ist für die Anwendung am günstigsten?
  Hiervon hängen z. B. so wichtige Parameter wie die **Ansprechzeit**, die **Abkühlzeitkonstante**, die **Isolationsfestigkeit** und die **Widerstandsfestigkeit gegen rauhe Umgebungseinflüsse**, Korrosion, Druck und Vibration ab. Die Auswahl reicht von metallisierten Scheiben über axial oder radial bedrahtete und lackierte Chips bis zu Sensoren in Plastik-, Glas- oder SMD-Gehäusen.

- Welche *Drahtart* und *-stärke* ist am geeignetsten?

- Wie an anderer Stelle erläutert, spielen die *Linearität der Kennlinie* und die Stabilität über eine lange Lebensdauer für die Meßschaltungen eine große Rolle.

### 1.6.2  Konfektionierung des Sensors

Für die unterschiedlichen Anwendungsbereiche müssen die "nackten" Sensoren weiter bearbeitet, veredelt und angepaßt werden. Verschiedene Gehäuse in vielen Größen und Formen stehen zur Auswahl, z. B. aus Edelstahl, Kunststoff oder Keramik. Bei allen Ausführungsformen müssen die möglichen physikalischen und chemischen Einflüsse in der Applikation beachtet werden. Entscheidend für die exakte Arbeitsweise und eine lange Lebensdauer sind z. B. die Vergußmittel und Plastikhalter, mit deren Hilfe die Sensoren in den Gehäusen eingebaut und zentriert werden. Hiervon hängen die Schnelligkeit, die Isolationsfestigkeit (z. B. durch Vermeidung von Lunkerbildung), die Dichtheit und die Druckfestigkeit ab. Geeignete Litzen oder Kabel müssen je nach Beanspruchungsart und Einbauweise zuverlässig angelötet, Stecker und weiteres Zubehör angeschlagen oder aufgesteckt werden. Insgesamt spielen diese Konfektionierungs- und Veredelungstechniken für den modernen Sensormarkt eine große Rolle.

## 1.7 Anwendungen

### 1.7.1 Temperaturmeßschaltungen mit keramischen Sensoren

Allen Schaltungen gemeinsam ist die Umwandlung des Widerstandes in eine *Zeitfunktion*, die sich prinzipiell beliebig genau auswerten läßt. Im Vergleich zur Auswertung einer Spannung ist die Auswertung einer Zeitfunktion stets mit einer unter Umständen längeren Auswertedauer verbunden. In vielen Anwendungen müssen hochohmige Meß- und niederohmige Schaltelemente eingesetzt werden, um die Temperaturen über den gesamten, sehr weiten Widerstands- und Temperaturbereich der Heißleiter fehlerfrei zu erfassen. Hier führen Abweichungen von den Idealwerten zu entsprechenden Einschränkungen.

Viele Meßanordnungen geben auf eine Wheatstonebrücke zurück. Diese liefert eine maximale Empfindlichkeit, wenn am Sensor die halbe Betriebsspannung $U_B$ liegt.

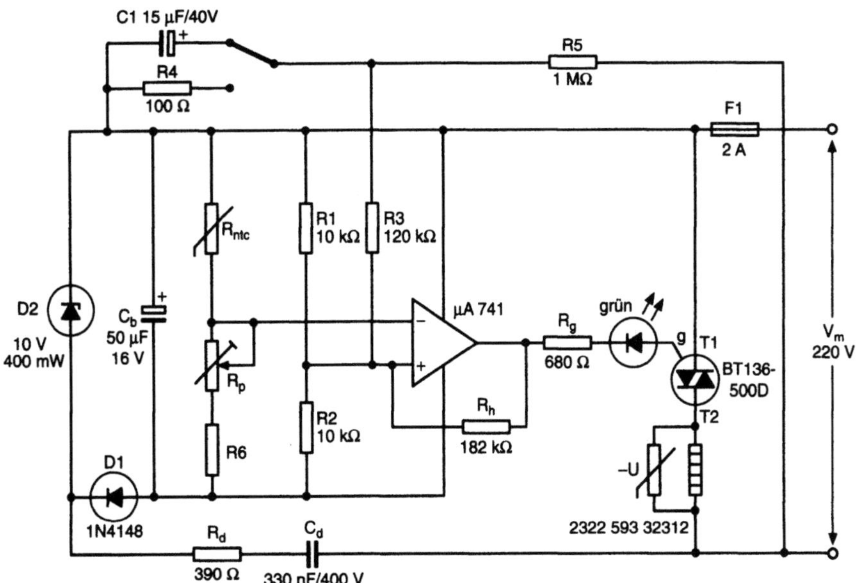


Bild 1.7-1     Kühlschrank-Thermostat mit NTC-Sensor

### 1.7.1.1 NTC-Temperatursensor als thermischer Schalter

Eine häufige Anwendung finden keramische Sensoren als thermische Schalter, wobei der NTC-Widerstand in einer Wheatstoneschen Brücke arbeitet. In der Schaltung in Bild 1.7-1, die z.B. als thermischer Schalter für einen Kühlschrank-Thermostaten verwendet werden kann, wird die Brückenspannung einem Operationsverstärker µA741 zugeführt, diese steuert ein Triac. Die Spannungsversorgung der Meßschaltung wird von einer 10 V-Zenerdiode stabilisiert. Die Schaltung wirkt insgesamt als Thermostat und kann einen maximalen Laststrom von 2 A bei –5 °C ab- und bei +5 °C einschalten.

### 1.7.1.2 Temperaturmeßschaltungen für mikroprozessorgesteuerte Systeme

In einigen mit Mikroprozessoren gesteuerten industriellen Prozessen werden Temperaturmeßschaltungen verwendet, die für die vorliegenden Aufgaben unnötig hoch spezifiziert sind. Häufig gilt es nur einen *Grenzwert* zu erfassen.

Der Prozessor kann durch Zeitmessungen die Temperatur des NTC-Widerstandes ermitteln, wobei die NTC-Kennlinie in der Regel in Form einer Tabelle, möglicherweise aber auch als mathematische Beziehung, abgelegt wird.

Die Schaltung in Bild 1.7-2 zeigt eine sehr einfache Anordnung für derartige Anwendungen und basiert auf nur zwei externen Komponenten, zwei Ports und dem internen Timer des Prozessors. Die Temperatur des NTC-Widerstandes wird bestimmt durch eine Messung der Zeit, welche eine Spannung $U_1$ am RC-Glied benötigt, um unter eine Schwellspannung $U_S$ abzufallen. Dies wird in Bild 1.7-3 deutlich gemacht.

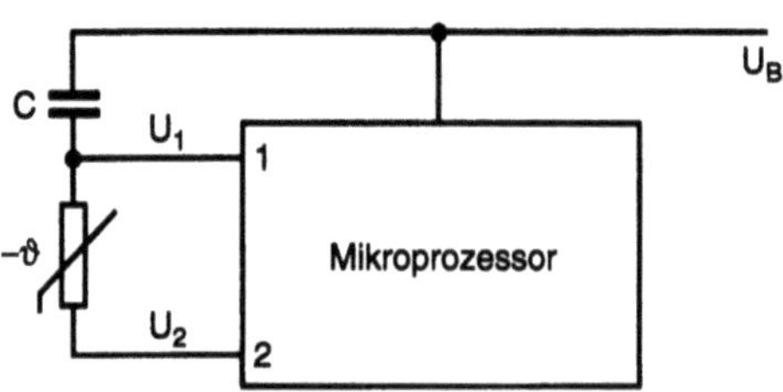


Bild 1.7-2    Einfache Temperaturmeßschaltung mit Mikroprozessor

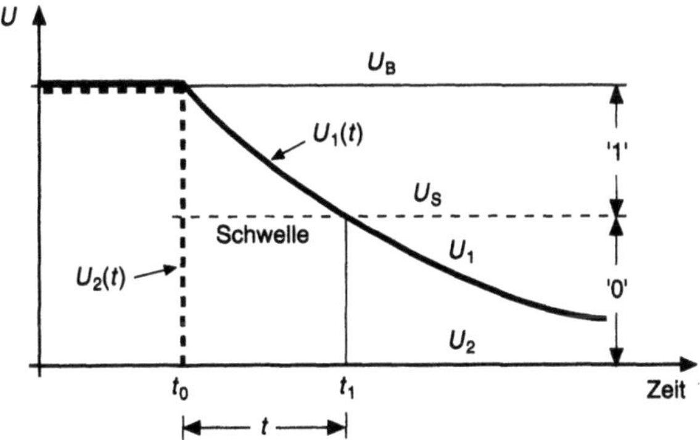



Bild 1.7-3        Spannungsverlauf zur Schaltung in Bild 1.7-2

Funktionsweise der Meßschaltung: Zur Zeit $t_0$ wird die Spannung am Port 2 von $U_S$ ("1") auf 0 ("0") geschaltet und so beibehalten. Port 2 erfaßt die Spannung $U_1$ am aufgeladenen Kondensator $C$ und reagiert, sobald $U_1$ auf die Schwellspannung $U_S$ abgefallen ist ($t_1$). Die Umladezeit $t = t_1 - t_0$ ist proportional zum Thermistorwiderstand und so ein Maß der Temperatur. Durch geeignete Wahl des Thermistors und der Kapazität $C$ läßt sich $t$ auf eventuell vorgegebene Werte einstellen.

Im Bild 1.7-4 wird eine weiterentwickelte Schaltung dargestellt. Externe Schalter sowie ein Komparator für die Erfassung des Schaltpunktes erlauben einen weiteren Anwendungsbereich.

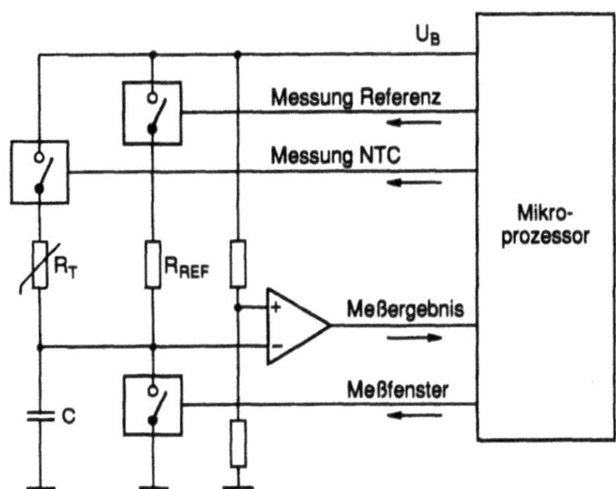



Bild 1.7-4        Prozessorgesteuerte Temperaturmessung

### 1.7.1.3 Temperaturmessung mit freilaufendem Temperatur-Impulsweiten-Umsetzer

Die Schaltung in Bild 19 ist geeignet für Anwendungen, bei denen ein Prozessor benutzt werden kann, um anhand der programmierten NTC-Kennlinie die Temperatur zu berechnen und eventuell auch in digitaler Form anzuzeigen. Möglich sind auch andere digitale Auswerteschaltungen.

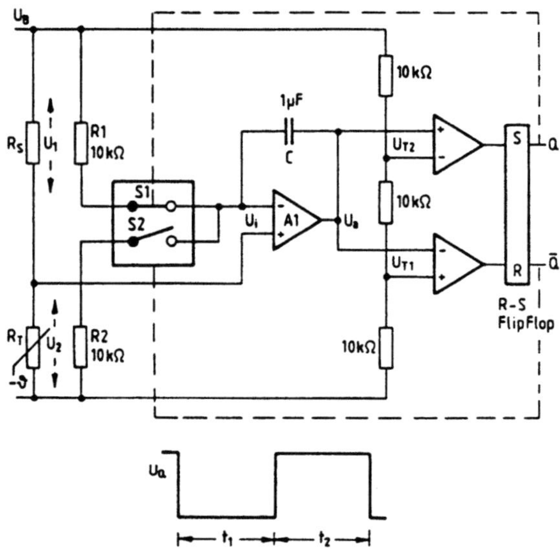


Bild 1.7-5        Temperatur-Impulsdauer-Umsetzer

Am Eingang des Operationsverstärkers A1 liegt die beiden Spannungen einer Widerstandsbrücke. Ein Zweig der Brücke enthält einen NTC-Widerstand sowie einen Serienwiderstand $R$, während der andere Zweig ein Widerstandspaar $R_1$ und $R_2$ aufweist, die jeweils abwechselnd über einen Analogschalter an den Verstärkereingang geschaltet werden. Der Verstärker ist als Integrator vorgesehen.

Geht man von der im Bild gezeigten Schalterstellung aus, befindet sich der R-S-Flipflop im gesetzten Zustand. Da $U_i$ vernachlässigbar ist, wird die Integrationskapazität $C$ mit dem Strom $U_1/R_1$ geladen, was zu einer fallenden Spannung $U_a$ führt. Sobald $U_a$ den Wert von $U_{T1}$ erreicht, wird das Flipflop zurückgesetzt, $S_2$ geschlossen und $S_1$ geöffnet.

$C$ wird jetzt mit dem Strom $U_2/R_2$ in umgekehrter Richtung geladen, so daß $U_a$ jetzt steigt. Sobald $U_a$ den Wert von $U_{T2}$ erreicht, wird das Flipflop erneut gesetzt und der Zyklus wiederholt sich.

Unter diesen Bedingungen gilt:

$$R_T = R_S \cdot \frac{R_2}{R_1} \frac{t_2}{t_1}$$

und mit $R_1 = R_2$:

$$R_T = R_S \cdot \frac{t_2}{t_1}$$

Der Prozessor kann daher durch Zeitmessungen die Temperatur des NTC-Widerstandes ermitteln, wobei die NTC-Kennlinie in der Regel in Form einer Tabelle, möglicherweise aber auch als mathematische Beziehung, abgelegt wird.

### 1.7.2  Temperaturmeßschaltungen mit Halbleitersensoren

### 1.7.2.1 Applikationsbeispiel für eine Temperaturkompensations-Schaltung

Die Baureihe KTY85 eignet sich insbesondere für Temperaturkompensations-Schaltungen, da die Bauelementeausführung für eine Oberflächenbestückung geeignet ist. Das nachfolgende Beispiel in Bild 1.7-6 zeigt den Einsatz zur Temperaturkompensation eines Magnetfeldsensors KMZ 10B (s. J. Jessen, "Magnetfeldsensoren auf Permalloybasis und seine Applikationsfelder", in diesem Buch). Hier wird insbesondere der Vorteil des KTY-Sensors ausgenutzt, daß dieser eine hohe Linearität über einen weiten Betriebstemperaturbereich aufweist und somit eine preisgünstige Lösung ermöglicht. Die Auswerteschaltung kann in zwei Teile untergliedert werden; dem Vorverstärkerteil, welcher ein vom KMZ 10 Sensor erstelltes symmetrisches Ausgangssignal produziert und die Signalausgabe, die ein entsprechend verstärktes Ausgangssignal abgibt.

Die Empfindlichkeit des Magnetfeldsensors hat einen *negativen* Temperaturkoeffizienten. Um diesen zu kompensieren, benötigt man ein Temperatursensorelement mit *positiven* Temperaturkoeffizienten, z.B. KTY81 oder KTY85.

Die Verstärkung $A$ der Verstärkungseingangsstufe errechnet sich aus:

$$A = 1 + \frac{R_6(T) + R_{10}}{R_A}$$

Der Temperaturkoeffizienten der Verstärkung $TC_A$ soll dem Temperaturkoeffizienten der Empfindlichkeit des Magnetfeldsensors entgegengesetzten sein, er berechnet sich wie folgt:

$$TC_A = \frac{R_6(T) \cdot TC_{KTY}}{R_A + R_6(T) + R_{10}}$$

Hierbei ist $TC_{KTY}$ der Temperaturkoeffizient des Silizium Temperatursensors (0,0078/K für den KTY81 und 0,0075/K für den KTY85).

Für eine vorgegebene Verstärkung $A$ kann somit eine Widerstandsberechnung für $R_A$ und $R_{10}$ wie folgt vorgenommen werden:

$$R_{10} = R_6(T) \cdot \left\{ \frac{TC_{KTY}}{TC_A} \left(1 - \frac{1}{A}\right) - 1 \right\}$$

$$R_A = \frac{R_6(T) + R_{10}}{A - 1}$$

In der aufgeführten Schaltung wurde die Ausgangsschaltung mit einer Verstärkung von 5 gewählt, welche die halbe Versorgungsspannung $U_B$ für ein 0-Differenz-Ausgangssignal der Verstärkungsstufe (zwischen Testpunkt TP1 und TP2) ergibt. Die Ausgangsspannung variiert von 0 bis annähernd $U_B$.

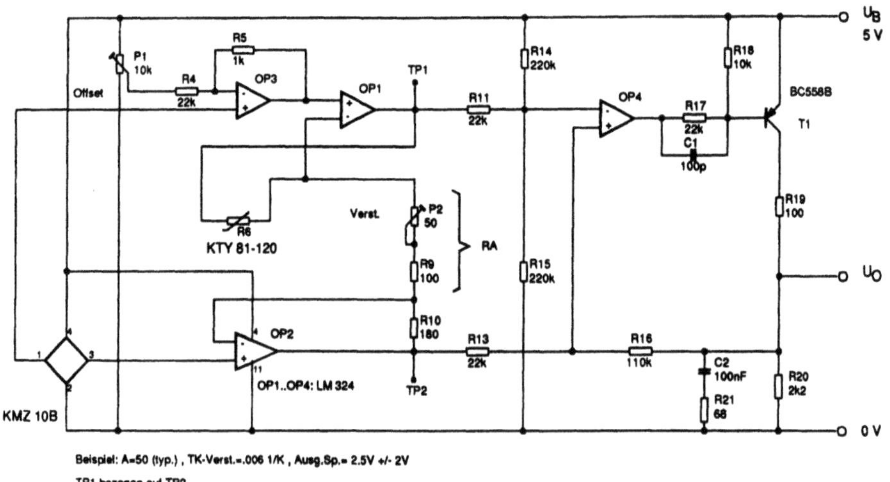


Bild 1.7-6        Temperaturkompensationsschaltung

### 1.7.2.2 Standard-Temperaturmeßschaltung

Die nachfolgende Schaltung (Bild 1.7-7) ist ein einfaches Beispiel einer Meßschaltung für eine Messung der Raum-, Ofen- oder einer vorgegebenen Temperatur in Haushaltsgeräten. Die zusätzliche Verwendung von einem Komparator erlaubt, Schaltpunkte zu definieren, wie man sie z.B. bei Thermostaten für Heizungssteuerungen verwendet.

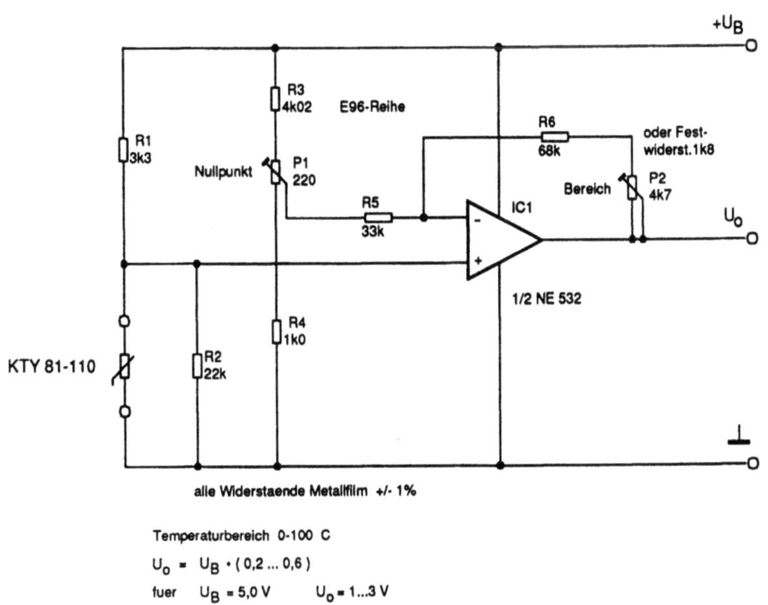


Bild 1.7-7        Standard-Auswerteschaltung

Prinzipiell wird hier eine Widerstandsbrückenschaltung zur Auswertung herangezogen, wobei die Widerstände $R_1$ und $R_2$ den Sensorpfad darstellen und den anderen Brückenteil der Widerstand $R_3$, das Potentiometer $P_1$ und der Widerstand $R_4$. Die Widerstandswerte von $R_1$ und $R_2$ werden so ausgewählt, daß eine Linearisierung der Sensorwiderstandscharakteristik über die Betriebstemperatur (hierbei 0-100°C) erfolgt. Über diesen Temperaturbereich ist die Ausgangsspannung $U_A$ sehr linear zwischen $0{,}2 \cdot U_B$ und $0{,}6 \cdot U_B$ entsprechend 1 und 3 V für 5 V Betriebsspannung. Um die Schaltung zu kalibrieren, kann das Potentiometer $P_1$ bei $U_A$ auf 1 V mit dem Sensorwert bei 0 °C abgeglichen werden. Bei höherer Temperatur, z.B. 50°C, kann mit dem Potentiometer $P_2$ die Ausgangsspannung $U_A$ entsprechend z.B. auf 2V bei 50 °C geeicht werden. In dieser Schaltung hat der Kalibriervorgang mit dem Potentiometer $P_2$ keinen Einfluß auf die 0°-Einstellung.

### 1.7.2.3 Meßverstärker-Schaltungen

Aus der großen Anzahl möglicher Auswerteschaltungen für die verschiedenen Anwendungen mögen hier zwei Beispiele für industrielle Temperatur-Messungen beschrieben werden.

*Microcontroller-Schnittstelle*

Die aus einer Brückenanordnung mit dem Temperatursensor erhaltene Signalspannung muß gewöhnlich verstärkt werden, um sie an den Eingangsspannungsbereich von AD-Wandlern (z.B. ADC 803) oder den AD-Wandlereingängen eines Microcontrollers anzupassen (z.B. Einchip 8-bit Microcontroller PCB 80 C 552).

Die Schaltung in Bild 1.7-8, Meßbereich 0...100 °C, ist ein geeigneter Vorverstärker für AD-Wandler mit ratiometrischem Verhalten wie die beiden oben genannten Beispiele.

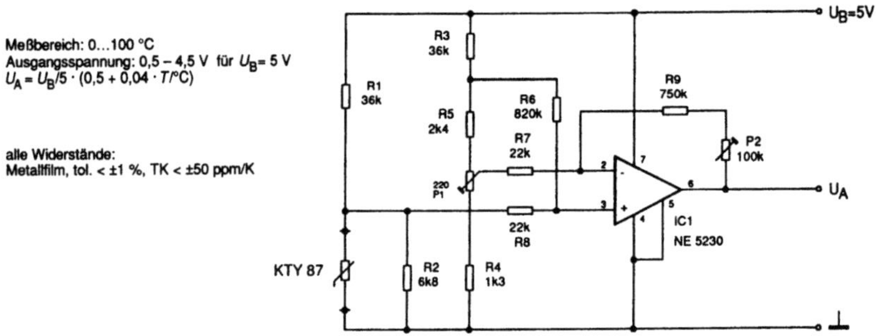


Bild 1.7-8      Auswerteverstärker für Mikroprozessor-Schnittstelle

Zum Abgleich der Schaltung wird der Sensor durch einen Meßwiderstand von 1640 $\Omega$ (Nominalwert des KTY 87 bei 0 °C) ersetzt und mit $P_1$ die Ausgangsspannung $U_A$ auf 0,5 V eingestellt. Dann wird ein Meßwiderstand von 3344 $\Omega$ (Nominalwert bei 100°C) anstelle des Temperatursensors eingesetzt und mit $P_2$ $U_A$ = 4,5 V eingestellt.

Damit ist die Schaltung für einen nominalen Temperatursensor KTY 87 abgeglichen. Sie kann mit jedem Sensor KTY 87 benutzt werden, wobei der verbleibende Meßfehler kleiner ±1 °C im Bereich von 20...100 °C bleibt.

Wenn der Verstärker an einen bestimmten Sensor angepaßt werden soll, erfolgt die Abgleichprozedur statt mit Meßwiderständen mit diesem Sensor, der dann den Temperaturen der Abgleichpunkte ausgesetzt wird, z.B. in einem genauen Flüssigkeits-Thermostaten. Diese erheblich aufwendigere Methode bringt einen weiteren Gewinn an Meßgenauigkeit, jedoch nur für diesen bestimmten Sensor.

Die Verwendung dieser Schaltung ist nicht auf den Einsatz als Schnittstelle für AD-Wandler beschränkt. Sie kann als allgemeine einfache Signalaufbereitungsschaltung für Silizium-Temperatursensoren benutzt werden.

*Meßverstärker mit Stromausgang 4...20 mA*

In der industriellen Temperatur-Meßtechnik werden häufig Verstärker mit dem genormten Stromausgang 4...20 mA eingesetzt, Bild 1.7-9 zeigt einen solchen Verstärker in 2-Leiter-Technik für den KTY 87, Temperatur-Meßbereich 0...100 °C. Es besteht aus einer Meßbrücke mit Vorverstärker, ähnlich dem in Bild 1.7-8 einer Strom-Ausgangsstufe und einer Spannungsstabilisierung.

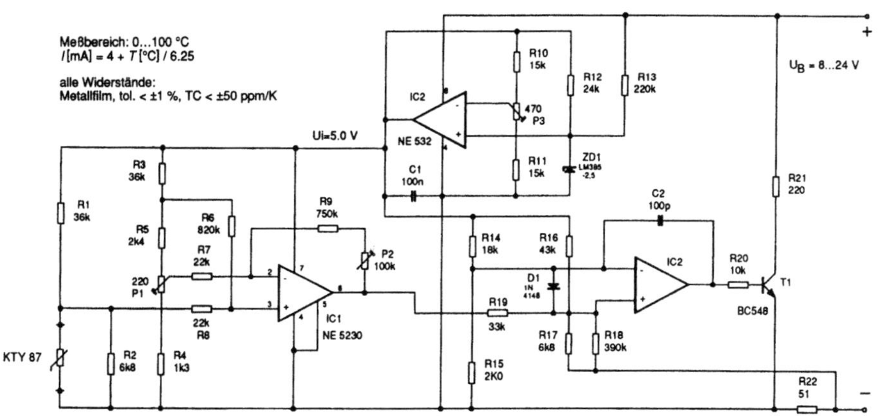


Bild 1.7-9        Meßverstärker mit Stromausgang 4...20 mA

Der Abgleich der Schaltung erfolgt in drei Schritten. Die Betriebsspannung soll dabei etwa 12 V sein.

Zuerst wird die interne Betriebsspannung $U_i$ mit Potentiometer $P_3$ auf 5,0 V gesetzt. Danach wird ein Meßwiderstand von 1640 $\Omega$ (Nominalwert des KTY 87 bei 0 °C) anstelle des Sensors eingesetzt und der Ausgangsstrom mit $P_1$ auf 4,0 mA eingestellt. Nun wird ein Meßwiderstand von 3344 $\Omega$ eingesetzt (Nominalwert bei 100 °C) und der Ausgangsstrom mit $P_2$ auf 20,0 mA gestellt.

Der Abgleich kann natürlich auch mit einem Temperatursensor KTY 87 erfolgen, der den Testtemperaturen 0 °C und 100 °C ausgesetzt wird. Die Schaltung ist dann an diesem speziellen Sensor optimal angepaßt, ein Sensoraustausch erfordert aber einen erneuten Abgleich.

## 1.8   Zusammenfassung

Steht ein Anwender vor der Frage, welches Bauelement mit welcher Technologie für eine Temperaturerfassung zum Einsatz kommen soll, so sollten die folgenden Punkte ausschlaggebend sein für eine optimale Auswahl:

1. Bevorzugter Einsatz-Betriebstemperaturbereich

   Der vorgesehene Meßbereich schränkt bereits die zur Auswahl stehende Palette von Halbleiter- bzw. keramischen Sensoren ein. Hierbei sollte insbesondere darauf geachtet werden, daß ein entsprechender Sensor ausgewählt wird, der nach seinem Temperaturprofil den Applikationsanforderungen entspricht.

2. Sensorempfindlichkeit

   Ein wesentlicher Unterschied zwischen den Halbleitersensoren und den keramischen Sensoren liegt in der Steilheit der Widerstands-/Temperatur-Kennlinie (Empfindlichkeit).

   Hat ein typischer NTC-Widerstand einen Temperaturkoeffizienten von –4,4 %/K, so hat ein Halbleitersensor +0,8 %/K. Dieser Unterschied kann je nach Auswerteschaltung ein Kriterium für die Sensorauswahl sein.

3. Linearität

   Soll ein Temperatursensor über einen großen Betriebstemperaturbereich eingesetzt werden, ist eine lineare Kennlinie von Vorteil und somit ein Halbleiter-Siliziumsensor zu empfehlen. Für kleine Meßbereiche (s. hierzu auch die ausführlichen Erläuterungen unter dem Punkt "Linearitätsverhalten") empfiehlt sich hingegen ein NTC-Widerstand.

Abschließend kann festgehalten werden, daß beide Technologien vom Stabilitätsverhalten (Langzeitstabilität) vergleichbare Werte zeigen und somit für alle Anwendungsgebiete der Temperaturerfassung geeignet sind.

# I-2 Temperatur- und Luftstrommessung mit lasergetrimmten Si-/Permalloy-Temperatursensoren

Von Henri Hencke

## 2.1 Aufbau und Eigenschaften des Temperaturfühlers

Das temperaturempfindliche Fühlerelement der neuen Temperatur- und Luftstrom-sensoren-Familie basiert auf der Temperaturabhängigkeit des spezifischen Wider-standes von Permalloy, einer speziellen Nickel-Eisen-Legierung (s. Band 1, Abschnitt 7.2.2). Die Sensorstruktur ist auf einem $1,0 \times 1,3$ mm$^2$ kleinen Siliziumchip aufgebracht und besteht aus einem einem aufgedampften und exakt abgeglichenen Widerstandsnetzwerk (s. Band 3, Abschnitt 3.3.3). Der hohe positive Temperatur-koeffizient, die ausgezeichnete Linearität und Langzeitstabilität sowie der hohe Nennwiderstand von 2000 $\Omega$ bei +20 °C ermöglichen die Realisierung hochgenauer, energiesparender Meßschaltungen. Das günstige Preis/Leistungs-Verhältnis dieser Sensoren resultiert aus den niedrigen Kosten des edelmetallfreien Materials und dem hohen Automatisierungsgrad der Fertigung. Die ursprünglich für die Automobilindu-strie entwickelten Sensoren werden daher zunehmend in Heiz-, Kühl-, Klima- und Belüftungsanlagen sowie in der Umwelt-, Computer-, Telekommunikations- und Meßtechnik eingesetzt. Kundenspezifische Gehäuse aus Kunststoff, Edelstahl, Aluminium oder Messing sind auf Wunsch auch mit integrierter Signalaufbereitung lieferbar.

Die Temperatur zählt in der Technik zu den am häufigsten gemessenen physikali-schen Größen. Den hier beschriebenen Sensoren liegt der thermoresistive Effekt zugrunde, bei dem man aus der gemessenen Widerstandsänderung auf eine bestimmte Temperatur oder Luftströmungs-Geschwindigkeit schließen kann. Die Luftstromsen-soren der Serie AWN bestehen aus einem elektrisch beheizten Temperatursensor, den der Luftstrom entsprechend abkühlt. Die Luftstromsensoren AWT haben einen zweiten, unbeheizten Temperatursensor zur Kompensation der Lufttemperatur-Schwankungen. Die Widerstandsdifferenz dieser beiden Temperatursensoren stellt somit ein genaues Maß für die Geschwindigkeit der Luftströmung dar.

Das Layout des Chips mit dem aufgedampften und anschließend fotochemisch geätz-ten Dünnschicht-Widerstandsnetzwerk aus Permalloy ist in Bild 2.1-1 dargestellt. Die quadratische Spirale in der Mitte ist nur 10 µm dick und bildet den eigentlichen Meßfühler. Die vier Bondflächen sorgen für redundante Anschlüsse und ermöglichen

eine präzise vierdrahtige Widerstandsmessung beim Laserstrahlabgleich. Die leiter-
förmigen Linien sind für den Grob-, Mittel- und Feinabgleich vorgesehen und erlauben eine auf weniger als 1 Ω genaue Justierung in einem Bereich von bis zu 400 Ω.
Die für das Widerstandsnetzwerk verwendete Permalloy-Legierung besteht aus 80 %
Nickel und 20 % Eisen und besitzt einen mit dem von Platin vergleichbaren relativ
hohen positiven Temperaturkoeffizienten, ist jedoch deutlich kostengünstiger.

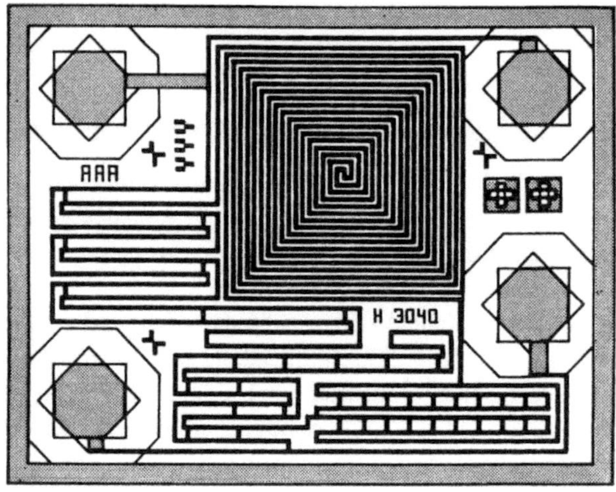


Bild 2.1-1     Layout des $1,0 \times 1,3$ mm$^2$ kleinen lasergetrimmten Sensorchips mit fotochemisch
               geätztem Widerstandsnetzwerk. Die nur 10 μm dicke quadratische Spirale bildet
               das eigentliche Fühlerelement.

Die hohe Meßempfindlichkeit und der hohe Nennwiderstand von 2000 Ω bei +20 °C
ermöglichen stromsparende Meßschaltungen und mindern die Eigenerwärmung auf
einen vernachlässigbar kleinen Wert. Bei 0 °C beträgt der Widerstand $R_0$ des Temperatursensors 1854 Ω. Für eine beliebige Temperatur $T$ gilt allgemein: $R_T = R_0 (1 + aT
+ bT^2)$. Für alle Sensoren der Serie TD und $-40$ °C $\leq T \leq +150$ °C gilt: $R_T =
1854 \cdot (1 + 3,84 \cdot 10^{-3}T + 4,94 \cdot 10^{-6}T^2)$ [Ω]. Der Widerstand nimmt somit im Be-
reich von $-40...+150$ °C Werte zwischen 1584 Ω und 3128 Ω an. Die Meßgenauigkeit ist bei Raumtemperatur mit $\pm 0,7$ K und über den Gesamtbereich mit $\pm 2,5$ K angegeben.

Zum Schutz gegen widrige Umwelteinflüsse wird der Sensorchip während des Ver-
packens mit einer aushärtenden Epoxidschicht überdeckt. Die dem Permalloy eigene
Magnetfeld-Empfindlichkeit des Widerstandes (Magnetowiderstand) hebt sich wegen der symmetrischen Form der Meßfühler-Spirale weitestgehend auf, da die
magnetoresistive Wirkung in jedem Teilabschnitt durch die im gegenüberliegenden
Parallelzweig ausgeglichen wird. Für eine magnetische Induktion von 5 Millitesla

(50 Gauß) beträgt die Widerstandsänderung somit weniger als 0,1 %, was einem Temperaturfehler von 0,25 K entspricht. Die Temperatursensoren erfüllen alle wichtigen Anforderungen hinsichtlich justagefreien Einbaus, kurzer Ansprechzeit, linearer Ausgangsspannung, hoher Meßgenauigkeit, Zuverlässigkeit und Langzeitstabilität, anwendungsspezifischer Gehäuseformen und eines günstigen Preises von unter 5 DM bei hohen Stückzahlen.

## 2.2  Anwendungsspezifische Gehäuseformen

An Temperatursensoren stellt man sehr verschiedenartige Anforderungen. Je nach Anwendung kann die Temperaturmessung in Gasen, Flüssigkeiten oder an Oberflächen erfolgen. Neben der Ansprechzeit kann auch die chemische Beständigkeit, vor allem beim Einsatz in Flüssigkeiten, anwendungsspezifische Gehäuse und Werkstoffe erforderlich machen. Die in Bild 2.2-1 vorgestellten Temperatursensoren der Serie TD sind Standardausführungen.

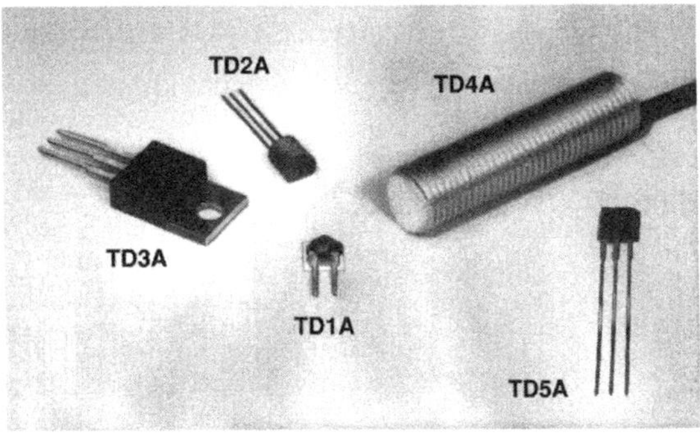


Bild 2.2-1      Temperatursensoren der Serie TD messen Gas-, Flüssigkeits- und Oberflächentemperaturen. Der Linearitätsfehler beträgt maximal ±0,2 % vom Meßbereich.

Der vorne in der Mitte abgebildete Sensor TD1A ist auf einem $5,1 \times 5,1$ mm$^2$ kleinen Keramiksubstrat befestigt und zeichnet sich durch eine sehr niedrige Wärmekapazität aus. Die Ansprechzeit beträgt 14 s in stiller Luft und 5 s in bewegter Luft (4 m/s). Die beiden Anschlußstifte haben einen Mittenabstand von 2,5 mm und sind steckbar oder auf Leiterplatten montierbar. Rechts daneben sieht man den Miniatur-Temperatursensor TD5A mit drei Anschlußstiften, von denen der mittlere nicht belegt ist. Hier ist die Ansprechzeit mit 30 s in ruhender und 9 s in bewegter Luft angegeben. Der ganz links gezeigte Sensor TD3A mit den Abmessungen des Transistorgehäuses TO-220 dient zur Messung von Oberflächen-Temperaturen, ist steck- und leiterplattenmontierbar und hat eine Ansprechzeit von 75 s in ruhender Luft. Oben in der Mitte ist der im industrieüblichen Transistorgehäuse TO-92 eingebaute Temperatursensor TD2A zu sehen. Er spricht mit einer Zeitkonstante von 30 s in stiller und 9 s in bewegter Luft an, und besitzt drei Anschlußstifte mit einem Mittenabstand von 1,33 mm. Der Flüssigkeits-Temperatursensor TD4A, rechts im Bild, besitzt ein 38,1 mm langes, eloxiertes Aluminiumgehäuse mit zwei teflonisolierten Anschlußleitungen. Der völlig abgedichtete Sensor läßt sich leicht an der Seitenwand eines Behälters befestigen. Seine Ansprechzeit beträgt in Wasser 5 s und in ruhender Luft 4 min. Der Temperatursensor TD1A kann in anwendungsspezifische Gehäuse aus Kunststoff, Messing, Aluminium, Edelstahl oder anderen Werkstoffen eingebaut werden. Ein in das Gehäuse integrierter Meßverstärker mit Spannungs- oder Stromausgang ist ebenfalls möglich.

## 2.3   Linearisierung der Ausgangsspannungs-Kennlinie

Die bereits genannte Beziehung $R_T = R_0(1 + aT + bT^2)$ läßt erkennen, daß zwischen dem Sensorwiderstand $R_T$ und der zu messenden Temperatur $T$ kein linearer, sondern ein parabolischer Zusammenhang besteht. Daher kann man nur für kurze Kurvenabschnitte, d.h. kleine Temperaturbereiche, ein annähernd lineares Verhalten zugrunde legen.

Mit einem in Reihe geschalteten Metallschicht-Widerstand von 5110 $\Omega$ erreicht man bei Konstantspannungsspeisung eine einfache, aber sehr wirksame Linearisierung der Ausgangsspannung/Temperatur-Kennlinie, die in Bild 2.3-1 dargestellt ist.

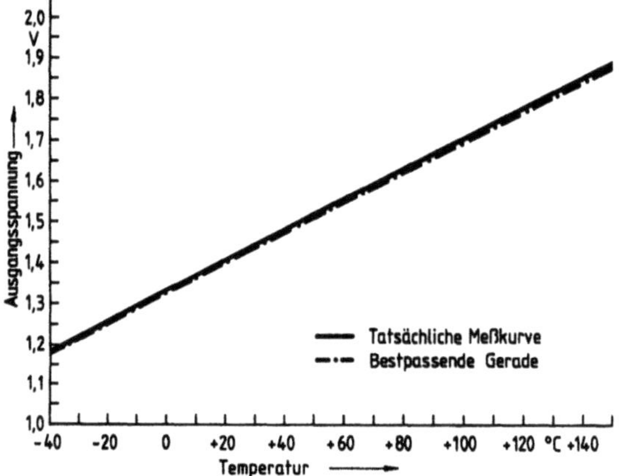


Bild 2.3-1   Meßkurve der linearisierten Ausgangsspannung für eine Speisespannung $U_B$ = 5 V–. Die Meßempfindlichkeit beträgt 3,76 mV/K.

Bei der hier verwendeten Speisespannung von 5 V beträgt die Meßempfindlichkeit, d. h. die Spannungsänderung je Grad am Sensor, über dem gesamten Temperaturbereich (–40...+150 °C) 3,76 mV/K. Die Temperatur $T$ [°C] ergibt sich aus der Ausgangsspannung $U_T$ [V] zu: $T$ [°C] = 266,62 · $U_T$ [V] – 355,07. Der Linearitätsfehler dieser Ausgangsspannung beträgt über dem Gesamtbereich ±0,4 K, oder –0,2 % vom Meßbereich. Die Meßempfindlichkeit läßt sich durch Erhöhung der Speisespannung auf 10 V auf 7,52 mV/K verdoppeln. Verwendet man anstelle der Konstant*spannungs*- eine Konstant*strom*quelle, so muß man den Linearisierungswiderstand von 5110 $\Omega$ parallel zum Sensor schalten. Für einen Konstantstrom von 1 mA ergibt sich dann eine Meßempfindlichkeit von 3,84 mV/K.

Mit Hilfe der Differentialrechnung kann man den optimalen Linearisierungswiderstand $R_L$ für erhöhte Genauigkeitsanforderungen innerhalb eines beliebigen Temperaturmeßbereichs von $T_1$ bis $T_2$ bestimmen. Zuerst errechnet man die mittlere Temperatur $T_m = (T_1 + T_2)/2$ und geht von der Gleichung für die Parallelschaltung aus: $R = R_{Tm} \cdot R_L/(R_{Tm} + R_L)$. Im Wendepunkt dieser Kurve liegt die höchste Linearität vor, und es gilt: $d^2R/dT^2 = 0$. Der gesuchte Widerstand $R_L$ ergibt sich zu: $R_L = R_0 (a^2/b + 3\ a\ T_m + 3\ b\ T_m^2)$. Für den Temperaturbereich von 0...+20 °C, mit der mittleren Temperatur $T_m = +10$ °C, errechnet man einen Linearisierungswiderstand $R_L = 3896\ \Omega$. Für 0...+100 °C ergibt sich dementsprechend $T_m = +50$ °C und $R_L = 4817\ \Omega$ und für den Bereich +50...+150 °C, mit $T_m = +100$ °C, ein Widerstand $R_L = 6091\ \Omega$.

Der thermische Widerstand (Band 1, Abschnitt 4.3.1) des verpackten Chips beträgt ca. 0,2 K/mW. Soll der durch die Eigenerwärmung bedingte Meßfehler unter 0,2 K liegen, so darf die Spannung am Chip 2,5 V nicht überschreiten. Betriebsspannungen von maximal 10 V sind zwar zulässig, sie verursachen jedoch durch die quadratisch zunehmende Leistungsaufnahme und Eigenerwärmung entsprechend größere Meßfehler. Daher wurde in den nachfolgenden Schaltungsbeispielen der Spannungsabfall am Temperatursensor sehr niedrig gehalten.

## 2.4  Meßverstärker mit Spannungs- oder Stromausgang

Der in Bild 2.4-1 gezeigte Meßverstärker ist für eine Betriebsspannung von 5 V und einen Meßbereich von 0...+150 °C ausgelegt.

Er arbeitet mit einem Linearisierungswiderstand von 5110 $\Omega$ und liefert eine temperaturproportionale Ausgangsspannung $U_a$ von 0...1,5 V. Die Temperatur in °C errechnet sich aus $U_a$ in V gemäß $T = 100\ U_a$. Der Verstärkungsfaktor von 2,67 ist durch die Einstellung des Widerstands $R_2$ auf 167 k$\Omega$ und das Verhältnis $R_2/R_1 = 1,67$ gegeben. Zum Nullpunktabgleich am 1 k$\Omega$-Potentiometer ersetzt man zweckmä-

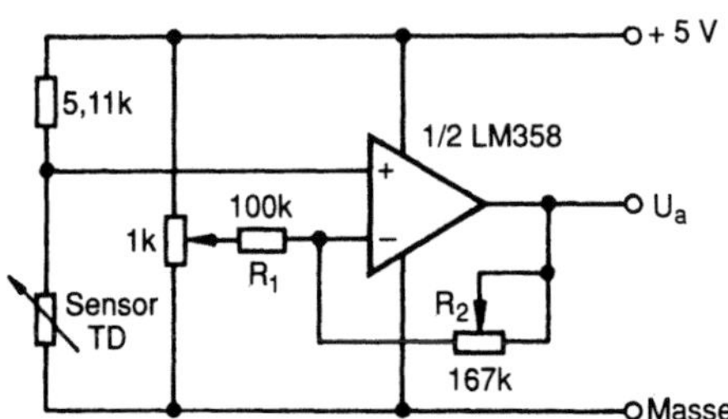

Bild 2.4-1      Meßverstärker für $T = 0...+150$ °C. Die hochlineare Ausgangsspannung $U_a$ beträgt 0...1,50 V.

ßigerweise den Sensor TD durch einen der Temperatur von +10 °C entsprechenden Widerstand von 1926 $\Omega$ und stellt eine Ausgangsspannung $U_a = 100$ mV ein. Anschließend setzt man an diese Stelle einen anderen Widerstand von 2658 $\Omega$; die Ausgangsspannung sollte dann, +100 °C entsprechend, 1,00 V betragen. Mit Hilfe eines Zeigerinstruments oder einer Digitalanzeige läßt sich auf diese Art ein hochgenaues und preiswertes elektronisches Thermometer bauen. Möchte man den Meßbereich auf –40...+150 °C ausdehnen, so verwendet man eine duale Spannungsquelle von ±5 V oder einen ergänzenden Spannungsteiler zur Bildung einer Offsetspannung. Für diese und die folgende Schaltung empfiehlt Honeywell die Verwendung von Metallschicht-Widerständen und rausch- und driftarmen Differenzverstärkern.

Die in Bild 2.4-2 dargestellte Verstärkerschaltung mit einem Stromausgang von 4... 20 mA eignet sich für eine Meßwertübertragung über größere Entfernungen.

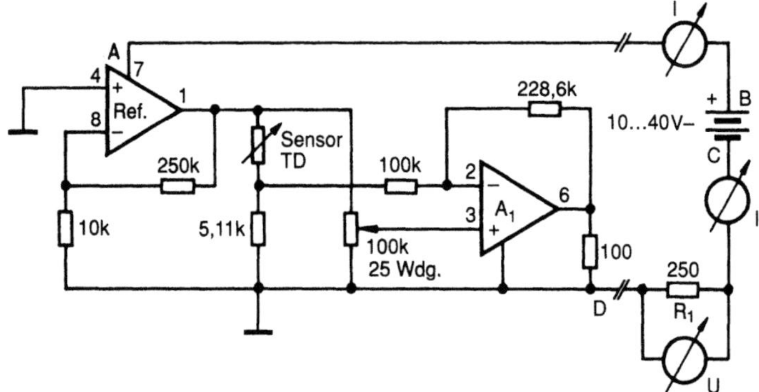

Bild 2.4-2      Meßverstärker für –40...+150 °C mit Stromausgang 4...20mA. An dem auf Wunsch einfügbaren Shunt-Widerstand $R_1$ entsteht ein Spannungsabfall von 1...5V.

Sie bietet im Vergleich zur vorigen Schaltung eine höhere Störfestigkeit gegen elektromagnetische Einstreuungen und gleicht Spannungsabfälle auf der Leitung automatisch aus. Im Meßbereich von –40...+150 °C steigt der Ausgangsstrom linear von

4 auf 20 mA an. Die Meßempfindlichkeit beträgt dabei 0,085 mA/K. Am Shunt-Widerstand $R_1$ fällt eine temperaturproportionale Spannung von 1...5 V ab. Bei Einfügung eines Amperemeters zwischen A und B bzw. C und D kann dieser Widerstand entfallen. Zunächst gleicht man die Schaltung so ab, daß am Stift 1 des zweifachen Differenzverstärkers LM 10 eine Konstantspannung von 5 V ansteht. Dann ersetzt man den Temperatursensor TD1A durch einen 1584 $\Omega$-Widerstand ($-40$ °C) und stellt am 100 k$\Omega$-Potentiometer einen Ausgangsstrom von genau 4,0 mA ein. Zur Überwachung vorgegebener Mindest- oder Höchsttemperaturen eignen sich Komparatorschaltungen mit einstellbarer Schaltschwelle. Mit Hilfe eines Zweipunktreglers mit separat einzustellendem Ein- und Ausschaltpunkt und nachgeschalteter Heiz- oder Kühlvorrichtung kann man die Temperatur innerhalb der vorgegebenen Grenzen elektronisch regeln. Zur Einstellung der Schaltpunkte sollte man den TD-Sensor durch Festwiderstände ersetzen, die dem Sensorwiderstand $R_T$ für die Grenztemperaturen $T_1$ und $T_2$ entsprechen.

## 2.5  Luftstromsensoren der Serie AW

Für die Messung von Luftströmungs-Geschwindigkeiten und Luftmassen in Heiz-, Kühl-, Lüftungs- und Klimaanlagen besteht eine große Nachfrage nach preisgünstigen und gleichzeitig recht genau messenden Sensoren. Die in Bild 2.5-1 gezeigten lasergetrimmten Luftstromsensoren der Serie AW zeichnen sich durch hohe Langzeitstabilität und Wiederholgenauigkeit, geringe Hysterese, justagefreien Einbau, kleine Baugröße und einen günstigen Preis aus (bei hohen Stückzahlen unter 10 DM).

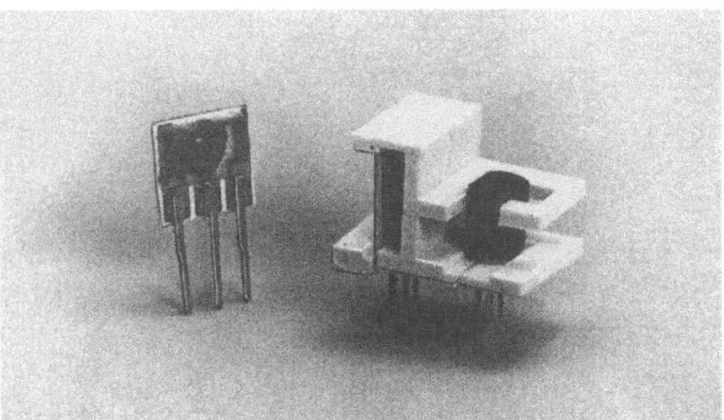

Bild 2.5-1    Luftstromsensoren der Serie AW messen Strömungsgeschwindigkeiten von 0...5 m/s auf 3 % genau. Rechts der Typ AWT mit Temperatursensor TD2A zum Ausgleich der Lufttemperaturschwankungen.

Ihre Meßgenauigkeit ist besser als 3 % und wird weder durch Vibrationen noch durch Luftstöße beeinträchtigt. Der links abgebildete 7,5 × 7,5 mm² kleine Luftstromsensor AWN besteht aus einem in der Mitte des Keramiksubstrats angeordneten Dünnschicht-Temperatursensor (TD) und zwei in Serie geschalteten, links und rechts daneben befindlichen Dickschicht-Heizwiderständen von je 25 Ω. Alle drei Widerstände sind lasergetrimmt. Die mit 7 V gespeisten Heizwiderstände erbringen eine Heizleistung von 1 W und eine Temperaturerhöhung des Meßfühlers um 90...105 °C bei Betriebstemperaturen von –40...+85 °C. Mit zunehmendem Luftstrom kühlt der Meßfühler ab, und der Sensorwiderstand wird kleiner. Wenn sich die Luftströmungs-Geschwindigkeit von 0 auf 5,1 m/s ändert, sinkt der Sensorwiderstand, bei einer Umgebungstemperatur von +25 °C, von 3000 Ω auf 2520 Ω. Der mit 1 mA Konstantstrom gespeiste Sensor liefert eine degressive nichtlineare Ausgangsspannung und weist bei kleinen Strömungsgeschwindigkeiten die höchste Meßempfindlichkeit auf. Die Ansprechzeit in bewegter Luft beträgt typisch 4 s, die Lagertemperatur –50...+170 °C. Die elektrischen Anschlüsse sind für Steck- und Leiterplattenmontage geeignet und in 2,54 mm Abstand angeordnet. Der rechts in Bild 2.5-1 gezeigte Luftstromsensor AWT ist mit einem zusätzlichen thermisch isolierten Temperatursensor TD2A ausgestattet, der die durch Schwankungen der Lufttemperatur verursachten Meßfehler ausgleicht.

In Bild 2.5-2 ist eine einfache Temperatur-Kompensationsschaltung mit den beiden konstantstromgespeisten Sensoren dargestellt.

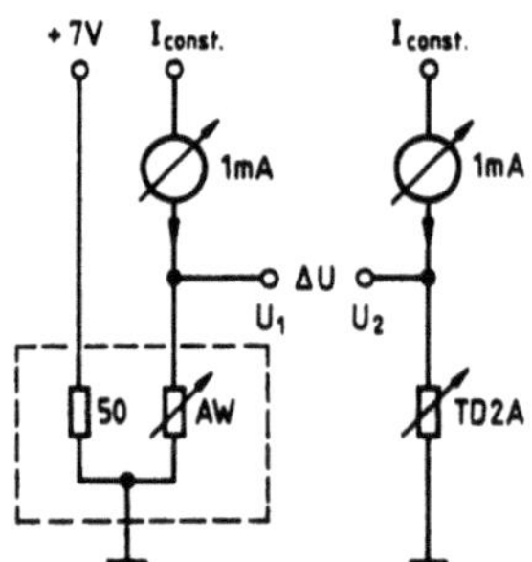


Bild 2.5-2    Einfache Temperaturkompensations-Schaltung. Die Spannungsdifferenz $\Delta U = U_1 - U_2$ ist ein genaues Maß für die Luftströmungs-Geschwindigkeit.

Die Luftströmungs-Geschwindigkeit ergibt sich hier aus der Spannungsdifferenz $U_1 - U_2$. Die in Bild 2.5-3 ausgedruckte Meßwerte-Tabelle zeigt diese Spannungsdifferenz für Strömungsgeschwindigkeiten von 0...5 m/s und Umgebungstemperaturen von –40 °C, +25 °C und +85 °C.

Die Kennlinien in Bild 2.5-4 veranschaulichen den Verlauf dieser Meßwerte. Die drei in einem bestimmten Abstand parallel verlaufenden Kennlinien lassen sich durch Linearisierung beider Sensoren mit dem bereits berechneten Widerstand $R_L$ fast zur Deckung bringen.

| Luftstrom [m/s] | $t = -40\,°C$ | $t = +25\,°C$ | $t = +85\,°C$ |
|---|---|---|---|
| | $\Delta U = U_1 - U_2$ [V] | | |
| 0,00 | 0,71 | 0,76 | 0,79 |
| 0,25 | 0,65 | 0,67 | 0,71 |
| 0,50 | 0,58 | 0,63 | 0,65 |
| 0,75 | 0,52 | 0,56 | 0,59 |
| 1,00 | 0,49 | 0,54 | 0,56 |
| 1,25 | 0,47 | 0,52 | 0,53 |
| 1,50 | 0,45 | 0,50 | 0,52 |
| 1,75 | 0,43 | 0,48 | 0,49 |
| 2,00 | 0,42 | 0,47 | 0,48 |
| 2,25 | 0,41 | 0,45 | 0,47 |
| 2,50 | 0,40 | 0,44 | 0,46 |
| 2,75 | 0,39 | 0,43 | 0,45 |
| 3,00 | 0,38 | 0,42 | 0,44 |
| 3,25 | 0,37 | 0,41 | 0,44 |
| 3,50 | 0,37 | 0,40 | 0,43 |
| 3,75 | 0,36 | 0,40 | 0,42 |
| 4,00 | 0,36 | 0,39 | 0,42 |
| 4,25 | 0,35 | 0,39 | 0,41 |
| 4,50 | 0,35 | 0,38 | 0,41 |
| 4,75 | 0,34 | 0,38 | 0,40 |
| 5,00 | 0,34 | 0,37 | 0,40 |

Bild 2.5-3      Meßwerte $\Delta U$ für Lufttemperaturen von -40 °C, +25 °C und +85 °C

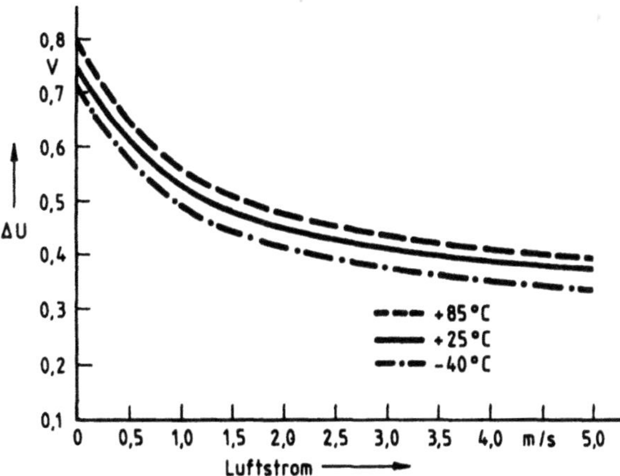


Bild 2.5-4      Differenzspannungs-Kennlinien für verschiedene Lufttemperaturen. Durch Linearisierung bringt man sie fast zur Deckung.

Für die in Bild 2.5-2 gezeigte Schaltung gilt $\Delta U = U_1 - U_2 = I_{konst}\,(R_{AW} - R_{TD}) = 10^{-3} \cdot (R_{AW} - R_{TD})$. Sonderausführungen in Kunststoff-, Aluminium-, Messing- und Edelstahlgehäusen mit für 5 V, 10 V oder 15 V Heizspannung ausgelegten Heizwiderständen und integrierter Folgeelektronik sind kundenspezifisch lieferbar.

## 2.6  Anwendungsbeispiele

Die Temperatursensoren der Serie TD wurden ursprünglich für den Einsatz in Kraftfahrzeugen konzipiert, wo sie zur Temperaturüberwachung von Emissionssteuerungen, Motoren, Differentialen, Drehteilen und Lagern sowie zur Feuerverhütung dienen. Ihr Anwendungsbereich ist inzwischen beachtlich gewachsen und umfaßt Klima- und Belüftungsanlagen, chemische Prozeßsteuerungen, Hausgeräte, Elektroherde, Kühl- und Gefrierschränke, Nahrungsmittel- und Spritzgußmaschinen, medizinische und militärische Geräte, Elektromotoren und Generatoren, wissenschaftliche Meßgeräte, Computerschränke und Temperaturkompensations-Schaltungen in der elektronischen Meßtechnik. Mit Hilfe von zwei Temperatursensoren TD, die auf gleichem Abstand vor und hinter einer Heizwicklung in einem Rohr angeordnet sind, läßt sich ein Hitzdraht-Anemometer realisieren. Bei fehlendem Durchfluß sind aus Gründen der Symmetrie beide Temperaturen gleich ($T_1 = T_2$), während beim Eintritt des Durchflusses die Temperatur $T_1$ am vorgeschalteten Temperatursensor sinkt, und $T_2$ am nachgeschalteten Sensor ansteigt. Die Temperaturdifferenz $\Delta T = T_1 - T_2$ ist dem Massendurchfluß $Q_m$ bzw. dem Volumendurchfluß $Q_v$ direkt proportional. Das positive oder negative Vorzeichen der Differenz $\Delta T$ gibt Aufschluß über die Flußrichtung. Die Luftstromsensoren der Serie AW eignen sich, ähnlich wie das Hitzdraht-Anemometer, zur Messung von Strömungsgeschwindigkeiten sowie von Massen- und Volumendurchfluß von Luft. Bei anderen Gasen muß das Meßergebnis korrigiert werden, indem man es durch das Verhältnis der volumenbezogenen Wärmekapazitäten von Gas zu Luft dividiert. Zu den mit den Temperatursensoren gemeinsamen Einsatzgebieten der Luftstromsensoren zählen Lüftungs-, Klima- und Heizungsanlagen sowie Computer- und Elektronikschränke. Die vorwiegend von Luftstromsensoren AW erschlossenen Anwendungsbereiche umfassen Energiemanagement, Agrartechnik, Ventilatorüberwachung in Netzgeräten und Computern, Rauch- und Dunstabzüge in sauberen Räumen, Umweltmeßeinrichtungen sowie Geschwindigkeitsmessungen im Freien sowie in Rohren und Schächten. Durch Nachschalten eines aus zwei Komparatoren und einem NAND-Gatter bestehenden Fensterdiskriminators kann man einen Luftstrom innerhalb einer einstellbaren Ober- und Untergrenze überwachen. Die neuentwickelten, in Mikrostrukturtechnik gefertigten Mikrobrücken-Luftstromsensoren der Serien AWM3000 und AWM5000 haben eine Heizleistung von nur 30 mW und einen eingebauten Meßverstärker. Sie werden mit Meßbereichen von 0...200 ml/min bis 0...20 l/min angeboten und finden in der Klima- und Medizintechnik Anwendung. Mit einem zusätzlichen, laminaren Bypass läßt sich der Meßbereich mit einem Faktor von bis zu 10 erweitern.

# I-3 Temperaturmessung mit Schwingquarzsensoren

Von Angelika Heier-Zimmer

## 3.1 Einleitung

In Industrieprozessen ist die genaue Messung und Regelung der physikalischen Größe Temperatur durch erhöhte Anforderungen an Qualität und Sicherheit von immer größerer Bedeutung. Vornehmlich werden zur Temperaturerfassung in der technischen Temperaturmeßtechnik Thermoelemente, die eine Thermospannung erzeugen oder temperaturabhängige Widerstandssensoren eingesetzt. Letztlich hängt die Wahl eines Sensors von den Einsatzbedingungen, wie beispielsweise die Höhe der zu messenden Temperatur oder die notwendige Ansprechzeit entscheidend ab. Durch die Forderung nach größerer Genauigkeit und Reproduzierbarkeit und durch die steigende Anzahl der Sensoren in der Automatisierungstechnik ist verstärkt in der Meßwertverarbeitung ein Übergang von der Analogtechnik zur Digitaltechnik zu verzeichnen.

Aus diesen Gründen bietet die Temperaturmessung mittels eines Sensors auf Schwingquarzbasis besondere Vorteile. Hierbei werden die physikalisch bedingten Eigenschaften des Schwingquarzes so genutzt, daß seine Resonanzfrequenz eine maximale Temperaturabhängigkeit aufweist. Dieses Prinzip zeichnet sich durch hohe Genauigkeit und sehr hohe Langzeitstabilität aus. Durch Wandlung der Temperatur in die elektrisch erfaßbare Größe Frequenz eröffnen sich einfachere Möglichkeiten der Datenübertragung. So können mehrere Sensoren über eine einfache 2-Draht-Leitung verbunden werden. Auch der Installationsaufwand reduziert sich damit erheblich.

Ein derartiges Quarz-Temperaturmeßsystem wird von der Firma Heraeus Sensor GmbH unter der Kurzbezeichnung QuaT geführt. Das Prinzip mit seinen technischen Eigenschaften und Einsatzmöglichkeiten wird im folgenden beschrieben.

## 3.2 Aufbau und Meßprinzip

Die Temperaturmessung mit Schwingquarzsensoren basiert auf dem Prinzip der temperaturabhängigen Resonanzfrequenz eines Schwingquarzes. Ausgangsmaterial für den Temperatursensor ist ein kristalliner Quarz. Die am meisten verbreiteten Quarze sind AT-Quarze und werden hauptsächlich als stabile Taktgeber genutzt und sollten keine Temperaturdrift aufweisen. Sie unterscheiden sich physikalisch vom Temperaturquarz durch den Schnittwinkel aus dem Kristall (Bild 3.2-1).

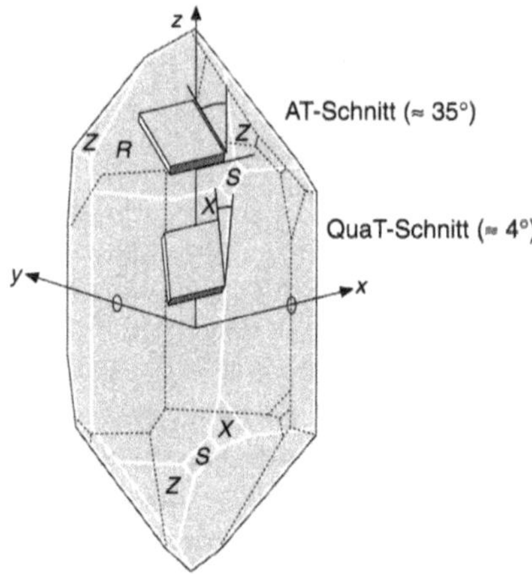


Bild 3.2-1      Lage der verschiedenen Quarzschnitte

Bei den für das Temperaturmeßsystem QuaT verwendeten Temperaturquarzen dagegen ist der Schnittwinkel so optimiert, daß die Resonanzfrequenz eine maximale Temperaturabhängigkeit aufweist (Bild 3.2-2). Diese liegt in der Größenordnung von 100 ppm/°C und läßt sich durch die Mikroprozessortechnik sehr einfach mit hoher Auflösung umsetzen.

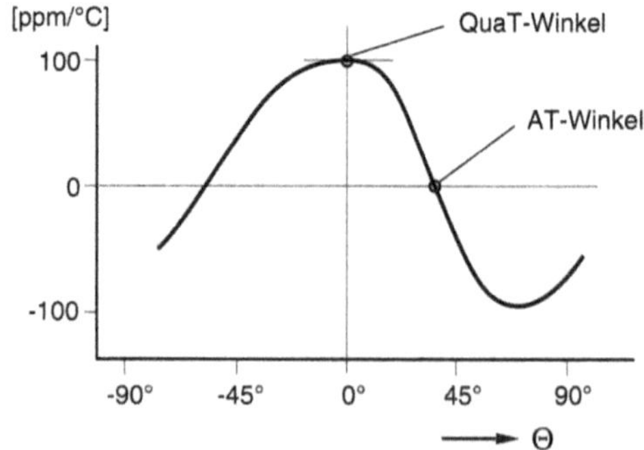


Bild 3.2-2      Temperaturkoeffizient eines Schwingquarzes in Abhängigkeit vom
                Schnittwinkel $q$

Der mechanische Aufbau des Quarz-Sensors erlaubt einen Temperaturbereich von
–40 bis +300 °C. Der negative Temperaturbereich kann nach unten erweitert werden.
Der obere Temperaturbereich ist durch Temperaturgrenzen anderer Sensorkompo-
nenten (z.B. Glasdurchführungen, Klebermaterial) festgelegt.

Das Quarzelement in Form einer Scheibe als Dickenscherschwinger wird hermetisch
dicht in der Sensorspitze untergebracht, um Verunreinigungen, die unerwünschte Al-
terungen zur Folge haben, auszuschließen. Bild 3.2-3 zeigt den prinzipiellen Aufbau
des Schwingquarzsensors in Form eines industriellen Meßeinsatzes mit dem Stan-
darddurchmesser von 6 mm.

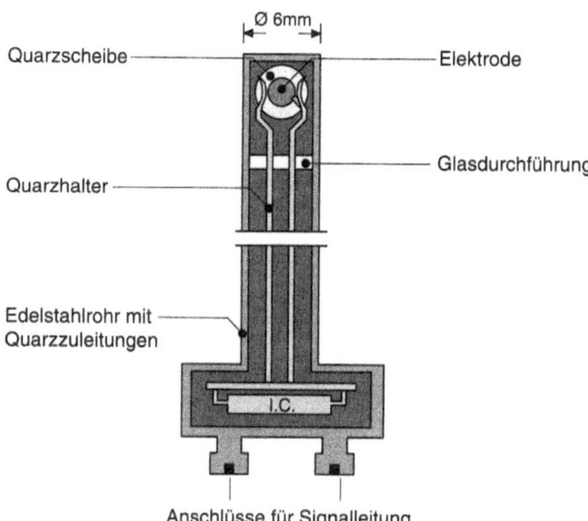


Bild 3.2-3    Prinzipaufbau des Sensor

Durch die im Quarzsensor integrierte Elektronik wird ein für den Mikroprozessor in
der Auswerteeinheit einfach zu verarbeitendes Signal erzeugt. Die Elektronik ist in
Form eines ASICs realisiert, um eine hohe Zuverlässigkeit und insbesondere auch
den Vorteil einer kleineren Bauweise zu erreichen. Über Glasdurchführungen und
ein hochtemperaturfestes sowie thermisch schlecht leitendes Hochfrequenzkabel sind
die Quarzelektroden des Sensorelements mit der Sensorelektronik im Anschlußkopf
verbunden.

Die Sensorelektronik enthält einen hochfrequenten Oszillator, in welchem der
Schwingquarz frequenzbestimmend ist. Mit digitalen Teilern wird die Frequenz des
Schwingkreises heruntergeteilt, bei 0 °C beispielsweise in ein Signal von 2 Hz. In
diesem Impulsabstand ist die Temperaturinformation nicht linearisiert enthalten und
kann einfach durch digitale Zähler ausgewertet werden. (Bild 3.2-4)

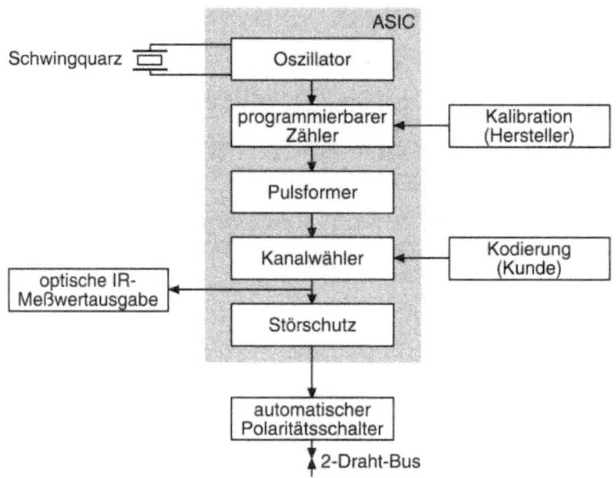


Bild 3.2-4        Schematischer Aufbau der Sensorelektronik

Bild 3.2-5 zeigt schematisch die Wandlung der Oszillatorschwingungen in eine Impulsfolge und die Reduzierung der Impulsrate durch Unterteilung. Die Periodendauer oder der Abstand zwischen zwei aufeinanderfolgenden Impulsen enthält die Temperaturinformation. Die Übertragung der Temperaturinformation als Impulsabstand hat gegenüber einer reinen Frequenzübertragung den entscheidenden Vorteil, daß der zeitliche Abstand zwischen zwei Ereignissen sich praktisch nicht beeinflussen läßt und damit Störungen, gleich welcher Art, bei der Datenübertragung über lange Strecken keine Verfälschung der Temperaturinformation hervorrufen können. Die Realisierung der Impulse als Strompulse trägt zusätzlich zur Störsicherheit bei und es lassen sich Übertragungsstrecken von bis zu einem Kilometer verwirklichen.

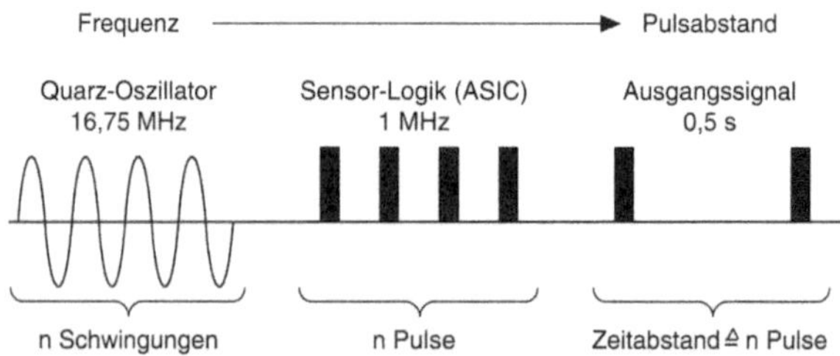


Bild 3.2-5        Umwandlung Frequenz-Impulsabstand

Weiterhin wird durch die Verringerung der Impulsrate der Abstand zwischen den Impulsen so groß, daß die Signale mehrerer Sensoren ineinander verschachtelt werden können.

Durch einen in der Sensorelektronik zusätzlich untergebrachten Infrarotsender ist die Temperaturinformation separat mittels eines Handmeßgerätes abzufragen.

## 3.3   Meßwertverarbeitung

Das Temperaturmeßsystem QuaT ist hierarchisch aufgebaut. Bild 3.3-1 zeigt schematisch den Aufbau und die verschiedenen Ebenen des Systems, dessen Komponenten nachfolgend im einzelnen beschrieben werden.

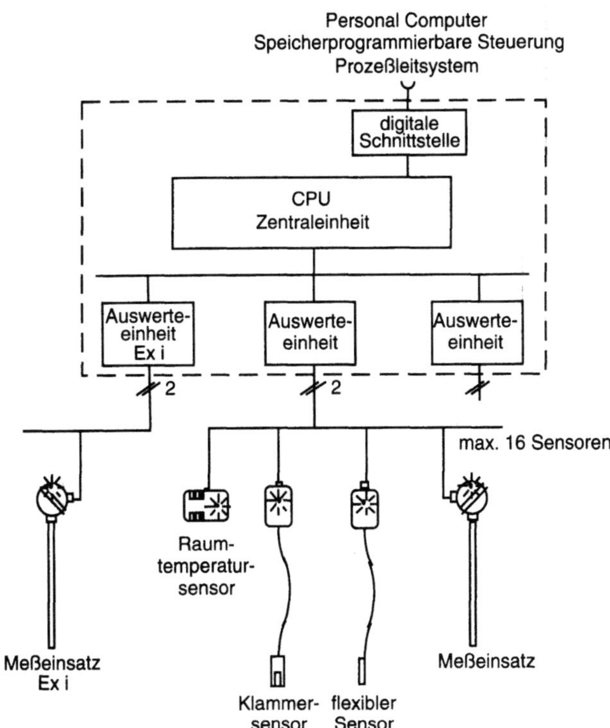


Bild 3.3-1     Gesamtübersicht des QuaT-Temperaturmeßsystems

Die Auswerteelektronik, in Bild 3.3-2 als Blockschaltbild dargestellt, übernimmt mehrere Funktionen. Die Linearisierung der Temperaturinformation vom Sensor, erforderlich durch physikalisch bedingte Nichtlinearitäten der Temperaturkennlinie des Quarzes, erfolgt über die Berechnung eines Polynoms siebten Grades. Die Temperaturinformation, die bereits vom Sensor an als Impulsabstand in quasi-digitaler Form vorliegt, wird nun in ein ASCII-Zeichen umgesetzt, das einfach über eine serielle Schnittstelle weitergeleitet wird.

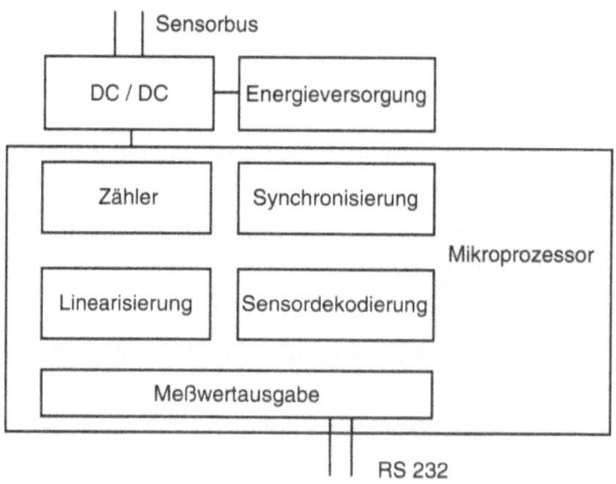


Bild 3.3-2        Blockschaltbild der Auswerteelektronik

Das Übertragungsprinzip erlaubt es, die Auswerteeinheit für mehrere Sensoren gleichzeitig zu nutzen. Durch Verschachtelung der einzelnen Impulspaare können so innerhalb einer Sekunde bis zu 16 Impulspaare, d.h. Meßwerte über eine einzige 2-Draht-Leitung übertragen werden. (Bild 3.3-3)

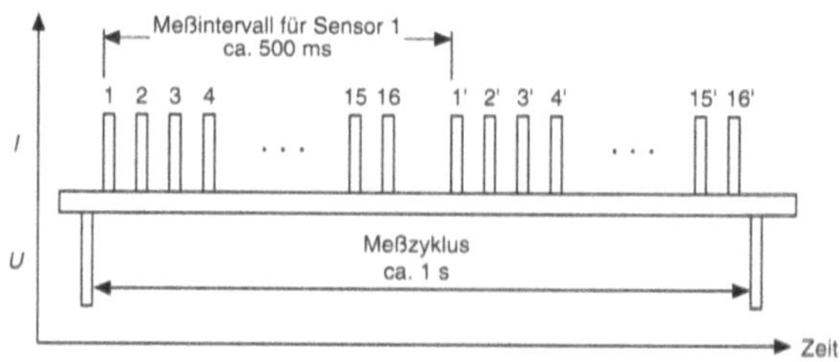


Bild 3.3-3        Zeitintervallschema der Impulse auf dem Bus

Diese 2-Draht-Leitung übernimmt sowohl die Versorgung der Sensoren als auch die Übertragung der Temperaturinformation vom Sensor, vergleichbar mit der analogen 4...20 mA-2-Draht-Schnittstelle. Die unterschiedlich codierten Sensoren werden über einen von der Auswerteeinheit vorgegebenen Synchronpuls aufsysnchronisiert und die Impulsabstände zeitversetzt mittels eines hochgenauen und temperaturstabilen Referenzquarzes ausgezählt. Die Auflösung der Temperaturinformation wird durch die interne Taktfrequenz vorgegeben. Bei einer Beschaltung mit herkömmlichen Mikroprozessoren liegt die Taktfrequenz bei 1 MHz, was einer Temperaturauflösung von 20 mKelvin entspricht.

Zur Steuerung von mehreren Auswerteeinheiten wird eine Zentraleinheit eingesetzt, die über einen internen parallelen Bus mit den verschieden codierten Auswerteeinheiten kommuniziert. Außerdem multiplext diese Karte die bereitgestellten Daten nochmals und leitet diese über eine serielle oder wahlweise parallele Schnittstelle nach außen weiter. So können bis zu 16 Auswerteeinheiten verwaltet werden, was insgesamt den Anschluß von bis zu 256 Sensoren ermöglicht. Alle Komponenten dazu können in einem einzigen 19-Zoll-Rack untergebracht werden. Vergleicht man den Platzaufwand mit herkömmlichen Systemen in den Meßwarten, ist allein durch dieses Multiplexverfahren das QuaT-Temperaturmeßsystem herausragend.

Die Zentralkarte stellt hier die Schnittstelle zur Feldebene dar und bietet durch ihre modulare Bauweise den Vorteil, daß neben Standardschnittstellen wie RS 232 (und Übertragung von ASCII-Zeichen) weitere Schnittstellen und Protokolle einfach implementiert werden können. Bereits realisiert ist das weit verbreitete Protokoll 3964 (R).

Durch eine auf die Zentraleinheit aufsteckbare Zusatzplatine kann eine RS 485 Hardwareschnittstelle als Mehrpunktverbindung zur Verfügung gestellt werden. Ein entsprechend zu implementierendes Protokoll läßt sich realisieren. Über dieses als Gateway bezeichnete Modul sind grundsätzlich diverse Feldbusanbindungen möglich.

## 3.4 Elektrische und mechanische Eigenschaften

Der Meßbereich des Schwingquarzsystems liegt standardmäßig im Bereich zwischen −40 und +300 °C. Bei entsprechender Anpassung der Auflösung und des Koeffizientensatzes zur Linearisierung kann der Meßbereich zu tieferen Temperaturen hin erweitert werden. Die Auflösung liegt bei 20 mK bei einfacher Mikroprozessorbeschaltung und kann bei Auswertung durch höherwertige Zähler weiter aufgelöst werden.

Die Angabe der Meßgenauigkeit gilt bei diesen Schwingquarzsensoren für das Gesamtsystem, d.h. vom Sensor bis zur digitalen Ausgabe und ist somit nicht direkt vergleichbar mit herkömmlichen analogen Sensoren, zu deren Genauigkeitsangaben noch die Fehler der Auswertung zugerechnet werden müssen. Die Gesamtgenauigkeit liegt über den gesamten Anwendungsbereich bei besser als +/− 0,1 % und unter 100 °C bei besser als absolut +/- 0,1 Kelvin. Eine noch höhere Gesamtgenauigkeit kann insbesondere bei Differenztemperaturmessungen dadurch erreicht werden, daß sich der Meßfehler durch die Referenz innerhalb einer Auswerteeinheit für die gemeinsam an einen Bus angeschlossenen Sensoren eliminiert.

Die Langzeitstabilität wurde nach DIN erfaßt und liegt um den Faktor drei besser als Pt100 Sensoren der Klasse A. Wird der Sensor nicht im oberen Grenzbereich eingesetzt, ist eine Alterung nicht meßbar.

Der Standardmeßeinsatz ist nach DIN IEC 751 schock- und vibrationsgeprüft und somit vergleichbar mit einem Standardmeßeinsatz auf Basis Pt100. Bei erhöhten Anforderungen an die Vibrationsfestigkeit sind jedoch, durch den mechanischen Aufbau bedingt, Schutzrohre zu berücksichtigen.

Das Gesamtsystem wurde nach DIN IEC 801-2, 3, 4 geprüft und erreichte die erhöhten Prüfschärfegrade 2 und 3. Eine Gesamtprüfung des Meßsystems QuaT für die Nutzergruppe WIB wurde in Anlehnung an die Namur-Empfehlung erfolgreich durchgeführt.

Für den eigensicheren Bereich sind Ex(i)-Sensoren der Schutzart EEx ia IIC T6 verfügbar, die mit einer eigensicheren Auswerteeinheit betrieben werden.


## 3.5  Anwendungen

Das Quarztemperaturmeßsystem QuaT mit seinen Vorteilen hat sich bisher in vielen Einsatzbereichen bewährt. Im folgenden wird auf einige Beispiele und Anwendungen eingegangen.


### 3.5.1  Lebensmittelindustrie

Ziel war es, in der Zuckerproduktion einen automatisierten Prozeßablauf bei minimierten Herstellkosten zu realisieren. Da bei der Zuckerproduktion 30% der Herstellkosten auf den Energiebedarf entfallen, ist durch genaue Erfassung der Prozeßtemperatur, die bei 125 °C liegt, und der fehlerfreien Übermittlung der Temperaturdaten zur zentralen Verarbeitung eine ausschlaggebende Energiekostensenkung möglich. Hierzu muß die Absoluttemperatur präzise erfaßt und Temperaturänderungen mit einer Genauigkeit von einem Zehntel Kelvin bestimmt werden. Neben der hohen Genauigkeit ist eine Vielzahl von Sensoren (durch die größere Anzahl von Kochern) erforderlich. Busfähige Temperatursensoren halten die Installationskosten auch hier gering.

Die in der Anlage eingesetzten Prozeßleitsysteme kommunizieren mit den Substationen über das weit verbreitete Prozeßprotokoll 3964 (R). Das QuaT-System bietet neben der Standardschnittstelle RS 232 eine weitere serielle Schnittstelle an. Durch einfaches Aufstecken von Modulen auf die Zentraleinheit können die Hardwareschnittstelle und das Protokoll modifiziert werden. In diesem Fall wurde das Protokoll 3964 (R) implementiert und über eine TTY-Schnittstelle mit den Prozeßsystemen Teleperm verbunden. Da das Protokoll auf Meßebene als rein passives System ausgelegt ist, war die Inbetriebnahme einfach zu realisieren.

### 3.5.2 Kraftwerk

Zur Überwachung des Wirkungsgrades von Kühltürmen werden Temperatursensoren eingesetzt, die neben hoher Langzeitstabilität und großer Genauigkeit auch bei einer Luftfeuchtigkeit von annähernd 100 % sicher funktionieren müssen. Die Temperaturdaten müssen über eine größere Entfernung störsicher und ohne Genauigkeitseinbußen übertragen werden. Die zu messenden Temperaturen liegen im Bereich - 25 und + 100 Grad C. Zur kontinuierlichen Überprüfung der Sensoren sollen die Sensoren ausgetauscht werden können ohne eine sonst erforderliche Systemanpassung bzw. Neukalibrierung durchführen zu müssen. Die übertragenen Temperaturdaten sollen in einem PC weiterverarbeitet werden.

Hier hat sich das Temperaturmeßsystem QuaT als besonders geeignet erwiesen, da sich deutliche Kosteneinsparungen durch die busfähigen Sensoren und dem damit verbundenen geringen Installationsaufwand sowie durch die servicefreundliche Austauschbarkeit einzelner Sensoren realisieren ließen.

Die Sensoren sind vollständig vergossen und mittels eines wasserdichten Steckers einfach an den Bus über wasserdichte Verteilerdosen anzuschließen. Auswerteeinheiten und Zentraleinheit, die wiederum die Steuerung mehrerer Kanalmultiplexerkarten übernimmt, übermitteln die Temperaturdaten über eine serielle Schnittstelle an das Auswerteprogramm des Betreibers.

Eine weitere Anwendung für die Quarztemperatursensoren im Kraftwerksbereich ist die präzise Erfassung der Differenztemperatur des Kühlwassers.

Kühlwasser für die Kraftwerke wird nahegelegenen Flüssen oder Seen entnommen. Die geltenden Bestimmungen bezüglich des Grenzwertes der Differenztemperatur zwischen Entnahme und Wiedereinlaß des Kühlwassers haben sich verschärft. Um diese Grenzwerte voll auszuschöpfen, ist eine hochgenaue Differenztemperaturmessung notwendig, damit die Kühltürme des Kraftwerkes nicht vorzeitig eingeschaltet werden müssen. Desweiteren ist erforderlich, daß die Sensoren über weite Strecken vom Entnahmepunkt des Wassers bis zum Wiedereinlaßpunkt des Kühlwassers die Temperaturdaten fehlerfrei übertragen.

In diesem Anwendungsfall wurden die Quarztemperatur-Sensoren in ein seewasserbeständig ausgeführtes, speziell angepaßtes Gehäuse eingebaut. Hier hat es sich als vorteilhaft erwiesen, daß die Elektronik auf kleinstem Raum untergebracht werden kann. Die Busleitungen von einigen hundert Metern werden in einer Meßwarte zusammengeführt. Da außer der digitalen Darstellung der Temperaturdaten auch eine kontinuierliche analoge Aufzeichnung der Temperaturwerte erforderlich war, wurden in diesem Fall zwei D/A-Wandler QuaT 52 (4-20 mA) eingesetzt, die direkt an einen Analog-Schreiber angeschlossen wurden.

### 3.5.3  Chemische Industrie

Eine Destille ist aus mehreren Glaskammern zusammengesetzt. Die Temperaturen für jede Kammer müssen einzeln erfaßt werden. Da die Kammern eng beieinander liegen, sollen aus Platzgründen die Sensoren mit einer integrierten Elektronik möglichst klein ausgelegt sein. Der Temperaturbereich liegt bei Temperaturen um 100 Grad C bis maximal 220 Grad C. Die Daten werden zentral über mehrere serielle Schnittstellen ausgewertet. Da vor Ort eine Direktablesung der Temperaturdaten, die ansonsten zentral zur Verfügung stehen, möglich sein muß, werden Handmeßgeräte eingesetzt, welche die über die Infrarotdiode der Sensoren gesendete Temperaturinformation empfangen und direkt anzeigen.

Die Zuverlässigkeit der Temperaturmessung und die Langzeitstabilität, und damit ein über Jahre sicherer Betrieb sowie die einfache platzsparende Installation läßt dem Quarztemperaturmeßsystem für diesen Anwendungsfall besondere Bedeutung zukommen.

### 3.5.4  Qualitätssicherung und Labor

Quarztemperatursensoren eignen sich traditionell als Referenzthermometer z.B. mit Zertifikat. Durch die zunehmende Zahl von Firmen, die nach der ISO 9000-Serie zertifiziert werden, ist für deren Qualitätssicherung eine kontinuierliche Überwachung der Meßmittel unerläßlich. Dazu erforderlich sind im Temperaturbereich Referenzen, die über ein Zertifikat verfügen. Eine Möglichkeit ist z.B. die Zertifizierung in einem DKD-Labor (Deutscher Kalibrier-Dienst) oder die direkte Zertifizierung durch die PTB in Braunschweig. Bei Einsatztemperaturen bis + 300 Grad C hat sich das Quarzthermometer als Kombination aus Handgriffsensor und Anzeigegerät durch seine hohe Systemgenauigkeit bewährt. Ein Zertifikat gibt Aufschluß über die Abweichungen gegenüber PTB-Normal, bzw. DKD-Normal.

## 3.6  Zusammenfassung und Ausblick

Neben den am meisten verbreiteten Temperatursensoren in der industriellen Meßtechnik wie Thermoelemente und Widerstandssensoren Pt100 nimmt der Quarztem-
peratursensor eine besondere Stellung ein. Werden neben einer Vielzahl von Sensoren hohe Genauigkeit und Langzeitstabilität gefordert, ist das Temperaturmeßsystem
QuaT eine attraktive Alternative. Die Vorteile in der Praxis können noch einmal wie
folgt zusammengefaßt werden. Der Quarzsensor bietet als "quasidigitaler" Geber die
leichte Realisierung eines Systems zur störungsunempfindlichen digitalen Meßwertübertragung. In Prozessen läßt sich durch die hohe Genauigkeit und Langzeitstabilität ein höherer Optimierungsgrad verwirklichen. Außerdem entsteht durch die Bus-
fähigkeit ein geringerer Installationsaufwand und durch das Entfallen einer Kalibrierung vor Ort erhöht sich zusätzlich die Wartungs- und Servicefreundlichkeit. Durch
die vorhandenen digitalen Schnittstellen ist eine einfache Ankopplung an übergeord-
nete Leitsysteme zur Meßdatenauswertung möglich.

Diese serienmäßigen Eigenschaften des QuaT-Temperaturmeßsystems führen zu Ko-
stenvorteilen bei der Anschaffung und vor allem auch im laufenden Betrieb.

Für Bereiche erhöhter Anforderungen an Vibrationsfestigkeit oder für den Hochtemperaturbereich oder dort wo spezielle Bauformen gefordert werden, ist vorgesehen,
daß sich zukünftig das bereits vorhandene System durch zusätzliche Anbindungs-
möglichkeiten von Pt100-Sensoren und Thermoelementen erweitern läßt.

## Literatur

Brendecke, Dr. H.:
Temperatursensoren mit mikroprozessorlesbarem Ausgangssignal, Elektronik
1987, Heft 20

Heier-Zimmer, Angelika:
Quarztemperaturmeßsystem und dessen Anwendungsmöglichkeiten. In: Temperatursensoren, Expert Verlag, Sensorik Band 6. (1995)

Heraeus Sensor GmbH, Hanau:
Datenblätter und Technische Dokumentation über das Schwingquarztemperatur-
meßsystem QuaT

Herdt, Gerhard:
Schwingquarzthermometer für Industrie und Labor. In: Temperaturmessung in der Technik, Expert Verlag, Kontakt und Studium, Band 9. (1992)

Klaus Sticha, Hans P. Bindels, K. Wolf:
Genaue Temperaturmessung für die Energiekostensenkung: Ein Beispiel aus der Zuckerproduktion
in: Verfahrenstechnik, Nr. 6 (1990), Vereinte Fachverlage

WIB-Evaluation Report:
E 2584 T92, durchgeführt vom TNO Institut in Den Haag, März 1992

# I-4 Industrielle Meßtechnik mit Pt-Schichtmeßwiderständen

Von Harald Jacques

## 4.1 Einleitung

In der Prozeß- und Verfahrenstechnik ist die Temperatur eine der wichtigsten Zustandsgrößen, die für die Qualität der Produkte und Sicherheit der Anlagen von entscheidender Bedeutung ist. Darüber hinaus ist die Temperatur eine häufig störende Einflußgröße bei der Messung anderer Zustandsgrößen, z.B. mechanischer Meßgrößen. Temperatursensoren werden deshalb sowohl zur direkten Messung als auch zur Kompensation eines Temperatureinflusses eingesetzt.

Neben den allseits bekannten direkt anzeigenden Thermometern sind für eine automatische Prozeßführung und Temperaturkompensation vor allem elektrische Temperaturfühler im Einsatz.

Folgende Anforderungen werden heute an moderne Temperatursensoren gestellt:

- Hohe Langzeitstabilität, d.h. Sensoren nach dem Prinzip "Einbauen und vergessen", denn die Reparatur- und Wartungskosten übersteigen heute bei weitem die Kosten der Sensoren

- Austauschbarkeit, d.h., die Exemplarstreuung liegt innerhalb genau festgelegter **Grenzabweichungen** (z.B. durch Normen), da auch die Neukalibrierung der nachgeschalteten Meßumformer teuer und aufwendig ist

- Großer Meßbereich, d.h. Messung über einen weiten Temperaturbereich, ohne daß verschiedene Sensoren eingesetzt werden müßten

- Universell einsatzfähig, d.h. Abdeckung des Bedarfs durch möglichst geringe Typenvielfalt

- Kurze Ansprechzeit, d.h. Möglichkeit zur Messung auch schneller Temperaturänderungen

- Nicht zuletzt: günstiger Preis.

Alle genannten Forderungen werden einfach und elegant von Pt-Schichtmeßwiderständen erfüllt. Die Kombination hochwertiger Werkstoffe wie Pt mit chemisch beständigen Träger- und Schutzwerkstoffen aus Keramik und Glas garantieren hohe

Stabilität. Normen erlauben einen problemlosen Austausch, und die Anwendung der Dünnschichttechnik liefert Meßwiderstände mit geringen Abmessungen bei gleichzeitig günstigen Herstellkosten durch große Nutzenfertigung. Im folgenden werden diese Sensoren näher vorgestellt, und zwar ihr Herstellungsverfahren, ihre meßtechnischen Eigenschaften und einige typische Anwendungsbeispiele.

## 4.2   Herstellungsverfahren und Typenspektrum

Handelsübliche Keramik-Substrate werden durch Aufdampfen oder Sputtern mit einer nur einige μm starken Pt-Schicht beschichtet (s. Band 2, Abschnitt 8). Danach wird die Schicht beispielsweise durch Schneiden mit Lasern oder Fotolithografie (Bild 4.2-1) strukturiert und mit Laser abgeglichen. Dadurch erzielt man folgende typische Größen:

$$4 \times 5 \quad mm^2 \text{ für } 100 \dots 1000 \, \Omega$$
$$2 \times 10 \ \ mm^2 \text{ für } 100 \dots 1000 \, \Omega$$
$$1,5 \times 5 \quad mm^2 \text{ für } 100, 500 \, \Omega$$
$$2 \times 2,3 \ mm^2 \text{ für } 100 \, \Omega$$
$$1 \times 5 \quad mm^2 \text{ für } 100 \, \Omega$$

Bild 4.2-1        Pt-Schichtmeßwiderstand der Abmessung 2 x 2,3 x 0,65 mm³, fotolithografisch
                  strukturiert

Nach dem Abgleich werden die Widerstandsbahnen mit einer Glasschutzschicht bedruckt. Nach dem Schweißen werden die Anschlußdrähte mit einem Glas als Zugentlastung überschmolzen. Zum Schluß werden alle Meßwiderstände optisch und elektrisch geprüft. Für spezielle Anwendungen (z.B. elektrische Spannungsfestigkeit) werden die flachen Meßwiderstände in Keramik-Schutzrohre eingeschmolzen. Hier können Durchmesser von 2 mm bzw. 3 mm mit Längen von 5 mm bis 12 mm geliefert werden. Eine Auswahl der genannten Typen zeigt Bild 4.2-2.

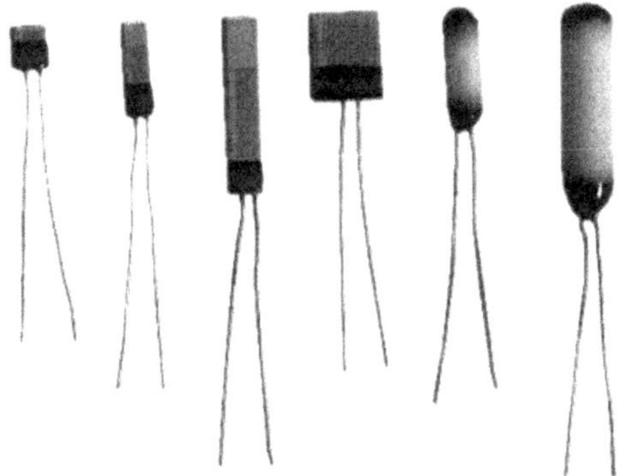

Bild 4.2-2    Standardausführungen von Pt-Schichtmeßwiderständen [1]

## 4.3  Meßtechnische Eigenschaften

### 4.3.1  Grundwerte und Grenzabweichungen

Die mit steigender Temperatur auftretende Streuung von Leitungselektronen bewirkt einen steigenden elektrischen Widerstand. Ein Maß für die Widerstandsänderung mit steigender Temperatur ist der Temperaturkoeffizient.

Die allgemeine Form der Widerstands-Temperatur-Funktion ergibt sich aus:

$$\frac{R_T}{R_0} = 1 + AT + BT^2 + CT^3 + \ldots$$

$R_T$ = Widerstand bei der Temperatur $T$

$R_0$ = Widerstand bei Temperatur 0 °C

$T$ = Temperatur

A, B, C = Werkstoff-Konstanten

Der Temperaturkoeffizient zwischen 0 °C und 100 °C ist wie folgt definiert:

$$TK = \frac{R_{100} - R_0}{100 \cdot R_0} K^{-1}$$

Die Grundwerte und zulässigen Toleranzen für Pt-Widerstandsthermometer sind national und international in der DIN IEC 751 [2] bzw. IEC 751 [3] genormt. Die Werkstoffkonstanten sind wie folgt angegeben:

$$\text{DIN IEC 751:}\quad A = 3{,}90802 \cdot 10^{-3}\,\text{K}^{-1}$$
$$B = -0{,}5802 \cdot 10^{-6}\,\text{K}^{-2}$$
$$C = 0 \qquad T \geq 0\,°\text{C}$$

Man erkennt am negativen Koeffizienten $B$ den degressiven Charakter der Widerstandskennlinie, d.h., der Temperaturkoeffizient nimmt mit steigender Temperatur ab.

Die Grenzabweichungen sind in zwei Klassen, A und B, eingeteilt. Sie enthalten sowohl den Abgleichfehler (Exemplarstreuung) bei 0°C sowie additiv einen temperaturabhängigen Teil, wie in Bild 4.3-1, Kurven a) und b) dargestellt.

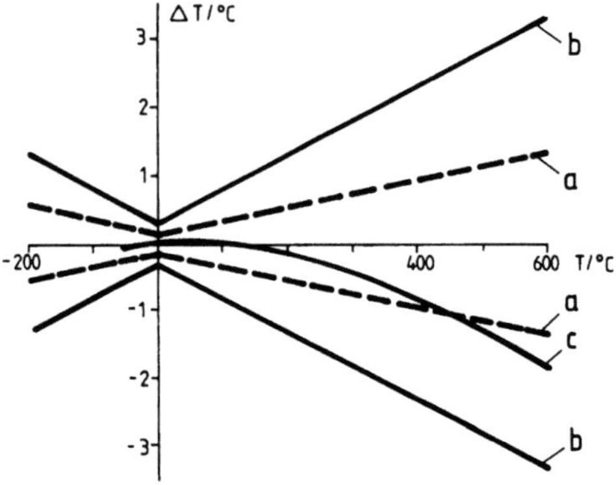


Bild 4.3-1    Grenzabweichungen nach DIN IEC 751 in°C (a) Klasse A; (b) Klasse B; (c) Abweichung der Pt-Schichtmeßwiderstände von der genormten Grundwertreihe

Bei Pt-Schichtmeßwiderständen treten geringfügige Abweichungen von der genormten Grundwertreihe auf. Die Konstanten wurden ermittelt zu:

$$A = 3{,}9108 \cdot 10^{-3}\,\text{K}^{-1}$$
$$B = -0{,}608 \cdot 10^{-6}\,\text{K}^{-2}$$
$$C = 0$$

Die Abweichungen sind bedingt durch unterschiedliche Ausdehnungskoeffizienten von Träger- und Schichtmaterial und die daraus resultierenden Widerstandsänderungen aufgrund innerer Spannungen [4]. Die untere Einsatztemperatur für Pt-Schichtmeßwiderstände liegt deshalb auch üblicherweise bei –50°C. Bei weiterer Abkühlung können Hystereseeffekte auftreten.

Bei spezieller Vorbehandlung kann jedoch auch bis –260 °C gemessen werden (s. Kap. 4.5).

Die o.g. Abweichungen von den genormten Grundwerten führen zu der in Bild 4.3-1, Kurve c) gezeigten Temperaturabweichung. Im Bereich bis 200 °C ist diese Abweichung gegenüber den Grenzabweichungen im allgemeinen zu vernachlässigen und erreicht erst an der oberen Meßbereichsgrenze von 600 °C etwa 50 % der Klasse B. Die spezielle Kennlinie der Platin-Schichtmeßwiderstände muß deshalb nur bei hochgenauen Anwendungen mit eingeengten Grenzabweichungen berücksichtigt werden.

### 4.3.2  Zeitverhalten und Eigenerwärmung

Die kleinen geometrischen Abmessungen und die damit verbundenen geringen Wärmekapazitäten bei gleichzeitig großer Oberfläche führen zu kurzen Ansprechzeiten $T_{0,5}$ von ca. 0,1 s in Wasser ($v = 0,2$ m/s) und 3...6 s in Luft ($v = 1$ m/s). Eingebaut in keramische Schutzröhrchen (zylindrische Meßwiderstände) ergeben sich immer noch Ansprechzeiten von nur 0,5...2 s (Wasser) bzw. 8...25 s (Luft). Andererseits ergeben sich im Vergleich zu herkömmlichen Drahtmeßwiderständen auch niedrigere Eigenerwärmungskoeffizienten von ca. 100 mW/K (Wasser) bzw. 6 mW/K (Luft). Damit die zu messende Temperatur durch Eigenerwärmung nicht wesentlich (max. 0,1 K) verfälscht wird, sollten deshalb niedrige Meßströme (max. 10 mA in Wasser bzw. 2 mA in Luft) verwendet werden.

Die angegebenen Ansprechzeiten und Eigenerwärmungskoeffizienten gelten ausschließlich für die nackten Sensorelemente, die nicht ohne weiteres auf die Eigenschaften fertig konfektionierter Thermometer (z.B. wie unter Punkt 4.4.1 gezeigt) übertragen werden können. Durch die inneren Wärmeleitwiderstände zwischen Schutzrohr und Meßwiderstand sowie Wärmeableitung in Längsrichtung des Thermometers werden die Ansprechzeiten meist deutlich verlängert und andererseits die Eigenerwärmungskoeffizienten verringert. Anhaltspunkte zur Abschätzung des Einflusses verschiedener Materialien, Geometrien und Medien gibt die VDI/VDE-Richtlinie 3522 [5].

### 4.3.3  Langzeitstabilität

Durch die Kombination hochtemperaturbeständiger Werkstoffe zeichnen sich Pt-Schichtmeßwiderstände durch eine exzellente Langzeitstabilität aus. Gemäß der DIN IEC 751 [2] dürfen sich Pt-Widerstandsthermometer bei Einsatz von je 250 Stunden an der oberen und unteren Anwendungstemperatur um nicht mehr als eine Toleranzbreite (z.B. ±0,30 K bei 0 °C) verändern.

Die hier vorgestellten Pt-Schichtmeßwiderstände werden über 1000 h an der oberen Grenztemperatur (400 °C bzw. 600 °C) an Luft getestet, wobei in jedem Fall die Forderung der DIN IEC 751 erfüllt wird, üblicherweise jedoch deutlich geringere Driften auftreten (typisch ±0,10 K bei 0 °C).

Bei speziellen Anwendungen, z.B. Wärmemengenzähler (s. Absatz 4.4.2), ist die Stabilität bei zyklischer Temperaturbelastung, z.B. zwischen 0 °C und 130 °C, von entscheidender Bedeutung. Hier liegen Versuchsergebnisse des Battelle Institutes [6] vor, die den Pt-Schichtmeßwiderständen eine Stabilität im Bereich ±10 mK bescheinigen.


### 4.3.4  Innenleitungswiderstände

Die angegebenen Grundwerte und Grenzabweichungen gelten für Meßwiderstände inklusive der Anschlußdrähte (üblicherweise 15 mm). Je nach Beschaltung des Meßwiderstandes treten jedoch zusätzliche Leitungs- und Übergangswiderstände auf, die Bestandteil des Meßsignals sind und somit zur Fehlanzeige der Temperatur führen.

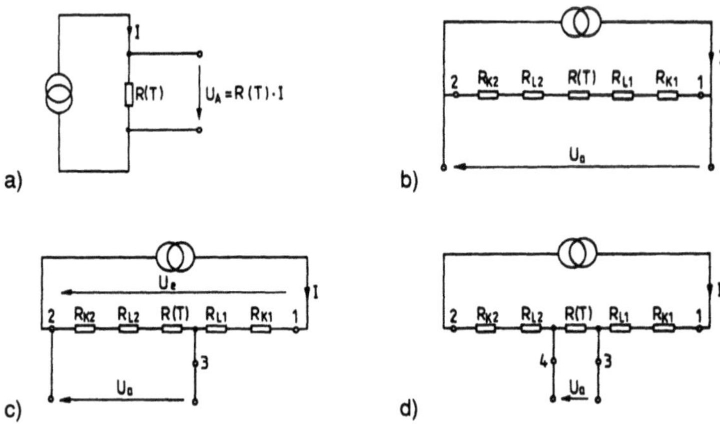

Bild 4.3-2      Widerstandsmessung mit Konstantstromverfahren

      a) Prinzip
      b) Zweileiterschaltung
      c) Dreileiterschaltung
      d) Vierleiterschaltung


Die einfachste Methode der Widerstandsmessung ermöglicht das **Konstantstromverfahren**, das eine dem Widerstand proportionale Spannung liefert (Bild 4.3-2a). Hierbei sind, wie in Bild 4.3-2b...d gezeigt, verschiedene Anschlußmöglichkeiten gegeben.

In der **Zweileiterschaltung** (Bild 4.3-2b) sind die Widerstandswerte $R_{L1}$ und $R_{L2}$ der langen Zuleitungen zum Meßgerät und die Übergangswiderstände an den Klemmen $R_{K1}$ und $R_{K2}$ Bestandteil des Meßergebnisses und müssen entsprechend berücksichtigt werden. Dies gelingt jedoch nur mäßig, da die Temperaturabhängigkeit der additiven Widerstände nicht bekannt ist. Dieser Nachteil der sehr preisgünstigen Zweileiterschaltung kann durch Verwendung hochohmiger Meßwiderstände mit Nennwerten von 500 Ω und 1000 Ω weitgehend kompensiert werden.

In der **Dreileiterschaltung** (Bild 4.3-2c) kann durch zusätzliche Messung der Spannung $U_e$ auch die Temperaturabhängigkeit der Zuleitungswiderstände bestimmt werden, was jedoch voraussetzt, daß die Zuleitungen L1 und L2 exakt gleich sind.

Die genaueste Messung ermöglicht die **Vierleiterschaltung** (Bild 4.3-2d), bei der die Ausgangsspannung direkt proportional zum Temperaturwiderstand allein ist.

### 4.3.5  Empfindlichkeit

Unter Empfindlichkeit $dU/dT$ wird die meßtechnisch relevante Änderung des Spannungsabfalls am Meßwiderstand, bezogen auf die Temperaturänderung, verstanden. Im Interesse einer genauen und zuverlässigen Meßwertverarbeitung sollte sie so hoch wie möglich sein.

$$\text{Es gilt:} \quad dU/dT = I \cdot dR/dT$$

$T$ = Meßtemperatur (°C)
$I$ = Meßstrom (A)
$U$ = Spannungsabfall (V)
$R$ = Widerstand ($\Omega$)

Die Widerstandsempfindlichkeit $dR/dT$ ist direkt proportional zum Nennwiderstand $R_0$, so daß in erster Näherung gilt:

$$dU/dT = R_0 \cdot \text{TK} \cdot I \qquad \text{TK} = \text{Temperaturkoeffizient}$$

wobei der Temperaturkoeffizient (s.a. 4.3.1) $3{,}850 \cdot 10^{-3} \text{K}^{-1}$ beträgt.

Unterschiedliche Nennwiderstände führen bei gleichem Meßstrom zu verschiedenen Eigenerwärmungen, so daß unter Berücksichtigung der zulässigen **Temperaturerhöhung** $T_E$ gilt:

$$\frac{dU}{dT} \approx \sqrt{R_0} \cdot \text{TK} \cdot \sqrt{T_E \cdot \text{EK}}$$

$T_E$ = Temperaturanstieg durch Eigenerwärmung (K)

EK = Eigenerwärmungskoeffizient (W/K)

Bei einer zulässigen Eigenerwärmung von 0,1 K in strömendem Wasser ergibt sich damit für

Pt 100     $dU/dT \approx 0{,}10$ mV/K

Pt 1000     $dU/dT \approx 0{,}40$ mV/K

(zum Vergleich: Thermoelement NiCr/Ni: 0,04 mV/K).

## 4.4  Anwendungsbeispiele

### 4.4.1  Prozeßtechnik

In der Prozeßtechnik werden extreme Anforderungen an die mechanische Stabilität und Korrosionsbeständigkeit der Widerstandsthermometer gestellt. Die Meßwiderstände werden deshalb in der Spitze eines hermetisch dicht zugeschweißten Halsrohres eingebaut. Eine typische Ausführungsform mit Meßeinsatz, Schutzrohr, Anschlußkopf und Meßumformer zeigt Bild 4.4-1 [7] .

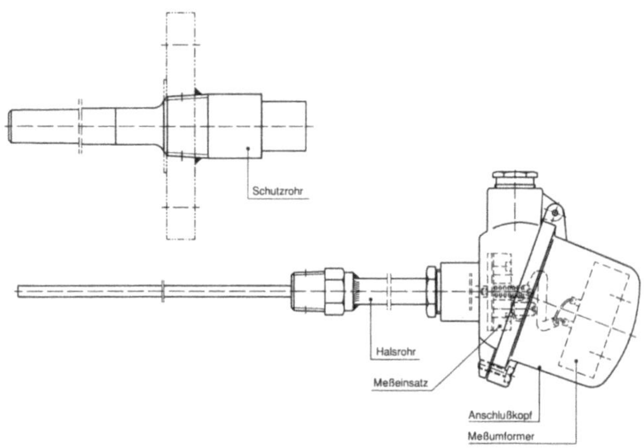


Bild 4.4-1        Widerstandsthermometer für die Prozeßtechnik

### 4.4.2  Heizungs- und Klimatechnik

In diesem Bereich ist vor allem der Einsatz von Pt-Schichtmeßwiderständen in **Wärmemengenzählern** zu nennen. Zur Einsparung fossiler Brennstoffe gewinnt die Überwachung der verbrauchten Wärmeenergie besonders auch im privaten Haushalt immer größere Bedeutung.

Der Gesetzgeber hat Vorschriften zur Heizkostenabrechnung erlassen, die eine genaue Verbrauchsmessung voraussetzen. Entsprechend der speziell hierfür erlassenen PTB-Richtlinie Nr. EO 22 für Wärmemengenzähler dürfen die Sensoren (jeweils ein Paar) im Bereich von 40...120 °C um nicht mehr als 0,1 °C voneinander abweichen. (Die Richtlinien für Wärmemengenzähler sind in den PTB-Mitteilungen 92 4/82 veröffentlicht und sind Bestandteil der Eichordnung Anlage 22.) Pt-Schichtmeßwiderstände können in diesen Grenzabweichungen, die äußerst eng gefaßt sind, selektiert werden. Besonders wichtig ist die Langzeitstabilität, die innerhalb der Eichgültigkeit gewährleistet sein muß. Die hier vorgestellten Pt-Schichtmeßwiderstände erfüllen diese Forderung, was durch eine Studie des Battelle-Institutes [6] belegt wird.

Die Dünnschichttechnik eröffnet die Möglichkeit, preisgünstig hochohmige Fühler von z.B. 500 Ohm oder 1000 Ohm herzustellen, die einen geringen Meßstrom benötigen. Auf diese Weise können die Wärmemengenzähler mit Batterien betrieben werden, ohne daß ein Batteriewechsel außerhalb normaler Wartungszyklen (z.B. 5 Jahre) nötig wird.

Ebenfalls zur Energieeinsparung dient die Temperaturmessung in Elektrospeicheröfen. Die Öfen können bei exakter Temperaturmessung entsprechend dem zu erwartenden Energiebedarf ohne zusätzliche Verluste aufgeladen werden. Bei den im Speicherkern auftretenden Temperaturen von ca. 500 °C bis 600 °C kommen Pt-Schichtmeßwiderstände mit Anschlußdrähten aus einer Goldlegierung in Frage.

Der private Haushalt mit **Öl-, Kohle- und Gasheizung** ist immer wieder Thema der Energie- und Umweltpolitik. Zur Optimierung der Verbrennung und damit zur Minimierung des Energiebedarfes und der Schadstoffbelastung sollten sowohl die Abgastemperatur am Kamin als auch die Kesseltemperatur gemessen werden. Darüber hinaus hat sich auch eine genauere Kontrolle der Brauchwassertemperatur bewährt. Die hier eingesetzten Temperaturfühler müssen zum einen sehr genau sein, andererseits jedoch wegen der großen Zahl von Anwendungen sehr preisgünstig herstellbar sein.

In letzter Zeit wurden deshalb Elemente mit verschiedenen Anschlußmöglichkeiten entwickelt, die eine Anlieferung im Gurt und somit eine vollautomatische Weiterverarbeitung ermöglichen. Einige exemplarische Beispiele zeigt Bild 4.4-2.

Für eine Dauereinsatztemperatur von bis zu 150 °C empfiehlt sich der Meßwiderstandstyp DSC 2102 (Direct Sensor Contact) von 3,8 x 5,0 x 0,9 mm$^3$ mit vorbeloteten Anschlußpads. Dies bietet die Möglichkeit, mit einem Verlängerungskabel direkt auf dem Meßwiderstand zu löten.

Bild 4.4-2    Alternative Anschlußtechniken
             oben links:    Z 2102
             oben rechts:   SMD 2101
             unten links:   DSC 2102
             unten rechts:  2105 leadless

Für den gleichen Temperatureinsatzbereich sind die Widerstände vom Typ SMD 2101 mit $2 \times 10 \times 0,7$ mm³, die an den gegenüberliegenden Enden rundum metallisiert sind. Damit können sie in Hybridschaltungen, Spezialhalterungen oder auf kupferkaschierten Leiterplatten [8] eingelötet werden, und zwar mit der temperaturempfindlichen Pt-Schicht sowohl nach oben als auch nach unten. Bei Verwendung von Silikonleitklebern anstelle des Weichlotes läßt sich der Temperatureinsatzbereich auf dauernd 180°C, kurzzeitig 250 °C, erweitern. Die Widerstände vom Typ Z 2102 mit $3,8 \times 5 \times 0,9$ mm³ sind mit sehr steifen Lötklemmen aus CuSn ausgestattet, so daß die Verlängerung mit einem Kabel leicht zu handhaben ist.

### 4.4.3  Haushalt

Bei Herden treten an den Kochplatten Temperaturen bis zu 250 °C, im Backofen bis zu 350 °C, bei Pyrolyseöfen bis 550 °C auf. Handelsübliche Halbleitersensoren scheiden deshalb für diese Meßaufgabe aus. Für die Temperaturmessung im Backofen werden größtenteils Fühler mit einer Gesamtlänge von 100...120 mm eingesetzt. Hierfür werden preisgünstige Pt-Schichtmeßwiderstände mit langen Anschlußdrähten (100...200 mm) in erweiterten Toleranzen (0,25...1 %) angeboten.

Für die Messung in der Kochplatte (Schnellkochplatte) wird ein spezieller Typ mit einer Pt-Beschichtung auf der Rückseite des Chips verwendet. Mittels der zusätzlichen Metallisierung kann der Chip direkt mit Einbrennsilber, einer mit Silberpulver gefüllten keramischen Masse, auf der Unterseite der Herdplatte (bzw. der Fühlerplatte) bei 500 °C aufgebrannt werden. Diese Verbindung bleibt bis etwa 400 °C stabil und gewährleistet einen hervorragenden Wärmeübergang und damit kurze Ansprechzeiten. Dieser einfache Fühleraufbau ist mit nur geringen Fertigungskosten verbunden und erfüllt damit eine wesentliche Forderung der Haushaltsgerätehersteller. Weitere Anwendungen liegen bei Kühlschränken, Bügeleisen, Toastern etc.

### 4.4.4  Kfz-Technik

Moderne Motormanagementsysteme messen die angesaugte Luftmenge und regeln das Benzin-Luftgemisch von Kraftfahrzeugen mit Otto-Motor, um im nachgeschalteten Katalysator eine optimale Reduzierung der Schadstoffemissionen gewährleisten zu können. Die Güte dieser Systeme ist direkt abhängig von der Präzision der Messung der angesaugten Luftmenge.

Unter der Vielzahl der angebotenen Systeme zur Luftmassenmessung (mechanische Drosselklappen, Karman Vortex, Differenzdruck- und Unterdruck-Meßsysteme) erlangen besonders die **thermischen Luftmassenmesser** nach dem Anemometer-Prinzip mehr und mehr an Bedeutung, da sie den vorgenannten Systemen in punkto Meßgenauigkeit, Dynamik, Temperaturempfindlichkeit und Langzeitstabilität in den meisten Fällen überlegen sind.

Eine Schlüsselrolle bei der Erfüllung der Anforderungen an den Luftmassenmesser spielen die beiden speziell entwickelten Pt-Schichtmeßwiderstände auf Glas.

Die Meßwiderstände der Geometrie $2 \times 12 \times 0,15$ mm$^3$ werden wie ein SMD-Bauteil direkt in einen Halter, das sogenannte Basis-Sensor-Element (BSE) eingelötet (Bild 4.4-3).

Bild 4.4-3        Basis-Sensor-Element mit Pt 9 und Pt 1000 auf Glas

Die Pt-Schichtmeßwiderstände sind Bestandteil einer Vollbrücke [9], aus deren Verstimmung der Luftmassenstrom abgeleitet wird. Der Einsatz des Luftmassenmessers ist in [10] und die besondere Bedeutung der Pt-Schichtmeßwiderstände für seine Spezifikationen in [11] ausführlich beschrieben.

Neben der angesaugten Luftmenge wird die Messung von Kenngrößen des Abgases in Zukunft auch immer stärker in die Motorregelung integriert. Die Überwachung des Katalysators mit **Katalysatorfühlern** wird durch die OBD 2 (On Board Diagnosis) gefordert, die in naher Zukunft (1995/96) vermutlich auch in Europa eingeführt wird.

Die hierfür eingesetzten Pt-Schichtmeßwiderstände müssen sich durch zwei besondere Eigenschaften auszeichnen:

- extrem vibrationsbeständig
- Temperaturbeständigkeit bis 1000 °C

Spezielle Fühler werden z.Zt. für diesen Einsatz entwickelt.

Für den Bereich der **Abgasrückführungssysteme** liegen bereits serienmäßig Temperaturfühler vor, da hier nur Temperaturen von ca. 600 °C auftreten, die von den Standardelementen beherrscht werden.

Die Pt-Schichtmeßwiderstände haben sich auch in anderen Motoranwendungen, z.B. bei Schiffsdieselmotoren, bewährt. Dabei haben Tests gezeigt, daß die flachen Meßwiderstände dem Abgas ohne zusätzlichen Schutz ausgesetzt werden können, ohne daß es langfristig zu Widerstandsveränderungen kommt [12]. Strömungsgeschwindigkeiten von 120 km/h und Vibrationen mit Frequenzen von 10 kHz und Beschleunigungen bis 20 g schaden den Meßwiderständen nicht.

### 4.4.5  Kältetechnik

Die Anwendungen der Tieftemperatur-Technik sind vielfältig und dringen immer weiter in unser tägliches Leben vor. Angefangen von den meist wenig bekannten Tieftemperatur-Labors der Grundlagenforschung über Großforschungsanlagen wie z.B. Teilchenbeschleuniger (DESY/Hamburg oder Cern/Genf) über Einsatz supraleitender Magnete bei z.B. Magnetschwebebahnen über die Forschung an Hochtemperatur- (–196 °C!) Supraleitern bis hin zu Tiefkühlketten in der Medizin (Lagerung von Organen, Blutkonserven etc.) und im Lebensmittelbereich. In der Zukunft wird die Tieftemperatur-Technik eine immer größere Rolle, z.B. auch durch den technischen Einsatz der Hochtemperatur-Supraleiter als Energieübertragungssystem, übernehmen und der Umgang mit verflüssigten Gasen, vor allem $N_2$, $O_2$, $H_2$, He wird zur Normalität werden.

Die z.Zt. in den Labors noch am häufigsten eingesetzten Sensoren wie Ge-Widerstände, Kohlewiderstände, Thermistoren und spezielle Thermoelemente (AuFe/NiCr) zeigen für den industriellen Einsatz gravierende Mängel:

– geringe Temperaturmeßspanne, d.h. Einsatz mehrerer Sensoren parallel
  (kostenintensiv)

– starke Streuung der Kennlinien, d.h. beim Austausch jeweils individuelle
  Kalibrierung erforderlich (kostenintensiv)

– geringe Langzeitstabilität, d.h. regelmäßige Rekalibrierung erforderlich
  (kostenintensiv)


Für einen Temperaturbereich von 10 K bis 100 °C (373 K) lassen sich die vorgenannten Mängel durch Pt-Schichtmeßwiderstände beheben.

Die für den normalen Anwendungsbereich oberhalb 0 °C konzipierten Pt-Schichtmeßwiderstände zeigen beim Tieftemperatur-Einsatz eine Hysterese aufgrund einer plastischen Verformung der Pt-Schicht [4]. Werden die Pt-Schichtmeßwiderstände jedoch bei tiefen Temperaturen , z.B. 4,2 K (fl. He) bzw. 77 K (fl. N2) vorgealtert, so ergibt sich eine neue, hochstabile Kennlinie, die von der Kennlinie nach DIN IEC 751 abweicht. Die neue Kennlinie wird durch ein Polynom 12. Grades mit einer Genauigkeit von ±50 mK im Bereich –250...0 °C beschrieben [13] .

Werden die Pt-Schichtmeßwiderstände nicht ausschließlich im Tieftemperaturbereich betrieben, sondern auch oberhalb Raumtemperaturen, so wird je nach maximaler Temperatur die plastische Verformung durch Rekristallisation mehr oder weniger zurückgebildet.

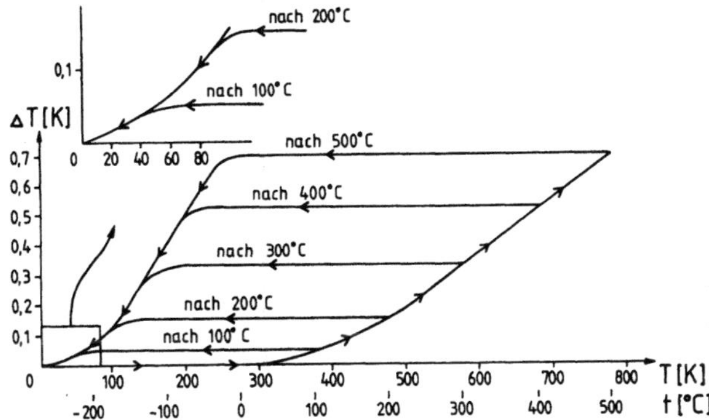


Bild 4.4-4    Hysterese (Temperaturmeßfehler) der Pt-Schichtmeßwiderstände bei Temperaturzyklen 4,2 K → $T_{max.}$ → 4,2 K als Funktion der Meßtemperatur mit $T_{max.}$ als Parameter; die Temperaturabweichungen beziehen sich für $T < 0$ °C auf die spezielle Kennlinie [13] vorgealterter Pt-Schichtmeßwiderstände, für $T \geq 0$ °C auf die Kennlinie gem. DIN IEC 751.

Bei wiederholter Abkühlung auf 4,2 K wird der Pt-Schicht wieder die gleiche Dehnung aufgezwungen, so daß sich erneut die spezielle Kennlinie einstellt. Die Hysterese zwischen Aufheiz- und Abkühlzyklus ist in Bild 4.4-4 mit der Maximaltemperatur als Parameter dargestellt. Die Reproduzierbarkeit einer Temperaturmessung oberhalb 50 K ist aufgrund der Hysterese von der Maximaltemperatur abhängig. Bei Meßtemperaturen unterhalb 50 K münden alle Hystereseschleifen in eine einzige Abkühlkurve, so daß der Meßfehler immer kleiner als 0,05 K ist, unabhängig von $T_{max}$.

Für den eingangs genannten Temperaturbereich von −260... +100 °C ergibt sich somit ein Gesamtfehler von maximal 100 mK (50 mK Abweichung des Polynoms, 50 mK Hysterese) bei kalibrierten Fühlern, was für einen Großteil der industriellen Anwendungen absolut ausreichend ist.

### 4.4.6 Fertigungs- und Analysentechnik

Das Anwendungsspektrum in diesem Bereich ist sehr groß und vielfältig, so daß kaum einfache und universelle Lösungsvorschläge unterbreitet werden können.

Für **Oberflächentemperaturmessungen** eignen sich besonders annähernd quadratische Typen. Für nahezu punktförmige Temperaturmessungen unter beengten Raum (Platz-)verhältnissen steht eine Spezialtype A 2000 mit senkrecht aus der Oberfläche des Widerstandes austretenden Anschlußdrähten zur Verfügung (Bild 4.4-5). Diese Meßwiderstände können entweder mit Silikonklebern bis 250 °C oder bei metallisierter Rückseite (Typenreihe L 2000) mit Einbrennsilber bis 400 °C eingesetzt werden.

| | Meß-<br>widerstand<br>Typ | Nenn-<br>widerstand<br>Ω |
|---|---|---|
| 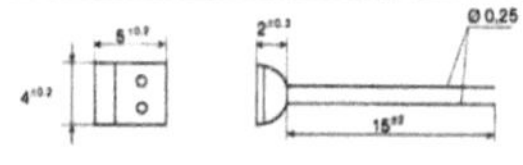 | A 2102* | Pt 100 |
| | A 2132* | Pt 500 |
| | A 2142* | Pt 1000 |
| 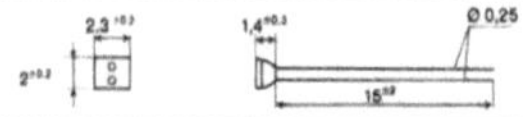 | A 2105* | Pt 100 |

* Die Typenreihe A 2000 ist auch mit lötfähiger Platin-Beschichtung auf der Rückseite als Typenreihe L 2000 lieferbar.

Bild 4.4-5    Meßwiderstände der Typenreihe A 2000 bzw. L 2000 für Temperaturen von –50 °C bis +400 °C

Neben der Temperaturmessung werden die Widerstände auch als **Heizer** verwendet. Hier werden Nennwerte von 3,5…20 Ohm bevorzugt. Besonders interessant ist hierbei die Kombination mehrerer Widerstände auf einem Chip, die teilweise als Heizer, teilweise als Meß- und Regelelement Verwendung finden. Alle bei getrennten Heiz- und Meßelementen auftretenden Probleme des Wärmeüberganges, des Ansprechverhaltens etc. sind bei dieser Form a priori ausgeschlossen, da die Meßwiderstände über das gut wärmeleitende Substrat thermisch miteinander gekoppelt sind.

Wird des weiteren eine hochohmige Interdigitalstruktur ($R_{is}$ > 2 GΩ bei Raumtemperatur, wie in Bild 4.4-6 gezeigt, mit integriert, so eignet sich der Chip hervorragend als Grundelement für Anwendungen als *Bio-* oder *chemischer Sensor*. Dabei wird über der Interdigitalstruktur die chemisch bzw. biologisch aktive Substanz aufgebracht, mit dem Heizelement wird die Arbeitstemperatur eingestellt und mit dem Temperatursensor z.B. die Wärmetönung bestimmt.

Bild 4.4-6    Kombinierter Chip mit Heizer (Pt 20), Temperatursensor (Pt 100) und Interdigitalstruktur ($R_{is}$ > 2 GΩ bei RT)

Für allgemeine Meßaufgaben vor allem auch im Bereich Analysentechnik werden häufig vorkonfektionierte Meßwiderstände, sogenannte **Semi Finished Probes (SFP)** verwendet.

Bild 4.4-7        Vorkonfektionierte Semi Finished Probes (SFP)

Bild 4.4-7 zeigt eine kleine Auswahl solcher SFP-Typen mit z.B. links oben einem Keramikschutzrohr mit glasseideisolierten Drähten für Einsatztemperaturen bis 550 °C, vor allem für Gaschromatographen. Unten links ist ein Fühler in einem Alu-Röhrchen mit Silikonkabel für Einsatztemperaturen bis 150 °C dargestellt.

Neben der Erledigung allgemeiner Aufgaben der Meß- und Regeltechnik in allen Bereichen der Verfahrenstechnik werden die Meßwiderstände beispielsweise in den Spitzen von Lötkolben zur Temperaturregelung und in den Spitzen von Wachsmodellierwerkzeugen (Dentaltechnik) als Heizer eingesetzt.

Die Liste der Anwendungen ließe sich beliebig verlängern. Die hier gezeigten Beispiele wurden aus unterschiedlichen Bereichen gewählt, um ein möglichst großes Spektrum abzudecken.

## 4.5  Zusammenfassung

Die seit Jahrzehnten bewährte Temperaturmeßtechnik mit Pt-Meßwiderständen wurde kombiniert mit den Möglichkeiten der Dünnschichttechnik und ergab so eine neue Generation von Pt-Schichtmeßwiderständen. Vorgestellt wurden das Herstellungsverfahren und die meßtechnischen Eigenschaften dieser Sensoren. Anhand von Anwendungsbeispielen aus den Bereichen der Prozeßtechnik, Heizung, Klima, Lüftung, Kfz, Haushalt, Kälte-, Fertigungs- und Analysentechnik wurden verschiedene Bauformen und ihre optimale Anpassung an die Meßaufgabe gezeigt.

## Autorenvorstellung

Dr. rer. nat. Harald Jacques ist gebürtiger Düsseldorfer. Er studierte Physik an der TH Aachen und promovierte am Institut für Festkörperforschung der Kernforschungsanlage Jülich. 1982 trat er in die Entwicklungsabteilung für Sensoren der Degussa AG ein. 1983 übernahm er die Leitung der Produktion für Dünnschicht-Meßwiderstände im Geschäftsgebiet Meßtechnik der Degussa AG.

1989 wurde er Technischer Leiter im Arbeitsgebiet Sensorelemente der SENSYCON GmbH, ein Unternehmen der Hartmann & Braun-Gruppe.

Seit 1995 ist er Professor für Meß-, Steuer- und Regelungstechnik an der Fachhochschule Düsseldorf.

Die Druckschriften von SENSYCON können bezogen werden bei:

SENSYCON Gesellschaft für industrielle Sensorsysteme und Prozeßleittechnik mbH
Borsigstraße 2, 63755 Alzenau

## Literatur

[1]    Platin-Meßwiderstände, SENSYCON, Katalog 8123

[2]    "Industrielle Platin-Widerstandsthermometer und Platin-Meßwiderstände", Deutsche Elektrotechnische Kommission im DIN und VDE (DKE)
DIN IEC 751, Oktober 1985

[3]    "Industrial platinum Resistance Thermometer Sensors", International Electrotechn. Comm., Publication 751 - First Edition 1983, Amendment No. 1, 1986

[4]    E. Kaiser: "Zusammenhang zwischen Widerstandsabweichungen und behinderter Dehnung bei Schichtwiderstandsthermometern", tm Technisches Messen **58** (1991), 12

[5]    VDI/VDE Richtlinie 3522: "Zeitverhalten von Berührungsthermometern"

[6]    W. Gramatte: "Neuartiger stationärer Wärmemengenmesser", Vortrag 3. Fachtagung Sensoren, Technologie und Anwendungen,17. bis 19.03.1986, Bad Nauheim. NTG Fachberichte **93**, VDE-Verlag, Berlin - Offenbach

[7]    "Widerstandsthermometer mit auswechselbaren Meßeinsätzen", SENSYCON, Katalog 810

[8]    "Meßwiderstand für Temperaturmessungen", Gebrauchsmuster G 87 16 103

[9]    "Sensyflow P, Massendurchflußmesser für Gase", SENSYCON Katalog 8701

[10]   W. Hosp, H. Schreiber: "Heißfilm-Luftmassenmesser zur Steuerung der Kraftstoffzumessung bei Ottomotoren", Vortrag Fachtagung Sensoren - Technologie und Anwendung, VDI-Berichte **939**, 1992, 21 f

[11]   H. Jacques: "Platin-Schichtmeßwiderstände auf Glas", SENSYCON Sonderdruck "Optimale Sensorelemente für Luftmassenmesser im Kfz"

[12]   W. Gleine, H. Fischer, J. Müller: "Schneller Temperaturfühler zur Früherkennung von Ventilschäden im Schiffsdiesel", Vortrag 3. Fachtagung Sensoren, siehe Zitat [6]

[13]   H. Jacques: "Pt-Sensoren bei tiefen Temperaturen", Sensor Magazin 2/90

# II-1 Piezoresistive Drucksensoren mit ionenimplantierter Vollbrücke

Von Henri Hencke

## 1.1 Aufbau und Wirkungsweise

Die piezoresistiven Drucksensoren zeichnen sich gegenüber Aufnehmern mit metallischen Dehnungsmeßstreifen durch eine wesentlich höhere Meßempfindlichkeit aus, die sich aus dem sogenannten $k$-Faktor ergibt (s. Band 3, Abschnitt 4.1.1). Dieser ist als Verhältnis der relativen Widerstandsänderung $\Delta R/R$ zur relativen Längenänderung oder Dehnung $\Delta L/L$ definiert. Für Halbleiterwerkstoffe wie das hier verwendete Silizium gelten gewöhnlich $k$-Faktoren von 50...100, während er für rein metallische Materialien etwa 2 beträgt. Die vier zu einer Wheatstone-Brücke geschalteten Piezowiderstände sind in der Druckmembran ionenimplantiert (Bilder 1.1-1 und 1.1-2).

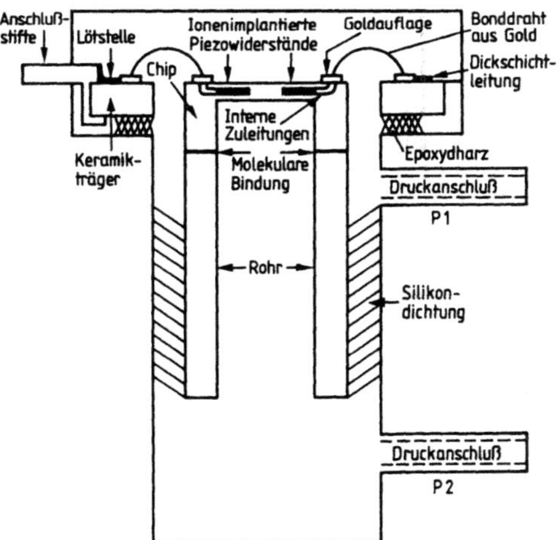


Bild 1.1-1       Schnittbild des piezoresistiven Differenzdrucksensors 120PC von Honeywell

Bei diesem Prozeß werden ionisierte Fremdatome oder Moleküle auf einen bestimmten Energiepegel beschleunigt und in den Siliziumwafer eingeschossen (s. Band 3, Abschnitt 8.2.5). Dabei bestimmt der Energiepegel die Eindringtiefe der Dotierstoffionen in das Silizium, während die Implantationszeit die Dotierstoffkonzentra-

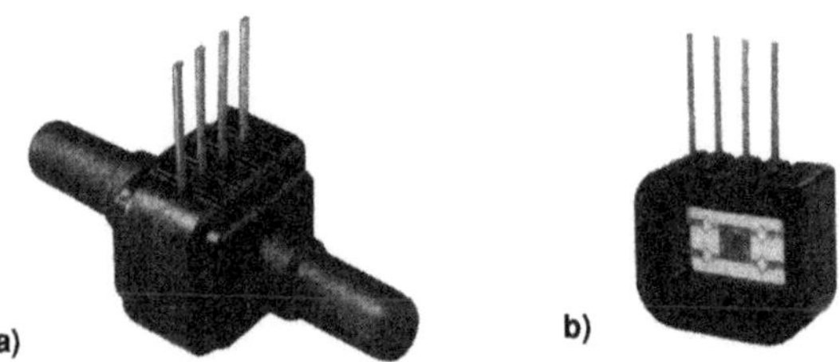



Bild 1.1-2        Ausführungen des piezoresistiven Drucksensors 10PC mit und ohne Nippel

tion festlegt. Es ist somit möglich, diese Parameter unabhängig zu steuern und einge-
bettete Piezowiderstände zu bilden. Die erhöhte Leistungsfähigkeit ionenimplantier-
ter Fühlerelemente gegenüber den durch Diffusion hergestellten ergibt sich vor allem
aus der Tatsache, daß die maximale Dotierungsdichte unter der Siliziumoberfläche
vorliegt und keine Oberflächenverunreinigung und direkte Berührung mit dem
druckübertragendem Medium entstehen kann.

Das Kernstück der piezoresistiven Drucksensoren bildet ein $3...6$ mm$^2$ kleiner quadratischer Siliziumchip mit einer einseitig eingeätzten, dünnen, kreisförmigen oder
quadratischen Druckmembran. In diese sind vier Piezowiderstände integriert und zu
einer hochlinearen, meßempfindlichen Vollbrücke geschaltet. Unter Einwirkung von
Druck biegt sich die Membran durch, und die Piezowiderstände werden entsprechend
verformt. Dies bewirkt eine druckproportionale Widerstandsänderung $\Delta R$, die zu den
Widerstandswerten $R + \Delta R$ sowie $R - \Delta R$ und somit zu einer Verstimmung der Vollbrücke führt. Bei entsprechender Speisung der Brücke (Bild 1.1-3) entsteht an der
Brückendiagonalen eine Ausgangsspannung von maximal $0...330$ mV, so daß sich in
den meisten Fällen ein zusätzlicher Verstärker erübrigt.

In Bild 1.1-4 ist die in den USA zum Patent angemeldete fünfteilige Konstruktion
der neuen Serie 24PC ersichtlich, die das gesteckte Ziel, einen preiswerten, für die
vollautomatische Fertigung geeigneten Low-Cost-Sensor zu konzipieren, erfüllt. Der

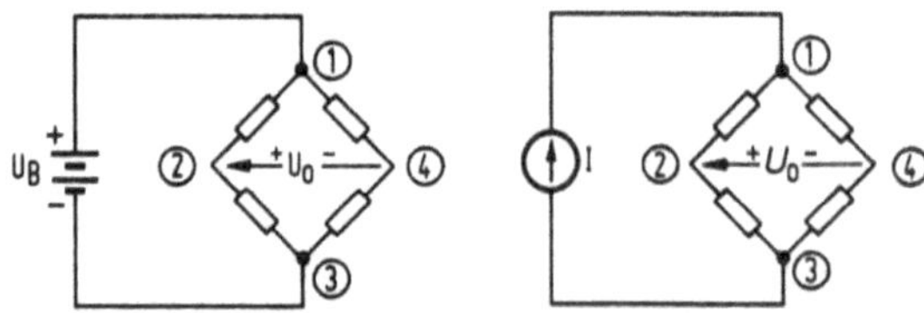

Bild 1.1-3        Speisung von verstärkerlosen piezoresistiven Drucksensoren mit Konstantspan-
                  nung oder Konstantstrom.

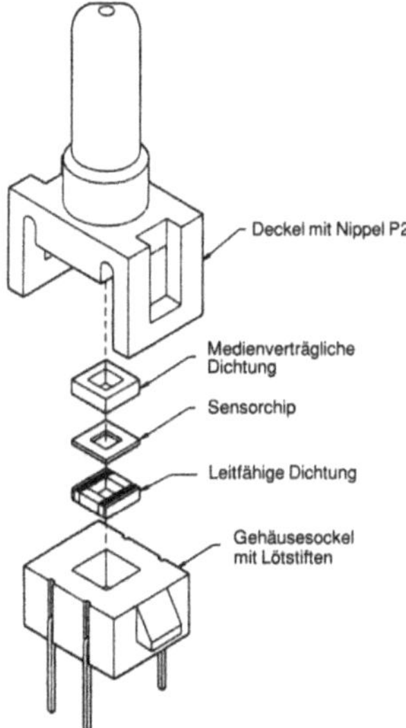



Bild 1.1-4    Kostengünstiger, fünfteiliger Aufbau der Drucksensoren 24PC und 26PC mit neuartiger leitfähiger Dichtung.

Sensor besteht aus folgenden Einzelteilen: Deckel mit Nippel P2 und Schnappver-
schluß, medienverträgliche Dichtung, Sensorchip, elektrisch leitfähige Dichtung und
Gehäusesockel mit Lötstiften und Druckanschluß P1. Das neuartige Konzept verkürzt die Montagezeit und senkt die Herstellkosten erheblich, da sich Bonddrähte,
Kontaktlaschen sowie Löt- und Klebeverbindungen erübrigen. Durch die Wahl zwischen Buna-N- und Fluorsilikon-Dichtungen ist eine breite Medienverträglichkeit
mit Gasen und Flüssigkeiten gewährleistet. Die leitfähige Dichtung besteht aus vul-
kanisierten Laminatschichten aus Silikongummi und silberdurchsetzten Silikongum-
mi-Streifen, die nur 0,03 mm dick und mit 0,1 $\Omega$ Kontaktwiderstand sehr leitfähig
sind. Die Dichtung hat 80 Schichten pro Zentimeter und sorgt für die elektrische
Verbindung zwischen den Goldflächen auf dem Sensorchip und den Lötstiftflächen
an der Innenseite des Gehäusesockels. Alle internen Kontaktflächen sind somit vor
Umgebungs- und Medieneinflüssen völlig geschützt.

Drucksensoren sind in Unter-, Über-, Relativ-, Absolut- und Differenzdruckausfüh-
rung erhältlich. Bei den **Unter-**, **Über-** und **Relativdrucksensoren** ist im Gehäuse
eine Öffnung vorgesehen, die den Umgebungsdruck auf die eine Seite des Silizium-
chips einwirken läßt. **Absolutdrucksensoren** besitzen einen versiegelten Hohlraum
mit Vakuum als Referenzdruck. Differenzdrucksensoren sind mit zwei Druck-
anschlüssen ausgestattet, die jeweils zu einer Membranseite führen. Die Betriebs-
druckbereiche der fünfzehn verschiedenen Baureihen reichen von –6...+6 mbar,
0...12 mbar, 0...25 mbar, 0...35 mbar, 0...70 mbar, –20...+120 mbar, 0...345 mbar,

0...1 bar, 0...2 bar, 0...4 bar, 0...7 bar, 0...10 bar und 0...17 bar. Bei den temperaturkompensierten Drucksensoren wird der positive Temperaturkoeffizient der Piezowiderstände durch einen vorgeschalteten NTC-Widerstand ausgeglichen. Die Meßempfindlichkeit der Sensoren wird mit einem computergesteuerten Laserstrahl auf Sollwert getrimmt.

Die Sensoren der Standardserien 10PC und 120PC, Miniaturserie 130PC, Niederdruckserie 170PC und Hochdruckserie 230PC arbeiten ohne Meßverstärker und liefern in ungetrimmter oder getrimmter, temperaturkompensierter Ausführung eine Ausgangsspannung von 0 bis maximal 330 mV. Neben den verstärkerlosen Sensoren gibt es auch Druckaufnehmer mit eingebautem temperaturkompensiertem Meßverstärker in Hybridtechnik (Bild 1.1-5). Dieser befindet sich auf einem Keramiksubstrat und liefert eine verstärkte Ausgangsspannung von 1...6 Volt. Zu dieser Gruppe zählen die Standardserie 140PC, Niederdruckserie 160PC, Low-cost-Serie 180PC und Hochdruckserie 240PC. Die in Zweileiter-Technik betriebenen Baureihen 149PC und 249PC mit festen Druckbereichen sowie die einstellbare Serie SSPB liefern einen störspannungsfesten Ausgangsstrom von 4...20 mA und ermöglichen eine Meßwertübertragung über größere Entfernungen. Die Serie SSPC arbeitet als einstellbarer Druckschalter mit Triac-Ausgang. Der Betriebstemperaturbereich beträgt zumeist –40...+85°C.

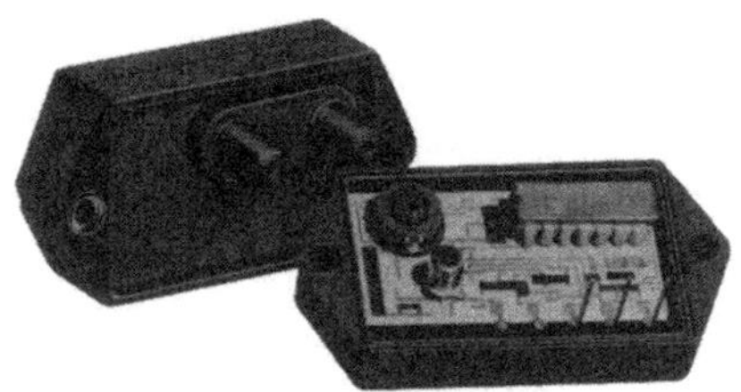

Bild 1.1-5    Piezoresistiver Differenzdrucksensor 140PC mit eingebautem Meßverstärker in Hybridtechnik.

## 1.2  Spannungs- oder Stromspeisung

Die hier beschriebenen verstärkerlosen Drucksensoren haben einen Brückenwiderstand von 5 kΩ. Zur Speisung der Vollbrücke werden 10 V oder 2 mA empfohlen. Die Spannungs- oder Stromquelle muß unbedingt konstant sein, da die Ausgangsspannung der Speisespannung bzw. dem Speisestrom direkt proportional ist. Für Anwendungen, bei denen größere Temperaturschwankungen eintreten können, ist die Konstantstrom- der Konstantspannungsspeisung vorzuziehen, da der positive Temperaturkoeffizient der Piezowiderstände den negativen Temperaturverlauf der Meß-

empfindlichkeit weitgehend kompensiert. In Bild 1.2-1 ist eine geeignete Konstantstromquelle mit einem Differenzverstärker, drei Metallschichtwiderständen 1/8 Watt
und einer Betriebsspannung von 15 V– dargestellt.

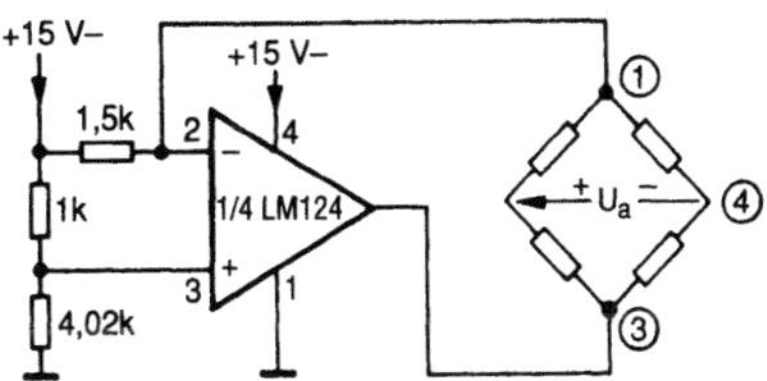

Bild 1.2-1    Konstantstromspeisung mit 2 mA für die Drucksensoren 14PC, 24PC, 134PC,
174PC und 234PC von Honeywell.

## 1.3   Nullpunkt- und Meßbereichsabgleich

Bei entspannter Membran (Druckgleichheit auf beiden Seiten) weisen piezoresistive
Drucksensoren eine sogenannte Nullpunkt-Offsetspannung auf, die sich bei Bedarf
leicht auf Null abgleichen läßt (Bild 1.3-1).

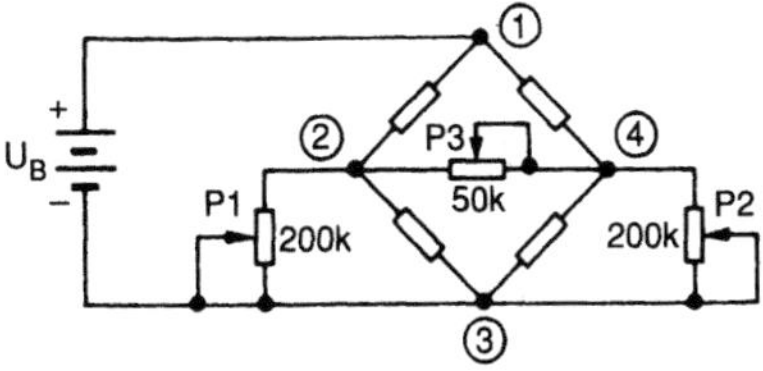

Bild 1.3-1    Nullpunkt- und Empfindlichkeitseinstellung

Je nach Polarität der Offsetspannung erfolgt der Nullabgleich am Potentiometer P1
oder P2. Bei einheitlicher Polarität der Offsetspannung erübrigt sich das unbenutzte
Potentiometer. Das Herabsetzen der Meßempfindlichkeit auf Sollwert ist mit dem
Potentiometer P3 möglich, das in die Meßdiagonale geschaltet ist. Da die Nullpunkt-
einstellung auch die Meßempfindlichkeit beeinflußt – aber nicht umgekehrt – muß
man die Empfindlichkeit zuletzt einstellen. Sollte der Meßbereich nicht ausreichen,
empfiehlt sich der Einsatz des in Bild 1.3-2 gezeigten Verstärkers mit Störspan-
nungsunterdrückung. Wählt man $R1 = R3$, läßt sich die Ausgangsspannung $U_a$ mit
Hilfe des Potentiometers $R2$ einstellen, und es gilt: $U_a = U_0 (1 + 2\,R1/R2)$.

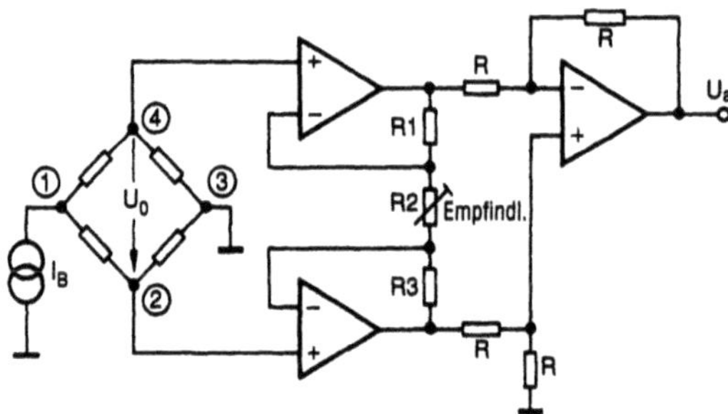

Bild 1.3-2        Meßverstärker mit hochohmigem Eingang

## 1.4   Interne oder externe Temperaturkompensation

Bei Konstantstromspeisung gleichen sich, wie bereits erwähnt, die temperaturbedingten Widerstands- und Meßempfindlichkeitsänderungen weitgehend aus. Für erhöhte
Anforderungen an die Meßwertstabilität sind temperaturkompensierte Ausführungen
verfügbar. Man kann aber auch einen unkompensierten Sensor mit einer Konstantspannung speisen, indem man, wie in Bild 1.4-1 dargestellt, zwei Widerstände und
einen Thermistor (NTC-Widerstand) vorschaltet. Ein nachgeschalteter Meßverstärker
(z.B. gemäß Bild 1.3-2) kann den durch die Vorwiderstände bedingten Empfindlich-
keitsverlust wettmachen und für zusätzliche Verstärkung sorgen.

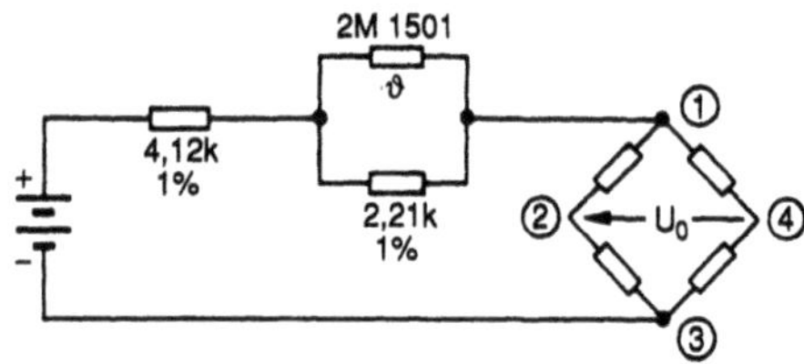

Bild 1.4-1        Temperaturkompensation der Empfindlichkeitsdrift für ungetrimmte Drucksensoren

Bei noch höheren Anforderungen an die Meßwertstabilität sollte man von der in
Bild 1.4-2 gezeigten Bicking-Schaltung Gebrauch machen. Sie sorgt bei 25 °C Umgebungstemperatur für einen Konstantstrom von 2 mA zwischen den Anschlüssen 1
und 3. Bei einer Änderung der Sensortemperatur bewirkt die resistive Stromrück-
kopplung über den Widerstand $R3$ eine Verstärkung des positiven Temperaturkoeffizienten der Brückenwiderstände, und der Speisestrom ändert sich gemäß $dI_0/I_0 =
dR_B/(R3 - R_B)$. Die Vergleichstabelle bei Bild 1.4-2 macht die ausgezeichnete Kom-
pensationswirkung dieser Schaltung sehr deutlich.

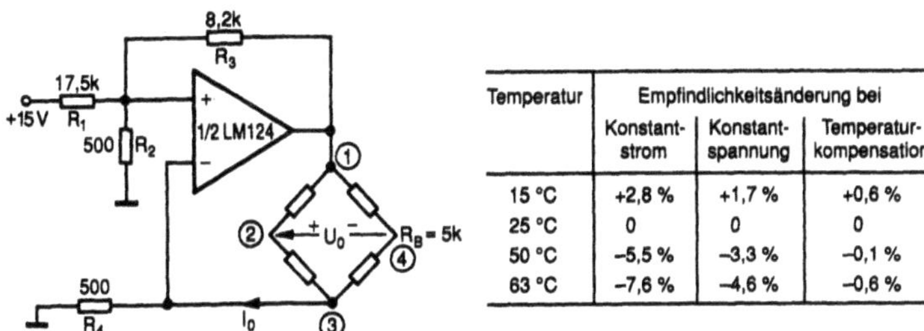

| Temperatur | Empfindlichkeitsänderung bei | | |
|---|---|---|---|
| | Konstant-strom | Konstant-spannung | Temperatur-kompensation |
| 15 °C | +2,8 % | +1,7 % | +0,6 % |
| 25 °C | 0 | 0 | 0 |
| 50 °C | −5,5 % | −3,3 % | −0,1 % |
| 63 °C | −7,6 % | −4,6 % | −0,6 % |

Bild 1.4-2     Temperaturkompensation nach Robert Bicking und Vergleich der Empfindlich-keitsänderung.

## 1.5 Beschaltung von Drucksensoren mit temperaturkompensiertem Verstärker

Der in Bild 1.1-5 vorgestellte Drucksensor der Serie 140PC ist für eine Betriebsspannung von 7...16 V= ausgelegt. Da auch hier die Ausgangsspannung zur Betriebsspannung proportional ist, muß man eine Konstantspannungsquelle verwenden. Die typische Stromaufnahme ist mit 8 mA angegeben. Bei Verwendung einer ohmschen Last R2 ≥ 10 kΩ hat sich die in Bild 1.5-1 aufgezeigte Schaltung bewährt. Wegen der spürbaren Auswirkung des Empfindlichkeitsstellers P2 auf die Nullpunktspannung empfiehlt es sich hier, erst die Einstellung am Potentiometer P2 vorzunehmen und dann den Nullpunkt abzugleichen. Gegebenenfalls ist dieser Abgleichvorgang noch einmal zu wiederholen. Eine externe Temperaturkompensation ist bei diesen Sensoren nicht erforderlich. Die Tabelle 1.5-1 für die Drucksensoren 134PC und 140PC bietet eine vergleichende Übersicht der technischen Daten.

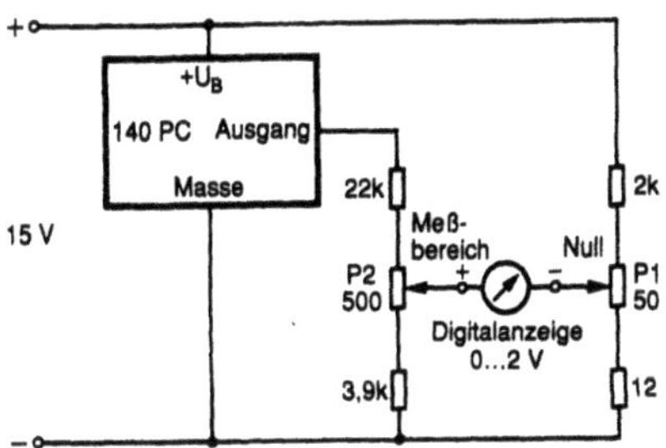

Bild 1.5-1     Null- und Meßbereichsabgleich für digitale Füllstandsanzeige mit Drucksensor 140PC und 0...2 V= Ausgang.

| Parameter | Drucksensor 134PC | Druckaufnehmer 140PC |
|---|---|---|
| Betriebsspannung (Gleichspannung) | 10 V (max. 12 V) | 8 V (7...16 V) |
| Stromaufnahme | 2 mA (max. 2,4 mA) | 8 mA typisch |
| Null-Offsetspannung | $-40 \pm 40$ mV | $1,00 \pm 0,05$ V |
| Meßbereich | $250 \pm 75$ mV | $5,00 \pm 0,15$ V |
| Reproduzierbarkeits- und Hysteresefehler | $\pm 0,15$ % v. Endwert | $\pm 0,15$ % v. Endwert |
| Linearitätsfehler | $\pm 0,1$ % v. E. | $\pm 0,25$% v. E. |
| Nullpunktdrift (+5...+45°C) | $\pm 0,7$ % v. E. | $\pm 0,5$ % v. E. |
| Empfindlichkeitsdrift | $-5 \pm 1$% v. E. | $\pm 0,5$ % v. E. |
| Betriebstemperatur | $-40...+85$ °C | $-40...+85$ °C |

Tabelle 1.5-1    Der Vergleich der technischen Daten der Typen 134PC und 140PC für 0...1 bar zeigt die höhere Meßempfindlichkeit und Temperaturstabilität des 140PC.


## 1.6  Schutz gegen Wasserdruckschläge

Viele Hydrauliksysteme weisen kurzzeitige Druckstöße, sogenannte Wasserdruckschläge auf, die durch schnelle Änderungen der Strömungsgeschwindigkeit durch Einwirkung von Kompressoren, Pumpen, Kolben und Ventilen ausgelöst werden. Fluidiksysteme kann man durch drei Maßnahmen vor Druckschlägen schützen:

1. Zwischenbehälter:
   Eine Luftkammer oder ein Zwischenbehälter kann zwischen dem durchflußändernden Element und dem Drucksensor angeordnet werden. Je größer das Volumen des Behälters, desto höher der abfangbare Druckstoß. Ein- und Auslaßöffnung sollten sich nie gegenüberliegen, um eine direkte Übertragung der Druckwellen zu vermeiden. Eine gewisse Flüssigkeitsansammlung ist in den meisten Pneumatiksystemen zu erwarten. Der für den Zwischenbehälter erforderliche Platz kann bei dieser Lösung das Hauptproblem darstellen.

2. Verlangsamte Betätigung:
   Druckschläge entstehen nur durch schnelle Änderungen der Strömungsgeschwindigkeit. Wenn die Betätigung von Ventilen oder anderen Durchflußreglern über die kritische Wechselzeit $t_\mathrm{w}$ verlangsamt wird, können Stoßimpulse vermieden werden. Die kritische Wechselzeit ermittelt man gemäß: $t_\mathrm{w} = 2\,D/c$.

   Dabei sind $t_\mathrm{w}$ = Wechselzeit in Sekunden, $D$ = Abstand zwischen Durchflußbegrenzungspunkt und zu schützendem Drucksensor in Metern, $c$ = Schallgeschwindigkeit in der Systemflüssigkeit in Meter/Sekunde. Bei den meisten Flüssigkeiten liegt die Schallgeschwindigkeit zwischen 300 und 2100 m/s. Für große Systemabstände über 100 m kann die Wechselzeit 0,5 s oder mehr betragen. Ein Problem bei dieser Lösung besteht darin, daß manche Aktuatoren eine solch langsame Betätigung nicht mitmachen.

3. <u>Druckdämpfer:</u>
Ein Druckdämpfer ist eine Vorrichtung zur Verlangsamung der Durchflußgeschwindigkeits-Änderung in einem Rohrsystem. Der Einbau eines entsprechend dimensionierten Dämpfers am oder in der Nähe des Drucksensoranschlusses schützt den Sensor vor Beschädigung durch Wasserdruckschläge. Typisch sind zylindrische Druckdämpfer mit 19...38 mm Durchmesser und 19...127 mm Länge. Zwei weit verbreitete Ausführungen verwenden im Druckpfad einen Stopfen oder Filter aus porösem Metall bzw. einen beweglichen Stößel, der die Durchflußgeschwindigkeit begrenzt. Das Ansprechen des Sensors auf größere Druckänderungen wird bei Verwendung eines Druckdämpfers von ca. 1 ms auf mehrere Sekunden ausgedehnt. Wenn der Drucksensor nur mit dem Druckanschlußnippel am Ende eines langen Druckdämpfers befestigt wird, verringert sich die Stoß- und Schwingfestigkeit proportional zur erhöhten Einbaulänge.

## 1.7  Aufbau eines elektronischen Druckschalters

Im Vergleich zu mechanischen Druckschaltern bieten piezoresistive Drucksensoren Vorteile in bezug auf Stabilität, Einstellbarkeit, Reproduzierbarkeit und Lebensdauer. Zudem ermöglichen Sie Mehrfach-Schaltpunkte. Die Drucksensoren 140/160/ 180/240PC mit eingebautem Verstärker eignen sich bestens für den Aufbau elektronischer Druckschalter mit Eingang $U_e$. Der in Bild 1.7-1 gezeigte rückgekoppelte Operationsverstärker zur Hysteresebildung bildet das Kernstück des Schalters.

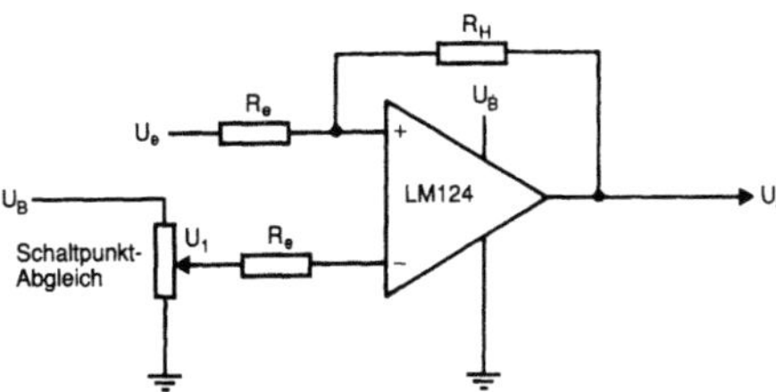



Bild 1.7-1    Grundschaltung eines Druckschalters mit Hysterese

Sein Ausgang $U_a$ schaltet von 0 V in den High-Zustand ($U_B$ −1,5 V) für $U_e > U_1$ am Schleifer des Potentiometers. In dieser Schaltung ist $R_e$ so zu wählen, daß sowohl der Sensorausgang wie das zur Schaltpunkteinstellung verwendete Potentiometer möglichst wenig belastet werden. Für ein 2 kΩ Potentiometer empfiehlt sich $R_e$ = 20 kΩ. $R_H$ wählt man für eine entsprechende Hysterese, die ein rausch- oder störspannungsbedingtes Zittern am Schaltpunkt ausschließt. Die Höhe der Hysterese kann man anhand des Ersatzschaltbildes in Bild 1.7-2 berechnen.

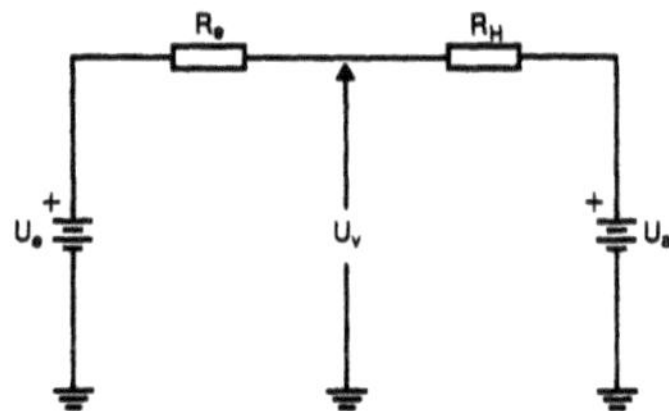

**Bild 1.7-2**        Ersatzschaltbild des Druckschalters zur Berechnung der Hysterese

Wenn der Ausgang $U_a$ im Low-Zustand ($U_a \approx 0$) ist, gilt:

$$U_{V(L)} = U_e \cdot R_H / (R_H + R_e) \approx U_e \text{ für } R_H \gg R_e$$

Wenn der Ausgang $U_a$ im Zustand High ist, gilt:

$$U_{V(H)} = U_{V(L)} + U_a R_e / (R_e + R_H) \approx U_{V(L)} + U_a R_e / R_H \text{ für } R_H \gg R_e$$

Die Hysterese entspricht:

$$U_V = U_{V(H)} - U_{V(L)} \approx U_a R_e / R_H$$

Wenn der Operationsverstärker LM124 mit 10 V– betrieben wird:

$$U_a = 8{,}5 \text{ V und } R_H = 5 \text{ M}\Omega \text{ ergeben 34 mV Hysterese.}$$

## 1.8   Drucküberwachungsschaltung

Als Anwendungsbeispiel für den Drucksensor 126PC ist in Bild 1.8-1 eine Schaltung für die Drucküberwachung eines Leitungssystems aufgezeigt.

Die Meßspannung an den Sensoranschlüssen 2 und 4 wird über die Operationsverstärker OP1 und OP2 entsprechend der Stellung des Potentiometers P1 verstärkt und dem Differenzverstärker OP3 zugeführt. Die verstärkte Differenzspannung am Ausgang von OP3 steuert die beiden Komparatoren OP4 und OP5 an, deren Referenzspannungen mit den Potentiometern P2 und P3 eingestellt werden. Bei positiver Ausgangsspannung des jeweiligen Komparators wird der Transistor T1 bzw. T2 durchgeschaltet, und die entsprechende Leuchtdiode LD1 bzw. LD2 leuchtet auf. Die zusammen mit dem UND-Gatter-IC als Fensterdiskriminator geschalteten Komparatoren schalten den Transistor T3 nur dann durch, wenn T1 und T2 gesperrt sind. In diesem Fall leuchtet LD3 auf. Die beiden Referenzspannungen sind so eingestellt, daß LD3 den gewünschten Solldruckbereich anzeigt. Bei Unterschreitung der unteren Druckgrenze (Einstellung an P2) leuchtet LD1, bei Überschreitung der oberen Druckgrenze

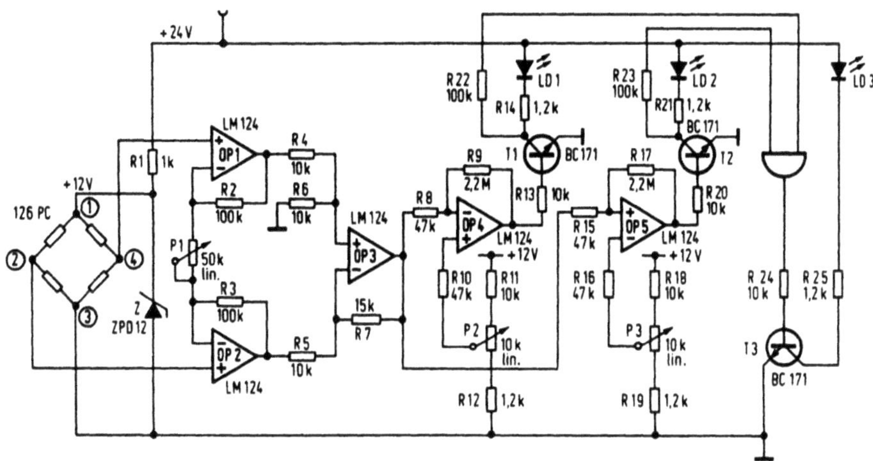


Bild 1.8-1    Drucküberwachungsschaltung mit einstellbarem unteren und oberen Grenzwert für den Drucksensor 126PC.

(Einstellung an P3) leuchtet LD2 auf. Neben den Leuchtdioden lassen sich auch Relais oder Magnetventile ansteuern, die für die Druckregelung erforderlich sind.

# 1.9 Durchflußmessung über den Differenzdruck

Der in piezoresistiven Drucksensoren eingebaute Siliziumchip besitzt eine eingeätzte Druckmembran mit einer aktiven und einer passiven Seite. Die aktive Seite ist mit Kontaktflächen und Bonddrähten aus Gold versehen und verträgt aus Isolationsgründen nur saubere Gase wie Luft oder Freongas. Die passive Seite hingegen besteht aus einer glatten Siliziumfläche mit guter Medienverträglichkeit. Da bei Differenzdrucksensoren auch die aktive Seite dem druckübertragenden Medium ausgesetzt ist, empfiehlt sich für die Differenzdruckmessung an Flüssigkeiten der Einsatz zweier Überdrucksensoren, bei denen der Meßdruck stets der passiven Seite zugeführt wird. Dabei können die Sensoren wahlweise mit oder ohne Verstärker ausgestattet sein. Im Hinblick auf eine hohe Meßgenauigkeit sollte man die Auswahl auf temperaturkompensierte und auf eine bestimmte Meßempfindlichkeit getrimmte Sensoren beschränken. Je nach Druckbereich und chemischer Zusammensetzung des Mediums bietet sich bei den Hochdrucksensoren der Serie 240PC von Honeywell (Bild 1.9-1) jeweils eine der Kombinationen aus den Druckbereichen 0...0,345 bar, 0...1 bar, 0...2 bar, 0...4 bar, 0...7 bar, 0...10 bar oder 0...17 bar und den Dichtungsmaterialien Buna-N-Gummi, Äthylenpropylen oder Epoxid an.

Bild 1.9-1     Der Überdrucksensor 240PC zeichnet sich durch eine hervorragende Medienverträglichkeit aus.

Buna-N-Gummi ist beständig gegen Freongas, Alkohol, Heiz-, Schmier- und Hydrauliköl, Äthylenpropylen gegen Ammoniakverbindungen, Dampf, Seifenlösung, Säuren und Laugen, Epoxid gegen Benzin, Diesel und andere Erdölderivate. Die Serie 240PC ist temperaturkompensiert und mit einem computergesteuerten Laserstrahl auf Nullpunkt und Sollempfindlichkeit abgeglichen. Ihre hervorragende Medienverträglichkeit läßt sich, wie in Bild 1.9-2 schematisch dargestellt, zur Differenzdruck- und Durchflußmessung von bislang gemiedenen Flüssigkeiten gut ausnutzen.

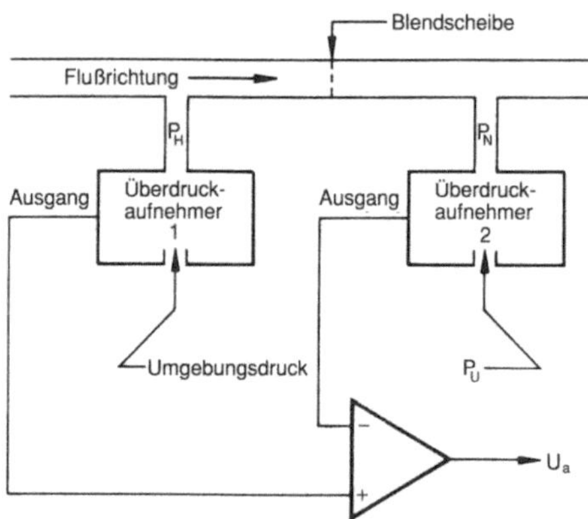


Bild 1.9-2     Differenzdruck- und Durchflußmessung mit zwei Überdrucksensoren

Die Flüssigkeit fließt oben in der Leitung von links nach rechts und verursacht an der Blendscheibe einen strömungsabhängigen Druckabfall, der von den beiden Drucksensoren erfaßt wird. Vor der Blendscheibe entsteht ein höherer Druck $P_H$, dahinter ein niedrigerer Druck $P_N$. Beide Drücke werden im jeweiligen Aufnehmer gegenüber dem Umgebungsdruck $P_U$ gemessen und im Differenzverstärker elektronisch subtrahiert:

$$(P_H - P_U) - (P_N - P_U) = P_H - P_N = \Delta P$$

Die Durchflußmenge $Q$ errechnet man für Flüssigkeiten unter Vernachlässigung der Viskosität gemäß der Beziehung:

$$Q = k_V \cdot \sqrt{\frac{\Delta P}{\rho}}$$

Hierbei sind der Durchflußleistungsfaktor $k_V$ in m³/h, die spezifische Dichte $\rho$ in g/cm³ und der Druckabfall $\Delta P$ in bar einzusetzen. Bild 1.9-3 zeigt eine Schaltung zur naß-nassen Differenzdruckmessung mit zwei Hochdruckaufnehmern 242PC250G für Überdrücke bis 17 bar.

Das Ausgangssignal beider Aufnehmer wird dem Differenzverstärker OP1 zugeführt. Die Einstellung der Nullpunkt-Offsetspannung erfolgt über den Operationsverstärker OP2 mit dem Trimmwiderstand $R_x$. Der Verstärkungsfaktor von OP1 wird mit Hilfe des Gegenkopplungswiderstandes $R_F$ entsprechend der gewünschten Meßempfindlichkeit eingestellt.

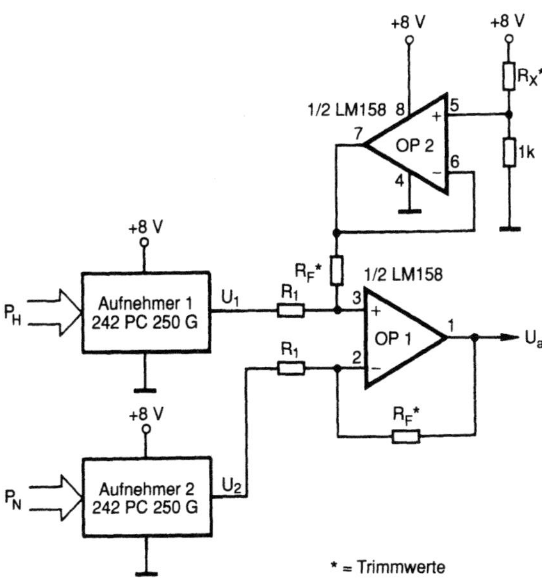


Bild 1.9-3    Differenzdruckmessung mit einstellbarem Nullpunkt und Endwert

## 1.10 Weitere Anwendungen

Die Vielfalt der praktisch erprobten Anwendungen mit piezoresistiven Drucksensoren hat inzwischen ein derartiges Ausmaß erreicht, daß an dieser Stelle zumindest die wichtigsten Einsatzgebiete erwähnt werden sollten. Den größten Bedarf an Drucksensoren hat die Kfz-Elektronik. Im Automobil werden Drucksensoren zur Zündzeitpunkt-Steuerung und zur Regelung des Benzin/Luft-Gemisches energiesparend eingesetzt. Auch in Diagnosegeräten finden sie Anwendung. Haushaltsgeräte wie Wasch- und Spülmaschinen sowie Staubsauger, elektronische Personenwaagen, Blutdruckmeßgeräte für blutige und unblutige Messungen, Beatmungs- und Atemmeßgeräte, Dialysegeräte, Mittelohr-Diagnose, Strömungsgeschwindigkeits-, Durchflußmengen- und Flüssigkeitsverteilungs-Messungen wurden durch piezoresistive Drucksensoren effizienter, genauer und preiswerter. Aber auch in Wasserwerken, Klär-, Kühl- und Klimaanlagen, Pumpen, Kompressoren, Hydraulik, Pneumatik, Vakuumtechnik, Druckkesseln, Raffinerien, Ozeanographie, Schweißgeräten, Werkzeug-, Verpackungs- und Getränkeabfüllmaschinen, Filtern, Zentrifugen, Rohrpost, Mikroprozessor- und Magnetbandsteuerungen ermöglichen sie preisgünstige Problemlösungen.

In der HiFi-Elektronik liefern sie ein Gegenkopplungssignal zur Kompensation von Lautsprecherresonanzen. Interessant ist auch der Einsatz von Drucksensoren zur Lecksicherung von Tankbehältern und Überseeverpackungen.

# II-2 Kenngrößen von piezoresistiven Silizium-Elementardrucksensoren

Von Uwe Baumann und Günter Ehrler

Die Vorteile piezoresistiver Sensoren gegenüber anderen Druckmeßprinzipien, insbesondere hohe Empfindlichkeit, kleine Bauform und geringe Fehler, sind bereits vielfach beschrieben worden. Da von verschiedenen Herstellern Elementarsensoren angeboten werden, die vom Anwender für seinen speziellen Bedarf komplettiert und abgeglichen werden können, ist es sinnvoll, sich mit den Kenndaten von piezoresistiven Drucksensoren näher auseinanderzusetzen.

## 2.1 Einleitung

Mit dem Begriff **Elementarsensor** wird im Folgenden ein völlig unbeschalteter Druckwandler mit Piezowiderständen bezeichnet. Über das physikalische Prinzip und den inneren Aufbau piezoresistiver Drucksensoren wurde bereits ausreichend berichtet [1],[2],[3],[4], so daß diese Grundlagen als bekannt vorausgesetzt werden dürfen. Den schematischen Aufbau eines Elementarsensors der Firma SIEMENS zeigt Bild 2.1-1. Das Kernstück des Drucksensors ist die aus dem Silizium-Einkristall geformte dünne Membran, in die vorderseitig durch Ionenimplantation vier Widerstandsbahnen integriert sind. Die Widerstände werden zu einer Wheatstonebrücke verschaltet. Die Positionen der Einzelwiderstände auf der Membran werden so gewählt, daß sich zwei von ihnen bei Membrandeflektion aufgrund eines äußeren Drucks vergrößern und die anderen beiden verkleinern. [5]

Ein großer Vorteil der monokristallinen Halbleitersensoren besteht darin, daß die Piezowiderstände und die Membran sowie die dazwischen liegende p-n-Isolierung (s. Band 2, Abschnitt 9) aus demselben Material sind. Die Piezowiderstände werden von p-leitenden Bahnen, die Isolierung durch den in Sperrichtung gepolten p-n-Übergang und die Membran aus dem n-leitenden Grundmaterial gebildet. *Thermische Anpassungsprobleme und Kriecheffekte sind dadurch im Nahbereich der Piezowiderstände ausgeschlossen*, was bei Sensoren aus polykristallinem Silizium oder Dünnfilmmaterialien nicht der Fall ist. Allerdings muß die Halbleiteroberfläche mit Abdeckschichten aus Siliziumdioxid oder Siliziumnitrid passiviert und der Drucksensorchip in ein Gehäuse eingebaut werden. Dadurch sind störende Rückwirkungen auf die Siliziummembran möglich, welche zwar durch eine ausgereifte Technologie minimierbar, aber niemals vollständig zu unterdrücken sind. Im Normalfall sind diese im Promillebereich liegenden Effekte jedoch für industrielle Anwendungen tolerierbar.

Interessant für den Anwender solcher Sensoren sind aber nicht die technologischen Feinheiten, sondern die gelieferten Kenndaten und das, was er mit diesen durch Weiterverarbeitung letztendlich erreichen kann.

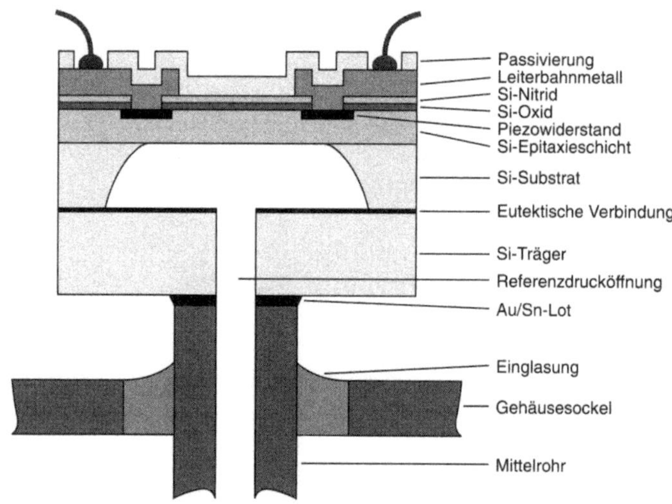


Bild 2.1-1      Schematischer Aufbau eines piezoresistiven Relativdrucksensors

## 2.2  Grundkenngrößen

Der Brückenwiderstand und die Diodenqualität sind elementare Kenngrößen eines Siliziumdrucksensors, die aber für die Anwendung eine untergeordnete Rolle spielen. **Brückenwiderstand** $R_B$, **Durchbruchspannung** $V_{BR}$ und **Sperrstrom** $I_R$ der Diode werden bei Raumtemperatur bereits auf der Siliziumscheibe, also vor dem Vereinzeln zu Chips, zu 100% geprüft. Die Drucksensoren haben typisch einen Brückenwiderstand von 6 k$\Omega$. Ein niedrigerer Widerstand würde einen höheren Stromverbrauch verursachen. Ein höherer Widerstand dagegen bedingt technisch nicht einfach realisierbare Anforderungen an die Isolierung der einzelnen Gehäusedurchführungen, da jeder Isolationswiderstand einen Parallelwiderstand zu den einzelnen Piezowiderständen darstellt. Je hochohmiger der Brückenwiderstand wird, desto stärker wird der Einfluß der Isolationswiderstände auf das Brückensignal.

Da alle vier Piezowiderstände, wie eingangs bereits erwähnt, durch einen p-n-Übergang vom Siliziumsubstrat isoliert sind, verhält sich ein solcher Sensor wie eine Diode, wenn eine elektrische Spannung zwischen dem p- und n-Gebiet angelegt wird. Im Betriebsfall muß deshalb darauf geachtet werden, daß diese Diode immer in Sperrichtung arbeitet. Die Betriebsspannung des Sensors muß also stets geringer als die Durchbruchspannung der Diode und das Substratpotential muß stets positiv sein. Darum wird häufig empfohlen, das Substrat mit dem positiven Pol der Eingangspannung zu verbinden, sofern dies nicht schon vom Hersteller durchgeführt wurde.

Ebenfalls bereits auf der Scheibe meßbar ist der **Offset** $V_0$, das Ausgangssignal des Sensors im unbelasteten Zustand (Bild 2.2-1).

$$V_0 = V_{\text{out}}(V_{\text{in}}, p_0, T_0) \qquad \text{in mV} \qquad (1)$$

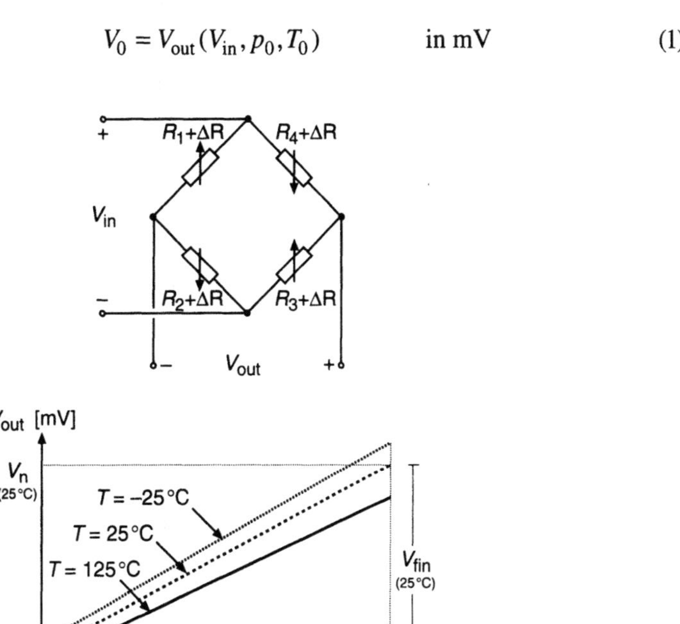


Bild 2.2-1    Kennlinie und Brückenschaltung eines Drucksensors

Als Synonyme für den Offset werden auch die Begriffe Offsetsignal und Nullpunktspannung verwendet. Der Offset steigt proportional zur Eingangsspannung $V_{\text{in}}$. "Unbelasteter Zustand" bedeutet Gleichheit von Referenz- und Meßdruck auf beiden

Membranseiten (entspannte Membran). Bei Absolutdrucksensoren beträgt der Referenzdruck $p_0 = 0$ kPa (technisches Vakuum), bei Relativdrucksensoren $p_0 =$ ca. 100 kPa (Umgebungsdruck). Sowohl für den Offset als auch für alle folgenden Kenngrößen ist die Referenztemperatur $T_0 = 25$ °C (Raumtemperatur).

Ursache für das Auftreten eines Offsets sind sowohl Schwankungen der Geometrie als auch der Dotierung der Widerstandsbahnen, die zu geringfügig unterschiedlichen Einzelwiderstandswerten führen. Daraus resultiert unabhängig von der Sensorempfindlichkeit eine konstante Nullpunktsspannung. Auch mechanische Verspannungen der Siliziummembran durch Abdeckschichten oder Gehäuse- und Montageeinflüsse können einen Offset zur Folge haben. Sie wirken sich bei den empfindlicheren Niederdrucksensoren stärker aus als bei Hochdrucksensoren. Typische Werte für den normierten Offset sind:

$$\frac{V_0}{V_{\text{in}}} \leq \pm 1\,\text{mV/V} \tag{2}$$

Als das **Ausgangssignal eines Sensors** bei Nenndruck $p_{\text{n}}$ wird mit

$$V_{\text{n}} = V_{\text{out}}(V_{\text{in}}, p_{\text{n}}, T_0) \qquad \text{in mV} \tag{3}$$

bezeichnet (Bild 2.2-1). Der Nenndruck gibt den typenspezifischen maximalen Arbeitsdruck an. Das Nutzsignal des Sensors ist die Differenz zwischen $V_{\text{n}}$ und $V_0$ und wird **Spannensignal** $V_{\text{fin}}$ genannt

$$V_{\text{fin}} = V_{\text{n}} - V_0 \qquad \text{in mV} \tag{4}$$

Da die Fehlergrößen eines Drucksensors meist auf $V_{\text{fin}}$ normiert werden, ist das Spannensignal eine wichtige Kenngröße; je größer $V_{\text{fin}}$, desto kleiner die relativen Fehler. Um Sensoren verschiedener Designprinzipien miteinander vergleichen zu können, braucht man eine vom Druckbereich und den Betriebsbedingungen unabhängige Größe. Daher definiert man den Begriff der **Empfindlichkeit** $s$:

$$s = \frac{V_{\text{fin}}}{V_{\text{in}} \cdot \left(p_{\text{n}} - p_0\right)} \qquad \text{in mV/V} \cdot \text{kPa} \tag{5}$$

Die Empfindlichkeit eines Sensors hängt im Wesentlichen von der Membranfläche $A_{\text{Memb}}$, der Membrandicke $d_{\text{Memb}}$ und von dem Designfaktor $f_{\text{Design}}$ ab.

$$s = \frac{f_{\text{Design}} \cdot A_{\text{Membran}}}{\left(d_{\text{Membran}}\right)^2} \tag{6}$$

Durch Variation einer oder mehrerer dieser Größen erhält man Sensoren für die unterschiedlichen Druckbereiche. Außerdem kann man aus der Gleichung ablesen, daß die geometrischen Parameter der Siliziummembran hauptsächlich für die technologisch bedingten Exemplarschwankungen der Empfindlichkeit verantwortlich sind. In dem Designfaktor stecken dagegen alle weiteren Parameter, welche geringeren bzw. keinen technologischen Schwankungen unterliegen. Letztere legen daher den Mittelwert der Empfindlichkeit eines Sensors eines bestimmten Designs fest. Solche Parameter sind unter anderen z.B.:

- Dotierung
- Kristallorientierung der Membranoberfläche
- Geometrie der Widerstände
- Lage der Piezowiderstände zur Membran (radial / tangential)
- Schaltungsprinzip (Wheatstonebrücke od. X-Ducer)
- Membranform

Zur Bewertung eines Sensors reicht jedoch nie allein das Spannensignal oder die Empfindlichkeit, da große Empfindlichkeitswerte mit einem großen **Linearitätsfehler** verknüpft sein können. Zwischen dem zu messenden Druck $p$ und dem Ausgangssignal $V_{out}$ besteht im Idealfall ein linearer Zusammenhang. In der Praxis erhält man jedoch einen leicht gekrümmten Verlauf. Zur Verdeutlichung ist dieser nichtlineare Zusammenhang in Bild 2.2-2 stark übertrieben dargestellt.

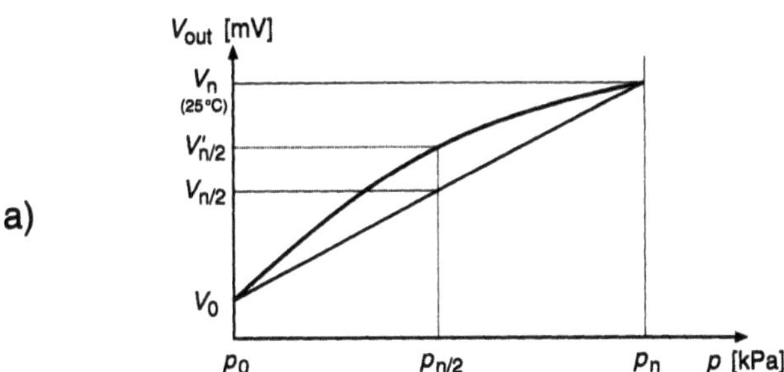


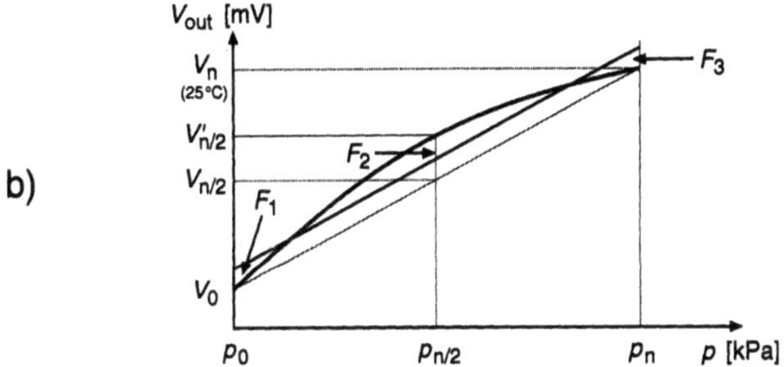


Bild 2.2-2    Definition der Linearitätsabweichung

Der Linearitätsfehler wird nach der Methode der **Toleranzbandeinstellung** folgendermaßen definiert: Man zeichnet in das $V_{out}(p)$-Diagramm eine Gerade $g$ parallel zur Verbindungslinie der Meßpunkte $V_0(p_0)$ und $V_n(p_n)$ derart ein, daß für die zwischen $g$ und der realen Meßkurve eingeschlossenen Flächen gilt: $F_1 + F_3 = F_2$ (Bild 2.2-2a). Die Nichtlinearität, also der *maximal* auftretende Abstand zwischen $g$ und der Meßkurve, wird (auf $V_{fin}$ normiert) als **Linearitätsfehler** $F_L$ bezeichnet. Vorteil dieser Definition ist, daß die so definierte Größe $F_L$ dem intuitiven Verständnis eines Linearitätsfehlers sehr nahe kommt: Betrachtet man nämlich die Gerade $g$ als Soll-Verlauf des Ausgangssignals, so gibt $F_L$ die maximale innerhalb des Nenndruckbereiches auftretende relative Abweichung an. Nachteil dieser Definition ist jedoch, daß man zur Berechnung von $F_L$ die gesamte Meßkurve benötigt.

In der Praxis gibt man daher für $F_L$ einen Wert an, der zwar nur aus den drei Meßpunkten $V_0 = V_{out}(p_0)$, $V_n = V_{out}(p_n)$ und $V_n/2 = V_{out}(p_n/2)$ ermittelt wird, dessen Abweichungen gegenüber der oben beschriebenen Definition jedoch vernachlässigbar ist. Hierbei geht man folgendermaßen vor: Man betrachtet die Verbindungslinie der Meßpunkte $V_0$ und $V_n$ und ermittelt für den Druck $p_n/2$ den Abstand dieser Geraden zur Meßkurve, d.h. man bildet die Differenz $V_n/2 - V'_n/2$ , und halbiert sie (Bild 2.2-2b). Der **Linearitätsfehler in Toleranzbandeinstellung** ist somit:

$$F_L = \frac{1}{2} \frac{V_{n/2} - V'_{n/2}}{V_{fin}} \cdot 100\% \tag{7}$$

mit:

$$V'_{n/2} = V_0 + \frac{1}{2} V_{fin} \qquad \text{in mV} \tag{8}$$

Bei einer zweiten Möglichkeit der Definition eines Linearitätsfehlers $L$ betrachtet man die Verbindungslinie zwischen $V_0$ und $V_n$ als "ideale" Meßgerade (Bild 2.2-1b). Diese Definition wird als **Fixpunkteinstellung** bezeichnet.

$$L = \frac{V_{n/2} - V'_{n/2}}{V_{fin}} \cdot 100\% \tag{9}$$

Typische Werte für piezoresistive Elementardrucksensoren sind:

$$F_L = \pm 0,2\,\% \qquad\qquad L = + 0,4\,\%$$

Abweichungen vom linearen Verlauf der Sensorkennlinie sind grundsätzlich auf verschiedene Empfindlichkeiten der zur Meßbrücke verschalteten Einzelwiderstände zurückzuführen. Bereits in der Entwurfsphase gelingt es zwar, durch geschickte Lage der Widerstände relativ zur Membran den sog. "designbedingten" Linearitätsfehler zu minimieren. Bei der Sensorherstellung jedoch bewirken Toleranzen im Fertigungsprozeß gewisse Unterschiede z.B. in der Widerstands- und Membrangeometrie und führen zu oben als "typisch" bezeichneten Linearitätsabweichungen. Solange man sich mit seinem Sensor innerhalb der linearen Theorie (Membranauslenkung klein gegenüber Membrandicke) befindet, sieht man nur den o.g. designbedingten Fehler. Wird die Drucksensormembran in der Größenordnung ihrer Dicke oder darüberhinaus ausgelenkt, so gilt die Annahme einer in ihren lateralen Abmessungen festen Membran nicht mehr. Es kommen nichtlineare Beiträge zur Druckabhängigkeit des Signals hinzu: durch die allgemeine Dehnung einer so belasteten Membran erfahren alle vier Widerstände eine gleichzeitige und gleichsinnige Änderung ihres Wertes. Durch die Verschaltung zur Wheatstone-Brücke resultiert eine Reduktion der Sensorempfindlichkeit und damit ein Abweichen vom linearen $V_{\mathrm{fin}}(p)$-Verhalten. Dieser sog. **balloon effect** spielt insbesondere bei Sensoren für den Niederdruckbereich wegen der relativ dünnen, großflächigen Membranen eine Rolle. Grundsätzlich steigt die Nichtlinearität der Sensorkennlinie überproportional an, wenn der Sensor jenseits des Nenndruckbereichs betrieben wird.

## 2.3  Temperaturabhängigkeit

Die Ausgangskennlinie eines Drucksensors ist aber nicht nur vom Druck, sondern von weiteren physikalischen Einflüssen abhängig. Die Hauptstörgröße ist die Temperatur. Bei steigender Temperatur erhält man je nach Dotierung einen Anstieg des Brückenwiderstands (Bild 2.3-1), und bei spannungsgespeister Widerstandsbrücke ein Abfallen des Signals gemäß der Temperaturabhängigkeit der Piezokonstanten im Si (Bild 2.3-2). Auch die Montage des Sensors hat einen geringen Einfluß auf die Temperaturverläufe.

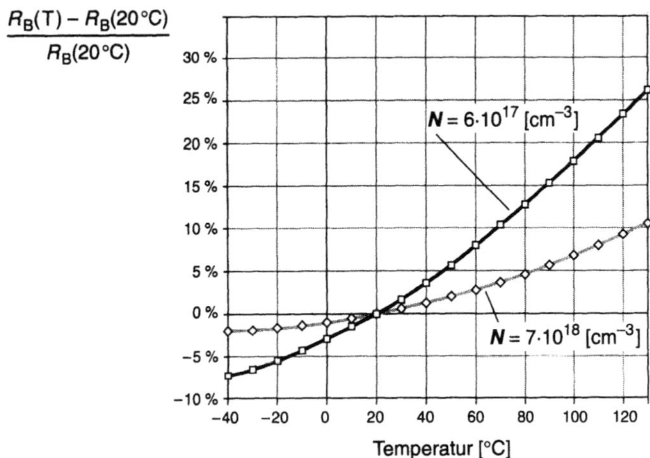


Bild 2.3-1    Temperaturgang des Brückenwiderstandes, Parameter: mittlere Dotierung

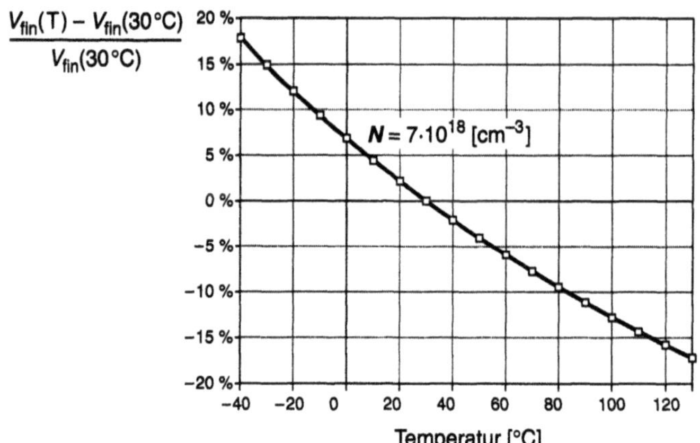


**Bild 2.3-2**       Temperaturgang der Empfindlichkeit und des Spannensignals eines Elementarsensors bei Spannungsspeisung

Weil die Messung der genauen Temperaturabhängigkeiten nur mit hohem zeitlichen und meßtechnischen Aufwand durchgeführt werden kann und aus diesem Grund sehr kostenintensiv ist, beschränkt man sich üblicherweise auf die Betrachtung der zwei wichtigsten Temperaturpunkte.

Die Ausgangsgrößen $V_0$ und $V_{\text{n}}$ (und damit $V_{\text{fin}}$) (Bild 2.2-1) besitzen unterschiedliche Temperaturabhängigkeiten, so daß es notwendig ist, zwei Temperaturkoeffizienten zu definieren. Diese Koeffizienten sind im allgemeinen keine Konstanten, sondern können selbst temperaturabhängig sein. Dies führt zu nichtlinearen Temperaturverläufen. Da bei Spannungsspeisung der Brücke die Abweichung vom linearen Verlauf im Arbeitsbereich sehr klein ist, genügen aber Definitionen temperaturunabhängiger Konstanten.

Es ist der **normierte Temperaturkoeffizient des Offsets**:

$$\mathrm{TC}V_0 = \frac{V_0(T_1) - V_0(T_0)}{T_1 - T_0} \cdot \frac{1}{V_{\text{fin}}(T_0)} \cdot 100\% \quad \text{in } {}^\circ\mathrm{C}^{-1} \qquad (10)$$

und der **normierte Temperaturkoeffizient des Spannensignals**:

$$\mathrm{TC}V_{\text{fin}} = \frac{V_{\text{fin}}(T_1) - V_{\text{fin}}(T_0)}{T_1 - T_0} \cdot \frac{1}{V_{\text{fin}}(T_0)} \cdot 100\% \quad \text{in } {}^\circ\mathrm{C}^{-1} \qquad (11)$$

Es genügt also in diesem Fall das Messen von Offset und Signal bei Nenndruck an zwei Temperaturpunkten (z.B. $T_0 = 25\ ^\circ\mathrm{C}$, $T_1 = 125\ ^\circ\mathrm{C}$). Typische Werte sind hier:

$$\mathrm{TCV_0} \le \pm\, 0{,}02\ \%\ ^\circ\mathrm{C}^{-1} \qquad\qquad \mathrm{TCV_{fin}} \approx -\,0{,}18\ \%\ ^\circ\mathrm{C}^{-1}$$

Mit dieser linearen Näherung erhält man dann allgemein das Ausgangssignal als Funktion von Druck und Temperatur:

$$V_{\mathrm{out}}(p,T) = V_0(T_0) +$$

$$+ V_{\mathrm{fin}}(T_0) \cdot \left\{ \mathrm{TCV_0} \cdot (T_1 - T_0) + \frac{p}{p_{\mathrm{n}}}\left[ 1 + \mathrm{TCV_{fin}} \cdot (T_1 - T_0) \right] \right\} \tag{12}$$

Zusätzlich zur Definition des $\mathrm{TCV_{fin}}$ (9) ist die Definition eines **normierten Temperaturkoeffizienten der Empfindlichkeit** sinnvoll:

$$\mathrm{TC}s = \frac{s(T_1) - s(T_0)}{T_1 - T_0} \cdot \frac{1}{s(T_0)} \cdot 100\% \qquad\qquad \mathrm{in}\ ^\circ\mathrm{C}^{-1} \tag{13}$$

Bei spannungsgespeister Widerstandsbrücke gilt wegen des fehlenden Einflusses des Brückenwiderstands:

$$\mathrm{TC}s(V_{\mathrm{B}} = \mathrm{const}) = \mathrm{TCV_{fin}}(V_{\mathrm{B}} = \mathrm{const}) \tag{13}$$

Bei stromgespeister Widerstandsbrücke gilt Gl. (13) nicht, da $V_{\mathrm{fin}}$ zusätzlich vom Temperaturverlauf des Brückenwiderstands bestimmt wird.

Zusätzlich zu den zwei Kenngrößen $\mathrm{TCV_0}$ und $\mathrm{TCV_{fin}}$ gibt es noch zwei durch Temperatureinfluß bedingte Größen, die Relaxationserscheinungen zeigen und im allgemeinen nicht abgleichbar sind. Kommt ein Sensor nach einer Temperaturänderung in seine Ausgangstemperatur zurück, so kann sich sein Offset und das Spannensignal um einen kleinen Betrag verschoben haben. Diese Änderung nennt man **Temperaturhysterese**. Die Größe dieser Hysterese ist abhängig von der Temperaturdifferenz zwischen Ausgangs- und Zwischenzustand, von den Verweilzeiten in diesen Zuständen sowie vom Zeitpunkt der Meßwertaufnahme nach Erreichen der jeweiligen Temperatur. Wir definieren die **normierte Temperaturhysterese des Offsets**:

$$\mathrm{THV_0} = \frac{V_0(T_0') - V_0(T_0)}{V_{\mathrm{fin}}(T_0)} \cdot 100\% \tag{15}$$

und die **normierte Temperaturhysterese des Spannensignals**:

$$\mathrm{THV_{fin}} = \frac{V_{\mathrm{fin}}(T_0') - V_{\mathrm{fin}}(T_0)}{V_{\mathrm{fin}}(T_0)} \cdot 100\% \tag{16}$$

Für eine Routinemessung ist es natürlich sinnvoll, die bereits für die Temperatur-koeffizienten ermittelten Meßwerte (z.B bei $T_0 = 25\ °C$ und $T_1 = 125\ °C$) zu benutzen. Der dritte Temperaturpunkt ist dann $T_0' = 25\ °C$.

Ursache für Temperaturhysteresen sind z.B. Änderungen der Verspannungen einer Membran durch thermische Fehlanpassung von Abdeckschichten, Metall-Leiterbah-nen, Zwischenträger und Gehäuse. Bei Silizium-Elementarsensoren für industrielle Anwendungen ist die Temperaturhysterese sehr klein, so daß eine genaue Analyse der Ursache sehr aufwendig wird. Hierbei sind andere Störeinflüsse wie z.B. Feuchte auszuschließen, so daß die Analyse nur an hermetisch geschlossenen, medienge-trennten Sensoren erfolgen kann. Bei diesen sind wiederum die Einflüsse von Trenn-membran und Druckübertragungsmedium nur sehr schwer von denen des Elementar-sensors zu trennen.

## 2.4  Temperaturabgleich

Grundsätzlich sind nur Störgrößen abgleichbar, die systemimmanent und reprodu-zierbar sind. Kriecheffekte von Signal und Offset sowie Hysteresen haben zumeist mechanische Ursachen und sind elektrisch nicht in den Griff zu bekommen. Somit ist eine wichtige Aufgabe des Sensorherstellers, solche Effekte bereits am Elementar-drucksensor zu eliminieren (z.B. durch günstige Gehäusung). Temperaturfehler von Signal und Offset sind systematisch wiederholbar und daher schaltungstechnisch re-duzierbar. Man unterscheidet drei Abgleichmethoden:

1)  aktiver Abgleich mit Verstärkern bzw. Speichern

2)  passiver Abgleich mit Thermistor und Festwiderständen

3)  Abgleich durch Stromspeisung der Sensorbrücke

Allen Methoden gemeinsam ist das Ziel, die betragsmäßig größte Störgröße, den Temperaturgang der Piezokoeffizienten und damit des Signals ($TCV_{fin}$), zu eliminie-ren. Zusätzlich kann man den Offset sowie den TC des Offsets minimieren. Die ge-naueste Methode ist generell ein Abgleich nach 1), wenn die Sensorkennlinie mit al-len wiederholbaren Störgrößen gespeichert wird. Nachteilig ist hier der hohe Verar-beitungsaufwand, da die Kennlinie jedes Sensors an mehreren Punkten aufgenom-men werden muß.

Ein einfacher passiver Abgleich nach der zweiten Methode, der z.B. von SIEMENS empfohlen wird, benötigt dagegen je nach Genauigkeit höchstens drei zusätzliche ex-terne Widerstände (der Thermistor KTY10 ist im Sensorgehäuse integriert). Um ei-nen Temperaturabgleich sowohl des Signals wie auch des Offsets zu erreichen, muß hier der Sensor lediglich bei zwei Temperaturen gemessen werden (z.B. 25 °C /

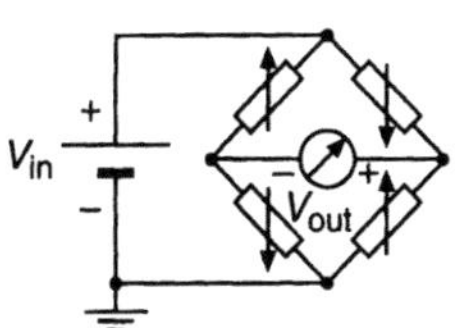

a) Spannungsspeisung ohne Beschaltung

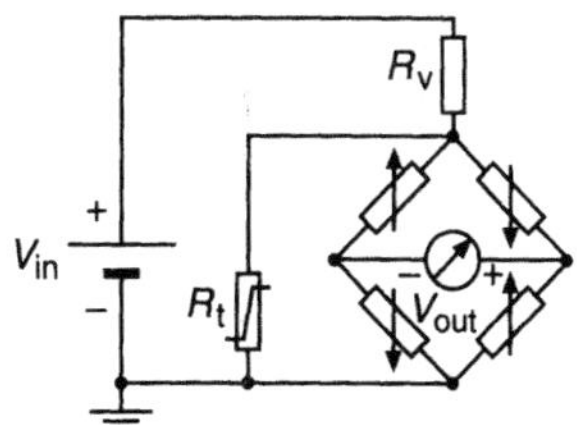

b) Spannungsspeisung mit $R_v$, $R_t$

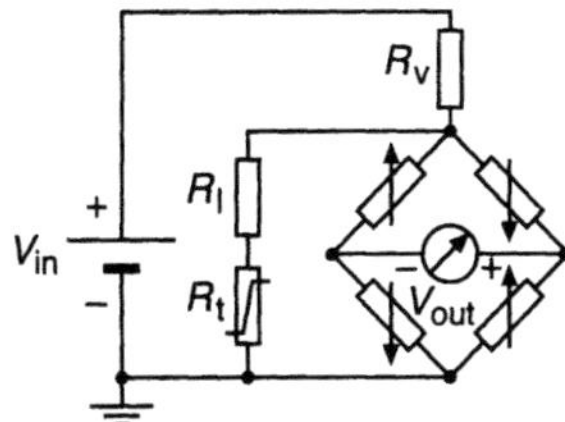

c) Spannungsspeisung mit $R_v$, $R_t$, $R_l$

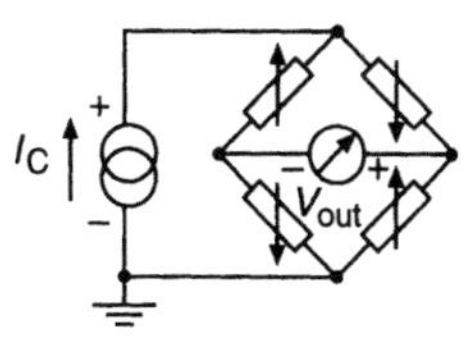

d) Stromspeisung ohne Beschaltung

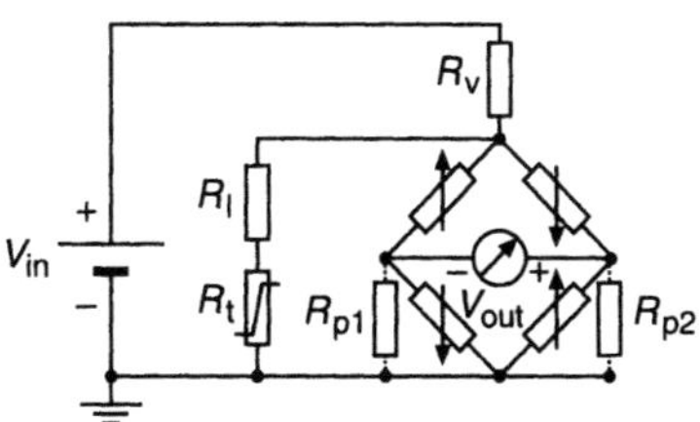

e) Spannungsspeisung mit $R_v$, $R_t$, $R_l$, $R_p$

Bild 2.4-1      Schaltungen für passiven Temperaturabgleich

125 °C). Mit der Schaltung nach Bild 2.4-1e reduziert man den Temperaturgesamt-fehler bis zu 0,01%/°C zwischen den beiden Temperaturmeßpunkten. Ungünstig bei dieser Methode ist die durch Beschaltung merklich reduzierte Sensorempfindlichkeit gegenüber dem Elementardrucksensor. Zur Bemaßung der benötigten zusätzlichen Festwiderstände $R_v$, $R_l$, $R_p$ dient folgender Formalismus, der die unterschiedlichen Temperaturabhängigkeiten von $R_B(T)$, $V_{fin}(T)$ und dem Thermistor $R_t(T)$ berücksichtigt:

$$R_\mathrm{v} = \cfrac{V_\mathrm{fin}(T_0)/V_\mathrm{fin}(T_1)-1}{\cfrac{R_\mathrm{B}(T_0)+R_\mathrm{t}(T_0)+R_\mathrm{l}}{R_\mathrm{B}(T_0)\cdot\left(R_\mathrm{t}(T_0)+R_\mathrm{l}\right)}-\cfrac{V_\mathrm{fin}(T_0)}{V_\mathrm{fin}(T_1)}\cdot\cfrac{R_\mathrm{B}(T_1)+R_\mathrm{t}(T_1)+R_\mathrm{l}}{R_\mathrm{B}(T_0)\cdot\left(R_\mathrm{t}(T_0)+R_\mathrm{l}\right)}} \tag{17}$$

$$R_\mathrm{p} = \frac{R_\mathrm{B}(T_1)\cdot V_\mathrm{fin}(T_0)/V_\mathrm{fin}(T_1)-R_\mathrm{B}(T_0)}{V_0(T_1)\cdot V_\mathrm{fin}(T_0)/V_\mathrm{fin}(T_1)-V_0(T_0)} \tag{18}$$

$$R_\mathrm{l} \approx 800\,\Omega$$

Die verschiedenen Schaltungsvarianten mit den oben angeführten Widerständen sind in Bild 2.4-1a...e zusammengefaßt.

Dabei sind die Schaltungen a)...d) nur für den Abgleich des $\mathrm{TC}V_\mathrm{fin}$, während $E$ noch den (wesentlich kleineren) $\mathrm{TC}V_0$ berücksichtigt. In Bild 2.4-2 sind die Abgleichschaltungen von Bild 2.4-1 realisiert und Meßwerte aufgenommen worden.

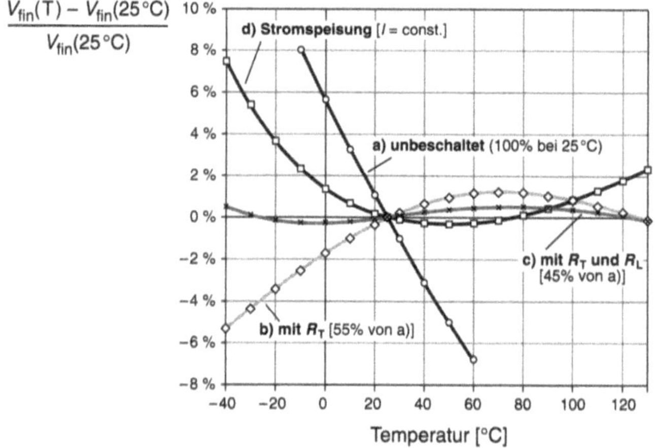


Bild 2.4-2        Temperaturgang des Spannensignals, Meßkurven nach Schaltungen aus Bild 2.4-1

Die jeweilige Verringerung des Spannensignals durch Beschaltung gegenüber dem unbeschalteten spannungsgespeisten Elementarsensor (Bild 2.4-1a) in % bei Raumtemperatur zeigt die Beschriftung der Meßkurven. Man erkennt je nach Verwendung der externen Widerstände unterschiedliche Abgleichqualität. Die beste Temperaturkompensation von $\mathrm{TC}V_\mathrm{fin}$ über den gesamten Arbeitsbereich erhält man unter Verwendung aller empfohlener Widerstände ($R_\mathrm{l}$, $R_\mathrm{v}$, nach Bild 2.4-1c), das Spannensignal und damit die Empfindlichkeit dieser Druckmeßanordnung sinkt jedoch auf 45 % des unbeschalteten Sensors (Meßkurven Bild 2.4-2).

Die einfachste und kostengünstigste Abgleichmethode für das Temperaturverhalten des Signals ist die Variante c) in Bild 2.4-1, s. Bild 2.4-3).

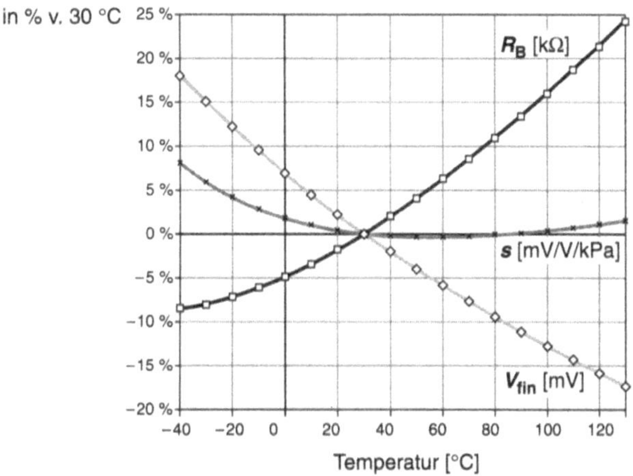


Bild 2.4-3      Temperaturverläufe von $R_B$, $s$, $V_{fin}$ bei Konstantstromspeisung

Das Absinken der Sensorempfindlichkeit (TC$s$) bei erhöhter Temperatur gemäß der Temperaturabhängigkeit der Piezokonstanten im Silizium (Bild 2.3-2) kann bei geeigneter Dotierung der Sensorwiderstände über deren Temperaturverlauf aufgefangen werden. Gelingt es, zwischen zwei Temperaturpunkten den TC der Brückenwiderstände (TC$R_B$) entgegengesetzt gleich groß dem TC$s$ zu machen, so kann durch Konstantstromspeisung der Sensorbrücke nach

$$V_B(T) = I_{const} \cdot R_B(T) \tag{19}$$

die Brückenspannung $V_B$ mit der Temperatur so erhöht werden, daß der negative TC$s$ gerade kompensiert wird. Durch diese Spannungserhöhung an der Widerstandsbrücke hat man im Gegensatz zu den anderen Abgleichmethoden keine Reduktion der Sensorempfindlichkeit. Außerdem fallen zusätzliche Bauteile einer Kompensationsschaltung weg. Ohne weitere Beschaltung des Sensorchip wird außer dem TC$s$ keine weitere Störgröße reduziert. Das bedeutet, daß man zwar den weitaus größten Temperatureffekt beseitigt, jedoch zwischen den o.g. beiden Temperaturpunkten noch ca. 0,02% / °C Temperaturgesamtfehler in Kauf nehmen muß. Durch eine Beschaltung mit einem Parallelwiderstand $R_p$ läßt sich analog zur Spannungsspeisung auch hier ein Abgleich des TC$V_0$ erreichen. Meßwerte von Brückenwiderstand $R_B$, Empfindlichkeit $s$ und Signal $V_{fin}$ bei Stromspeisung zeigt Bild 2.4-3.

## 2.5   Andere Störgrößen

Analog zur Temperatur kann auch die Meßgröße Druck eine Hysterese des Offsets bzw. des Spannensignals bewirken. Nach Beendigung einer Druckbeaufschlagung bei konstanter Temperatur $T_0$ können die Größen $V_0$ und $V_{\mathrm{fin}}$ einen geringfügig vom Anfangszustand abweichenden Wert besitzen. Diese Differenz wird auf das Spannensignal $V_{\mathrm{fin}}$ normiert. Analog zur Temperaturhysterese definieren wir die **normierte Druckhysterese des Offsets**:

$$\mathrm{PHV}_0 = \frac{V_0\left(T_0 \cdot p_0'\right) - V_0\left(T_0 \cdot p_0\right)}{V_{\mathrm{fin}}\left(T_0\right)} \cdot 100\% \tag{20}$$

und die **normierte Druckhysterese des Spannensignals**:

$$\mathrm{PHV}_{\mathrm{fin}} = \frac{V_{\mathrm{fin}}\left(T_0 \cdot p_0'\right) - V_{\mathrm{fin}}\left(T_0 \cdot p_0\right)}{V_{\mathrm{fin}}\left(T_0\right)} \cdot 100\% \tag{21}$$

Zwischen Anfangs- und Endzustand ($p_0$ und $p_0'$) wird der Sensor mit dem Nenndruck ($p_{\mathrm{n}}$) belastet. Da Silizium ausgezeichnete elastische Eigenschaften besitzt [6], ist die Druckhysterese solcher Sensoren praktisch zu vernachlässigen und höchstens dann nachweisbar, wenn man den Sensor nahe am Berstdruck betreibt.

Als weitere nicht abgleichbare Störgrößen sind die Einschaltdrift und die Langzeitdrift zu nennen. Die **Einschaltdrift** ist innerhalb der ersten Minuten nach dem Anlegen der Versorgungsspannung zu beobachten. Ursache für dieses Relaxieren der Brückenspannung ist das Einstellen eines thermischen Gleichgewichts der elektrischen Leistung. Als **Langzeitdrift** wird dagegen allgemein die zeitliche Änderung des Brückensignals bei konstant gehaltenen physikalischen Betriebsbedingungen bezeichnet. Da Silizium bis nahe der Bruchgrenze elastisch verformbar ist, können ähnliche Ermüdungserscheinungen, wie sie von Metalldruckdosen bekannt sind, nicht auftreten. Allerdings können bei kostengünstiger Montage (Kunststoffgehäuse, Klebungen) irreversible mechanische Spannungsänderungen wie z.B. plastische Verformung eine Drift der Kenngrößen zur Folge haben. Eine zweite Ursache für Langzeitdriften sind elektrische Änderungen durch äußere Ladungen bzw. elektrische Felder. Diese sind durch technologische Maßnahmen wie Abschirmung der aktiven Bereiche auf dem Chip jedoch sehr gut eliminierbar [7].

Die Größe der Langzeitdrift ist abhängig von der Meßtemperatur, der angelegten Betriebsspannung und der Meßdauer. Es hat sich gezeigt, daß eine Temperatursperrlagerung (HTRB) keine künstliche Alterung der Drucksensoren bewirkt und somit durch eine Kurzzeitmessung kein Rückschluß auf die Langzeitdrift möglich ist.

Durch Abgleichschaltungen unter Zuhilfenahme aktiver Elemente kann man bei Bedarf den ohnehin geringen Linearitätsfehler der Sensorkennlinie eliminieren. Die verbleibenden Einflüsse der nichtkompensierbaren Größen (Hysteresen, Langzeitdrift) liegen typisch unter 0,1 % .

## 2.6  Gehäuse

Außer den beschriebenen Kenngrößen ist vor allem das Gehäuse des Elementarsensors für den Anwender von besonderem Interesse. Abhängig von der Applikation kann der Elementarsensor in Kunststoff-, Keramik- oder Metallgehäusen eingesetzt werden. Für industrielle Anwendungen kommen hauptsächlich Sensoren in Metallgehäusen in Betracht, weil nur mit ihnen die benötigte hermetische Dichtheit erreicht werden kann.

In Bild 2.6-1 sind drei Grundformen von Elementarsensoren der Firma SIEMENS abgebildet.

In der Mitte befindet sich das Grundelement eines offenen Sensors in einem TO-8-Gehäuse. Der Drucksensorchip ist mit einem Au/Sn-Lot auf dem eingeglastem Mittelrohr hart aufgelötet. Eine $Al_2O_3$-Keramik umgibt den Drucksensorchip. Sie dient der Reduzierung des Innenvolumens für den Fall, daß der Sensor mediengetrennt und mit einem Druckübertragungsmedium (z.B. Silikonöl) gefüllt werden soll. Dadurch werden störende Temperatureinflüsse durch das Übertragungsmedium klein gehalten. Außerdem ist auf der Keramik ein Temperatursensorchip (KTY) aufgebracht, mit dem die Temperatur des Druckmediums exakt gemessen wird. Der Temperatursensor kann z.B. zur Temperaturkompensation ($R_t$ nach Bild 2.4-1) verwendet werden, wobei gegenüber einem externen Thermistor der Vorteil besteht, daß hier die Temperatur direkt am Drucksensorchip gemessen wird. Im Bild 2.6-1 erkennt man außerdem, daß eine

Bild 2.6-1        Drucksensoren für professionelle Anwendungen

der Durchführungen die gleiche Länge hat wie das Mittelrohr. Dieser "Stift" ist jedoch ein Kapillarröhrchen. Die offenen Sensoren werden in einer Schutzkappe aus Plastik ausgeliefert. Der Anwender kann die Sensoren dann in ein spezifisches Gehäuse einschweißen und nach seinen Bedürfnissen komplettieren. Durch das Kapillarröhrchen kann der Sensor dann mit Silikonöl gefüllt und verschlossen werden.

Mediengetrennte Sensoren im Edelstahlgehäuse gibt es als Absolutdrucksensoren mit Mittelstift und einer in den Sensorchip integrierten Vakuumreferenz oder als Relativausführung mit Mittelrohr und rückseitig offenem Chip. Ein Beispiel eines solchen Relativdrucksensors der Fa. SIEMENS ist im Bild 2.6-1 links dargestellt. In der mediengetrennten Form werden die Sensoren dort eingesetzt, wo ein frontbündiger Anschluß erforderlich ist, wie z.B. in der Lebensmittelindustrie, oder wo aggressive Medien ein Edelstahlgehäuse erfordern.

Für weniger kritische Einsatzfälle reicht es jedoch, den Sensor mit einer einfachen Metallkappe zu verschließen, wie im Bild 2.6-1 rechts dargestellt, und den Druck über das Mittelrohr des TO-8 auf die Rückseite des Drucksensorchip anzukoppeln. Damit sind Medien wie Alkohole, Benzin, Bremsflüssigkeit, Kältemittel, Lösungsmittel, Öle usw. meßbar. Durch das Kapillarröhrchen kann das Gehäuseinnere evakuiert werden, so daß man einen Absolutdrucksensor erhält. Bei einem Relativdrucksensor bleibt das Kapillarröhrchen offen, um den Druckausgleich zur Umgebung zu gewährleisten.

Alle vorgestellten Varianten von Elementarsensoren werden vom Hersteller einer 100% Endprüfung unterzogen und mit Prüfprotokoll ausgeliefert. Das Protokoll enthält die Grunddaten für eine Temperaturkompensation gemäß Schaltung Bild 2.4-1e mit dem eingebauten Temperatursensorchip KTY. [8]

## Literatur

[1] W. Heywang, "Sensorik", Springer-Verlag (1984)

[2] A. Heuberger, "Mikromechanik", Springer-Verlag (1989)

[3] Prof. Dr. H. Schaumburg, Buchreihe "Werkstoffe und Bauelemente der Elektrotechnik", B. G. Teubner Verlag, Stuttgart

[4] Pfeifer/Werthschützky "Drucksensoren" , VEB Verlag Technik Berlin (1989)

[5] J.Binder, G.Ehrler, K. Heimer, B. Krisch, M. Poppinger, "Silicon Pressure Sensors for the 2 kPa to 40 MPa Range", Siemens Forschung u. Entwickl.-Ber. Bd.13 (1984) Nr.6, S.294-302

[6] K. E. Petersen, "Silicon as a Mechanical Material", Proc. of IEEE, Vol.70, No.5, (May 1982), p 420-457

[7] G.Ehrler "Piezoresistive Silizium-Elementardrucksensoren", Sensor Magazin 1/92, Seite 10-16

[8] SIEMENS Datenbuch "Silizium-Temperatur- und Drucksensoren" 1990/91

# II-3 Piezoresistive Drucksensoren mit Polysilizium-Dehnungsmeßstreifen

Von Alfred Peppermüller

## 3.1 Einleitung

Bei der Automatisierung von industriellen Prozessen werden die physikalischen Größen, wie z.B. Temperatur, Druck, Durchfluß, Niveau mit Sensoren erfaßt und als elektrische Signale in Reglern, Rechnern und Steuerungen verarbeitet.

Zum Messen des Druckes wird die Verformung von geeigneten Federkörpern, z.B. Membranen, genutzt. Es entstehen dabei in der Oberfläche Dehnungen und Spannungen, durch die der elektrische Widerstand von Dehnungsmeßstreifen (DMS) verändert werden kann.

Die preiswerten Herstellverfahren der Halbleiterindustrie und der Werkstoff Silizium bzw. polykristalline Siliziumschichten bilden die Grundlagen der piezoresistiven Drucksensoren. Für sie gelten, wie auch für andere Sensoren, folgende Kriterien:

- reproduzierbare Meßsignale,
- beständig gegen Prozeßmedien,
- Stabilität der Meßwerte über Jahre,
- ein großes elektrisches Signal,
- ein günstiger Preis.

Die piezoresistiven Drucksensoren mit Polysilizium-Dehnungsmeßstreifen erfüllen diese Bedingungen.

## 3.2 Silizium und Polysilizium

### 3.2.1 Silizium als Federwerkstoff

Monokristallines Silizium ist ein Federmaterial mit hervorragenden elastischen Eigenschaften. Gleiche Materialspannungen ergeben allerdings in Abhängigkeit zu den Kristallachsen unterschiedliche Dehnungen. Plastische Verformungen sind praktisch nicht möglich.

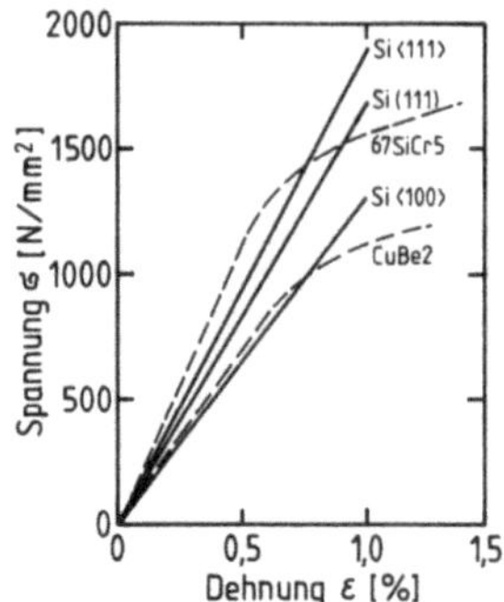



Bild 3.2-1        Dehnungs-Spannungsdiagramm

Die federelastischen Eigenschaften eines Werkstoffes sind durch das Hook'sche Gesetz gekennzeichnet (Bild 3.2-1). Die Elastizität, d.h. nur das streng elastische Verhalten zwischen Spannung und Dehnung garantiert reproduzierbare Verformungen. Federwerkstoffe aus Metall-Legierungen gehorchen nur in einem kleinen Bereich dem Hook'schen Gesetz. Überschreitet man diesen Bereich, dann ergeben sich elasto-plastische Verformungen. Der Werkstoff federt nicht in seine Ausgangslage zurück. Ein Driften des Sensorsignales ist die Folge [1].

Fest eingespannte Membranen (Plattenfedern) sind Federkörper, die sich mit den gebräuchlichen Verfahren der Halbleiterwerke herstellen lassen und zur Druckmessung benutzt werden (Bild 3.2-2).

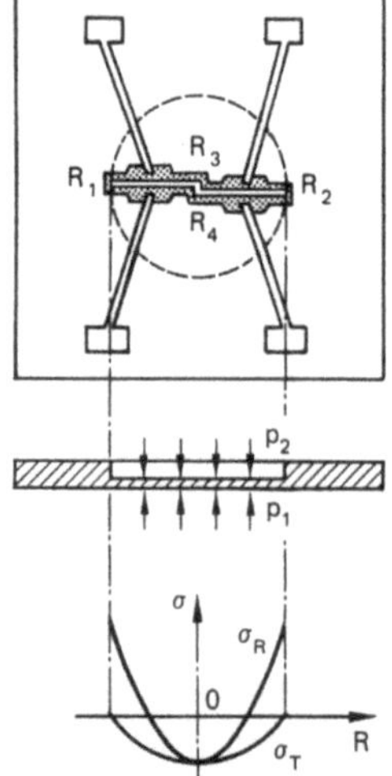



Bild 3.2-2        Membran, Spannungen bei einer Druckdifferenz

### 3.2.2  Der piezoresistive Effekt

Ein Stab, der einer Zugspannung ausgesetzt wird, ändert seinen Widerstand (Bild 3.2-3).

$$\Delta R = \rho \cdot \Delta \left( \frac{1}{A} \right) + \left( \frac{1}{A} \right) \cdot \Delta \rho \qquad (1)$$

Die Widerstandsänderung setzt sich aus zwei Summanden zusammen, aus der geometrischen Formänderung und aus der spezifischen Widerstandsänderung des Stabes. Der Zusammenhang zwischen der Materialdehnung und der Widerstandsänderung $R$ wird über den Faktor $K$ beschrieben.

$$\frac{\Delta R}{R} = K \cdot \varepsilon \qquad (2)$$

Der K-Faktor beträgt für fast alle metallischen Werkstoffe $K \approx 2$ und resultiert fast ausschließlich aus der geometrischen Formänderung. Die Änderung des spezifischen Widerstandes bei Halbleitern ergibt größere $K$-Werte. Es wurde dafür das Wort "piezoresisitiv" geprägt, das bedeutet: den Widerstand von Kristallen durch Druck verändern.

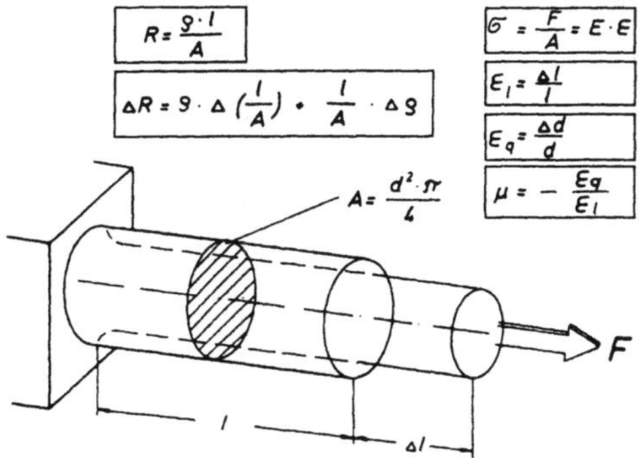


Bild 3.2-3      Gedehnter Stab

Im einkristallinen Silizium wird über eine eingeleitete Kraft der spezifische Widerstand anisotrop verändert. Die räumliche Verteilung der mechanischen Spannungen (Längs-, Quer- und Scherspannungen) sowie die räumliche Stromflußrichtung zur Lage der Kristallachsen und die Dotierung mit Fremdatomen spielen dabei eine Rolle.

Die Änderung des spezifischen Widerstandes von der mechanischen Spannung wird durch $\pi$ ausgedrückt.

$$\frac{\Delta\rho}{\rho} = \pi \cdot \sigma \qquad\qquad (3)$$

Wegen der räumlichen Symmetrie im Siliziumkristall enthält $\pi$ nur die piezoresistiven Koeffizienten $\pi_{11}$, $\pi_{12}$ und $\pi_{44}$.

Die Tabelle 1 zeigt piezoresistive Konstanten der wichtigsten monokristallinen Halbleiter bei niedrigen Dotierungen [2].

Tabelle 1       Piezoresistive Koeffizienten

| Material | $\pi_{11}$ | $\pi_{12}$<br>$[10^{-7}\text{cm/N}]$ | $\pi_{44}$ |
|---|---|---|---|
| n-Si | -102,2 | 53,4 | 13,6 |
| p-Si | 6,6 | -1,1 | 138,1 |
| n-Ge | -5,2 | -5,5 | -138,1 |
| p-Ge | -3,7 | 3,2 | 96,7 |
| n-GaAs | -3,2 | -5,4 | -2,5 |
| p-GeAs | -1,2 | -0,6 | 46 |

Polysilizium-DMS werden mittels Low Pressure Chemical Vapour Deposition (LPCVD) auf isolierenden Substratschichten aufgebracht. Der Schichtaufbau zeigt nach dem Einlagern von Fremdatomen und einer thermischen Behandlung im Querschnitt ein nebeneinander von kleinen Einkristallen mit einer mittleren Größe $d_K$, die an den Korngrenzen zusammenstoßen (Bild 3.2-4).

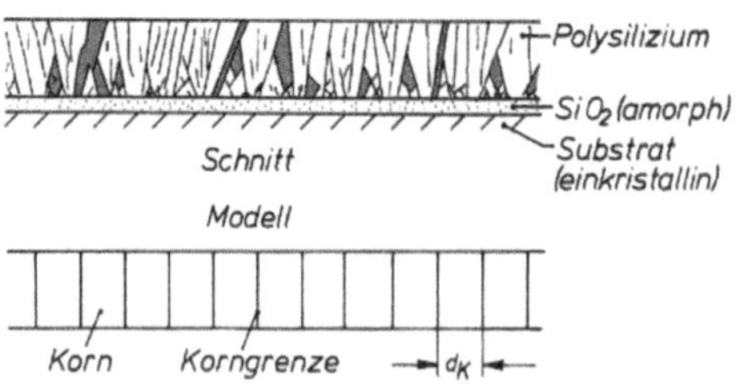


Bild 3.2-4       Struktur von LPCVD-Polysilizium

Die Lage der Kristallachsen ist in den einzelnen Körnern unterschiedlich. Die K-Faktoren sind kleiner als in monokristallinen Schichten [3]. Dies ergibt sich aus der nicht optimalen Lage der einzelnen Körner in Bezug auf die maximal nutzbaren piezoresistiven Konstanten. Weiterhin wirken die Korngrenzen auf den K-Faktor ein.

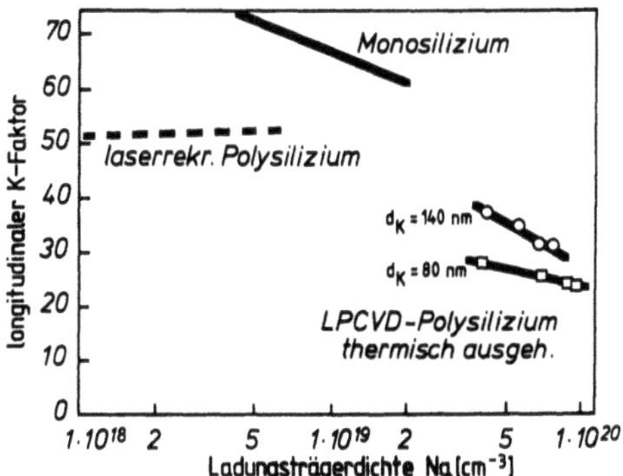



Bild 3.2-5    Longitudinale K-Faktoren in Abhängigkeit der Ladungsträgerdichte $N_A$

Die Anzahl der Korngrenzen ergibt sich durch die Größe der Körner, die primär durch die Abscheidetemperatur beim LPCVD-Prozeß vorbestimmt wird. Größere Körner erhält man durch einen Rekristallisationsprozeß (Ausheilprozeß) bei hohen Temperaturen.

Longitudinale K-Faktoren von Polysilizium-Schichten sind in Bild 3.2-5 in Abhängigkeit der Ladungsträgerdichte mit verschiedenen Korngrößen dargestellt [4], [5], [6].

### 3.2.3  Schichtwiderstand

Die Korngrenzen bei Polysilizium erhöhen den Schichtwiderstand gegenüber monokristallinen Schichten. Die Abhängigkeit des Schichtwiderstandes $R_S$ von der Ladungsträgerdichte $N_A$ zeigt Bild 3.2-6. Der Einfluß der mittleren Korngröße $d_K$ ist deutlich zu erkennen. Das Kornwachstum bei höheren Ausheiltemperaturen, vermindert die Anzahl der Korngrenzen und vermindert damit den Schichtwiderstand.

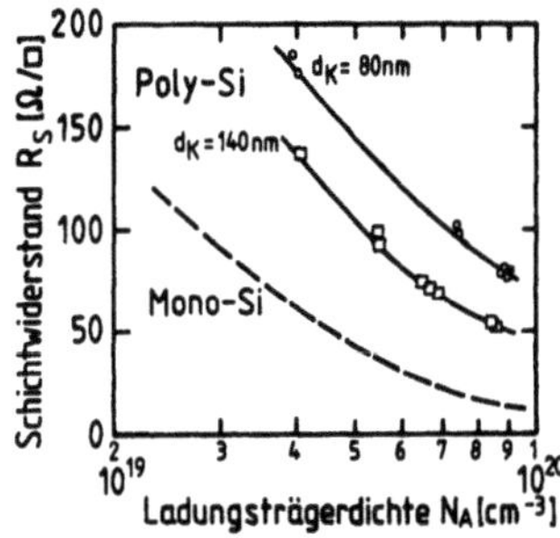



Bild 3.2-6    Schichtwiderstand $R_S$ in Abhängigkeit der Ladungsträgerdichte $N_A$

### 3.2.4  Temperatureinfluß

Drucksensoren reagieren, wie viele andere Sensoren auch, auf Temperaturschwankungen, d.h. das Ausgangssignal wird durch die Störgröße Temperatur beeinflußt. Temperaturabhängig sind u.a. der Elastizitätsmodul $E$ vom Silizium, die K-Faktoren und der Schichtwiderstand der Polysilizium-Schichten.

Der Elastizitätsmodul sinkt bei fast allen Werkstoffen mit steigender Temperatur. Das bedeutet eine Zunahme der Dehnung bei gleicher Belastung und, bezogen auf einen Drucksensor, eine Zunahme der Empfindlichkeit [1].

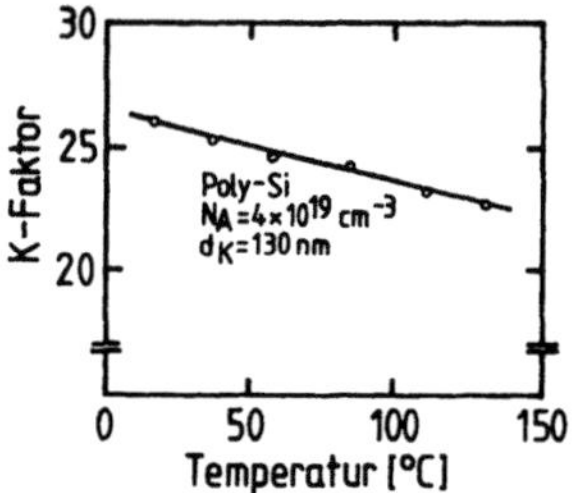


Bild 3.2-7      K-Faktor von Polysilizium in Abhängigkeit der Temperatur

Der K-Faktor sinkt linear mit zunehmender Temperatur (Bild 3.2-7). Die Größe des Temperaturkoeffizienten TCK ist über die Ladungsträgerdichte $N_A$ beeinflußbar. Höhere Ladungsträgerdichten vermindern deutlich den Temperaturkoeffizienten (Bild 3.2-8). Eine Abhängigkeit von der Korngröße ist nicht eindeutig feststellbar.

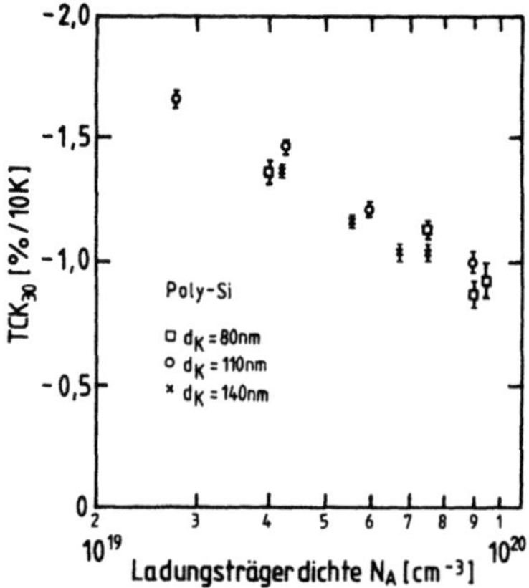


Bild 3.2-8      Temperaturkoeffizient TCK des K-Faktors in Abhängigkeit der Ladungsträgerdichte $N_A$

Der Temperaturkoeffizient des Schichtwiderstandes TCR kann durch die Ladungs-trägerdichte $N_A$ ebenfalls beeinflußt werden (Bild 3.2-9). Wie schon erwähnt, spielt dabei die mittlere Korngröße $d_K$ eine Rolle, die als Parameter zur Erzielung eines bestimmten positiven Temperaturkoeffizienten TCR eingesetzt werden kann.

Da TCK und TCR entgegengesetzte Vorzeichen haben, ist es möglich, bei Strom-speisung eine Selbstkompensation der Temperaturabhängigkeit der Empfindlichkeit zu erreichen.

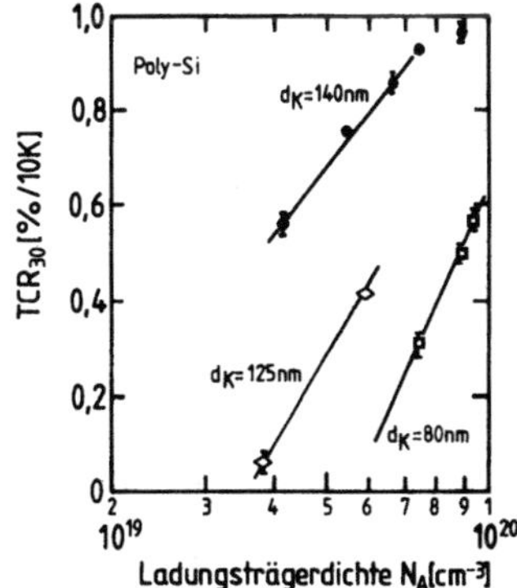


Bild 3.2-9    Temperaturkoeffizient TCR in Abhängigkeit der Ladungsträgerdichte $N_A$ mit der mittleren Korngröße dK als Parameter

## 3.3  Membran- und DMS-Geometrien

Die Vollbrückenschaltung (Wheatstone-Brücke) kommt bei fast allen Drucksensoren zur Anwendung. Die vier aktiven Widerstände (DMS) müssen so auf der Membran plaziert werden, daß man eine hohe Signalausbeute erreicht. Finite Elemente Metho-den (FEM) bieten gute Einblicke in die Verformung von Membranen mit rechtecki-gem, rundem oder kreisring Querschnitt (Bild 3.3-1).

Beispiele von DMS-Anordnungen auf den Membranen sind aus Bild 3.3-2 erkennt-lich. Das verwendete Substratmaterial, ob mit (111)- oder (100)-Kristallorientierung ist entscheidend, in welcher Lage die Widerstände plaziert werden müssen. Die lon-gitudinalen und transversalen Spannungen in Kombination mit der Stromflußrich-tung ergibt unterschiedliche Design's. Die Widerstandsänderung der gedehnten und der gestauchten Widerstände sollten etwa gleich groß sein, damit der Gesamt-brückenwiderstand konstant bleibt.

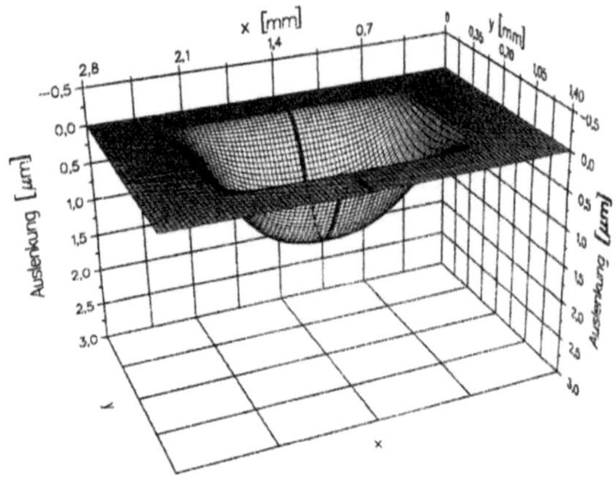

Bild 3.3-1      Auslenkung einer Rechteckmembran bei Druckbelastung

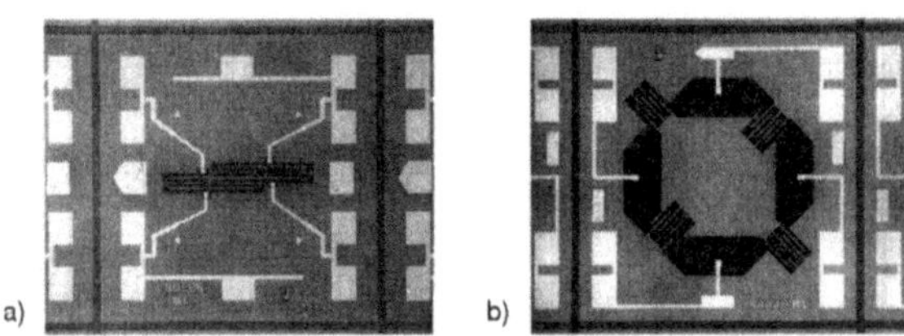


Bild 3.3-2      DMS-Anordnungen (Philips-Werkbild)
             a) für Kreis- oder Rechteckmembran
             b) für Kreisringmembran

Man unterscheidet dabei auch, ob die Brücken geschlossen oder offen sind. Bei einer geschlossenen Brücke existiert nur eine in sich geschlossene Widerstandsbahn, die an vier Punkten angezapft ist. Bei einer offenen Brücke werden vier einzelne DMS-Widerstände plaziert, die miteinander über die Metallisierung verbunden sind.

Die geschlossene Brücke benötigt nur vier Kontaktanschlüsse, während offene Brücken mindestens fünf Kontaktanschlüsse besitzen.

## 3.4  Herstellschritte

### 3.4.1  Schichtaufbau

Als Ausgangsmaterial dienen Silizium-Halbleiterscheiben mit n-Dotierung (Substrat). Bei kleinen Druckmeßbereichen wird die Membrandicke durch eine aufgebrachte, schwach n-dotierte Epitaxialschichtdicke vorgegeben. Die so entstandene Grenzschicht dient bei der späteren Membranherstellung als Stopschicht bei z.B. elektrolytischen Ätzprozessen.

## Herstellungsprozeß von Poly-Si Drucksensoren

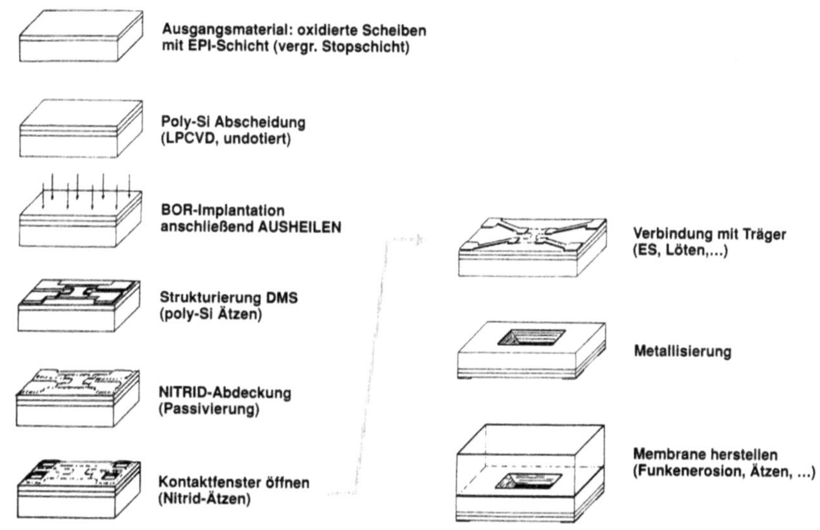


Bild 3.4-1        Herstellschritte

Die Scheiben werden thermisch oxydiert. Diese Oxydschicht dient als Isolator zwischen dem Substrat und dem Polysilizium-DMS. Die Schicht muß frei sein von Fehlstellen (pin-holes). Das Substratmaterial ist leitend und mehrere Fehlstellen unter dem DMS führen zu Fehlern.

Mittels LPCVD-Prozess werden die Substrate mit einer ganzflächigen Polysiliziumschicht von größer 250 nm Dicke versehen. Die Implantation von Bor in die Polysiliziumschicht mit der Ladungsträgerdichte von ca. $4 \cdot 10^{19}$ cm$^{-3}$ erfolgt danach.

Die Schichten werden in einem Ofenprozeß getempert (Ausheilprozeß). Man erreicht das gewünschte Kornwachstum in der Schicht und damit verbunden, die gewünschten Schichtwiderstände, K-Faktoren und entsprechenden Temperaturkoeffizienten.

Mittels photolithographischem Prozeß werden die Widerstandsbahnen der DMS vorgegeben und in einem Ätzprozeß strukturiert.

Zur Passivierung wird eine Nitridschicht aufgebracht, die sehr dicht und spannungsfrei sein muß.

In einem weiteren Photoprozeß mit anschließender Ätzung werden Kontaktfenster in die Nitridschicht eingebracht. Eine Titan-Platin-Gold-Schicht mit entsprechender Strukturierung über Photo- und Ätzprozesse schließt die Bearbeitung der Vorderseite der Halbleiterscheiben ab.

### 3.4.2  Membranausformung

Die fest eingespannte Membran, Bild 3.4-1, wird durch gezieltes, örtliches Entfernen des Siliziummaterials von der Scheibenrückseite her erreicht. Dabei können verschiedene Verfahren, je nach Membrangeometrie eingesetzt werden:

3.4.2.1 Anisotropes naßchemisches Ätzen

Dies Verfahren wird in der Großserienfertigung angewandt. Es lassen sich in (100)-orientierten Halbleiterscheiben rechteckige Membranen ausformen. Die Rückseite der Halbleiterscheibe wird zunächst mit Siliziumnitrid beschichtet und mittels Rückseiten-Fototechnik und Ätzschritt das Nitrid passergenau zur Maskenvorderseite entfernt. Mittels KOH-Lösung [7] wird dann, bis auf eine bestimmte Ätztiefe, das Material abgetragen. Die Tiefe aller Ätzlöcher ist gleich. Die Dickentoleranz der Halbleiterscheibe findet man in der Dicke der Membranen wieder. In einem zweiten elektrochemischen Ätzschritt kann man z.B. bis auf die hochohmige Epitaxieschicht ätzen. Dabei werden die Membranen in der Fläche, entsprechend der Ätzrate, größer (Bild 3.4-1).

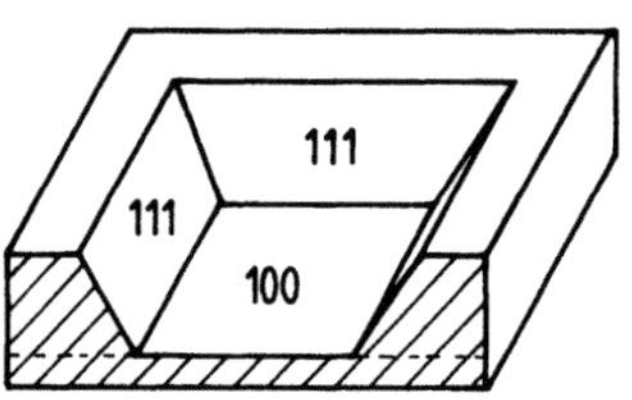


Bild 3.4-1        Membranausformung durch KOH-Ätzen

3.4.2.2 Isotropes naßchemisches Ätzen

Diese Ätzlösungen tragen Silizium, unabhängig von der Kristallorientierung, ab [8]. Wie unter 3.4.2.1 ist eine Rückseitenmaske nötig. Für kleine Druckmeßbereiche, mit entsprechend dünnen Membranen, ist diese Ätztechnik wegen der undefinierten Membraneinspannung nicht zu empfehlen.

### 3.4.2.3 Plasmaätzen

Beim Plasmaätzen (reaktives Ionenätzen) befinden sich die Halbleiterscheiben zwischen zwei Kondensatorplatten, an die eine Hochfrequenzspannung angelegt wird. Das Gas zwischen den Elektroden wird zu einer Glimmentladung gebracht. Je nach Gas und Spannung, wird durch Ionenbeschuß oder durch chemische Reaktion das Material abgetragen. Auch hier ist ein Rückseitenprozeß nötig. Die Qualität der Oberflächen ist sehr gut. Für sehr tiefe Bohrungen (>150 µm) ist es weniger gut geeignet [9].

### 3.4.2.4 Mikrofunkenerosion

Für kleine bis mittlere Stückzahlen ist dies ein flexibles Verfahren. Es können durch verschiedene Werkzeuge die Membrangeometrien leicht geändert werden. Fotolithografische Rückseitenprozesse sind nicht nötig. Mittels NC-gesteuerter Erodiermaschinen ist eine vollautomatische Bohrungsherstellung möglich. Die Dickentoleranzen der Scheiben können in der Maschinensteuerung berücksichtigt werden, so daß alle Membranen gleiche Dicke besitzen. Nachteilig ist die große Oberflächenrauhigkeit, die über einen elektrochemischen Ätzprozeß verbessert werden muß (Bild 3.4-2).

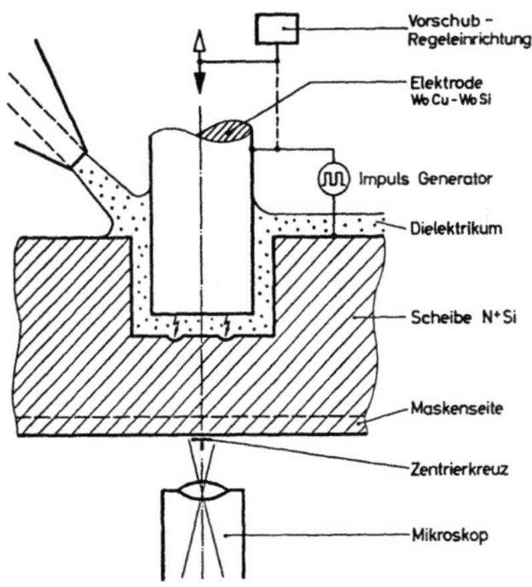


Bild 3.4-2      Mikrofunkenerosion

### 3.4.2.5 Diamantbohren

Größere Bohrungen lassen sich mit Diamantbohrern bei kleinen Serien herstellen. Auch hier muß die Bohrungsoberfläche in einem Ätzprozeß geglättet werden, um Kerbwirkungen zu vermeiden.

# 3.5  Drucksensor-Aufbau

### 3.5.1  Sensorelement

Nachdem alle o.a. Herstellschritte durchgeführt wurden, hat man Halbleiterscheiben mit mehreren hundert Sensorelementen vorliegen.

Im ersten Montageschritt wird die Halbleiterscheibe mit einer Trägerscheibe verbunden. Für Meßbereiche bis ca. 25 bar hat sich Borsilikatglas als Träger bewährt. Bei dem als Anodic Bonding bekannten Verfahren wird bei ca. 450 °C und je nach Glasdicke mit Spannungen bis 1000 Volt das Glas mit der polierten Siliziumscheiben-Rückseite verbunden. Dies Verfahren benötigt keine Lotschichten oder Metallisierungen und ist sehr stabil. Bei hohen Drücken macht sich der geringere Elastizitätskoeffizient des Glases nachteilig bemerkbar. Der hohe Druck steht dann allseitig auf solchen Elementen. Die größere Stauchung im Glas ruft zusätzlich Verformungen im Halbleiter hervor, die das Ausgangssignal verfälschen.

Montagen auf Siliziumträgern werden ebenfalls oft angewendet. Bevorzugt wird das Legieren mit Aluminium oder Gold oder das Löten. Bei kleinen Meßbereichen können diese Verbindungsschichten durch ihren größeren Ausdehnungskoeffizienten Temperaturhysteresen und Driften hervorgerufen.

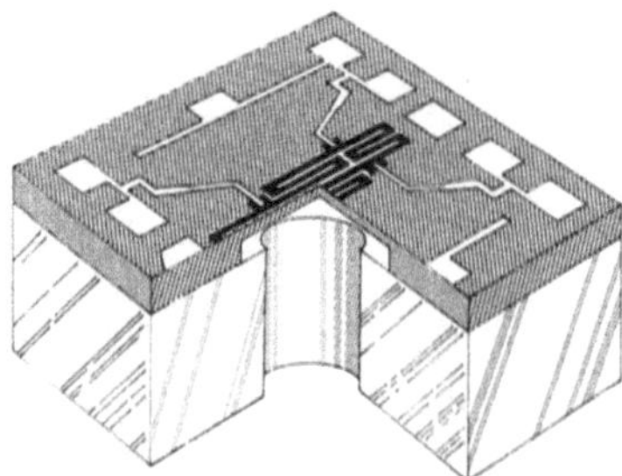

Bild 3.5-1        Auf Glasträger montierter Sensorchip

Die Scheiben werden dann in einer Meßvorrichtung ausgemessen, so daß für jeden einzelnen Chip die Daten vom Brückenwiderstand, Isolationswiderstand, Empfindlichkeit und Nullpunktabweichung vorliegen. Sensorelemente, die nicht die gewünschten Daten erfüllen, werden gekennzeichnet und nicht weiterverarbeitet. Mit einer automatischen Säge trennt man die Scheibe in einzelne Chips (Bild 3.5-1).


### 3.5.2  Montage auf Halterung

Die Gehäuse hängen davon ab, wo der Druck gemessen werden soll. In einem Wetterballon kann z.B. ein Kunststoffgehäuse genügen, wenn eine Absolutdruckmessung vorliegt. Ein Schutz gegen Feuchtigkeit kann über Silicongels oder Siliconkautschuk erfolgen.

Für allgemeine Druckmessungen in der Industrie hat sich die Montage auf druckdichte Stromdurchführungen bewährt. Die Sensorelemente werden dabei mit langzeitstabilen Loten verbunden (Bild 3.5-2).

Bild 3.5-2    Bauformen von Drucksensoren (Philips-Werkbild)

### 3.5.3  Schutz gegen aggressive Medien

Die Maskenseite dieser Sensoren darf nur mit nichtleitenden, sauberen Gasen und Flüssigkeiten in Kontakt kommen. Es werden daher die Sensoren mit einem Gehäuse und einer dünnen, flexiblen, korrosionsbeständigen Trennmembran versehen. Zur Druckübertragung werden diese Druckaufnehmer mit gasfreiem Siliconöl gefüllt (Bild 3.5-2).

### 3.5.4  Temperaturkompensation und Abgleichverfahren

Selbst bei den besten Herstellverfahren ergeben sich Streuungen in der Empfindlichkeit und im Temperaturkoeffizienten, sowie im Null-Ausgangssignal (Offsetspannung). Es bestehen Schaltungen, die entweder im Druckaufnehmer oder außerhalb hinzugefügt werden, um diese Toleranzen zu verringern. Bei sehr kleinen Druckmeßbereichen sind durch die Trennmembranen größere Streuungen gegeben. Verschiedene Kompensationsschaltungen sind in Bild 3.5-3 dargestellt.

### 3.5.5  Maximale Einsatztemperatur

Piezoresistive Drucksensoren mit eindiffundierten oder implantierten Widerständen besitzen eine Isolation durch gesperrte pn-Übergänge. Die Einsatztemperatur sollte 130 °C nicht überschreiten. Die Polysilizium-Dünnschichtwiderstände sind durch eine dielektrische Schicht gegen das Substrat isoliert und können daher bis 180 °C eingesetzt werden.

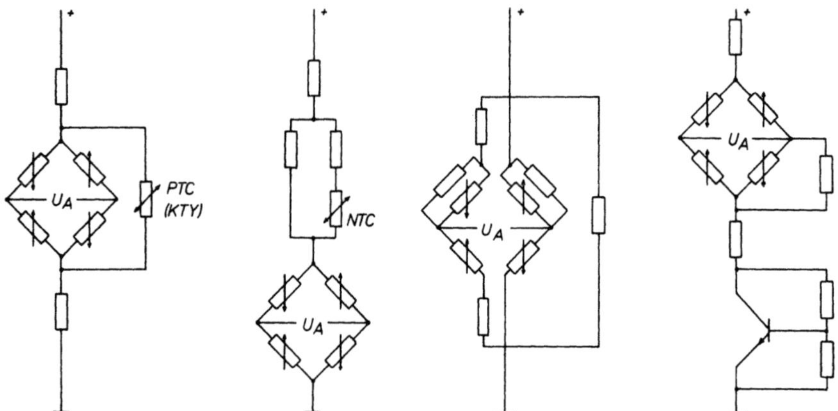

Bild 3.5-3        Kompensationsschaltungen

# Literatur

[1] Rohrbach, C.: Handbuch für elektrisches Messen mechanischer Größen, VDI-Verlag, Düsseldorf 1967

[2] Heywang, W.: Sensorik, Springer-Verlag, Berlin 1974

[3] Germer, W.: Piezoresistive Eigenschaften von Silizium- Dünnfilmen für Sensor-Anwendungen, Dissertation, TU Hamburg-Harburg, 1984

[4] Schäfer, H.: Entwicklung von Halbleiterdrucksensoren mit Polysilizium-Dünnfilm-Dehnungs- Meßstreifen, Abschlußbericht, PHILIPS, EWI-Kassel, 1989 nicht veröffentlicht

[5] Obermeier, E., Kienlin, F., Hwang, Ho-Jung.: Entwicklung von Sensoren auf der Basis von polykristallinem Silizium, BMFT-Forschungsbericht T85-068, Karlsruhe, 1985

[6] Binder, J., Poppinger, M.: Material-Verfahrensentwicklung für µC-kompatible Druck-, Temperatur- und Positionssensoren, BMFT-Forschungsbericht T85-024, Karlsruhe, 1985

[7] Hisata, M., Suzuki, K., Tanigawa, H.: Silicon diaphragm pressure sensors fabricated by anodic etch stop, Sensors & Actuators 13, S. 63-70, 1988

[8] Bogenschütz, A. F.: Ätzpraxis für Halbleiter, C. Hanser-Verlag, Berlin 1984

[9] Rangelow, H. R.: Entwicklung von Plasma-Ätz-Prozessen für die Herstellung von Si-Sensormembranen, GHK-Kassel, 1987

# II-4  Ein elektronisches Manometer mit Dünnfilm-DMS-Drucksensor

Von Heinrich Paul

## 4.1  Einleitung

Der Einsatz eines Manometers ist bekannt: Der zu messende Flüssigkeits- oder Gasdruck wird unmittelbar an der Meßstelle von einer mechanischen Zeiger-Anzeige abgelesen. Das Innenleben solcher Manometer besteht bislang aus mechanisch bewegten Teilen, die die Genauigkeit und die Auflösung einschränken. Diese Nachteile hat das digitale Manometer DIGIBAR nicht. Da es keine mechanisch bewegten Teile hat, ist eine Auflösung des Meßbereichsendwertes von 0,1 % problemlos möglich. Genau wie die mechanischen Manometer bringt das DIGIBAR die Meßgröße Druck direkt an der Meßstelle zur Anzeige; jedoch auf einem LCD-Display in analoger und darüberhinaus in digitaler Darstellung. Weiterhin realisiert die Elektronik komfortable Zusatzfunktionen wie Grenzwertüberwachung, Speicherung von Min-Max-Werten entsprechend dem Schleppzeigerprinzip sowie Tendenzanzeige. Für den Feldeinsatz eignet sich die kabellose Batterieversion und für die Signalweiterverarbeitung die Version mit 4...20 mA Stromschnittstelle, bei der zur Grenzwertüberwachung Relaiskontakte zur Verfügung stehen.

## 4.2  Konzeption eines elektronischen Manometers

Die bislang gebräuchlichen mechanischen Manometer haben Klassengenauigkeiten von 0,6...2,5 %. Höhere Genauigkeiten führen im allgemeinen zu voluminösen und kostspieligen Gebilden mit beträchtlichen Skalendurchmessern. Der Produktidee des DIGIBAR lag die Vorstellung zugrunde, daß ein genaueres Manometer mit wesentlich verbesserter Auflösung universeller einsetzbar ist. Bei einer Auflösung von 0,1 % kann dann ein Gerät mit einem Meßbereichsendwert von z.B. 10 bar noch 0,01 bar auflösen. Das DIGIBAR kann sogar noch Drücke bis 150 % vom Meßbereichsendwert anzeigen. Das Meßlabor braucht dann, statt vieler Manometer mit eng beieinanderliegenden Meßbereichsendwerten, nur noch einige wenige Geräte – mit z.B. dekadischer Meßbereichsstufung – für die Anwender bereithalten.

Es gibt einige Meßaufgaben bei denen erhebliche Druckspitzen zur Zerstörung des mechanischen Manometers führen können. Auch hier kann die hohe Genauigkeit als Reserve für eine großzügige Wahl des Meßbereichsendwertes genutzt werden.

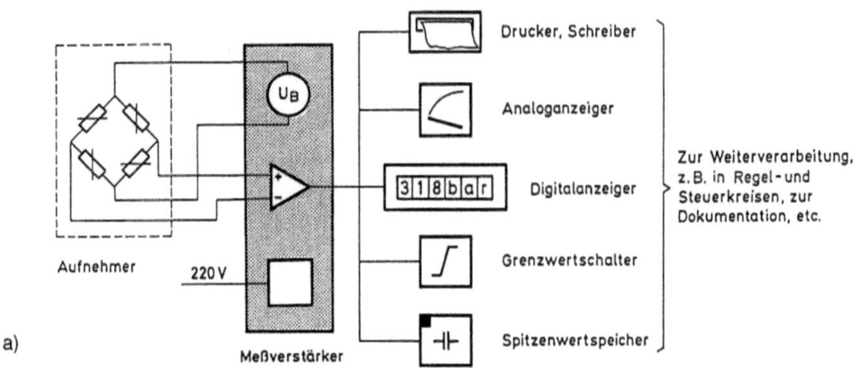



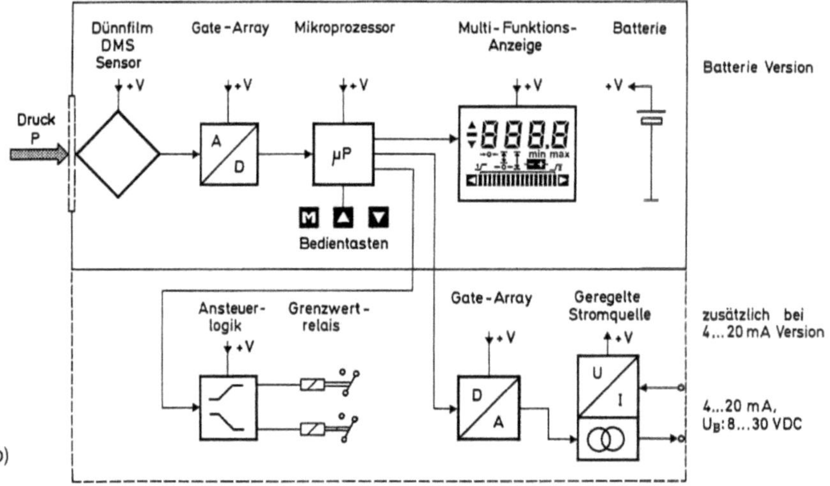



Bild 4.2-1     a) Herkömmliche Meßkette mit Aufnehmer, Meßverstärker und Auswerteeinheit.

b) Vereinfachte Prinzipschaltung des DIGIBAR

Folgende Forderungen wurden an das neue Produkt gestellt:

– Einfache Handhabung und Bedienung

– Eigenständige Energieversorgung über langlebige Batterie oder wahlweise über 4...20 mA Stromschnittstelle im Zweileiter-Betrieb

– Äußere Abmessungen wie bei einem mechanischen Manometer der Klasse 1% mit ca. 100 mm Durchmesser.

– Erfüllung der Manometerklasse 0,2 %, jedoch mit einer Auflösung von 1000 Teilen entsprechend 0,1 %

– Digitale Anzeige mit voller Auflösung (0,1 %) und quasianaloge Anzeige zur raschen Tendenzkontrolle oder zur problemorientierten Darstellung von Meßbereichsausschnitten ("Lupenfunktion")

– Der Druckanschluß soll in nahezu jede beliebige Richtung angeordnet werden können, ohne daß die Ablesbarkeit der Anzeige dadurch beeinträchtigt wird. Dies führt zu einer drehbaren Anzeige.

– Robuster, vibrationsunempfindlicher Aufbau mit mechanisch stabilem Gehäuse

– Universelle Anwendbarkeit im Laboreinsatz, bei Wartung und Service, in der Fertigung und im Vorrichtungsbau

– Günstiges Preis-/Leistungsverhältnis

– Wahlweise Stromschnittstelle (4...20 mA) anstelle der Batteriespeisung zur Weiterleitung der Daten an ein Registriergerät (Fernschalter, Schreiber, etc.) oder in die MSR-Warte.

– Explosionsgeschützt durch eigensichere Ausführung Ex(i)

Insbesondere die Anforderungen an die Genauigkeit und die Robustheit konnten früher nur mit Druckaufnehmern, die zusammen mit einem Meßverstärker und einem Anzeigegerät eine sogenannte Meßkette (Bild 4.2-1a) bilden, realisiert werden. Es galt nun diese Funktionsgruppen in einem Gehäuse zu vereinen.

## 4.3  Eine komplette Meßkette in einem Gehäuse

Bei dem neuen, elektronischen Manometer war es ein Ziel alle Funktionen der konventionellen Meßkette in einem Gerät zu vereinigen. Bild 4.2-1b zeigt die Prinzipschaltung des DIGIBAR. Die mechanische Meßgröße Druck wird von einem Sensor mit Dünnfilm-Dehnungsmeßstreifen (DMS) in eine Spannungsänderung transformiert. Die Signalaufbereitung erfolgt in einem herstellereigenen Gate-Array, dessen Ausgangssignal von einem Mikroprozessor rechnerisch nachbearbeitet und mit einer Multifunktionsanzeige dargestellt wird. Der Einsatz eines Mikroprozessors eröffnet verschiedene, für Manometer neue Möglichkeiten, die in Abschnitt 5.3.3 näher erläutert werden. Anstelle der batterieversorgten Version steht auch eine DIGIBAR-Variante mit Zweileiter-Stromschnittstelle zur Verfügung. Dieses Gerät hat zusätzlich zwei Relais, die beim Erreichen der zuvor eingestellten Grenzwerte schalten.

### 4.3.1   Der Sensor wandelt Druck in elektrische Spannung

Mit einem Manometer wird am häufigsten Überdruck und nur selten Absolutdruck gemessen. Der Sensor mußte also für Überdruck ausgelegt sein. Das Anforderungsprofil des Druckmeßgerätes fordert weiterhin einen Sensor, der robust und zugleich präzise ist. Wegen des Batteriebetriebs muß weiterhin die Leistungsaufnahme so gering wie möglich sein. Als Sensorprinzip kommen daher eigentlich nur hochohmige Dünnfilm-DMS in Frage. Bild 4.3-1 zeigt schematisch die Funktion des DMS-Drucksensors: Unter dem Einfluß des wirkenden Druckes deformiert sich eine am Rand fest eingespannte Membrane. An der Membranoberfläche kommt es in der Mitte zu Dehnungen und am Rand zu Stauchungen. Diese Stellen werden mit Dehnungsmeßstreifen bestückt. Das optimale Sensorsignal wird mit je zwei gedehnten bzw. gestauchten DMS, die zur Wheatstone-Brücke verschaltet werden, erzielt. Wegen der Überdruckforderung ist die DMS-Seite der Membrane direkt dem Umgebungsluftdruck ausgesetzt.

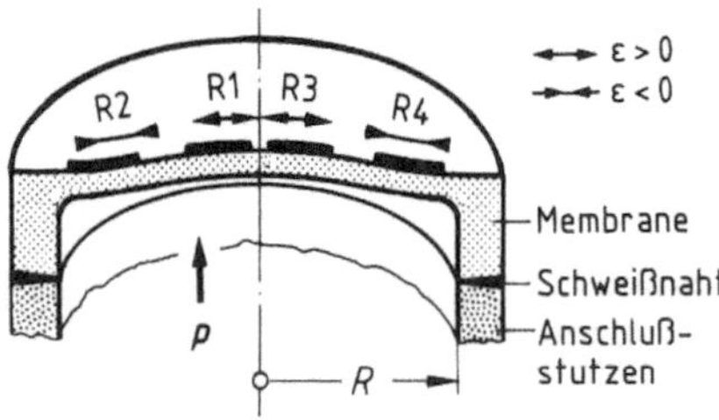


Bild 4.3-1      Schnitt durch eine einfache Federmembran, die mit dem Druck p beaufschlagt ist. Die DMS-Widerstände in der Mitte (R1 und R3) werden gedehnt. Die DMS am Rand (R2 und R4) werden gestaucht.

Die Signaltransformation erfolgt dann in den folgenden drei Schritten:

a) Wandlung von Druck in Dehnung:

$$\varepsilon \sim p$$

$p$ : Druck

$\varepsilon$ : Dehnung

b) Wandlung von Dehnung in Widerstandsänderung:

$$\frac{\Delta R}{R} = k \cdot \varepsilon$$

$R$ : DMS - Widerstand

$k$ : Konstante des piezoresistiven Effekts

c) Wandlung von Widerstandsänderung in Spannungsänderung
(Wheatstone-Brücke):

$$\frac{\Delta U}{U} = \frac{1}{4} \cdot \frac{\Delta R}{R} \qquad\qquad U : \text{Spannung}$$

bei <u>einem</u> gedehnten (gestauchten) Widerstand der Wheatstone-Brücke

Zusammengefaßt gilt:

$$\frac{\Delta U}{U} \sim k \cdot p$$

Die Spannungsänderung $\Delta U/U$ ist also proportional zum Druck $p$.

### 4.3.2   Wie ist ein Dünnfilm-DMS aufgebaut und wie funktioniert er?

Der metallische DMS ist ein Widerstand, der so innig mit einem elastischen Bauteil
verbunden wird, daß er dessen Oberflächendehnung getreu übernimmt. Die Dehnung
verursacht eine zwar nur geringe Widerstandsänderung (ca. $2 \times 10^{-3}$), die jedoch extrem linear und fehlerfrei ist. Bei metallischen Präzisions-DMS wird die Widerstandsänderung nur von den Geometrieänderungen im DMS verursacht, die durch
die Dehnung hervorgerufen werden. Weitere Festkörpereffekte, die zu einer Vergrößerung des k-Faktors beitragen, treten bei ihm nicht auf. Die Verschaltung von vier
DMS zu einer Wheatstone-Brücke mit Spannungsspeisung wandelt schließlich die
Widerstandsänderung in eine Spannungsänderung um. Bild 4.3-2 zeigt einen Schnitt
durch das Dünnfilm-Schichtsystem: Auf dem elastischen Membransubstrat aus hoch-
festem, rostfreiem Stahl wird zunächst eine ca. 5 µm dicke Isolierschicht abgeschie-

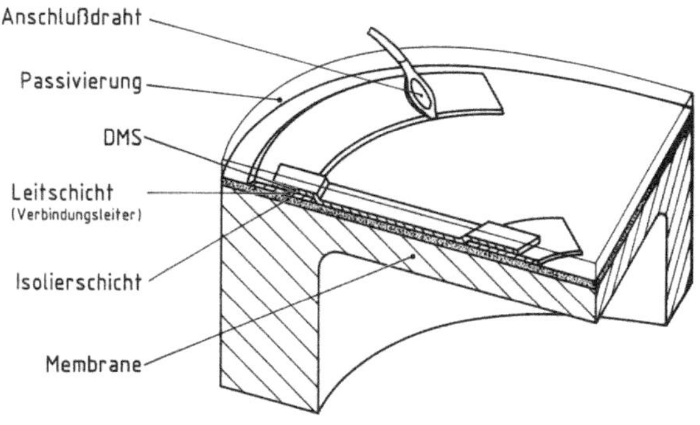


Bild 4.3-2      Schnitt durch das Dünnfilm-Schichtsystem

den. Diese kann aus nur einem Material z.B. Siliziumdioxid ($SiO_2$) oder auch aus einer Schichtenfolge von unterschiedlichen Isolatormaterialien bestehen. Auf die Isolierschicht werden anschließend Verbindungsleitungen z. B. aus Gold oder Aluminium abgeschieden. Schließlich werden die eigentlichen Dehnungsmeßstreifenwiderstände aufgebracht. Sie sind nur wenige hundertstel µm dick. Als Feuchtigkeitsschutz wird schließlich noch eine Passivierungsschicht benötigt. Neben anorganischen Isolatorschichten können hierzu auch organische Schichten wie Polyimid oder Silikon-Kautschuk verwendet werden.

Für das Abscheiden der Dünnfilmschichten gibt es verschiedene Methoden. Das älteste und bekannteste Verfahren ist das thermische Aufdampfen, wie es in Bild 4.3-3 schematisch dargestellt ist. Die zu beschichtenden Substrate werden hierzu in einen auf ca. $10^{-8}$ mbar evakuierten Behälter gegeben. Der Behälter enthält eine Vorrichtung zur Erhitzung des zur Beschichtung vorgesehenen Materials. Im einfachsten Fall handelt es sich um einen Tiegel aus einem hochschmelzenden Werkstoff, der von einem kräftigen Strom durchflossen und aufgeheizt wird. In dieses Schiffchen gibt man das zur Abscheidung vorgesehene Material, das dann im Hochvakuum verdampft. Der Dampf kondensiert auf den Substraten, wenn sie geeignet über dem Schiffchen gehalten werden. Die gewünschte Geometrie der abgeschiedenen Schicht kann während des Aufdampfens wie in Bild 4.3-3 dargestellt durch eine Loch-Maske bestimmt werden. Alternativ hierzu kann man zunächst die Schicht ganzflächig aufdampfen und danach die Geometrie durch einen Photo-Litho-Prozeß mit anschließender Ätzung erzeugen. Das Aufdampfen wird vorteilhaft bei Leit- und Widerstandsschichten angewandt, da die Hochvakuumbedingung zu extrem reinen und daher stets gleichbleibenden Schichten führt.

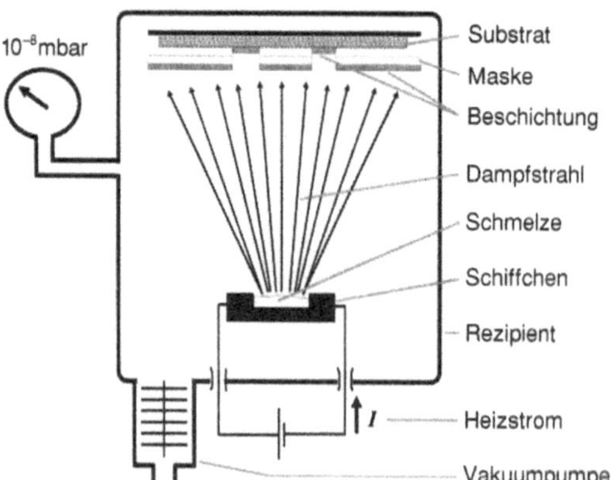


Bild 4.3-3    Aufdampfprozeß in Maskentechnik

Ein anderes Verfahren, das besonders vorteilhaft zum Abscheiden von Isolierschichten verwendet wird, ist das Kathodenzerstäuben (Sputtern). Bild 4.3-4 zeigt schematisch eine Gleichspannungs-Kathodenzerstäubungsanordnung. Im Gegensatz zum Aufdampfen im Hochvakuum wird hier ein zuvor evakuierter Behälter mit ca. $10^{-2}$ bis $10^{-3}$ mbar Edelgas (meist Argon) befüllt. In der Kammer sind zwei Elektroden angeordnet, die mit einer Hochspannungsquelle verbunden sind. Nach dem Einschalten der Hochspannung kommt es zur einer selbständigen Gasentladung, bei der die positiv ionisierten Argon-Ionen ($Ar^+$) gegen die auf negativem Potential liegende Target-Kathode (T) beschleunigt werden. Beim Aufschlag werden Target-Teilchen herausgeschlagen, die auf der Anode kondensieren. Für die Zerstäubung von isolierenden Materialien (z.B. $SiO_2$) wird anstelle einer Gleichspannung eine hochfrequente Wechselspannung angelegt.

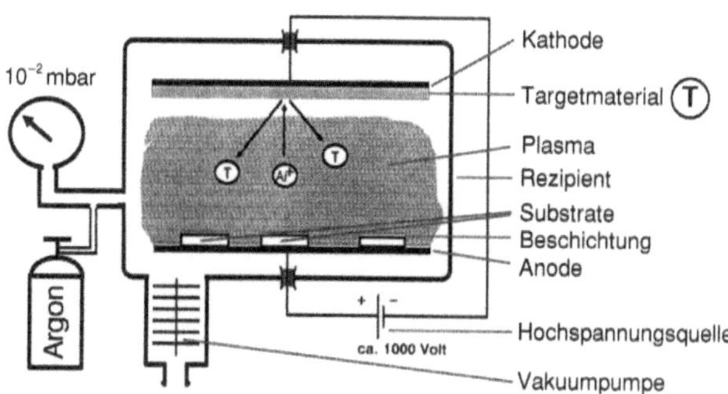


Bild 4.3-4    Gleichspannungs-Katodenzerstäubung (Sputteranlage)

Aufdampfen und Kathodenzerstäuben werden den physikalischen Dünnfilmprozessen zugeordnet. Daneben gibt es chemische Dünnschichtverfahren, bei denen Gasmoleküle, die den zu beschichtenden Werkstoff oder dessen bestimmende Atome enthalten, infolge Temperatur und/oder Plasmaeinwirkung zur gewünschten Substanz reagieren. Als Beispiel sei die Reaktion von Silan ($SiH_4$) und Sauerstoff ($O_2$) zu Siliziumdioxid ($SiO_2$) und dem Beiprodukt Wasser, das abgepumpt wird, erwähnt.

Beim DIGIBAR-Projekt hat man sich für eine gesputterte Isolierschicht, die aus einer Schichtenfolge von $SiO_2$ und $Si_3N_4$ besteht sowie aufgedampften CrSi-DMS entschieden. Diese sogenannte Sandwich-Isolierschicht [1] garantiert eine ausgezeichnete Feuchtebeständigkeit und Isolation. CrSi-DMS ermöglichen die Herstellung von besonders hochohmigen DMS bis zu 15 kOhm DMS-Widerstand. Das ganze System wird schließlich durch eine Silikonkautschukpassivierung geschützt. Bild 4.3-5 zeigt den Membransensor von der DMS-bestückten Oberseite sowie von der druckbeaufschlagten Rückseite.

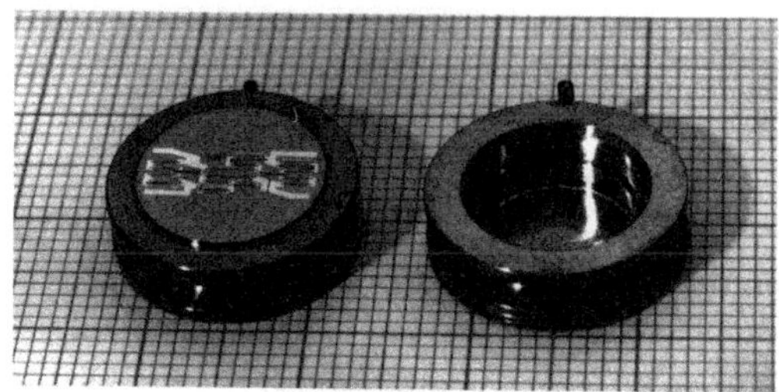

Bild 4.3-5     Membransensorelement:
Links:  Dünnfilmseite mit Verbindungsleitungen (hell) und DMS (dunkel).
Rechts: Membraninnenseite, die mit dem Druckmedium in Berührung kommt..

Die Vorteile der Dünnfilm-DMS lassen sich in folgenden Punkten zusammenfassen:

- Meßbereiche von 0...0,5 bis 0...2000 bar Überdruck

- Keine störanfälligen bewegten Teile, die eine Hysterese oder andere Ungenauig-keiten verursachen können

- Die extrem hohe Auflösung des DMS ermöglicht problemlos eine Systemgenauigkeit von 0,2 %, da die Wiederholbarkeit des Sensors besser als 0,01 % ist.

- Die Membranrückseite, die mit dem Meßmedium in Berührung kommt, besteht aus dem korrosionsbeständigen Federwerkstoff 1.4542 (AP4-17). Die Duktilität metallischer Membranen gewährleistet ein gutes Überlastverhalten (mindestens 200 %) und eine hohe Bruchsicherheit (mindestens 300 %; typisch 500...1000 %)

- Die Sensoren sind klein (Ø 16 mm) und dennoch mit bis zu 15 kOhm Brückenwiderstand herstellbar.

- Diese Drucksensoren mit Dünnfilm-DMS sind langzeitstabil.

- Diese Drucksensoren mit Dünnfilm-DMS sind extrem wechsellastbeständig.

- Diese Drucksensoren mit Dünnfilm-DMS sind temperaturstabil.

- Drucksensoren mit Dünnfilm-DMS sind überdruck- und kavitationsfest. [2]


### 4.3.3  Was mit Dünnfilm-DMS und Elektronik möglich ist

Obwohl das DMS-Prinzip bei Nenndruck nur Widerstandsänderungen von einigen Promille hervorruft, kann das DMS Signal mit modernen Meßverstärkern bis auf 1 Mio. Teilschritte aufgelöst werden. Bei dem vorliegenden elektronischen Manometer hat man sich jedoch wegen der Sensorgenauigkeit von 0,2 % für eine Auflösung von 1000 Teilen entschieden. Bild 4.3-6 zeigt das geöffnete Digitalmanometer mit seinen wichtigsten Komponenten.

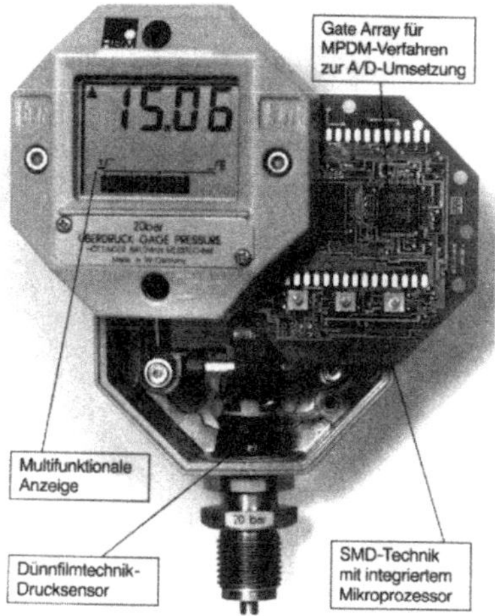


Bild 4.3-6      Geöffnetes Digitalmanometer DIGIBAR mit den wichtigsten Komponenten

In Bild 4.2-1b wurde bereits die vereinfachte Prinzipschaltung des DIGIBAR vorgestellt. Das druckproportionale DMS-Brückensignal wird in einem firmenspezifischen
Gate-Array digitalisiert. Für diese Digitalisierung wird ein neues, patentiertes Ana-
log-Digital-Wandlungsverfahren [3], das auch bei kleinen Eingangssignalen eine hohe Auflösung ermöglicht, eingesetzt. Die weitere Auswertung der Daten geschieht
im nachgeschalteten Mikroprozessor, der folgende Aufgaben wahrnimmt:

- Darstellung des Drucksignals in digitaler Form auf der Multifunktionsanzeige
  (Bild 4.3-7).

- Abfrage von zwei Grenzwerten. Der Druckbereich zwischen diesen Grenzwerten
  wird zugleich in Form eines quasianalogen Balkens dargestellt.

- Speicherfunktionen für den größten und kleinsten Meßwert seit dem letzten Lö-
  schen des Speichers (Schleppzeigerprinzip).

- Erhalt der Einstellwerte bei Stromausfall (Standard 24 h oder mit Pufferbatterie
  5 Jahre)

- Auch kleinste Druckänderungen von 0,1 % werden durch eine Tendenzanzeige erkannt und wiedergegeben.

- Einfache Bedienung mit 3 Tasten (Bild 5.4-1)

- Digitaler Nullabgleich

- Fest eingebaute Linearisierung

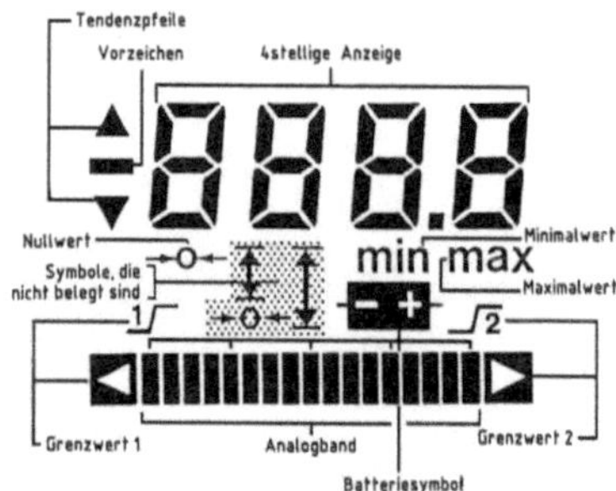



Bild 4.3-7        Multifunktionsanzeige des Überdruckmeßgerätes DIGIBAR

## 4.4   Die Funktionalität

Zur Einstellung der bereits beschriebenen elektronischen Funktionen kommt das
DIGIBAR mit drei Tasten aus, die unter dem wegklappbaren Typenschild angeordnet sind (Bild 4.4-1), so daß ein unbeabsichtigtes bzw. unbefugtes Verstellen der Ge-
räteparameter verhindert wird. Die Kontaktelemente für den "Dialog" mit dem DIGI-
BAR befinden sich direkt auf der SMD-Platine. Mit Hilfe von vorgeschalteten Tasten ist eine zuverlässige Betätigung der Kontakte gewährleistet. Diese Bauweise hat
folgende Vorteile:

– Robuste Konstruktion

– Abdichtung gegen Flüssigkeiten

– "Knackfroschverhalten" der Tasten

– Eindeutige Funktions-Kennzeichnung

– Gegen unbeabsichtigtes Betätigen geschützt

– Ermüdungsfrei auch bei häufiger Betätigung

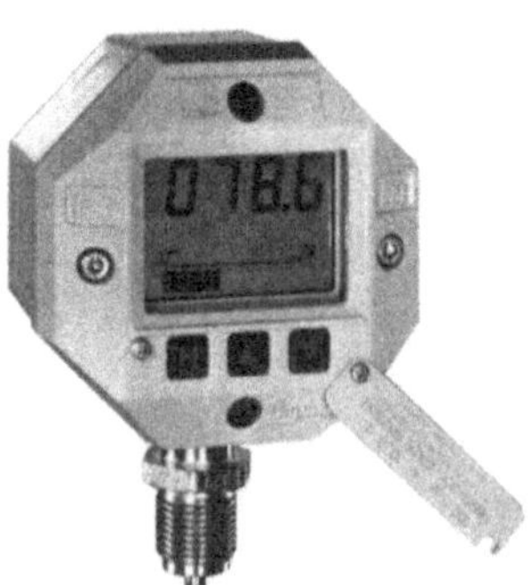

Bild 4.4-1        Unter der Abdeckklappe sind die Tasten zur Geräteeinstellung verborgen.

Mit der ersten Taste werden nacheinander folgende Funktionen aufgerufen: Der in der Meßperiode angefallene Minimal und Maximaldruck; der untere und obere Grenzwert; der Nullwert und schließlich ein Anzeigetest mit allen Symbolen. Die vom Anwender gewünschten Zahlenwerte können dann mit der Aufwärts- oder Abwärtstaste "herbeigerollt" werden.

Bei mechanischen Manometern muß der Anwender durch Manipulationen an der Flanschdichtung sicherstellen, daß im eingeschraubten Zustand die Anzeige in die Ableserichtung zeigt. Beim DIGIBAR ist dies nicht notwendig. Nach dem dichten Einschrauben des Gewindeteils kann die Anzeige um fast 360° gedreht werden. Basteleien an der Dichtung sind also nicht erforderlich. Der Anwender kann weiterhin selbst entscheiden, in welche Richtung der Druckstutzen zeigen soll. Die achteckige Gehäuseform gestattet den Gewindeanschluß beliebig in 45° Schritten einzustellen (Bild 4.4-2). Werkseitig kann der Druckanschluß auch nach hinten gerichtet montiert werden.

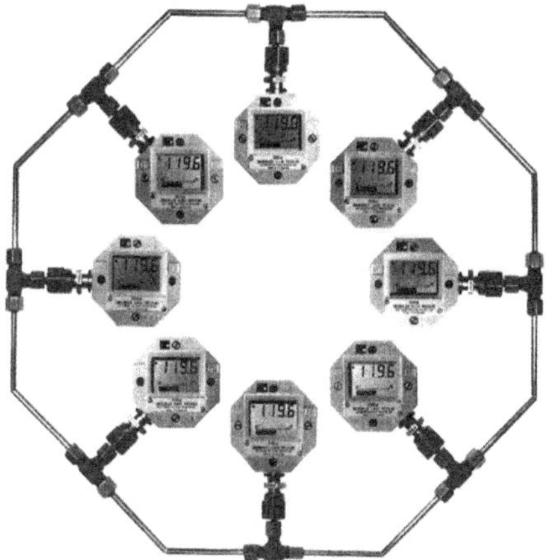

Bild 4.4-2      Mögliche Montagepositionen des Druckanschlusses durch die drehbare DIGIBAR-Anzeige

## 4.5  Zusammenfassung

Das DIGIBAR vereint eine langjährige Erfahrung aus Sensortechnik und Elektronik-Entwicklung mit moderner Technologie und neuen Lösungen. Es erfüllt mehr denn je die Forderungen und Wünsche der Manometer- und Transmitteranwender nach höherer Genauigkeit und mehr Komfort. Selbstverständlich gibt es auch eine eigensichere Ausführung Ex(i). Durch die Digitalanzeige wird der Druck genauer angezeigt und über die Balkenanzeige läßt sich auf "einen Blick" feststellen, ob er im zulässigen Bereich liegt. Zwei Grenzwerte können mit 0,1 % Genauigkeit vorgegeben werden. Es ist weiterhin möglich den Schwankungsbereich des Druckes im Nachhinein festzustellen. Schleichende Druckänderungen, die z.B. durch ein Leck verursacht werden, erkennt man mit der Tendenzanzeige. Dies alles ist in einem zweckmäßigen, kompakten und formschönen Gehäuse untergebracht, das vom Anwender beliebig an die Gegebenheiten seiner Behälter und Leitungen angepaßt werden kann. Da das Nullsignal beim DIGIBAR sehr langzeitstabil ist und nach der Druckbelastung exakt auf Null zurückkehrt, entfallen die Meßwertverfälschungen solcher mechanischer Manometer, die einen Zeigeranschlag bei Null haben. Auch das Klopfen gegen das Gehäuse, wie es in der Manometernorm DIN 16005 vorgesehen ist, kann beim DIGI-BAR entfallen, da keine beweglichen Bauteile freigerüttelt werden müssen.

## Literatur

[1] Paul, H.: Dünnfilm-DMS-Aufnehmer für kleine Kräfte und Massen,
Tagungsband: Sensoren und Aufnehmer 1989; 1989 Esslingen

[2] Lorentz, H.-J.: Pulsationen, Problem der Druckmessung in der Fluidtechnik,
Sensor report, 1 (1991 )

[3] Kreuzer, M.: Gate-Array-Technik ermöglicht neuartige Verstärkerelektroniken,
Tagungsband: VDE-Kongreß; 1988, Mannheim

Dr.-Ing. Heinrich Paul, Jahrgang 1948,
machte vor dem Physikstudium in Darmstadt eine Feinmechaniker-Lehre bei Hartmann & Braun. Nach der Diplomprüfung wurde er bei HOTTINGER BALDWIN MESSTECHNIK GMBH (HBM) in Darmstadt mit der Weiterentwicklung von Dünnfilm-DMS betraut. 1986 promovierte er mit der Entwicklung eines feuchtebeständigen DMS-Systems. Ab 1988 leitete er die Druckaufnehmer- und Dünnfilmentwicklung bei HBM in Darmstadt. Seit 1992 leitet er die Geschäftseinheit Druckmeßtechnik.

# II-5 Digitale Höchstpräzisions-Druckmessung durch Schwingquarz-Verfahren

Von Dieter H. Althen

## 5.1 Einleitung

Die physikalische Meßgröße "Druck" ist eine der am häufigsten gemessenen Größen überhaupt. Sei es, daß von Technikern Gas-, Wasser- oder Öldrücke in Maschinen und Anlagen gemessen werden oder daß Mediziner Kreislaufgrößen wie arteriellen oder venösen Blutdruck messen; immer hat die genaue Erfassung des Druckes eine wesentliche Bedeutung bei einer Aussage über den Gesamtzustand des "Meßobjektes".

Ein großer Teil der Druckmessungen wird nach wie vor mit herkömmlichen Röhren- oder Plattfeder-Manometern sowie mit moderneren elektronischen Druckaufnehmern durchgeführt. Bei den Röhren- oder Plattfeder-Manometer wird ja bekanntlich die Auslenkung einer Röhre oder einer Membran direkt in eine mechanische Auslenkung umgesetzt und über einen Zeiger angezeigt. Bei Druckaufnehmern wird die Durchbiegung einer Membran über Dehnmeßstreifen, induktive Wegaufnehmer oder ähnliche Technologien gemessen und in ein elektrisches Ausgangssignal umgewandelt. Derartige Druckmeßgeräte sind genau bis in den Bereich von 0,1 % und genügen für viele Anwendungen.

In einer wachsenden Zahl von Anwendungsfällen werden aber auch Druckmessungen mit max. Meßfehlern von bis zu 0,01 %, 0,001 % oder sogar 0,0001 % benötigt. Diese Präzision kann mit herkömmlichen Druckaufnehmern keinesfalls erreicht werden. Besonders dann, wenn diese hohe Genauigkeit nicht nur unter Laborbedingungen, sondern auch im harten Industrieeinsatz (z.B. auf Ölfeldern, in der Meerestechnik, bei Prüfständen) unter wechselnden Temperatur- und Vibrationsbelastungen erreicht werden soll, sind die herkömmlichen Technologien überfordert.

Bei dem DIGIQUARTZ-Druckmeßverfahren des Herstellers Paroscientific Inc. wird mit einem Quarzkristall-Resonator gearbeitet, dessen Schwingfrequenz sich durch Druckbeaufschlagung ändert. Dabei wird der zu messende Druck in einen Federbalg oder bei höheren Meßbereichen in eine kleine Röhrenfeder geleitet, die dann proportional zum Druck eine Kraft auf einen Resonator ausübt und damit die Schwingfrequenz in einem bestimmten Bereich verschiebt. Derartige Aufnehmer decken den gesamten Meßbereich zwischen 0...1 bar bis 0...2750 bar ab. Sie sind relativ unempfindlich gegen Temperaturfehler. Thermische Effekte zwischen −54 °C und +100 °C können aufgrund ihrer hohen Reproduzierbarkeit leicht in einer Auswerteelektronik kompensiert werden, da ein genaues Temperatursignal durch einen eingebauten Quarzkristall-Temperatursensor zur Verfügung steht.

Die im Sensor eingebaute Elektronik liefert somit 2 Ausgangssignale, eines in der Größenordnung von 40 kHz zur Druckmessung und ein weiteres von ca. 170 kHz zur Messung der Temperatur.

Beide Signale können über eine nachgeschaltete Rechnerelektronik leicht ausgewertet werden. In der Ausführung als intelligenter Transmitter ist dem Sensor direkt im Gehäuse eine Auswerteelektronik nachgeschaltet, deren digitales Interface ein direktes Auslesen des korrigierten Druckwertes über eine adressierbare RS232-Schnittstelle ermöglicht.

## 5.2  Quarzkristall-Resonator

Der Quarzkristall-Resonator in DIGIQUARTZ-Druckaufnehmern ist im Grunde genommen ein Präzisionsoszillator, ähnlich denen, wie sie in Frequenzstandards und Digitaluhren verwendet werden, mit einer garantierten Langzeitgenauigkeit von 1 : 10.000.000. Zwei verschiedene Ausführungsformen von Resonatoren werden eingesetzt:

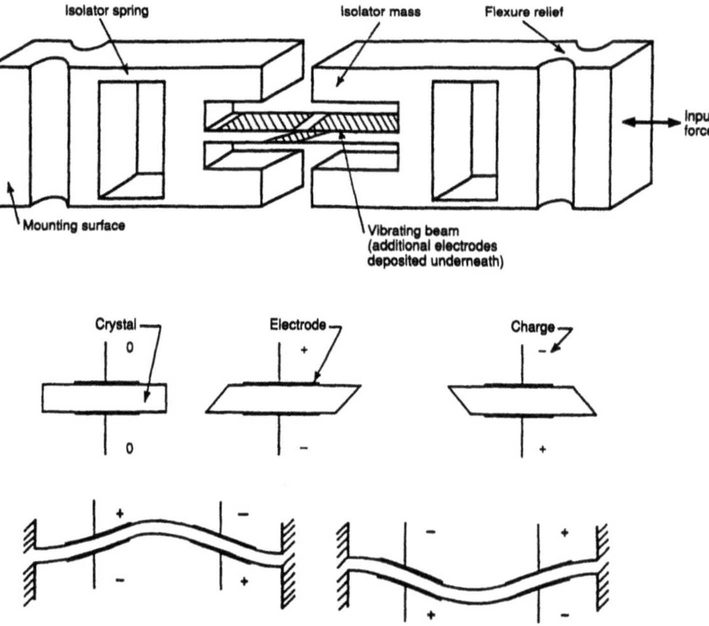


Bild 5.2-1  Single-Beam-Resonator

Der Single-Beam Resonator (Bild 5.2-1) ist mechanisch von seiner Haltung durch zwei speziell ausgebildete, als mechanische Tiefpaßfilter wirkende, Lagerblöcke isoliert. Dies ermöglicht Biegebalken in einer bestimmten Resonanzfrequenz schwingen zu lassen, ohne daß Energie durch die Lagerung verloren geht. Als Resultat daraus ergibt sich, daß praktisch keine mechanische Energie eingekoppelt werden muß, damit eine extrem hohe Schwingkreisgüte $Q$ erreicht wird, die ganz wesentliche zur Genauigkeit und zur Stabilität des Aufnehmers beiträgt.

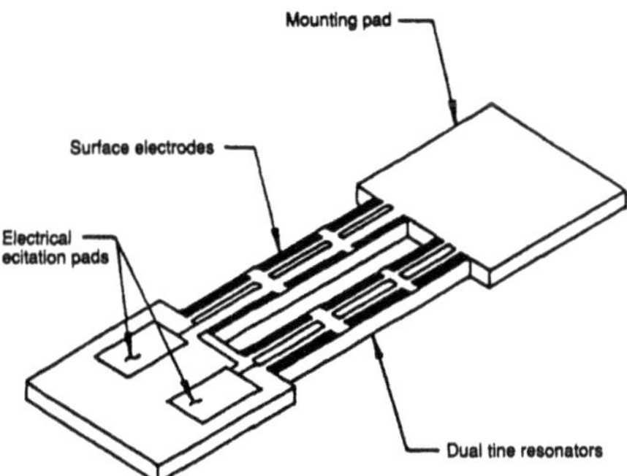


Bild 5.2-2        DETF-Resonator

Der DETF-Resonator (Bild 5.2-2) besteht im Prinzip aus zwei, in der Mitte miteinander verbundenen Stimmgabeln. Da diese Resonatoren in einem mikromechanischen Ätzprozeß leicht hergestellt werden können, werden sie in großen Stückzahlen gefertigt. Danach erfolgt ein sehr umfangreiches Testprogramm, bei dem außerhalb der Spezifikationen liegende Resonatoren sofort ausgesondert werden. Der Einbau des Resonators in das Aufnehmergehäuse erfolgt mit größter Vorsicht, da irgendwelche Biegemomente oder Unsymmetrien sofort die Genauigkeit des Aufnehmers erheblich beeinträchtigt würden.

Bei beiden Resonatortypen wird das Phänomen der Piezoelektrik genutzt, um sie zum Schwingen zu bringen. Bild 5.2-1 zeigt, wo die Elektroden auf dem Biegebalken aufgebracht sind. Die Frequenz des vibrierenden Biegebalkens wird bestimmt durch seine Dimensionierung, seine Zusammensetzung und die eingeleitete mechanische Spannung. Vergleichbar mit einer Violinensaite, erhöht sich die Frequenz unter mechanischem Zug und verringert sich bei Druckbelastung. Obwohl der Resonator auch unter Umgebungsdruck arbeiten würde, verbessert sich seine Leistung im Vakuum ganz erheblich. Dies ist darauf zurückzuführen, daß die Dämpfungs- und Landungseffekte der atmosphärischen Luft einen noch höheren $Q$ Wert verlangen würde. Zusätzlich wird im Vakuum die Stabilität durch Ausschluß der Absorbtion von Molekülen durch die Oberfläche des Biegebalkens verbessert. In solch kleinen Resonatoren hat eine Verunreinigungsschicht in einer Stärke von einem Molekül bereits einen merkbaren Effekt.

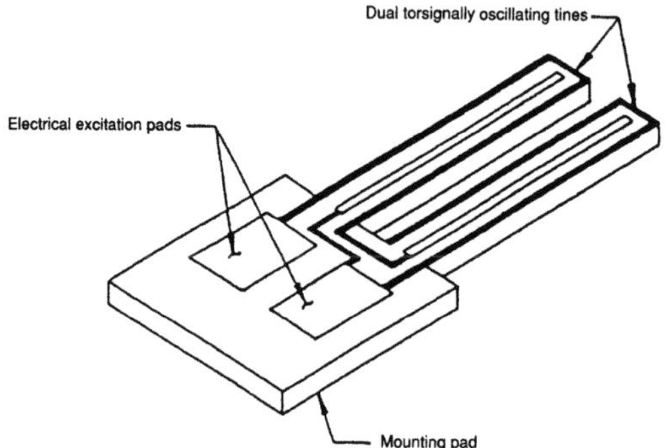



Bild 5.2-3        Temperaturempfindlicher Quarz-Resonator

Die Temperaturcharakteristik des Quarz-Resonators ist abhängig von der Änderung des Young-Moduls, der thermischen Ausdehnung und der Änderung der piezoelektrischen Konstanten. Dies bedeutet naturgemäß, daß auch die Resonanzfrequenz sich mit der Temperatur geringfügig ändert. Allerdings ist diese Temperaturabhängigkeit sehr genau bekannt, leicht zu messen und äußerst exakt zu reproduzieren. Der beste Weg der Kompensation dieser thermischen Effekte ist der Einbau eines weiteren Quarz-Resonators, der seine Schwingfrequenz ausschließlich in Abhängigkeit von der Temperatur ändert. Ein derartiger temperaturempfindlicher Quarz-Resonator (Bild 5.2-3) wird mit in den Aufnehmer eingebaut und erzeugt ein temperaturabhängiges Frequenz-Ausgangssignal, welches zur Kompensation des Temperaturfehlers herangezogen wird.

## 5.3  Druckeinleitung

Wie in Bild 5.3-1 dargestellt, erfolgt die Umwandlung des Drucksignals in eine Kraft mit einem Edelstahlbalg oder einer Röhrenfeder. Durch die Kombination verschieden großer Edelstahlbälge oder Röhrenfedern, zusammen mit Single-Beam- oder DETF-Resonatoren, können Aufnehmer mit Meßbereichen von 0...1 bis 0...2750 bar gefertigt werden. Bei einem Niederdruckaufnehmer entwickelt der Edelstahlbalg eine aufwärts gerichtete Kraft über eine Hebelstange, die wiederum ein Moment auf den schwingenden Resonator ausübt. Dieses Moment verringert die Resonanzfrequenz des Oszillators. Änderungen der Größe und der Position des Balgs, relativ zum Hebelarm, ermöglichen die Einstellung des auf den Resonator wirkenden Moments über einen weiten Bereich. Daher können auch Differenzdruckaufnehmer in niedrigen Meßbereichen ohne große Änderungen bei den verwendeten Komponenten hergestellt werden. Bei diesen Sensoren wird ein zweiter Balg so angebracht, daß er gegen den ersten wirkt. Als Resultierende kommt damit nur der Differenzdruck auf die Hebelstange zur Wirkung. Für die Hochdruck-Meßbereiche wird ein anderes Verfahren zur Druckeinleitung benutzt. Hierbei bedient man sich einer kleinen gebogenen Röhrenfeder, die dazu tendiert, sich unter Druck aufzuwickeln. Die Aufwickelkraft greift am Quarzresonator an und erhöht die Schwingfrequenz. Unabhängig von dem Vorzeichen der Frequenzänderung folgt die relative Änderung immer den gleichen physikalischen Grundsätzen und somit kommen auch die gleichen Algorithmen bei der Frequenz/Druck-Wandlung zum Tragen. Bei beiden Druckeinleitungsversionen können beschleunigungsbedingte Fehlmessungen durch kleine, bewegliche Massen am Hebelsystem ausgeglichen werden. Dadurch sind die Aufnehmer äußerst unempfindlich gegen lineare Beschleunigungen und Vibrationen.

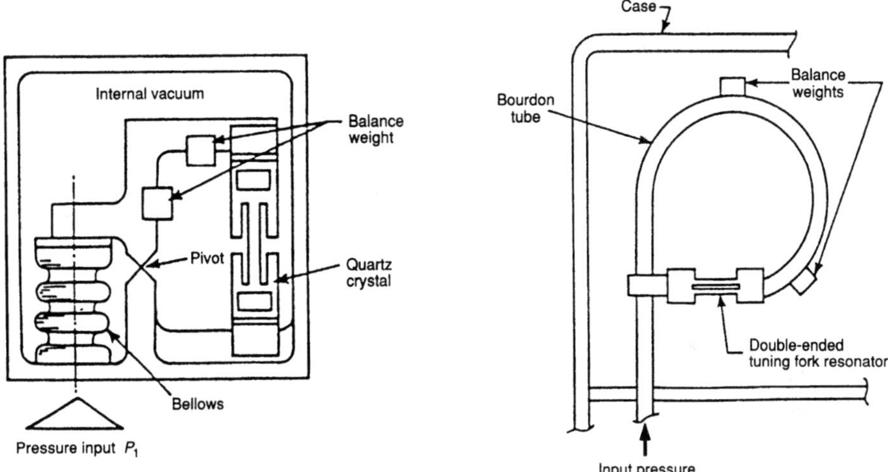


Bild 5.3-1     Druckeinleitung über Edelstahl-Balg oder Röhrenfedern

## 5.4 Ausgangssignale

Jeder Druckwandler erzeugt zwei Frequenz-Ausgangssignale, eines für Druck und eines für Temperatur. Der Druck-Resonator hat eine Nennfrequenz von ungefähr 40 kHz, welche sich bei maximaler Druckbeaufschlagung um ca. 10 % ändert.

Der Temperatursensor hat eine Nennfrequenz von 172 kHz, die sich um ungefähr 50 ppm pro °C verschiebt. Der Zusammenhang zwischen dem Druckausgangssignal und dem beaufschlagten Druck kann als Frequenz- oder Periodenzeitänderung ausgedrückt werden. Die Periodendauer des Rechtecksignales ist mit einem Frequenzzähler sehr genau zu messen. Die folgende Gleichung beschreibt den Zusammenhang zwischen Druckbeaufschlagung und Änderung der Periodendauer:

$$P = C\left(1 - \frac{T_0^2}{\tau^2}\right)\left(1 - D\left(1 - \frac{T_0^2}{\tau^2}\right)\right) \tag{1}$$

wobei $C$ und $D$ Kalibrierkoeffizienten, $T_0$ die Periodendauer bei Resonanzfrequenz ohne Druckbeaufschlagung und $\tau$ die Periodendauer bei Druckbeaufschlagung $P$ darstellen.

Durch Temperatureinflüsse hervorgerufene Fehler können durch Korrektur der Koeffizienten $C$, $D$ und $T_0$ kompensiert werden. Dies könnte, wie bei normalen Druckaufnehmern üblich, durch Änderung der Koeffizienten als Funktion der Temperatur geschehen. Bei dem hier vorgestellten Aufnehmer werden jedoch die Koeffizienten für den Druckresonator direkt in Frequenzform parametrisiert, so daß das Ausgangssignal des Temperaturresonators direkt in die Kalibrierkoeffizienten mit eingeht, ohne daß zuerst der Umweg über die Temperaturmessung erfolgen muß. Dies hat den Vorteil, daß während der Kalibrierung der Aufnehmer eine parallel zu erfolgende Temperaturmessung nicht notwendig ist. Selbstverständlich muß für die Fälle, in denen die aktuelle Druckmedien-Temperatur in der Auswerteelektronik mit angezeigt werden soll, auch der Kalibrierkoeffizient des Temperaturresonators mit einbezogen werden. Die Temperatur als Meßgröße geht als solche, wie bei den folgenden Formeln zu sehen ist, nicht mit ein. Das Ausgangssignal des Temperaturresonators wird wie folgt beschrieben:

$$°C = Y_1 U + Y_2 U^2 + Y_3 U^3 \tag{2}$$

$$U = U(t) - U_0 \tag{3}$$

$U$ (t) ist die Ausgangsperiode des Temperaturresonators in Mikrosekunden bei der Temperatur (t) und $U_0$ ist die Ausgangsperiode des Temperaturresonators bei 0 °C. Der Parameter $U$ hat daher die Dimension "Mikrosekunden" und der Koeffizient $Y_1$ hat die Dimension C/µs. Um die Temperaturabhängigkeit der Koeffizienten $C$, $D$ und $T_0$ zu definieren, wird nur der Parameter U benutzt. Die aktuelle Temperatur kann aus der Formel 3 errechnet werden. Die Parameter der Koeffizienten $C$, $D$ und $T_0$ ergeben sich aus folgenden Formeln:

$$C = C_1 + C_2 U + C_3 U^2 \tag{4}$$

$$D = D_1 + D_2 U \tag{5}$$

$$T_0 = T_1 + T_2 U + T_3 U^2 + T_4 U^3 \tag{6}$$

Um eine exakte Temperaturmessung zu erhalten, werden die Periodenzeiten der zwei Resonanzfrequenzen gemessen und in die Formel 1, 3, 4, 5 und 6 eingesetzt. Die Formel 2 ist nur notwendig, wenn die Temperatur auch direkt angezeigt werden soll. Naturgemäß bietet es sich an, für die Periodenzeitmessung und die Berechnungen einen Mikroprozessor einzusetzen, mit dem bei einer Meßrate von 70 Messungen pro Sekunde eine Auflösung von 100 ppm oder 0,01 % v.B. zu erreichen sind.

# 5.5  Ein intelligenter Drucksensor

Alle DIGIQUARTZ-Druckaufnehmer können mit einem speziellen Interface mit eingebauten Mikroprozessor ausgestattet werden und stellen somit einen intelligenten Drucktransmitter dar. Dieser gibt dann eine temperaturkorrigierte Druckinformation auf einen adressierbaren RS232-Bus, der an einen Computer oder eine digitale Anzeige angeschlossen werden kann. Das Digital-Interface beinhaltet eine Präzisionsuhr, einen Zähler, einen Mikroprozessor, eine Logik zur Ein-/Ausgabe-Kontrolle und einen EPROM Speicher, um die Programme und die Kalibrierkoeffizienten resident ablegen zu können. Bild 5.5-1 zeigt das Blockschaltbild des Interfaces und die Funktionsabläufe. Das Digital-Interface benutzt die beiden vom Druck- und Temperatursensor bereitgestellten Signale, um die korrekten Druck- und Temperaturwerte zu errechnen. Der Mikroprozessor führt die vom Computer gegebenen Befehle aus. Nach Erhalt eines Meßbefehls wird eine Periodenzeitmessung mit einer Taktrate von 15 MHz durchgeführt. Nach den beiden Periodenmessungen führt der Mikroprozessor dann die entsprechenden Berechnungen durch und stellt die Werte der RS232-Schnittstelle zur Verfügung.

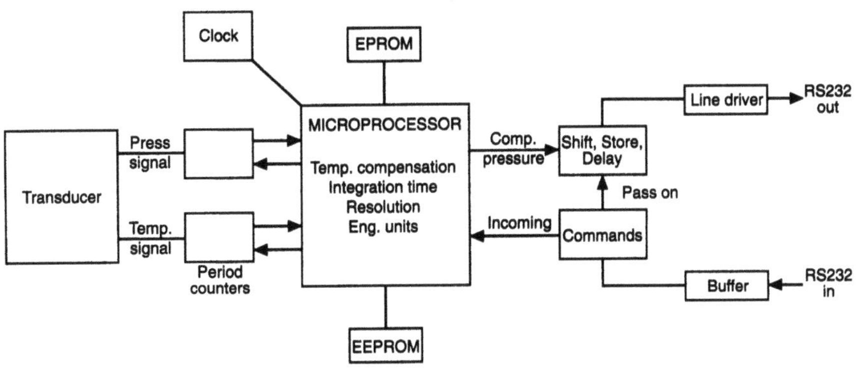


Bild 5.5-1     Blockschaltbild des "Intelligenten Präzisions-Drucktransmitters Serie 1000"

Die serielle Schnittstelle ermöglicht die komplette Kontrolle der Sensor-Interfacewerte wie Auflösung, Abtastrate, Integrationszeit und Baud-Rate, fernbedienbar durch einen Rechner. Die Auflösung ist, abhängig von den Systemanforderungen, programmierbar im Bereich von 0,05 ppm bis 100 ppm. Die Baud-Rate ist einstellbar zwischen 300 Baud und 19.200 Baud. Die Druckwerte sind in 8 unterschiedlichen Standardeinheiten abrufbar. Über normale Abfrageroutinen können bis zu 15 Datenabfragen pro Sekunde ermöglicht werden. Mehr als 100 Abfragen sind mit speziellen Hochgeschwindigkeits-Abtastbefehlen realisierbar.

Die intelligenten Druckaufnehmer können als Einzelgeräte oder als adressierbare Geräte in einer Meßkette von bis zu 98 Einheiten über die RS232-Schnittstelle betrieben werden. Hohe Baud-Raten ermöglichen, eine Anzahl von Präzisionssensoren an einem Port zu betreiben, ohne daß Daten zwischengespeichert werden müssen. Für die Spannungsversorgung ist nur eine einfache unstabilisierte Gleichspannungsquelle notwendig. Sie sollte bei einer Spannung zwischen 5 und 25 V DC, einem Strom von 10 bis 24 mA liefern, dies in Abhängigkeit von der Abtastrate.

## 5.6  Leistungskennwerte

Die DIGIQUARTZ-Druckaufnehmer und Drucktransmitter zeichnen sich durch außergewöhnliche Leistungsdaten aus: Sie sind imstande, Druckmessungen in der Genauigkeit von Primär-Druckstandards zu realisieren, sogar unter schwierigen Umgebungsbedingungen. Bei einer Vielzahl von Erprobungen wurde eine Langzeitstabilität von besser als 0,01 % pro Jahr nachgewiesen. So konnten bei einer Studie über einen Zeitraum von 3...4 Jahren bei 3 im Dauertest befindlichen Digital-Barometern mit DIGIQUARTZ-Sensoren eine mittlere Drift von –0,007 hPa/Jahr beobachtet werden bei einer max. Driftrate von –0,016 hPa/Jahr. Die Vergleichsmessung erfolgte mit Primärstandards, wobei allerdings unklar ist, ob nicht ein Teil der gemessenen niedrigen Drift sogar durch Ungenauigkeit der Primär-Standards verursacht wurde. Aber nicht nur für Luft oder nicht-korrosive Gase ist das beschriebene DIGIQUARTZ-Meßverfahren geeignet. Bei Füllung des Druckzuleitungsraumes mit Silikonöl (werksseitig möglich), sind diese Aufnehmer mit vielen aggressiven Druckmedien beaufschlagbar. Das Frequenzausgangssignal (Rechteck 4 $V_{ss}$) läßt sich ohne Probleme auch über große Entfernungen übertragen. Für spezielle Ausführungen, wie z.B. die hochgenaue Messung von Wassertiefen, stehen Sonderversionen, direkt kalibriert in Meter Wassersäule zur Verfügung. Sonderausführungen sind auch lieferbar für Messungen an nuklearen Systemen z.B. integrierte Leck-Rate-Messung (ILRT), Füllstands-Messungen oder Wassertiefenmessungen. Neueste Entwicklungen der hier beschriebenen Technologie führten jetzt zu einer weiteren Reduzierung des von den Sensoren für den Betrieb benötigten Stromes. Damit bietet sich nun die Möglichkeit, den Sensor über eine Glasfaserleitung mit Energie zu versorgen und gleichzeitig die Sensorsignale in ein Interface zurück zu übertragen. Dort werden sie dann mittels eingebautem Prozessor linearisiert, temperaturkorrigiert und stehen als RS232-Signal zur Weiterverarbeitung zur Verfügung. Vorteil der Glasfaserkopplung ist zum Einen die Möglichkeit des Einsatzes des Sensors im explosionsgefährdeten Bereich, zum Anderen aber auch die einfache, völlig störungsfreie Übertragung (auch aus stark „elektromagnetisch" verseuchter Umgebung) über große Strecken.

Bearbeitet von Dipl. Ing (FH) D.H. Althen, Althen Meß- und Sensortechnik, nach Unterlagen der Fa. Paroscientific Inc., USA

# II-6 Innovative Druckmeßtechnik mit Keramiktechnologie

## für industrielle Druck- und Differenzdruckmeßaufgaben

Von Lothar Kirberich

Am Beispiel von zwei kapazitiven Meßzellenkonstruktionen aus Aluminiumoxid-Keramik ($Al_2O_3$) wird die Wirkungsweise von Druck- und Differenzdrucksensoren erläutert. Beschrieben wird der Aufbau und die Funktionsweise der Meßzellen als auch deren Einbindung in das Gesamtsystem von Absolut-, Relativ- und Differenzdrucktransmittern für industrielle Meßaufgaben. Insbesondere wird auf die Eigenschaften der kapazitiven Druckmessung in Verbindung mit dem keramischen Werkstoff eingegangen.

## 6.1 Einleitung

Der Prozeßdruck ist neben der Temperatur eine der wichtigsten und häufigsten industriellen Meßgrößen. Entsprechend findet man eine Vielfalt von Meßprinzipien bzw. Meßsystemen wie beispielsweise: piezoresistive, induktive, DMS-, kapazitive Drucksensoren usw. Die Anforderungen an die Druck- und Differenzdruckmeßumformer im industriellen Einsatz sind sehr unterschiedlich und damit bietet jedes Meßprinzip ganz bestimmte Vorteile. Im folgenden wird speziell auf kapazitive Druck- und Differenzdrucksensoren eingegangen, die zusammen mit dem Werkstoff $Al_2O_3$ ein besonders breites Anwendungsspektrum bieten.

## 6.2 Aufbau der Meßzelle für Absolut- und Relativdruck

Bild 6.2-1 zeigt den prinzipiellen Aufbau der CERABAR-Meßzellen. Ein Grundkörper und eine Meßmembrane aus 96% $Al_2O_3$-Basiswerkstoff bilden die Träger der Kondensatorelektroden. Die Elektroden aus Gold werden mittels Siebdruck in Dickschichttechnik aufgebracht.

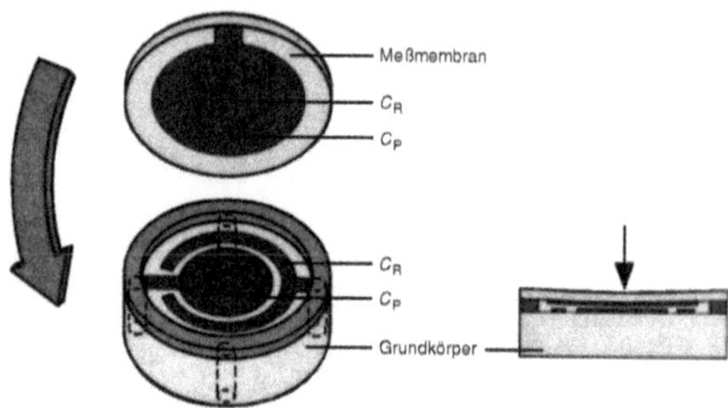


Bild 6.2-1       Prinzipieller Aufbau einer CERABAR-Meßzelle

Sie werden nach dem Aufdrucken getrocknet bzw. eingebrannt. Um die metallischen
Elektroden zusätzlich zu schützen und somit chemisch beständiger zu machen, werden Sie mit einer Passivierungsschicht überzogen (Glaspassivierung). Diese Passivierung dient des weiteren dazu, einen Kurzschluß zwischen den Elektroden bei ex-
tremster Belastung zu verhindern. Anschließend werden Membrane und Grundkörper bei ca. 900 °C mit einer Glasfritte (Glasring) verschmolzen. Der Grundkörper ist
bei allen Ausführungen der CERABAR-Zellen gleich, während die Membranstärke
je nach gewünschtem Meßbereich zwischen 0,03 und 3 mm schwankt. Der Zellen-
durchmesser beträgt 32 mm und die Grundkörperstärke ca. 5,1 mm.

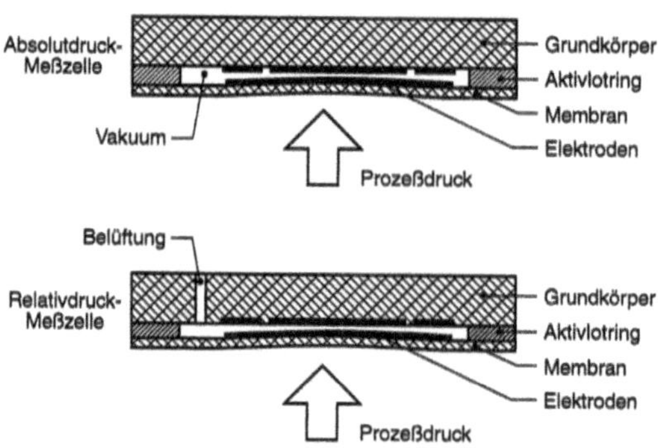


Bild 6.2-2       Zellenkonstruktion für Absolut- und Relativdruck

Die Zellenkonstruktionen für Absolut- und Relativdruck unterscheiden sich zunächst
nicht im äußeren Aufbau. Wie in Bild 6.2-2 ersichtlich, gibt es im Grundkörper eine
Referenzdrucköffnung, die bei Relativdrucksensoren mit dem äußeren Atmosphären-
druck kommunizieren; während diese beim Absolutdrucksensor hermetisch mit Lot

verschlossen ist. Für die Absolutdruckanwendungen ist der Zwischenraum der Elektroden im Feinvakuumbereich evakuiert worden.

Besonders hervorzuheben ist bei diesem Aufbau für Druckmeßzellen, daß sie ohne Druckmittleröl auskommen und damit trockene Meßzellen darstellen, ohne Einfluß der Übertragungsflüssigkeit.

### 6.2.1 Wirkungsweise – kapazitives Meßprinzip

Prinzipiell wird bei kapazitiven Drucksensoren die Veränderung der Grundkapazität in Abhängigkeit vom anliegenden Druck gemessen. Als vereinfachter Ansatz läßt sich die Kapazitätsabhängigkeit vom Drucksignal aus der Gleichung für den Plattenkondensator (1) herleiten.

$$C = \varepsilon_0 \cdot \varepsilon_{\mathrm{r}} \cdot \frac{A}{l} \tag{1}$$

Für die veränderlichen, differentiellen Größen gilt:

$$\mathrm{d}C = \varepsilon_0 \cdot \mathrm{d}\varepsilon_{\mathrm{r}} \cdot \frac{\mathrm{d}A}{\mathrm{d}l} \tag{2}$$

Die nähere Betrachtung von (2) zeigt, daß der Druck, der auf die Membrane wirkt, im ganz wesentlichen Anteil nur Einfluß auf den Elektrodenabstand $l$ hat. Die anderen Größen dürfen daher als konstant angesehen werden. Die an dieser Stelle nicht hergeleitete und wiedergegebene Biegelinie einer rotationssymmetrischen, fest eingespannten Platte (Meßmembrane) zeigt, daß mit

$$\mathrm{d}C \approx \frac{l}{\mathrm{d}l} \tag{3}$$

die Abhängigkeit von $C$ und $p$ näherungsweise umgekehrt proportional ist.

Der Aufbau der Meßzelle (siehe Bild 6.2-1) gibt die Elektrodenanordnung wieder. Auf dem Grundkörper sind zwei Elektroden angeordnet: eine Druckmeßelektrode $C_{\mathrm{P}}$ und eine Referenzelektrode $C_{\mathrm{R}}$. Flächenmäßig sind beide Elektroden zunächst gleich. Die Grundkapazitäten für $C_{\mathrm{P}}$ und $C_{\mathrm{R}}$ betragen etwa 60...70 pF und liegen elektrisch als Parallelschaltung vor.

Die Veränderung, bzw. der Hub über anliegendem Druck ist für $C_{\mathrm{P}}$ und $C_{\mathrm{R}}$ unterschiedlich, da die Abstandsänderung $\mathrm{d}l$ für $C_{\mathrm{P}}$ wesentlich größer ist als für $C_{\mathrm{R}}$. Es gilt:

$$\mathrm{d}C \approx \mathrm{d}C_{\mathrm{P}} - \mathrm{d}C_{\mathrm{R}} \tag{4}$$

$$\frac{\mathrm{d}C_{\mathrm{P}}}{\mathrm{d}C_{\mathrm{R}}} \approx 0,2 \tag{5}$$

für das gesamte Abgriffsystem darf näherungsweise die Beziehung

$$p \approx \frac{1}{C_\mathrm{P}} - \frac{1}{C_\mathrm{R}} \tag{6}$$

angesetzt werden.

Die Referenzelektrode $C_\mathrm{R}$ eliminiert durch die quasi Differenzmessung (6) die Einflüsse auf die kapazitive Messung. Diese Einflüsse sind z. B. Temperaturänderungen (bzw. Geometrieänderungen) und Änderungen des Dielektrikums $d\varepsilon_\mathrm{r}$; die auf $C_\mathrm{P}$ und $C_\mathrm{R}$ gleichermaßen einwirken und sich bei der Differenzbildung heraussubtrahieren.

Der Abstand zwischen den Elektroden beträgt ca. 0,1 mm, wobei der maximale Hub der Membrane, d.h. die Aussteuerung, 25 Mikrometer groß ist. Damit ist eine quasi "weglose" Messung realisiert und eine höchste Überlastfestigkeit dargestellt durch das Anlegen der Membran auf der Glaspassivierungsschicht.

Die Auswerteelektronik für die CERABAR-Druckmeßzellen ist in Bild 6.2-3 schematisch dargestellt. Direkt auf dem Grundkörper der Zelle befindet sich eine Hybridelektronik, die nach dem sogenannten Charge-Balancing Verfahren arbeitet und die druckabhängige Kapazität direkt mit der Referenzkapazität vergleicht. Die integrierte Hybridschaltung wird durch Lasertrimmung abgeglichen. So sind Temperatureinfluß und Linearitätsabweichung direkt am Sensorsignal der Ausgangsspannung $U_\mathrm{A}$ ideal kompensiert.

Bild 6.2-3       Schematischer Aufbau der Auswerteelektronik

Neben dem Hybrid ist in der vollständigen Transmitterbaugruppe (Bild 6.2-4) noch eine Auswertelektronik integriert, die das Sensorsignal verstärkt, weiter linearisiert und als Ausgangssignal 0/4...20 mA umsetzt.

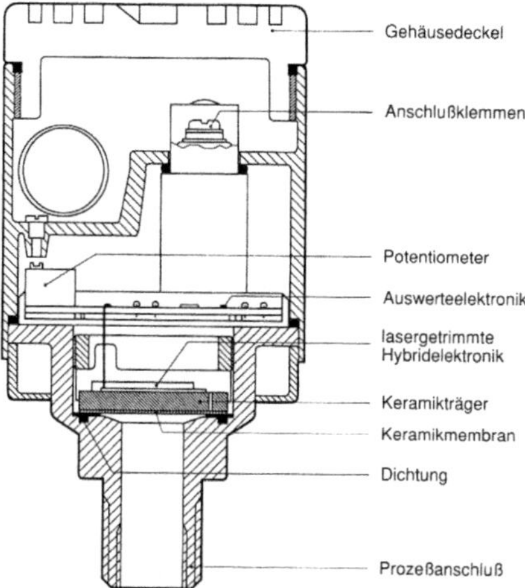



Bild 6.2-4        Vollständige Transmitterbaugruppe

## 2.2.2  Drucktransmitter mit keramisch-kapazitiver Zelle

Um den unterschiedlichen industriellen Anforderungen an Druckmeßumformer gerecht zu werden ist der Drucktransmitter CERABAR in der Art eines Baukastensystems konzipiert (siehe Bild 6.2-5). Großer Wert wurde auf die Kompatibilität der einzelnen mechanischen und elektrischen Module gelegt. Zum Beispiel ist eine nachträgliche Umrüstung von Kunststoff- auf Aluminiumgehäuse problemlos vor Ort möglich, und je nach Anforderung kann der Anwender auch verschiedene Gehäuseformen und -materialien mit unterschiedlichen Prozeßanschluß-Werkstoffen wählen. Über Stecker- oder Kabelanschluß ist das standardmäßige Analogsignal von 0/4... 20 mA abgreifbar. Neben einer Vorzugs-Meßbereichsreihe und der typischen DIN-Meßbereichsreihe ist auch eine individuelle Einstellung von Nullpunkt und Spanne wählbar.

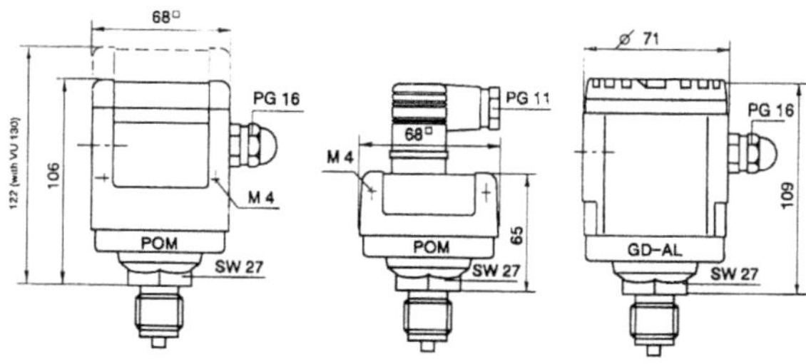



Bild 6.2-5        Unterschiedliche Bauformen der CERABAR-Drucktransmitter

Über zwei leicht zugängliche Potentiometer (siehe Bild 6.2-4) können Nullpunkt und Spanne variiert werden bis zu einem Turn Down von 1 : 3. Die Meßzellen sind grundsätzlich vakuumverträglich, d.h. sie können auf der Membranseite mit Hochvakuum belastet werden. Die Meßbereiche sind gestaffelt und mit wenigen Meßzellen wird der Gesamtbereich von –1 bar bis 60 bar abgedeckt. Mit einer nachrüstbaren Vorortanzeige, die den normalen Gehäusedeckel ersetzt, kann der Meßwert analog und digital mittels eines LCD-Displays angezeigt werden.

Ein anwendungstechnisch wichtiges Detail ist die Kennlinieneinstellung eines Drucktransmitters. Die DIN 16086 definiert hier verschiedene grundsätzliche Methoden. Vereinfacht seien zwei Einstellungsmethoden gegenübergestellt: die Festpunktmethode und die Toleranzband-Einstellung (siehe Bild 6.2-6).

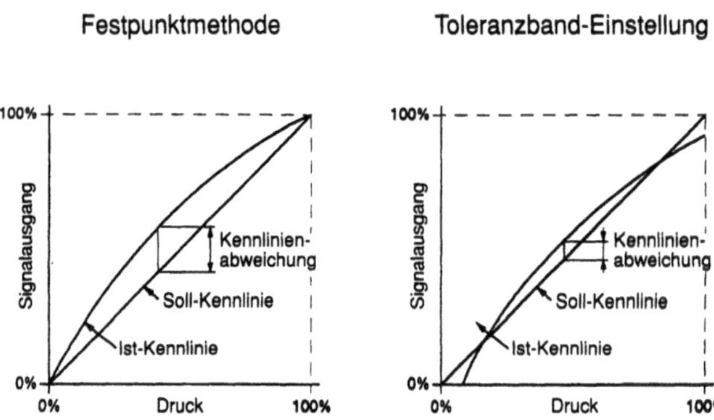


Bild 6.2-6       Kennlinieneinstellung

Bei der Festpunktmethode werden der Nullpunkt und der 100 %-Punkt als Punkte der linearen Kennlinie eingestellt und die Kennlinienabweichung ergibt sich aus der maximalen Abweichung der Sensorkennlinie und der Geraden. Bei der Toleranzbandeinstellung wird die Sensorkennlinie so in die Gerade gelegt, daß sich eine minimale Abweichung als Fehler ergibt.

Die Festpunktmethode, die auch für CERABAR-Drucktransmitter benutzt wird, ergibt einen eindeutigen Kennlinienfehler bzw. Linearitätsfehler mit besserer Einschätzbarkeit für den Anwender.

### 6.2.3  Eigenschaften und technische Daten

Die keramisch-kapazitive Meßzelle bietet in Drucktransmittern breitbandige Vorteile, die mit anderen Prinzipien konstruktiv nur schwer erreichbar wären, z. B.:

– Überlastfestigkeit.
Die Meßzelle ist überlastfest bezüglich Druckstoß und Wechsellast, beispielswei-se ist die Zelle für 40 mbar bis 10 bar belastbar.

– Hysterese.
Der keramische Werkstoff bedingt einen äußerst kleinen Hystereseeffekt.

– Korrosionsbeständigkeit.
Die chemische Beständigkeit von $Al_2O_3$-Keramik ist nach Beständigkeitsliste größtenteils besser als die für Chrom-Nickelstahl (1.4571).

– Einsatz in Gasen, Dämpfen und Flüssigkeiten

– Relativ- und Absolutdruckmeßbereiche, Vakuumfestigkeit

– Trockene Meßzelle.
Keine Lageabhängigkeit der Messung und keine Gefahr der Prozeßverschmut-zung durch Druckmittleröl. Kein physikalischer Einfluß durch Transmitterflüs-sigkeit (Temperatureffekt, Abreißen der Flüssigkeitssäule, etc.)

Tabelle 6.2-1    Technische Daten (Auszug)

| Linearität (einschließlich Reprodu-zierbarkeit, Festpunktmethode) | $^+0{,}2$ % ($^+0{,}5$ % alternativ) |
|---|---|
| Hysterese | 0,01 % FS (Full Scale) |
| Langzeitstabilität | 0,01 % FS pro Jahr |
| Temperatureinfluß $T_K$ | $^+0{,}15$ % / 10 K für Nullpunkt und Empfindlichkeit |
| zulässige Temperatur | –20...80 °C (+130 °) |
| Überlastfestigkeit | bis zum 100fachen Nennwert |

## 6.3  Differenzdruck-Meßtechnik

Neben den beschriebenen Relativ- und Absolutdrucksensoren lassen sich aus Alumi-niumoxid-Keramik sowie dem kapazitiven Funktionsprinzip auch Differenzdruck-sensoren darstellen und so die Eigenschaften für diese Meßtechnik nutzen.

### 6.3.1  Funktion und Aufbau der Differenzdruckmeßzelle

Der Aufbau der Meßzelle ist in Bild 6.3-1 dargestellt. Auf einem Keramikträger sind mit Glaslot zwei dünne Keramikmembranen befestigt. Träger und Membranen sind jeweils gegenüberliegend mit goldhaltigen Elektroden versehen. Die Kammern zwischen Träger und Membranen sind hydraulisch gekoppelt durch eine Bohrung im Träger und unter einem geringen Innendruck mit Siliconöl gefüllt. Die von den Elektroden gebildeten Plattenkondensatoren $C_1$ und $C_2$ werden durch einen Differenzdruck $\Delta p = P_1 - P_2$ auf den beiden Membranen so verändert, daß auf der Seite mit dem höheren Druck $P_1$ die Kapazität $C_1$ zunimmt und entsprechend auf der anderen Seite $C_2$ abnimmt.

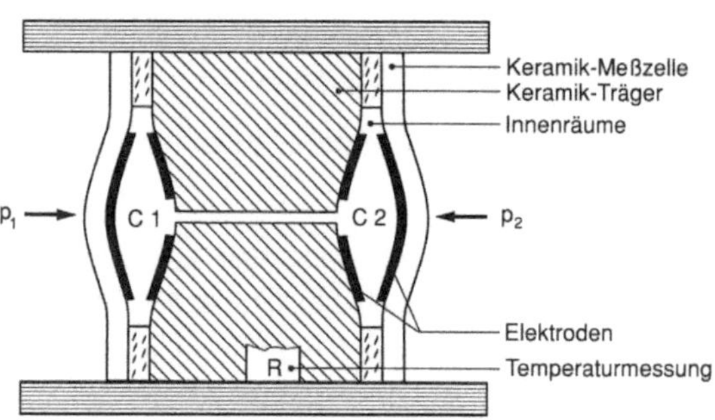


Bild 6.3-1        Differenzdruck-Meßzelle DELTABAR

Neben dieser primären Beeinflussung der Kapazitäten $C_1$, $C_2$ findet weiterhin eine sekundäre Änderung der Kapazitäten durch Änderung der Dielektrizitätskonstanten und Volumenänderung des eingefüllten Öls (schwankende Temperaturen) statt.

Das Meßsignal $\Delta p = P_1 - P_2$ ist proportional zur kapazitiven Abstandsänderung von $C_1$ und $C_2$ und umgekehrt proportional zu den Kapazitäten $C_1$, $C_2$ des Plattenkondensators selbst. Daher gilt vereinfacht:

$$\Delta p = p_1 - p_2 \sim \frac{1}{C_1} - \frac{1}{C_2} \tag{7}$$

Neben dem Druck hat auch die Temperatur einen Einfluß auf die Kapazitäten. Die Lage der Membranen ist wegen der temperaturbedingten Ausdehnung der eingeschlossenen Flüssigkeit temperaturabhängig. Die Abstandsumme kann als Maß für die Temperatur im Sensor ausgewertet werden. Ohne nähere Herleitung ergibt sich als vereinfachter Ansatz:

$$\Delta T = T - T_{\text{Ref}} \sim \frac{1}{C_1} - \frac{1}{C_2} \tag{8}$$

Die Gleichung (7) stellt die eigentliche Meßgleichung zur Bestimmung von Differenzdruck $\Delta p$ dar.

In der Erweiterung dieses vereinfachten Sensormodells mit idealem Verhalten nach Gl. (7) und Gl. (8) wurde ein entsprechendes Modell – ein Polynom höheren Grades – mit guter Genauigkeit gefunden:

$$\frac{1}{C_1} + \frac{1}{C_2} = b_0 + b_1 T + b_2 T^2 + b_3 \Delta p + b_4 \Delta p^2 \tag{9}$$

$$\frac{1}{C_1} - \frac{1}{C_2} = a_0 + a_1 T + a_2 T^2 + a_3 \Delta p + a_5 \Delta p^3 + a_6 \Delta p \cdot T + a_7 \Delta p^2 \cdot T^2 \tag{10}$$

Das Kompensationsverfahren, bzw. der entsprechende Algorithmus der Mikroprozessorelektronik des Differenzdrucktransmitters hat die Aufgabe $\Delta p$ aus dem gekoppelten Gleichungssystem (9) und (10) zu ermitteln. Da $\Delta p$ nicht geschlossen aufzulösen ist, muß das Newtonsche Näherungsverfahren angewendet werden.

Die Sensorkonstanten $a_i$ und $b_i$ werden bei einer mehrstufigen Transmitterkalibration bei verschiedenen Temperaturen ermittelt. Bild 6.3-1 zeigt die Meßzelle mit integrierter Temperaturmessung. Es wird hier die mittlere Sensortemperatur gemessen. Ein Vergleich der gemessenen Temperatur $T_{\mathrm{Mess}}$ mit der Summe der reziproken Kapazitäten

Gl. (8) oder Gl. (9) läßt eine für die beschriebene Meßzellenkonstruktion besondere Möglichkeit der Selbstüberwachung zu. Die errechnete Temperatur nach (9) muß bei einwandfreiem Sensor innerhalb gewisser Toleranzgrenzen mit der aktiven Temperaturmessung (Bild 6.3-1) übereinstimmen und gibt so Auskunft über den Sensorzustand.

Prinzipiell bedeutet der Vergleich zwischen gemessener und errechneter Temperatur eine Überprüfung des Gesamtvolumens von $C_1$ und $C_2$ des Sensors, das bei den verschiedensten Differenzdrücken gleich bleiben muß (geschlossenes System). Die Volumenänderung durch Temperaturänderung des Füllöles (Ausdehnungskoeffizient) wird durch die aktive Temperaturmessung kompensiert.

### 6.3.2 Keramischer Werkstoff für Differenzdrucksensor

Der keramische Werkstoff wird wegen hervorragender mechanischer Eigenschaften immer öfter in der Technik eingesetzt. Für den Differenzdrucksensor ergeben sich gegenüber metallischen Membranen wichtige Vorteile:

– Die Membranauslenkung erfolgt bis nahe an die Bruchgrenze, ideal dem Hookeschen Gesetz. An keramischen Membranen werden keine Kriecheffekte beobachtet und somit eine gute Hysterese und Reproduzierbarkeit bedingt. Temperaturbelastungen bis 1000 °C beeinflussen die mechanischen Eigenschaften nicht.

– Selbst dünne, ebene Keramikscheiben sind auch großflächig mechanisch stabil, ohne Versteifungsmaßnahmen wie z.B. Wellenprofile bei metallischen Membranen.

– $Al_2O_3$-Keramik (99,5 %) ist gegen nahezu alle Säuren korrosiv beständig und es bedarf keines weiteren Schutzes für die meisten industriellen Anwendungen.

Tabelle 6.3-1   Eigenschaften von $Al_2O_3$ (99,5 %)-Keramik (Auszug):

| | |
|---|---|
| Elastizitätsmodul | $3,3 \cdot 10^5$ MPa |
| Biegefestigkeit | 310 MPa |
| Druckfestigkeit | 2100 MPa |

Tabelle 6.3-2   Zellendaten (Auszug):

| | |
|---|---|
| Zellendurchmesser | 45 mm |
| Gesamtstärke | 21 mm |
| Membranstärke | 0,25 ... 1,6 mm je nach Meßbereich |

### 6.3.3  Differenzdrucktransmitter mit keramischer Meßzelle

Der Differenzdrucktransmitter DELTABAR ist modular aufgebaut (Bild 6.3-2). Alle Meßumformer benutzen die gleiche Elektronik. Die mikroprozessorgesteuerte Elektronik läßt eine konventionelle Einstellung des Transmitters zu als auch eine Bedienung via Handbediengerät (Smart-Technik). Sie realisiert eine hochgenaue Signalverarbeitung und überwacht den Meßumformer vom Sensor bis zum Signalausgang. Die spezifischen Meßzellendaten (z.B. Sensorkonstanten $a_i\,b_i$) und die Auswertealgorithmen für eine Mehrpunkt-Linearisierung, Selbstüberwachung, usw. sind unverlierbar in einem EEPROM gespeichert.

Die Einstellfunktionen, z.B. Veränderung von Nullpunkt- und Spanne lassen sich über die Fernbedienung (Handbediengerät) als auch über zwei "digitale" Potentiometer am Elektronikgehäuse realisieren.

Besonders die Einstellbereiche sind in der Praxis bzw. anwendungstechnisch interessant. Mit den Meßzellen

| Nennmeßbereich | 25 mbar | 100 mbar | 500 mbar | 1250 mbar | 3000 mbar |
|---|---|---|---|---|---|
| Nenndruck | PN 10 | PN 16 | PN 100 | PN 100 | PN 100 |

und einer Meßbereicheinstellbarkeit (Turn Down) von 1 : 20 sowie mit einer Nullpunktanhebung bzw. Unterdrückung von −100 % bis +100 % ist weitestgehende Flexibilität im Bereich industrieller Anwendungen möglich.

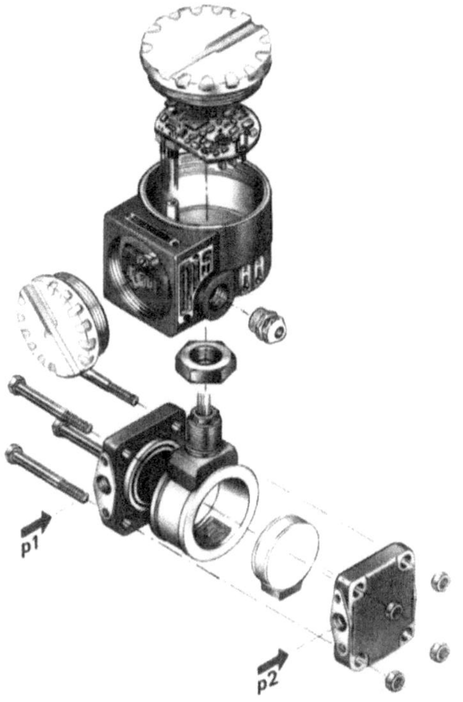



Bild 6.3-2        Differenzdrucktransmitter DELTABAR PMD 130

Weiterhin wurde in der Konstruktion des Differenzdrucktransmitters ein bedeutender praktischer Anwendungsaspekt berücksichtigt: EMV und RFI-Schutz, d.h. Resistenz gegen elektromagnetische Beeinflussung bzw. Hochfrequenzeinstrahlung.

Gezielte Schutzeinrichtungen und konstruktive Maßnahmen bezüglich Gehäuse und Elektronik-Layout verhindern eine Beeinflussung des Ausgangssignals vor solchen elektromagnetischen Störungen, wie sie industrielle Spannungsnetzen alltäglich sind (z.B. Bursts, Transientenüberlagerung)

– Testfeldstärke bis 30 V/m, Frequenz 10 kHz bis 1 GHz

Die Differenzdrucksensoren (25...3000 mbar) besitzen alle die gleiche äußere Geometrie und können frei kompatibel in das Sensorgehäuse zwischen den Ovalflanschen eingebaut werden (Bild 6.3-2). Der Einbau bzw. die Aufnahme des Sensors ist ein wichtiger Punkt für die erreichbaren Technischen Daten, d.h. die mögliche Prozeßbeeinflussung. Das Aufnahmesystem muß entsprechend toleriert sein, damit bei Temperaturwechseln, statischen Drücken einseitigen Belastungen keine Spannungsänderungen auftreten, die das Meßsignal überlagern und Meßfehler mit sich bringen.

### 6.3.4  Eigenschaften und Technische Daten

Der Differenzdrucktransmitter DELTABAR mit keramisch-kapazitiver Meßzelle ermöglicht innovative Eigenschaften wie

– universelle Selbstüberwachung vom Sensor bis zum Signalausgang. Die Meßzelle, bzw. die mediumbenetzte Membran wird permanent auf Funktion geprüft.

– korrosionsfeste $Al_2O_3$-Keramik

– beste Linearitätseigenschaften, kleine Hysterese und kleiner Temperaturkoeffizient

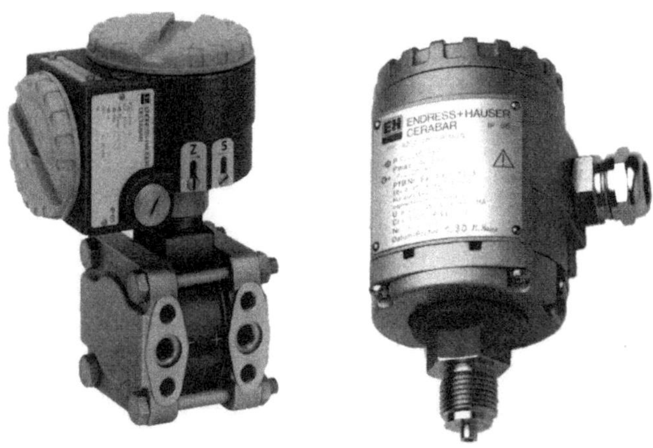

Bild 6.3-3        Druck- und Differenzdrucktransmitter CERABAR / DELTABAR

Technische Daten (Auszug):

| | |
|---|---|
| Meßgenauigkeit (Summe aus Linearität, Hysterese und Reproduzierbarkeit) | <0,1 % FS (Full Scale) |
| Langzeitstabilität | 0,1 % p.a. |
| Temperatureinfluß | ±0,06 % / 10 K von   0...50 °C<br>±0,08 % / 10 K von –20...80 °C |
| stat. Druckeinfluß | <0,25 % bei PN für Nullp. u. Spanne |
| Einfluß Hochfrequenzeinstrahlung (RFI) 10 kHz ... 1 GHz | <0,1 % der eingest. Spanne |

# II-7 Anwendungsbeispiele

## für piezoelektrische Kraft-, Dehnungs-, Druck- und Beschleunigungs-Sensoren

Von Gustav H. Gautschi

## 7.1 Einführung in die besonderen Eigenschaften des piezoelektrischen Systems

Das piezoelektrische Meßsystem ist ein aktives System: für sein Funktionieren ist grundsätzlich keine Hilfsenergie nötig. Fast alle anderen bekannten Meßsysteme wie z.B. Dehnmeßstreifen (DMS), piezoresistives System, kapazitives System und induktives System, sind passive Systeme, welche für ihr Funktionieren auf eine Hilfsenergie angewiesen sind.

Aktive Systeme haben einen einzigen Nachteil: Mit ihnen kann inhärent nicht echt statisch gemessen werden, d.h. der absolute Wert einer Meßgröße kann nicht beliebig lange gemessen werden. Das schließt gewisse Anwendungen zum vornherein prinzipiell aus. Beispiele dazu sind: Füllstandsmessung über den Druck, barometrische Druckmessung, Inhaltsbestimmung von Behältern über das Messen deren Aufstandskraft, usw.

Dafür weist das piezoelektrische System einige einzigartige Eigenschaften auf, die es für viele Anwendungen unentbehrlich gemacht haben. Das piezoelektrische System hat mit Abstand die höchste Empfindlichkeit, die niedrigste Ansprechschwelle und das größte Verhältnis von Meßbereich zu Ansprechschwelle, d.h. den weitesten, nutzbaren Meßbereich, wie dies ein Vergleich der verschiedenen Systeme klar zeigt.

| Meßprinzip | Dehnungs-empfindlichkeit [V/$\mu\varepsilon$] | Ansprechschwelle (1...100 Hz) [$\mu\varepsilon$] | Verhältnis Bereich zu Ansprechschwelle |
|---|---|---|---|
| Piezoelektrisch | 1,5 | 0,000'025 | 100'000'000 |
| Kapazitiv | 0,005 | 0,000'15 | 750'000 |
| Induktiv | 0,001'5 | 0,000'05 | 2'000'000 |
| Piezoresistiv (Halbleiter DMS) | 0,000'15 | 0,000'5 | 2'000'000 |
| Resistiv (Metalldraht-/Film-DMS) | 0,000'005 | 0,05 | 50'000 |

Dazu kommen noch andere, wichtige meßtechnische Eigenschaften. Bei piezoelektrischen Sensoren muß nicht eine Deformation gemessen werden, wie dies bei allen passiven Systemen der Fall ist, sondern das Ausgangssignal entsteht direkt, wenn das piezoelektrische Element mechanisch belastet wird. Die dabei auftretenden Deformationen sind um Größenordnungen kleiner als bei den passiven Systemen, d.h. die piezoelektrischen Sensoren weisen eine viel höhere Steifheit und damit auch eine entsprechend höhere Eigenfrequenz auf. Eine hohe Steifheit ist aber nicht nur für eine hohe Eigenfrequenz Voraussetzung, sie hat auch bei statischen Messungen eine große Bedeutung.

## 7.2  Messen von elektrischer Ladung

Piezoelektrische Sensoren geben als Ausgangssignal elektrische Ladung ab. Da der Elektroniker und der Meßtechniker mit der Natur elektrischer Ladung im Allgemeinen wenig vertraut ist, sei hier etwas ausführlicher darauf eingegangen.

Die wichtigsten hier vorkommenden Größen sind:

| Spannung | $U$ | gemessen in | V | Volt |
|---|---|---|---|---|
| Strom | $I$ | | A | Ampère |
| Widerstand | $R$ | | $\Omega$ | Ohm |
| Kapazität | $C$ | | F | Farad |
| Ladung | $Q$ | | C | Coulomb |
| Zeitkonstante | $\tau$ | | s | Sekunde |
| Frequenz | $f$ | | Hz | Hertz |

Zwischen diesen Größen bestehen folgende Beziehungen:

$$U = I \cdot R$$

$$Q = I \cdot t = U \cdot C \qquad f_{\text{Grenz}} = \frac{1}{2\pi \cdot \tau}$$

$$\tau = R \cdot C$$

Elektrische Ladung wird in Coulomb gemessen, wobei 1 C = 1 As, d.h. diejenige Elektrizitätsmenge ist, welche ein Strom von 1 Ampère während 1 Sekunde transportiert. Unter 1 C kann man sich wenig vorstellen, weshalb hier Beispiele von elektrischen Ladungen aufgeführt seien.

| | | |
|---|---|---|
| Elementarladung eines Elektrons | 0,000'000'000'000'000'000'16 C | = 0,16 aC |
| Ansprechschwelle eines modernen Ladungsverstärkers | 0,000'000'000'000'001 C | = 1 fC |
| Ladungsabgabe einer X-Quarz-Platte unter 1 N Belastung | 0,000'000'000'002'3 C | = 2,3 pC *) |
| Ladungsabgabe eines Quarz-Kraft-Sensors unter 1 MN Belastung | 0,000'002 | = 2 µC |
| Ladung eines einzelnen Blitzschlags | 20 C | = 20 C |
| Ladung einer Autobatterie | 200'000 C | = 200 kC |

*) Dies entspricht der Ladung von etwa 10'000'000 Elektronen. Als Vergleich: in 1 mm$^3$ Kupfer befinden sich etwa 100'000'000'000'000'000'000 freie Elektronen!

# 7.3  Einrichtungen zum Messen von elektrischer Ladung

## 7.3.1  Das Elektrometer

Das klassische Ladungsmeßgerät ist das Goldblatt-Elektrometer. Mit ihm kann die von einem piezoelektrischen Sensor abgegebene Ladung ohne Zufuhr von Hilfsenergie angezeigt werden. Bild 7.3-1 zeigt die Prinzipschaltung.

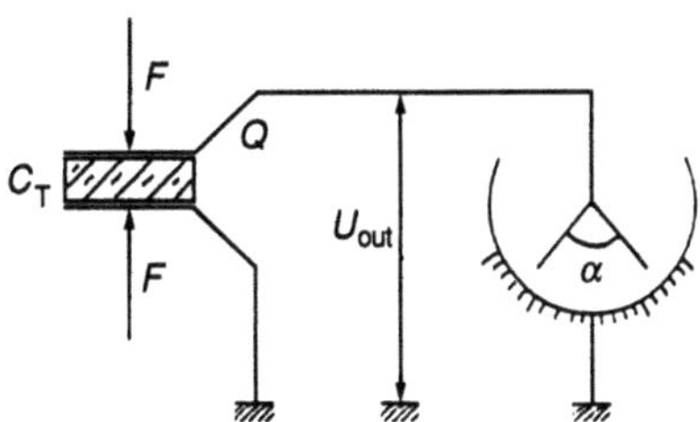


Bild 7.3-1      Goldblatt-Elektrometer

$F$   = Kraft, welche auf den Sensor, bzw. auf das Sensorelement wirkt
$C_T$ = Eigenkapazität des Sensors
$Q$   = vom piezoelektrischen Element abgegebene Ladung
$U_{out}$ = Ausgangsspannung
$\alpha$   = Öffnungswinkel zwischen den beiden Goldfolien
$d_{11}$ = piezoelektrische Empfindlichkeit eine X-Quarz-Platte (longitudinaler Effekt)

Beispiel:

$$d_{11} = 2,3 \text{ pC/N}$$

$$F = 1000 \text{ N}$$

$$C_T = 10 \text{ pF}$$

$$U_{\text{out}} = \frac{2,3 \text{ pC/N} \cdot 1000 \text{ N}}{10 \text{ pF}} = 230 \text{ V}$$

$$\alpha = f(U_{\text{out}}), \quad U_{\text{out}} \sim Q \sim F$$

d.h. der Öffnungswinkel ist eine Funktion der Kraft.

Dieses Beispiel veranschaulicht gut, daß man einen piezoelektrischen Sensor als einen aktiven Kondensator betrachten kann, d.h. als einen Kondensator, der sich auflädt, wenn er mechanisch belastet wird.

Goldblattelektrometer sind sehr delikate Geräte und wurden deshalb auch kaum in der Praxis eingesetzt. Die im folgenden beschriebenen Elektrometer- und Ladungsverstärker kommen allerdings nicht ohne Hilfsenergie aus, eignen sich jedoch für die Meßpraxis viel besser.

### 7.3.2 Der Elektrometer-Verstärker

In der Anfangszeit der piezoelektrischen Meßtechnik wurden ausschließlich Elektrometer-Verstärker verwendet, bis sie dann von den Ladungsverstärkern abgelöst wurden. Trotzdem haben sie auch heute noch eine Bedeutung, vor allem bei Sensoren mit eingebautem Verstärker, im Handel als Piezotron®- oder icp-Sensoren bekannt. Bild 7.3-2 zeigt die Prinzipschaltung.

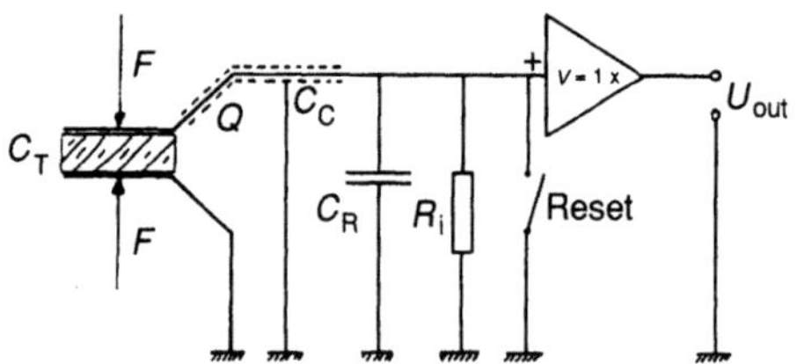


Bild 7.3-2      Elektrometer-Verstärker

| | | |
|---|---|---|
| $F$ | = | wirkende Kraft |
| $Q$ | = | vom Sensor abgegebene Ladung |
| $C_T$ | = | Eigenkapazität des Sensors |
| $C_T$ | = | Kabelkapazität (ungefähr proportional zur Länge) |
| $C_R$ | = | Bereichskondensator (meistens wählbar) |
| $R_i$ | = | Isolationswiderstand im Eingangskreis (Sensor, Kabel, Verstärkereingang) |
| $U_{\text{out}}$ | = | Ausgangsspannung |
| Reset | = | Schalter zum auf Null stellen des Eingangskreises |

Zwischen $Q$ und $U_{\text{out}}$ besteht folgende Beziehung

$$U_{\text{out}} = \frac{Q}{C_T + C_C + C_R}$$

d.h. $U_{\text{out}}$ ist proportional zur Ladung und damit zur wirkenden Kraft, vorausgesetzt, daß sich $C_c$ nicht ändert. Dies ist aber jedesmal dann der Fall, wenn ein anderes Kabel verwendet wird, d.h., es muß nach jedem Kabelwechsel neu kalibriert werden. Dasselbe gilt bei einem Austausch des Sensors, da die Empfindlichkeiten auch innerhalb gleicher Sensor-Typen leicht streuen können. Dies ist der Hauptgrund, warum die Elektrometerverstärker fast nur noch als fest eingebaute Verstärker eingesetzt werden, weil dann die Eingangskapazität ein und für alle Mal fest bleibt.

Das Ausgangsignal eines Elektrometerverstärkers geht immer auf Null zurück, wenn das System sich selbst überlassen wird. Damit verhält er sich gleich wie das Goldblattelektrometer: Da der Isolationswiderstand im Eingangskreis nicht unendlich groß ist, fällt die Ausgangsspannung exponential auf Null zurück, auch wenn das Eingangssignal, z.B. eine statische Kraft, über die Zeit konstant bleibt. Damit ist auch die Erklärung gegeben, warum mit dem piezoelektrischen System nicht echt statisch gemessen werden kann: Es gibt keinen unendlich hohen Isolationswiderstand! Allerdings kommen beim Ladungsverstärker noch andere Grenzen hinzu.

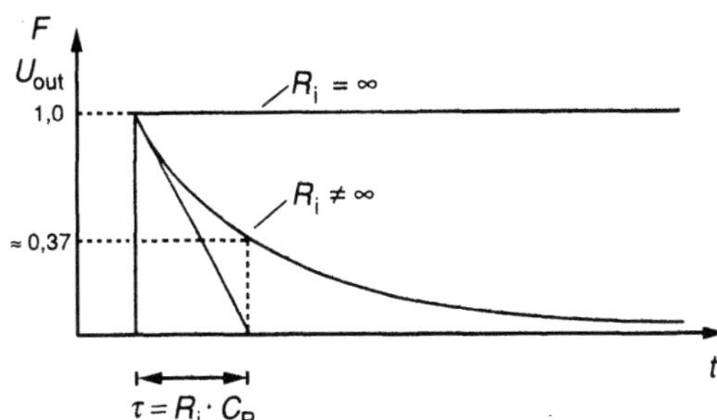


Bild 7.3-3      Zeitkonstante

Bild 7.3-3 zeigt dieses Verhalten und erklärt auch die sogenannte Zeitkonstante des Elektrometers bzw. des Elektrometer-Verstärkers. Nur wenn die Zeitkonstante unendlich lang wäre, was einen unendlich hohen Isolationswiderstand voraussetzen würde, entspräche das Ausgangssignal der statischen Belastung des Kraftsensors. Eine Zeitkonstante von 10'000 s, wie im Beispiel gezeigt, bedeutet, daß nach 100 s der Meßfehler 1 % beträgt. Während 100 s kann man also "wie statisch" messen, daher der Ausdruck "quasistatisch".

Die Nachteile des Elektrometer-Verstärkers bestehen vor allem darin, daß der Verstärker allein nur für eine bestimmte Kapazität am Eingang kalibriert werden kann. Da in der Praxis die Sensor- und Kabelkapazität nie einen präzisen Sollwert aufweisen, muß immer einschließlich Sensor und Kabel kalibriert werden, d.h. es muß die für die Kalibrierung gewünschte mechanische Meßgröße auch auf den Sensor aufgebracht werden. Deshalb hat sich schon seit Jahren der Ladungsverstärker durchgesetzt.

### 7.3.3  Der Ladungsverstärker

Die Bezeichnung "Ladungsverstärker" hat sich zwar fest eingebürgert, ist aber falsch, denn es wird nicht Ladung verstärkt, sondern Ladung in eine proportionale Spannung umgewandelt. Im Bild 7.3-4 ist das Grundschema eines Ladungsverstärkers dargestellt.

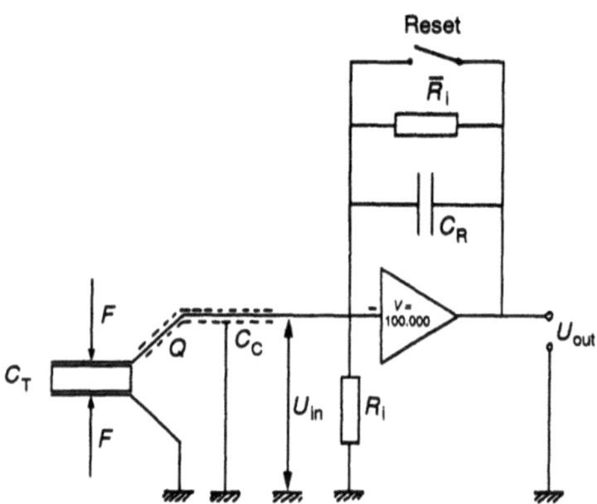


Bild 7.3-4     Ladungsverstärker

| | | |
|---|---|---|
| $F$ | = | auf den Sensor wirkende Kraft |
| $Q$ | = | vom Sensor abgegebene Ladung |
| $C_\mathrm{T}$ | = | Kapazität des Sensors |
| $C_\mathrm{C}$ | = | Kapazität des Kabels |
| $C_\mathrm{R}$ | = | Bereichskondensator |
| $R_\mathrm{i}$ | = | Isolationswiderstand des Eingangskreises (Sensor + Kabel + Verstärkereingang) |
| $\overline{R}_\mathrm{i}$ | = | Isolationswiderstand des Bereichskondensators |
| $i_\mathrm{Leck}$ | = | Leckstrom des MOSFET am Verstärkereingang |
| v | = | Verstärkungsfaktor des Operationsverstärkers |
| $U_\mathrm{in}$ | = | Spannung am Verstärkereingang |
| $U_\mathrm{out}$ | = | Spannung am Verstärkerausgang |
| Reset | = | Schalter zum Kurzschließen des Bereichskondensators (Nullstellen des Verstärkers) |

Die Beziehung zwischen Eingangssignal ($Q$) und Ausgangssignal $U_{out}$ ist

$$U_{out} \;=\; \frac{Q}{\left(1+\dfrac{1}{v}\right)C_R + \dfrac{1}{v}(C_T - C_C)} \;\approx\; \frac{Q}{C_R}$$

idealer Verstärker :     $v = \infty$

realer Verstärker :     $v \approx 100'\,000$

Es wird sofort klar, daß nun sowohl die Kapazität $C_T$ des Sensors als auch $C_C$ des Kabels praktisch keinen Einfluß mehr auf die Beziehung zwischen $Q$ und $U_{out}$ haben. Damit wird $U_{out}$ direkt proportional zu $Q$ und damit auch zu $F$! Die Eingangsspannung $U_{in}$ bleibt praktisch auf Null, denn die vom Sensor abgegebene Ladung $Q$ wird fortlaufend durch eine gegengleiche Ladung $U_{out} \cdot C_R$ kompensiert. Man kann sich auch vorstellen, daß die Ladung $Q$ direkt auf den Bereichskondensator fließt. Da nun $U_{in} \approx 0$ ist, besteht im Eingangskreis keine Spannung, die sich über den Isolationswiderstand $R_i$ entladen könnte. Deshalb ist es nicht mehr so kritisch, daß $R_i$ so hoch wie nur irgend möglich sein muß.

Hingegen entsteht über dem Bereichskondensator $C_R$ eine Spannung, die normalerweise 10 V nicht übersteigt (Operationsverstärker begrenzen meistens bei 12,5 V). Da auch der Bereichskondensator keinen unendlich hohen Isolationswiderstand haben kann, besteht nun im Gegenkopplungskreis des Verstärkers $\tau = \overline{R}_i \cdot C_R$. Auf den ersten Blick scheint es also, daß sich der Ladungsverstärker gleich wie ein Elektrometerverstärker verhält.

Es zeigt sich jedoch, daß zwar diese Zeitkonstante im Gegenkopplungskreis besteht, aber sehr lang ist. Als Bereichskondensatoren kann man sehr hoch isolierende Polystyrol-Kondensatoren wählen, die besser als 100 T$\Omega$ isolieren, so daß sich für einen mittleren Bereichskondensator von 1 nF bereits eine Zeitkonstante von über 100'000 s ergibt. Das bedeutet, daß ein Meßfehler von 1 % erst nach etwa 1'000 s oder knapp 20 Minuten erreicht wird!

Beim Ladungsverstärker ist nicht die Zeitkonstante maßgebend für sein Verhalten, sondern die sogenannte Drift. Ein idealer MOSFET am Verstärkereingang hätte keinen Leckstrom, d.h. $i_{leck} = 0$. Die besten erhältlichen MOSFET haben aber immer noch einen Leckstrom in der Größenordnung von fA. Dieser wenn auch noch so geringe Leckstrom lädt nun den Bereichskondensator auf, was sich an einem linearen Abwandern, eben einer Drift, der Ausgangsspannung $U_{out}$ erkennen läßt. Der Effekt dieser Drift ist fast immer stärker als der Effekt der Zeitkonstante des Bereichskondensators, weshalb die praktische Regel gilt: Das Verhalten des Ladungsverstärkers wird durch seine Drift bestimmt. Wie groß ist nun diese Drift? Führende Ladungsverstärker-Hersteller geben meistens eine Drift von etwa ±0,03 pC/s an, was einem

Strom von 30 fA entspricht, eben dem Leckstrom des MOSFET am Eingang (Bild 4). Da man sich darunter wenig vorstellen kann, sei ein praktisches Beispiel mit einem Kraft-Sensor am Verstärkereingang gezeigt. Quarz-Kraftsensoren haben meistens eine Empfindlichkeit von etwa 4 pC/N. Die praktisch bedeutsame Drift läßt sich nun leicht errechnen:

$$\text{Drift} = \frac{0{,}03 \text{ pC/s}}{4 \text{ pC/N}} \approx 10 \text{ mN/s}$$

Für die Praxis gilt deshalb für Quarz-Kraftsensoren die Faustregel, daß das Ausgangssignal entsprechend etwa ±einige Gramm Kraft pro Sekunde wegdriftet. Diese Drift ist unabhängig von der Größe des Bereichskondensators und man kann deshalb leicht die Grenzen für das quasistatische Messen von Kräften (analog natürlich auch von Dehnungen und Drücken) angeben. Nimmt man eine Drift von ±50 mN/s an, so beträgt der Meßfehler infolge Drift nach einer Minute etwa ±3 N, nach einer Stunde etwa ±180 N. So können 1000 N bis über 3 Minuten, 100 kN bis über 5 Stunden lang gemessen werden, ohne daß der Meßfehler 1 % überstiege. Unter Laborbedingungen können ohne weiteres 5...10 mal kleinere Driftwerte erreicht werden, so daß wirklich "fast wie statisch" gemessen werden kann. Bei vielen praktischen Meßaufgaben stellt diese quasistatische Einschränkung kein Hindernis dar und deshalb wurden für verschiedenste Anwendungen sehr elegante Lösungen mit piezoelektrischen Sensoren gefunden. Quasistatisches Messen setzt immer voraus, daß man die Anfangsbedingungen durch Reset (Nullstellen) des Verstärkers definiert, bevor man die Messung durchführt. Dabei sei auf einen einzigartigen Vorteil des piezoelektrischen Systems hingewiesen: Dieser Anfangs-Nullpunkt kann bei einem beliebigen Belastungszustand des Sensors gewählt werden, d.h. man kann z.B. einen Kraftsensor mit 1 MN vorbelasten, dann den Verstärker auf Null stellen, und nun von diesem Nullpunkt aus mit beliebigem Meßbereich die Messung durchführen.

Alle diese quasistatischen Messungen entsprechen genau der "DC-Mode" Betriebsart eines Oszilloskops, mit der Zusatzbemerkung, daß der Nullpunkt eben nicht perfekt stabil bleibt, sondern langsam wegdriftet.

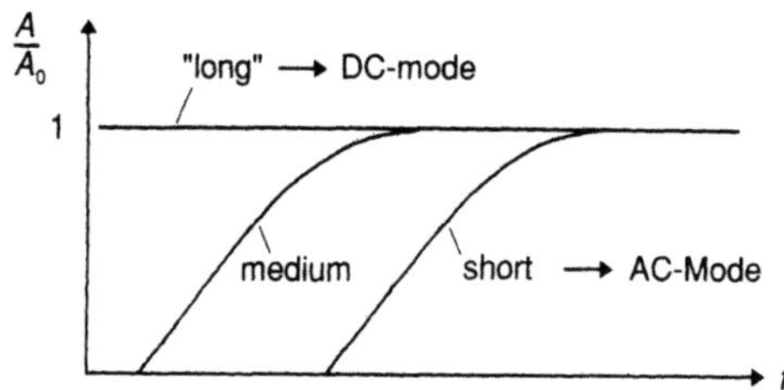


Bild 7.3-5    Verhalten des Ladungsverstärkers bei tiefen Frequenzen

Oszilloskope lassen sich aber auch in "AC-Mode" betreiben, dann nämlich, wenn man dynamische Messungen über längere Zeit durchführen will, ohne dauernd wieder auf Null stellen zu müssen. Dann interessieren nur die Spitze-zu-Spitze (peak-to-peak) Werte. Dazu baut man in Ladungsverstärkern bewußt zusätzliche Zeitkonstanten ein. Parallel zu den Bereichskondensatoren werden wahlweise z.B. ein 100 GΩ oder 1 GΩ-Widerstand eingeschaltet. Damit entsteht eine Zeitkonstante, die entweder als "medium" (mittlere) oder "short" (kurze) Zeitkonstante bezeichnet wird. Dies ist historisch bedingt: bei den Elektrometerverstärkern wollte man einerseits in DC-Mode – also quasistatisch messen, daneben aber auch eine AC-Mode-Betriebsart haben.

Für Quarz-Sensoren, welche inhärent die höchsten Isolationswiderstände (über 1 TΩ) haben, hätte ein Zeitkonstanten-Widerstand von 100 GΩ völlig genügt. Da aber Sensoren mit Keramikelement einen niedrigeren Isolationswiderstand von nur etwa 10 ...100 GΩ haben, war es nötig, noch einen zweiten Widerstand von nur 1 GΩ vorzusehen, so daß auch Keramik-Sensoren stabil betrieben werden konnten. Aus diesem Grund bieten die meisten Hersteller Ladungsverstärker mit zwei Zeitkonstanten an. Es wäre aber zweckmäßiger, nur noch von DC-Mode und AC-Mode zu sprechen, wobei bei AC-Mode jeweils die untere Grenzfrequenz anzugeben ist. Wie das Bild 7.3-5 zeigt, verhält sich ein Ladungsverstärker (übrigens auch Elektrometerverstärker) in AC-Mode wie ein Hochpaßfilter mit –6 dB/Okt Abfall. Die untere Grenzfrequenz errechnet sich aus den Werten des eingeschalteten Bereichskondensators und des Zeitkonstantenwiderstandes wie folgt:

$$f_{\text{Grenz}} = \frac{1}{2\pi \cdot R_\tau \cdot C_{\text{R}}}$$

Für die DC-Mode wird oft die Bezeichnung "long" (lange) Zeitkonstante verwendet, wieder historisch vom Elektrometerverstärker stammend, der ja immer eine Zeitkonstante hatte. Nur ist eben beim Ladungsverstärker eine "long" Zeitkonstante gar nicht mehr sichtbar, da die Drift überwiegt. Im Gegensatz zum Elektrometerverstärker, der – sich selbst überlassen – immer auf Null geht, trifft dies beim Ladungsverstärker nur für AC-Mode zu. In DC-Mode hingegen geht ein Ladungsverstärker nie auf Null, sondern immer in die positive oder negative Begrenzung!

Es ist deshalb zu wünschen, daß bei Ladungsverstärkern in Zukunft nicht mehr von Zeitkonstanten gesprochen wird, sondern von DC- und AC-Mode. Damit könnten viele Mißverständnisse über die Einsatzmöglichkeiten des piezoelektrischen Systems mit Ladungsverstärkern vermieden werden.

## 7.4   Anwendungsbeispiele für piezoelektrische Kraftsensoren

### 7.4.1   Planheitsmessung beim Rollen von Metall- und Kunststoff-Folien

Arbeiten am BFI (Betriebsforschungsinstitut in Düsseldorf) haben gezeigt, daß ein wesentliches Kriterium für das Erreichen konstanter Planheit und Dicke die gleichmäßige Verteilung der Zugkraft über die ganze Breite der Folie ausschlaggebend ist. Die Zugkraft in einer kontinuierlich sich bewegenden Folie kann sehr einfach über die Ablenkkraft, welche die Folie auf eine entsprechend ausgerüstete Meßrolle ausübt, erfaßt werden. Bild 7.4-1 zeigt die schematische Anordnung. Zwischen der Zugkraft in der Folie und der Ablenkkraft besteht ein eindeutiger Zusammenhang, der durch Kalibrieren bestimmt werden kann. Wichtigste Kriterien bei der Wahl eines geeigneten Kraftsensors waren:

- hohe Steifheit
- lange Lebensdauer
- absolute Stabilität
- höchste Empfindlichkeit
- kompakte Bauart

Die Meßrolle ist in einzelne Scheiben von etwa 25 bis 35 mm Dicke aufgeteilt, in jeder Scheibe befindet sich ein Quarz-Kraftsensor. Bei jeder Umdrehung passiert der Sensor die Berührungstelle mit der Folie und gibt dann ein der Ablenkkraft proportionales Signal ab. Die Scheiben werden so zur Meßrolle zusammengefügt, daß sich die Sensoren nicht alle auf der gleichen Mantellinie, sondern versetzt befinden. Da das Kraftsignal eines einzelnen Sensors nur einen kurzen Bruchteil einer Umdrehung dauert, können nun z.B. 8 Sensoren (je um 45° versetzt) parallel an einen einzigen

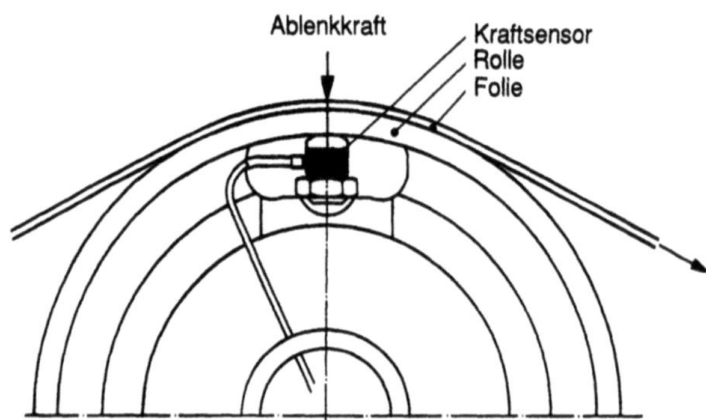


Bild 7.4-1    Zugkraftmessung in einer Folie mittels Umlenkrolle mit eingebautem Kraftsensor

Verstärker angeschlossen werden. Die Sequenz der 8 Signale entspricht dann den Zugkräften an den der angeschlossenen Scheiben entsprechenden Stellen der Folie. Dank der hohen Auflösung der Quarz-Kraftaufnehmer bekommt man sogar beim Rollen dünnster (unter 100 µm) Kunststoff-Folien noch genügend Signal, obwohl die Sensoren einen maximalen Meßbereich von z.B. 15 kN haben! Dutzende von Meßrollen sind bereits weltweit im Einsatz, um solche Walzanlagen für die Herstellung von Metall- und Kunststofffolien optimal zu steuern.

## 7.4.2 Mehrkomponenten-Kraftmessung

Quarz hat als piezoelektrisches Material besonders günstige Eigenschaften, die es erlauben, auf einfache Art nicht nur 1-Komponenten-, sondern auch 2- und 3-Komponenten-Kraftsensoren zu bauen. Bild 7.4-2 zeigt den Aufbau eines 3 Komponenten-Kraftsensors mit je 2 für den Schubeffekt geschnittenen Y-Quarzplatten, welche die x- und die y-Komponente, sowie 2 für den Longitudinaleffekt geschnittene X-Quarzplatten, welche die z-Komponente der angreifenden Kraft messen. Ein solch einfacher Aufbau zum gleichzeitigen Erfassen aller 3 Kraftkomponenten ist nur mit Quarzelementen möglich. Bei allen anderen Systemen wie DMS-, kapazitiven oder

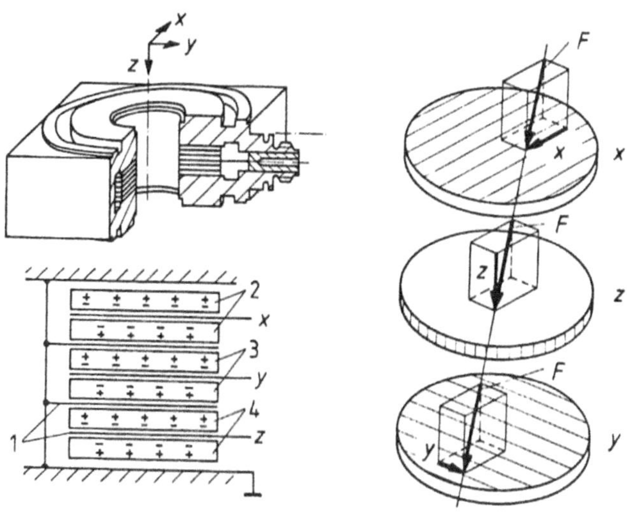



Bild 7.4-2   3-Komponenten-Kraftmessung mit Quarzelementen. Je ein Paar druck- bzw. schubempfindliche Quarzplatten messen eine der drei Komponenten der angreifenden Kraft.

induktiven Sensoren sind komplizierte mechanische Verformungskörper notwendig, welche inhärente Nachteile aufweisen. Quarz-Kraftsensoren für 3 Kraftkomponenten zeichnen sich aus durch:

- extrem niedriges Übersprechen
- extrem hohe Steifheit
- extrem weiten Meßfrequenzbereich
- sehr kompakte Bauart trotz hohem Meßbereich
- unbeschränkte Lebensdauer
- absolute Stabilität der Empfindlichkeit

Mit einer Anordnung von drei oder vier 3-Komponenten-Kraftsensoren können auch durch entsprechende Auswertung deren Ausgangssignale nicht nur die drei Komponenten der resultierenden Kraft, sondern dazu noch die drei Komponenten des resultierenden Momentvektors bestimmt werden.

### 7.4.2.1  Schnittkraftmessung in der Metallbearbeitung

Für die Schnittkraftmessung im Labor eignen sich vor allem sogenannte Dynamometer, welche aus 3 oder 4 zwischen zwei Stahlplatten vorgespannt eingebauten 3-Komponenten-Kraftsensoren bestehen. Beim Drehen wird das Werkzeug (der Drehstahl) auf das als Werkzeughalter ausgebildete Dynamometer montiert und die auf das Werkzeug wirkenden Schnittkräfte werden direkt gemessen. Zum Fräsen, Schleifen und Bohren wird normalerweise das Werkstück auf das Dynamometer gespannt und so die vom Werkzeug auf das Werkstück ausgeübten Kräfte gemessen (Bild 7.4-3).

Bild 7.4-3    Schnittkraftdynamometer für den Einsatz in Werkzeugmaschinen (Werkbild Kistler)

Eine weitere Möglichkeit besteht darin, den Werkzeug-Halter oder -Revolver auf 3-Komponenten-Kraftsensoren zu montieren. So können vor allem in der Produktion die Schnittkräfte dauernd überwacht werden. Dies gewinnt immer mehr an Bedeutung, um Produktionsmaschinen auch ohne ständige Aufsicht laufen lassen zu können. Durch geeignete Auswertung der Kraftsignale lassen sich Werkzeugbrüche einwandfrei und – dank dem weiten Frequenzbereich der Quarzsensoren – so rasch erfassen, daß die Maschine innerhalb weniger als einer Umdrehung gestoppt werden kann. Ebenso ist es möglich, aus dem Frequenzspektrum der Kraftsignale auf die fortschreitende Abnutzung der Werkzeugschneide zu schließen und somit die Maschine bei Erreichen eines vorbestimmten Abnutzungsgrades anzuhalten oder sogar das Werkzeug automatisch wechseln zu lassen. [4]...[7], [10], [12], [13]

### 7.4.2.2 Kraftmessungen in der Biomechanik

Die Biomechanik interessiert sich unter anderem auch für die auf den Körper eines Menschen oder Tieres ausgeübten Kräfte. Im Vordergrund stehen dabei die Bodenreaktionskräfte, wie sie auf die Füße beim Stehen, Gehen Laufen und Springen auftreten. Die dabei berührten Fachgebiete umfassen die Orthopädie (Ganganalyse, Diagnose, Anpassen von Prothesen, Rehabilitation), Neurologie (Gleichgewichtsverhalten beim Stehen, Mikrovibrationen), Sport (auf den Athleten wirkende Belastungen, Konstruktion von Sportschuhen, Eigenschaften von Bodenbelägen für Sportplätze, Analyse von Spitzenleistungen usw.) und Ergonomik. Dabei werden sogenannte Meßplattformen (Bild 7.4-4) eingesetzt, die auf vier 3-Komponenten-Kraftsensoren aufgebaut sind. Auch hier können total 6 Meßgrößen erfaßt werden, nämlich die drei Kraftkomponenten, das Drehmoment um die vertikale Achse und die Koordinaten des momentanen Kraftangriffspunktes. Die Herleitung der dazu benötigten Formeln findet sich in [8], [14]. Diese Meßplattformen werden in verschiedenen Größen bis zu 2 m lang gebaut und können anstelle einer metallischen Deckplatte auch eine solche aus Glas aufweisen, was Film- oder Videoaufnahmen von unter her ermöglicht, um das Bild des Fuß-Boden Kontaktes mit den dabei auftretenden Kräften zu korrelieren.

Ein großer Vorteil des piezoelektrischen Systems besteht darin, daß auch mit einem Sensor mit einem sehr großen Meßbereich (z. B. 100 MN) kleine Kräfte von nur 100 N oder sogar 1 N einwandfrei, d.h. mit dem gleichen, großen Signal-/Rausch-Verhältnis gemessen werden können. Die Meßeinrichtung kann auf eine extreme, außergewöhnliche Belastung ausgelegt werden, ohne dabei irgendwelche Einschränkung beim Messen kleiner Kräfte im Kauf nehmen zu müssen. Anläßlich der Weltmeisterschaften im Gewichtsheben 1985 in Södertälje, Schweden, wurden die Bodenreaktionskräfte der Gewichtheber mit zwei Meßplattformen während des Wettkampfs gemessen. Diese wurden so ausgelegt, daß sie durch das unabsichtliche Herunterfallen der Gewichte nicht beschädigt werden konnten [3]. Analog können solche Meßplattformen auch in der Reifenentwicklung eingesetzt werden, um z.B. das

Aquaplaning-Verhalten zu untersuchen. Wird dabei das Fahrzeug mit Radkraftdynamometern ausgerüstet (siehe nächster Abschnitt), so können sogar die Kräfte sowohl über wie unter dem Wasserfilm in der Reifenaufstandsfläche gleichzeitig erfaßt werden.

Bild 7.4-4    Meßplattform für biomechanische Messungen (z.B. Belastung des Fußes beim Gehen, Laufen, Springen etc.). Die 3 Kraftkomponenten, die Koordinaten des Kraftangriffspunktes sowie das Drehmoment um die vertikale Achse können bestimmt werden (Werkbild Kistler)

### 7.4.2.3  Radkraftmessungen auf dem Reifenprüfstand und am fahrenden Fahrzeug

Mit den gleichen 3-Komponenten-Kraftsensoren werden auch Radkraftdynamometer gebaut, um auf Reifenprüfständen die auf den rollenden Reifen wirkenden Kräfte in allen 3 Richtungen zu messen (Bild 7.4-5). Daraus können Rückschlüsse auf Reifengleichförmigkeit, Rollwiderstand, Dämpfung, Geräuschentwicklung und Lenkverhalten gezogen werden. Wichtig ist hier wiederum der große Frequenzbereich der Quarz-Sensoren, die es erlauben, selbst bei hohen Geschwindigkeiten noch die Kraftänderungen infolge des Reifenprofils zu erkennen.

Bild 7.4-5    Feststehendes Radkraft-Dynamometer für Reifenkraftmessungen auf Reifenprüfständen (Werkbild Kistler)

Die jüngste Entwicklung stellen die rotierenden Radkraftdynamometer dar, die direkt am fahrenden Fahrzeug eingesetzt werden können. Hier werden die vier 3-Komponenten-Kraftsensoren zwischen zwei kreisringförmige Leichtmetallscheiben eingebaut und bilden am Fahrzeug einen Teil der Felge (Bild 7.4-6). Da die Sensoren mit dem Rad zusammen rotieren, müssen die Ladungssignale der Sensoren über spezielle Schleifringe übertragen werden. Eine andere, bis jetzt allerdings noch nicht gebaute Version wäre, die Ladungsverstärker direkt ins Rad-Dynamometer zu einzubauen, sodaß nur Spannungssignale übertragen werden müßten, was technisch weniger hohe Ansprüche stellt.

In jedem Fall muß mit einem Winkelgeber auch die Position des Rades erfaßt werden, denn die Meßachsen der Sensoren rotieren mit dem Rad und erlauben deshalb nicht direkt, die Radkräfte in Bezug auf ein gegenüber dem Fahrzeugs feststehenden Koordinatensystem darzustellen. Dazu ist eine fortlaufende Koordinatentransformation notwendig, wofür vom Winkelgeber die momentane Radposition mindestens auf $1°$ genau angeben muß. In [2] und [11] findet sich eine ausführliche Beschreibung dazu. In diesem Zusammenhang sei auf ein interessantes Detail hingewiesen: Die vertikale Aufstandskraft des Rades wird von den Kraftsensoren als sinusförmiges Signal aufgenommen. Nach der Koordinatentransformation erscheint dann die wirkliche Aufstandskraft, die auf ebener Fahrbahn bei Geradeausfahrt weitgehend konstant ist. Dieses Beispiel zeigt, daß in diesem Fall der Sensor zwar ein dynamisches Signal aufnimmt (der Ladungsverstärker wird dabei in AC-Mode betrieben), das Resultat aber ein statische Signal ist, entsprechend DC-Mode. Damit ist eine raffinierte Möglichkeit aufgezeigt, wie die quasistatische Limitation des piezoelektrischen Systems in solchen speziellen Fällen umgangen oder "überlistet" werden kann.

Bild 7.4-6    Rotierendes Radkraft-Dynamometer, welches direkt am fahrenden Automobil als Teil einer Spezialfelge die 3 Kraftkomponenten sowie die Momente mißt (Werkbild Kistler)

Auch hier erweist sich der breite Frequenzbereich der Quarz-Sensoren als großer Vorteil, wenn bei Geschwindigkeiten bis über 200 km/h noch eine gute Auflösung der dynamischen Kräfte verlangt wird.

### 7.4.2.4 Dynamische Reibungskoeffizientmessung an Bremsen

Luftseilbahnen sind normalerweise mit einer Sicherheits-Notbremse ausgerüstet, die das Fahrwerk z.B. bei Bruch des Zugseils zum Stillstand bringt. Diese Bremsen werden von vorgespannten Federn aktiviert und klemmt sich am Tragseil fest. Für Versuchszwecke wurden 2-Komponenten Quarz-Kraftsensoren verwendet, mit denen bei einer simulierten Notbremsung sowohl die Reibkraft als auch die Anpreßkraft gemessen wurde. Dividiert man die Reibkraft fortwährend durch die Anpreßkraft, so erhält man direkt den Reibungskoeffizienten, und zwar auch dynamisch, d.h. in Funktion der Zeit, während des Bremsvorgangs bis zum Stillstand.

Analog werden auch in der Biomechanik dynamisch Reibungskräfte zwischen Sportschuhen und Bodenbelägen bestimmt. Die gleiche Meßtechnik wird auch für das Untersuchen von Unfällen durch Ausgleiten eingesetzt.

### 7.4.2.5 Aufprallkraftmessung bei Crashversuchen

Crashversuche sind wichtiger Bestandteil des Instrumentariums für das Entwickeln von sicheren Fahrzeugen. Dazu wird das Fahrzeug gegen eine sogenannte Crashbarriere

Bild 7.4-7    Crashbarriere für Messungen mit Aufprallgeschwindigkeiten bis über 50 km/h
(Werkbild Daimler-Benz)

gefahren (angetrieben von einem Linearmotor oder durch einen Seilzug) und die dabei auftretenden Kräfte gemessen. Dabei interessieren nicht nur die Aufprallkräfte in der Fahrrichtung, sondern auch die seitlichen Kräfte, insbesondere bei Schrägaufprall, und die Vertikalkräfte (Nicken des Fahrzeugs). Aus den zwei oder besser aus allen drei Kraftkomponenten kann auch exakt die beim Crash umgesetzte Gesamtenergie berechnet werden, was auch als Kontrolle für die aus der Summe der Signale aller im Fahrzeug angebrachten Sensoren berechneten Werte benutzt werden kann.

Wiederum werden Stahlplatten auf 1-, 2- oder 3-Komponenten Quarz-Kraftsensoren montiert, die ihrerseits auf einer schweren Grundplatte aus Stahl befestigt sind, welche in einem schweren Betonblock von mehreren hundert Tonnen Masse verankert ist (Bild 7.4-7). Je nach Anforderungen werden größere oder kleinere Teilplatten verwendet, so daß z.B. der Aufprall des Motorblocks getrennt erfaßt werden kann.

### 7.4.3 Holmdehnungsmessungen an Spritzgießmaschinen und Säulenpressen

Bei Spritzgießmaschinen und Säulenpressen ist es nicht nur wichtig, die Maximalkräfte zu kennen, sondern auch etwas über die Kräfteverteilung auf die Holme oder Säulen bei kleinen Teillasten aussagen zu können. Dies ist nötig, um Werkzeug gegen asymmetrische Belastung und daraus resultierende Beschädigungen zu schützen.

Bild 7.4-8     Piezoelektrischer Dehnungssensor in der Form eines Längsmeßdübels
(Werkbild Kistler)

Diese neuartigen Quarz-Dehnungssensoren eröffnen völlig neue Möglichkeiten, selbst in schwersten Holmen und Säulen auch sehr kleine Dehnungen exakt zu erfassen. Eingebaut in eine entsprechende Bohrung erreicht man damit Empfindlichkeiten von über 10 V/µε. Dies ist etwa 1000 mal höher als es mit DMS möglich wäre. Der Einbau ist außerordentlich einfach: In den Holm oder die Säule wird im Zentrum eine Bohrung von z.B. 16 mm angebracht, die so tief sein muß, daß ihr Ende in eine Zone genügend homogener Zugspannungsverteilung zu liegen kommt. Der Sensor wird in die Bohrung einführt und an der geeigneten Stelle verspannt, so daß er nun die Dehnung messen kann [4] und [5].

### 7.4.4  Indirekte Druckmessung in der Düse von Spritzgießmaschinen

Der Schmelze-Druck in der Düse ist ein wichtiger Parameter beim Spritzgießen. Direktmessende Sensoren befriedigen nicht, da sie eine kurze Lebensdauer infolge Abrasion ihrer Membrane haben. Dazu kommt, daß größere Meßfehler dadurch entstehen, daß Schmelze in den Ringspalt um den Sensor eindringt und sich dort verfestigt oder zersetzt. Mit den Quarz-Dehnungssensoren ist es nun möglich geworden, den Druck indirekt mit viel größerer Genauigkeit und vor allem mit unbeschränkter Lebensdauer zu messen. Betrachtet man die Radial- und Tangentialspannungen in einem dickwandigen Hohlzylinder, wenn in dessen Bohrung ein Druck herrscht, so erkennt man leicht, daß diese dem Innendruck weitgehend proportional sind. Prinzipiell genügt es, z.B. nur einen Dehnungssensor radial einzubauen, um ein dem Innendruck proportionales Signal zu bekommen (Bild 7.4-9). Da aber die Düse beim Einspritzen gegen das Werkzeug gepreßt wird, entstehen auch axiale Spannungen, die zu Nichtlinearitäten führen. Das gleiche gilt für die immer auftretenden größeren Temperaturschwankungen. Deshalb setzt man meistens zwei Sensoren ein, einen radial und einen tangential. Dabei werden die Einbaustellen so gewählt, daß bei einem bestimmten Druck diese beiden Spannungen im Absolutwert etwa gleich sind. Zudem verwendet man Sensoren mit entgegengesetzten Polaritäten des Ausgangssignals, weil ja unter dem Innendruck die Radialspannung Druck und die Tangentialspannung Zug darstellt. Da man beide Sensoren direkt parallel an den gleichen Ladungsverstärker anschließen kann (dies ist eine besondere Eigenschaft des piezoelektrischen Systems!), werden die beiden Signale summiert und man erhält das doppelte Signal in Funktion des Druckes [1].

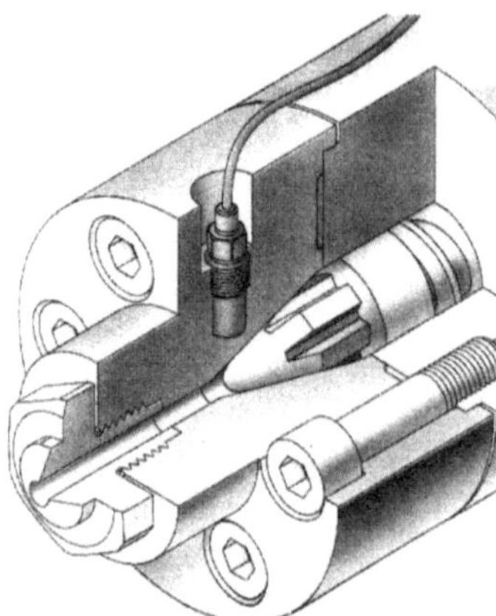

Bild 7.4-9     Indirekte (berührungslose) Druckmessung in einer Spritzgießdüse mittels radial angeordnetem Dehnungssensor (Werkbild Kistler)

Die Spannungen infolge Temperaturänderungen sind jedoch jeweils beide Druck oder Zug, d.h. deren Differenz ist Null und beeinflußt somit die Messung nicht. Dasselbe gilt für die axialen Spannungen infolge des Anpreßdruckes an das Werkzeug. Man beachte, daß die Sensoren die Schmelze nicht berühren. Auch hier stellt die quasistatische Einschränkung kein Hindernis dar, da es sich immer um einen zyklischen Vorgang handelt.

### 7.4.5  Werkzeuginnendruckmessung beim Spritzgießen

Der Verlauf des Werkzeuginnendrucks beim Spritzgießen von Kunststoffen ist der wichtigste Parameter, um den Prozeß zu beschreiben und vor allem, um den Produktionsvorgang zu optimieren und zu überwachen. Klassische Drucksensoren z.B. auf DMS-Basis haben schwerwiegende Nachteile. Ihre Lebensdauer ist zu kurz, da sie über eine Membrane verfügen. Ferner muß je nach Druck ein Sensor mit einem entsprechend höheren oder tieferen Meßbereich eingesetzt werden.

Quarzsensoren bieten die Möglichkeit, membranlose Drucksensoren zu bauen (Bild 7.4-10). Die Front besteht aus einem soliden Stahlzylinder mit eng toleriertem Außendurchmesser. Er wird in eine entsprechend ebenso eng tolerierte Bohrung in der

Bild 7.4-10    Membranloser Quarz-Sensor für Werkzeuginnendruck (Werkbild Kistler)

Wand der Kavität des Werkzeuges eingebaut. Der verbleibende Ringspalt ist so klein (wenige µm), daß die Schmelze infolge ihrer Viskosität nicht eindringen kann. Für Materialien ganz tiefer Viskosität sorgt ein O-Ring für eine zuverlässige Abdichtung. Der Vorteil dieser Konstruktion ist offensichtlich: Da keine dünne Membrane wie bei üblichen Drucksensoren vorhanden ist, kann der Sensor nicht beschädigt werden und seine Lebensdauer ist unbeschränkt. Zudem ergibt sich die Möglichkeit, die Front in weiten Grenzen z.B. der Krümmung der Kavitätswand anzupassen. Da die Temperatur der Schmelzen leicht 350...400 °C erreicht, werden spezielle Quarzschnitte verwendet, die auch bei diesen Temperaturen eine weitgehend konstante Empfindlichkeit zeigen. Aus dem Drucksignal kann zuverlässig erkannt werden, in welchem Zeitpunkt die Kavität gefüllt ist (wichtig für das optimale Umschalten auf Nachdruck) und nachher, wann der Siegelpunkt im Anguß erreicht wurde, zwei für die Qualität der gespritzten Teile ausschlaggebende Parameter. Da das Spritzgießen ein zyklischer Vorgang ist, kann vor jedem Zyklus der Ladungsverstärker automatisch auf Null gestellt werden, d.h. die quasistatische Einschränkung bildet auch hier kein Hindernis.

### 7.4.6  Zylinderdruckmessungen in Verbrennungsmotoren

In der Entwicklung von Verbrennungsmotoren ist die Kenntnis des Druckverlaufs im Zylinder beim Komprimieren, Zünden, Expandieren und nachfolgendem Gaswechsel von höchster Wichtigkeit. An den Sensor werden extrem hohe Anforderungen gestellt: Hohe Flammtemperaturen bei der Verbrennung, Temperaturschock beim Ansaugen von frischem Gemisch, Stabilität auch unter Last- und Temperaturwechsel, rasche Druckänderungen, vor allem bei Klopfen, usw. Schon sehr früh verhalfen die inhärenten Eigenschaften den Quarz-Sensoren zu einer Vorrangstellung in dieser Anwendung, es werden heute fast nur noch solche Sensoren eingesetzt. Von großem Vorteil ist wieder die inhärente, hohe Eigenfrequenz von Quarz-Sensoren. Diese ist vor allem beim Messen im klopfnahen Betrieb oder sogar unter Klopfen wichtig, damit dabei die Eigenfrequenz des Sensors nicht angeregt wird. Bild 7.4-11 zeigt eine Ausführung ohne Wasserkühlung, direkt in die Zündkerze eingebaut [9].

Obwohl heute dank den speziellen Hochtemperatur-Quarzschnitten eine Wasserkühlung nicht mehr notwendig ist, wird sie für Präzisionsmessungen immer noch angewendet, geht es doch heute darum, Verbesserungen am Motor im Prozentbereich noch zuverlässig erfassen zu können. Nebst dem Einsatz in der Entwicklung von Mo-

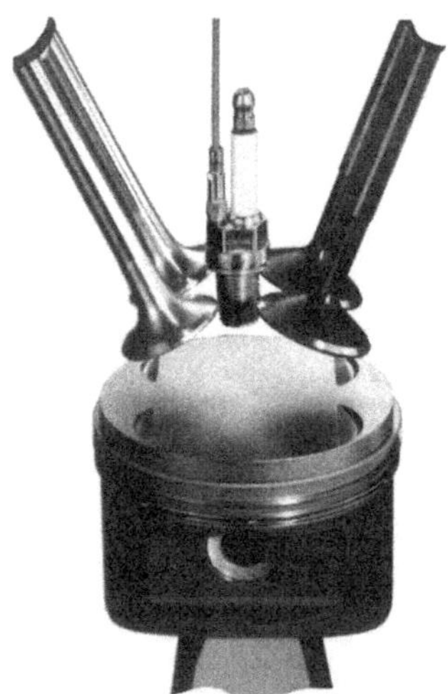

Bild 7.4-11    In Zündkerze eingebauter Miniatur-Druckaufnehmer zum Messen des Verbrennungsdruckes in Benzinmotoren (Werkbild Kistler)

toren gewinnt die Überwachung immer mehr an Bedeutung, vor allem bei Dieselmotoren. Die dabei geforderte Lebensdauer von mehreren hundert Millionen Lastwechseln unter rauhen Einsatzbedingungen kann nur mit Quarz-Sensoren erreicht werden. Die Membran erreicht jedoch die notwendige Lebensdauer wegen Korrosion durch Schwefel und andere Bestandteile des Treibstoffes nicht. Der Durchbruch gelang mit Quarz-Kraft- und Dehnungssensoren, die den Zylinderdruck indirekt erfassen, z.B. als Änderung der mechanischen Spannung in den Zylinderkopfschrauben.

### 7.4.7 Druckmessungen in der Innenballistik

In der Innenballistik wird an Geschossen entweder der Druckverlauf in der Patrone, beim Hülsenmund, oder entlang des Laufes gemessen. Dabei treten Drücke bis zu 10'000 bar auf, was schon nahe an die Zugfestigkeit hochfester Stähle herankommt. Eine große Schwierigkeit bietet das einwandfreie Abdichten des Sensors in der Bohrung. Während früher vor allem schulterdichtende Sensoren verwendet wurden, geht heute der Trend zu den eindeutig überlegenen Frontdichtern (Bild 7.4-12). Auch hier ist eine möglichst hohe Eigenfrequenz nötig, um zu verhindern, daß diese durch den steilen Druckanstieg angeregt wird.

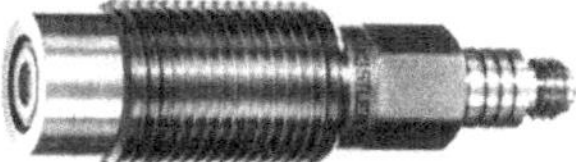

Bild 7.4-12    Frontdichtender Höchstdruckaufnehmer bis 10 kbar für ballistische Messungen
(Werkbild Kistler)

### 7.4.8 Beschleunigungsmessung für Modalanalyse

Die Modalanalyse von Strukturen ist heute zu einem Standard-Instrumentarium in der Analyse und Konstruktion von Maschinen, Maschinenteilen, Fahrzeugteilen usw. geworden. An der Struktur wird eine genügend große Zahl von Beschleunigungssensoren angebracht, oder ein einziger wird nach und nach an verschiedene Stellen versetzt. Die Struktur wird nun mit einem Impulshammer (ein mit einer der zu prüfenden Struktur angepaßten Masse und mit einem Quarz-Kraftsensor versehenen Hammer) angeregt und die Antwort der Beschleunigungssensoren mit diesem Eingangsignal verglichen, woraus sich die Transferfunktion und somit das dynamische Verhalten ableiten läßt. Obwohl Quarz-Beschleunigungssensoren auch sehr klein gebaut werden können (Bild 7.4-13), zeigt es sich doch, daß mit piezoelektrischen Keramikelementen versehene Beschleunigungssensoren bei geringem Gewicht noch höhere Empfindlichkeiten erreichen können (Bild 7.4-14).

Bild 7.4-13   "Picotron" : ultraleichter (0,5 g) und sehr kleiner Beschleunigungssensor mit Quarz-Meßelement (Werkbild Kistler)

Bild 7.4-14   "PiezoBEAM" : leichter, jedoch hochempfindlicher Beschleunigungssensor mit Pie-zokeramik-Meßelement (Werkbild Kistler)

### 7.4.9   Messen der Schallemissionen zur Prozeßüberwachung

Das piezoelektrische Meßprinzip erweist sich seit über 50 Jahren als am besten ge-eignet zum Messen von Schallemissionen (engl. Acoustic Emission, AE). Nachdem AE in der zerstörungsfreien Materialprüfung längst einen festen Platz einnimmt, ist AE seit kurzem auch als aussagekräftiger Parameter in der Prozeßüberwachung er-kannt worden. Naturgemäss den Vibrations-Sensoren verwandt, sind AE-Sensoren für Frequenzspektren im Bereich von 50 kHz bis über 2 MHz hinaus ausgelegt. Er-ste, industrietaugliche AE-Sensoren (Schutzart IP 67), die einfach nur mit einer M5-Schraube zu befestigen werden können, sind bereits auf den Markt gekommen (Bild 7.4-15).

Bild 7.4-15   Industrietauglicher Sensor für Schallemission (AE) (Werkbild Kistler)

Ein gutes Beispiel für die Anwendung von AE-Sensoren ist das Prägen von Aluminiumblech. Überwacht man nur die Prägekraft, so ist kein Unterschied zwischen unbehandeltem und eloxiertem Blech festzustellen (Bild 7.4-16: Kurven A). Beim eloxierten Blech ist die AE bei der plastischen Verformung deutlich meßbar (Kurve B), während beim unbehandelten Blech nichts zu erkennen ist (Kurve C). Noch deutlicher ist der Unterschied im Frequenzspektrum zu sehen (Kurven D: obere Kurve stammt vom eloxierten Blech). Weiterführende Information über dieses völlig neue Anwendungsgebiet findet sich in [4] und [8].

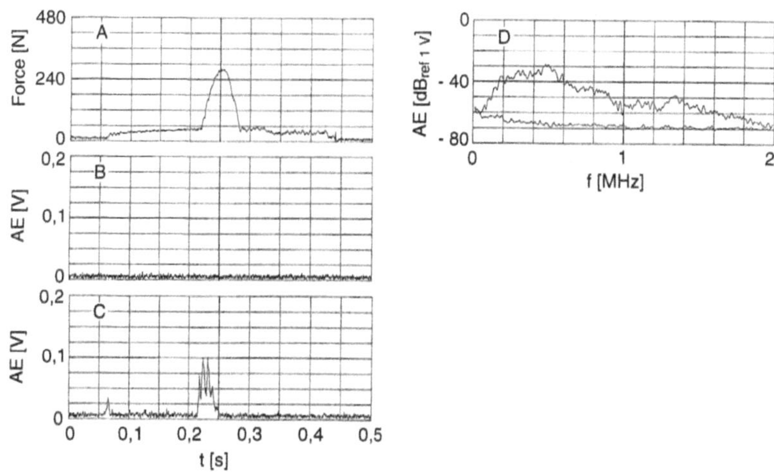

Bild 7.4-16    Kraftverlauf und Schallemission beim Prägen

# Literatur

Anmerkung: Lit. [14] enthält ein umfassendes Literaturverzeichnis über das ganze Gebiet der piezoelektrischen Meßtechnik bis 1979. Deshalb wird hier nur noch eine Auswahl neuerer Veröffentlichungen angeführt.

[1]    Bader, C.: Indirekte Schmelzedruckmessung (als Sonderdruck 20.155d von Kistler erhältlich)

[2]    Barz, D.; Drews, R.; Hübner, W.: Einsatz piezoelektrischer Mehrkomponenten-Kraftaufnehmer zu Erfassung von Radkräften und -Momenten. Automobiltechnische Zeitschrift ATZ 1/90. Stuttgart: Franck-Kosmos 1990 (als Sonderdruck 20.139d von Kistler erhältlich)

[3]  Baumann, W.: Biomechanical Research into Weightlifting. World Weightlifting 4/85, S. 36/37. Budapest: International Weightlifting Federation 1986 (als Sonderdruck 20.129d von Kistler erhältlich)

[4]  Baumgartner, H. U.; Gautschi, G. H.; Wolfer, P.: Piezoelectric Strain Transducers. London: Transducer 80 Conf. 1980 (als Sonderdruck 20.092e von Kistler erhältlich)

[5]  Cavalloni, C.; Engeler, P.; Schaffner, G.: Dehnungsmessung im Inneren von Strukturen mit piezoelektrischen Sensoren. Handbuch Sensoren und Sensorsysteme. Ehningen (D): Expert Verlag 1991 (als Sonderdruck 20.152d von Kistler erhältlich)

[6]  Cavalloni, C.; Kirchheim, A.: Neues Sensordesign als Basis optimierter Prozeßüberwachung. Werkstatt und Betrieb, Bd. 127, 4/94, 248 ... 252. München: Carl Hanser 1994 (als Sonderdruck 20.165d von Kistler erhältlich)

[7]  Cselle, T.; Stirnimann, J.: Schnittkraftmessung am rotierenden Werkzeug. Schweizer Präzisions-Fertigungstechnik, 8/93, 77 ... 79. München: Carl Hanser 1994 (als Sonderdruck 20.163d von Kistler erhältlich)

[8]  Gautschi, G. H.: Piezoelectric Multicomponent Force Transducers and Measuring Systems. London: Transducer 78 Conf. 1978 (als Sonderdruck 20.086e von Kistler erhältlich)

[9]  Kuratle, R. H.: Meßzündkerzen mit integriertem Sensor. Winterthur: 1994 (als Sonderdruck 20.164d von Kistler erhältlich)10

[10]  Marschall, K.; Gautschi, G. H.: In-Process Monitoring with Piezoelectric Sensors. J. Mater. Process. Technol. 44 (1994) 345 ... 352. Lausanne: Elsevier 1994

[11]  Martini, K. H.: Mehrkomponenten-Kraftmessung am rotierenden Rad. Beitrag an VDI-Tagung 18. April 1985 in Bad Homburg (als Sonderdruck 20.122d von Kistler erhältlich)

[12]  Spur, G.; Al-Badrawy, S. J.; Stirnimann, J.: Zerspankraftmessung bei der fünffachsigen Fräsbearbeitung. Zeitschrift für wirtschaftliche Fertigung, 88. Jg., 9/93, 419 ... 422. München: Carl Hanser 1993 (als Sonderdruck 20.162d von Kistler erhältlich)

[13]  Stirnimann, J.; Kuster, F.; Frachebourg, A.: Meßtechnik zur Untersuchung von rotierenden Zerspanungswerkzeugen. Proc. Vol. IV. Nürnberg: Sensor 91 Kongreß. Wunstorf-Steinhude: ACS Organisations GmbH 1993

[14]  Tichý, J.; Gautschi, G.: Piezoelektrische Meßtechnik. Berlin, Heidelberg, New York: Springer 1980

# III-1 Anwendungen von magnetogalvanischen Halbleitersensoren

Von Wolfgang Heidenreich

## 1.1 Einleitung

Sensoren gewinnen mehr und mehr Bedeutung als Bindeglied zwischen zwischen physikalischen Größen und der Elektronik. Alle Regelsysteme sind auf eine genaue Erfassung der IST-Zustände angewiesen.

Sind mit hochintegrierten Schaltkreisen (z.B. ASIC) anwendungsbezogene Auswertungen verfügbar, so liegt in der Entwicklung genauer, robuster und kostengünstiger Sensoren eine große Herausforderung der modernen Elektronik. Gerade die gegenläufige Forderung, Sensoreffekte mit verfügbaren Standardtechnologien hochgenau und kostengünstig umzusetzen bei gleichzeitig hoher Resistenz gegen extreme Umgebungsbedingungen, zwingt häufig zu anwendungsbezogenen Kompromissen.

Eine effiziente Möglichkeit zur Lösung vieler Sensoraufgaben bieten hier die magnetogalvanischen Halbleitersensoren. Basierend auf der Nutzung von kostengünstiger Halbleitertechnologie erschließt sich ihnen ein weites Anwendungsspektrum. Neben der Magnetfeldmeßtechnik werden die magnetischen Felder als Übertragungsmedium für physikalische Größen verwendet.

Es lassen sich die Parameter Weg, Winkel, Position, Abstand, Strom, elektrische Leistung als magnetisches Feld bzw. Feldänderung abbilden. Damit wird es möglich, Meßgrößen wie Längs- und Winkelbewegungen, Drehmoment, Druck, Geschwindigkeit, Beschleunigung, Drehzahl, elektrischen Strom, elektrische Leistung und Magnetfeld mit Hallsensoren und Feldplattensensoren zu bestimmen. Die Vorteile liegen dabei in der Tatsache, daß diese Sensoren robust und medienresistent sind, hohe Langzeitstabilität aufweisen sowie durch statische Messung unabhängig sind von Geschwindigkeit oder Drehzahl.

Im folgenden werden die Anwendungsschwerpunkte der genannten Halbleitersensoren aufgezeigt, einige Applikationen exemplarisch ausgearbeitet sowie Entscheidungshilfen gegeben, die die Auswahl des geeigneten Sensors erleichtern. Abschließend sei auf künftige Sensorentwicklungen und -anforderungen auf dem Gebiet der magnetogalvanischen Halbleitersensoren hingewiesen.

## 1.2  Physikalische Grundlagen

Die für die Anwendung relevanten Parameter des Hall- und magnetoresistiven Effekts sind der Kernpunkt des folgendes Kapitels. Für weitergehende Studien sei auf die umfangreiche Literatur verwiesen, einige wesentliche Publikationen sind in der Referenzliste aufgeführt [1]...[7].

Die seitliche Ablenkung von elektrisch beschleunigten Ladungsträgern durch die Lorentzkraft, erstmals von W. Thomson 1856 als Widerstandserhöhung [8] und von E. H. Hall 1879 als Querspannung (Halleffekt) [9] beschrieben, bilden die physikalische Grundlage der magnetogalvanischen Sensoren.

In Bild 1.2-1 lassen sich Strom- und Spannungsverlauf unter Magnetfeldeinwirkung darstellen: Die in einem Halbleiterplättchen homogen verteilten Strombahnen (durchgezogene Linien) erfahren unter dem Einfluß eines senkrecht zur Zeichenebene einwirkenden magnetischen Feldes eine seitliche Ablenkung. Dies geschieht jedoch nur im Nahbereich der elektrischen Stromkontakte um den Hallwinkel $\Theta_H$, im Mittelbereich zwingt ein durch Ladungsverschiebung hervorgerufenes Gegenfeld (Hallfeld) die Strombahnen wieder in Richtung des elektrischen Feldes (parallel zu den Längskanten). Konträr bilden sich die Äquipotentiallinien (gestrichelt) aus, sie sind in der Mitte der Hallplättchen um den Hallwinkel gedreht, an den Kontaktenden verlaufen sie parallel zu den Elektroden, die ja selbst eine Äquipotentiallinie darstellen.

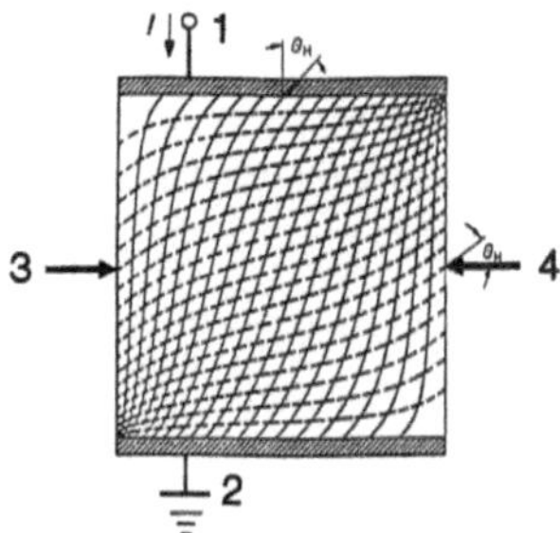


Bild 1.2-1     Rechteckiges Halbleiterplättchen in einem Magnetfeld senkrecht zur Zeichenebene

——————— Strompfade
------------ Äquipotentiallinien

Magnetoresistiver Effekt und Halleffekt lassen sich somit aus Bild 1.2-1 ableiten: Die Strombahnverlängerung führt zu Erhöhung des spezifischen Widerstandes im Magnetfeld. Da sich der Haupteffekt nur in der Nähe der Stromelektroden abspielt, werden in der Praxis viele sehr kurze Elemente aus InSb kaskadiert, durch Einbau von kurzschließenden, hochleitenden Nadeln aus NiSb [10], [11], s. Bild 1.2-2. Magnetoresistive Sensoren aus InSb/NiSb werden auch Feldplatten genannt.

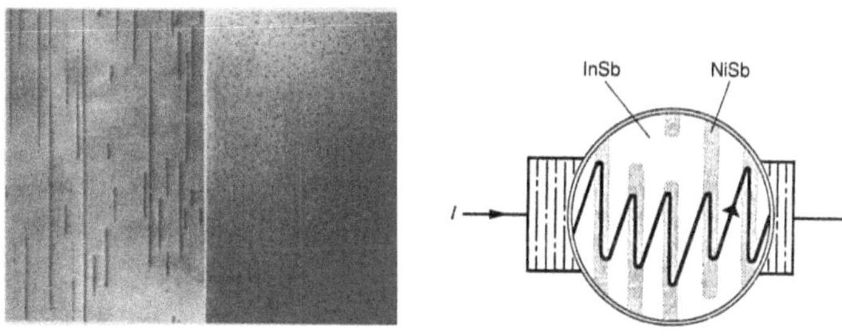


Bild 1.2-2    Schliff durch das InSb/NiSb-Feldplattenmaterial, parallel und senkrecht zu den NiSb-Nadeln, sowie der Verlauf der Strombahnen unter Einwirkung eines Magnetfeldes.

Für die Magnetfeldabhängigkeit des Widerstandes läßt sich vereinfacht folgende Beziehung angeben:

$$R_B = R_0\left(1 + C\mu^2 B^2\right) \tag{1}$$

$\mu$ = Elektronenbeweglichkeit

C = geometrieabhängige Konstante

Die quadratische Abhängikeit von der magnetischen Induktion geht allerdings bei hohen Feldern ( > 0,45 T) in eine lineare Beziehung über, s. Bild 1.2-3a.

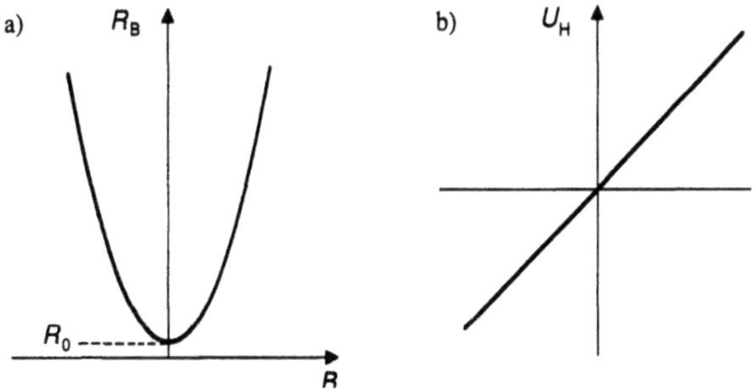


Bild 1.2-3    a) Quadratische Kennlinie eines magnetoresistiven Sensors

b) Lineare Kennlinie eines Hallsensors

Wird in der Mitte des Halbleiterplättchens von Bild 1.2-1 gegenüberliegend die Potentialdifferenz abgegriffen (Punkt 3,4), so erhält man eine Spannung, die sich proportional mit der magnetischen Induktion ändert, die Hallspannung:

$$U_\mathrm{H} = K_{\mathrm{B}0} IB \tag{2}$$

$$K_{\mathrm{B}0} = \frac{1}{d} R_\mathrm{H} \tag{3}$$

$I$ = Steuerstrom in 1,2

$R_\mathrm{H}$ = Hallkonstante

$d$ = Dicke der aktiven Hallschicht

Die lineare Kennlinie ist in Bild 1.2-3b ersichtlich.


## 1.3   Feldplatten – Technologie, Aufbau und Eigenschaften

Das verwendete Halbleitermaterial InSb/NiSb hat einen kleinen spezifischen Widerstand. Um technisch nutzbare Widerstandswerte von einigen $100\,\Omega$ zu erreichen, werden lange, dünne Streifen in Mäanderform hergestellt. Die Halbleiterscheiben werden dazu mit einer Isolationsschicht $Al_2O_3$ versehen, auf eine Ferrit-Trägerscheibe geklebt, dünn geschliffen und mit Fotoätzprozessen strukturiert, s. Bild 1.3-1.

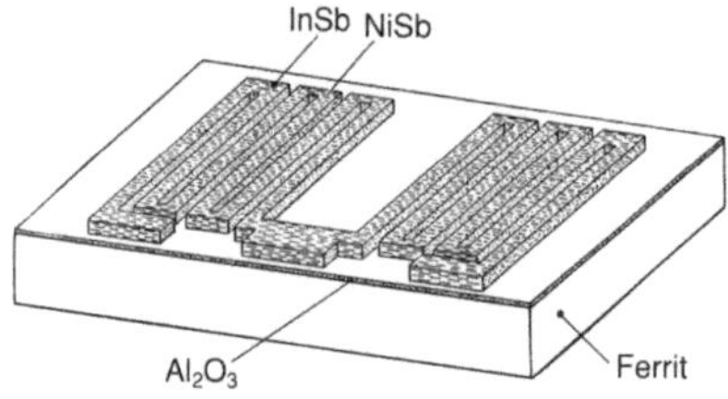


Bild 1.3-1        Aufbau eines Ferritsystems für Feldplattensensoren


Die Ferritsysteme werden anschließend in einem Impulslötverfahren an Kontaktfinger gelötet, entweder in einen Kaptonfilm als TAB [12] oder in ein Metall-Leadframe. Die TAB-Bauform wird im Film für automatische SMD-Technologien angeboten, die Metallrahmen werden kunststoffumhüllt und mit einem integrierten Permanentmagneten versehen [13], [14]. Bild 1.3-2 zeigt je ein Ausführungsbeispiel für TAB und Kunststoff [15].

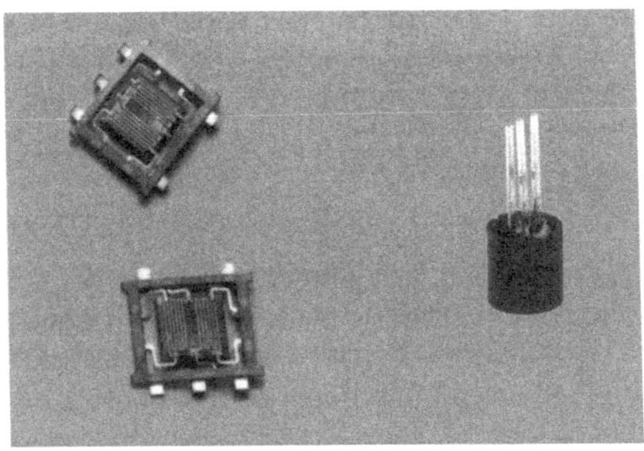

Bild 1.3-2    Ausführungsbeispiele eines TAB- und eines kunststoffumhüllten Feldplattensensors.

Der Grundwiderstand $R_0$ bei $B = 0$ wird durch die Geometrie und die Leitfähigkeit bestimmt. In der Praxis haben sich 3 Leitfähigkeitsklassen durchgesetzt, die durch entsprechende Dotierung eingestellt werden [2], [3], [4], [15]:

|  |  | $R_B/R_0$ $(B = 1\,T)$ | TK [%/K] |
|---|---|---|---|
| $\sigma = 200$ $(\Omega cm)^{-1}$ | D | 20 | –1,8 |
| $\sigma = 550$ $(\Omega cm)^{-1}$ | L | 8 | –0,16 |
| $\sigma = 800$ $(\Omega cm)^{-1}$ | N | 4 | +0,02 |

Mit zunehmender Leitfähigkeit nimmt die Beweglichkeit und damit die magnetische Empfindlichkeit stark ab (s. Gleichung (1)), die Temperaturabhängigkeit wird gleichzeitig deutlich kleiner. Die angegebenen Temperaturkoeffizienten gelten für Magnetfeld $B = 0$, zu höheren Feldern steigen sie stark an, z.B. hat L-Dotierung bei $B = 1\,T : - 0,54\,\%/K$ [1], [2], [15]. Das L-Material hat sich für die meisten Anwendungen als sinnvoller Kompromiß bewährt.

## 1.4 Hallsensoren – Technologie, Aufbau, Eigenschaften

Halbleiterchips, die den Halleffekt nutzen, werden heute meist als Kreuzstrukturen ausgeführt. Diese lassen sich durch konforme Abbildung aus der Rechteckform von Bild 1.2-1 ableiten [16] und sind technologisch besser zu beherrschen, ein Beispiel aus GaAs zeigt Bild 1.4-1.

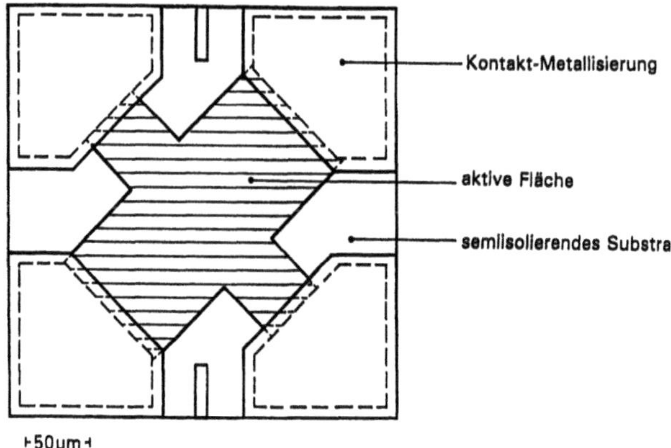


Bild 1.4-1        Ausführungsbeispiel einer Kreuzstruktur für einen GaAs-Hall-Chip

Als Halbleitermaterial kommen InSb, InAs, GaAs und Si zur Anwendung, für die kostengünstige Dünnschichttechnologien zur Verfügung stehen.

InSb – in Aufdampf- [17] oder Sputtertechnik hergestellt – nutzt den Halleffekt durch eine hohe Elektronenbeweglichkeit am effektivsten, unterliegt jedoch sehr großen Temperaturkoeffizienten bei begrenzter Einsatztemperatur. InSb-Hallsensoren finden ihre Verwendung dort, wo hohe Signale sehr niederohmig angeboten werden müssen (z.B. kollektorlose Motoren, s. dort).

Für sehr genaue Messungen über einen großen Temperaturbereich kommen GaAs-Sensoren zum Einsatz. Die aktiven Schichten werden mittels Ionenimplantation [18], [19], [20] oder Epitaxieverfahren [21] erzeugt. Gerade mit den neuen MOVPE (Metal Organic Vapour Phase Epitaxy) und MBE (Molecular Beam Epitaxy) Technologien sind hochgenaue Hallsensoren realisierbar. Die aktive Hallschicht kann als vergrabene Schicht (buried layer) ausgeführt werden, sodaß Oberflächeneffekte, die gerade die Stabilität negativ beeinflussen, vermieden werden. Schichtparameter, wie Widerstand und Empfindlichkeit, sind sehr eng toleriert.

Silizium, für den eigentlichen Halleffekt nicht unbedingt geeignet, kann einige Nachteile durch integrierte Kompensationsschaltungen vermeiden [22], [23], [24]. Ein großes Problem bleibt allerding die piezoresistive Empfindlichkeit [25], [26], die gerade bei kunststoffumhüllten Sensoren die Nullpunktstabilität begrenzen. Der Vorteil von Silizium liegt in der integrierbaren Auswertelektronik, sogenannte Smart Sensors, die beispielsweise bei digitalen Hallschaltern monolithisch realisiert wird.

Für die weitere Aufbautechnik werden Hallchips auf Standardfertigungslinien, die für integrierte Schaltkreise verwendet werden, montiert und umhüllt. Die Systeme werden auf Chipinseln in ein Metall-Leadframe geklebt bzw. legiert und mit Draht-

Bondtechniken (z.B. nailhead) kontaktiert, anschließend werden die Sensoren in Mehrfachwerkzeugen mit Epoxydharzen umhüllt [13].

Sensorspezifischen Anforderungen wie Materialwahl, kleine Bauhöhen oder speziellen Dimensionen bleiben oft enge Grenzen gesetzt. Als gute Kompromißlösung sei hier die SOH-Bauform der Fa. Siemens erwähnt z.B. für den GaAs Sensor KSY 14 [27].

Die Qualität eines Hallsensors wird in erster Linie durch seine Reproduzierbarkeit bestimmt. Der wesentliche Parameter dabei ist die Nullspannung, die Spannung also, die ohne Anliegen eines Magnetfeldes herrscht. Abhängig von ihrer Ursache, z.B. Inhomogenitäten in Geometrie oder Dotierung, Oberflächenzustände oder Fehlstellen der Halbleiterkristalle, hat sie unterschiedlichen Verlauf über Temperatur und Zeit. Material und verwendete Technologie sind ebenfalls Einflußgrößen.

Man unterscheidet zwei Driftverhalten von Nullspannungen. Folgen sie einem definierten Temperaturkoeffizienten, so sind sie beherrschbar, d.h. kompensierbar. Uneinheitliches Verhalten, z.B. bei ionenimplantierten GaAs-Sensoren, kann nur in einem betrachteten Temperaturbereich als "Fehlerband" definiert werden. Hauptaugenmerk liegt hier in der Optimierung des Nutzsignalhubes, um einen genügend großen Fehlerabstand zu erhalten.

# 1.5  Magnetfeldmessungen

## 1.5.1  Hochgenaue Magnetfeldmeßtechnik mit Hallgeneratoren

Präzise Magnetfeldmessungen, wie sie beispielsweise in supraleitenden Magneten benötigt werden, lassen sich mit genauen Hallgeneratoren durchführen. Eine lineare, kalibrierbare Kennlinie, kleine Temperaturkoeffizienten, kleine und stabile Nullspannung sowie eine ausreichende Empfindlichkeit sind die wesentlichen Anforderungen an Meß-Hallgeneratoren.

Sonden aus geschliffenem InAs-Material erfüllen diese Kriterien. Die Hallsysteme werden in aufwendiger Schleif-, Polier- und Ätztechnik hergestellt, die Nullspannung individuell durch Materialabtrag getrimmt und die Stabilität durch eine Burn-In Voralterung erhöht.

Die Kennlinie verläuft im open loop-Betrieb leicht progressiv, dadurch kann sie mit einem geeigneten Lastwiderstand $R_L$ über einen weiten Bereich linearisiert werden. Bis $B = 1\,T$ sind Linearitätsfehler unter 0,1% vom Meßwert erreichbar. Bild 1.5.1-1 zeigt den Einfluß des Linearisierungswiderstandes.

Elektrisch werden die Meßhallgeneratoren aus hochstabilen Konstantstromquellen gespeist, die Signalauswertung erfolgt durch präzise, rauscharme Gleichspannungs-

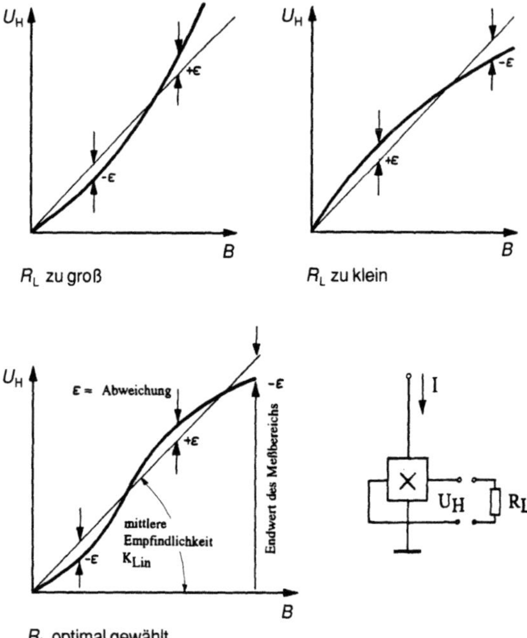


Bild 1.5.1-1    Linearisierung der Kennlinie einer InAs-Hallsonde durch Wahl eines geeigneten Abschlußwiderstandes $R_L$

verstärker, z.B. Instrumentationsverstärker. Temperaturkoeffizienten werden über Temperatursensoren kompensiert oder durch eine selbstregelnde Beheizung des Systems mit einem Kaltleiter eliminiert.

Bei Messung von magnetischen Wechselfeldern muß besondere Sorgfalt den Leitungsführungen gewidmet werden. Zur Vermeidung von störenden induktiven Komponenten seien erwähnt: keine Leitungsschleifen, kurze Anschlüsse, verdrillte Anschlußdrähte.

Die äußere Formgebung und der innere Aufbau sind den vielfältigen Anwendungen angepaßt. So werden beispielsweise extrem flache Sonden für kleine Luftspalte, Tangentialsonden, Axialsonden, Sonden für Punktmessungen oder Tieftemperatursonden bis 4K angeboten [15].

Für weitergehende Anwendungen sei auf die entsprechenden Fachveröffentlichungen hingewiesen [3], [4], [28].

### 1.5.2  Potentialfreie Strommessung

Über die Erfassung des Magnetfeldes, das einen elektrischen Leiter umgibt, kann sehr genau der Strom in dem Leiter bestimmt werden. Die Messungen erfolgen potentialfrei und der zeitliche Verlauf des Stroms wird original abgebildet. Anwendungen finden potentialfreie Stromsensoren, z.B. als Stromzangen in der Meß-, Steuer-, Regeltechnik, Bahn- und Schweißtechnik sowie bei E-Fahrzeugen. Die Meßbereiche reichen von 10 A bis einige kA. Je nach Strombereich und Genauigkeitsanforderung ergeben sich 3 Meßprinzipien:

- direkte Erfassung des Tangentialfeldes eines Leiters

  Über die einfache Messung des Tangentialfeldes eines elektrischen Leiters in einem definierten Abstand erhält man einen linearen Zusammenhang zwischen Meßstrom $I$ und Induktion $B$:

$$I = \oint H ds \tag{4}$$

Für einen geschlossenen Kreis um einen runden Leiter im Abstand r erhält man:

$$I = H 2 r \pi \tag{5}$$

Ohne Eisenanteil gilt für Luft:

$$B = \mu_0 \frac{I}{2 r \pi} \tag{6}$$

Induktionskonstante $\mu_0 = 4\pi \cdot 10^{-7}\ \mathrm{VsA^{-1}m^{-1}}$

In Bild 1.5.2-1 ist das Beispiel des runden Leiters dargestellt.

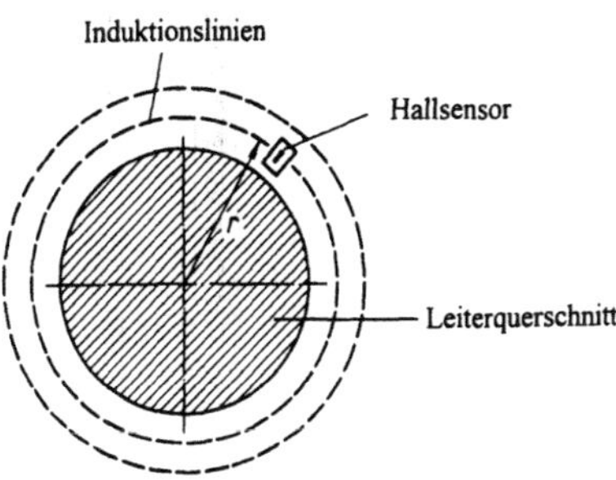


Bild 1.5.2-1    Potentialfreie Strommessung an einem runden Leiter über die Messung des magnetischen Tangentialfeldes in Abstand $r$ vom Leitermittelpunkt.

Durch die reziproke Abhängigkeit $B$ vom Abstand $r$ (6) werden Hallsensoren mit extremer Randlage der aktiven Fläche (Tangentialsensoren) benötigt. Dem Vorteil der sehr guten Linearität und einfacher Realisierbarkeit steht allerdings der Nachteil entgegen, daß auswertbare Induktion erst bei sehr hohen Meßströmen ($I > 1000$ A) auftritt.

### direkte Stromabbildung mit Kern

Eine große Empfindlichkeit kann durch Verwendung eines magnetisch leitenden Jochs um den elektrischen Leiter erzielt werden, der gesamte magnetische Fluß wird in dem Kern konzentriert.

Bei mehreren Windungen wird zudem eine multiplikative Signalerhöhung erreicht.

Der Hallsensor erfaßt die magnetische Induktion in einem Luftspalt des Kernes [23], [3], [4]. In Bild 1.5.2-2 ist die Prinzipanordnung dargestellt:

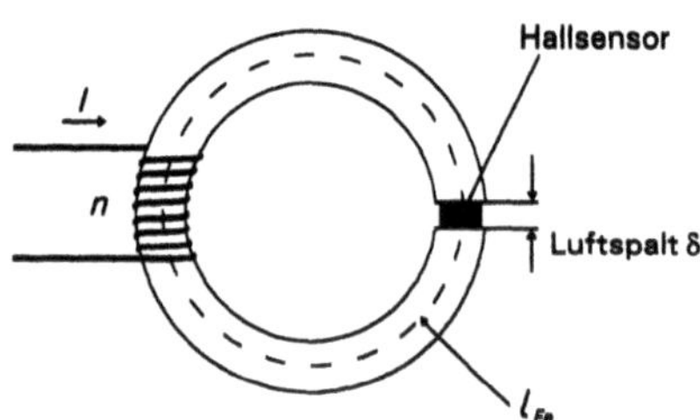


Bild 1.5.2-2     Anordnung zur potentialfreien Strommessung mit einem Eisenjoch. Der Hallsensor erfaßt das Magnetfeld des Meßstroms im Luftspalt $\delta$.

Die magnetische Spannung ergibt sich zu:

$$In = \oint H ds \qquad (7)$$

und setzt sich zusammen aus:

$$In = H_\mathrm{L}\delta + H_\mathrm{Fe}l_\mathrm{Fe} \qquad (8)$$

Unter Vernachlässigung des Streuflusses ist $B_\mathrm{Fe} = B_\mathrm{L}$ :

$$In = \frac{B_\mathrm{L}\delta}{\mu_0} + \frac{B_\mathrm{Fe}l_\mathrm{Fe}}{\mu_0\mu_\mathrm{r}} \qquad (9)$$

damit wird

$$B_\text{L} = \frac{\mu_0 In}{\delta + \dfrac{I_\text{Fe}}{\mu_\text{r}}} \tag{10}$$

Wird $\mu_\text{r}$, die Permeabilitätszahl des Kernmaterials, genügend groß gewählt ($\mu_\text{r} \gg 100$), so gilt in guter Näherung:

$$B_\text{L} = \frac{\mu_0 In}{\delta} \tag{11}$$

In Bild 1.5.2-3 ist die gemessene Kennlinie mit einem Luftspalt $\delta = 1$ mm aufgetragen.

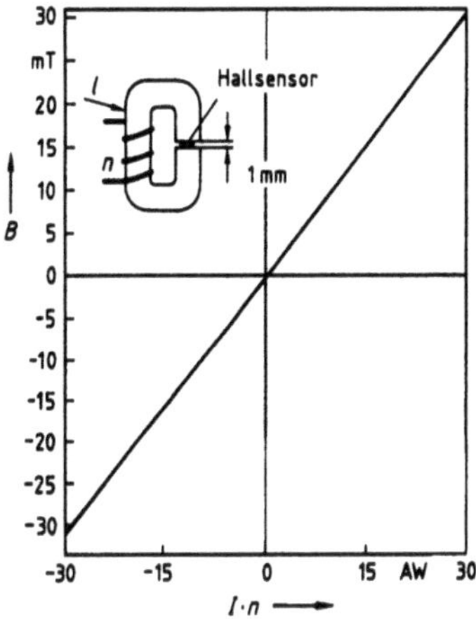


Bild 1.5.2-3  Gemessene Kennlinie zur potentialfreien Strommessung nach Bild 1.5.2-2 mit einem Luftspalt $\delta = 1$mm.

Bei diesem Meßprinzip sind die nichtlinearen Kennlinien und Remanenzeigenschaften der verwendeten Kernmaterialien sowie die Reproduzierbarkeit der verfügbaren Hallsensoren zu berücksichtigen.

Als Designhilfen für den Magnetkreis dienen folgende Tabellen:

**Luftspalt:**

| Zielparameter | Luftspalt möglichst | |
| --- | --- | --- |
| kleine Ströme, hohe Empfindlichkeit | klein | (< 1 mm) |
| große Ströme, Übersteuerbarkeit | groß | (1-5 mm) |
| gute Linearität (große Scherung) | mittel | (1-3 mm) |
| großer Signal-/Rauschabstand | klein | (< 1 mm) |

***Kernmaterial:***

| Zielparameter | Werkstoff | Beispiele |
|---|---|---|
| kleine Remanenz | weichmagnetische Werkstoffe, Ferrite (eingeschränkt) | 1), 2) |
| kleine Koerzitivfeldstärke | weichmagnetische Werkstoffe, Ferrite (eingeschränkt) | 1), 2) |
| große Anfangspermeabilität | weichmagnetische Werkstoffe, Ferrite (eingeschränkt) | 1), 2) |
| hohe Sättigung | weichmagnetische Werkstoffe, Metallpulver | 1), 3) |
| hohe Grenzfrequenz | Ferrite, Metallpulver | 2), 3) |
| hohe Betriebstemperatur | weichmagnetische Werkstoffe, Metallpulver (eingeschr.) | 1), 3) |
| niedriger Preis | Ferrite, Metallpulver | 2), 3) |

| 1) Ultraperm F | 2) T 38 | 3) Ferrocart Fe 892 |
|---|---|---|
| Hyperm 54 | Ferrocarit Fi 360 | COROVAC |
| Vitrovac 7505 F | Ferrocarit Fi 410 | |
| Hyperm Max 200 | | |
| Hyperm 50 | | |
| Megaperm 40 L | | |

Für einen detaillierten Materialvergleich sei auf [30], [31], [32], [33], [34], [39] verwiesen.

Abgeleitet von den Designregeln und Übertragungsfunktionen ergeben sich an den Hallsensor folgende Anforderungen:

– kleine Bauhöhe
– gute Linearität
– reproduzierbare Kennlinie
– kleiner und stabiler Offset
– induktionsarme Anschlußtechnik

Für den GaAs-MOVPE-Hallsensor KSY44 der Fa. Siemens soll im folgenden eine analoge Auswerteschaltung vorgestellt werden, die sich für eine Stromsensoranwendung eignet. Eingebaut in das extrem flache SOH-Gehäuse erfüllt der KSY44 (Bild 1.5.2-4) die Stabilitsanforderungen dieser Applikation [35]. Der Schaltungsvorschlag ist in Bild 1.5.2-5 dargestellt.

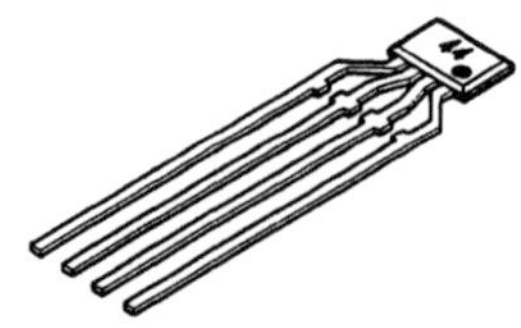

Bild 1.5.2-4  SOH-Bauform für GaAs-Hallsensoren

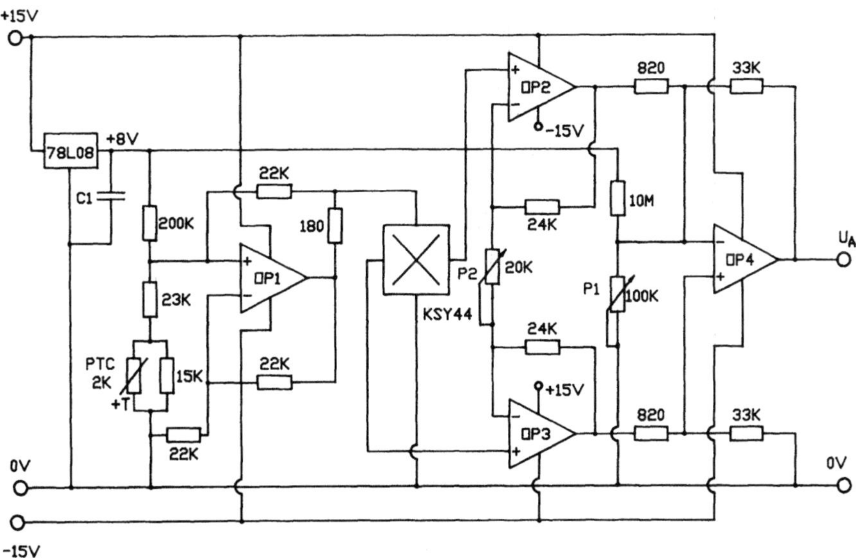


Bild 1.5.2-5   Temperaturkompensierte, analoge Auswerteschaltung für die potentialfreie Strommessung mit dem GaAs-Hallsensor KSY 44.

Der Hallsensor wird aus einer spannungsgesteuerter Konstantstromquelle (OP 1) gespeist. Die Referenzspannung, generiert aus einem Spannungsregler, ist mit einem positiven Temperaturkoeffizienten (PTC) versehen, der den negativen TK des Sensorsignals kompensiert. Verstärkt wird das Hallsignal mit einem Differenzverstärker, der über zwei Abgleichpunkte verfügt: $P_2$ trimmt die Verstärkung, $P_1$ den Ausgangsoffset [36].

Für den KSY44 steht ein SPICE-Modell zur Verfügung [37]. SPICE, ein häufig verwendetes Schaltungssimulationsprogramm, erlaubt die einfache Entwicklung von angepaßten Auswerteschaltungen am Computer.

Neben GaAs können auch lineare Silizium-Hallsensoren mit integrierter Kompensations-, Auswerteelektronik und Abgleichwiderständen auf einem Keramik-Hybrid Einsatz in dieser Anwendung finden, s. auch Kap. IV-2 dieses Bandes.

- Kompensationsprinzip

Bei sehr hohen Genauigkeitsforderungen und bei kleinen Meßströmen verwendet man vorzugsweise das Kompensationsverfahren nach Bild 1.5.2-6.

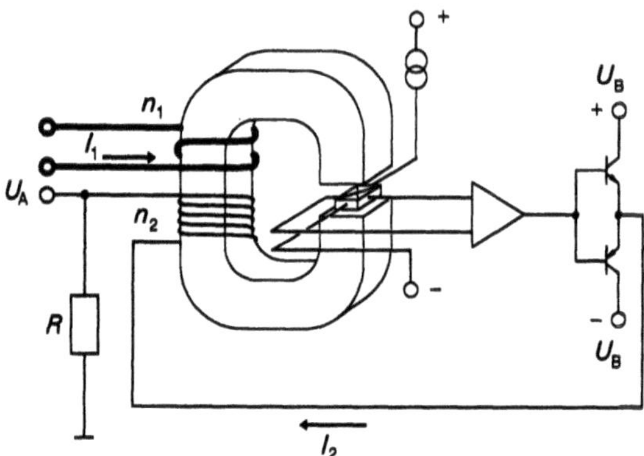

Bild 1.5.2-6  Prinzipanordnung zur potentialfreien Strommessung nach dem Kompensationsprinzip, der Hallsensor im Luftspalt arbeitet als Nullindikator.

Ein weichmagnetisches Joch wird feldfrei geregelt. Der Strom einer Kompensationswicklung $n_2$ wird dabei in einer Regelschleife solange erhöht, bis das resultierende Magnetfeld Null ist. Der Hallsensor arbeitet hierbei als Nullindikator.

Im feldfreien Fall gilt:

$$I_1 n_1 + I_2 n_2 = 0 \tag{12}$$

Der zu messende Strom $I_1$ wird um das Verhältnis der Windungszahlen heruntergeteilt:

$$I_2 = -\frac{n_1}{n_2} I_1 \tag{13}$$

Man spricht daher auch von Strombildnern.

Es herrscht ein streng linearer Zusammenhang zwischen Meßstrom $I_1$ und der
Ausgangsspannung $U_A$, ohne Verzerrung durch den nichtlinearen Kern:

$$U_A = -R \frac{n_1}{n_2} I_1 \tag{14}$$

Zur Anwendung kommen Hallsensoren aus GaAs und InSb. Als Nulldetektor
spielen die Stabilität der Nullspannung und die Empfindlichkeit, d.h. die Steigung
der Kennlinie im Nulldurchgang, die entscheidende Rolle. Flache Bauhöhe der
Sensoren und integrierte Ferritkonzentration unterstützen diese Forderung.

### 1.5.3  Elektrische Leistungsmessung

Die Eigenschaft von Hallsensoren, die Hallspannung aus der Multiplikation von zwei Größen zu bilden, s. Gleichung (2), läßt sich in idealer Weise für die elektrische Leistungsmessung nutzen.

Der Verbraucherstrom wird in der oben beschriebenen Weise proportional in eine magnetische Induktion $B$ umgesetzt und die Spannung treibt den Steuerstrom $I$. In Wechselspannungsnetzen (z.B. 220 V) reicht eine Transformation der Verbraucherspannung, um sekundärseitig den Hallsensor zu speisen. Das Prinzip ist in Bild 1.5.3-1 dargestellt.

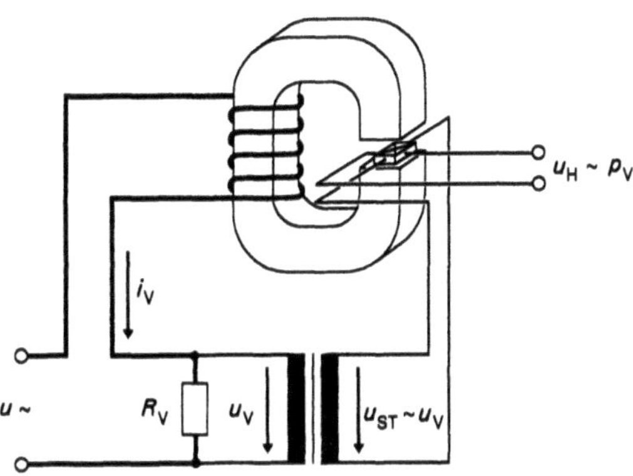


Bild 1.5.3-1    Prinzipschaltbild zur potentialfreien Leistungsmessung in Wechselspannungsnetzen mit einem Hallsensor.

Für ohmsche Verbraucher ($R_V$) gilt:

$$u_V = \hat{U}_V \cos \omega t \tag{15}$$

$$i_V = \hat{I}_V \cos \omega t \tag{16}$$

Die Nullspannung des Hallsensors ist:

$$u_0 = \hat{U}_0 \cos \omega t \tag{17}$$

Damit ergibt sich die Hallspannung zu:

$$u_H = c u_V i_V + u_0 \tag{18}$$

und mit (15), (16), (17):

$$u_H = c\frac{1}{2}\hat{U}_V\,\hat{I}_V(1+\cos 2\omega t) + \hat{U}_0\cos\omega t \qquad (19)$$

$c$ ist eine Systemkonstante.

Zur Auswertung wird der arithmetische Mittelwert des Hallsignals $u_H$ gebildet, z.B. mit einem Tiefpaß. Der Term $u_0$ liefert dabei keinen Betrag, dadurch wird die oft störende Nullspannung des Hallsensors eliminiert. In [38] wird eine komplette Anwendung beschrieben.

Bei Gleichspannungssystemen wird der der Verbraucherspannng $U_V$ proportionale Steuerstrom $I$ direkt (hochohmig) abgegriffen, z.B. mit einer spannungsgesteuerten Stromquelle. Bild 1.5.3-2 zeigt das Meßprinzip. Damit geht allerdings die Potentialtrennung verloren.

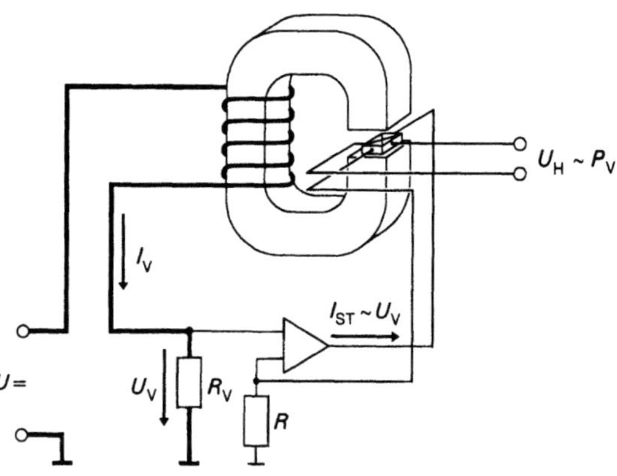


Bild 1.5.3-2    Prinzipschaltbild zur Leistungsmessung in Gleichspannungsnetzen mit einem Hallsensor.


## 1.6  Kontaktlose Positionserfassung

Magnetogalvanische Sensoren ermitteln die Position eines Permanentmagneten über die Messsung des lokalen Magnetfeldes. Für die Bestimmung der Position eines magnetisch leitenden Materials (z.B. Weicheisen) erhält der Sensor ein konstantes Vormagnetisierungsfeld, z.B. durch einen Permanentmagneten. Vorbeibewegtes Weicheisen führt zu Feldverzerrungen am Sensor, die dieser in eine Spannungs- oder Widerstandsänderung umsetzt. Je nach Anwendung werden die Sensorsignale analog aufbereitet oder durch Schaltschwellen digitalisiert, um z.B. Zählimpulse für Drehzahl oder inkrementale Wegmessungen zu generieren. Die kontinuierliche Erfassung von Wegstrecken kann zur Messung von Drücken, Kräften, Beschleunigungen, Drehmomenten, Drehwinkel usw. vorteilhaft eingesetzt werden. Die Signalverläufe müssen dabei nicht notwendigerweise linear sein, die heute verfügbare Auswerteelektronik mit Signalprozessoren ermöglicht eine einfache Linearisierung. Wesentlich ist eine hohe Reproduzierbarkeit der Kennlinie über Temperatur und Zeit. Die Vorteile von galvanomagnetischen Sensoren liegen in der hohen Zuverlässigkeit, Robustheit, Resistenz gegen Verschmutzung und aggressive Medien, Unabhängigkeit der Signalamplitude von der Geschwindigkeit, großer Betriebstemperaturbereich, um nur die wichtigsten zu nennen, s. dazu auch [40, 41, 2, 6].

## 1.6.1 Anordnungen und Signalformen

In Bild 1.6.1-1 ist eine Auswahl von möglichen Anordnungen zur kontaktlosen Positionserfassung mit den prinzipiellen Signalformen dargestellt. Ergänzt wird die Übersicht durch eine Sensorempfehlung (Hall- oder Feldplatten-Sensor) und einige typische Anwendungsbeispiele. Die Anordnungen a)...d) beschreiben Ansteuerungen durch Permanentmagneten, in e)...h) werden magnetisch vorgespannte Sensoren von ferromagnetischen Materialien angesteuert.

Zwei Bewegungsachsen sind in Anordnung *a* nutzbar. Die seitliche Verschiebung *s* eignet sich in Verbindung mit einem elektronischen Schwellwertschalter als digitaler Positionsmelder, Endabschalter. Wird der Luftspalt *d* moduliert, erfaßt man die starke Induktionsabnahme eines Permanentmagneten im Abstand von der Polfläche, einsetzbar in der nichtlinearen Wegmessung, z.B. der Hub einer Druckmeßmembran.

Anordnungen b1)...b3) liefern ein sinusähnliches Signal mit einem nutzbaren linearen Bereich von bis zu 3 mm. Optimiert wird der Bereich über die Magnetgeometrie und den Luftspalt *d*, bei der Differentialanordnung b3) noch über den Abstand *x* der Systeme. Vorteil ist das nullpunktsymmetrische Signal, das beispielsweise als Nullindikator bei elektronischen Waagen benötigt wird.

Rotationsbewegungen mit periodischen Sinussignalen zeigen Anordnungen c1)...c3).

Ein diametral magnetisierter rotierender Permanentmagnet stellt den Läufer eines kollektorlosen Gleichstrommotors dar c1), eine genaue Beschreibung folgt bei den Anwendungsbeispielen 1.6.4.1.

Das Drehen eines Hallsensors in einem homogenen Magnetfeld (c2) – oder umgekehrt: Magnetfeld rotiert um den Sensor – wird zur linearen Winkelmessung verwendet, z.B. als kontaktloses Potentiometer. Der lineare Bereich reicht bis 90°-Drehwinkel. Solange der Abstand der Permanentmagnete konstant bleibt, sind Einbau- und Lagetoleranzen des Hallsensors unkritisch.

## Ansteuerung durch Permantentmagnet

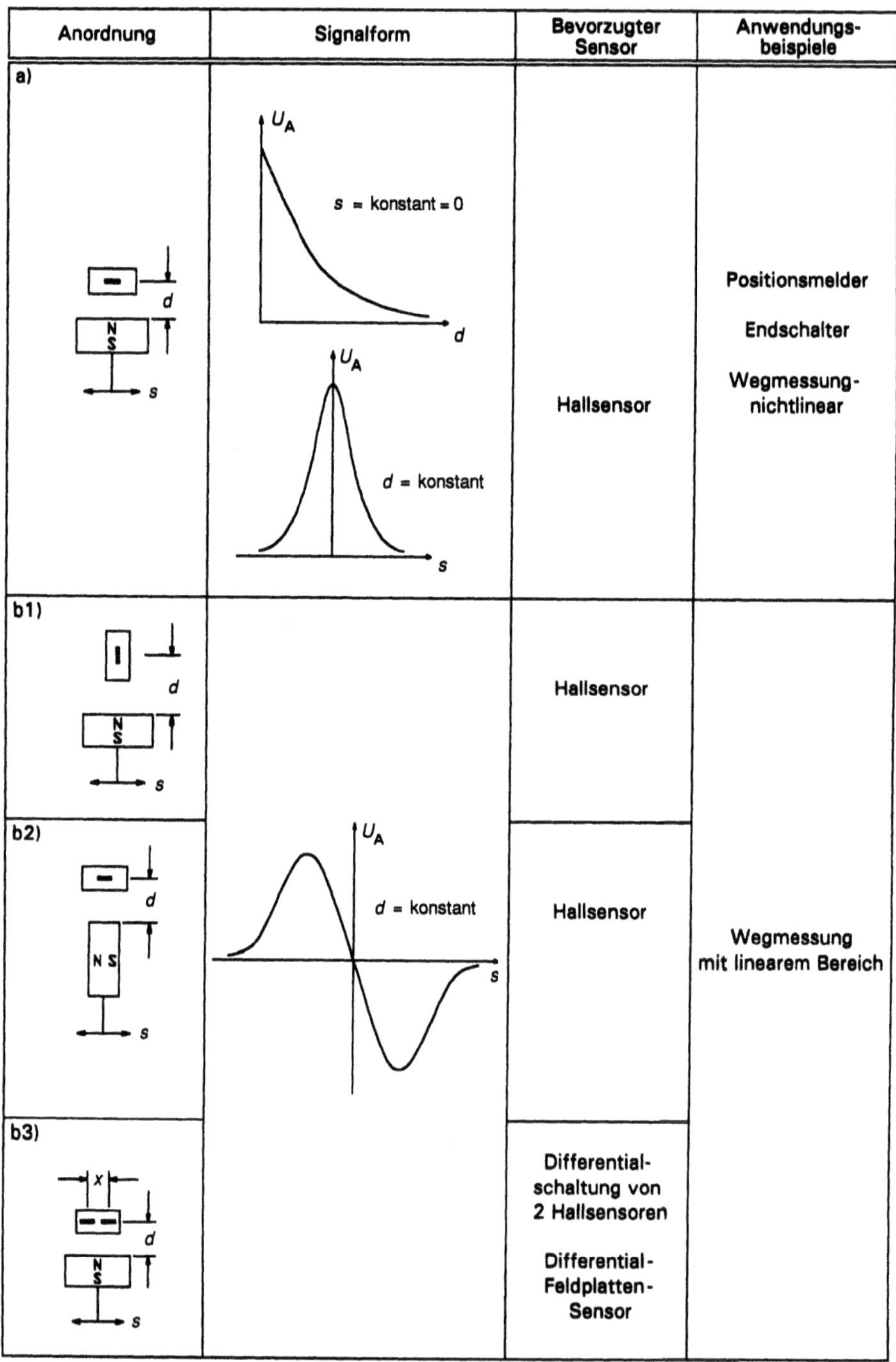


| Anordnung | Signalform | Bevorzugter Sensor | Anwendungsbeispiele |
|---|---|---|---|
| a) | $s$ = konstant = 0<br>$d$ = konstant | Hallsensor | Positionsmelder<br><br>Endschalter<br><br>Wegmessung-nichtlinear |
| b1) | | Hallsensor | Wegmessung mit linearem Bereich |
| b2) | $d$ = konstant | Hallsensor | |
| b3) | | Differential-schaltung von 2 Hallsensoren<br><br>Differential-Feldplatten-Sensor | |

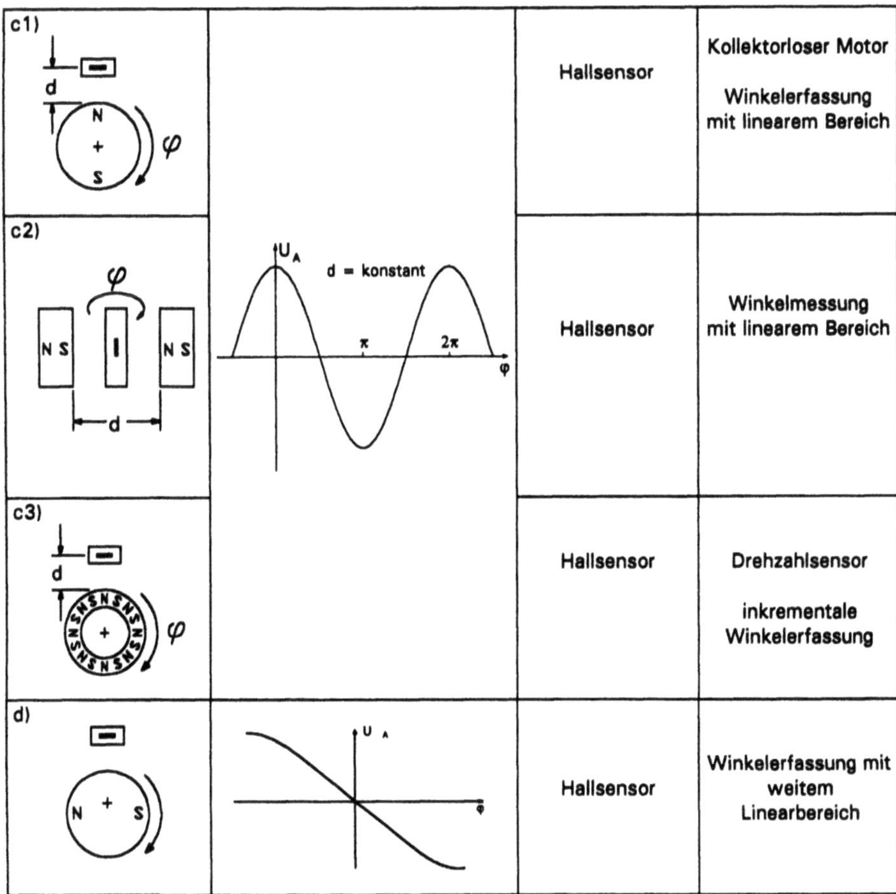



Bild 1.6.1-1a..d Anordnungen, Signalformen, Sensorempfehlungen und Anwendungsbeispiele für
kontaktlose Positionserfassungen mit galvanomagnetischen Halbleitersensoren.
(s. auch nächste Seite)

Zur Zählung von Winkelschritten für Drehzahl- oder Winkelerfassung werden wechselseitig magnetisierte Multipol-Magnetringe verwendet c3). Die Digitalisierung erfolgt vorteilhaft im Nulldurchgang der Signale.

Eine besondere Anordnung für kontaktlose Potentiometer über einen großen Winkelbereich stellt d) dar. Der diametral magnetisierte, rotierende Steuermagnet wird exzentrisch gelagert. Durch die Überlagerung von Winkel- und Luftspaltmodulation entsteht so ein lineares Signal über 180° Drehwinkel.

Die Beschreibung der Ansteuerungen durch magnetisch leitende Teile beginnt mit der einfachsten Anordnung: Ein Sensor, plan auf einen Magnet montiert, wird von

## Ansteuerung durch ferromagnetische Teile

| Anordnung | Signalform | Bevorzugter Sensor | Anwendungs-beispiele |
|---|---|---|---|
| e) | $s = \text{konstant} = 0$<br>$d = \text{konstant}$ | Hallsensor | Positionsmelder<br><br>Endabschalter |

Bild 1.6.1-1e..h  Anordnungen, Signalformen, Sensorempfehlungen und Anwendungsbeispiele für kontaktlose Positionserfassungen mit galvanomagnetischen Halbleitersensoren.

einem Eisenteil angesteuert (e). Es sind zwei Bewegungsebenen möglich ($s$ und $d$). Allerdings steht einer breiten Anwendung ein großer Nachteil gegenüber: das Vormagnetisierungsfeld generiert eine elektrische Vorspannung, der die Signalspannung (ca. 10%-Anteil) überlagert ist. Die Auswertung gestaltet sich sehr aufwendig, zumal die Temperaturabhängigkeit der Vorspannung größer ist als die Signalamplitude selbst [42].

Der Nachteil von e) wird in den Anordnungen f)...h) vermieden, hier wird ein nullsymmetrisches Signal generiert.

Die Anordnungen f1)...f3) liefern ein sinusähnliches Signal mit einem linearen Bereich, ähnlich b1)...b3).

In Konfiguration f1) steht die Sensorfläche senkrecht auf der Polfäche des Magneten, in der neutralen Achse. Tangentialkomponenten des Feldes, die die aktive Fläche senkrecht durchdringen und so zu Hallspannungen führen, werden durch die Verzerrung des vorbeibewegten Eisenstückes erzeugt. Die Realisierung gestaltet sich schwierig durch die vertikale Sensoranordnung.

Der "klassische" Aufbau zur Abfrage von magnetisch leitenden Materialien, die Differentialanordnung, ist in f2), f3) und g) aufgeführt. Anordnung f2) wird zur linearen Wegmessung bis zu 2 mm, etwa für Druck, Beschleunigung oder, digitalisiert, als Stellungsmelder eingesetzt [42].

(Fortsetzung Bild 1.6.1...)

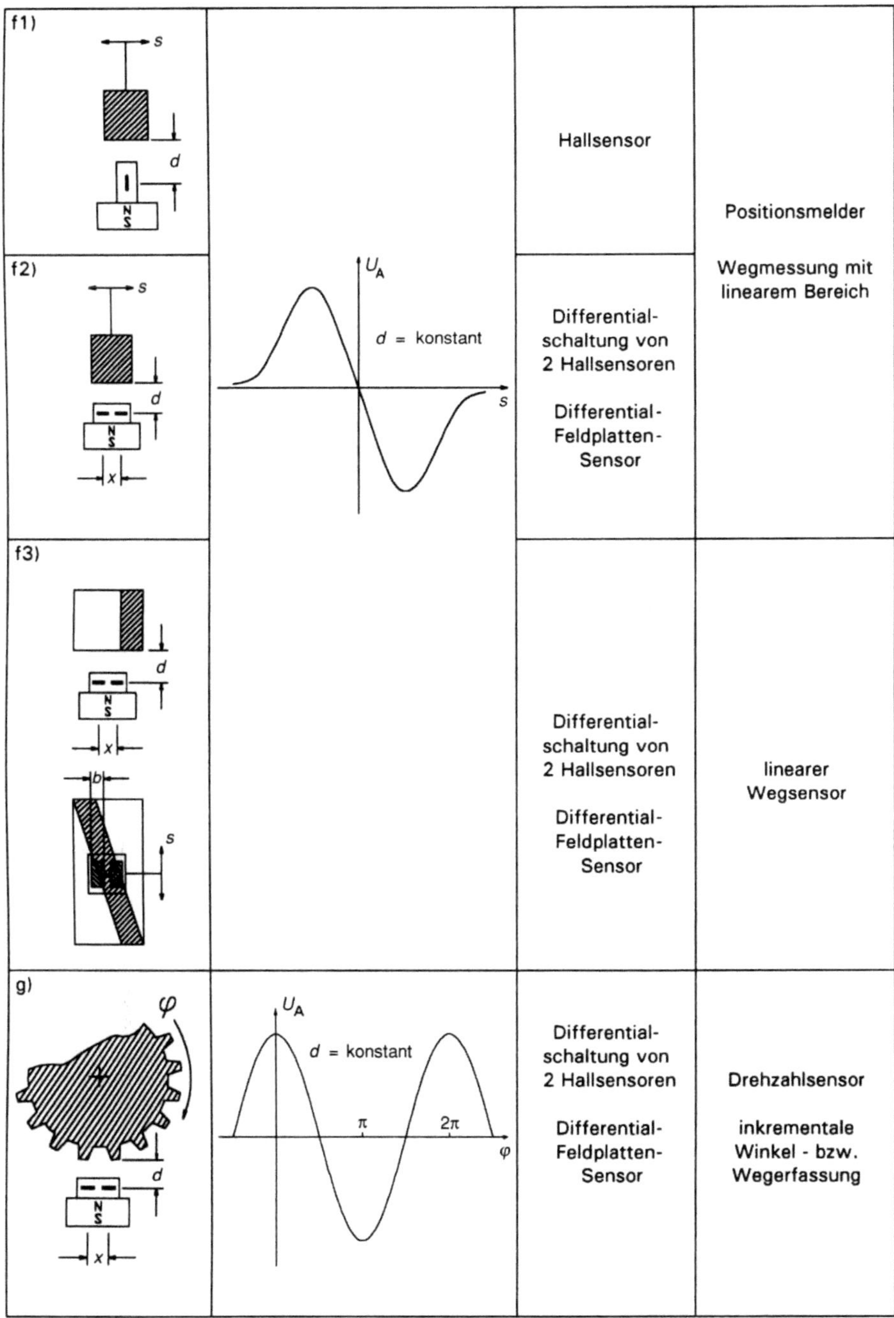

(Fortsetzung Bild 1.6.1...)

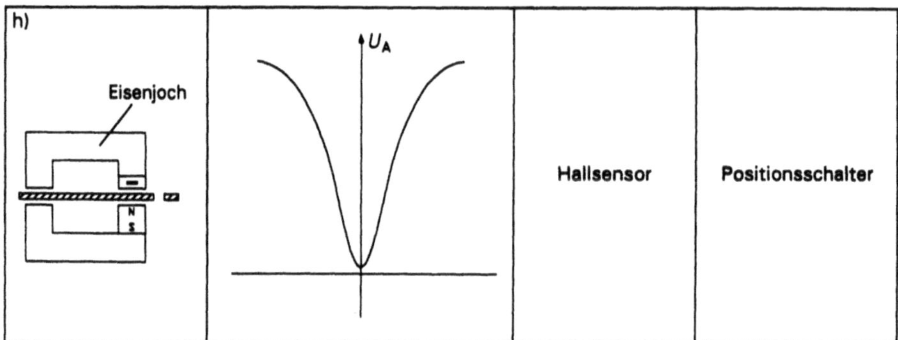


Einen sehr großen Linearbereich bei der Wegerfassung erreicht man mit einem schräg vorbeigeführten Weicheisensteg entsprechend Anordnung f3). Mit optimaler Anpassung von Magnet, Sensorabstand $x$ und Steigung bzw. Breite des Ansteuersteges sind Abfragewege bis 100 mm realisierbar. Auch die Breite $b$ der Einzelsensorelemente muß dabei berücksichtigt werden. Der Weicheisensteg – als rotierende "Schnecke" ausgeführt – ermöglicht ein Potentiometer mit 270°-Drehwinkel.

Der typische Drehzahlsensor ist in Anordnung g) dargestellt. Die Ansteuerung des Differentialsystemes erfolgt durch ein periodisches Zahnrad. Zur Erzeugung der Zählimpulse wird das Sinussignal durch einen Schwellwertschalter digitalisiert, vorteilhaft im Nulldurchgang (Beispiele werden in 1.6.4.2 näher beschrieben).

Anordnung h) zeigt einen geschlossenen Magnetkreis. Durch eine geschlitzte Steuerblende wird der eine Schenkel eines Weicheisen-Joches wechselweise kurzgeschlossen, so daß der gegenüberliegende Sensor feldfrei wird. Dieses Schaltverhalten ermöglicht große Signalamplituden; ausgewertet mit einem Komparator wird ein digitaler Stellungsgeber realisiert.

Abschließend werden noch einige Dimensionierungs- und Auswahlempfehlungen gegeben:

– Bei der konstruktiven Auslegung der Positionserfassung sind Bewegungen senkrecht zur Abfragerichtung zu verhindern, um Fehlsignale zu vermeiden, außerdem soll der Arbeitsluftspalt möglichst klein gehalten werden.

– Zur Erfassung der Position von Permanentmagneten verwendet man vorzugsweise Hallsensoren wegen ihrer linearen Kennlinie.

– Differentialsysteme unterdrücken die magnetische Vorspannung bei Weicheisen-Aussteuerung, ein nullsymmetrisches Signal wird generiert.

– Lineare Kennlinienbereiche ergeben sich in den Anordnungen b1)...b3), c1)...c2), d), f1)...f3).

– Differential-Feldplatten-Sensoren werden vorteilhaft als Zahnradsensor, zur inkrementalen Winkel- und Wegmessung (g) und als linearer Wegsensor (f2, f3) eingesetzt. Eine einfache Anpassung an die notwendige Geometrie ist möglich [12], [13].

– Silizium-Differential-Hallsensoren bieten bei Drehzahlsensoren (g) den Vorteil der  monotlithischen Integration der Digitalisierung. Die geometrische Anpassung ist auf einen Anwendungsbereich festgelegt (Modul 1,5...2,5 [43]).

### 1.6.2  Differentialsysteme

Differentialanordnungen sind zwei in einem definierten Abstand, auf einem gemeinsamen Substrat hergestellte Sensorelemente. Sie sind so miteinander verschaltet, daß nur bei einem einwirkenden Feldgradienten ein Differenzsignal entsteht, gleiches Feld an beiden Sensorpunkten liefert kein Signal. Typische Anwendungsbeispiele sind in Bild 1.6.1-1 b3), f2), f3) und g) aufgeführt.

Differential-Feldplatten-Sensoren bestehen aus zwei magnetfeldabhängigen Widerständen (s. Bild 1.3-1 und 1.3-2). Feldgradienten führen zu einer Widerstandsdifferenz, die in einer Wheatstone-Brücke als Spannungsänderung ausgewertet wird [44], [1], [2].

Bei Temperaturänderung wirkt sich nur die Differenz der Temperaturkoeffizienten aus, vergrößert um einen aussteuerungsabhängigen Beitrag [1], [2], [45]. Eine einfache Anpassungsschaltung nach Bild 1.6.2-1 nutzt den Temperaturgang der Widerstände selbst zur Kompensation.

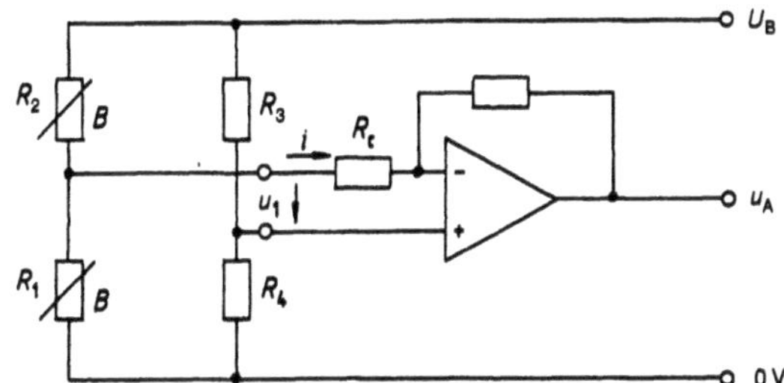


Bild 1.6.2-1    Analoge Auswerteschaltung für Feldplattensensoren mit Temperaturkompensation

Der Operationsverstärker wertet den Ausgangsstrom der Brücke aus:

$$i = \frac{u_1}{R_i} \tag{20}$$

mit $u_1$ als Leerlaufspannung und $R_i$ als Innenwiderstand der Brücke.

$$R_i = \frac{R_1 R_2}{R_1 + R_2} + \frac{R_3 R_4}{R_3 + R_4} \tag{21}$$

$R_3$ und $R_4$ als Festwiderstände sind temperaturunabhängig, damit wird der Temperaturgang von $R_i$ von den Feldplattenwiderständen $R_1$ und $R_2$ bestimmt. In gleichem Maße wie der Innenwiderstand $R_i$ nimmt auch die Leerlaufspannung $u_1$ über die Temperatur ab, der Quotient $i$ in Gleichung (20) bleibt somit konstant.

Mit einem Kompensationswiderstand $R_c$ (Bild 1.6.2-1) kann die Ausgangsspannung $u_A$ über einen weiten Temperaturbereich stabilisiert werden. Der optimale $R_i$ wird für den betrachteten Temperaturbereich empirisch ermittelt, als Anfangswert wähle man $(R_1 + R_2)\,/\,2$ [40].

Für den magnetischen Arbeitspunkt der Feldplatte empfiehlt sich ein Magnetfeld von 0,3...0,4 T als guter Kompromiß zwischen Empfindlichkeit, Temperaturgang und Aufwand.

Differential-Hallsensoren aus Silizium werden mit einem integrierten Schmitt-Trigger hergestellt. Ein typischer Vertreter ist der TLE 4921/4922 der Fa. Siemens [46]. Zwei Hallelemente sind im Abstand von 2,5 mm plaziert, ihre Hallspannung ist so gegeneinander verschaltet, daß nur bei einer Magnetfelddifferenz ein Ausgangssignal entsteht. Das Differenzsignal wird verstärkt, über einen Hochpaßfilter ausgekoppelt und in einer Schaltstufe digitalisiert der Open-Collector-Ausgangsstufe zugeführt. Weiterhin sind Schutzbeschaltungen und Verpolschutz integriert. Das Blockschaltbild ist in Bild 1.6.2-2 dargestellt.

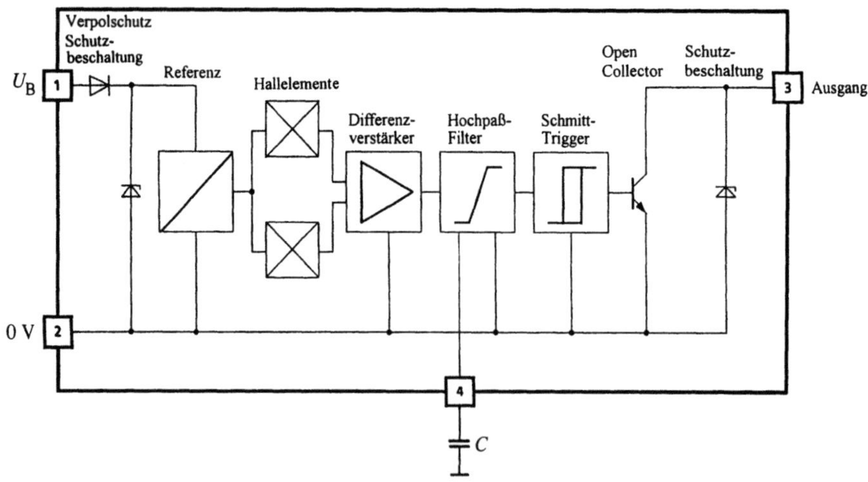


Bild 1.6.2-2     Blockschaltbild des Differential-Hall-IC's TLE 4920/4921.

Mit der kapazitiven Kopplung, die mit einem externen Kondensator eingestellt wird, ist eine untere Grenzfrequenz von einigen Hertz möglich. Eine statische Variante (TLE 4974 [46]) arbeitet ohne Hochpaßfilter mit Gleichspannungskopplung, die Messung wird dadurch bis Frequenz 0 ermöglicht.

### 1.6.3 Magnetdimensionierung

Das Magnetfeld übermittelt die mechanische Position eines Indikators (Magnet oder ferromagnetisches Teil) an einen galvanomagnetischen Sensor. Das richtige Design des Magnetkreises ist somit entscheidend für die volle Nutzung der Sensoreigenschaften. Es wird je nach Scherung zwischen einem offenen (stark geschert, Bild 1.6.1-1a...g) und einem geschlossenen Magnetkreis (Bild 1.6.1-1h) unterschieden.

Der sehr häufig eingesetzte offene Kreis besteht aus einem Permanentmagneten, auf dessen Polfläche der Sensor montiert ist.

Für die Auswahl des Magnetmaterials ergeben sich in Zukunft neue interessante Zusammensetzungen. Heute noch sehr häufig eingesetzt werden Magnete aus SmCo-Material. Sie zeichnen sich durch hohe Energiedichte, dadurch kleine Volumina, kleine Temperaturkoeffizienten, sehr großen Betriebstemperaturbereich bis > 200 °C und hohe Langzeitstabilität aus. Erhältlich sind sie unter den Handelsnamen VACO-MAX, KOERMAX, RECOMA usw.

Neue Verbindungen aus NdFeB versprechen eine deutlich höhere Effizienz, ihre Energiedichte ist um Faktor 2 größer als SmCo. Einer breiten Ablösung der Selten-Erden-Magnete stehen allerdings noch zwei Nachteile im Wege: Die maximale Einsatztemperatur ist auf ca. 150 °C begrenzt und zum anderen muß der Magnet mit einer Schutzschicht passiviert werden, damit die Oberfläche nicht oxidiert; mechanische Nachbearbeitung ist nicht möglich. Handelsnamen sind hier u.a. VACODYM, KOERDYM.

Beim Aufbau des Sensorsystems und bei der Dimensionierung des Arbeitsluftspaltes Magnet-Indikator ist besonders der überproportionale Abfall der magnetischen Induktion $B$ bei zunehmendem Abstand von der Polfläche eines Magneten zu berücksichtigen.

Für quaderförmige Magnete (Bild 1.6.3-1a) aus SmCo-Material gilt nach [47]:

$$B_z(z) = \frac{M}{\pi}\left[\arctan\frac{\left(\frac{a}{2}\right)^2}{z\sqrt{2\left(\frac{a}{2}\right)^2 + z^2}} - \arctan\frac{\left(\frac{a}{2}\right)^2}{(z+c)\sqrt{2\left(\frac{a}{2}\right)^2 + (z+c)^2}}\right] \quad (22)$$

Die Magnetisierung $M$ (bei SmCo ca. 0,9 T) liegt in $z$-Richtung. Die Induktionsabnahme in $z$-Richtung nach Gleichung (22) zeigt Bild 1.6.3-1b für einen $10 \times 10 \times 5$ mm$^3$ Magneten.

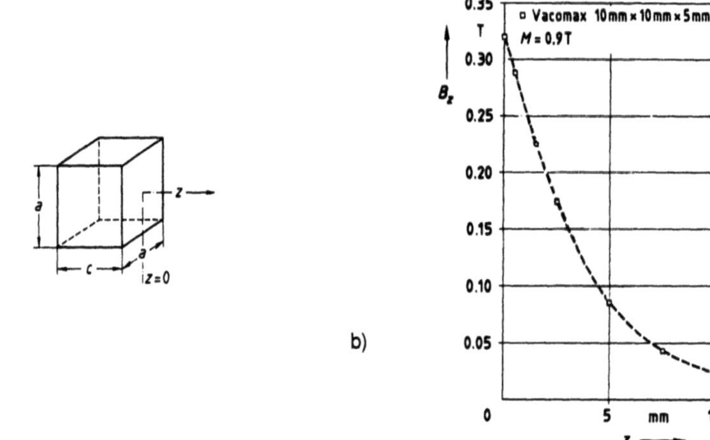



Bild 1.6.3-1     a) Quaderförmiger Permanentmagnet mit quadratischer Polfläche $a \times a$, Magnetisierungsachse in $c$-Richtung.

b) Abhängigkeit der magnetischen Induktion B eines quaderförmigen Permanentmagneten aus SmCo vom Abstand $z$ nach Gl. (22).

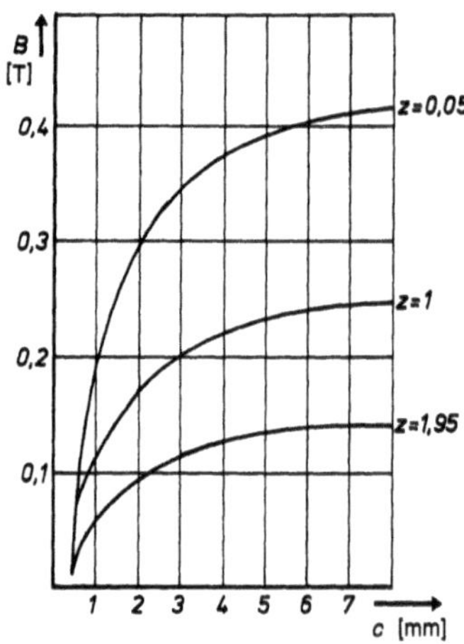



Bild 1.6,3-2     Abhängigkeit der magnetischen Induktion $B$ eines quaderförmigen Permanentmagneten aus SmCo von der Magnetlänge $c$ nach Gl. (22), Parameter ist der Polabstand $z$.

Auch zur Magnetgeometrie liefert Gleichung (22) Dimensionierungshinweise. Bei gegebener Polfläche $a \times a$ führt eine Vergrößerung der Magnetlänge $c$ sehr schnell in eine Sättigung der Induktion, die Abhängigkeit gehorcht einer Wurzelfunktion. Bild 1.6.3-2 zeigt dies am Beispiel eines $4 \times 4$ mm$^2$-Magneten mit der Induktion $B$ als Funktion der Magnetlänge $c$ mit $z$ als Parameter. Zur Erhöhung des magnetischen Arbeitspunktes ist es somit effizienter, die Polfläche eines SmCo-Magneten zu vergrößern anstelle der Länge.

Geschlossene Permanentmagnetkreise finden häufig als Magnetgabelschranken Anwendung. Die Arbeitspunkte liegen durch die geringe Scherung bei großen Magnetfeldern ($B > 0{,}5$ T). Die Dimensionierung der Magnete ist dabei nicht so entscheidend wie die Wahl des geeigneten Luftspaltes.

### 1.6.4  Ausgewählte Beispiele

Im folgenden werden einige ausgewählte Anwendungsbeispiele näher beschrieben, unterteilt in analoge und digitale (inkrementale) Positionserfassungen.

### 1.6.4.1 Analoge Wegerfassung

Für die genaue, reproduzierbare Erfassung von sich stetig ändernden magnetischen Feldern, etwa bei der Messung von vorbeibewegten Permanentmagneten oder ferromagnetischen Materialien, sind Hallsensoren besonders geeignet (s. auch Bild 1.6.1-1a...f). Wie die folgenden Beispiele zeigen, können damit sehr vielfältige Wegsensoren realisiert werden.

- Druckmeßdose

  In einer Druckmeßanordnung mit Hallsensor wird der mechanische Hub einer Membrane kontaktlos über ein Magnetfeld abgefragt. An die Membran wird dabei ein Permanentmagnet montiert.

  Druckänderungen bewegen den Magneten relativ zum Sensor, der die lokale Feldänderung in eine druckabhängige Ausgangsspannung umsetzt. Je nach Linearitätsforderungen kommen Anordnungen aus Bild 1.6.1-1a...b2 zur Anwendung. Wesentlich ist die Reproduzierbarkeit der Kennlinie, die ein fein abgestimmtes Design zwischen mechanischem Aufbau, Membran, Magnet und Sensoreigenschaften erfordert; es sind Genauigkeiten bis 1% erreichbar. In Bild 1.6.4-1 ist eine Anordnung dargestellt.

  Elektromechanische Druckdosen mit Hallsensoren bilden eine preisgünstige Alternative zu piezoresistiven Drucksensoren aus Silizium. Ihr großer Vorteil, die

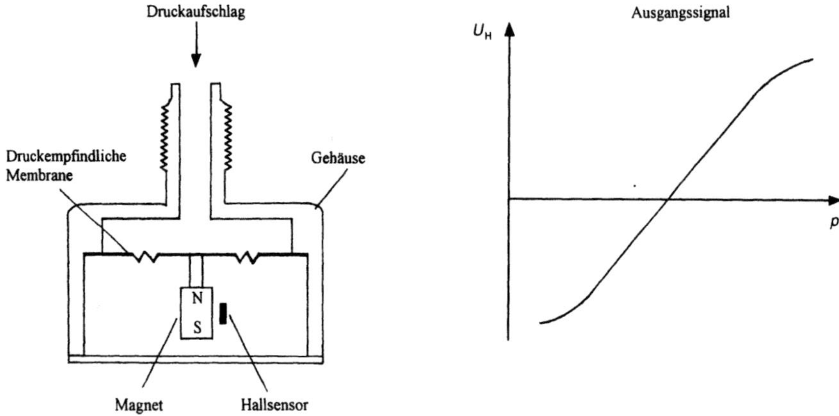


Bild 1.6.4-1     Prinzipaufbau einer Druckmeßsdose mit einem Hallsensor und dem entsprechenden Signalverlauf.

vollständige Medientrennung, läßt sie zum geeigneten Sensor in aggressiver Umgebung werden, z.B. in der Kraftfahrzeugsensorik [48]. Anpassung an verschiedene Druckbereiche kann durch einfachen Austausch der Membran erfolgen.

Zur Anwendung kommen Hallsensoren aus GaAs.

• <u>Beschleunigungssensor</u>

Die berührungslose Beschleunigungsmessung mit Hallsensoren beruht auf dem
Prinzip der seismischen Masse. An eine einseitig eingespannte Feder ist ein Per-
manentmagnet mit der Masse $m$ befestigt. Bei Querbeschleunigung wird der
Magnet proportional zur Beschleunigung $a$ ausgelenkt.

Das Schwingungssystem mit der Erregerfrequenz $\omega$ und der Kraft $F_0$ ergibt die
Auslenkung

$$s = \frac{F_0}{m\sqrt{\left(\omega_e^2 + \omega^2\right)^2 + 4\beta^2\omega^2}} \tag{23}$$

$\omega_e$ ist die Resonanzfrequenz des Pendels. Bild 1.6.4-2 zeigt die Kennlinie bei verschiedenen Dämpfungskonstanten $\beta$.

Bei $\omega = 0$ wird :

$$s = \frac{F_0}{m\omega_e^2} \tag{24}$$

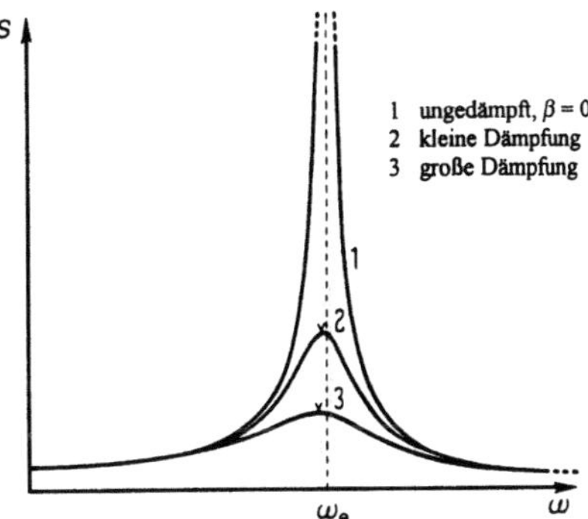

Bild 1.6.4-2    Abhängigkeit der Auslenkamplitude $s$ eines Federsystems von der Erregerfrequenz $\omega$ bei verschiedenen Dämpfungen $\beta$.

und mit:

$$F_0 = ma \qquad (25)$$

wird:

$$s = a\,\frac{1}{\omega_e^2} \qquad (26)$$

Wie die Kurvenschar in Bild 1.6.4-2 zeigt, gilt diese Beziehung, solange die Resonanzfrequenz $\omega_e$ weit genug über der maximalen Erregungsfrequenz $\omega$ liegt. Eine erhöhte Dämpfung, z.B. durch Ölfüllung, vergrößert den linearen Bereich.

Um mit der Anordnung Magnet/Hallsensor eine möglichst lineare Kennlinie zu erhalten, empfiehlt sich Konfiguration b2) aus Bild 1.6.1-1. Den prinzipiellen Aufbau des Beschleunigungssensors mit Kennlinie zeigt Bild 1.6.4-3.

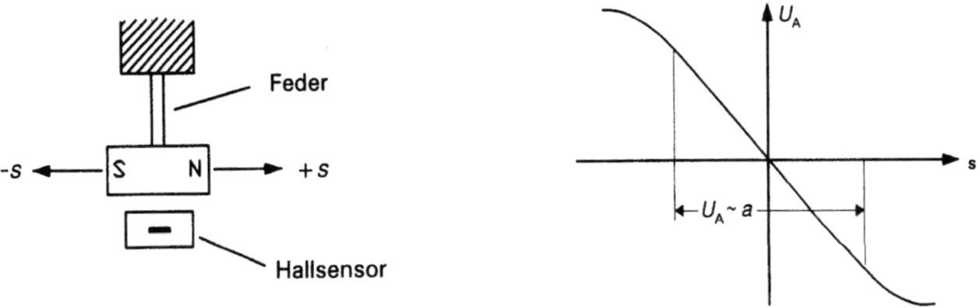


Bild 1.6.4-3    Prinzipdarstellung eines Beschleunigungssensors mit Hallsensor und seismischer Masse mit dem entsprechenden Signalverlauf.

Praktischen Einsatz finden diese Sensoren bereits in der Meß-, Steuer-, Regeltechnik sowie in der Kfz-Elektronik für Fahrwerksregelung [49], möglich ist auch ein Aufprallsensor (Crashsensor) für den Airbag.

GaAs-Hallsensoren gewährleisten die nötige Genauigkeit und Zuverlässigkeit.

- <u>Zerstörungsfreie Schichtdickenmessung</u>

Über eine Abstandsmessung können zerstörungsfrei die Schichtdicken von unmagnetischen Schichten auf ferromagnetischen Werkstoffen ermittelt werden. Eine Hauptanwendung ist die Messung von Lackdicken auf Eisenblechen, z.B. im Kfz-Karrosseriebau.

Das Meßprinzip beruht auf Anordnung e) aus Bild 1.6.1-1. Ein Hallsensor, auf die Polfläche eines Magneten montiert, erfaßt das Magnetfeld, das sich in Folge eines Luftspaltes $d$ zu einem Eisenblech einstellt. Über eine geeichte Kennlinie entsteht so eine, allerdings nichtlineare, Beziehung zwischen Luftspalt (Schichtdicke) und Hallspannung.

Den Nachteil der nichtlinearen und relativ ungenauen Anordnung vermeidet eine Differenzmessung wie sie in Bild 1.6.4-4 abgebildet ist:

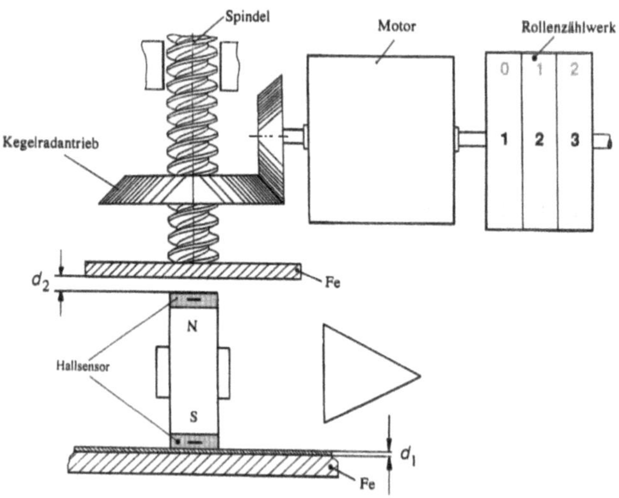


Bild 1.6.4-4    Prinzipaufbau eines Schichtdickenmeßgerätes für unmagnetische Schichten auf ferromagnetischen Materialien mit zwei Hallsensoren nach dem Kompensationsverfahren.

Ein zweiter Sensor wird auf der gegenüberliegenden Polfläche des Magneten befestigt. Auf dessen Seite wird eine weichmagnetische Referenzplatte in der

Magnetachse solange angenähert, bis beide Hallsensoren exakt gleiche Hallspannung anzeigen. Dieses Simulationsverfahren kopiert die unbekannte Schichtdicke. Erfolgt die Verschiebung der Referenzscheibe mit einer motorisch angetriebenen Mikrometerschraube, kann der Luftspalt direkt über ein mechanisches Zählwerk digital angezeigt werden. In [50] ist ein realisiertes Meßgerät beschrieben.

Entscheidend für die Meßgenauigkeit ist ein exakter Gleichlauf der Hallsensoren, die durch eine Paarung verbessert wird. Vorzugsweise werden GaAs-Sensoren eingesetzt.

- <u>Kollektorloser Gleichstrommotor</u>

Im Elektronikmotor übernimmt der Hallsensor die Funktion eines Stellungsmelders. Im einfachsten Fall besteht der Läufer aus einem diametral magnetisierten Zylindermagneten, umgeben von den Stator-Wicklungen [51]. Die Stellung des Läufers wird von zwei Hallsensoren erfaßt. Mit den resultierenden Hallspannungen werden vier Statorwicklungen so angesteuert, daß zusammen mit dem magnetischen Fluß des Permanentmagneten ein Drehmoment entsteht. Durch die magnetpolabhänige Polarität der Hallspannung genügen 2 Sensoren um 4 Wicklungen zu steuern. Die prinzipielle Funktionsweise mit den entsprechenden Hallspannungen ist in Bild 1.6.4-5 ersichtlich.

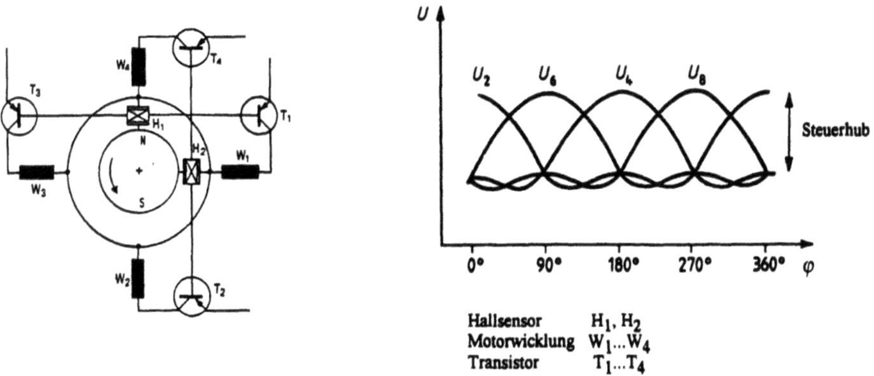


Bild 1.6.4-5    Aufbau eines kollektorlosen Motors mit 2 Hallsensoren und den dazugehörigen Steuerspannungen für die 4 Motorwicklungen.

Wie aus den Spannungsdiagrammen von Bild 1.6.4-5 zu entnehmen ist, erreicht man mit den Hallsensoren "sanfte" Stromübergänge zwischen den Wicklungen, was zu sehr guten Rundlaufeigenschaften führt.

Die Hallsensoren befinden sich entweder direkt im Motorluftspalt und werden vom Läuferfeld durchsetzt oder es ist außerhalb des Motors eine magnetisierte Steuerscheibe auf die Welle montiert. Die Steuerscheibe, als Multipol-Magnet ausgeführt, benötigt nur noch einen Hallsensor (s. c3 in Bild 1.6.1-1) und zusammen mit einem Multipol-Läufermagnet lassen sich die Rundlaufeigenschaften nochmals deutlich steigern.

Neben industrieller Anwendung, vor allem für Geräteantriebe, finden Elektronikmotoren ihren Einsatz hauptsächlich im Hifi- und Video-Bereich. Die bevorzugten Hallsensoren werden aus InSb oder GaAs hergestellt. Bei unkritischen Anforderungen (z.B. in Lüftermotoren) genügt ein digitales Schaltverhalten, so daß auch integrierte Hallschalter aus Silizium eingesetzt werden.

Die Vorteile von Elektromotoren ohne Kommutatoren liegen in einer hohen Lebensdauer, geringen Laufgeräuschen, fehlendem Bürstenfeuer, sehr gutem Rundlauf und sehr guten Regeleigenschaften.

### 1.6.4.2  Digitale Positionserfassung

Digitale Positionssensorik steht hier für die Erfassung aller periodisch wiederkehrenden räumlichen Positionen (Zahnrad), deren Ausgangssignale in digitalisierter Form als Inkrementsignal verarbeitet wird. In einem Zeitfenster gezählt, liefern die Impulse die Information der Geschwindigkeit, die absolute Zählung den zurückgelegten Weg- oder Winkelbereich.

Im folgenden werden zwei ausgewählte Applikationsbeispiele (Drehzahlsensor und inkrementale Wegmessung) näher beschrieben.

- Drehzahlsensor

  Die Abfrage von ferromagnetischen Zahnrädern zur Drehzahl- bzw. Geschwindigkeitsmessung ist die "klassische" Anwendung von Differentialsensoren, montiert auf einen Permanentmagneten. Die magnetische Vorspannung wird durch die Differenzbildung kompensiert, den Signalverlauf zeigt Bild 1.6.4-6. Zahnperiode und Mittenabstand der Einzelsysteme müssen dabei aufeinander abgestimmt sein. Ist der Systemabstand $x$ halb so groß wie die Zahnteilung, entsteht der größtmögliche Feldgradient und damit der maximale Signalhub.

  Bild 1.6.4-7 zeigt errechnete Signalamplituden $U_{ASS}$ in Abhängigkeit von der Zahnperiode bei verschiedenen Sensorabständen. Die Dimensionierung gestaltet sich nicht besonders kritisch. Abweichungen von ±25 % von der optimalen Zahnperiode führen etwa zu 10 % Reduzierung gegenüber dem maximalen Signalhub.

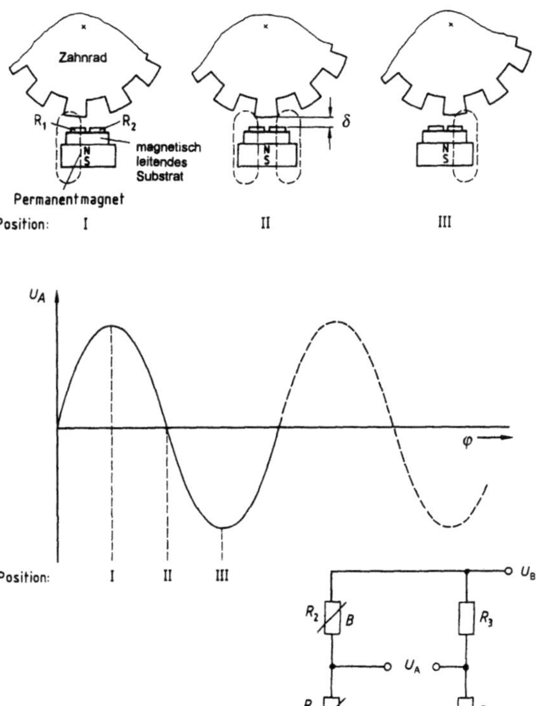


Bild 1.6.4-6    Prinzip der Zahnradabfrage mit einem Differential-Feldplatten-Sensor mit Signalverlauf und Brückenschaltung.

In der Praxis werden häufig Zahnräder mit Evolventenverzahnung verwendet, wie
sie bei Antrieben, Getrieben, und anderen Kraftübertragungen Verwendung finden. Die hier gebräuchlichen Modulangaben $m$ können nach:

$$\lambda = m\pi\left(1 + \frac{2}{Z}\right) \tag{27}$$

in die Zahnperiode $\lambda$ umgerechnet werden, $Z$ ist die Anzahl der Zähne.

Mit den heute erhältlichen Differentialsensoren mit Mittenabständen von 0,4...2,5
mm (s. Bild 1.6.4-7) können Zahnräder von Modul 0,16 bis Modul 3 erfaßt werden. Zur Messung der Drehzahl wird das Sinussignal des Differential-Feldplatten-
Sensors (s. 1.6.4-6) digitalisiert, in einem Zeitfenster gezählt und entweder zur
Anzeige gebracht oder in einer Folgeelektronik weiterverarbeitet. Ein einfaches
Schaltungsbeispiel mit Schalthysterese ist in Bild 1.6.4-8 dargestellt, die Zähler-
auswertung dabei als Blockschaltbild. Bei individuellem Abgleich – die Sensoren

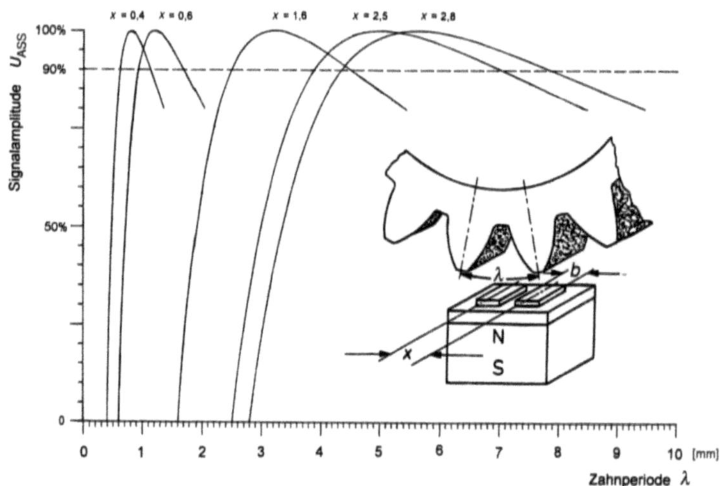


Bild 1.6.4-7    Abhängigkeit der maximalen Signalamplitude von der Zahnperiode $\lambda$ bei verschiedenen Mittenabständen $x$ von Differentialsensoren.

können eine leichte Unsymmetrie haben – sind Arbeitsluftspalte bis zu 5 mm
möglich, bei kapazitiver Kopplung noch größere.

Für große Betriebstemperaturen und bei speziellen Modulanpassungen kommen
TAB-Feldplatten, bei allgemeinen Anforderungen kunststoffgekapselte Sensoren
mit integriertem Permanentmagnet zur Anwendung [15].

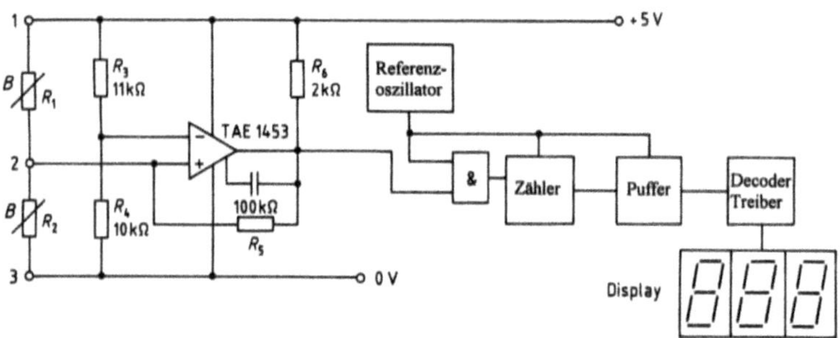


Bild 1.6.4-8    Prinzipschaltung eines Drehzahlsensors mit einem Differential-Feldplatten-Sensor

Der Differenz-Hall-IC aus Silizium besitzt einen festen Systemabstand $x$ von 2,5
mm, damit sind Zahnräder von Modul 1,5...2,5 abtastbar. Die realisierbaren Luftspalte liegen bei dynamischer (kapazitiver) Kopplung bis ca. 4 mm, mit statischer
(ohne Hochpaß) bis ca. 2 mm [43].

Anwendungsschwerpunkt für Drehzahlsensoren ist der Kfz-Bereich. Die Applikationen reichen von Radsensoren für Antiblockiersysteme (ABS), Tachometer, Fahrwerksregelung bis zu Sensoren für die Kurbelwellenabfrage [43], [52].

Gerade für den Einsatz in der rauhen Fahrzeugumwelt sind die magnetogalvanischen Sensoren eine technisch vorteilhafte Alternative zu den heute häufig eingesetzten Induktivsensoren. Die Signalamplituden sind unabhängig von der Geschwindigkeit, sodaß auch bis Drehzahl Null gemessen werden kann. Die hohen auftretenden Temperaturen (bis 200 °C) werden bei Differential-Feldplatten-Sensoren durch thermische Entkopplung bewältigt, d.h. die Signalaufbereitung liegt auf thermisch niedrigerem Potential (< 150 °C).

<u>Inkrementale Weg- und Winkelmessung</u>

Für die inkrementale Weg- und Winkelmessung von ferromagnetischen Zahnstangen oder Zahnrädern wird zusätzlich zu den Zählimpulsen noch eine Richtungsinformation benötigt, ob vorwärts oder rückwärts gezählt werden muß.

Diese Forderung erfüllen Doppel-Differential-Feldplatten-Sensoren in TAB-Technologie (s. Bild 1.3-2) in idealer Weise. Aufgebaut auf einem Ferritsubstrat sind zwei Differentialsysteme integriert, das magnetische Arbeitsfeld wird von einem rückseitig angebauten Permanentmagneten geliefert. Angepaßt an die Zahnperiode liefern die beiden Sensorelemente um 90° phasenverschobene Signale. Prinzipieller Aufbau und Signalform sind in Bild 1.6.4-9 dargestellt.

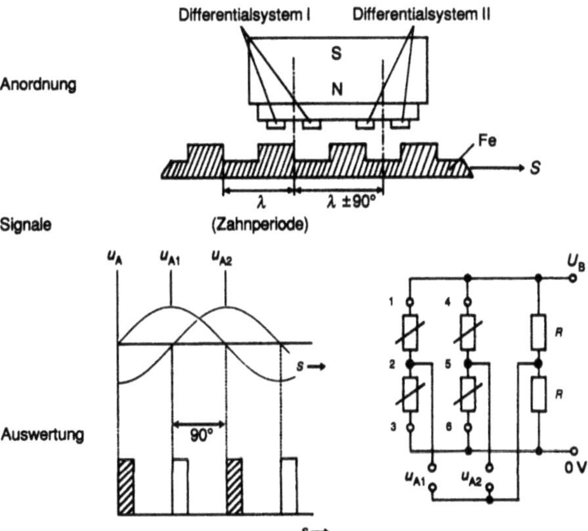


Bild 1.6.4-9     Wirkungsweise einer Doppeldifferentialfeldplatte zur inkrementalen Weg- oder Winkelmessung mit Brückenauswertung, Signalverlauf und Vorschlag zur Auswertung.

Eine einfache Digitalisierung mit einem Schmitt-Trigger liefert einen Zählimpuls pro Zahn und die Zählrichtung wird dadurch ermittelt, welches Sensorsignal zuerst kommt. Ein Schaltbeispiel zur Richtungserkennung zeigt Bild 1.6.4-10.

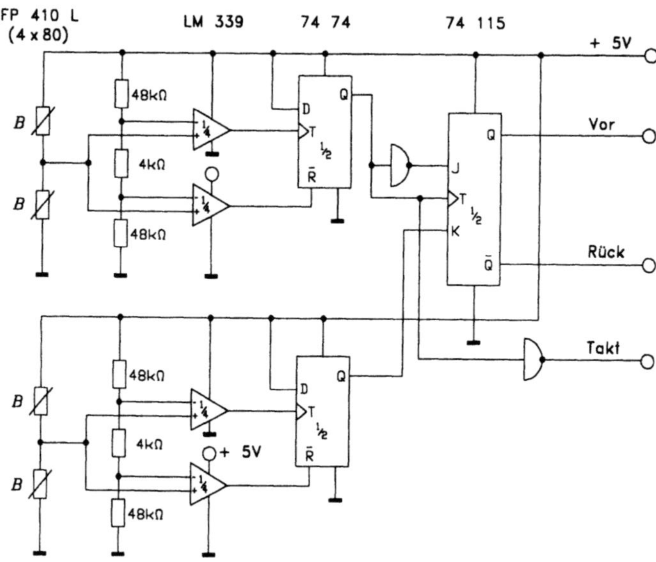


Bild 1.6.4-10  Auswerteschaltung zur Richtungserkennung eines inkrementalen Wegsensors mit der Doppeldifferentialfeldplatte FP 410

Mit dem Sinus-/Cosinus-Signal kann die Auflösung deutlich gesteigert werden. Im Nulldurchgang geschaltet erhält man bereits 4 Impulse pro Periode (s. Bild 1.6.4-9) und bei absoluter Signalgleichheit geschaltet zusätzlich 4 Impulse. Mit dem Sensor FP 410 L 4x80 der Fa. Siemens [15], ausgelegt für eine Zahnperiode von 0,96 mm (entspricht etwa Modul 0,3), ist damit schon eine Auflösung von 0,12 mm erreichbar.

Die elektronisch-rechnerische Verknüpfung der mathematisch reinen Signale, der Klirrfaktor liegt <0,2%, erschließt noch weit höhere Auflösungen bis in den μm-Bereich [53]. Hier ist allerdings eine sehr sorgfältige Dimensionierung bzgl. mechanischer und elektrischer Toleranzen erforderlich [54].

Ein wesentlicher Parameter ist die Stabilität des Nullpunkts. Durch die magnetfeldabhängigen Temperaturkoeffizienten der Widerstände ist die magnetische Vorspannung homogen auf alle 4 Sensorelemente zu verteilen, z.B. durch großflächige, nichtmagnetische Substrate oder speziell geformte Konzentratoren.

Inkrementale Meßsysteme finden ihren Einsatz bei Längenmaßstäben und Drehwinkel-Encodern, wie sie für Werkzeugmaschinen benötigt werden. Der große

Vorteil einer Feldplattenlösung ist die Resistenz gegen Verschmutzungen und ihre Robustheit. Die eingesetzten TAB-Feldplatten lassen sich durch einfache Maskendesigns optimal an vorgegebene Zahnsysteme anpassen.

## 1.7  Ausblick

Magnetogalvanische Halbleitersensoren haben bereits ein großes Anwendungsspektrum erreicht. Aufbauend auf eine lange Tradition ist die Entwicklung noch lange nicht abgeschlossen.

Der Entdeckung des magnetoresistiven- und Halleffekts vor mehr als 100 Jahren folgte der Durchbruch erst mit der Entwicklung von Ill/V-Halbleitern, die 1951 mit InSb ihren Anfang nahm. Der Schlüssel zu den Feldplatten-Sensoren ist das InSb/NiSb-Eutektikum, erstmals beschrieben 1961. Die Verfügbarkeit von Integrationstechniken führte 1970 zum ersten Si-Hall-IC und ab 1980 zu GaAs-Hallsensoren.

Für Feldplatten-Sensoren, die sich durch hohe Zuverlässigkeit bewährt haben, werden neue kostengünstige Herstellverfahren entwickelt. TAB-Sensoren mit Ferritsystemen als Beispiel, sind für automatisch verarbeitbare SMD-Technologien geeignet und können einfach an Anwendungsgeometrien angepaßt werden. Durch entsprechendes Design von Fotomasken können auch Multi-Chip-Bauteile (z.B. Doppel-Differentialsysteme) realisiert werden.

Bei GaAs-Hallsensoren geht der Trend zu neuen Verbindungshalbleitern und Technologien und zur monolithischen Integration der Auswerteelektronik. Ziel ist eine hohe Stabilität von Sensorkennlinie und Offset, verbunden mit einer hohen Empfindlichkeit. GaAsP oder InGaAs beispielsweise, mit ihrer großen Hallbeweglichkeit der Ladungsträger, bieten hier interessante Ansätze für die Zukunft, Voraussetzung sind die entsprechenden Technologien wie MOVPE oder MBE. Die Anfänge der Integrationsversuche von Signalaufbereitung in GaAs reichen bis in die frühen 80er Jahre zurück [55], [56]. Zum Durchbruch führten sie bis heute nicht, obwohl die faszinierende Möglichkeit von sehr stabilen Hall-ICs für sehr hohe Temperaturen (> 200 °C) eine große Motivation darstellt.

Auch bei Silizium sind noch nicht alle Möglichkeiten ausgeschöpft. Neben der Verbesserung von Kompensations- und Auswerteelektronik geht es um die Erschließung höherer Einsatztemperaturen (bis 150 °C). Den Halleffekt direkt in aktiven Bauelementen (Magnettransistoren, Magnetdioden) zu nutzen [2], [22], [26] oder einen dreidimensionalen Hallsensor unter Ausnutzung des vertikalen Halleffekts zu entwickeln, sind möglicherweise interessante Alternativen für die Zukunft.

In der Vergangenheit oft unterschätzt, entscheidet das Packaging von Sensoren häufig über Einsatzmöglichkeiten. Gerade bei Magnetfeldsensoren übernimmt das Gehäuse eine Funktionsunterstützung als Träger des Magnetkreises, es ist außerdem den oft rauhen Umgebungen direkt ausgesetzt.

Sorgfältige Wahl der Materialien, flache Bauhöhen, SMD-Fähigkeit sowie die Herstellbarkeit auf kostengünstigen Standardlinien sind die wichtigsten Herausforderungen.

Gelingt es in Zukunft, die beschriebenen Ziele zu erreichen, so erschließen sich für galvanomagnetische Halbleitersensoren viele neue Anwendungen. Der Schwerpunkt wird in der Kfz-Elektronik liegen, gefolgt von der Meß-, Steuer-, Regeltechnik und der Unterhaltungselektronik. Drehzahl-, Druck-, Beschleunigungs- und Winkelsensoren im Kfz, Strom- und Leistungsmessung in der MSR-Technik gehören zu den Hauptanwendungen. Die elektrische Leistungs- und Verbrauchsmessung, als Ersatz für den elektromechanischen Zähler, wird eine große Herausforderung an die Langzeitstabilität von Hallsensoren sein.

# Literatur

[1]   H. Schaumburg, Magnetsensoren, Werkstoffe und Bauelemente der Elektrotechnik – Band 3, Sensoren, Stuttgart: B. G. Teubner, 1992.

[2]   R. S. Popovic, W. Heidenreich, Magnetogalvanic Sensors, R. Boll, K. J. Overshott, Sensors – Vol. 5, Magnetic Sensors, Weinheim: VCH, 1989.

[3]   F. Kuhrt, H. J. Lippmann, Hallgeneratoren, Berlin: Springer, 1968.

[4]   H. Weiss, Physik und Anwendung galvanomagnetischer Bauelemente, Braunschweig: F. Vieweg & Sohn, 1969.

[5]   H. H. Wieder, Hall Generators and Magnetoresistors, London: Pion, 1971.

[6]   U. v. Borcke, H. H. Cuno, Feldplatten und Hallgeneratoren, München: Siemens AG Verlag, 1985.

[7]   W. Heywang, Sensorik, Halbleiter-Elektronik 17, Heidelberg: Springer, 1984.

[8]   W. Thomson, "On the effects of magnetization on the electric conductivity of metals", Philos. Trans. R. Soc., London A 146 (1856) 736-751.

[9]   E. H. Hall, "On a new action of the magnet on electric current", Am. J. Math. 2 (1879) 287-292.

[10]  H. Weiss, H. Welker, "Zur transversalen magnetischen Widerstandänderung von InSb", Z. Phys. 138 (1954) 322-329.

[11]  H. Weiss, M. Wilhelm, "Indiumantimonid mit gerichtet eingebauten elektrisch gut leitenden Einschlüssen: System InSb/NiSb", Z. Phys. 176 (1963) 399-408.

[12]  D. Lachmann, "TAB-Feldplatten", Sensor Report 5 (1991) 38-40.

[13]  W. Heidenreich, "Aufbautechniken für Halbleiter-Magnetfeldsensoren", Technisches Messen 56 (1989) 436-443.

[14]  W. Heidenreich, D. Lachmann, "Magnetik in der Meßtechnik", VDI/VDO GMA Bericht 13 (1987) 102-106.

[15]  Datenbuch, Magnetic Sensors, Siemens AG, 1989.

[16]  J. Haeusler, H. J. Lippmann, "Hallgeneratoren mit kleinen Linearisierungsfehlern", Solid-State Electronics 11 (1968) 173-182.

[17] K.-G. Günther, H. Freller, "Neuartige Hallgeneratoren mit aufgedampfter
Halbleiterschicht", Siemens-Zeitschrift 10 (1962) 728-734.

[18] E. Pettenpaul, W. Flossmann, "Hall-Effekt-Positionssensoren aus ionen-im-
plantiertem GaAs", Elektronik Industrie 11 (1980) 13-15.

[19] E. Pettenpaul, J. Huber, H. Weidlich, W. Flossmann, U. v. Borcke,
"GaAs Hall devices produced by local ion implantation",
Solid-State Electronics 24, Nr. 8 (1981) 781-786.

[20] T. T. Hara, M. Mihara, N. Toyoda, M. Zama,
"Highly linear GaAs Hall devices fabricated by ion implantaion",
IEEE Trans. Electron Devices ED-29 (1982) 78-82.

[21] A. Thanailakis, E. Cohen, "Epitaxial gallium arsenide as Hall element",
Solid-State Electronics 12 (1969) 997-1000.

[22] H. P. Baltes, R. S. Popovic, "Integrated semiconductor magnetic field sensors",
Proc. IEEE 74 (1986) 1107-1132.

[23] J. T. Maupin, M. L. Geske, "The Hall effect in silicon circuits",
The Hall Effect and its Applications, C. L. Chien, C. R. Westgate,
New York: Plenum Press, 1980, 421-445.

[24] G. S. Randhawa, "Monolithic integrated Hall devices in silicon circuits",
Microelectron. J. 12 (1981) 24-29.

[25] B. Hälg, "Piezo-Hall coefficients on n-type silicon",
J. Appl. Phys. 64 (1988) 276-282.

[26] R. S. Popovic, "Hall-Effect Devices", Sensors and Actuators 17 (1989) 39-53.

[27] M. Wolfrum, "KSY 14 – der superflache, vielseitige Hallsensor",
Siemens Components 28, Heft 5 (1990) 167-172.

[28] H. Weiss, "Zur Messung von Magnetischen Feldern mit Hallgenertoren",
Solid-State Electronics Vol. 1, 3 (1960) 225-133.

[29] F. Kuhrt, K. Maaz, "Messung hoher Gleichströme mit Hallgeneratoren",
Elektrotechnische Z. 77 (1956) 487-490.

[30] C. Heck, Magnetische Werkstoffe und ihre Anwendung,
Heidelberg: Dr. Alfred Hüthig, 1974.

[31] Firmenschrift, Weichmagnetische Werkstoffe, Vacuumschmelze, 1983.

[32] Firmenschrift, Amorphe Metalle VITROVAV-Legierungen,
Vacuumschmelze, 1989.

[33] Firmenschrift, HYPERM Weichmagnetische Werkstoffe und Bauteile,
Krupp Widia, 1986.

[34] Datenbuch, Ferrite und Zubehör, Siemens, 1990/91.

[35] Datenblatt, KSY 44, Siemens, 1992.

[36] U. Tietze, Ch. Schenk, Halbleiterschaltungstechnik,
Heidelberg: Springer, 1986.

[37] H. Protschky, "SPICE – Modelle für Magnetfeldhalbleiter",
Fachhochschule Regensburg, Diplomarbeit, 1992.

[38] K. Wetzel, L. Kuczynski, "Leistungsmessung mit Hallgeneratoren an Verbrauchern mit pulsweitenmodulierter Spannung",
Elektronik Information 3 (1986) 132-136.

[39] Datenbuch, Bauelemente, Vogt electronic AG, 1993.

[40] W. Heidenreich, W. Kuny, "Magnetfeldempfindliche Halbleiter-Positionssensoren; Anwendung, Auswahl und Beispiele, praktische Anwendungsschaltungen", Elektronik Industrie 5 (1985) 46-52 und 6 (1985) 112 -118.

[41] W. Teichmann, W. Flossmann, "Hallgeneratoren und Feldplatten",
Elektronik 9 (1983) 107-112.

[42] G. Hirschmann, "Berührungslose Positionsmessung mit Hallsensoren",
Elektronik Information 3 (1986) 66-68.

[43] K. Fischer, "Drehzahlerfassung mit Differential-Hall-IC",
Elektronik 4 (1991) 86, 95-97.

[44] U. v. Borcke, "Feldplattenfühler FP 212 L 100",
Bauelemente der Elektronik 9 (1977) 100-106.

[45] H. H. Cuno, "Einfache Berechnung von Feldplattendaten in Abhängigkeit vom Magnetfeld und Temperatur", Siemens Bauteile-Report 14 (1976) 89-93.

[46] Datenblatt, TLE 4920 G/4921 U/4971 U/4973 U, Siemens, 1992.

[47] K. Marik, Privatmitteilung, mit freundlicher Genehmigung der Vacuumschmelze, Hanau.

[48] W. Huber, H. Neu, "Drucksensor nach dem Hall-Prinzip als Lastgeber für elektronische Zündanlagen", Motortechnische Zeitschrift 47 (1986) 58-59.

[49] Datenblattsammlung, Sensoren, Robert Bosch GmbH, 1992/93.

[50] Datenblatt, PosiTector 2000, Automation Dr. Nix GmbH, Köln.

[51] G. Kröger, "Kontaktlose Gleichstrommotoren", ATM Nr. 387 (1968) 79-82.

[52] E. Zabler, F. Heintz, "Neue, alternative Lösungen für Drehzahlsensoren in Kraftfahrzeugen auf magnetoresistiver Basis", VDI-Berichte 509 (1984) 263-268.

[53] Datenblatt, Magnetisch inkrementaler Längenmaßstab GEL 221, Lenord Bauer & Co. GmbH

[54] W. Sponfeldner, "Hochauflösende Wegmessung mit magnetfeldabhängigem Sensor FP 410", Fachhochschule Regensburg, Diplomarbeit 1991

[55] E. Ettenpaul, W. Flossmann, W. Heidenreich, J. Huber, U. v. Borcke, H. Weidlich, "Implanted GaAs Hall devices family for analog and digital applications", Siemens Forschungs- und Entwicklungsberichte 11, Nr. 1 (1982) 22-27.

[56] T. R. Lepkowski, G. Strade, S. P. Kwok, M. Feng, L. E. Dickens, D. L. Laude, B. Schoendube, "A GaAs integrated Hall sensoramplifier", IEEE Electron. Device Lett. EDL-7. No. 4 (1986) 222-224.

# III-2 Analoge und digitale Halleffektsensoren auf Siliziumbasis

Von Henri Hencke

## 2.1 Einleitung

In diesem Beitrag werden der Aufbau und die Wirkungsweise der analogen und digitalen Halleffektsensoren ausführlich beschrieben. Berechnungs-, Schaltungs- und Anwendungsbeispiele für Weg-, Drehwinkel- und Strommessung sowie Positionierung und Messen mechanischer Größen geben einen praxisnahen Einblick in die vielfältigen Einsatzmöglichkeiten dieser inzwischen weit verbreiteten und immer noch sehr wachstumsträchtigen Halbleitertechnologie. Dank der hochautomatisierten Fertigung und des immensen Produktionsvolumens für die Kraftfahrzeugelektronik, bürstenlosen Motoren und drehzahlvariablen Antriebe, Hausgerätetechnik sowie die industrielle Meß-, Steuerungs-, Regelungs- und Automatisierungstechnik werden diese verschleißfrei arbeitenden Sensoren äußerst preisgünstig angeboten. Geringe Baugröße, hohe Meßempfindlichkeit, Schaltfrequenzen von 0...100 kHz und eine im Bereich von −40...+150 °C wirksame Temperaturkompensation bieten einen sehr großen Anwendungsspielraum.

## 2.2 Aufbau und Wirkungsweise

Im Jahre 1879 entdeckte Edward H. Hall an der John-Hopkins-Universität (USA) den nach ihm benannten Halleffekt (Bild 2.2-1). Dieser Effekt tritt ein, wenn eine stromdurchflossene Leiterfläche (Hall-Plättchen) einem dazu senkrecht verlaufenden

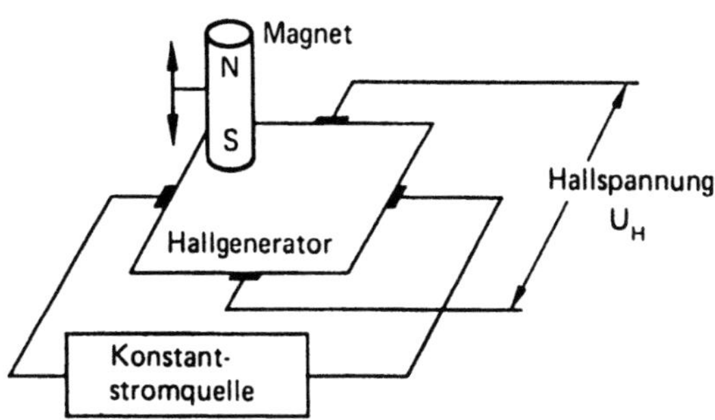


Bild 2.2-1    Prinzip des Halleffekts und Entstehung der Hallspannung $U_H$

Magnetfeld ausgesetzt wird. Dabei werden die Ladungsträger durch die elektromagnetische Lorentz-Kraft an den Rand der Leiterfläche gedrängt, und es entsteht an beiden Rändern, quer zur Stromrichtung und senkrecht zum Magnetfeld, eine Potentialdifferenz $U_H$. Diese Hall-Spannung ist der Dicke des Hall-Plättchens umgekehrt und dem Produkt aus Steuerstrom $I$ und magnetischer Flußdichte $B$ direkt proportional.

Bild 2.2-2      Der analoge Halleffektsensor 91SS12-2 (LOHET I) hat eine Meßempfindlichkeit von 75 mV/mT.

Der in den Halleffektsensoren eingebaute Spannungsregler sorgt für einen konstanten Steuerstrom, so daß die im Hallgenerator erzeugte Hallspannung von bis zu 100 mV allein durch die Flußdichte $B$ bestimmt wird. Den Kern des in Bild 2.2-2 gezeigten analogen Halleffektsensors LOHET (Linear Output Hall Effect Transducer) bildet ein auf einem Siliziumchip integrierter Hallgenerator mit Spannungsregler und Meßverstärker. Dieser ist nach dem Solder-Reflow- bzw. Aufschmelzlöt-Verfahren mit dem Keramiksubstrat verbunden und durch eine 1 mm hohe ovale Messingabdeckung gegen elektrische Störfelder und mechanische Beschädigung geschützt. Die engen Meßbereichstoleranzen und die im Bereich von -40...+150 °C wirksame Temperaturkompensation werden über Laserstrahlabgleich der Dickschicht-Widerstände auf dem $7{,}6 \times 15{,}2 \text{ mm}^2$ kleinen und nur 0,5 mm dicken Substrat erreicht. Der maximal 1,5 mm dicke Sensor mißt magnetische Flußdichten von -40...+40 mT (400 Gauß) mit einem Linearitätsfehler von ±1,5 % vom Meßbereich.

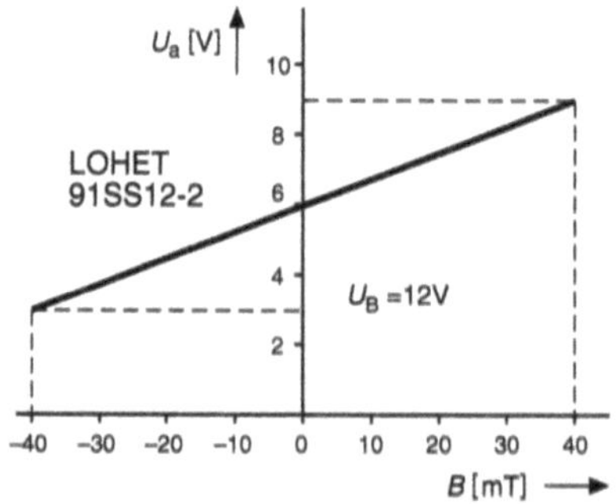


Bild 2.2-3      Ausgangsspannung $U_a$ als Funktion der magnetischen Flußdichte $B$

In Bild 2.2-3 ist der lineare Zusammenhang zwischen der magnetischen Induktion $B$ und der Ausgangsspannung $U_a$ dargestellt. Bei einer Betriebsspannung $U_B = 12\,V-$ gilt für die Ausgangsspannung $U_a = 6\,V + B \cdot 75\,mV/mT$. Der analoge Halleffektsensor LOHET ist unempfindlich gegen Staub, Schmutz und magnetische Übersteuerung. Er ist in drei verschiedenen Ausführungen für Betriebsspannungen von 8 bis 16 V lieferbar und erfaßt sowohl statische als auch hochfrequente Vorgänge im Bereich von 0 bis 100 kHz. Die geringen Abmessungen ermöglichen den Einsatz im Luftspalt und an engen Meßstellen. Der Ausgangstransistor mit offenem Emitter für stromliefernden Betrieb (Current Sourcing) ist für einen Lastwiderstand von mindestens 1000 $\Omega$ ausgelegt.

Bild 2.2-4      Der digitale Halleffektsensor SS4 mißt nur $4,1 \times 3,1 \times 1,5\,mm^3$.

Der in Bild 2.2-4 gezeigte digitale Halleffektsensor SS4 ist in ein Gehäuse aus Kunststoff eingebaut und besitzt eine Dicke von maximal 1,5 mm. Das Kernstück besteht aus einem Siliziumchip mit integriertem Hallgenerator, Spannungsregler, Schmitt-Trigger und Schaltverstärker. Der Sensor spricht auf magnetische Flußdichten an und liefert ein digitales Ausgangssignal. Die Lage des Ein- und des Ausschaltpunktes sowie die zugehörige Hysterese lassen sich durch die verschiedenen Ausführungen dieser Serie an den jeweiligen Anwendungsfall optimal anpassen. Der eingebaute Spannungsregler ist für 4,5...24 V ausgelegt und sorgt auch bei Spannungsschwankungen für konstantes Schaltverhalten. Die Leiterplattenanschlüsse im 1,3-mm-Abstand sind für die Serienfertigung mit Schwallötbad geeignet. Die Schalthysteresen der Halleffektsensoren SS41 und SS443A sind in Bild 2.2-5 wiedergegeben. Der Ausgang des als Stromsenke (Current Sinking) betriebenen Halleffektsensors SS443A ist bei fehlendem Magnetfeld gesperrt (High). Dieser Zustand bleibt bei positiv zunehmender Flußdichte bis zu dem Wert 14 mT erhalten. Beim Überschreiten

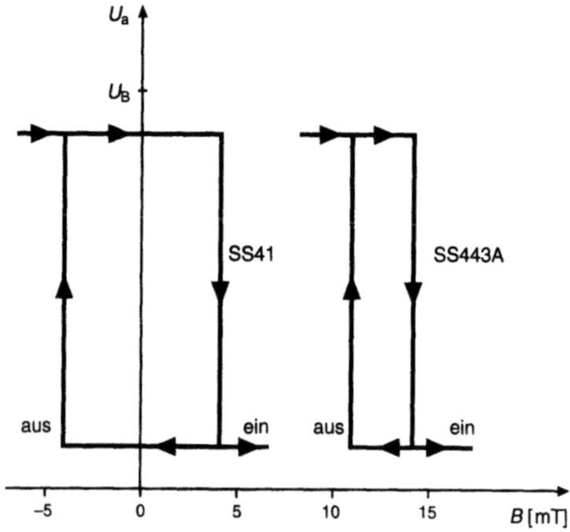


Bild 2.2-5    Schalthysteresen des unipolaren Halleffektsensors SS443A und des bipolaren
SS41 bei Raumtemperatur.

dieses Wertes wird der Ausgang leitend (Low). Dieser Schaltzustand bleibt auch bei abnehmender Flußdichte bis 11 mT unverändert. Erst beim Unterschreiten dieses Wertes kehrt der Ausgang in den gesperrten Zustand zurück. Die zwischen Ein- und Ausschaltpunkt liegende Hysterese beträgt somit 3 mT. Beim Sensor SS41 liegt der Einschaltpunkt bei +4 mT und der Ausschaltpunkt bei −4 mT. Halleffektsensoren arbeiten völlig verschleißfrei und besitzen daher eine nahezu unbegrenzte Lebensdauer. Im Gegensatz zu kapazitiven und induktiven Positionssensoren liefern sie ein unverzögertes, formstabiles Ausgangssignal und erfassen, ähnlich wie optoelektronische Tastsysteme, Bewegungsvorgänge von 0...100.000 Hz. Im industriellen Einsatz, wo Staub und Schmutz anfallen, erweist sich die Unempfindlichkeit der Halleffektsensoren als Vorteil gegenüber Optosensoren.

## 2.3   Magnetische Annäherungsarten

Bei Halleffektsensoren unterscheidet man grundsätzlich zwischen axialer und seitlicher magnetischer Annäherung, das heißt die Bewegung des Magneten erfolgt senkrecht bzw. parallel zur Sensorfläche. Während bei digitalen Halleffektsensoren der wegabhängige Flußdichteverlauf nur im Bereich der zumeist recht kleinen Hysterese wichtig ist, nutzt man bei analogen Typen zwecks guter Auflösung möglichst den gesamten Flußdichtebereich aus. Wegproportionale Ausgangssignale erzielt man hierbei vor allem bei seitlicher Annäherung. Den hyperbolischen Flußdichteverlauf der axialen Annäherung kann man durch die Wahl kurzer Kurvenabschnitte oder durch Nachschalten eines Rechenverstärkers $1/x$ linearisieren. In Bild 6 sind die vier gebräuchlichen Annäherungsarten mit ihrem typischen Kurvenverlauf dargestellt. Die günstigste Annäherungsart richtet sich nach dem jeweiligen Anwendungsfall sowie den Kosten- und Genauigkeitsanforderungen. Die einfachste Art der analogen Wegmessung ist die einpolige axiale Annäherung (Bild 2.3-1a). Bei sehr weitem Abstand des Magneten beträgt die magnetische Flußdichte am Sensor nahezu 0 mT und die Ausgangsspannung am LOHET, wie in Bild 2.2-3 ersichtlich, genau +6 V. Nähert man nun den magnetischen Südpol der Sensorfläche, wächst die Ausgangsspannung mit der steigenden Flußdichte an und erreicht bei +40 mT einen Wert von +9 V.

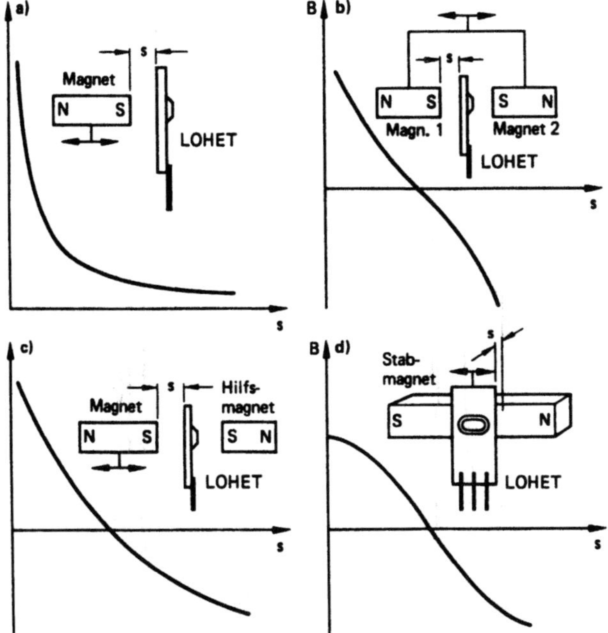


Bild 2.3-1    Magnetische Annäherungsarten und typische Verläufe der Flußdichte $B$ über dem Weg $s$:

    a)    einpolige axiale Annäherung
    b)    zweipolige axiale Annäherung
    c)    axiale Annäherung mit Hilfsmagnet
    d)    seitliche Annäherung

Bild 2.3-1b zeigt die zweipolige Annäherung mit einer vergleichsweise besseren Linearität und höherem Auflösungsvermögen, da der gesamte Flußdichtebereich des Sensors ausgenutzt wird. Wenn die Magnete nach links verschoben sind, bewirkt

Magnet 2 ein starkes, negativ gerichtetes Magnetfeld, und die Ausgangsspannung am LOHET beträgt +3 V. Bewegt man die Magnete nach rechts, heben sich die Felder beider Magnete in Mittelstellung auf, und es stehen am Ausgang +6 V an. Schiebt man die Magnete noch weiter nach rechts, überwiegt das positive Feld von Magnet 1, und die Ausgangsspannung erreicht +9 V. Die axiale Annäherung mit Hilfsmagnet (Bild 2.3-1c) stellt eine mechanisch leichter zu realisierende Variante der zweipoligen axialen Annäherung dar. Auch hier wird der gesamte magnetische Induktionsbereich des Halleffektsensors ausgenutzt, und die Ausgangsspannung verläuft annähernd linear.

Bild 2.3-1d zeigt das Verhalten bei seitlicher Annäherung mit konstantem Luftspalt zwischen Magnet und Sensor. Wird der Magnet seitlich verschoben, erfährt der Halleffektsensor bei gegenüberliegendem Nordpol eine negative, bei gegenüberliegendem Südpol eine positive magnetische Flußrichtung. Neben dem relativ einfachen mechanischen Aufbau ermöglicht diese Annäherungsart, mit einem Magneten entsprechender Länge, die Messung größerer Wege. Darüber hinaus ist die Linearität der Ausgangsspannung/Weg-Kennlinie von allen hier aufgeführten Annäherungsarten am besten. In Bild 2.3-2 ist ein derartiger Wegsensor APS für Wegstrecken von 0...19 mm abgebildet. Die Ausgangsspannung beträgt 3,9...8,4 V, der typische Linearitätsfehler ±2% vom Meßbereich und der Betriebstemperaturbereich –20...+85 °C.

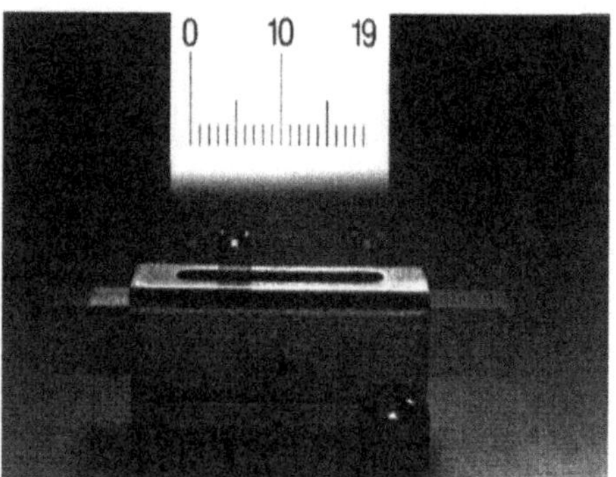


Bild 2.3-2   Der Halleffekt-Wegsensor APS mit eingebautem Gleitmagnet mißt Wege von 0...19 mm nach dem Prinzip der seitlichen Annäherung.


## 2.4   Messung von Gleich- und Wechselströmen

Jeder von einem Strom $I$ durchflossene Leiter baut ein Magnetfeld mit kreisförmigen Feldlinien auf. Die magnetische Feldstärke $H$ nimmt mit zunehmendem Abstand $r$ vom Leiter ab und beträgt $H = I/2\pi r$. Die magnetische Flußdichte in Luft ergibt sich zu $B = \mu_0 \cdot H$. Die Induktivitätskonstante $\mu_0 = 4\pi \cdot 10^{-1}$ mT $\cdot$ mm/A ergibt für den stromdurchflossenen Leiter folgenden Zusammenhang: $B = \mu_0 \cdot I/2\pi r = I \cdot 0{,}2$ mT $\cdot$ mm $/ (r \cdot A)$. Legt man die Maßeinheiten mT für die Flußdichte $B$, A für die Stromstärke $I$ und mm für den Abstand $r$ fest, so gilt $B = 0{,}2\, I/r$. In Bild 2.4-1 ist eine entsprechende Meßanordnung zur galvanisch getrennten Strommessung mit dem linearen Halleffektsensor LOHET 91SS12-2 dargestellt. Sie ermöglicht das Messen von Gleich- und Wechselströmen von 100...4000 A.

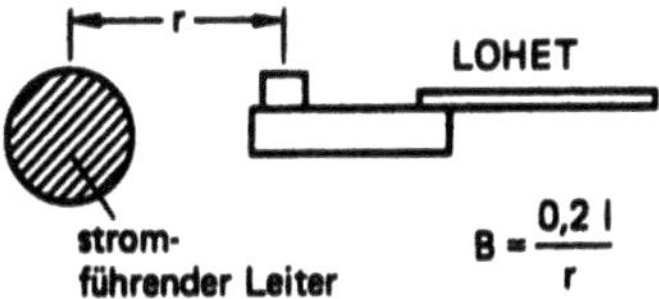


Bild 2.4-1        Strommessung von 100...4000 A mit dem analogen Halleffektsensor LOHET

## Berechnungsbeispiel 1

Ein Kupferdraht mit 10 mm Durchmesser führt einen Dauerstrom von 100 A. Es muß mit Stromspitzen bis zu 400 A gerechnet werden. Der Abstand vom LOHET-IC bis zum Rand des Keramikträgers beträgt 5 mm. Wie groß ist der Spannungssprung am Ausgang des LOHET, und reicht dieser Sprung zur Anzeige des Überstromes aus?

Bestimmung des Abstands $r$:

$$r = D/2 + 5 \text{ mm} = 10 \text{ mm}/2 + 5 \text{ mm} = 10 \text{ mm}$$

Bestimmung der magnetischen Flußdichte $B$ bei Dauer- und Überstrom:

$$B_d = 0{,}2 \cdot I_d/r = 0{,}2 \cdot 100 \cdot \text{mT}/10 = 2 \text{ mT}$$

$$B_\ddot{u} = 0{,}2 \cdot I_\ddot{u}/r = 0{,}2 \cdot 400 \cdot \text{mT}/10 = 8 \text{ mT}$$

Für den Spannungssprung $\Delta U_a$ ergibt sich gemäß Bild 2.2-3:

$$\Delta U_a = \Delta B \cdot 75 \text{ mV/mT} = (8 - 2) \cdot 75 \text{ mV} = 450 \text{ mV}$$

Der Spannungssprung von 450 mV reicht zum Ansprechen von Überlastschutzschaltungen, z.B. Komparatorschaltung, völlig aus. Die typische Ansprechzeit beträgt weniger als 3 µs. Verschiedene Meßanordnungen zur Strommessung mit Stromspule und Ferritkern sind in Bild 2.4-2 veranschaulicht. Dieser Aufbau gestattet die Messung von Gleich- und Wechselströmen in einem Bereich von 0,1...950 A. Die hohe Meßempfindlichkeit resultiert aus der Konzentration der Feldlinien an einem relativ

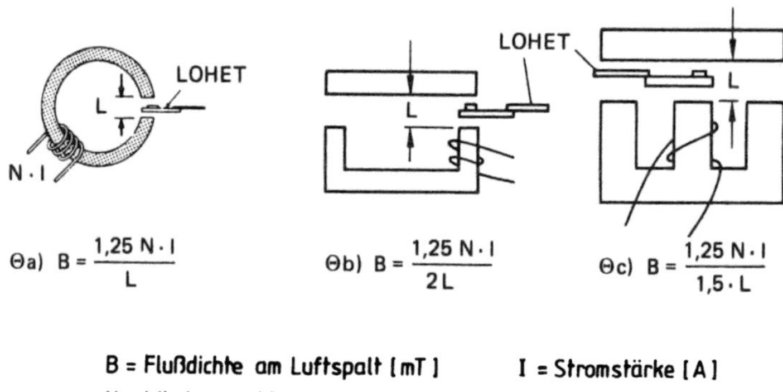



Bild 2.4-2        Strommeß-Anordnungen mit Ferrit und Luftspalt

kleinen Luftspalt und der mit der Windungszahl $N$ steigenden magnetischen Durchflutung. Die im Bild angegebenen Formeln ermöglichen eine schnelle und einfache Berechnung der magnetischen Flußdichte $B$ im Luftspalt. Das in Bild 2.4-3 dargestellte Nomogramm ist auf den LOHET-Meßbereich von 40 mT abgestimmt. Jede der vier Kennlinien gilt für einen bestimmten Meßaufbau mit entsprechendem Luftspalt $L$ und gibt die erforderliche Durchflutung $N \cdot I$ in Amperewindungen an. Die für einen gegebenen Spitzenstrom erforderliche Windungszahl $N$ läßt sich hier direkt ablesen. Die Lage der Stromspule auf dem Ferritkern ist unkritisch. Der Leitungsquerschnitt muß jedoch dem maximalen Dauerstrom angepaßt sein. Außerdem bringt ein etwas dickeres Kabel eine vorteilhafte Verminderung des Spannungsabfalles mit sich.

**Berechnungsbeispiel 2**

Ein Stromsensor soll einen Nennstrom von 15 A überwachen. Der Meßbereich soll hierbei 18 A betragen und als Meßaufbau soll die Ausführung nach Bild 2.4-2a verwendet werden. Wie groß werden die Windungszahl $N$ und die Luftspaltlänge $L$?

Ein Blick auf das Nomogramm in Bild 2.4-3 zeigt für den Aufbau nach Bild 2.4-2a und einen Strom von 18 A eine Windungszahl von 3,5. Ausgewählt wird also $N = 4$ Windungen und die Luftspaltlänge $L$ berechnet. Aus $B = 1,25\,N \cdot I/L$ folgt:

$$L = 1{,}25\,N \cdot I/B = 1{,}25 \text{ mm} \cdot 4 \cdot 18/40 = 2{,}25 \text{ mm}.$$

Die Ausgangsspannung am LOHET 91SS12-2 beträgt $U_a = 6 \text{ V} + B \cdot 75 \text{ mV/mT}$. Bei 18 A ($B = 40$ mT) ergibt sich eine Ausgangsspannung $U_a = 6 \text{ V} + 3 \text{ V} = 9 \text{ V}$. Bei einem Wechselstrom mit 18 A Amplitude liefert der LOHET am Ausgang eine Wechselspannung $U_a = 2 \cdot 3\,V_{ss} = 6\,V_{ss}$ Mit Hilfe einer Komparatorschaltung, der man eine einstellbare Referenzspannung als Bezugswert zuführt, kann man die Ausgangsspannung des LOHET in ein digitales Schaltsignal umsetzen. Auf diese Weise lassen sich Stromüberwachungen und Schutzschaltungen für beliebige Stromstärken präzise einstellen.

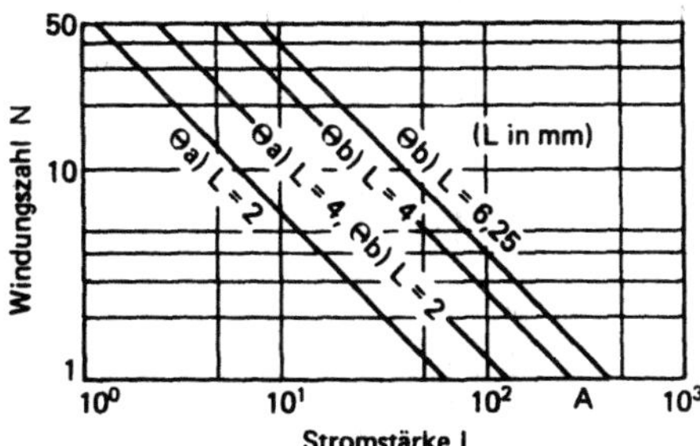


Bild 2.4-3      Nomogramm zur Bestimmung der Durchflutung $N \cdot I$ für $B = 40$ mT

## 2.5  Messung von Drehzahlen und Drehwinkeln

In Verbindung mit Ringmagneten eignen sich Halleffektsensoren zur Winkelpositionierung und Messung von Drehzahlen und Drehwinkeln. Je nach erforderlichem Auflösungsvermögen stehen Ringmagnete mit 2, 4, 8, 10, 16, 20 oder 30 Polpaaren zur Auswahl. Bild 2.5-1 zeigt einen Meßaufbau mit radialem Ringmagnet und analogem Hallsensor zum Erfassen beliebiger und kleinster Drehwinkel. Wenn man einen Ringmagneten mit $n$ Polpaaren um den Winkel $\alpha$ dreht, so ergibt sich am Halleffektsensor ein elektrischer Winkel von $n \cdot \alpha$, und die Ausgangsspannung beträgt $U_a = 6\,V + B \cdot 75\,mV/mT \cdot \sin n\,\alpha$. Die Winkelauflösung liegt im Bereich von 0,2 Winkelgraden. Verwendet man anstelle des LOHET einen bipolaren Halleffektsensor, so schaltet dieser bei jedem Polwechsel und liefert ein TTL- und CMOS-kompatibles Ausgangssignal. Dabei muß der Luftspalt zwischen Ringmagnet und Sensor möglichst klein gehalten werden, damit die Flußdichte-Amplitude deutlich über dem Schwellwert des Ein- und Ausschaltpunktes liegt. Zur Drehzahlmessung verwendet man einen Frequenzzähler, der die Drehzahl direkt in l/min anzeigt. Ringmagnete mit 30 Polpaaren erzeugen für jede volle Umdrehung 60 Impulse und machen somit selbst kleinste Drehzahlen exakt meßbar. Digitale Halleffektsensoren fürchten weder Schmutz noch Feuchte und liefern, im Gegensatz zu Induktivgebern, ein in Form, Amplitude und Phasenlage drehzahlunabhängiges Rechtecksignal. Dieser Vorteil

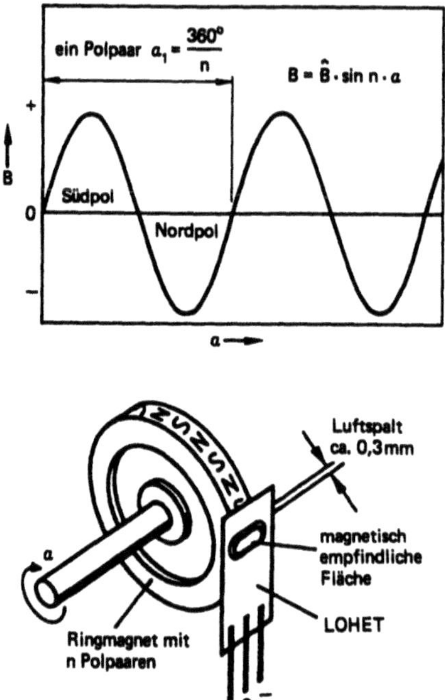



Bild 2.5-1  Mit Hilfe radialer Ringmagnete mißt der Analogsensor LOHET beliebige Drehwinkel mit bis zu 0,2° Auflösung.

wird seit 1978 in der Honeywell Hall-IC-Magnetschranke mit ferromagnetischer Ro-
torblende für kontaktlose, benzinsparende Zündverteiler erfolgreich genutzt. Drehzahlen und Winkelstellungen lassen sich auch ohne Ringmagnet direkt an rotierenden Zahnrädern messen, indem man hinter dem Hallsensor einen Magnet anordnet,
dessen Flußdichte am Sensor durch die wechselnde Folge Zahn/Luftspalt beeinflußt
wird. Steht dem Halleffektsensor ein Zahn aus ferromagnetischem Werkstoff gegenüber, so steigt die magnetische Flußdichte an. Die von dem rotierenden Zahnrad ver-
ursachte Flußdichteschwankung wird im Halleffektsensor erfaßt und in TTL- und
CMOS-kompatible Rechteckimpulse umgesetzt.

## 2.6  Drehrichtungserkennung mit zwei Sensoren

Mit zwei Halleffektsensoren läßt sich die Richtung einer Drehbewegung erkennen.
Beide Sensoren sind, wie in Bild 2.6-1 gezeigt, am Umfang eines sich drehenden
Ringmagneten in geringem Abstand zueinander angeordnet. Wenn sich der Magnet

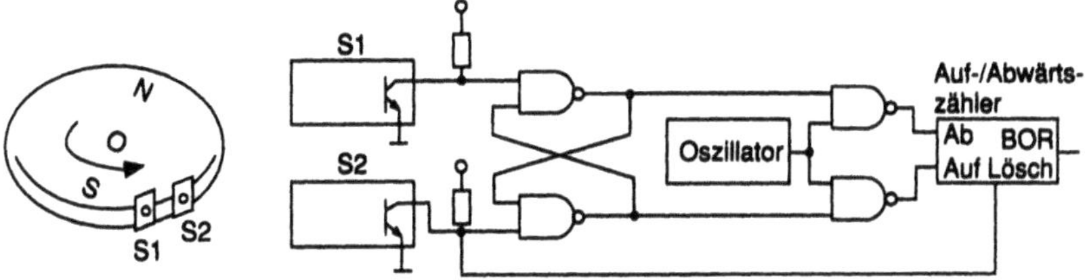


Bild 2.6-1    Drehrichtungserkennung mit zwei digitalen Halleffektsensoren und einem Auf-/ Abwärtszähler.

in der angegebenen Richtung dreht, wird die Zeit, die der Südpol vom Sensor $S_1$ zum Sensor $S_2$ benötigt, kurz sein im Vergleich zur Zeit von $S_2$ nach $S_1$. Bei Umkehrung der Drehrichtung treten die entgegengesetzten Zeitverhältnisse ein. Beginnt man mit $S_2$, so zählt der Zähler die Oszillatorimpulse zwischen $S_2$ und $5_1$ "aufwärts", während er die Oszillatorimpulse zwischen $S_1$ und $S_2$ "abwärts" zählt. Bei der in Bild 2.6-1 gezeigten Drehrichtung liegt am Anschluß Borrow (Minus-Zählstand) kein Ausgangssignal vor. Kehrt man die Drehrichtung um, steht am Ausgang eine Impulsreihe an.

## 2.7   Überbrückung von Entfernungen

Bei entsprechender Entfernung des Sensors kann eine 2-Draht-Leitung (Bild 2.7-1) gegenüber der üblichen 3-Draht-Leitung vorteilhaft sein. Im ausgeschalteten Zustand setzt sich der durch das verdrillte Leiterpaar fließende Strom aus dem Ruhestrom des unbetätigten Sensors und dem Leckstrom des Ausgangstransistors zusammen.

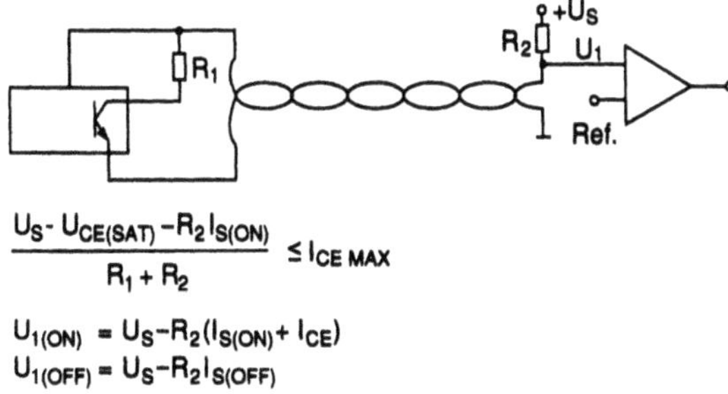


$$\frac{U_S - U_{CE(SAT)} - R_2 I_{S(ON)}}{R_1 + R_2} \leq I_{CE\,MAX}$$

$$U_{1(ON)} = U_S - R_2(I_{S(ON)} + I_{CE})$$
$$U_{1(OFF)} = U_S - R_2 I_{S(OFF)}$$

Bild 2.7-1    Zweidraht-Betrieb eines Halleffektsensors mit verdrillter Leitung für größere Entfernungen.

Im eingeschalteten Zustand resultiert der Strom aus dem Speisestrom des betätigten Sensors und dem Ausgangsstrom des durchgeschalteten Transistors. Die Stromdifferenz löst am Vorwiderstand $R_2$ des Sensors eine Spannungsänderung aus, die Aufschluß über den Schaltzustand des Sensors gibt. Da $U_1$ zugleich Betriebs- und Ausgangsspannung des Halleffektsensors ist, muß $R_2$ so bemessen sein, daß $U_{1(EIN)}$ nicht unter den mindest erforderlichen Betriebsspannungswert des Sensors fällt.

## 2.8  Zeilenlängensteuerung

Eine in Druckern eingesetzte Zeilenlängensteuerung mit dem Halleffektsensor LOHET ist in Bild 14 dargestellt. Der mit dem fahrenden Schlitten verbundene Permanentmagnet ruft im Sensor eine positionsabhängige Ausgangsspannung $U_a$ hervor, die den invertierenden Eingängen der Operationsverstärker zugeführt wird. Diese Spannung wird mit den an den Potentiometern auf die gewünschten Zeilenlängen eingestellten Referenzspannungen verglichen. Überschreitet die Ausgangsspannung des Sensors die vorgegebene Referenzspannung, so schaltet der zugehörige Komparator um. Auf diese Art signalisiert der angewählte Komparator das Ende der Druckzeile.

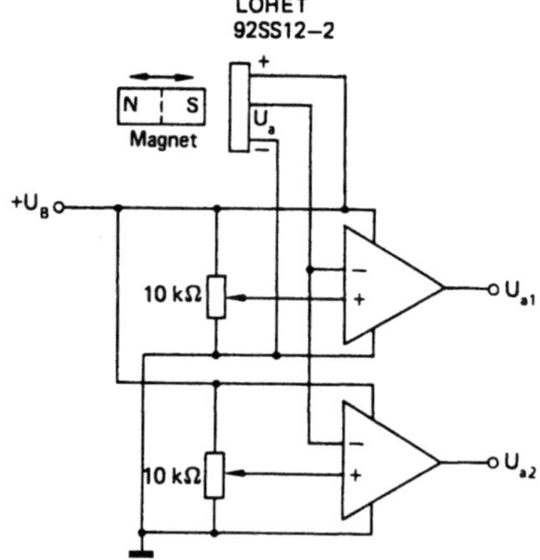


Bild 2.8-1     Zeilenlängensteuerung für Drucker mit dem Analogsensor LOHET und zwei einstellbaren Komparatoren.

## 2.9  Weitere Anwendungsbeispiele

Neben DMS-Aufnehmern zählen Halleffektsensoren zu den am vielseitigsten einsetzbaren Meßfühlern. Sie erlauben die präzise Messung und Überwachung aller physikalischen Größen, die in einem direkten Zusammenhang zu einer magnetischen Wegstrecke oder der magnetischen Flußdichte stehen. Durch eine geeignete Um-

wandlung von Kräften, Drücken, Drehmomenten und Beschleunigungen in magnetische Wegstrecken kann man mit analogen Halleffektsensoren auch mechanische
Größen messen. So lassen sich z.B. Kräfte mit einer Feder und einem an ihr befestig-
ten Magneten in Wege umsetzen und nach dem Prinzip der axialen oder seitlichen
Annäherung mit einem analogen Halleffektsensor erfassen. Zum Messen von Drücken ist eine Membrane mit einem fest angekoppelten Magneten erforderlich. Dreh-
momente können mit einem Torsionsstab mit aufgesetztem Ringmagnet gemessen
werden. Beschleunigungen mißt man mit einem gedämpften Masse-Feder-System,
wobei der Magnet als Masse oder Teilmasse fungiert. Der extrem günstige Preis für
Halleffektsensoren ermöglicht eine Vielzahl von Anwendungen auf diesem Gebiet.
Digitale Halleffektsensoren werden vorwiegend zur Drehzahlmessung an Zahnrädern, Positionierung von Zylindern, Nocken, Hebeln und Wellen sowie zur benzin-
sparenden Zündzeitpunktsteuerung in modernen Automobiltypen eingesetzt. Analoge Halleffektsensoren verwendet man vorzugsweise für kollektorlose Gleichstrom-
Motoren, Messung translatorischer und rotativer Bewegungen, Strom-/Spannungs-
wandler, Magnet-Prüfgeräte, verschleißfreie Potentiometer, Kraftmessung mit elasti-
scher Feder, Beschleunigungsmesser, elektronische Wasserwaagen, Nadelsteuerung
in Nähmaschinen und Schallwandler für Streichinstrumente. Aber auch zur Drossel-
klappensteuerung in Verbrennungsmotoren und in Mikroprozessorsteuerungen werden sie mit Erfolg eingesetzt.

## 2.10 Beschaltung analoger und digitaler Halleffektsensoren

In vielen Anwendungen ist es erforderlich, die in Bild 2.2-3 ersichtliche Nullpunkt-
Offsetspannung des analogen Halleffektsensors von 6 V auf Null abzugleichen. Dies
ist mit Hilfe eines Spannungsteilers aus zwei gleichen Widerständen von je 1 kΩ
möglich. Hierzu führt man die Betriebsspannung von 12 V dem Spannungsteiler zu

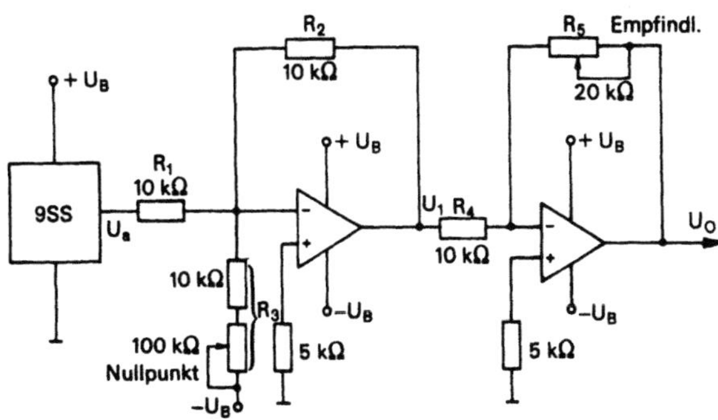


Bild 2.10-1    Nullpunkt- und Meßbereichsabgleich für den analogen Halleffektsensor LOHET

und mißt das Ausgangssignal zwischen Sensorausgang und Abgriff des Spannungsteilers. Sollte noch zusätzlich ein Meßbereichsabgleich nötig sein, dann empfiehlt
sich der Einsatz der in Bild 2.10-1 gezeigten Schaltung mit zwei Differenzverstärkern. Der Nullpunkt wird bei fehlendem Magnetfeld mit $R_3$ so eingestellt, daß die
Ausgangsspannung des ersten Differenzverstärkers gleich Null ist. Die Meßempfindlichkeit stellt man an $R_5$ ein. Für $U_1$ gilt:

$$U_1 = -U_a \cdot (R_2/R_1) + U_B \cdot (R_2/R_3)$$

Die Ausgangsspannung $U_0$ ergibt sich zu:

$$U_0 = -U_1 \cdot (R_5/R_4)$$

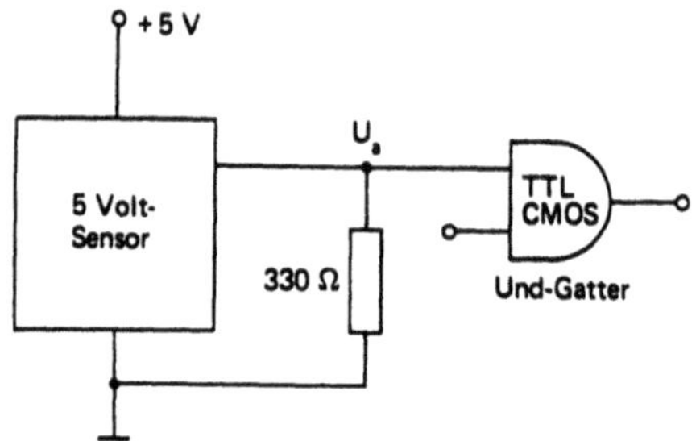


Bild 2.10-2     Ansteuerung eines UND-Gatters mit einem digitalen Halleffektsensor

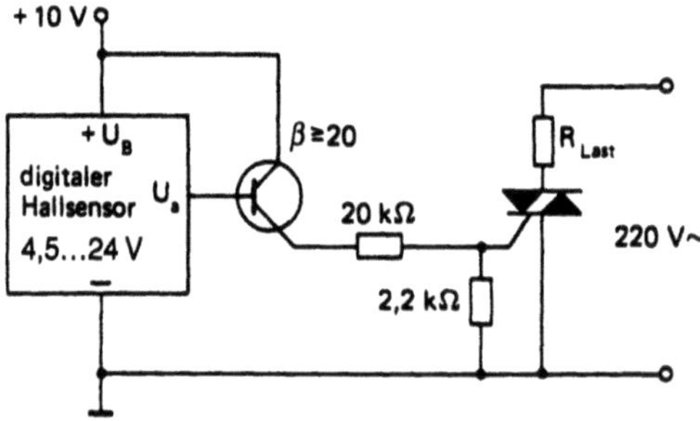


Bild 2.10-3     Digitaler Halleffektsensor mit Triac als berührungsloser Wechselstromschalter

Bild 2.10-2 zeigt die Ansteuerung eines UND-Gatters mit dem Ausgangssignal eines
digitalen Halleffektsensors in Current-Sourcing-Ausführung. Der Sensorausgang ist
bei fehlendem Magnetfeld Low und im magnetisch betätigten Zustand High. Eine

berührungslose Schaltvorrichtung für Wechselstromlasten ist in Bild 2.10-3 dargestellt. Bei vorhandenem Magnetfeld ist der Sensorausgang High und der NPN-Tran-
sistor als Stromverstärker durchgeschaltet. An der Steuerelektrode G des Triacs steht
eine positive Steuerspannung an, die den Triac durch- und die Last einschaltet. Letztere bleibt so lange eingeschaltet, bis die Sensorspannung Low wird, und ein Nulldurchgang der Netzspannung erfolgt. Digitale Halleffektsensoren liefern einen Steuerstrom von max. 20 mA und können nur Logikschaltungen, Transistoren, Thyristoren und Niedrigstrom-LEDs direkt ansteuern. Bei Relais, Glühlampen, Standard-
LEDs und Kleinstmotoren ist deshalb ein nachgeschalteter einstufiger Transistor-
schaltverstärker vorzusehen.

## 2.11 Einstellbare digitale Halleffektsensoren

Die neuentwickelten digitalen Halleffektsensoren der Serie SS400 (Bild 2.11-1) bieten eine im Werk einstellbare ein- oder zweipolige magnetische Schaltcharakteristik.
Bei den zweipoligen Sensoren mit selbsthaltendem Ausgang läßt sich der Einschaltpunkt in 2mT-Stufen von 2...20 mT einstellen und somit den magnetischen Erfor-
dernissen der Anwendung optimal anpassen. Dies gilt auch für die einpoligen Halleffektsensoren, deren Einschaltpunkt in 3mT-Stufen von 5...35 mT einstellbar ist. Der
ebenfalls einstellbare Temperaturkoeffizient bietet zudem die Möglichkeit, die Temperaturdrift des verwendeten Magneten im Bereich von −40...+150 °C zu kompen-
sieren. Die $4{,}1 \times 3{,}0 \times 1{,}5 \ \text{mm}^3$ kleinen, minusschaltenden Sensoren werden mit
3,8...24 V= betrieben und können Schaltströme von bis zu 30 mA oder 50 mA
schalten. Ihre Schaltfrequenz reicht von 0...100 kHz, und eine im Chip integrierte
Diode sorgt für sicheren Schutz gegen Verpolung. Alle Sensoren der Serie SS400
werden strengen Langzeit- und Temperaturprüfungen unterzogen.

Bild 2.11-1    Digitaler Halleffektsensor der Serie SS400 mit im Werk einstellbarem Einschaltpunkt und Temperaturkoeffizient.

## 2.12 Modifikationen nach Kundenwunsch

Neben den Standardsensoren fertigt unser Werk in Freeport/Illinois auch Halleffektsensoren nach gemeinsam mit den Kunden erarbeiteten Spezifikationen. Aus Gründen der Wirtschaftlichkeit wird diese Möglichkeit vorwiegend für Serien mittlerer
und hoher Stückzahlen genutzt. Bei Kleinserien empfehlen wir die Zusammenarbeit
mit unserem Distributor IBA GmbH in D-63500 Seligenstadt, der eng mit Hochschu-
len und Instituten zusammenarbeitet und Modifikationen, Konfektion und komplette
Sensorlösungen anbietet. Bild 2.12-1 zeigt analoge Halleffektsensoren vom Typ
LOHET, die mit verschiedenen Steckverbindungen konfektioniert sind. Der Epoxid-
harzverguß sorgt für den Schutz der Anschlußstellen und gleichzeitig für die Zugentlastung des Kabels. Kundenspezifische steckbare Ausführungen und solche mit Ein-
zellitzen, Flachband- oder Flachleiterbandkabel sowie Sondergehäuse mit unterschiedlichen Vergußmaterialien sind ebenfalls realisierbar.

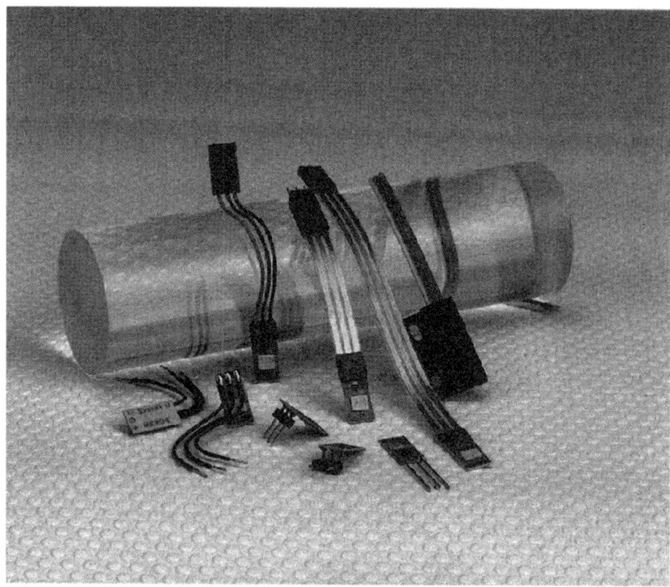

Bild 2.12-1     Modifikation und Konfektion von Halleffektsensoren durch den Honeywell Distributor IBA GmbH

# III-3 Magnetfeldsensoren auf Metallpermalloy-Basis und ihre Applikationsfelder

Von Jürgen Jessen

## 3.1 Einleitung

Die Magnetfeldsensoren KMZ 10 von Philips Semiconductors (Bild 3.1-1) dienen u.a. zur Detektion und Messung schwacher magnetischer Gleich- und Wechselfelder, zur Positionsbestimmung, Winkelmessung und Drehzahlmessung sowie Strommessung.

Sie nutzen den **magnetoresistiven Effekt** (s. Band 3, Abschnitt 5.2) aus, der darin besteht, daß der elektrische Widerstand einer dünnen ferromagnetischen Schicht (Permalloy) vom Winkel zwischen der Richtung des in der Schicht fließenden Stromes und der Magnetisierung abhängt und daher durch die Einwirkung eines äußeren Magnetfeldes verändert werden kann (Bild 3.1-2).

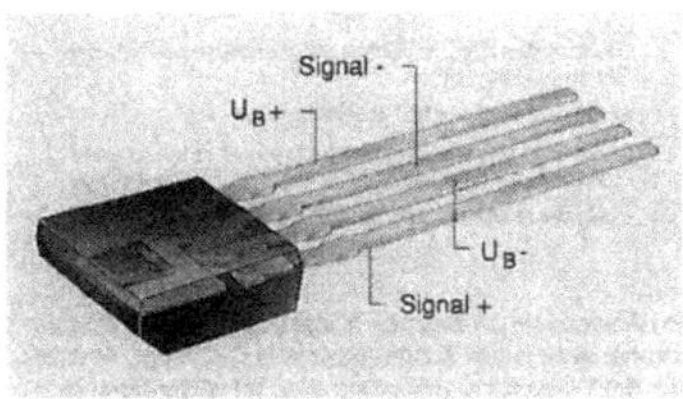


Bild 3.1-1    Gesamtansicht eines Magnetfeldsensors KMZ 10

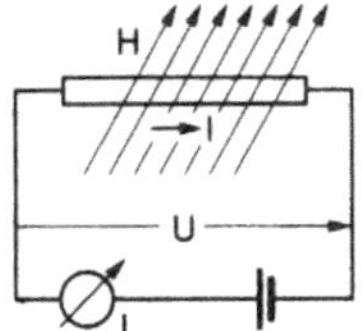


Bild 3.1-2    Einfache Anordnung zum Nachweis des magnetoresistiven Effektes

Tabelle 3.1-1    Wichtige physikalische Prinzipien für magnetische Sensoren

| Pos. | Typ | Material | Prinzip | Kennlinie |
|------|-----|----------|---------|-----------|
| 1 | Magnetoresistiv | Ferromagnetisch | Widerstandsänderung in metallischen Dünnfilmen | linear |
| 2 | Wiegandeffekt | Ferromagnetisch | Ummagnetisierung in ferromagnetischen Materialien | Impuls |
| 3 | Induktiv | Ferromagnetisch | Spannungsgenerator durch Flußänderung | zeitlich differenziert |
| 4 | Halleffekt | Halbleiter | Spannungserzeugung in Halbleitern | linear |
| 5 | Feldplatte | Halbleiter | Widerstandsänderung in Halbleitern | quadratisch |

Dieses unterscheidet magnetoresistive Sensoren deutlich von anderen Prinzipien zur Messung oder Detektion magnetischer Felder. Die Tabelle 3.1-1 gibt hierzu einen Überblick. Dem Anwender bieten die Sensoren KMZ 10 eine Reihe von Vorteilen:

– kleine Abmessungen
– Unempfindlichkeit gegen belastende Umwelteinflüsse
– großer Arbeitstemperaturbereich
– einfache Handhabung
– hohe Meßempfindlichkeit
– gute Reproduzierbarkeit der Meßwerte
– Frequenzunabhängigkeit (gemessen bis 1 MHz)
– direkte Proportionalität des Ausgangssignals zum Magnetfeld

Besonders die hohe Meßempfindlichkeit erlaubt es, mit preiswerten Magneten und großen Meßabständen zu arbeiten. Während Hall-Elemente häufig Seltenerdmagnete erfordern, sind magnetoresistive Sensoren in der Regel bereits mit preiswerten Ferritmagneten zu betreiben. Damit der Anwender die Vorteile des Magnetfeldsensors KMZ 10 voll nutzen kann, ist es zweckmäßig, seinen grundlegenden Aufbau und seine Eigenschaften zu kennen. Die von Philips Semiconductors entwickelten magnetoresistiven Sensoren KMZ 10 bestehen aus jeweils vier Sensorelementen, die gemäß Bild 3.1-3b zu einer Wheatstone-Brücke zusammengeschaltet sind. Bild 3a zeigt das Kristallbild eines derartigen Sensors.

An den Rändern erkennt man die für den Abgleich der Brücke benutzten Widerstände, die in Bild 3.1-3 mit $R_T$ bezeichnet.sind. – Die Längsrichtung der Streifen wird im folgenden als $x$-Richtung bezeichnet.

Beim Anlegen eines äußeren Magnetfeldes senkrecht zur $x$-Richtung, aber in der Substratebene ($y$-Richtung), entsteht durch die Widerstandsänderung der Permalloy-Streifen im Mittelzweig der Wheatstone-Brücke eine Spannung, die ein Maß für die Feldstärke des äußeren Magnetfeldes darstellt.

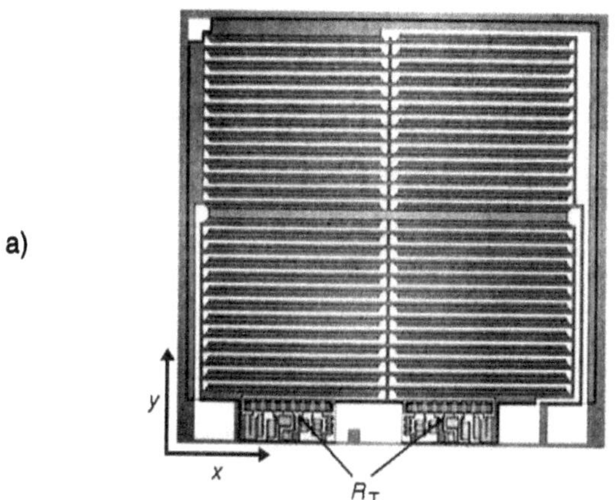



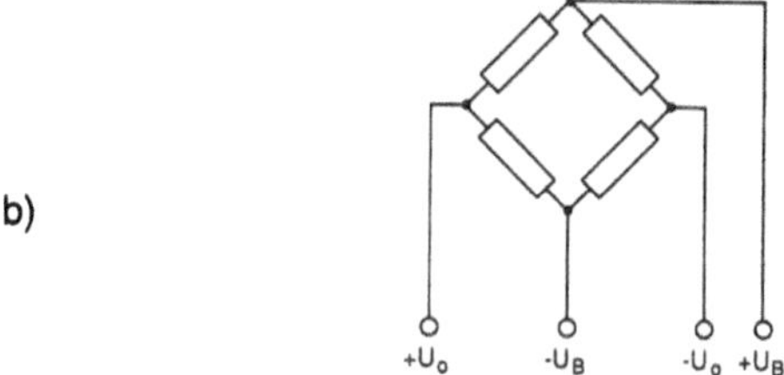



Bild 3.1-3     Struktur des **KMZ** 10-Chips mit vier mäanderförmigen Sensorelementen

a) Kristallbild des **KMZ** 10-Chips

b) Zusammenschaltung der Sensorelemente zu einer Wheatstone-Brücke ($U_B$ ist
die Brückenspannung, $U_0$ die Ausgangsspannung)

Die Sensorimpedanzen liegen im Bereich von etwa 1...2 k$\Omega$, die Sensoroffset-
spannungen unter 1,5 mV/V (Lasertrimmung!) und die Signalspannungen bei etwa
50...100 mV. In der Regel sollte daher die Signalaufbereitung in Sensornähe erfolgen, um Störungen klein zu halten.

Die Magnetfeldsensoren stehen in mehreren Ausführungsformen zur Verfügung, die
sich hauptsächlich bezüglich der Empfindlichkeit unterscheiden (Tabelle 3.1-2) und
damit im Meßbereich.

Tabelle 3.1-2    Sensortypen

| Typ | Meßbereich Hy(kA/m) | Empfindlichkeit 5 (Leerlauf) (mV/V / kA/m) |
|---|---|---|
| KMZ10A | -0,5...+0,5 | 16 |
| KMZ10A1 | -0,5...+0,5 | 22 |
| KMZ10B | -2,0...+2,0 | 4,0 |
| KMZ10C | -7,5...+7,5 | 1,5 |

Stand 1992

Als Ergänzung zum Sensorprogramm bietet Philips Semiconductors auch eine Reihe von Sensormodulen mit Signalaufbereitung in **Hybridtechnologie** (Band 1, Abschnitt 4.2) an. Diese Module sind bereits temperaturkompensiert und nehmen eine Signalverstärkung vor. Sie erlauben es somit dem Anwender, sich sofort mit der eigentlichen Applikation zu befassen, hierauf wird nachfolgend noch eingegangen.

## 3.2  Stützfelder

### 3.2.1  Einfluß von Stützfeldern auf die Kennlinie

Aufgrund der Kristallstruktur des Permalloy-Streifens hat der KMZ 10 Sensor zwei mögliche (entgegengerichtete) stabile Vorzugsrichtungen der Magnetisierung, von denen eine durch eine Vormagnetisierung im Herstellungsprozeß realisiert ist.

Wird der Magnetfeldsensor nunmehr aus irgendeinem Grund einem starken Magnetfeld entgegengesetzt zur Vormagnetisierung ausgesetzt, so kann die Magnetisierung in diese Richtung umklappen (z.B. von der $+x$-Richtung in die $-x$-Richtung, s. Band 3, Abschnitt 5.2.2).

In Bild 3.2-1 stellt die ausgezogene Kurve die Kennlinie eines "normalen" Sensors dar (d.h. Orientierung der Magnetisierung in $x$-Richtung), während die gestrichelte Kurve die Kennlinie eines "umgeklappten" Sensors zeigt.

Um das Umklappen der Magnetisierung zu verhindern, ist es in vielen Fällen zweckmäßig, ein magnetisches Stützfeld in $x$-Richtung anzulegen. Je größer das Stützfeld ist, desto größer darf auch das Störfeld sein, ohne daß die Gefahr des Umklappens besteht. Der Sensor verhält sich oberhalb eines Stützfeldes von 3 kA/m völlig stabil, und zwar unabhängig von der Größe des Störfeldes.

Besonders bei den Sensortypen KMZ 10 A und A1 ist der Einfluß des $H_x$-Feldes sehr groß. Es ist daher nicht zweckmäßig, diese Typen mit festen Stützmagneten zu versehen, weil die Empfindlichkeit dann kaum größer als beim Sensortyp KMZ 10 B ist. Hier empfiehlt sich das Arbeiten mit Spulen, wie noch beschrieben wird.

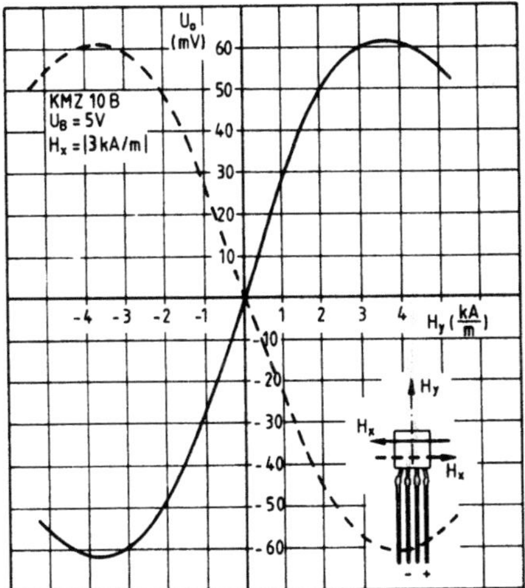

Bild 3.2-1    Kennlinien des Magnetfeldsensors KMZ 10 B

ausgezogene Kurve:  Kennlinie eines "normalen" Sensors (Magnetisierung in $x$-Richtung)
gestrichelte Kurve:  Kennlinie eines "umgeklappten" Sensors

## 3.2.2  Erzeugung des Stützfeldes

Das Stützfeld kann sowohl durch einen Permanentmagneten (z B aus FERROXDU-RE oder RES) als auch durch eine Spule erzeugt werden, die auf einem Spulenkörper gewickelt über den Sensor geschoben oder aber unmittelbar auf ihn gewickelt wird.

### 3.2.2.1  Stützmagnet

Ein Stützmagnet ausreichender Stärke kann durch einen kleinen FERROXDURE-Magneten, der mit dem Sensor verklebt ist, sichergestellt werden (Bild 3.2-2).

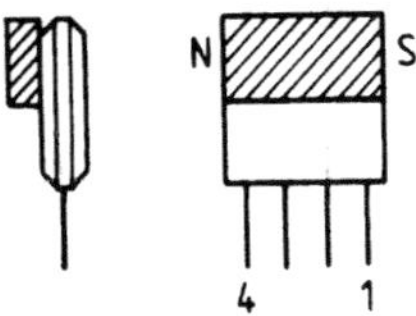

Bild 3.2-2    Magnetfeldsensor mit aufgeklebtem Stützmagneten

### 3.2.2.2 Stützfeld durch einen Arbeitsmagneten

Bei vielen Anwendungen ist kein separater Stützmagnet erforderlich, weil ein für die Meßaufgabe verwendeter beweglicher Arbeitsmagnet ebenfalls ein Stützfeld gewährleistet. Beispiele werden im folgenden noch gegeben (z.B. Winkelmeßgerät).

### 3.2.2.3 Stützfeld durch verklebten Arbeitsmagneten

Für die Drehzahlmessung oder Markenerkennung ist es zweckmäßig, den Sensor mit einem Arbeitsmagneten zu verkleben, wie noch ausführlicher erläutert wird. In diesem Fall kann das Stützfeld durch eine schräge Magnetisierung des Magneten erreicht werden. Bild 3.2-3 zeigt ein solches Modul auf der Basis des Sensors KMZ 10 B.

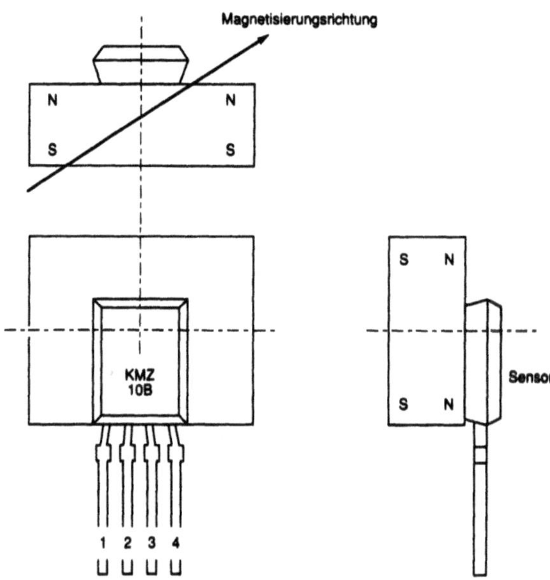


Bild 3.2-3    Magnetfeldsensor mit aufgeklebtem Arbeitsmagneten für Drehzahlmessung
(KM 110 B/XX)

### 3.2.2.4 Erregung durch das magnetische Feld einer Spule

Das Stützfeld läßt sich auch durch eine stromdurchflossene Spule erzeugen. Dieses ist vor allem bei den Sensortypen KMZ 10 A vorteilhaft, um eine hohe Empfindlichkeit zu erreichen, und bei allen anderen Sensortypen, um eine niedrige Offset-Verschiebung zu erzielen (ohne Stromfluß kein magnetischer Offset möglich). Besonders einfach läßt sich die Spule anbringen (z.B. durch Aufschieben eines bewickelten Spulenkörpers auf den Sensor) wenn der Sensor KMZ 10 A1 verwendet wird, bei dem die Meßrichtung um 90° gedreht ist. Da im allgemeinen kurze Magnetisierimpulse ausreichen, treten keine Wärme- oder Stromprobleme auf.

## 3.3  Temperaturverhalten der Magnetfeldsensoren

Der Brückenwiderstand steigt linear mit der Temperatur um etwa 0,3 %/K an. Dies ist darauf zurückzuführen, daß die Widerstände auf dem Chip, d.h. die Permalloy-Streifen, selbst einen positiven Temperaturgang haben. Wie noch erläutert wird, wirkt sich dies beim Betrieb mit einer Konstantstromquelle günstig auf das Temperaturverhalten des Sensors aus.

Nicht nur der Brückenwiderstand, sondern auch die Empfindlichkeit ändert sich jeweils abhängig vom Sensortyp und den Betriebsbedingungen ($H_x$-Feld) bei Spannungsspeisung um etwa $-0,4$ %/K mit der Temperatur. Diese Abnahme der Empfindlichkeit mit steigender Temperatur beruht auf der Energieband-Struktur des Permalloymaterials.

Mit einer Konstantstromquelle betrieben, läßt sich die Temperaturabhängigkeit der Empfindlichkeit beträchtlich auf etwa $-0,1$ %/K vermindern. Dies ergibt sich unmittelbar aus dem Anstieg des Brückenwiderstands mit der Temperatur, da hierdurch ein Spannungsanstieg an der Brücke erfolgt, der die Abnahme der Empfindlichkeit und damit der Ausgangsspannung teilweise kompensiert.

Bei allen analogen Meßaufgaben erfolgt die Kompensation des resultierenden Temperaturkoeffizienten in der Auswerteschaltung. Für die Temperaturmessung haben sich die Siliziumsensoren vom Typ KTY besonders bewährt. Im folgenden Abschnitt wird ein Beispiel gegeben.

## 3.4  Auswerteschaltung für den Magnetfeldsensor KMZ 10 B

Die in Bild 3.4-1 als Beispiel gezeigte Auswerteschaltung für den Magnetfeldsensor KMZ 10 B ist für dessen gesamten Meßbereich ($\pm 2$ kA/m) ausgelegt. Mit dieser Schaltung läßt sich über R1 und R2 der Offset des Magnetfeldsensors KMZ 10 B einstellbar kompensieren sowie mit R7 die Verstärkung einstellen. Der negative Temperaturkoeffizient der Sensorempfindlichkeit und des magnetischen Kreises wird durch den vom Temperatursensor KTY 85-120 verursachten positiven Temperaturkoeffizienten des Verstärkers kompensiert, allerdings nur für einen typischen Wert. Der Temperaturkoeffizient des Offsets bleibt unkorrigiert, da er wegen der großen Sensorstabilität relativ klein ist und in der Regel vernachlässigt werden kann.

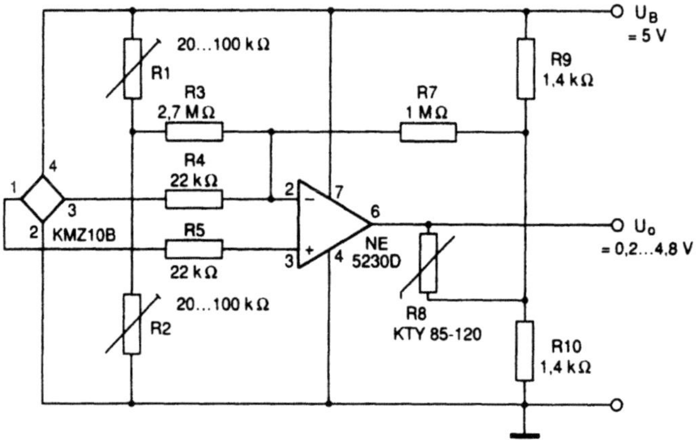

Bild 3.4-1        Hybrid-Auswerteschaltung für den Magnetfeldsensor KMZ 10 B

Der Temperaturkoeffizient der Verstärkung $TK_V$, der den Temperaturkoeffizienten des Magnetfeldsensors und des magnetischen Kreises kompensiert, hat den Wert

$$TK_v = \frac{R_8(T) \cdot TK_{R8}}{R_8(T) + R_9 / 2} \quad \text{mit} \quad R_9 = R_{10}$$

Hierin bedeutet $TK_{R8}$ den Temperaturkoeffizienten des Widerstandes $R_8(T)$, d.h. des Temperatursensors. Für den Temperatursensor KTY 85-120 gilt $TK_{R8} = 0{,}76 \times 10^{-2}/K$. Die Verstärkung $V$ der Schaltung beträgt

$$V = \frac{R_3}{R_4}\left[1 + \frac{2R_8(T)}{R_9}\right] \quad \text{mit} \quad R_9 = R_{10}$$

Der Einfluß des Sensorwiderstands auf Verstärkung und Temperaturkoeffizient ist bei beiden Formeln vernachlässigt worden.


## 3.5   Anwendungen

### 3.5.1   Messung schwacher Magnetfelder (Kompaß)

Bei der Richtungsbestimmung und Messung schwacher Magnetfelder (z.B. des Erdfeldes) wird die Genauigkeit durch die Drift der Sensor- und Verstärker-Offsetspannungen begrenzt. Nutzt man jedoch aus, daß Sensoren mit Barberpol-Struktur (Band 3, Abschnitt 5.2.2) für die beiden Magnetisierungsrichtungen auch zwei Empfindlichkeitsrichtungen aufweisen (Bild 3.2-1), ist eine Trennung von Offsetspannungen und magnetisch hervorgerufenen Signalen möglich. Es genügt hierfür eine periodische Folge von positiven und negativen magnetischen Impulsen in $x$-Richtung, mit denen der Sensor beaufschlagt wird (**getakteter Sensor**).

Es ist zweckmäßig, für diese Anwendung den empfindlichen Sensor KMZ 10 A1 zu verwenden, wobei das umschaltende Feld 3 kA/m betragen sollte. Diese Feldstärke ist mit einer direkt auf dem Sensorkörper angebrachten Wicklung oder mit Hilfe eines über den Sensor geschobenen kleinen Spulenkörpers ohne großen Aufwand zu realisieren. Der Sensortyp KMZ 10 A1 wurde eigens für diesen Zweck entwickelt, weil es schwierig ist, die "normalen" Sensortypen mit einer Spule zu versehen, die nur in $x$-Richtung des Sensors wirkt.

Wie Bild 3.5-1 zeigt, bleibt die Offsetspannung bei der periodischen Magnetisierung durch positive und negative Impulse unbeeinflußt, während die magnetischen Signale rechteckförmig sind und sich mit elektronischen Mitteln leicht von der Gleichspannung trennen lassen. Zur eigentlichen Messung ist also kein Stützfeld erforderlich, das die Empfindlichkeit herabsetzen könnte, so daß die volle Empfindlichkeit von ca. 22 mV/V / kA/m des Magnetfeldsensors KMZ 10 A1 ausgenutzt werden kann. Bei diesem Sensor lassen sich Messungen bis zu Feldstärken $H_y = 0{,}25$ kA/m ohne Stabilitätsprobleme durchführen.

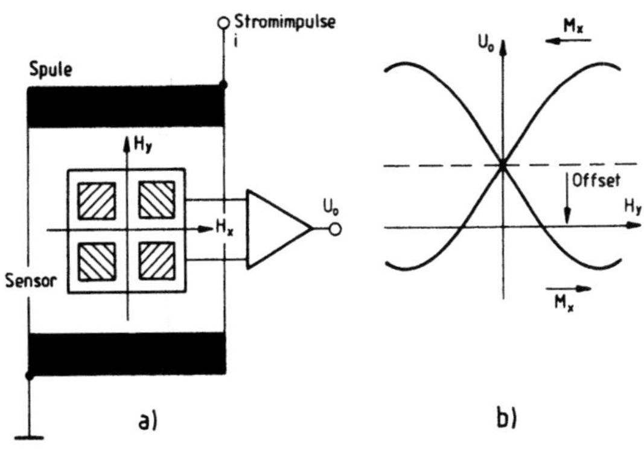


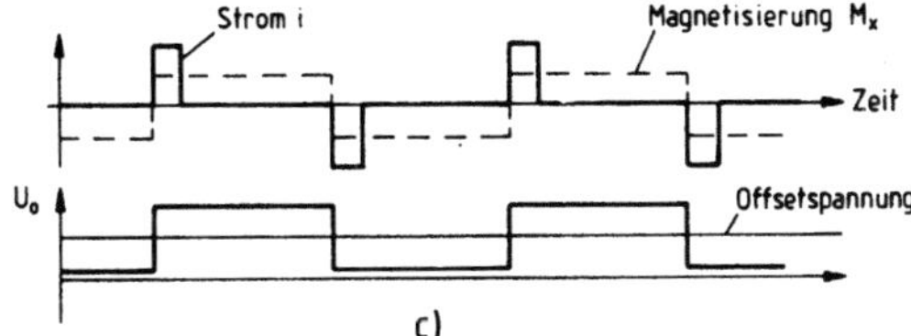


Bild 3.5-1    Getakteter Sensor KMZ 10 A1

    a) Prinzipschaltung
    b) zum Eliminieren der Offsetspannung
    c) Impulsdiagramm

Vor allem für Messungen im Erdfeld ist das Verfahren gut geeignet. Mit zwei in einer Spule rechtwinklig zueinander angeordneten Sensoren kann ein Kompaß, z.B. für die Kraftfahrzeug-Navigation, hergestellt werden (Bild 3.5-2). In diesem Fall entfällt auch die sonst noch notwendige Temperaturkompensation zur Sensorempfindlichkeit, weil nur die Relativgrößen der beiden Sensorsignale weiter verarbeitet und angezeigt werden.

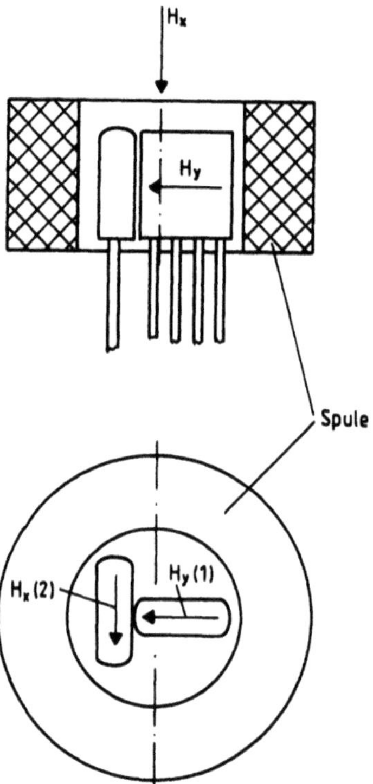


Bild 3.5-2        Anordnung von zwei Magnetfeldsensoren in einer Spule als Kompaß

Beide Sensoren lassen sich mit einer Spule umschalten. Für Messungen auch in der dritten Richtung (senkrecht zur $xy$-Ebene) muß allerdings eine zweite Spule verwendet werden. Es hat sich gezeigt, daß Anordnungen mit nur einer Spule für die drei Richtungen (und damit für drei Sensoren), die zu Winkeln von >45° zwischen dem magnetischen Spulenfeld und der $x$-Achse führen, keine befriedigenden Lösungen ergeben.

Die Betriebsschaltung läßt sich einfach gestalten, wenn man zur Erzeugung der Ummagnetisierungs-Stromstöße einen Rechteckgenerator über einen Kondensator an die Spule koppelt.

Durch das Auf- und Entladen des Kondensators werden die Stromimpulse mit wechselndem Vorzeichen erzeugt. Die Sensorsignale werden über einen Kondensator (zur Abtrennung der Offsetspannung) an einen Verstärker angekoppelt, dem ein Synchron-Demodulator angeschlossen ist, um die Wechselspannung wieder in ein Gleichspannungssignal zu überführen.

### 3.5.2  Detektion kleiner Magnetfelder

Auch bei dieser Anwendung ist es zweckmäßig, den hochempfindlichen Magnetfeldsensor KMZ 10 A1 nicht durch ein permanentmagnetisch, sondern durch ein elektromagnetisch erzeugtes Feld zu stützen. Die hierzu erforderliche stromdurchflossene Spule um den Sensor erfüllt folgende Aufgaben:

1. Sie erzeugt im Betrieb ein nur schwaches Stützfeld (z.B. 0,5 kA/m). Die Empfindlichkeit des Sensors ist dann um einen Faktor 3...4 höher als bei Verwendung eines sonst erforderlichen Permanentmagneten für 3,6 kA/m bei Raumtemperatur.

2. Sie kann auch durch Pulse eine große Feldstärke (> 3,0 kA/m) erzeugen, die den Sensor nach dem Auftreten eines Störfeldes wieder vormagnetisiert.

Die hohe Empfindlichkeit des Sensors erlaubt und erfordert eine große Entfernung zum Magneten oder die Verwendung sehr schwacher Magnete. Als Anwendung ist weniger eine genaue Messung analoger Funktionen, sondern hauptsächlich die Detektion bewegter Magnete zu nennen, z.B. für Einpunkt-Positionsbestimmungen und Spezial-Drehzahlmessungen. Wichtig ist weiterhin die Erkennung von in der Regel magnetischen Verkehrsfahrzeugen (PKW, Zweiräder), beispielsweise zur Ampelsteuerung.

### 3.5.3  Magnetfeldmessung mit Kompensationsverfahren

Dank ihrer hohen Empfindlichkeit sind KMZ 10-Sensoren sehr gut geeignet für **Kompensations-Meßverfahren**. Bei dieser Anwendung wird der Sensor nicht dem zu messenden Feld ausgesetzt, sondern durch eine Spule um den Sensor wird ein entsprechend großes Gegenfeld aufgebaut, so daß sich der Sensor in einem Nullfeld befindet und bei Abweichungen den Spulenstrom so steuert, daß stets wieder das Nullfeld erreicht wird. In diesem Fall ist nicht die Sensorkennlinie, sondern nur die Stabilität des Nullpunktes (Offset) maßgebend, und man erhält eine lineare Kennlinie. Bild 3.5-3 zeigt als Beispiel eine Spulenanordnung sowie eine Schaltung für einseitigen Betrieb, d.h. nur positive bzw. negative Felder. Außer für allgemeine Feldmessungen eignet sich das Verfahren auch für Strommessungen. Der Anwendungsbereich ist lediglich durch die Strombelastbarkeit der Spule sowie der Schaltungsausgangsstufe begrenzt. Beides kann prinzipiell leicht verändert werden.

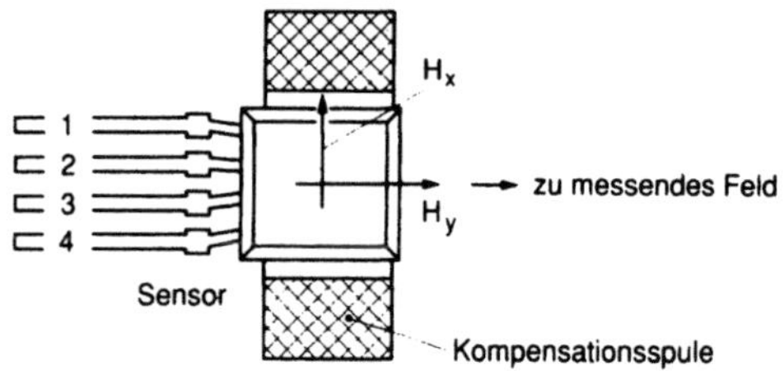


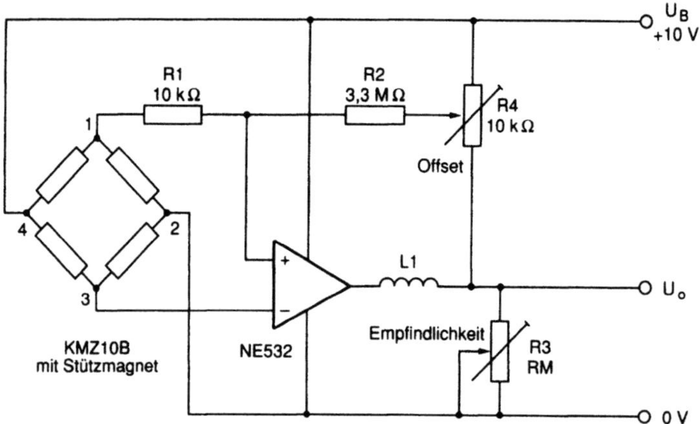


Bild 3.5-3    Feldmessung mit Kompensationsverfahren

### 3.5.4 Strommessungen

Für Strommessungen sollte der Sensor in der Regel einen Stützmagneten haben, um Betriebssicherheit zu gewährleisten. Das magnetische Feld in der Umgebung stromführender Leiter reicht bereits aus für eine Messung des Stroms, so daß weder eine Leitungsunterbrechung noch ein Meßwiderstand erforderlich sind. Bild 3.5-4 zeigt eine einfache Anordnung, bei der naturgemäß der Abstand zwischen Sensor und Leiter für den Meßbereich von großem Einfluß ist. Bei steigendem Abstand nimmt zwar die Empfindlichkeit der Anordnung ab, die Linearität der Kennlinie bei vorgegebenem Arbeitsbereich jedoch zu. Mit einem Ferritkern läßt sich das Feld auf den Sensor konzentrieren, d.h. die Empfindlichkeit steigern und außerdem eine ausreichende Unabhängigkeit vom Abstand zwischen Sensor und Leiter erreichen (siehe Bild 3.5-5 ).

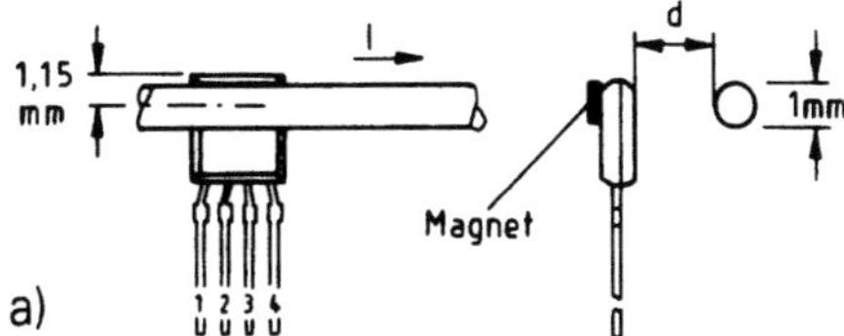


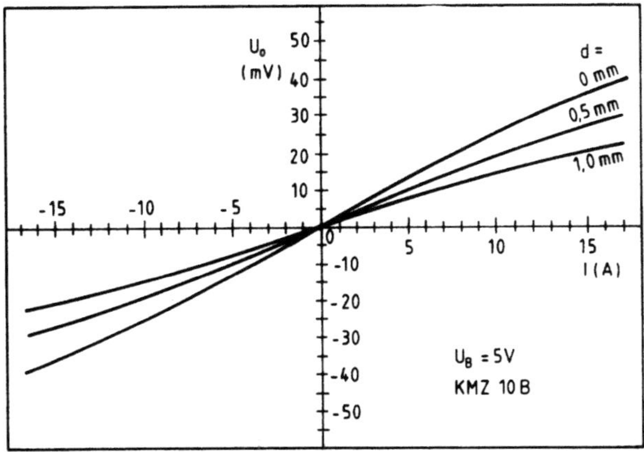


Bild 3.5-4    Strommessung mit dem Magnetfeldsensor KM 110 B/2
              a) Anordnung des Sensors und des stromführenden Drahtes
              b) gemessene Ausgangsspannungen

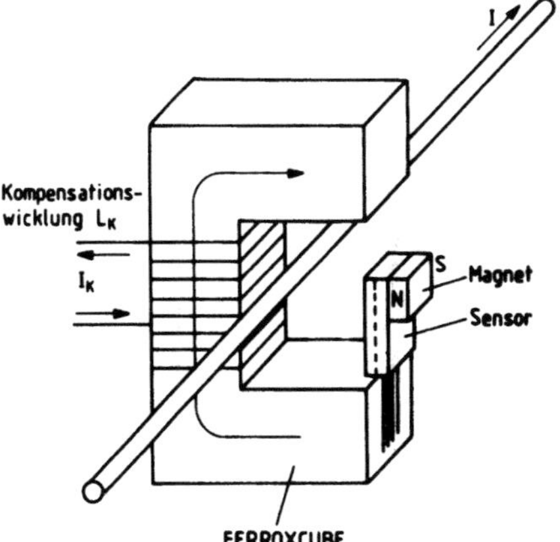


Bild 3.5-5    Prinzip der Strommessung mit einem Magnetfeldsensor, der sich im Luftspalt
              eines mit einer Kompensationsspule LK versehenen FERROXCUBE-Kerns be-
              findet.

Ein derartiger Sensor kann z.B. zur Erkennung eines Lampenausfalles dienen. Diese Anwendungsmöglichkeit ist besonders für das Kraftfahrzeug geeignet. Führt man die Zuleitung von zwei gleichen Verbrauchern (Scheinwerferlampen) entgegengesetzt am Sensor vorbei, so ist das Signal im Normalfall praktisch Null. Bei Ausfall eines Verbrauchers entsteht dagegen ein großes Signal, aus dessen Vorzeichen zusätzlich der defekte Verbraucher identifiziert werden kann.

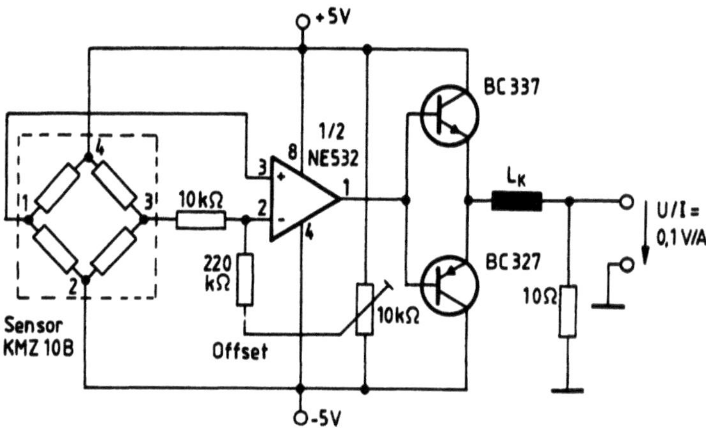

Bild 3.5-6     Schaltung für die Strommessung mit der in Bild 3.5-5 gezeigten Anordnung. Sensor: KMZ 10 B mit Stützmagnet

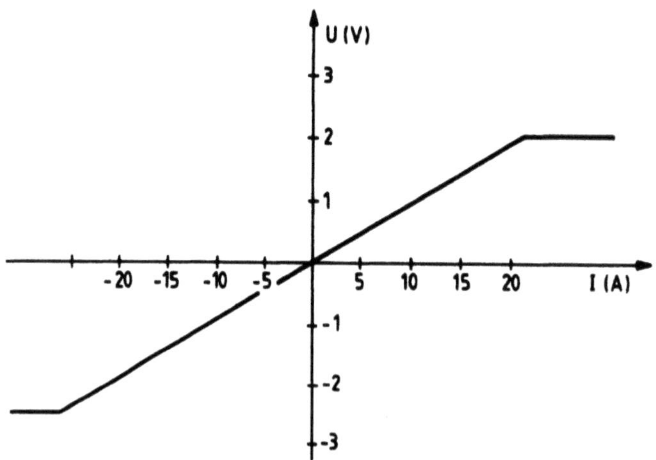

Bild 3.5-7     Kennlinie der Strom-Meßanordnung

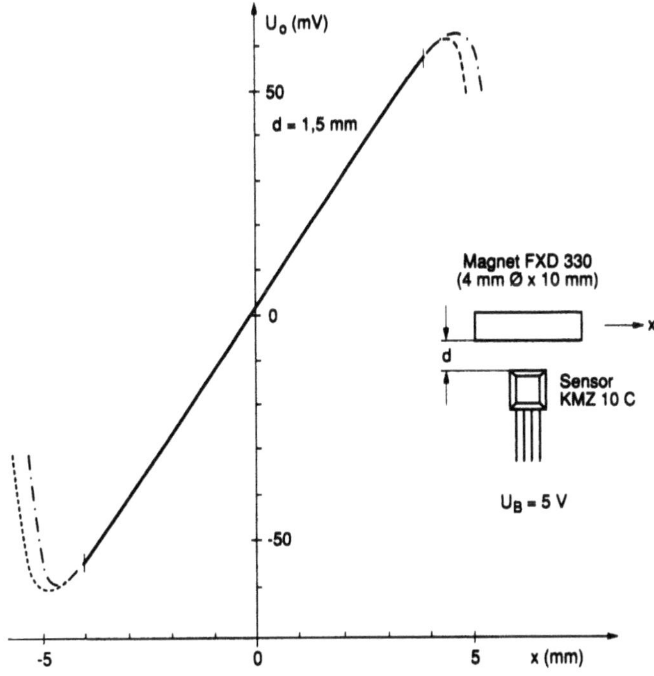



Bild 3.5-8    Zur Messung linearer Positionen. Anordnung des Magneten und des Sensors sowie hieran gemessene Ausgangsspannungen.

Ferner besteht die Möglichkeit, den stromführenden Draht, wie bereits oben erwähnt, durch einen Ferritkern zu führen, der durch eine Wicklung mit einem Gegenmagnetfeld beaufschlagt wird und in dessen Luftspalt sich ein Magnetfeldsensor befindet. Auch dies ist eine Kompensationsschaltung, wie sie bereits in Abschnitt 3.5.3 beschrieben wurde.

In Bild 3.5-5 ist das Prinzip einer derartigen Anordnung dargestellt. In diesem Fall kann der Sensor wieder als Magnetfelddetektor dienen, und der zu messende Strom $I$ ergibt sich aus dem Kompensationsstrom $I_K$ multipliziert mit der Windungszahl $N_K$ der Kompensationswicklung. Weil die Sensorkennlinie nunmehr ohne Einfluß ist, erhält man eine im weiten Bereich lineare Kennlinie. Bild 3.5-7 zeigt als Beispiel ein mit der Schaltung von Bild 3.5-6 und der angegebenen Meßanordnung erhaltenes Ergebnis.

Während Gleichstrommessungen, solange nur ein Draht am Sensor vorbeigeführt wird, nur im Amperebereich zweckmäßig sind, lassen sich Wechselstommessungen auch im Milliamperebereich durchführen.

### 3.5.5  Messung linearer Positionen

Magnetfeldsensoren sind zur Messung linearer Positionen besonders gut geeignet. Hierfür ist stets ein Magnet erforderlich, wobei wegen der hohen Sensorempfindlichkeit ein kostengünstiger FERROXDURE-Magnet im allgemeinen voll ausreicht. Außer direkt zu erfassenden geometrischen Werten können auch andere physikalische Größen, wie z.B. eine Kraft, eine Beschleunigung oder ein Druck, über die Deformation einer Membran in meßbare Positionsänderungen umgesetzt werden. Anwendungsmöglichkeiten ergeben sich u.a. im Kraftfahrzeug und in Waschmaschinen.

Die Anordnung nach Bild 3.5-8 ist zur Messung linearer Positionen besonders gut geeignet, und zwar können – entsprechend der Wahl der Magnetlänge – Messungen vom mm- bis zum cm-Bereich durchgeführt werden. Bewegt man Magnet und Sensor parallel gegeneinander, d.h. in $x$-Richtung, so erfaßt der Sensor nur die radiale Feldkomponente des Magneten, die in einem weiten Bereich linear von der Verschiebung abhängt. Die $x$-Komponente des Feldes im Sensor sorgt außerdem für ein stabiles Stützfeld $H_x$. Der nutzbare Meßbereich entspricht etwa 70 % der Magnetlänge. In diesem (in Bild 3.5-11 durchgezogenen Bereich) läßt sich auch eine gute Linearität erreichen .

Bei Überschreitung dieses Bereiches ist das Stützfeld $H_X$ für einen stabilen Betrieb des Sensors nicht mehr ausreichend (gestrichelte Linien). Will man sehr kleine Positionsänderungen messen (z.B. 100 µm), ist es sinnvoll, einen sehr kurzen Magneten, z.B. von nur etwa 1 mm Länge, zu verwenden und die Position des Magneten zum Sensor um 90° zu drehen. Ein Beispiel wird im folgenden Abschnitt gegeben. In diesem Fall muß der Sensor durch einen separaten Stützmagneten stabilisiert werden.

Sehr große Positionsänderungen von z.B. einem Meter werden meßbar, wenn eine Meßstrecke mit sehr vielen Sensoren und einem Arbeitsmagneten vorgesehen wird. Erforderlich ist dann eine digitale Auswahl- und Auswerteelektronik.

### 3.5.6  Winkelmessung

Befindet sich der Sensor im Feld eines drehbar gelagerten Magneten oder Magnetsystems, so läßt sich der Sensor als Winkelmesser verwenden. Anwendungen sind Gaspedal- und Drosselklappengeber im Kraftfahrzeug, Neigungssensoren sowie Windrichtungsanzeiger.

Bild 3.5-9 zeigt einen prinzipiellen Aufbau, bei dem der Magnet sowohl für das Stütz- wie auch das Meßfeld sorgt. Der Meßbereich kann abhängig von Magnet und Sensortyp bis zu ±90° betragen.

In Bild 3.5-10 wird als Beispiel gezeigt, wie ein solcher Geber (erforderlicher Meßbereich etwa 90°) praktikabel aufgebaut werden kann. Die beiden RES 190-Magnete

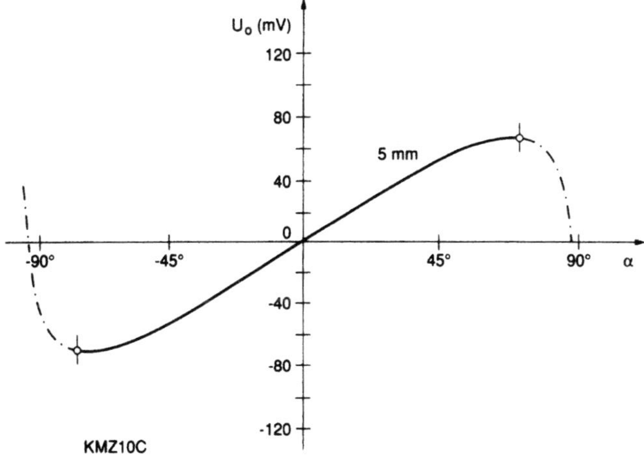

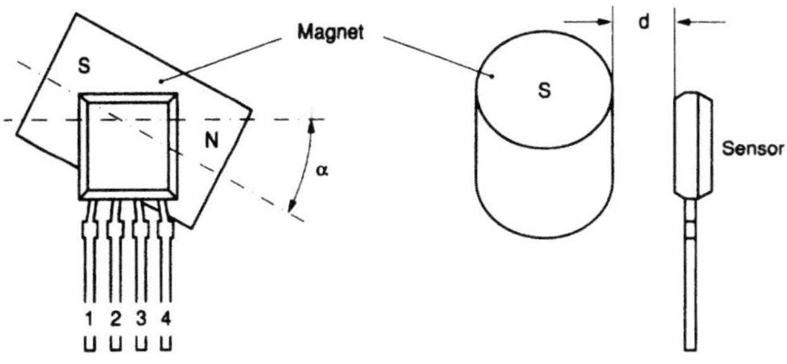



Bild 3.5-9    Winkelmessung mit drehbarem Magneten. Durchgezogen ist der nutzbare Meßbereich mit ausreichendem Stützfeld.

erzeugen ein Stütz- und Meßfeld, das in der Ebene des Sensorchips liegt, wobei bei dieser Ausführung im Gegensatz zur Anordnung in Bild 3.5-9 die Toleranzen in axialer Richtung unkritisch sind. Bei diesem Aufbau lassen sich auf der Platine in einfacher Weise Abgleichmaßnahmen (zur Toleranzeinengung von Sensor und Schaltung) durchführen.

Ein interessanter Sonderfall der Winkelmessung liegt vor, wenn der Sensor relativ großen Magnetfeldern (>40 kA/m) ausgesetzt wird. In diesem Fall reagiert der Sensor nur noch auf die Richtung des Feldes und nicht mehr auf dessen Größe. Der Meßbereich beträgt nur noch maximal ±45° und der Signalverlauf ist sinusförmig (Bild 3.5-11). Ein besonderer Vorteil besteht darin, daß in einer derartigen Anord-

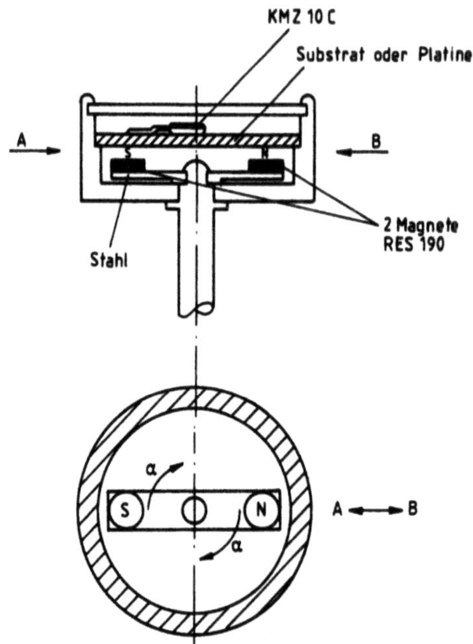


Bild 3.5-10      Winkelmessung mit zwei Sensoren KMZ 10 C. Die auf einer Stahlplatte befestig-
ten, mit dieser drehbaren zwei RES-190-Magnete haben die Abmessungen
5 mm Ø × 1,5 mm.

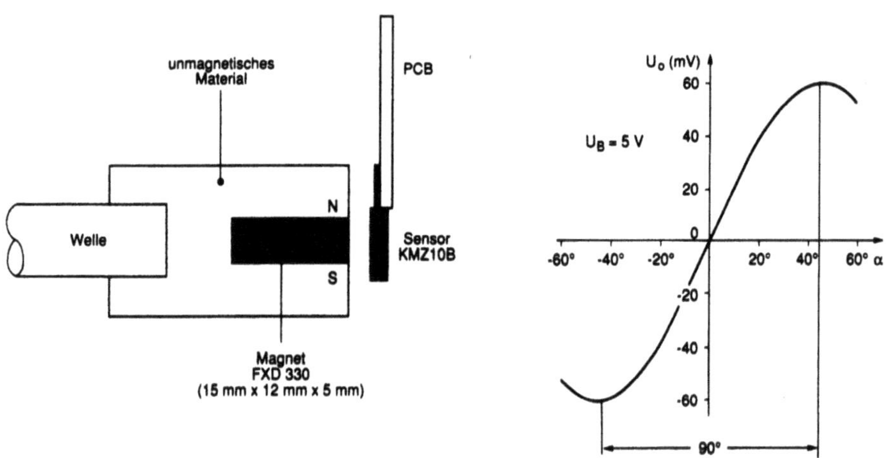


Bild 3.5-11      Winkelmessung mit einem Magneten, der eine relativ große Feldstärke erzeugt

nung die Größe des Magnetfeldes, d.h. auch sein Abstand sowie seine Temperaturdrift, kaum das Meßergebnis beeinflussen. Ein Anwendungsbeispiel ist das elektronische Gaspedal, das einen Meßbereich von etwa 30° erfordert.

Da die Magneteigenschaften nicht in das Meßergebnis eingehen, wenn das Magnetfeld eine sensorabhängige Höhe überschreitet, ergibt sich noch ein weiterer Vorteil. Dieser besteht darin, daß Sensor und Auswerteschaltung ohne detaillierte Kenntnis der Magneteigenschaften fertig abgeglichen angefertigt werden können.

**Beispiel eines Hybridsensormoduls:**

Sensormodul KM 110 BH/21 für Winkelmessung

Philips Semiconductors Hamburg hat eine für den Anwender leicht handhabbare Lösung für eine derartige Winkelerfassung entwickelt, nämlich das Sensormodul KM 110 BH/21. Dieses ist in Hybridtechnologie realisiert und enthält als Basiselement den magnetoresistiven Sensor KM 10B. Der wesentliche Vorteil dieses Sensormoduls liegt darin, daß es bereits abgeglichen ist (Empfindlichkeit, Offset und Nullpunkt-Vorabgleich) und beim Anwender nur noch mit einem Standard-Magneten ausreichender Feldstärke kombiniert werden muß. Durch die integrierte Temperaturkompensation sind sogar Temperatureinflüsse auf den Magneten und dessen Toleranzen weitestgehend ohne Einfluß auf das Meßsignal.

Die elektrische Schaltung und die magnetischen Eingangsparameter des Moduls sind so gewählt, daß es bereits für viele Anwendungen direkt einsetzbar ist. Mit einem derartigen Modul können auch Erfahrungen für anspruchsvollere Applikationen gewonnen werden, die sich dann für ein kundenspezifisches Modul verwerten lassen. Dieses Modul erleichtert dem Anwender die Erprobung des Meßverfahrens und erspart viele kosten- und zeitintensive Vorarbeiten.

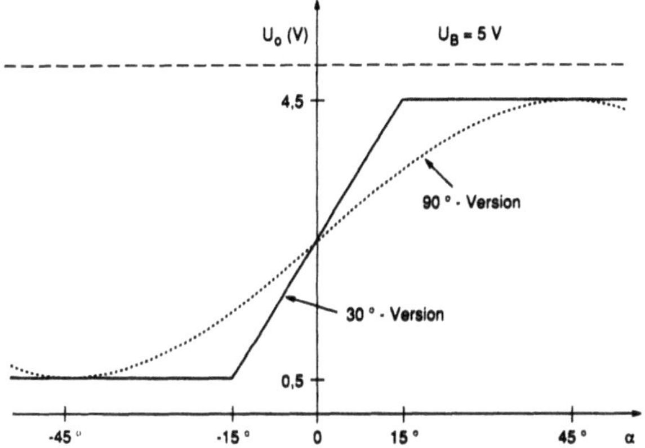


Bild 3.5-12   Sensor-Hybrid zur Winkelmessung und Kennlinien für die zwei Versionen

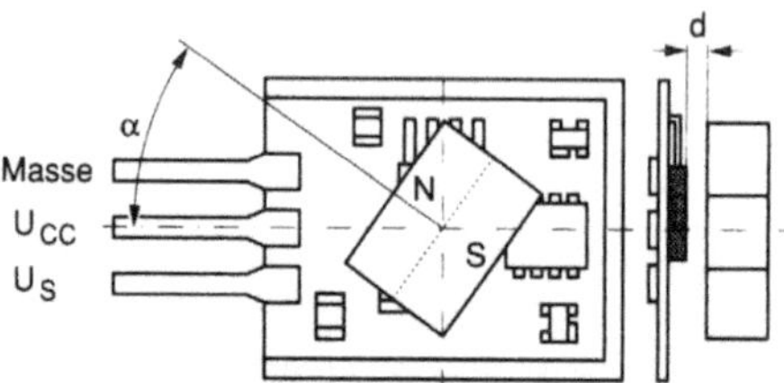


Bild 3.5-13     Einbau von Seltenerdmagneten im Sensormodul

Der meßbare Winkelbereich ist auf ca. 90° limitiert (s. Bild 3.5-12) und bei Verwendung von zwei Magneten auf ±135° erweiterbar, das Ausgangssignal ist hierbei sinusförmig. Durch den Modulabgleich kann in einem Teil des Meßbereiches eine hohe Genauigkeit erzielt werden, wie in Bild 3.5-12 am Beispiel des linearen Bereiches von ±15° dargestellt ist.

## Sensormodul

Das Modul KM 110BH 21 ist in der Basisversion auf 30°- bzw. 90°-Bereich getrimmt (s. Bild 3.5-12). Damit eignet es sich beispielsweise gut für das elektronische Gaspedal oder auch als Neigungssensor. Die Linearitätsabweichungen betragen in diesem Bereich ca. 1%. Eine genaue Montage des Magnetfeldsensors erlaubt es, dieses abgeglichene Modul ohne weitere Abgleich- oder Justiermaßnahmen als Winkelsensor einzusetzen. Da der Einbau von Modul und Magnet in ein Gehäuse zu weiteren Toleranzen führen kann, ist es zweckmäßig, die Montage bei einer definierten Winkelposition vorzusehen und so die Eigenschaften merklich zu verbessern.

Der unkritische Meßabstand (Sensorgehäuse zum Magneten) ist magnetabhängig. So ermöglicht ein Seltenerd-Magnet mit den Abmessungen 4 mm × 4 mm × 4 mm einen Arbeitsabstand von 0,5 mm (Bild 3.5-13), da die dann vorhandene Feldstärke für diese Anwendung voll ausreicht.

## 3.5.7 Einpunkt-Positionsmessung und Drehzahlmessung

Die Befestigung von Magneten an bewegten Teilen ist häufig problematisch oder sogar unmöglich. Auch unter diesen Umständen ist eine Positionserfassung möglich, wenn der Sensor mit einem Magneten fest verbunden wird und die Feldänderungen durch bewegte Weicheisenteile ausgewertet werden.

Bild 3.5-14 zeigt eine derartige Anordnung, bei der der Sensor symmetrisch am Magneten befestigt ist und somit ohne weitere Einflüsse kein Ausgangssignal abgibt.

Erst durch Eisenteile kann die Symmetrie gestört werden und zu dem dargestellten Signalverlauf führen. Von Vorteil ist hierbei, daß der Signalnulldurchgang immer dann erfolgt, wenn das zu detektierende, am Sensor vorbeibewegte Objekt den kleinsten Abstand zu diesem hat, sich also senkrecht zur großen Oberfläche des Magneten befindet.

Detektieren lassen sich auf diese Weise Bohrungen oder Schlitze in Blechen, Streifen oder Scheiben sowie die Zähne eines Zahnrades. Im Gegensatz zur symmetrischen Sensoranordnung in Bewegungsrichtung sollte der Sensor quer zu dieser Richtung unsymmetrisch am Magneten befestigt sein, oder der Magnet sollte unsymmetrisch magnetisiert sein, um ein eindeutiges Stützfeld $H_x$ zu erzeugen.

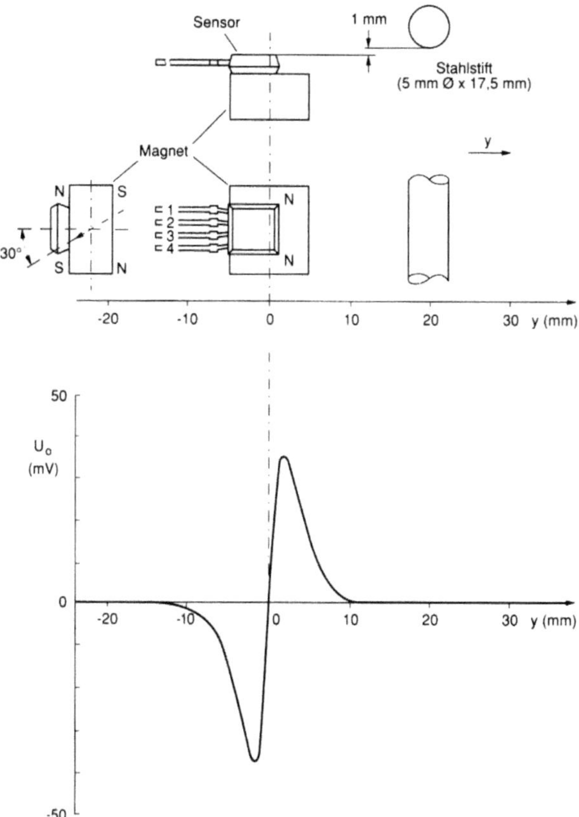


Bild 3.5-14    Detektion eines Stahlstiftes (5 mm Ø × 17,5 mm) mit einem Magnetfeldsensor KMZ 10 B, der auf der großen Oberfläche eines quaderförmigen FERROXDURE-Magneten (Abmessungen 8 mm × 8 mm × 4,35 mm) angebracht ist. Der Nulldurchgang des Ausgangssignals erfolgt genau dann, wenn sich der Stahlstift (in dieser Zeichnung) oberhalb des Sensors befindet.

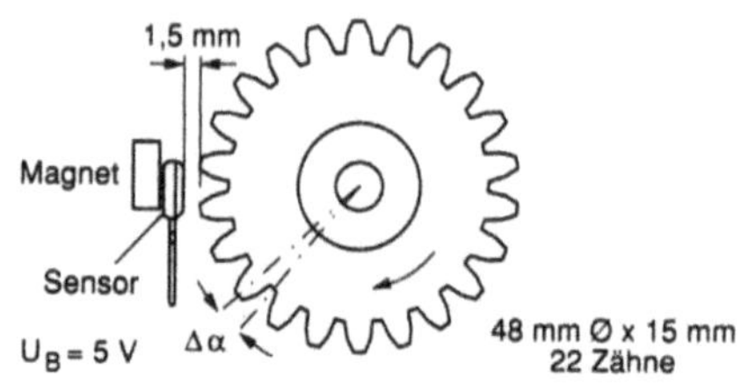


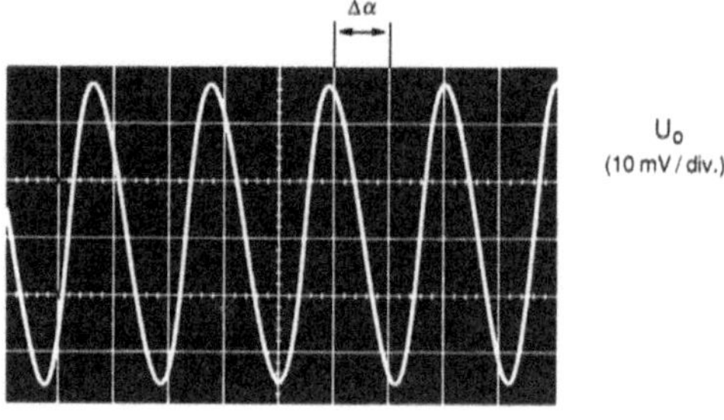


Bild 3.5-15      Zur Drehzahlmessung

Bei dem gezeigten Beispiel ist der Magnet so magnetisiert, daß die Magnetisierungs-achse um 30° gegenüber der geometrischen Achse verdreht ist. In Bild 3.5-14 handelt es sich um die Erkennung eines Stahlstiftes, dessen Abmessungen natürlich unkritisch sind.

Anwendungsmöglichkeiten sind z.B. Endschalter oder eine Schaltung zur Erfassung des Zündzeitpunktes im Kraftfahrzeug.

In Bild 3.5-15 Ist die Messung von Drehzahlen mit einem Zahnrad dargestellt, wobei eine praktisch sinusförmige Ausgangsspannung ($U_{MM} \approx 100$ mV) entsteht. Mit der Anzahl der Zähne kann auch die zeitliche Auflösung gesteigert werden, was besonders wichtig bei der Erfassung der Raddrehzahl in Antiblockiersystemen (ABS) ist. Weitere Anwendungsmöglichkeiten ergeben sich allgemein bei der Messung von Drehzahlen von Motoren, Generatoren, Getrieben usw. Ein besonderer Vorteil ist die Möglichkeit, ab Drehzahl Null (quasistatisch) zu messen sowie der große mögliche Meßabstand.

Im Automobilbereich sind z.Z. induktive Sensoren wegen ihrer Robustheit und großen Signalspannungen weit verbreitet. Von Nachteil ist jedoch, daß bei langsamen Vorgängen die Signalspannung sehr klein wird, andererseits aber störende Vibrationen höherer Frequenzen zu sehr großen Störsignalen führen können.

Diese Nachteile lassen sich durch den Einsatz von Magnetfeldsensoren vermeiden, die Magnetfeldänderungen statisch erfassen. Magnetoresistive Sensoren sind wegen ihrer großen Empfindlichkeit besonders für diese Aufgabe geeignet und ermöglichen die kostengünstige Herstellung sehr robuster, aktiver Drehzahlsensoren.

Zur Reduzierung von Offsetspannungen hat es sich als zweckmäßig erwiesen, für bestimmte Anwendungen, bei denen die Drehzahl Null nicht erfaßt werden muß, dem Sensor ein Hochpaßfilter nachzuschalten. Mit einem derartigen Filter lassen sich größere Reichweiten, jedoch keine statischen Magnetfeldänderungen erfassen. Die entsprechenden Module stehen sowohl mit als auch ohne Hochpaßfilter für radiale oder tangentiale Anordnung zum Puls-/Zahnrad zur Verfügung (Tabelle 3.5-1); Bild 3.5-16 zeigt eine praktische Ausführung. Einige wichtige Daten sind im folgenden angegeben:

Betriebsspannung:    5 V (4...10 V sind möglich, Welligkeit, bei Hochpaßversion max. 50 mV)

Ausgangssignal:    0/5 V, digital, ratiometrisch

Betriebstemperatur:    −40...+125 °C bis 150 °C (500 h) Sensor/Magnetbereich

Meßabstand:    0...2,5 mm ohne Hochpaß (Zahnrad: 48 mm Ø × 16 mm, 22 Zähne, Modul 2, Stahl) 0...3,5 mm mit Hochpaß (Zahnrad: s.o.)

Frequenzbereich:    0...20 kHz ohne Hochpaß 1 Hz...3 kHz mit Hochpaß

Tabelle 3.5-1    Sensormodule für Drehzahlmessung

| Bauform | Tangentiale Ausführung | | Radiale Ausführung | |
|---|---|---|---|---|
| | ohne Hochpaß | mit Hochpaß | ohne Hochpaß | mit Hochpaß |
| Typ | KM 110 BH11 | KM 110 BH/12 | KM 110 BH/13 | KM 110 BH/14* |
| möglicher Frequenzbereich (Hz) | 0...3000 | 1...3000 | 0...3000 | 1...3000 |
| berührungsloser maximaler Meßabstand (mm) | 2,5 | 3,5 | 2,5 | 3,5 |

* auch als 20 kHz-Version verfügbar

Das Sensormodul KM 110 BH13 ist in Zusammenarbeit mit der Automobilindustrie technisch um eine Stromschnittstelle (7/14 mA) und Maßnahmen zur EMV-Verbesserung ergänzt worden. Die Auswerteelektronik ist in ein IC-Chip auf Bipolar-Technologie integriert worden, was einen Betriebstemperaturbereich bis 150 °C möglich macht (Typ-Bezeichnung: KMI10/1).

Bild 3.5-16      Sensormodul KM 110 BH13 zur Messung von Drehzahlen

### 3.5.8  Inkrementale Messung und Richtungserkennung

Soll auch die Drehrichtung erkannt werden, so kann man mit zwei in Bewegungsrichtung räumlich versetzten Sensoren arbeiten. Es ist auch möglich, mit nur einem
Sensor auszukommen, wenn man von der Vollbrückenschaltung abgeht und die beiden auf dem Chip räumlich um ca. 0,7 mm auseinanderliegenden Halbbrücken verwendet. Hierzu ist es erforderlich, abweichend von der normalen Beschaltung die
Anschlüsse der Versorgungs- und Ausgangsspannungen zu vertauschen, wobei sich
zwei in $y$-Richtung bzw. Meßrichtung versetzte Halbbrückenaufnehmer ergeben, aus
denen die gewünschten, für die Richtungserkennung wichtigen Signalspannungen
gewonnen werden können (Bild 3.5-17).

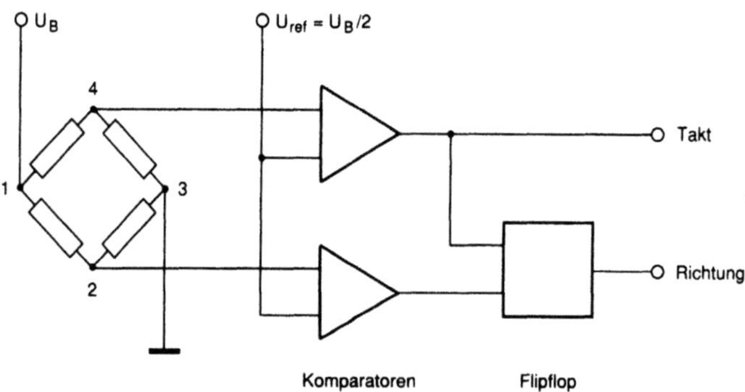


Bild 3.5-17      Anschlußschema und Blockschaltung für inkrementale Messung

Optimale Bedingungen werden bei einem 90°-Versatz der Signale erreicht. Hierfür ist ein Fenster- bzw. Zahnabstand (Periode) von 2,8 mm erforderlich. Aufgrund des festen Abstandes zwischen den Halbbrücken sind nicht – wie bei flexibleren aber aufwendigeren – Anordnungen mit zwei getrennten Sensoren, beliebige Fensterabstände möglich.

Ein sehr weiter Arbeitsbereich ist jedoch möglich, wenn nur eine Richtungserkennung, nicht aber die Drehzahl Null wesentlich ist.

Für diesen Einsatzfall steht das Sensorhybridmodul KM 110 BH31 zur Verfügung, welches in einem Frequenzbereich von 2 Hz bis 20 KHz bei großem Meßabstand sehr komfortabel die Drehzahl und Richtung ermitteln kann, siehe Bild 3.5-18.

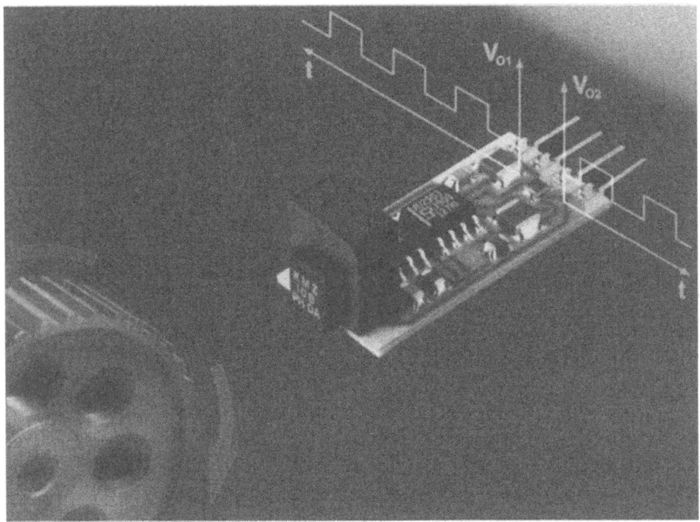


Bild 3.5-18    Sensormodul KM 110 BH31

### 3.5.9 Näherungsschalter

Bild 3.5-19 zeigt eine einfache Anordnung, die zusammen mit einem Komparator als Näherungsschalter verwendet werden kann. Orientiert man die Sensorachse unter 45° zur Magnetachse, gibt der Sensor stets ein negatives von der Magnetpolung unabhängiges Signal ab. Für diese Anwendung ist der Typ KMZ 10 C am besten geeignet, wobei zu beachten ist, daß bei einer Versorgungsspannung von 5 V die Schaltschwelle über 10 mV liegen sollte, weil darunter durch stärkere störende Magnetfelder ein undefiniertes Verhalten auftreten kann.

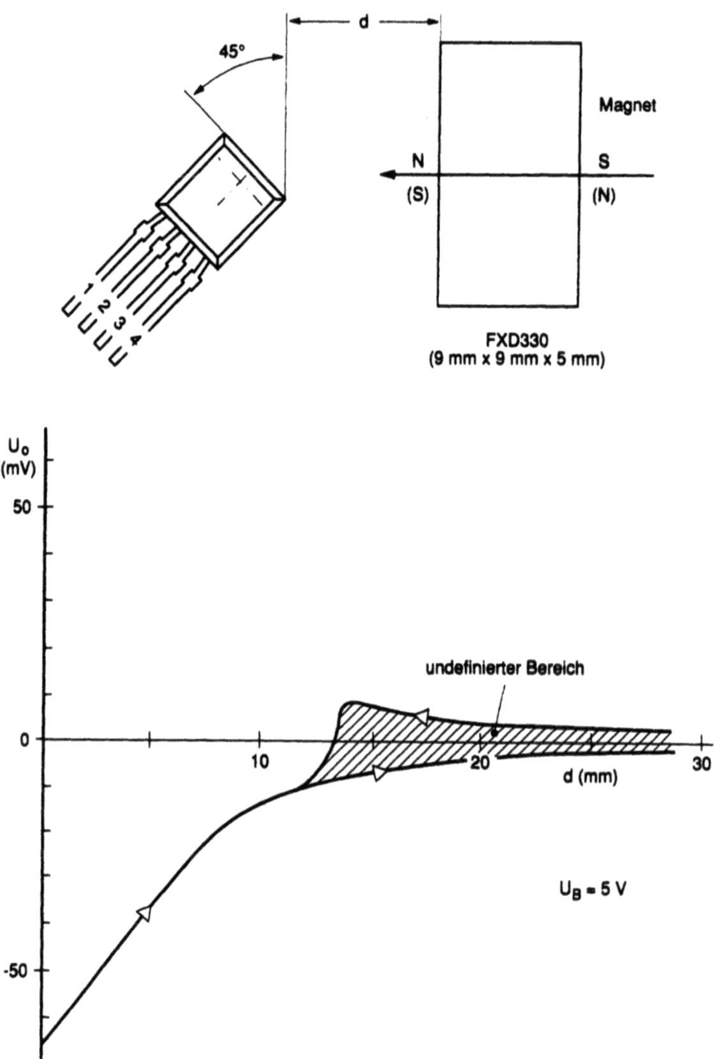


Bild 3.5-19      Anordnung und Signal eines Sensors für Näherungsschalter

# IV-1 Technologie und Anwendung bipolarer Fotodetektoren

Von Werner Kuhlmann

## 1.1 Generelle Überlegungen zur Technologie von Fotodioden

Alle Fotodetektoren des Bereichs Halbleiter der Firma Siemens arbeiten nach dem Prinzip des inneren Fotoelektrischen Effekts, das heißt, das Feld eines PN-Überganges wird dazu benutzt, durch Licht generierte Elektron-Loch Paare zu trennen und als Signalstrom zur Verfügung zu stellen. Prinzipiell tritt dieses Phänomen an jedem beleuchteten PN-Übergang auf, aber man kann diesen Effekt natürlich speziell züchten, um dem Anwender für seine Bedingungen eine optimierte Lösung anzubieten.

Hierzu ist oft eine enge Zusammenarbeit zwischen den Herstellern von Fotodetektoren auf der einen, sowie den Anwendern dieser Komponenten auf der anderen Seite notwendig. Im folgenden sollen die Möglichkeiten des Halbleiterentwicklers kurz dargestellt werden. Auf die physikalischen und elektrischen Grundlagen von Fotodioden oder -transistoren wird in diesem Zusammenhang nicht eingegangen, hier sei auf Kapitel 6 des Bandes 3 (Sensoren) der vorliegenden Reihe, sowie auf die allgemeine Halbleiterliteratur verwiesen.

Bei der Planung einer Fotodiode sind für die späteren Eigenschaften folgende vier Grundüberlegungen zu treffen:

1. Wahl des Rohmaterials
2. Wahl der zu verwendenden Technologielinie
3. Geometrische Auslegung des Detektors
4. Gehäusebauform

### 1.1.1 Wahl des Scheibenrohmaterials

Die Wahl des Halbleiters bestimmt am entscheidensten die späteren Einsatzmöglichkeiten des Detektors. Eine dominierende Rolle spielt hier, wie in der gesamten Halbleiterindustrie, das Silizium. Aus der Absorptionskurve (siehe Abb. 6.6.1-6 Band 3) ist zu ersehen, daß Silizium im gesamten sichtbaren Spektralbereich von ca 400 nm bis 750 nm einsetzbar ist, darüberhinaus aber auch den UV-Bereich bis herunter zu ca 200 nm, sowie das nahe Infrarot bis 1100 nm (Bandkante) abdeckt. Da Silizium sicherlich auch mit weitem Vorsprung der technologisch am besten verstandenste

Halbleiter ist und großtechnisch relativ preiswert hergestellt wird, wird man Silizium überall dort einsetzen, wo dies möglich ist und andere Halbleiter nicht entscheidene Vorteile bieten können. Germanium und InGaAs bieten eine Alternative für den Wellenlängenbereich von 1,0…1,7 µm. Dieser ist wichtig für die optische Nachrichtentechnik, da bei 1,3 µm und bei 1,55 µm ein Dämpfungsminimum für Glasfasern vorhanden ist. Auf diese Dioden wird im Kapitel 1.2 noch näher eingegangen.

Bei Silizium unterscheidet man allgemein zwischen PN-Dioden und PIN-Dioden. PN-Dioden werden mit einem Substrat einer Dotierstoffkonzentration von $N_B = 10^{14}…10^{15}$ cm$^{-3}$ gefertigt, dieser Bereich stellt gewissermaßen einen optimalen Kompromiß zwischen genügend großer Raumladungszone und guter Minoritätsträgerlebensdauer (Voraussetzung für einen guten Quantenwirkungsgrad), sowie Serienwiderstand und Preisgünstigkeit der Chips dar. PIN-Dioden benutzen Rohscheiben von $N_B = 10^{11}…10^{13}$ cm$^{-3}$. Dies ist der Reinheitsgrad, der heute bei vernünftigen Kosten technisch beherrscht wird, wirklich intrinsisches Silizium ist in der Praxis nur durch Kompensation erreichbar. Solche meist mit Neutronenaktivierung behandelten Siliziumscheiben finden aber aufgrund ihres hohen Preises nur für Spezialanwendungen Einsatz.

### 1.1.2   Wahl der Technologielinie

Die verwendete Technologielinie ist, zusammen mit dem Rohwafer, ausschlaggebend für die elektrischen Eigenschaften des späteren Detektors. Hier wird festgelegt, welche Daten bezüglich Sperrspannung, Dunkelstrom, Kapazität und spektraler Fotoempfindlichkeit erreicht werden. Darüberhinaus spielen aber auch Fragen wie Kosten und Ausbeuten eine wichtige Rolle. Im Kapitel 1.2 werden verschiedene Technologiegruppen aus dem Siemens Spektrum näher vorgestellt.

### 1.1.3 Geometriefestlegung

Bei der Wahl der Geometrie einer Fotodiode unterliegt der Entwickler kaum Einschränkungen. Standarddioden haben Flächen von ca. $1 \times 1$ mm$^2$ bis $10 \times 10$ mm$^2$, wobei aber praktisch jede beliebige Form, rechteckig, rund oder komplizierter, realisiert werden kann. Nach oben ist die Größe einzelner Dioden nur durch den Waferdurchmesser beschränkt, für Spezialanwendungen sind schon $60 \times 60$ mm große Dioden aus einem 100 mm-Wafer entstanden. Andererseits sind auch sehr kleine Abmessungen verwirklichbar. Handhabbar sind heute noch Chipgrößen von ca 200…300 µm Kantenlänge, wobei allerdings, bei konstanter Beleuchtungsdichte, die elektrischen Signale sehr klein werden. Die Anordnung von mehreren Einzeldioden auf einem Chip ist auch möglich, wobei normalerweise, (wenn keine IC-Technologien verwendet werden), ein gemeinsamer elektrischer Pol entsteht. Bekannt sind Differentialdioden oder 4-Quadranten-Dioden, von denen in Bild 1.1.3-1 einige Bauelemente aufgeführt sind. Darüberhinaus können auch viel kompliziertere Diodenarrays entstehen. Als Beispiel möge das Bild 1.1.3-2 eines 64-fach Kreissegmentdetektors dienen.

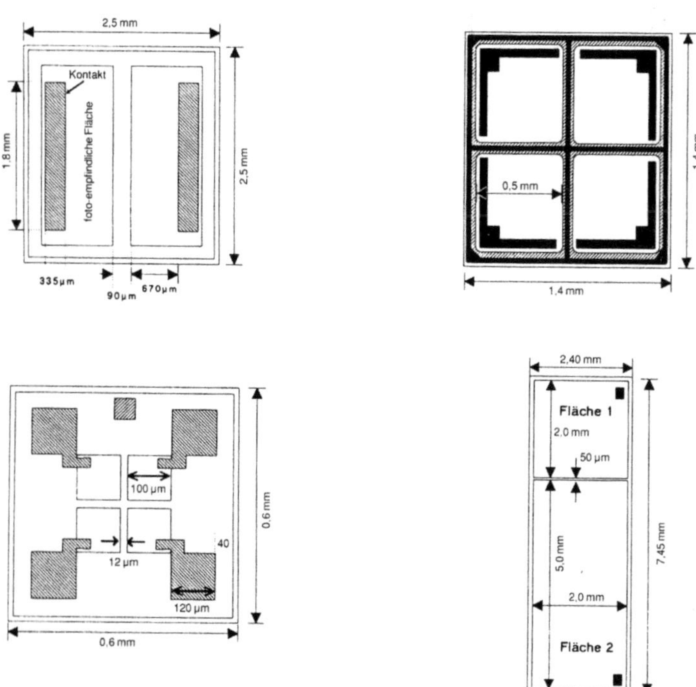



Bild 1.1.3-1     Übersicht über 2- und 4-Fach-Spezialdioden

Anwendungen:     Meßtechnik (elektronische Waagen)
Messen, Steuern, Regeln (xy-Leser, Lichttaster)

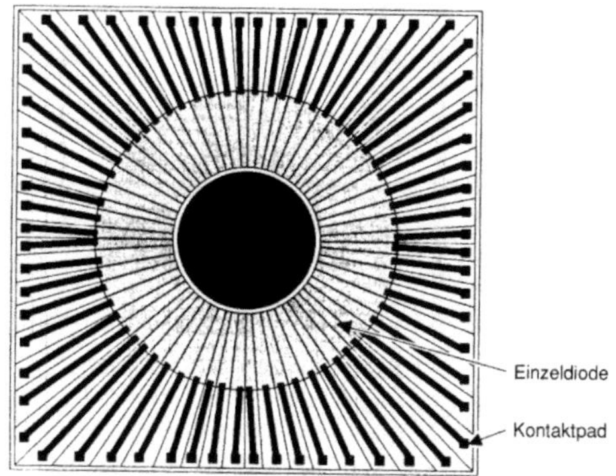



Bild 1.1.3-2     Beispiel für ein monolithiosches Diodenarray, hier ein 64-fach Kreissegmentdetektor. Die Chipgröße ist 6,5 × 6,5 mm, jede der 64 Fotodioden ist einzeln kontaktiert.

### 1.1.4 Gehäusebauformen

Während bei normalen Einzelhalbleitern oder Integrierten Schaltungen das Gehäuse im wesentlichen eine Schutzfunktion für den Chip darstellt, kommt der Bauform in der Optoelektronik eine viel größere Bedeutung zu, da sie eine funktionale Aufgabe bei der Bestrahlung des Chips erfüllt. Durch Ausbildung von Linsen und Filtern können die Eigenschaften eines Detektors entscheidend verändert werden, dementsprechend gibt es meist für einen Chip viele Gehäusevarianten. Hierauf wird im Kapitel 1.4 näher eingegangen.

## 1.2  Optimierung von Fotodioden für den Anwender

### 1.2.1  Sperrstromarme Fotodioden

Der Dunkelstrom einer Fotodiode ist eine entscheidende Größe, die oft die maximale Empfindlichkeit einer Empfangsanordnung bestimmt. Dementsprechend wird versucht, durch geeignete technologische Maßnahmen diesen Sperrstrom so klein wie möglich zu halten. Als Kenngröße für eine sperrstromarme Fotodiode kann man einen Wert von < 1 pA bei 1 V Sperrspannung und 1 mm$^2$ Diodenfläche annehmen.

Der Sperrstrom einer Diode setzt sich aus den drei Anteilen Generationsstrom, Diffusionsstrom und Oberflächenstrom zusammen. Unter dem Generationsstrom versteht man den durch spontane Generation innerhalb der Raumladungszone entstehenden Leckstrom. Dessen Stromdichte ist gegeben durch:

$$I_{\mathrm{gen}} = q n_{\mathrm{i}} W_{\mathrm{RLZ}} / \tau$$

$q$ : Elementarladung $\qquad\qquad$ $n_{\mathrm{j}}$ : Eigenleitungskonzentration

$W_{\mathrm{RLZ}}$ : Weite der Raumladungszone $\qquad$ $\tau$ : Minoritätsträgerlebensdauer

Hieraus ist zu sehen, daß eine große Raumladungsweite, wie bei PIN-Dioden, auch zu einem höheren Sperrstrom führt. Daher setzt man für Sperrstromarme Fotodioden eher niederohmige Scheiben, also PN-Dioden ein. Die vergleichsweise hohe Kapazität muß dann in Kauf genommen werden. Die Lebensdauer $\tau$ hängt im wesentlichen von der Reinheit und kristallographischen Perfektion des Halbleitermaterials ab und ist ein Maß für die Technologiegüte.

Der Diffusionsanteil des Dunkelstroms entsteht durch in der neutralen Zone generierte Ladungsträger, die dann ins Feld der Raumladungszone wandern. Seine Dichte hat die Größenordnung:

$$I_{\text{diff}} = q(D/\tau)^{1/2}\, n_{\text{i}}^2 / N_{\text{B}}$$

D : Diffusionskonstante          $N_{\text{B}}$ : Dotierkonzentration

Hier ist wieder eine gute Trägerlebensdauer die Voraussetzung für einen niedrigen Leckstrom.

Unter dem Begriff Oberflächenleckstrom werden meist alle Komponenten zusammengefaßt, die durch Generationszentren an der Oberflächenpassivierung, der optischen Vergütung oder auch durch Kontaktinjektion entstehen.

Tabelle 1.2.1-1     Sperrstromarme Fotodioden

| Bauteil | fotoempfindl. Fläche | Bauform |
|---|---|---|
| BPX 63 | 1,0 mm × 1.0 mm | TO-18 mit Kunststofftropfen |
| SFH 263 | 1,0 mm × 1.0 mm | 5 mm LED-Bauform |
| BPW 32 | 1,0 mm × 1.0 mm | Leiterbandgehäuse, klarer Epoxieverguß |
| SFH 212/219 | 1,0 mm × 1.0 mm | TO-18 mit Linse / plan |
| BPX 92 | 0,82 mm × 1,32 mm | Leiterbandgehäuse, klarer Epoxieverguß |
| SFH 200 | 1,0 mm × 2,0 mm | Leiterbandgehäuse, klarer Epoxieverguß |
| BPW 33 | 2,73 mm × 2,73 mm | Leiterbandgehäuse, klarer Epoxieverguß |

<u>Anwendungen</u>

- Fotoindustrie
  - Kameras
  - Belichtungsmesser
  - Coloranalyser
  - Photometer

- Messen, Steuern, Regeln

- Umweltschutz

- Medizintechnik

- Informationstechnik

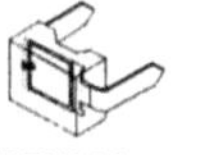

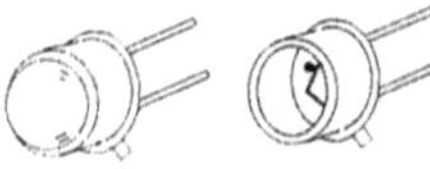


Kennwerte ($T_{\text{a}} = 25\ °\text{C}$)

| Bauelement | Fotoempfindlichkeit $U_{\text{r}} = 5\ \text{V}$ | Dunkelstrom $U_{\text{r}} = 1\ \text{V}$ | Kapazität $U_{\text{r}} = 0\ \text{V}$ | Leerlaufspannung $E_{\text{v}} = 1000\ \text{Lux}$ |
|---|---|---|---|---|
| BPX 63 | 10 nA / Lux | 5 pA | 100 pF | 450 mV |
| SFH 212 | 25 nA / Lux | 5 pA | 100 pF | 470 mV |
| SFH 219 | 7 nA / Lux | 5 pA | 90 pF | 390 mV |
| BPW 32 | 10 nA / Lux | 5 pA | 100 pF | 450 mV |
| SFH 263 | 10 nA / Lux | 5pA | 100 pF | 450 mV |
| BPX 92 | 9,5nA / Lux | 5pA | 90 pF | 440 mV |
| SFH 200 | 20 nA / Lux | 5pA | 180pF | 450 mV |
| BPW 33 | 75 nA / Lux | 20pA | 630pF | 440 mV |

Nimmt man als Beispiel die Siemensdiode BPW 33 mit einer fotoempfindlichen Fläche von 7,6 mm², einer Empfindlichkeit von ca 50 nA/Lux und einem Sperrstrom von $I_r$ (1V) < 5 pA, so reicht eine Beleuchtung von 0,1 mLux oder 10 pWatt (880 nm) aus, um einen Fotostrom gleich dem Dunkelstrom zu erhalten. Als Vergleich: die volle Sonneneinstrahlung im Sommer beträgt ca 100.000 Lux und der Mond scheint mit ca 100 mLux. Hieraus wird deutlich, daß mit solchen Dioden noch kleinste Lichtstärken detektiert werden können.

Den höchsten Signal/Rausch-Abstand haben diese Dioden, wenn sie im Elementbetrieb, also ohne Vorspannung betrieben werden. Das Schrotrauschen des Dunkelstroms der Diode wird im Nullpunkt der Kennlinie natürlich nicht verschwinden, sondern nur minimiert, obwohl der Dunkelstrom hier nominell zu Null wird (aber eben nur der Mittelwert aller Fluktuationsvorgänge des PN-Überganges). In der Praxis wird immer eine Restspannung, z.B. die Offsetspannung eines Operationsverstärkers, am PN-Übergang liegen. Nach Bild 6.2-3b des Bandes 3 (Sensoren) wird der thermische Rauschstrom des Shuntwiderstandes $R_{Sh}$ der Fotodiode durch

$$\overline{i_{th^2}} = 4kT \frac{B}{R_{sh}} = 4q \cdot B \cdot I_{sdiff}$$

$B$ : Bandbreite

mit $I_{sdiff}$ als Sättigungswert des Diffusionssperrstromes bestimmt. Wenn dieser Wert in der Praxis nicht bekannt ist, kann der differentielle Wert der Kennlinie im Nullpunkt d$U$/d$I$ (Nullpunktssteilheit) als Gütekriterium und Rauschgröße verwendet werden.

Eine Auswahl von sperrstromarmen Fotodioden der Firma Siemens bietet die Tabelle 1.2.1-1.


### 1.2.2  PIN-Fotodioden

Infrarot-Empfindlichkeit

Die Eindringtiefe des Lichtes in Silizium ist eine stark von der Wellenlänge abhängende Funktion. Während sie für sichtbares Licht im Bereich weniger µm liegt, nimmt sie für nahes Infrarot zu und liegt bei der Wellenlänge von 950 nm (GaAs-Sender) schon bei 50 µm. Da die Eindringtiefe als Abfall auf 1/e definiert ist, bedeutet dies, daß die Intensität in 100 µm Tiefe immer noch mehr als 10 % beträgt. Für eine effektive Sammlung der in diesem Bereich generierten Ladungsträger sollte die Raumladungszone des PN-Überganges ebenso groß sein, da die Elektron-Loch-Paare dann sofort in deren elektrischem Feld getrennt werden. Müssen diese erst durch Diffusionsvorgänge bis in die Raumladungszone gelangen, ist der innere Quantenwirkungsgrad durch Rekombination schlechter.

Die Weite der Raumladungszone $W_{RLZ}$ hängt von der verwendeten Substratdotierung NB und der angelegten Spannung $U$ ab:

$$W_{RLZ} = \left( 2\varepsilon\varepsilon_0 \frac{(U_{bi} - 2kT/q + U)}{q \cdot N_B} \right)^{1/2}$$

$U_{bi}$ : Diffusionsspannung    $q$ : Elementarladung    $\varepsilon\,\varepsilon_0$ : Dielektrizitätskonstante

Hieraus folgt, daß es notwendig ist, möglichst niedrig dotiertes Silizium und eine hohe Spannung zu verwenden, um große Raumladungsweiten zu erzielen. PIN-Dioden mit einem Substrat von 1000 Ohm $\cdot$ cm ($N_B = 5 \cdot 10^{12}$ cm$^{-3}$) haben bei einer Betriebsspannung von 1 V ca 20 µm Raumladungszone, die sich bei 50 V auf ca. 100 µm erhöht. Silizium PlN-Dioden haben also für den Empfangsbereich Nahes Infrarot bis 1,1 µm Wellenlänge sehr gute Voraussetzungen.

Schaltzeit

Eine bestimmende Größe für die Schaltzeit eines Fotodetektors ist die Kapazität des PN-Überganges. Diese kann flächenbezogen als Funktion der Raumladungsweite WRLz angegeben werden:

$$\frac{C}{A} = \frac{\varepsilon\varepsilon_0}{W_{RLZ}}$$

Für eine kleine Kapazität muß also auch ein hochohmiges Halbleitermaterial eingesetzt werden. Eine Abschätzung mit obigem PlN-Material ergibt bei 10 V Betriebsspannung und einer Fläche von 1 mm$^2$, unter Vernachlässigung aller Randeffekte, eine Kapazität von ca 1 pF/mm$^2$. Mit einem Arbeitswiderstand von 50 Ohm folgt eine RC-Zeit von nur 0,05 nsec. Mit Silizium PlN-Dioden lassen sich also sehr kleine Kapazitäten und damit die Voraussetzung für sehr schnelle Dioden realisieren.

Eine weitere schaltzeitbestimmende Größe ist die Laufzeit der Minoritätsladungsträger. Innerhalb der Raumladungszone werden die Elektronen und Löcher durch das dort herrschende Feld beschleunigt. Der Grenzwert für diese Driftgeschwindigkeit liegt im Silizium bei $v_{dr} = 10^7$ cm/sec oder 100 µm/nsec. Wesentlich mehr Zeit wird benötigt, falls die Generation außerhalb der Raumladungszone stattfindet und die Ladungsträger erst diffundieren müssen. Als Abschätzung läßt sich eine 3 dB-Grenzfrequenz angeben:

$$f_{diff} = 2,4 \; \frac{D_p}{2\pi L^2}$$

$D_p = 15,5$ cm$^2$/s    Diffusionskonstante        $L$ : Länge des Diffusionsweges

| $L$/µm | 80 | 25 | 8 | 2,5 |
|---|---|---|---|---|
| $f_{diff}$/MHz | 0,1 | 1,0 | 10 | 100 |

Für wirklich schnelle Dioden ist dieser Effekt so kritisch, daß keine Generation außerhalb der Raumladungszone zugelassen werden kann. Falls man die Raumladungszone durch Spannungserhöhung nicht größer als die Lichteindringtiefe machen kann (maximale Durchbruchspannung wird überschritten, in der Anwendung

Tabelle 1.2.2-1    Auswahl von PIN-Fotodioden

| Bauteil | fotoempfindl. Fläche | Bauform |
|---|---|---|
| BPX 63 | 1,0 mm × 1.0 mm | TO-18 mit Kunststofftropfen |
| SFH 263 | 1,0 mm × 1.0 mm | 5 mm LED-Bauform |
| BPW 32 | 1,0 mm × 1.0 mm | Leiterbandgehäuse, klarer Epoxieverguß |
| SFH 212/219 | 1,0 mm × 1.0 mm | TO-18 mit Linse / plan |
| BPX 92 | 0,82 mm × 1,32 mm | Leiterbandgehäuse, klarer Epoxieverguß |
| SFH 200 | 1,0 mm × 2,0 mm | Leiterbandgehäuse, klarer Epoxieverguß |
| BPW 33 | 2,73 mm × 2,73 mm | Leiterbandgehäuse, klarer Epoxieverguß |

<u>Anwendungen</u>

**Großflächige PIN-Dioden**

- Fotoindustrie:
  - Computerblitzgeräte

- Meßtechnik
  - Lichtmeßgeräte

- Sicherheitstechnik
  - Rauchmelder
  - Lichtvorhänge
  - Lichtschranken

- Automation
  - Positionsgeber

**IR-empfindliche PIN-Dioden**

- IR-Fernsteuerung
  - TV, Video, Recorder
  - Lichtdimmer,
  - Gerätefernsteuerung

- IR-Tonübertragung

  - TV, Rundfunk
  - Dolmetscheranlagen
  - Sprachlabors

**Schnelle PIN-Dioden**

- Messen, Steuern, Regeln

  - Codeleser
  - schnelle Lichtschranken
  - Laserdektoren

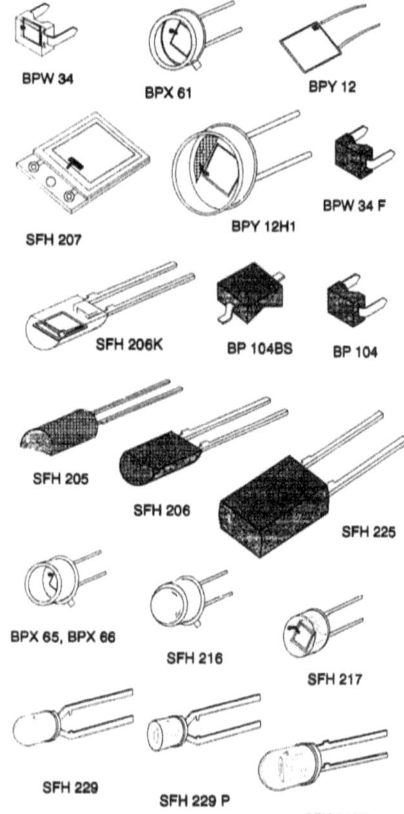

steht keine genügend hohe Spannung zur Verfügung, etc) muß der Chipentwickler die Chipdicke entsprechend begrenzen. Auch die Seitenflächen außerhalb der eigentlichen Fotodiode müssen durch eine Metallabdeckung unempfindlich gegen Lichteinstrahlung gemacht werden.

Eine häufig unterschätzte Größe ist der Serienwiderstand einer PlN-Diode. Während innerhalb der Raumladungszone die Energie zum Stromfluß quasi aus der Spannungsversorgung geliefert wird, stellt das restliche, hochohmige Substrat einer solchen Diode einen Serienwiderstand dar. Für optimale Betriebsbedingungen sollte die Raumladungszone an der Rückseite des Chips anstoßen. Hier muß ein Kompromiß zwischen der für den Anwender zumutbaren Betriebsspannung auf der einen Seite und der für den Chiphersteller noch handhabbaren minimalen Chipdicke gefunden werden.

Zusammenfassend kann gesagt werden, daß Silizium PlN-Fotodioden sehr schnelle Bauelemente sind, die bis ca 1 Ghz eingesetzt werden können (Spezialausführungen auch weit darüber) und daß die Anforderungen an eine geringe Schaltzeit mit denen an eine hohe Infrarotempfindlichkeit konform gehen. Als Nachteil muß gegenüber PN-Dioden ein erhöhter Dunkelstrom in Kauf genommen werden.

### 1.2.3 Blau-/UV-empfindliche Fotodioden

Das Maximum des Wirkungsgrades von Silizium Fotodioden liegt im allgemeinen bei ca 850...900 nm, wobei ein Quantenwirkungsgrad von 80...95 % erzielt wird. Im kurzwelligen Spektralbereich sinkt die Empfindlichkeit langsam ab, im Bereich 400 nm und darunter zeigen Siliziumdioden normalerweise nur noch eine mäßige Fotoempfindlichkeit. Der Grund hierfür liegt primär in der geringen Eindringtiefe der Lichtquanten im blauen bzw. ultravioletten Spektralbereich. Diese beträgt bei $\lambda = 400$ nm nur noch ca 0,1 µm und fällt bei $\lambda = 280$ nm auf 0,04 µm ab. Es wird damit extrem schwierig, die generierten Ladungsträger am PN-Übergang zu sammeln, da sehr viele durch Oberflächenrekombination vernichtet werden. Der Grund für dieses Verhalten kann dem Bandschema des Siliziums entnommen werden. Bei Photonenenergien ab 3,42 eV ($\lambda = 365$ nm) ist ein direkter Bandübergang ohne Phononenbeteiligung möglich, wodurch die Wechselwirkungswahrscheinlichkeit zwischen der Lichtwelle und dem Elektronengas stark erhöht wird. Bei noch größeren Energien wird ein Teil der Überschußenergie durch Stoßionisation wieder abgegeben. Hierdurch kann der innere Quantenwirkungsgrad auf Werte bis 1,5 steigen, ein Effekt, der zu einer Verbesserung der Fotoempfindlichkeit beiträgt. Ein zweites Problem zeigt sich bei der Betrachtung des Brechungsindex. Der IR-Wert von $n = 3,42$ steigt bis zum direkten Bandübergang auf fast 6,8 an, um dann zwischen 360 nm und 200 nm wieder auf 1 zu sinken. Ohne optische Vergütungsschicht werden im Bereich 300...400 nm bis über 50 % der Lichtintensität an der Siliziumoberfläche reflektiert.

Nach dieser kurzen Betrachtung können die Forderungen an eine UV-/Blauempfindliche Fotodiode konkretisiert werden:

a) Der PN-Übergang muß so flach wie technisch realisierbar ausgeführt werden, bei ausreichender Querleitfähigkeit des fotoempfindlichen Gebietes.

b) Die Oberflächenrekombination muß durch geeignete Maßnahmen weitestgehend unterdrückt werden, das Oberflächenpotential sollte entstehende Ladungsträger möglichst in Richtung PN-Übergang treiben.

c) Die optische Vergütung ist sehr kritisch und muß speziell auf den jeweils gewünschten Wellenlängenbereich angepaßt werden.

Die einfachste und am häufigsten gebrauchte Ausführung einer optischen Vergütung besteht aus einer einzigen Schicht. Etwas vereinfacht und nur unter Berücksichtigung des Realteils des Brechungsindex lautet die Bedingung für diese Schicht:

1. Der Brechungsindex muß dem geometrischen Mittel aus dem Wert für das Eintrittsmedium (Luft oder Epoxieverguß) und demjenigen für den Halbleiter entsprechen.

2. Der optische Weg in der Vergütungsschicht muß einem Viertel der Wellenlänge entsprechen, für die die Vergütung optimiert werden soll ($\lambda/4$-Schicht).

In der Praxis bestehen solche Vergütungsschichten zum Beispiel aus Siliziumnitrid oder Siliziumoxid, welches in einem chemischen Abscheideprozess auf die Oberfläche der Diode aufgebracht wird oder auch aufgedampft werden kann. Im UV-Bereich $<300$ nm kann Siliziumnitrid nicht mehr verwendet werden, da eine merkliche Lichtabsorption innerhalb der Schicht einsetzt. Das hier über Antireflexschichten gesagte findet auch bei Dioden für längere Wellenlängen bis in den IR-Bereich Anwendung, wobei die Verhältnisse dort einfacher sind.

Extrem flache PN-Übergänge erfordern spezielle Herstelltechnologien wie Implantation mit geringer Energie und niedrigen Ausheiltemperaturen bzw. sehr kurzen Temperzeiten, um die Diffusion des Dotierungsmaterials gering zu halten. Andererseits sollten durch die Implantation entstandene Kristallschäden ausgeheilt sein. Um die Querleitfähigkeit solcher Schichten zu erhöhen, wird oft ein Kontaktgitter wie bei Solarzellen oder zumindest ein Kontaktring um die aktive Fläche verwendet.

Mit Siliziumdioden werden heute Wirkungsgrade von $>0{,}2$ A/W bei $\lambda = 400$ nm und $>0{,}1$ A/W bei $\lambda = 200$ nm erreicht, was Quantenwirkungsgraden von $60\ldots80\,\%$ entspricht. Ein Nachteil ist, daß solche Dioden immer noch eine hohe Infrarot-Empfindlichkeit besitzen und zum Beispiel bei der Messung des UV-Anteils im Sonnenlicht der IR Anteil ein viel größeres Signal liefert. Hier muß dann mit speziellen Filtertechniken gearbeitet werden. Die nachfolgende Tabelle 1.2.3-1 gibt wieder eine Übersicht über Standarddioden für den UV- bzw. Blauen Spektralbereich.

Tabelle 1.2.3-1   Blau-/UV-empfindliche Fotodioden

| Bauteil | fotoempfindl. Fläche | Wellenlängenbereich | Bauform |
|---|---|---|---|
| BPX 91B | 2,7 mm × 2,7 mm | grün-blau bis 300 nm | Leiterbandgehäuse |
| BPX 60 | 2,7 mm × 2,7 mm | grün-blau bis 300 nm | TO-5 Metall |
| SFH 100 | 8,5 mm × 2,5 mm | grün-blau bis 300 nm | Leiterbandgehäuse |
| BPX 79 | 4,7 mm × 4,7 mm | grün-blau bis 300 nm | Drahtanschlüsse |
| SFH 291 | 2,7 mm × 2,7 mm | UV 400...200 nm | TO-5 Metall |

<u>Anwendungen</u>

- Fotoindustrie
  - Coloranalyser

- Messen, Steuern, Regeln
  - Farbtaster
  - Druckmarkensteuergeräte
  - Flammenwächter
  - UV-Bräunungsgeräte

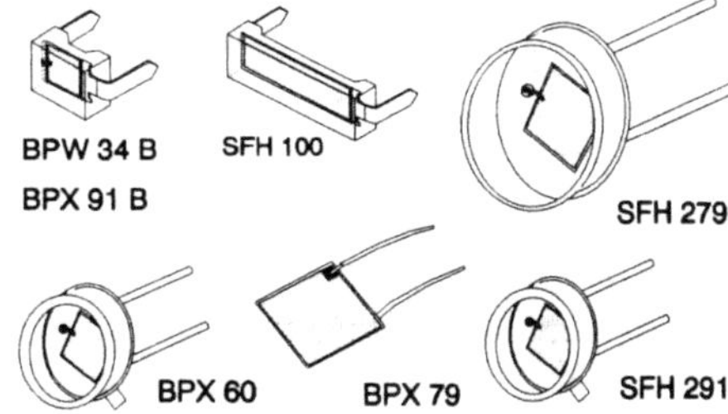


Kennwerte ($T_a = 25$ °C)

| Bauelement | Fotoempfindlichkeit $\lambda$= 400 nm 0,5 mW/cm² | Dunkelstrom $U_r = 10$ V | Kapazität $U_r = 0$ V | Leerlaufspannung $E_v = 1000$ Lux |
|---|---|---|---|---|
| BPX 91 B | $I_k = 7{,}4$ µA | 7 nA | 580 pF | 450 mV |
| BPX 60 | $I_k = 7{,}4$ µA | 7 nA | 580 pF | 460 mV |
| SFH100 | $I_k = 21$ µA | 0,5 nA | 1000 pF | 430mV |
| BPX 79 | $I_k = 19$ µA | $U_r = 1$V 0,3 µA | 2500 pF | 450 mV |
| SFH 291 | $S_{(220nm)} = 0{,}1$A/W | $U_r = 5$V 0,3 µA | 600 pF | 420 mV |

Der Prozeßablauf für Blau-empfindliche Dioden ist sowohl mit PN- als auch mit PIN-Wafern kompatibel. Bei letzteren wird aufgrund der niedrigen Grunddotierung der PN-Übergang immer tiefer unter der Halbleiteroberfläche entstehen und damit eine etwas schlechtere Fotoempfindlichkeit für kurze Wellenlängen erreicht.

## 1.2.4  Avalanche-Fotodioden

Avalanche-Fotodioden (APDs) werden mit einer so hohen Spannung betrieben, daß der PN-Übergang der Durchbruchfeldstärke sehr nahe kommt. Generierte Elektronen/ Löcher werden so stark beschleunigt, daß sie ihrerseits durch Stoßionisation zusätzlich Sekundärelektronen aus dem Kristallgitter freisetzen. Dies führt zu einer Multiplikation des ursprünglichen Fotostroms. Da sich die Ladungsträger aufgrund der hohen Feldstärke mit ihrer Grenzgeschwindigkeit bewegen, haben Avalanche Dioden eine sehr hohe Grenzfrequenz. Konstruktiv müssen diese Dioden so ausgelegt werden, daß die Multiplikation nur in einer begrenzten, aktiven Zone auftritt. Im Randbereich wird die Feldstärke z.B. durch eine Guardringdiffusion mit großem Krümmungsradius herabgesetzt. Hieraus ergibt sich ein weiterer Vorteil. Der Dunkelstrom aus den Randbereichen wird nicht mit verstärkt, der multiplikative Dunkelstrom beschränkt sich auf die spontane Generation in der aktiven Zone. Dadurch haben Avalanche Dioden ein sehr gutes Signal/Rausch-Verhältnis.

APDs stellen hohe Anforderungen an die Kristallgüte und den Herstellprozess. Innerhalb der Verstärkungszone wird eine gute Gleichförmigkeit der Multiplikation gefordert. Wird diese beispielsweise bevorzugt an Punktdefekten ausgelöst, so wird die Diode durch lokale Überhitzung zerstört. Aufgrund des hohen technologischen Aufwandes bei der Herstellung sowie einer gegenüber normalen Dioden reduzierten Ausbeute sind APDs recht teuer. Da auch der Anwender meist den elektronischen Aufwand, der aufgrund der internen Verstärkung gespart wird, in die sehr genaue Stabilisierung der Betriebsspannung stecken muß, ist die Anwendung von Avalanche Dioden in der Praxis recht eingeschränkt. Neben wissenschaftlichen Applikationen beim Nachweis kleinster Lichtpegel werden APDs in der optischen Nachrichtentechnik als Empfänger für Lichtwellenleiter eingesetzt. Da hier kleinste Lichtpegel bei sehr hohen Bitraten sicher empfangen werden müssen, stellen APDs eine gute Alternative zu PlN-Dioden mit Verstärker dar. Als praktisches Beispiel möge die

($T_a$ = 25 °C)

| Durchmesser aktive Zone | 75 µm |
|---|---|
| spektrale Empfindlichkeit 1300 nm, $U_r$ = 5V | 0,75 A/W |
| Kapazität $U_r$ = 5 V | 1,3 pF |
| Dunkelstrom $U_r$ = 5 V | 1 nA |
| Abfall / Anstiegszeit ($R_L$ = 50 Ohm, $U_r$ = 5 V, $\lambda$ = 1300 nm ) | 0,3 nsec |
| Gehäuse | TO-18 |

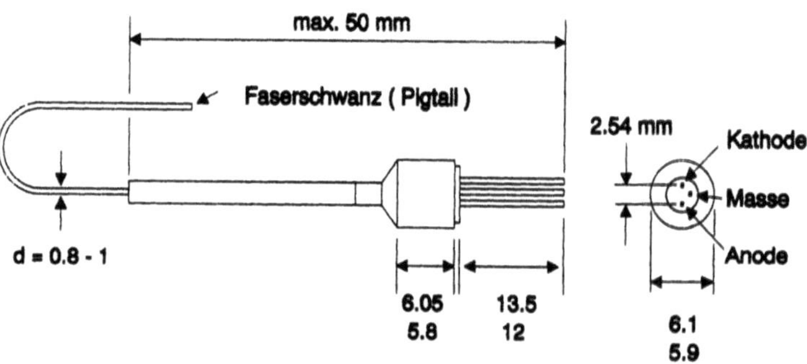


Bild 1.2.4-1     Abmessungen und charakteristische Daten der Avalanche-Diode SFH 2324

Germanium Avalanche Diode SFH 2324 dienen, die als LWL Empfänger für die Wellenlänge 1300 nm und bis zu Bitraten von 1,2 GBit eingesetzt wird. Die Diode ist in einem TO-18 Metallgehäuse aufgebaut und hat ein kurzes Stück Lichtleiter (Pigtail) zur Lichteinkopplung. Die charakteristischen technischen Daten sind in der folgenden Tabelle aufgeführt, die äußeren Abmessungen sind dem Bild 1.2.4-1 zu entnehmen.

### 1.2.5  Einsatz von Ge, GaAs und InGaAs

<u>Germanium</u>

Aufgrund seines geringen Bandabstandes von $E_g = 0,67$ eV ist Germanium als Grundmaterial bis zu Wellenlängen von 1,7 µm verwendbar. Als Nachteil muß ein hoher Dunkelstrom und eine hohe Oberflächenrekombination in Kauf genommen werden. Neben der schon aufgeführten APD gibt es bei Siemens drei Standarddetektoren:

| Typ | empf. Fläche | Gehäuse | $I_r$ (1 V) | $I_{ph}$ 1000 Lux | $C$ (1 V) |
|---|---|---|---|---|---|
| SFH 231 | $1 \times 1$ mm$^2$ | TO-18 Linse | 10 µa | 130 µA | 62 pF |
| SFH 232 | $1 \times 1$ mm$^2$ | TO-15 plan | 10 µa | 18 µA | 62 pF |
| SFH 233 | $2,7 \times 2,7$ mm$^2$ | TO-5 plan | 20 µa | 125 µA | 395 pF |

Anwendung finden solche Diode zum Beispiel zur Kontrolle von Walzrohlingen in Stahlwerken, da die Temperatur dieser Blöcke schon so niedrig ist, daß die ausgesandte Strahlung von Silizium nicht mehr gut erfaßt wird.

<u>GaAs / GaAlAs</u>

Gallium-Arsenid sowie Gallium-Aluminium-Arsenid überdecken nahezu den gleichen Wellenlängenbereich wie Silizium. Da GaAs ein direkter Halbleiter ist, zeigt es einen sehr steilen Abfall der Fotoempfindlichkeit zur Bandkante hin, sowie eine geringe Eindringtiefe des Lichtes. Ein weiterer Vorteil ist, daß auf einem Chip sowohl Sender als auch Empfänger realisiert werden können. Diese Eigenschaften werden aber bisher nur in wenigen Spezialfällen ausgenutzt.

<u>InGaAs / InP</u>

Indium-Gallium-Arsenid kann in geeigneter Zusammensetzung auf Indium-Phosphid Substraten epitaxiert werden. Mit solchen Schichten lassen sich Fotodioden realisieren, die den für die optische Nachrichtentechnik wichtigen Wellenlängenbereich 1,0...1,6 µm überdecken. Gegenüber Germanium ergibt sich der Vorteil der höheren Lichtabsorption (direkter Halbleiter), so daß sich mit kleinen Raumladungszonen schnelle Dioden herstellen lassen, die einen hohen Quantenwirkungsgrad zeigen. Auch sind die Dunkelströme wegen der kleineren intrinsischen Ladungsdichte sowie des etwas größeren Bandabstandes geringer. Solche Dioden werden heute als Empfangsdioden für Lichtleiter und als Monitordioden für Lasermodule eingesetzt. Als Beispiel sei die Diode SFH 2210 erwähnt, deren Daten in der untenstehenden Tabelle aufgeführt sind.

InGaAs-Fotodiode SFH 2210; charakteristische Daten  $T_a = 25\ °C$

| Durchmesser aktive Zone | 75 µm |
|---|---|
| spektrale Empfindlichkeit 1300 nm, $U_r = 5V$ | 0,75 A/W |
| Kapazität $U_r = 5$ V | 1,3 pF |
| Dunkelstrom $U_r = 5$ V | 1 nA |
| Abfall / Anstiegszeit ($R_L = 50$ Ohm, $U_r = 5$ V, $\lambda = 1300$ nm ) | 0,3 nsec |
| Gehäuse | TO-18 |

# 1.3  Fototransistoren und Foto-ICs

### 1.3.1  Standardtransistoren, Technologie und Kenndaten

Die einfachste Verschaltung einer Fotodiode mit einem Transistor besteht darin, die Diode in Sperrrichtung zwischen Basis und Kollektor zu legen. Der Fotostrom ist dann gleichzeitig Basisstrom (siehe Abschnitt 6.6.2, Band 3, Sensoren). Wenn man diese beiden Bauelemente auf einem Chip integriert, so führt das direkt auf einen Transistor, dessen Basis-Kollektor-Fläche großflächig ausgeführt ist, während der Emitter seine normale Größe beibehält (siehe Abb 6.6.2-2 Band 3 Sensoren). Aufgrund seiner hohen Verstärkung, die sich im Bereich von 50...1000 bewegen kann, ist das Ausgangssignal eines Transistors viel höher als das einer Fotodiode. Dementsprechend verwendet man normalerweise kleinere Chipflächen, die sich typischerweise zwischen 0,25...1 mm$^2$ bewegen. Ebenfalls aufgrund des hohen Stromes ist der geringe Serienwiderstand bei Transistoren viel wichtiger, weswegen im allgemeinen Epitaxiescheiben verwendet werden. Auf einem Substrat mit einer Dotierung im 10 mOhm/cm Bereich wird eine hochohmige Epitaxieschicht aufgewachsen, die eine gute Fotoempfindlichkeit und eine geringe Sperrschichtkapazität garantiert. Die Dicke dieser Schicht bestimmt maßgeblich den Verlauf der spektralen Empfindlichkeit, aber auch die maximal erreichbare Sperrspannung. Typische Daten hierfür sind Werte zwischen $U_{ceo} = 30$ V und 100 V, Spezialtypen sind auch bis zu mehreren 100 Volt einsetzbar. Charakteristische Dunkelströme $I_{ceo}$ von Fototransistoren liegen im Bereich einiger nA. Während Fotodioden eine ausgezeichnete Linearität zwischen einfallender Lichtleistung und Signalstrom zeigen, muß bei Fototransistoren mit Abweichungen gerechnet werden, da die Stromverstärkung, wie bei jedem Transistor, eine Funktion des Kollektorstroms ist. Diese Nichtlinearitäten betragen aber in der Regel über etwa 4 Größenordnungen des Fotostroms weniger als 20 %.

Typischerweise liegt das Maximum der Stromverstärkung in der Größenordnung von $I_c = 10$ mA. Zu hohen Strömen fällt die Verstärkung stark ab, sobald der Spannungsabfall über den Kollektorserienwiderstand die Spannung an der Emitter-Kollektorstrecke zu klein werden läßt; bei kleinen Strömen fällt die Stromverstärkung langsam ab, weil unvermeidbare Leckströme den eingeprägten Basisstrom verringern. Eine hohe Linearität der Stromverstärkung ergibt eine hohe Empfindlichkeit bei kleinen Lichtstärken und einen kleinen Klirrfaktor bei analoger Steuerung, führt aber auch zu längeren Schaltzeiten, sowie zu einem höheren $I_{ceo}$, da auch kleinste Basisdunkelströme noch verstärkt werden. Fototransistoren werden sortiert in Empfindlichkeitsgruppen angeboten, wobei die Breite einer Gruppe jeweils den Faktor 2 umfaßt.

Die Grenzfrequenz von Fototransistoren ist relativ gering, einmal aufgrund der gegenüber Normaltransistoren hohen CB-Kapazitäten (große Fläche ), zum anderen aufgrund der Miller Kapazität. Die CB-Diode muß nicht nur um die Signalspannung umgeladen werden, sondern um das verstärkte Ausgangssignal. Werte von 100...300 kHz sind typisch.

Dies kann vermieden werden, indem man Fotodiode und Transistor auftrennt. Im Prinzip führt dies auf eine Integrierte Schaltung, da man durch Trenndiffusion isolierte Bereiche schaffen muß. Transistoren dieser Bauart erreichen eine um den Faktor 10 erhöhte Grenzfrequenz.

Ein typischer Anwendungsfall von Fototransistoren sind Lichtschranken im weitesten Sinne, wo relativ hohe Signalpegel zur Verfügung stehen und die Grenzfrequenz nicht zu groß ist (mechanische Systeme). Aufgrund des hohen Ausgangspegels ist die Weiterverarbeitung des Signals für den Anwender unkritisch. Auch Optokoppler, bei denen Signale potentialfrei übertragen werden, sind überwiegend mit Fototransistoren bestückt.

Bild 1.3.1-1 gibt einen Überblick über verwendete Bauformen für Fototransistoren, in der Tabelle 1.3.1-1 sind die typischen elektrooptischen Daten zusammengefaßt, die dem Anwender einen Überblick über das am Markt verfügbare Spektrum geben.

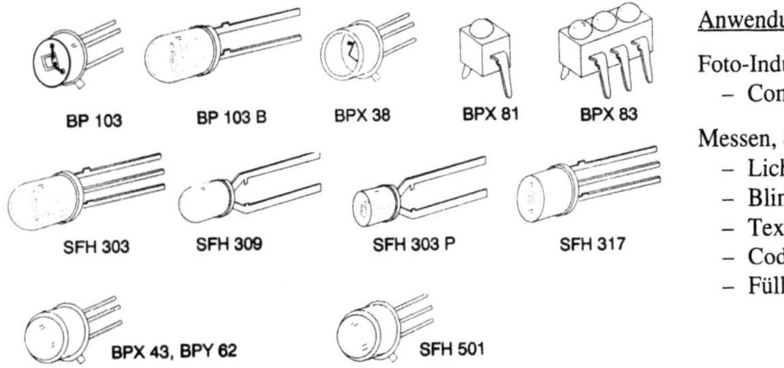


Bild 1.3.1-1    NPN-Fototransistoren

Tabelle 1.3.1-1  Typische Daten von Silizium-NPN-Fototransistoren

**Grenzdaten**

| | | |
|---|---|---|
| Kollektor-Emitter-Spannung | $U_{ce}$ | 30...300 V |
| Kollektorstrom | $I_{cmax}$ | 15...100 mA |
| Emitter-Basis-Spannung | $U_{eb}$ | 7 V |

**Kenndaten**

| | | |
|---|---|---|
| fotoempfindliche Fläche | | 0,05...0,7 mm$^2$ |
| Wellenlänge der max. Fotoempfindlichkeit | $\lambda_{Smax}$ | 880 nm |
| spektraler Bereich S = 10 % von $S_{max}$ | | 450...1100 nm |
| Kapazität (je nach Fläche), jeweils bei 0 V | $C_{ce}$ | 5...25 pF |
| | $C_{cb}$ | 10... 40 pF |
| | $C_{eb}$ | 20...50 pF |
| Kollektor-Basis-Reststrom $U_{ce}$ = 25 V | $I_{ceo}$ | 5...20 nA |

**Gruppeneinteilung von Fototransistoren am Beispiel des BPX 43**

| Bezeichnung | Symbol | BPX 43 -2 | BPX 43 -3 | BPX 43 -4 | BPX 43 -5 | BPX 43 -6 | Einheit |
|---|---|---|---|---|---|---|---|
| Fotostrom $E_e$ = 0,5 mW/cm$^2$ I $U_{ce}$ = 5 V | $I_{pce}$ | 0,8...1,6 | 1,25..2,5 | 2,0...4,0 | 3,2...6,3 | >5,0 | mA |
| $E_v$ = 1000 Lux   I $U_{ce}$ = 5 V | $I_{pce}$ | 3,8 | 6 | 9,5 | 15 | 22,5 | mA |
| Anstiegs/Abfallzeit  $I_c$ = 1 mA  $U_{cc}$ = 5V, $R_L$ = 1 K | $t_r$, $t_f$ | 9 | 12 | 15 | 18 | 22 | µsec |
| CE-Sättigungsspannung $I_c$ = $I_{pcemin}$ × 0,3  $E_e$ = 0,5 mW/cm$^2$ | $U_{cesat}$ | 200 | 220 | 240 | 260 | 290 | mV |
| Stromverstärkung  $E_e$ = 0,5 mW/cm$^2$  $U_{ce}$ = 5 V | $I_{pce}/I_{pcb}$ | 110 | 1 70 | 270 | 430 | 640 | |

## 1.3.2  Integrierte Optosensoren

Obwohl von Seiten der Anwender der Wunsch nach Opto-ICs, also Chips, die eine Fotodiode und die entsprechende Verstärkerschaltung bzw. Auswertelogik mit beinhalten, vorhanden ist, sind derartige Bauelemente auch heute noch die Ausnahme. Dafür sind hauptsächlich zwei Ursachen anzuführen:

1. Bipolare ICs werden, aus Gründen hoher Integrationsdichte und damit Kostengünstigkeit, in sehr dünnen (< 10 µm) und im Vergleich zu Fotobauelementen hoch dotierten Epitaxieschichten hergestellt. Fotodioden innerhalb solcher Schichten sind speziell für lange Wellenlängen sehr unempfindlich und haben zudem eine hohe Sperrschichtkapazität. Realisiert man eine Fotodiode als Substratdiode, nützt also die Trägerscheibe der Epitaxieschicht als aktiven Bereich, wird diese Diode aufgrund der Diffusionsanteile des Fotostroms sehr langsam. Es gibt zwar technologische Lösungen dieser Probleme, z.B. eine spezielle, partielle Epi-

taxie für die Fotodiode oder eine Mehrfachepitaxie für den IC-Bereich auf einer PIN-Scheibe, jedoch treibt dies die Kosten so sehr in die Höhe, daß eine Zwei-Chip-Lösung attraktiver ist.

2. Auch der zweite Grund basiert direkt auf der Kostensituation. Ein IC-Wafer mit 9…12 Fototechniken hat pro Flächeneinheit einen viel höheren Aufwand als eine Fotodiodenscheibe mit 2…5 Lithographie-Prozessen. Ein Opto-IC mit einer groß-flächigen Fotodiode wird also vergleichsweise teurer, als zwei getrennte Chips, auch wenn man den zusätzlichen Montageaufwand in Rechnung stellt. Da man dann auch technologisch keine Kompromisse eingehen muß, sondern Fotodiode und IC getrennt optimieren kann, ist eine Hybridlösung meist der bessere Weg.

Es gibt aber durchaus Ausnahmen, als typisches Beispiel kann eine Gabel-Licht-schranke mit geringem Abstand zwischen Sendediode und Empfänger herangezogen werden. In der Empfangsebene steht eine ausreiched hohe Lichtleistung zur Verfü-gung, so daß auch eine kleinflächige Fotodiode mit schlechterem Wirkungsgrad aus-reichend Signal liefert. Zudem ist keine Analogverarbeitung nötig, sondern es soll nur zwischen hell/dunkel entschieden werden. Unter diesen Voraussetzungen kann man einen Verstärker, einen Schmitt-Trigger, eventuell eine Logik, sowie eine Aus-gangsstufe sehr gut mit einer Empfangsdiode auf einem IC integrieren. Ein Beispiel zeigt Bild 1.3.2-1, das die Daten der Gabellichtschranke SFH 910 wiedergibt. Dieses Bauelement kann die durchlaufenden Markierungen einer Codescheibe lesen und da-bei auch zwischen Vorwärts und Rückwärtslauf unterscheiden.

Ein weiteres typisches Beispiel sind Optokoppler, auch hier ist die Empfindlichkeit der Diode nicht so entscheidend, dafür aber der Vorteil durch die Integration für den Kunden oft erheblich.

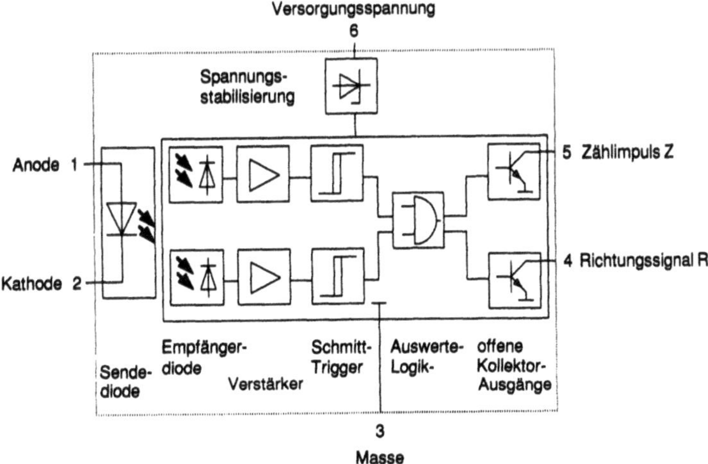


Bild 1.3.2-1a    Gabellichtschranke SFH 910:
Blockschaltbild des Empfänger IC (incl. Sendediode )

Bild 1.3.2-1b    Charakteristische Daten des Empfänger-IC und Lichtschranke SFH 910

**Empfänger (Detektor-IC)**

| | | | |
|---|---|---|---|
| Versorgungsspannung | $U_{CC}$ | 4,5...16 V | |
| Versorgungsstrom, $U_{CC}$ = 5 V; Ausgänge offen | $I_{CC}$ | 5 (< 10) | mA |
| Ausgangsspannung (Zählimpuls) $I_{OLZ}$ = 16 mA; $U_{CC}$ = 5 V; $I_F$ = 10 mA | $U_{OLZ}$ | 0,2 (< 0.4) | V |
| Ausgangsspannung (Richtung) $I_{OLZ}$ = 16 mA; $U_{CC}$ = 5 V; $I_F$ = 10 mA | $U_{OLR}$ | 0,2 (< 0,4) | V |
| Ausgangsstrom (Zählimpuls) $U_{OHZ}$ = $U_{CC}$ = 16 V; $I_F$ 0 | $I_{OHZ}$ | 0,01 (< 10) | µA |
| Ausgangsstrom ( Richtung ) $U_{OHR}$ = $U_{CC}$ = 16 V; $I_F$ = 0 | $I_{OHR}$ | 0,01 (< 10) | µA |
| Wärmewiderstand | $R_{thJA}$ | 375 | K/W |

**Lichtschranke**

| | | | |
|---|---|---|---|
| Min. Funktionsbereich Sendestrom empfohlener Arbeitspunkt:  20 mA | IF | 10...30 | mA |
| Anstiegs-, Abfallzeit $R_L$ = 280 Ohm; $U_S$ = 5V; $I_F$ = 20 mA | $t_r$, $t_f$ | 0,3 | µsec |
| Zählimpulsbreite | $T_Z$ | 10 (< 20) | µsec |
| Verzögerungszeit Richtungsanderung / Zählimpuls | $T_{RZ}$ | 1 | µsec |
| Hysterese der Schmitt-Trigger | $P_H$ | 25 | % |

# 1.4   Gehäusebauformen

Beispiele für die verschiedenen, unten besprochenen Gehäusebauformen finden sich
in den Abbildungen der vorangegangenen Kapitel. Oft wird ein bestimmter Chip in
vielen Bauformen angeboten, also z.B. TO-18 plan oder mit Linse, 5 mm LED-Bauform plan / mit Linse, sowie in Lötspießbauform. Daraus ergibt sich ein großes
Spektrum unterschiedlicher Bauelemente, welches aber notwendig ist, um den Anwendern eine, auch unter Kostengesichtspunkten, optimale Lösung anzubieten.

## 1.4.1  Offene Bauformen

Die einfachste Lieferform für Fotodioden oder -elemente ist diejenige als Chip, also
als Siliziumplättchen mit zwei angelöteten Drähten. Der Chip ist zum Schutz gegen

Umwelteinflüsse nur mit einer transparenten Lackschutzschicht überzogen. Die Bauelemente eignen sich zum Aufbau auf Metall- oder Kunststoffträger, wobei die Ausdehnungskoeffizienten der Materialien zu berücksichtigen und mechanische Spannungen zwischen Träger und Silizium zu vermeiden sind.

### 1.4.2 Lötspießbauformen, Side-Viewing-Bauformen

Diese Bauformen ermöglichen eine sehr einfache Montage, auch auf Leiterplatten. Die Abstände der Anschlußbeinchen sind im Rastermaß gehalten (2,54 bzw. 5,08 mm ). Sie bestehen aus einem Metall-Leiterband, auf das der Chip montiert und mit einem Kunststoff umgossen wird. Durch Mehrfachanordnung können mit diesen Bauformen Arrays oder Zeilen realisiert werden. Die verwendeten Kunststoffe sind durchsichtig oder eingefärbt. Diese Einfärbung dient meist als Sperrfilter für bestimmte Wellenlängen des Lichtes, zum überwiegenden Teil als Sperrfilter für das Tageslicht.

Die Vorteile dieser Gehäuse sind:
- geringe Abmessungen
- hohe Packungsdichten
- gute Verarbeitbarkeit
- hohe mechanische Stabilität
- hohe Zuverlässigkeit

Obwohl bei der Auswahl der Gehäuse die optischen Eigenschaften vordergründig sind, erfüllen sie auch hohe Anforderungen an die Widerstandsfähigkeit gegenüber Umwelteinflüssen.

### 1.4.3 LED-Bauformen

Diese Bauform basiert auf der gleichen Fertigungslinie wie 3 mm- oder 5 mm-LEDs. Es gilt die gleiche Qualitätsbeschreibung wie für die Lötspießbauformen. Aufgrund der besseren Verankerung der Anschlußbeinchen im Kunststoff sind die LED-Bauformen jedoch mechanisch noch stabiler. Sie können mit Linsenabschluß oder plan geliefert werden. Zu den Linsen ist generell zu sagen, daß sie eine starke Bündelung der Empfangscharakteristik erlauben, und damit die Empfindlichkeit in Vorwärtsrichtung heraufsetzen können, daß sie aber im Vergleich zu geschliffenen Linsen größere optische Fehler aufweisen. Für Anwender, die wirklich die Abbildung eines Lichtpunktes brauchen, ist es meist besser, eine plane Gehäuseoberfläche mit einer externen Optik zu wählen. Dies trifft auch auf die anderen Bauformen zu.

### 1.4.4  SMT-Bauformen (Surface Mount Technology)

Die früher übliche Montage auf gelochten/gebohrten Leiterplatten wird zunehmend durch SMT-Verfahren abgelöst. Dementsprechend müssen auch Fotodetektoren (genau wie Sendebauelemente) in SMT-tauglichen Gehäusen angeboten werden, was hohe Ansprüche an die Kunststoffe stellt. Zulässig sind Reflowlötverfahren. Für kleinflächige Fotodioden bzw. für Fototransistoren wird ein Gehäuse verwandt, welches wieder aus einer LED-Bauform (TOPLED™) abgeleitet ist. Für großflächige Fotodioden ähneln die Ausführungsformen den Lötspießversionen. Beispiele für SMT-Opto-Detektoren zeigt Bild 1.4.4-1.

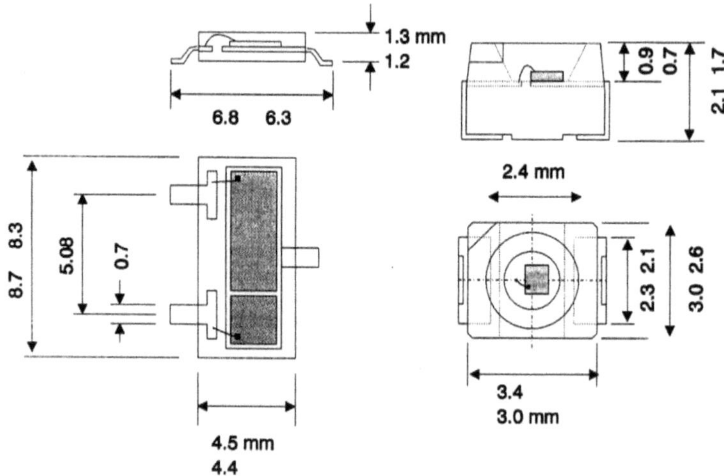


Bild 1.4.4-1    Beispiele für SMT Fotodetektorgehäuse.

Die beiden linken Bilder zeigen eine Doppelfotodiode (KOM 2125) auf einem Leiterband mit klarem Epoxieverguß. Das rechte Bild stellt einen Fototransistor (SFH 320) in einem TOPLED™-Gehäuse dar.

### 1.4.5  Metallbauformen

Metallgehäuse entsprechen höchsten Qualitätsansprüchen. Sie sind, ausgenommen Bauteile mit Kunststoffabdeckung, hermetisch dicht und erlauben den Einsatz unter extremen Betriebsbedingungen. Da über das Gehäuse eine Kühlung der Bauelemente-Chips möglich ist, sind sie auch für höhere Verlustleistungen geeignet. Als Kappe kann eine plane Glasscheibe, eine Linse oder ein Filter eingebaut werden. So werden beispielsweise Fotodioden möglich, die in ihrer spektralen Charakteristik der Augenempfindlichkeit angepaßt sind (BPW 21).

### 1.4.6 Epoxid-Platinen

Zur Herstellung verschiedenster, aber trotzdem preisgünstiger kundenspezifischer Optohalbleiterbauteile sind Leiterplatten hervorragend geeignet, wobei je nach Anwendung verschiedene Materialqualitäten zur Verfügung stehen. Die Epoxidplatinen sind ein- und mehrlagig, mit Durchkontaktierung und Lötstoplack lieferbar. Ein oder mehrere, eventuell auch unterschiedliche Chips werden mit elektrisch leitendem Epoxidharz auf die vorgesehenen Flächen geklebt. Um beim Vollverguß eine gleichmäßige Verteilung des Gießharzes mit ebener Oberfläche zu erreichen, wird um die Halbleiter ein Rahmen geklebt. Nach dem Aushärten des Harzes können dann Teile des Rahmens weggesägt werden. Als Anschlußarten stehen Lötaugen, Lötkontakte, Stiftreihen, SMT-Flanken oder auch Drähte zur Verfügung. Beispiele zeigt Bild 1.4.5-1.

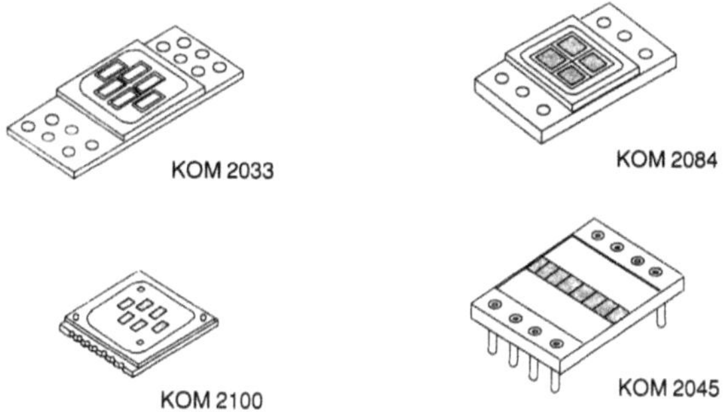


Bild 1.4.5-1    Beispiele für Fotodioden auf Epoxidplatinen. Die Anschlüsse können als Steckstifte, Lötösen oder auch als angelötete Drähtchen ausgeführt werden.

# Literatur

Eine sehr gute Einführung in die Physik von Halbleiterbauelementen, auch von Fotodioden und Solarelementen bietet:

– S. M. Sze 'Physics of Semiconductor Devices'
  John Wiley & Sons ISBN 0-471-05661-8

Etwas tiefer in die Theorie von Fotodetektoren geht der folgende Band ein:

– G. Winstel, C. Weyrich 'Optoelektronik ll'
  Springer Verlag ISBN 0-387-16019-1

Einen Einstieg in die Halbleitertechnologie geben:

– I. Ruge 'Halbleiter-Technologie'
  Springer Verlag ISBN 0-387-06626-8

– S. M. Sze 'VLSI-Technology'
  McGraw-Hill ISBN 0-07-066594-X

# IV-2 Anwendung optischer Sensoren in Empfängern für Systeme zur Überwachung oder Datenübertragung mit Licht

Von Klaus Panzer

## 2.1 Einleitung

In diesem Beitrag werden Anwendungen von optischen Sensoren [1] betrachtet, deren Funktion einen zugehörigen Lichtsender voraussetzt. Optische Wellenlänge und Leistung dieses Senders müssen auf den zugehörigen Sensor abgestimmt sein, um eine optimale Funktion zu erzielen. Der Sensor liefert an seinem elektrischen Ausgang eine Information über das empfangene Licht, das entweder bereits moduliert gesendet oder auf dem Weg zum Sensor in irgendeiner Weise verändert wurde. Das vom Sensor gelieferte Signal ist in der Regel so klein, daß es nicht direkt ausgewertet werden kann. Wichtig ist daher die Kombination mit einem Verstärker, der die gewünschte Information am Ausgang z.B. in die Form eines üblichen Logiksignals bringt.

## 2.2 Übersicht über die Anwendungen

Entsprechend [2] ist folgende Gliederung der Anwendungen möglich:

a) Positionserkennung/Annäherung

Die bekannteste Anwendung ist die Lichtschranke, bei der entweder ein direkter Lichtstrahl unterbrochen wird, oder ein durch Reflexion gegebener Lichtweg durch Entfernen des Reflektors verändert wird.

b) Drehzahl oder Drehrichtung

Bei Kombination einer Lichtschranke mit einer Schlitzscheibe kann aus den erzielten Impulsen die Drehzahl ermittelt werden. Bei Verwendung einer zweiten Lichtschranke ist auch die Ermittlung der Drehrichtung möglich.

(Im Gegensatz zu den weitverbreiteten und preiswerten Lichtschranken gibt es noch eine sehr aufwendige Methode zur Messung kleiner Drehzahlen. Im Faserkreisel kann man bei großer Weglänge des Lichtes in einer langen Glasfaser eine Laufzeitverschiebung bei Drehung feststellen. Allerdings ist der Laufzeitunterschied so klein, daß er nur bei Verwendung von Laserlicht meßbar ist.)

c) Abstandsmessung

Ebenfalls auf der Auswertung von Laufzeit beruht die optische Abstandsmessung bei relativ großen Strecken. Wegen der hohen Lichtgeschwindigkeit sind bei kurzen Längen sehr kleine Zeiten auszuwerten (Beispiel: 30 cm ergibt etwa 1 ns). Kleine Weglängen können mit kohärentem Licht exakt ausgemessen werden, wenn die Interferenz des reflektierten Lichtes mit dem Sendesignal ausgewertet wird.

d) Nachrichtenübertragung mit Licht

Auch hier wird ein Sensor benötigt, der das entweder im freien Strahl oder über einen Lichtwellenleiter ankommende Licht in ein elektrisches Signal umsetzt. Es werden heute Systeme mit Datenraten bis zu mehreren Gigabit/s eingesetzt.

## 2.3   Sensorauswahl (Empfangsdiode) und Empfänger-Design

Es gibt eine ganze Reihe von lichtempfindlichen Sensoren, die eine Verbindung mit elektronischen Schaltkreisen erlauben. Mit Fotowiderständen oder Fotomultipliern lassen sich sehr empfindliche Schaltungen aufbauen. Avalanche-Fotodioden und Fototransistoren, wie sie in [1] beschrieben sind, ermöglichen ebenfalls eine hohe Empfindlichkeit durch den bereits im Sensor wirksamen Verstärkungseffekt.

Fotodioden liefern nur ein vergleichsweise kleines elektrisches Signal. Daher ist hier die Kombination mit einem geeigneten Nachverstärker besonders wichtig. Auf der anderen Seite bieten sie hohe Linearität zwischen der einfallenden Strahlungsleistung und dem erzeugten Fotostrom. Sie ermöglichen hohe Bandbreite, sind preiswert und universell einsetzbar. Im Folgenden wird daher besonders die Anwendung dieser Sensoren, wie sie schwerpunktmäßig in [1] beschrieben sind, betrachtet.

### 2.3.1  Spezifikation der Empfangsdiode

Wesentliche Parameter für die Auswahl der geeigneten Fotodiode für eine bestimmte Anwendung sind:

- Sperrstrom
- spektrale Empfindlichkeit
- fotoempfindliche Fläche
- Schaltzeit
- Kapazität

Entscheidend für die Funktion des gesamten Empfängers ist letztlich das Nutz- zu Störsignal-Verhältnis am Ausgang des optischen Empfängers.

Je nach Anwendung ist der eine oder der andere Parameter besonders wichtig. Die Spezifikation muß daher fallweise geprüft werden. Bei Systemen, die mit sehr kleinen Fotoströmen arbeiten, kommt dem Dunkelstrom eine besondere Bedeutung zu, während Schaltzeit und Kapazität hier nur eine untergeordnete Rolle spielen. Anders ist es bei schneller Datenübertragung.

Die nötige Geometrie hängt von der Anordnung des Lichtweges ab. Um einen großen Fotostrom zu erreichen, kann eine große aktive Fläche der Fotodiode nötig sein. Da die Kapazität der Fläche proportional ist, darf jedoch diese Fläche bei Systemen mit großer Bandbreite nicht beliebig groß werden.

Auch bei Systemen, die mit kleinen Fotoströmen arbeiten, ist die Optimierung der Fläche wichtig, da sich mit der Fläche zum Teil auch der Dunkelstrom erhöht.

### 2.3.2  Definition der minimal erforderlichen Lichtleistung

Wenn man die speziellen Probleme der Lichtmessung außer acht läßt, ist für die Funktion der meisten Systeme zur Überwachung oder Datenübertragung mit Licht wesentlich, daß erkannt wird, ob Licht empfangen wird oder nicht. Da Störgrößen das System beeinflussen, muß bestimmt werden, wieviel Lichtleistung am Sensor für eine einwandfreie Funktion des Systems benötigt wird. Bei Lichtschranken z.B. wird eine sichere Ein- Aus-Erkennung verlangt. Bei Nachrichtenübertragung mit Licht darf von einer bestimmten Anzahl empfangener Bits nur ein geringer Prozentsatz falsch sein, was durch die Angabe einer Bitfehlerrate beschrieben wird. Die Grenze liegt bei nachrichtentechnischen Systemen in einer Größenordnung, die bei $10^9$ Bits einen Fehler erlaubt. Da die Fehler erst eindeutig in der Auswertung des empfangenen Signals auf der elektrischen Seite erkennbar werden, muß hier der gesamte Empfänger betrachtet werden. In allen Fällen muß geprüft werden, welche Störleistung der durch den Fotostrom gegebenen Nutzleistung gegenüber steht. Um einen sicheren Betrieb des Systems zu gewährleisten müssen zu den Parametern Toleranzbetrachtungen aufgestellt werden, damit der Systembetreiber weiß, welche Reserven für einen sicheren Betrieb zur Verfügung stehen.

### 2.3.3  Störgrößen-Ermittlung und Signal-Rausch-Abstand

Die Größe des von der Diode gelieferten Signalstroms $i$ hängt von der empfangenen Lichtleistung $p$ und weiteren physikalischen Werten ab:

$$i = \frac{p \cdot \eta \cdot e}{h \cdot v}$$

Hierbei bedeutet:  $\eta$ : Quantenwirkungsgrad  $e$ : Elementarladung  
$h$ : Plancksches Wirkungsquantum  $v$ : Lichtfrequenz

Der Signalleistung stehen verschiedene Rauschleistungen gegenüber. Für die Optimierung eines optischen Empfängers muß untersucht werden, aus welchen Anteilen sich das Rauschen zusammensetzt, damit ermittelt werden kann, welcher Parameter des Systems verbessert werden kann. Um das Rauschen der verschiedenen Quellen addieren zu können, wird mit dem mittleren Rauschstromquadrat gerechnet.

Die untere, physikalisch gegebene Grenze für das Rauschen stellt das Quantenrauschen der Photonen dar.

$$<i_Q^2> \; = \; 2e \cdot i \cdot B$$

Hierbei ist $B$ die Bandbreite des Empfängers.

Der Dunkelstrom $I_D$ führt zu Schrotrauschen, das durch die statistische Fluktuation der diskreten Ladungsträger beim Stromtransport im Halbleiter verursacht wird.

$$<i_D^2> \; = \; 2e \cdot i_D \cdot B$$

Da die Fotodioden eine Stromquelle darstellen, werden sie mit einem Widerstand betrieben. Die hier abfallende Spannung kann dann weiter verstärkt werden. Diese Widerstand liefert entsprechend Größe und Temperatur einen weiteren Beitrag zum Rauschen.

$$<i_R^2> \; = \; \frac{4kT}{R \cdot B}$$

Hierbei ist $R$ die Größe des Widerstandes, $k$ die Boltzmannkonstante und $T$ die Temperatur des Widerstandes.

Vor allem die erste Stufe des Verstärkers liefert noch einen Beitrag zum Rauschen $<i_v^2>$, der von den verschiedenen Transistorparametern abhängt. Die spektrale Dichte dieses Rauschens kann zu tiefen Frequenzen hin ansteigen (1/f-Rauschen bei Feldeffekttransistoren). Bei sehr schnellen Empfängern mit bipolaren Transistoren steigt die spektrale Dichte mit zunehmender Frequenz.

In der ersten Stufe des Verstärkers wird das Signal soweit vergrößert, daß Rauschquellen in nachfolgenden Stufen die Bilanz nicht mehr verschlechtern können.


**Bilanz der Rauschquellen:**

Der Signal-Geräusch-Abstand am elektrischen Ausgang des Empfängers ergibt als Verhältnis der Signalleistung zur Summe der Rauschleistungen:

$$S/N \ = \ \frac{i^2}{<i_Q^2> \, + \, <i_D^2> \, + \, <i_R^2> \, + \, <i_V^2>}$$

In der Regel ist das Quantenrauschen vernachlässigbar klein. Bei Systemen mit großer Bandbreite dominiert das Verstärkerrauschen. Bei kleinen Bandbreiten sind auch Dunkelstrom- und Widerstandsrauschen zu beachten. Die in 2.2 beschriebenen verschiedenen Empfängertypen tragen diesem Verhalten Rechnung.

In der Praxis können noch andere Störungen wirksam werden. So kann Streulicht oder Licht von einem nicht vollständig abgeschalteten optischen Sender den Dunkelstrom erhöhen.

Bei Einsatz von Avalanche-Fotodioden ergibt sich eine andere Bilanz. Durch die interne Verstärkung wird neben dem Signalstrom nur das Quantenrauschen und das Dunkelstromrauschen verstärkt. Widerstands- und Verstärkerrauschen stören daher weniger. Dies erleichtert den Entwurf sehr schneller Empfänger für Datenübertragung.

### 2.3.4 Betrieb der Empfangsdiode und Impulsantwort

<u>Fotovoltaischer Betrieb</u>:  Hierbei wird die Diode ohne Vorspannung im Kurzschluß betrieben. In der Praxis kann ein solcher Betrieb nur mit Hilfe eines gegengekoppelten Verstärkers realisiert werden. Es ist schwierig, hierbei die Kapazität der Diode klein zu halten und hohe Bandbreite zu erzielen. Der einzige Vorteil dieser Betriebsweise liegt darin, daß allenfalls die Eingangsoffsetspannung des Operationsverstärkers als Vorspannung wirksam wird und daher nur ein minimaler Dunkelstrom fließen kann. Entsprechend klein wird damit dieser Rauschbeitrag. Solche Schaltungen werden in der Lichtmeßtechnik oder bei sehr langsamen Empfängern verwendet.

<u>Fotokonduktiver Betrieb</u>:  Hier wird die Diode mit einer Vorspannung in Sperrichtung betrieben. Damit kann die Diodenkapazität verkleinert und hohe Geschwindigkeit erreicht werden.

Die Impulsantwort hängt von Technologie und Aufbau der Diode ab, wie in [1] beschrieben wird. Sie ist ein von der Kapazität unabhängiger Parameter. Bei der Messung der Impulsantwort einer Empfangsdiode ist darauf zu achten, daß die Kapazität der Diode das Ergebnis nicht verfälscht. Sie muß mit einem Lastwiderstand gemessen werden, der zusammen mit der Diodenkapazität eine Grenzfrequenz ergibt, die weit über der Grenzfrequenz der Diode liegt.

Bei einem optimalen Schaltungsentwurf hängt die Schnelligkeit des optischen Empfängers im wesentlichen von der Beschaltung der Fotodiode mit dem Empfangsverstärker ab. Daher wird auch bei der Kombination mit einem Empfangsverstärker gefordert, daß die Diode selbst deutlich schneller ist, als es die Anwendung verlangt.

## 2.4   Entwurf des Empfangsverstärkers zur Kombination mit einer Fotodiode

### 2.4.1   Prinzipien der Kombination von Fotodiode und Verstärker

#### a) Spannungsverstärker

Die einfachste Art, eine mit Vorspannung arbeitende Fotodiode mit dem Verstärker zu kombinieren, zeigt Bild 2.4-1a.

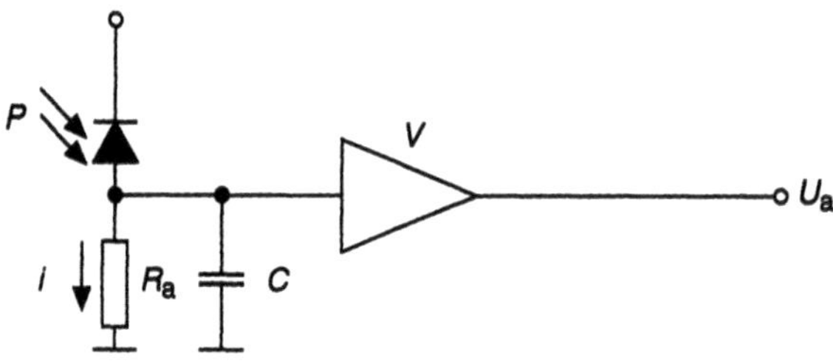


Bild 2.4-1a      Spannungsverstärker $R_a \cdot C < T$

Am Lastwiderstand $R_a$ erzeugt der Fotostrom i eine Spannung, die in dem Verstärker mit dem Verstärkungsfaktor $V_1$ zur Ausgangsspannung $U_a$ verstärkt wird. Wenn die Bandbreite des Verstärkers groß genug ist, wird die Bandbreite des optischen Empfängers durch die Zeitkonstante des Widerstandes $R_a$ mit der Kapazität $C$ bestimmt. Die Kapazität $C$ setzt sich aus der Kapazität der Fotodiode, den Streukapazitäten und der Eingangskapazität der Verstärkers zusammen. Wenn vom System her eine bestimmte Bandbreite $1/T$ gefordert ist, muß $R_a \cdot C$ entsprechend klein sein. Bei kleinen Werten von $R_a$ wird das Widerstandsrauschen wirksam. Außerdem kann die Eingangsspannung des Verstärkers so klein werden, daß das Verstärkerrauschen in der Bilanz der Rauschquellen dominiert. Diese einfache Form wird daher in der Praxis kaum verwendet.

#### b) Integrierender Hochimpedanzverstärker

Der Empfänger in Bild 2.4-1b arbeitet ähnlich wie der erste Empfänger. Hier wird jedoch der Lastwiderstand $R_b$ an der Fotodiode möglichst groß gewählt, um das Widerstandsrauschen klein zu halten. Es werden Werte bis zu mehreren Mega-Ohm verwendet. In Verbindung mit der Kapazität $C$, die ebenso wie bei der ersten Variante wirksam ist, erhält man nur eine sehr kleine Bandbreite. Um die Bandbreite wieder auf den gewünschten Wert zu bringen, muß ein Entzerrer nachgeschaltet werden.

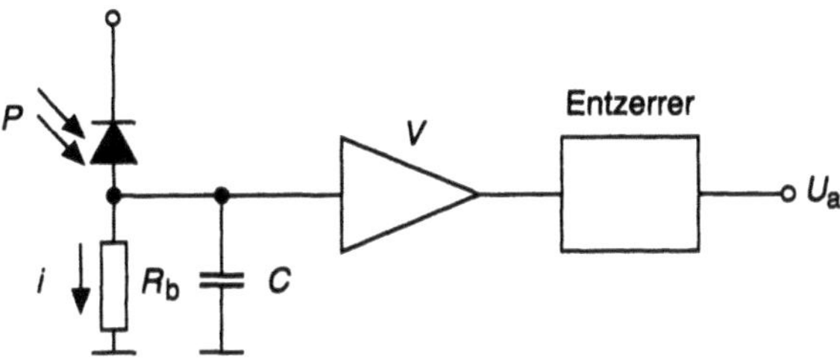

Bild 2.4-1b          Hochimpedanzverstärker $R_b \cdot C \gg T$

Mit solchen Empfängern kann insbesondere in Verbindung mit einer FET-Eingangs-
stufe eine sehr hohe Empfindlichkeit erreicht werden.


## c) Transimpedanzverstärker

Beim Transimpedanzempfänger (Bild 2.4-1c) wird der Lastwiderstand $R_c$ für die Fotodiode in den Gegenkopplungszweig eines Verstärkers mit dem Verstärkungsfaktor
$V_1$ gelegt. Durch die Gegenkopplung wird erreicht, daß der Lastwiderstand etwa um
den Verstärkungsfaktor verkleinert als virtueller Widerstand am Verstärkereingang
erscheint. Die Bandbreite des optischen Empfängers wird in diesem Fall durch die

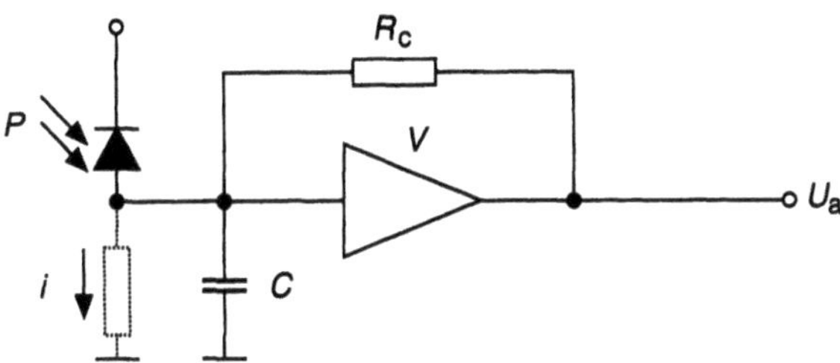

Bild 2.4-1c          Transimpedanzverstärker: C * Rc /(1 +V) <T

Zeitkonstante des virtuellen Widerstandes mit der Kapazität $C$ bestimmt und ist damit wesentlich größer als im ersten Fall. Bei gleichem Widerstandswert für $R_a$ und $R_c$
erhält man mit dem Transimpedanzempfänger eine wesentlich größere Bandbreite.
Für relativ schnelle Empfänger wird daher meist diese Schaltung verwendet.

Bei dieser Schaltung ist auch ein fotovoltaischer Betrieb der Diode möglich. Die
Bandbreite ist dabei aber beschränkt. Übliche Operationsverstärker bieten nur in einem relativ kleinen Frequenzbereich eine so große Verstärkung, daß ein hinreichend
guter Kurzschlußbetrieb möglich ist. Bei großer Bandbreite läßt sich nur ein geringe-

rer Verstärkungsfaktor realisieren. Daher ist es wichtig bei Breitbandanwendungen, zusätzlich mit Hilfe der Vorspannung die Kapazität der Diode klein zu halten.

### 2.4.2  Aufbau von Empfangsschaltungen

In dem Bereich bis 100 kHz können mit Operationsverstärkern optische Empfänger aufgebaut werden. In [3] werden die speziell hier auftretenden Rauschquellen genau betrachtet. Für höhere Geschwindigkeiten werden in der Regel Transimpedanz-Empfänger verwendet, die im Prinzip entsprechend Bild 2.4-2 aufgebaut sind.

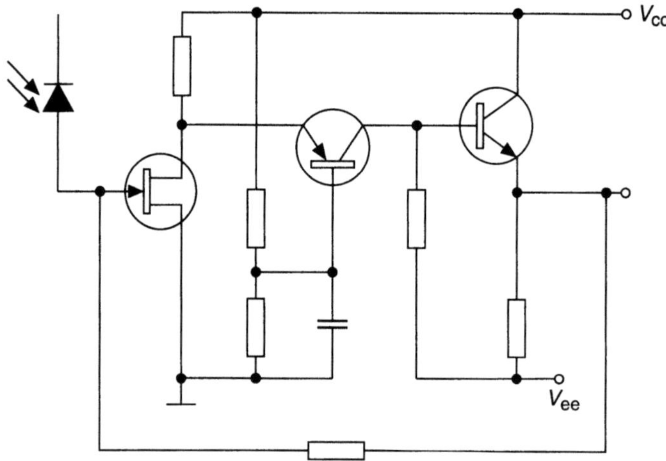


Bild 2.4-2     Schaltung eines Empfängers mit Transimpedanzverstärker

Besondere Bedeutung kommt hier dem Eingangstransistor und der Wahl seiner Betriebsparameter zu. Wichtig für die Rauscheigenschaften ist auch noch die zweite Verstärkerstufe, die hier in Kaskodeschaltung realisiert ist. Diese Schaltungen sind in [4] beschrieben.

## 2.5  Systemeigenschaften des Empfängers

### 2.5.1  Dynamikbereich

In der praktischen Anwendung ist der Dynamikbereich ein wichtiger Parameter. Er gibt den Bereich der Lichtleistung an, in dem der Empfänger betrieben werden kann. Die untere Grenze der Lichtleistung ist durch das Rauschen gegeben. Das Signal wird hier nicht mehr sicher erkannt und der Ausgang kann ein falsches Signal liefern. Von Sensor und Vorverstärker alleine kann die untere Grenze des Einsatzbereiches noch nicht definiert werden. Sie hängt auch von der nachfolgenden Signalverarbeitung ab, wie im folgenden Abschnitt gezeigt wird.

Die obere Grenze des Einsatzbereiches wird dann erreicht, wenn es bereits im Empfangsverstärker zu Übersteuerung kommt. Die Folge sind Signalverzerrungen, die auch bei Digitalsignalen stören können, indem sie zusätzliche Pulsverzerrungen verursachen. Insbesondere der integrierende Hochimpedanzverstärker ist hier kritisch, da bei tiefen Frequenzen auch mit kleinem Fotostrom bereits sehr hohe Signalamplituden am Verstärkereingang erreicht werden können. Dies ist einer der Gründe, warum trotz der günstigen Rauscheigenschaften Hochimpedanzverstärker kaum noch in Systemen eingesetzt werden.

### 2.5.2 Verbindung mit dem Schwellwertentscheider oder Regenerator bei Übertragung von Digitalsignalen

Nach dem analog arbeitenden Fotoempfänger muß das Signal in der Regel weiterverarbeitet werden, indem es einem Schwellwertdetektor oder bei Datenübertragung einem schnell arbeitenden Komparator zugeführt wird. Dabei muß die Schwelle mit ausreichendem Abstand über dem Rauschen liegen, andererseits sollen aber auch möglichst kleine Signale noch detektiert werden. Bei Systemen mit geringer Schaltgeschwindigkeit kann der Einsatz eines Schmitt-Triggers noch eine zusätzliche Sicherheit gegenüber Störungen bringen.

Entscheidend ist die Einstellung der Schwelle. Sie kann fest eingestellt sein oder dem Empfangssignal nachgeführt werden. Es sind drei Varianten zu unterscheiden:

**Gleichstromgekoppelte Empfänger**
Wenn zu entscheiden ist, ob über eine längere Zeit hinweg Licht (mit einem bestimmten Mindestpegel) oder kein Licht empfangen wird, muß nach dem Fotoempfänger am Entscheider eine feste Schwelle eingestellt und der Entscheider DC-gekoppelt werden. Das Gleiche gilt auch, wenn uncodierte Daten, bei denen es keine Festlegung für die maximale Anzahl aufeinander folgender Null- oder Eins-Signale gibt, empfangen werden sollen.
Für die Festlegung der Schwelle gelten folgende Grundsätze:

- Die Schwelle muß über dem Rauschen, aber möglichst nahe bei dem der minimalen Lichtleistung entsprechenden Pegel liegen, um höchste Empfindlichkeit zu erreichen.

- Alle schaltungsmäßigen Einflüsse auf die Schwelle, bzw. auf die Ausgangsgleichspannung des Fotoempfängers müssen berücksichtigt werden.

### AC-gekoppelter Entscheider

Bei kontinuierlicher Datenübertragung und Wahl eines geeigneten Leistungscode ("balanced code" mit gleicher Anzahl von Null und Eins) kann der Entscheider AC-gekoppelt werden. Dadurch liegt die Entscheiderschwelle immer beim optimalen, dem Mittelwert des Signals. Man vermeidet alle oben genannten Schwierigkeiten und erreicht in einfacher Weise eine hohe Empfindlichkeit. Hochwertige Datenübertragungssysteme arbeiten daher immer mit einem geeigneten Leitungscode.

### Nachführung der Schwelle

Für Burstbetrieb wurden Schaltungen entwickelt, bei denen die Schwelle der Amplitude des Empfangssignals nachgeführt wird. Bei fehlendem Signal stellt sich die Schwelle zunächst in den empfindlichsten Bereich. Wenn ein großes Signal empfangen wird, benötigt die Schaltung eine gewisse Zeit, um die Schwelle wieder in den optimalen Bereich zu bringen. Daher ist hier am Beginn eines Pulspaketes eine Signalverzerrung möglich.

### 2.5.3  Beispiele für optische Empfänger in verschiedenen Anwendungen

### – Gleichstromgekoppelter Empfänger SFH 551

Bild 2.5-1 zeigt die Grundschaltung eines solchen Empfängers, wie er im Baustein SFH 551 realisiertwurde.

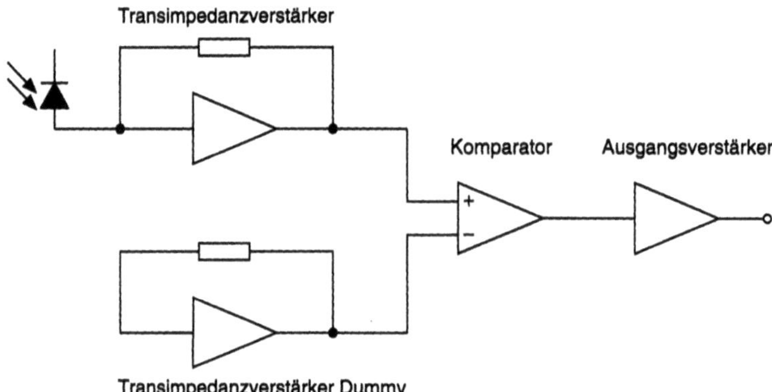


Bild 2.5-1    Empfänger mit DC-gekoppeltem Entscheider (SFH 551)

Der Ausgang des Transimpedanzverstärkers mit Fotodiode ist an den einen Eingang des Komparators angeschlossen. Am anderen Eingang liegt der gleiche Transimpedanzverstärker ("Dummy"), dessen Ausgangssignal jedoch um eine bestimmte Gleichspannung verschoben ist, welche die eigentliche Entscheiderschwelle darstellt. Durch Doppelung des Empfangsverstärkers wird erreicht, daß Änderungen der Ausgangsspannung durch Temperatur oder andere Einflüsse kompensiert werden und die eigentliche Entscheiderschwelle praktisch nicht verschieben. Dieses Prinzip läßt sich besonders gut realisieren, wenn beide Verstärker auf einem Chip integriert sind und daher einen guten Gleichlauf aufweisen.

Im Einzelnen umfaßt die integrierte Schaltung des SFH 551 folgende Funktionseinheiten:

Die **Photodiode** mit einem Durchmesser von etwa 0,5 mm wandelt das empfangene Licht in den Photostrom. Bei der für integrierte Schaltungen nötigen Technologie kann nicht der gleiche Wirkungsgrad wie bei speziellen Pin-Fotodioden, sondern nur ein Wert von etwa 0,15 A/W erreicht werden (gilt für 820 nm).

Der **Transimpedanzempfänger** mit etwa 20 kOhm Widerstand wandelt den Photostrom in eine Spannung.

Diese Spannung wird im **Komparator** mit einer Referenzspannung verglichen. Um bei der Referenz einen möglichst guten Gleichlauf zur Ausgangsgleichspannung des Transimpedanzempfängers zu erreichen, wird die Referenzspannung in einer zweiten, gleichartigen Schaltung erzeugt, der mit einer "blinden" Photodiode ausgerüstet ist, um auch noch Einflüsse der Photodiode zu kompensieren.

**Elektrischer Ausgang**: Der Komparator steuert einen Pegelwandler mit Open-Collector-Endstufe an. Hier verhindert eine Fangdiode (ähnlich Schottky-TTL), daß der Ausgangstransistor in Sättigung geht. Dadurch ist die Ausgangsspannung auf die Höhe der Versorgungsspannung begrenzt. Empfohlen wird ein maximaler Ausgangsstrom von 13 mA. Damit ergibt sich bei Anschluß des Arbeitswiderstandes an die Versorgungsspannung ein minimal zulässiger Wert von 350 Ohm. In dieser Dimensionierung werden die kürzesten Schaltzeiten der Endstufe erreicht. Wenn mit größeren Widerstandswerten z.B. der Stromverbrauch reduziert werden soll, ist mit größeren Schaltzeiten zu rechnen.

### Funktion des DC-gekoppelten Empfängers mit festeingestellter Entscheiderschwelle

Die Form des optischen Signals, das die Empfangsdiode und nach dem Vorverstärker der Amplitudenentscheider bekommt, hat entscheidenden Einfluß auf die Funktion des Empfängers. Das optische Signal ist durch folgende Größen gekennzeichnet:

– Grundlicht durch Streulicht oder unvollkommenes Abschalten des Senders,
– Anstiegs- und Abfallzeit abhängig von dem Ansteuersignal des Senders, der
  Schnelligkeit des Senders und eventuell den Einflüssen der optischen
  Übertragungsstrecke,
– Pulsamplitude abhängig von Sendeleistung und optischer Übertragungsstrecke.

Je nachdem, wo die im Schaltkreis festgelegte Entscheiderschwelle den Emp-
fangsimpuls schneidet, kommt es zu unterschiedlichen Verzerrungen des Aus-
gangsimpulses, die in folgender Weise entstehen: Ist das Eingangssignal zu klein,
erreicht es die Schwelle nicht und der Empfänger schaltet nicht um. Überschreitet
nur die Spitze des Empfangsimpulses die Schwelle, wird der Ausgangsimpuls entsprechend kurz. Ist das Eingangssignal sehr groß, so liegt die Entscheiderschwelle
von der Amplitude her gesehen am unteren Ende des Empfangsimpulses. Der
Empfänger schaltet daher im Vergleich zum Empfang eines kleinen Signals früher
ein und später aus. Der Ausgangsimpuls wird dementsprechend verlängert. Im
Extremfall, wenn das Sendesignal z.B. einen hohen Gleichlichtanteil aufweist,
bleibt der Empfänger durchgeschaltet und es ist keine Datenübertragung möglich.
Die beschriebene Funktion macht deutlich, daß die Eigenschaften des SFH 551
nur in Verbindung mit dem optischen Eingangssignal beschrieben werden können. Dies gilt in besonderer Weise für den Dynamikbereich.

Wichtig ist daher die Kombination mit einem geeigneten optischen Sender, wie
z.B. SFH 452. Es können damit Systeme für Datenraten bis zu 10 Mbit/s aufgebaut werden. Die Entscheiderschwelle liegt bei 4 µW (820 nm), so daß als minimaler Wert eine mittlere Lichtleistung von –24 dBm benötigt wird.

– **Empfänger mit AC-gekoppeltem Entscheider in Datalink**

Bei kontinuierlicher Datenübertragung mit gleicher Anzahl von Null- und Eins-
signalen ist es wesentlich einfacher, die Entscheiderschwelle auf dem optimalen
Wert zu halten. Da der Mittelwert des Signals auch die optimale Schwelle darstellt, genügt es, dem Komparator das Signal über C-Kopplung zuzuführen, wie
Bild 2.5-2 zeigt.

Mit der Amplitudenentscheidung ist das Signal noch nicht vollständig regeneriert.
Neben der Amplitude muß auch noch die Phasenlage vom Rauschen (Jitter) be-
freit werden. Dazu benötigt man den Takt, der entweder mit übertragen oder
durch eine geeignete Schaltung aus dem empfangenen Signal gewonnen wird. Mit
diesem Takt wird geprüft, ob nach dem Amplitudenentscheider zu den durch den
Takt bestimmten Zeitpunkten eine Null oder eine Eins vorliegt. Bei starkem Rauschen kann es hier zu Fehlern kommen, wie Bild 2.5-3 zeigt.

An einem solchen Signal kann nun durch Vergleich des Sende- und Empfangssignals die Bitfehlerrate gemessen werden.

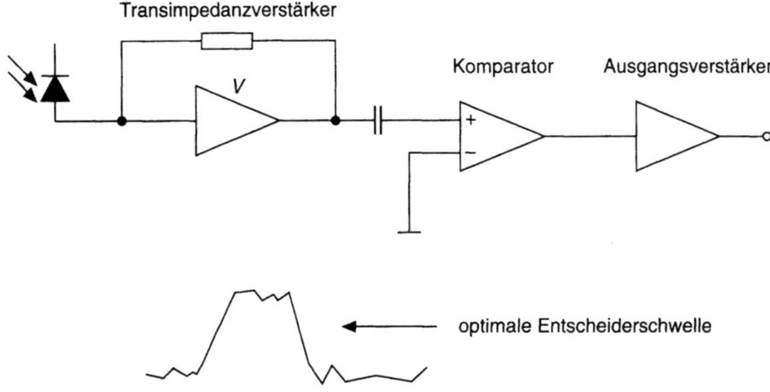


Bild 2.5-2    Empfänger mit AC-gekoppeltem Entscheider

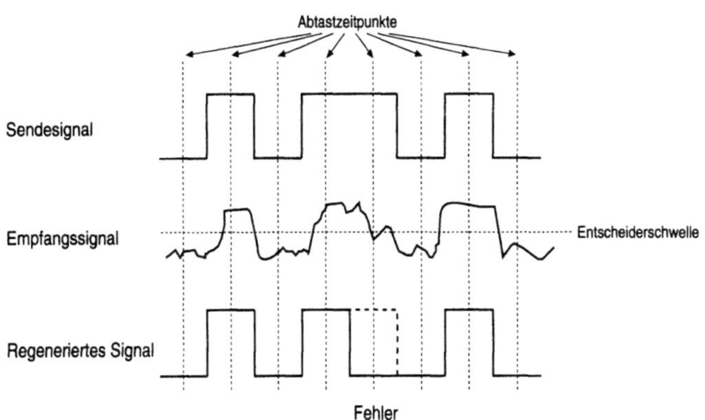


Bild 2.5-3    Vollständige Regeneration eines Digitalsignals mit Hilfe des Taktes

Bild 2.5-4 zeigt eine solche Messung an einem Empfänger für schnelle Datenübertragung mit 200 Mbit/s, wie er in [5] beschrieben ist. Hierbei wird die Bitfehlerrate in Beziehung zur Lichtleistung am Empfänger angegeben.

Trotz der höheren Datenrate benötigt dieser Empfänger wesentlich weniger Licht als der Empfänger SFH 551. Die Ursache dafür liegt in den verschiedenen Verfahren zur Einstellung der Entscheiderschwelle.

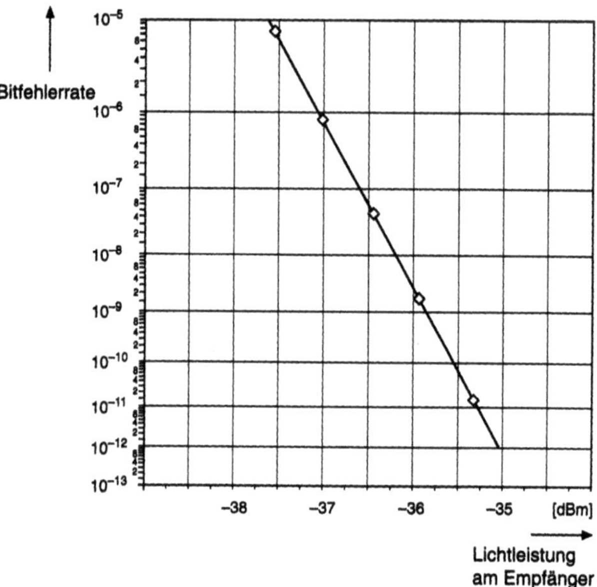



Bild 2.5-4        Messung der Bitfehlerrate in Abhängigkeit von der Lichtleistung am Empfänger

## 2.6  Zusammenfassung

Das von optischen Sensoren gelieferte elektrische Signal ist in den meisten Fällen so klein, daß es erst nach einer weiteren elektronischen Aufbereitung nutzbar ist. Die notwendige Schaltung muß einmal auf die Eigenschaften des Sensors abgestimmt sein. Zum anderen sind auch die Form des zu detektierenden optischen Signals und die Einsatzbedingungen des Systems zu beachten. Nur so kann die für jeden Fall optimale Anordnung entwickelt werden.

## Literatur


[1]  W. Kuhlmann: Technologie und Anwendung bipolarer Fotodetektoren

[2]  P. Wiesel: Messen mit Licht, elektronik industrie 121991

[3]  K. Comes: Optimale Anpassung von PIN Fotodioden an Transimpedanzschaltungen, der elektroniker, 10/1990

[4]  T. V. Muoi: Receiver Design of optical-Fiber Systems, Kapitel 12 in "Optical-Fiber transmission, Howard W. Sams & Co., Indianapolis, 1986

[5]  K. Panzer, K. Schrödinger, W. Wilhelm: Digitales optisches Übertragungssystem für industriellen Einsatz mit Datenraten bis 200 Mbit/s

# IV-3 Infrarotsensoren

Von Dieter Hellwege

## 3.1 Einleitung

Innerhalb des Spektrums elektromagnetischer Strahlung liegt im Bereich von 100 nm ...1 mm der Teilbereich der optischen Strahlung. Einen Teil davon, und zwar den Bereich von 380 nm (entsprechend der Farbe Blau) bis 780 nm (entsprechend der Farbe Rot) nimmt das menschliche Auge als Licht, das heißt, als Helligkeits- und Farbeindruck war. Bei 780 nm beginnt der Bereich des Infrarotlichtes.

Jeder Körper, der sich auf einer endlichen Temperatur befindet, gibt elektromagnetische Strahlung ab. Beim idealen schwarzen Körper folgt die spektrale Verteilung der Strahlung dem Planckschen Strahlungsgesetz. Die Integration der spektralen spezifischen Ausstrahlung eines schwarzen Körpers mit definierter Temperatur über den gesamten Wellenlängenbereich ergibt die Gesamtstrahlung, für die das Boltzmannsche Gesetz gilt. Es besagt, daß die spezifische Ausstrahlung des schwarzen Körpers der vierten Potenz der Temperatur proportional ist. Der Verlauf der spektralen Verteilung hat ein ausgeprägtes Maximum bei einer Wellenlänge, die gemäß dem Wienschen Verschiebungsgesetz umgekehrt proportional der Temperatur des Körpers ist. So hat die Sonne als Quelle unseres Lichtes eine Temperatur von etwa 6000 Kelvin. Zu dieser Temperatur gehört ein Strahlungsmaximum bei 500 nm. Ein Körper, der sich auf Raumtemperatur befindet, also auf etwa 300 Kelvin, hat sein Strahlungsmaximum bei 10 µm.

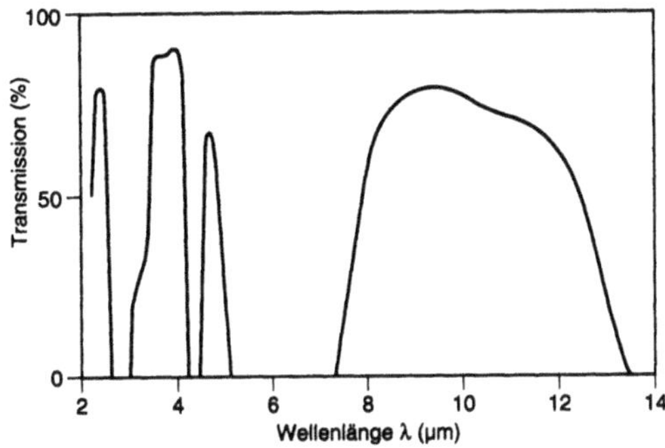


Bild 3.1-1     Transmissionsgrad der Erdatmosphäre in Abhängigkeit von der Wellenlänge

Optische Strahlung breitet sich wie die elektromagnetische Strahlung geradlinig aus. Sie nimmt im Vakuum proportional mit dem Quadrat der Entfernung vom strahlenden Körper ab. Auf der Erde macht sich allerdings der Einfluß der Atmosphäre störend bemerkbar. So werden einige Teilbereiche schwach gedämpft, andere dagegen gänzlich ausgelöscht. Die Ursache dafür sind Absorptionen der Strahlung durch Gas- und Wassermoleküle in der Atmosphäre. In Bild 3.1-1 ist der Transmissionsgrad der Erdatmosphäre in Abhängigkeit von der Wellenlänge exemplarisch dargestellt. Luftdruck, Temperatur und relative Luftfeuchtigkeit haben Einfluß auf den Verlauf der Transmission.

Im Infrarotbereich oberhalb von 1 µm gibt es zwei ausgeprägte Bereiche guter Transmission und zwar den Bereich von 3…5 µm und den Bereich von 8…13,5 µm. Diese Bereiche werden technisch genutzt, da hierfür Sensoren mit vertretbarem Aufwand bei Herstellung und Betrieb zur Verfügung stehen.

## 3.2  Definitionen

Bevor die Infrarotsensoren im Einzelnen vorgestellt werden, sollen einige Kennwerte für Infrarot-Detektoren erläutert werden.

### Äquivalente Rauschleistung

Die äquivalente Rauschleistung, im englischen als Noise Equivalent Power oder kurz NEP bezeichnet, ist definiert als Effektivwert des auf einen Detektor fallenden sinusförmigen Strahlungsflusses $\Phi$, der am Ausgang des Detektors eine Signalspannung $U_R$ erzeugt, die der ohne Bestrahlung gemessenen Spannung, der Rauschspannung $U_S$ äquivalent ist. Dabei sind die Bedingungen, unter denen die Werte erhalten wurden, anzugeben. Bei monochromatischer Strahlung ist die Wellenlänge zu nennen; bei Verwendung eines schwarzen Strahlers dessen absolute Temperatur. Außerdem ist die Chopperfrequenz, mit der das Signal zerhackt wird, zu nennen. Die Chopperfrequenz ist gleichzeitig die Bandmittenfrequenz eines selektiven Meßverstärkers, dessen Bandbreite $B$ ebenfalls anzugeben ist. Üblicherweise wird die äquivalente Rauschleistung jedoch auf die Bandbreite 1 Hz normiert.

$$ \text{NEP} = \frac{\Phi \cdot U_R}{B^{-1/2} \cdot U_S} \qquad \left[ \text{W Hz}^{-1/2} \right] $$

### Detektivität $D^*$

Die Detektivität $D^*$ ist ein Qualitätsmerkmal, das den Vergleich unterschiedlicher Detektoren ermöglicht. $D^*$ ist das Verhältnis aus der Wurzel der Detektorfläche $A$

und der äquivalenten Rauschleistung, ist also das Signal zu Rauschverhältnis der Ausgangsspannung eines 1 cm$^2$ großen Detektors, auf den ein Strahlungsfluß $\Phi$ von 1 W fällt, wobei die Spannungsmessung mit einer Bandbreite von 1 Hz erfolgt.

$$D^* = \frac{A^{1/2}}{\text{NEP}} = \frac{A^{1/2} \cdot B^{1/2}}{\Phi \cdot \dfrac{U_S}{U_R}} \qquad \left[\text{cm Hz}^{1/2}\, \text{W}^{-1}\right]$$

## Responsivität $R$

Die Responsivität $R$ ist der Quotient aus den Effektivwerten der Signalspannung $U_S$ und der einfallenden Strahlung $\Phi$.

$$R = \frac{U_S}{\Phi} \qquad \left[\text{VW}^{-1}\right]$$

Auch hier gilt wieder, daß der Bezug angegeben werden muß, also entweder die Temperatur des schwarzen Strahlers oder die Wellenlänge. Im Falle der Wellenlänge wird der Wert gewählt, bei dem der Detektor die größte Responsivität hat. Außerdem sind Chopperfrequenz und Bandbreite anzugeben.

Zwischen den Werten für NEP, $D^*$ und $R$ besteht die Beziehung

$$R = \frac{U_R}{\text{NEP} \cdot B^{1/2}} = \frac{D^* \cdot U_R}{A^{1/2} \cdot B^{1/2}}$$

## Relative Responsivität $R_{\text{rel}}$

Die Responsivität eines Detektors hängt von verschiedenen Größen ab. So haben die Wellenlänge, die Chopperfrequenz, die Strahlertemperatur aber auch die Betriebsbedingungen des Detektors Einfluß auf die Responsivität. Die relative Responsivität bezieht den Wert der Responsivität bei Arbeitsbedingungen auf den Wert bei optimalen Bedingungen.

## Cut Off Wellenlänge $\lambda_{\text{co}}$

Während thermische Detektoren keine Abhängigkeit des Ausgangssignals von der Wellenlänge zeigen, haben Detektoren, die auf dem Photoeffekt beruhen, eine Wellenlängenabhängigkeit des Ausgangssignals, also der Responsivität und somit auch der Detektivität. Das Maximum der Abhängigkeit ist verhältnismäßig breit, somit meßtechnisch schwierig zu erfassen und damit die Angabe einer Wellenlänge, bei der ein Detektor maximale Empfindlichkeit hat, nur sehr ungenau. Man umgeht diese Schwierigkeit, indem man das Maximum der Empfindlichkeit sucht und dann auf der abfallenden Flanke zu längeren Wellenlängen hin 50% dieses Wertes einstellt. Die Wellenlänge, bei der sich dieser Wert ergibt, ist die Grenzwellenlänge $\lambda_{co}$ und kann als charakteristische Größe des Detektors als Vergleichskriterium genommen werden. In  Bild 3.2-1 ist der Zusammenhang dargestellt.

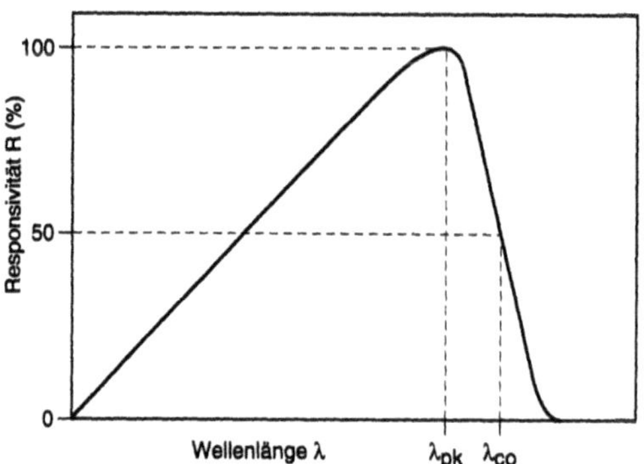


Bild 3.2-1        Zur Definition der Grenzwellenlänge $\lambda_{co}$


## 3.3   Platin-Silizid-Detektoren

Platin-Silizid-Detektoren werden in erster Linie als flächenhafte Anordnungen zur Anwendung in Wärmebildgeräten hergestellt. Zur Reduzierung der notwendigen Anschlüsse wird die Auslesestruktur als fester Bestandteil des Detektor-Arrays auf dem Silizium mit integriert.

Ausgangsmaterial für diese Detektoren ist normales, in der Halbleiterindustrie verwendetes Silizium. Mit den üblichen Verfahren wird zunächst die Auslesestruktur hergestellt, die normalerweise auf dem Prinzip der Charge Coupled Devices (CCD) beruht.

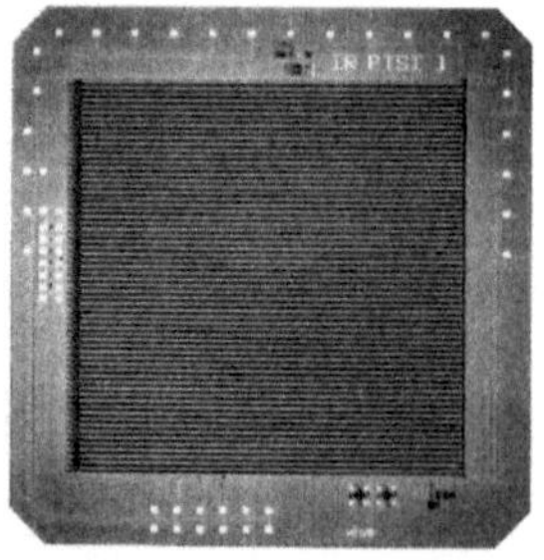

Bild 3.3-1        Kristallfoto eines Pt-Si Detektors

Im Anschluß an die Herstellung der Auslesestruktur wird eine dünne Schicht Platin aufgedampft. Ein Fotolithografie- und ein Ätzprozeß lassen das Platin an den gewünschten Detektorplätzen stehen. Ein nachfolgender Wärmeprozeß läßt das Platin-Silizid entstehen. Auf Grund des homogenen Ausgangsmaterials und der gleichzeitigen Herstellung aller Detektoren sowie der hohen Präzision des Fotolithografieverfahrens entstehen Detektoren mit einer großen Gleichmäßigkeit, die den Aufwand für Korrekturverfahren herabsetzen.

Bild 3.3-2     Ausschnitt aus Bild 3.3-1, rechts oben die Auslesestruktur

Von den Ausleseverfahren soll an Hand von Bildern das Interline-Transfer-Verfahren erläutert werden. Bild 3.3-1 zeigt das Kristallfoto eines Detektors. Bild 3.3-2 zeigt aus diesem Foto einen Ausschnitt. Deutlich sind die rechteckförmigen Einzeldetektoren zu erkennen. Zwischen den Detektorreihen sind die Horizontal-CCD's angeordnet, es handelt sich um 3-Phasen-CCD's mit einem zusätzlichen Transfer-Gate zwischen Detektor und CCD. Alle Transfer-Gates werden gleichzeitig angesteuert, sodaß die in den Detektorelementen erzeugten Ladungsträger gleichzeitig unter jeweils eine Phase des Horizontal-CCD's gelangen. Der weitere Ablauf ist aus den folgenden Bildern ersichtlich. Bild 3.3-3 zeigt das Pulsschema. In Bild 3.3-4 ist der Transport eines Ladungsträgerpaketes aus dem Horizontal-CCD über ein dazwischenliegendes Transfer-Gate in das Vertikal-CCD dargestellt. Aus Gründen der Darstellung wurde dabei auf eine richtige Wiedergabe der Potentialpolarität verzichtet. Phasen, die sich auf Null-Potential befinden sind nicht bezeichnet.

Die Ausgangsstufe mit dem Reset ist in die Darstellungen mit aufgenommen. Die Aufgabe des Reset ist es, über die Ausgangsstufe nicht vollständig abgeflossene Ladungsträger niederohmig abzuleiten, um ein Übersprechen zwischen Ladungspaketen zu vermeiden.

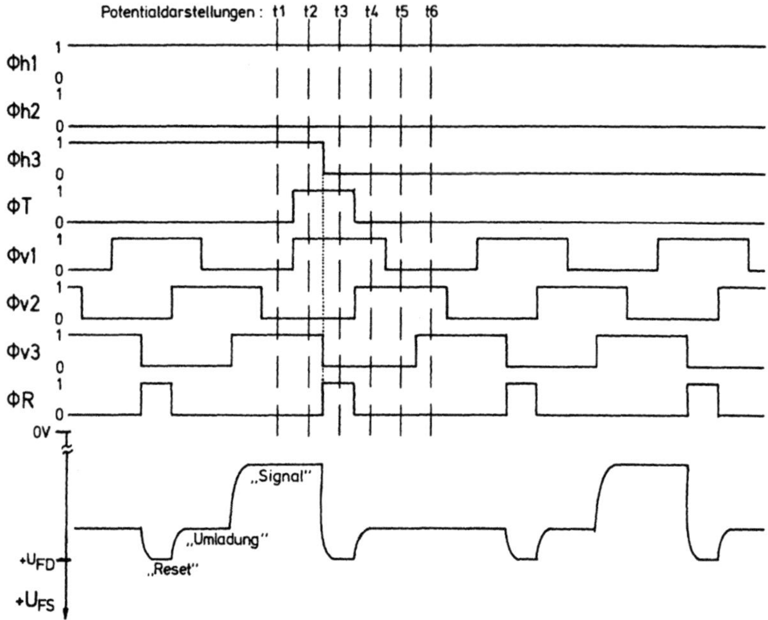


Bild 3.3-3        Pulsschema zum Betreiben eines CCD's

In Bild 3.3-3 ist der Potentialverlauf am Ausgang der Auslesestruktur zusätzlich mit aufgenommen. Das Ausgangssignal wird durch zweimaliges Sample and Hold und anschließender Differenzbildung aus dem "Umladungswert" und dem "Signalwert" gewonnen.

Eine andere Möglichkeit besteht darin, ein zweites Vertikal-CCD zu integrieren, das keine Verbindung zu Detektorelementen hat. Bei sonst gleicher Taktung kann das Ausgangssignal dieses CCD's als Referenzsignal verwendet werden. Störungen, die sich auf beiden Signalen befinden, mitteln sich bei der Differenzbildung heraus.

Die Zahl der Taktleitungen wird von der Art der CCD's bestimmt. Bei 3-Phasen-CCD's werden unter Berücksichtigung der Transfer-Gates 8 Taktleitungen benötigt. Hinzu kommen noch einige Reset- und Steuerleitungen, sodaß eine Detektoranordnung mit $128 \times 64$ Elementen mit etwa 20 Anschlüssen betrieben werden kann. Darin sind auch Anschlüsse enthalten, die es gestatten, Ladungspakete direkt in die CCD's einzuspeisen, um das Verhalten der CCD's unabhängig vom Einfluß der Detektoren untersuchen zu können.

In Bild 3.3-5 ist das elektrische Schaltbild eines solchen Detektors gezeigt. Bild 3.3-6 zeigt den schematischen Schnitt durch ein Detektorelement mit einem 3-Phasen-CCD.

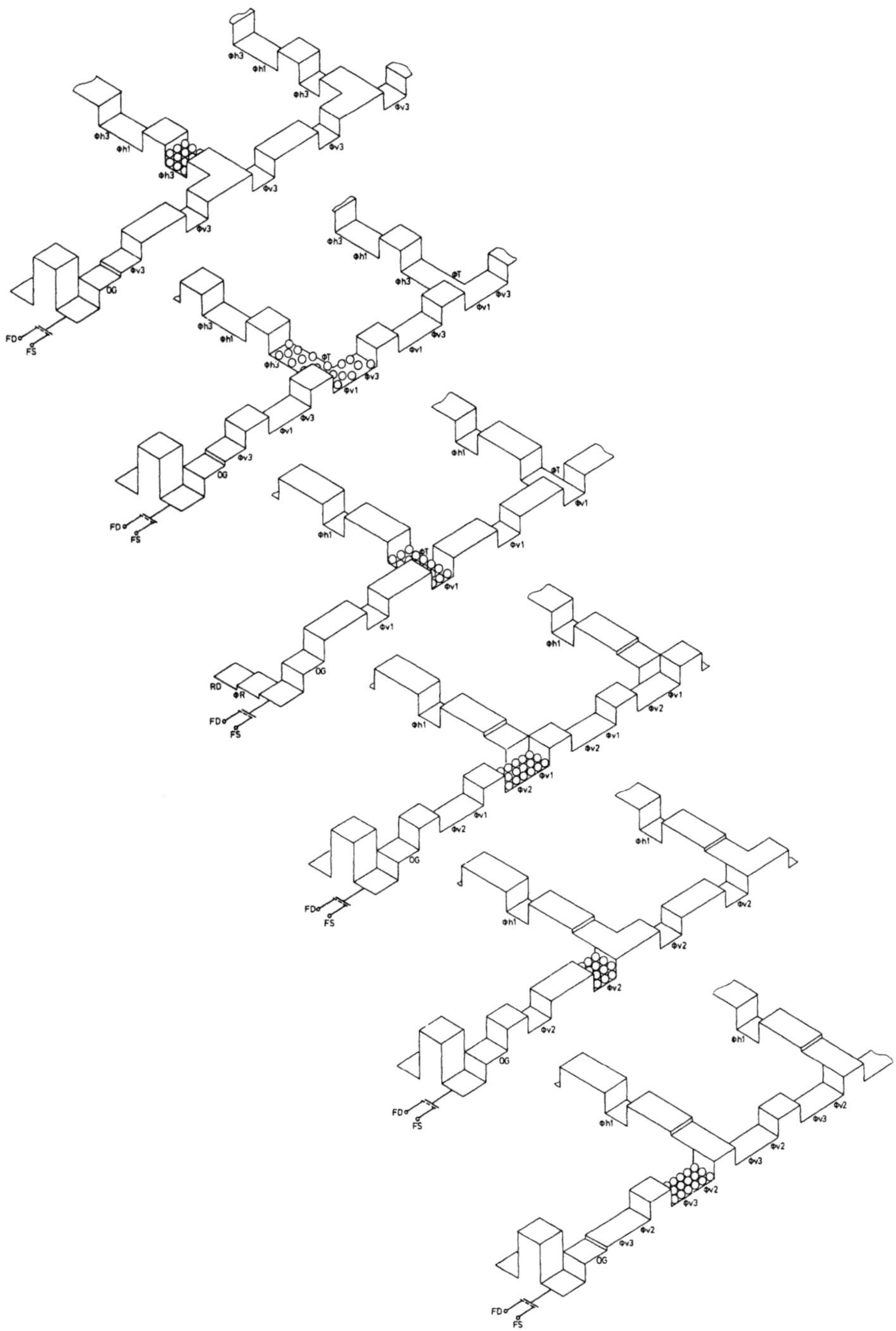

Bild 3.3-4    Transport eines Ladungsträgerpaketes
aus einem Horizontal-CCD in ein Vertikal-CCD

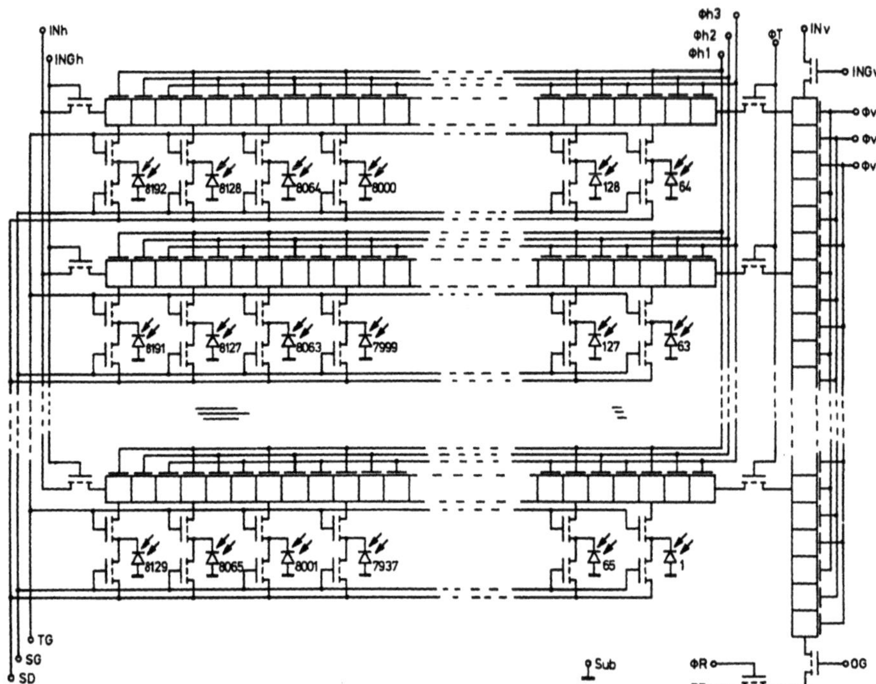

Bild 3.3-5      Elektrisches Schaltbild eines Pt-Si Detektors

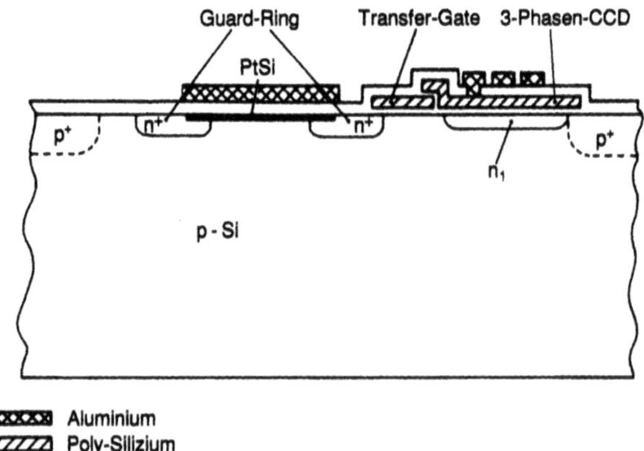


Bild 3.3-6      Schematischer Schnitt durch ein Pt-Si Detektorelement

Platin-Silizid-Detektoren sind in verschiedenen Ausführungen bei Philips realisiert worden. Die Tabelle 3.3-1 zeigt die wesentlichen Merkmale dieser Detektoren. Ein weiteres Merkmal für eine Detektormatrix ist der Füllfaktor. Dieser wird im Wesentlichen dadurch bestimmt, daß zwischen den aktiven Elementen die Auslesestrukturen angeordnet sind. Der Mittenabstand, der Pitch zweier Detektoren ist nicht identisch mit der Kantenlänge der Detektoren. Somit ist der Füllfaktor das Verhältnis von aktiver Detektorfläche zur Gesamtfläche. Bei Detektoren mit Interline Transfer liegt dieser Faktor bei etwa 25%.

Tabelle 3.3-1    Realisierte Platin-Silizid-Detektoren

| Arraygröße | Elementgröße | Pitch | Kristall |
|---|---|---|---|
| 128 × 1 | 50 µm × 50 µm | 60 µm | 94 mm² |
| 128 × 64 | 45 µm × 35 µm | 65 µm × 130 µm | 132 mm² |
| 512 × 128 | 25 µm × 25 µm | 35 µm × 95 µm | 280 mm² |

Weitere technische Werte können wie folgt angegeben werden:

| | |
|---|---|
| Wellenlängenbereich: | $3...5$ µm |
| Detektivität $D^*$: | $1...2 \cdot 10^{11}$ cm Hz$^{1/2}$ W$^{-1/2}$ |
| Arbeitstemperatur: | 80 K |

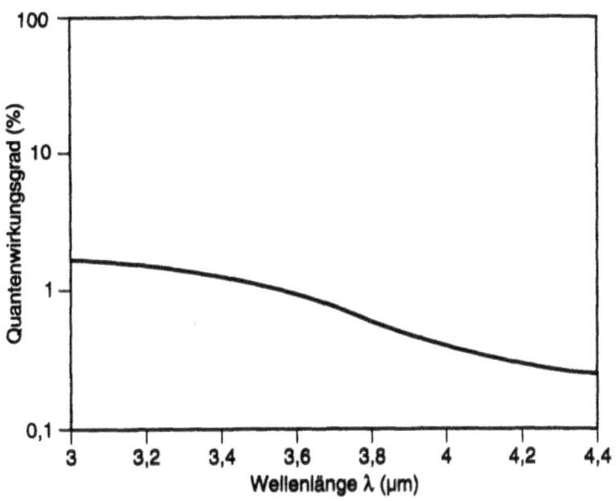


Bild 3.3-7    Quantenwirkungsgrad eines Pt-Si Detektors

In Bild 3.3-7 ist der Quantenwirkungsgrad eines solchen Detektors dargestellt. Im interessierenden Wellenlängenbereich ist der Wirkungsgrad gering. Er kann gesteigert werden, wenn sich auf dem Detektor ein reflektierendes Material befindet, zum Beispiel Aluminium wie in Bild 3.3-6 gezeigt, so daß die Photonen den aktiven Bereich zweimal durchlaufen. Durch Wahl eines geeigneten Isolators nach Dicke und Brechungsindex kann die Reflexion im interessierenden Wellenlängenbereich optimiert werden. Dieses setzt aber eine Einstrahlung von der Rückseite des Detektors mit entsprechender Oberflächenvergütung und einer Top-Down-Montage voraus.

Bild 3.3-7 zeigt auch, daß ein Filter für den 3...5 µm Bereich unbedingt eingesetzt werden muß. Das Signal wird sonst von Anteilen aus dem kurzwelligeren Spektralbereich anderer Quellen wie zum Beispiel der Sonne überstrahlt.

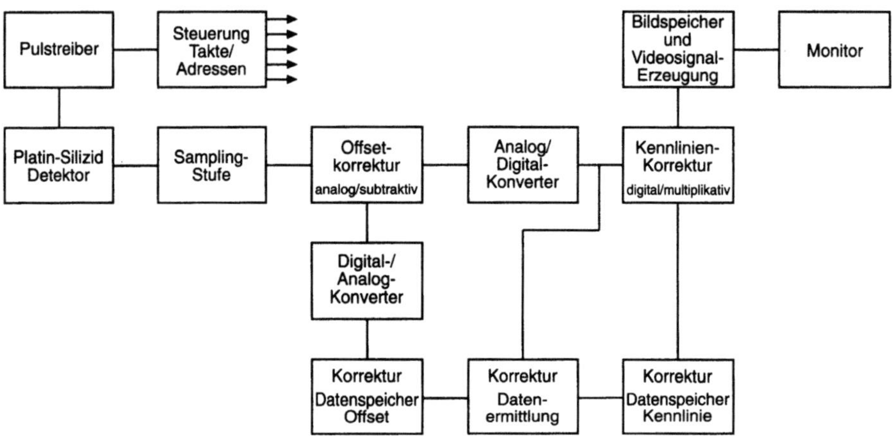


Bild 3.3-8      Blockschaltbild eines Wärmebildgerätes

Platin-Silizid-Detektoren müssen im Betrieb auf 80 Kelvin gekühlt werden. Das bedarf einer besonderen Einbau- und Montagemethode. Ein Dewar, das nach dem Prinzip der Thermoskanne arbeitet, nimmt im evakuierten Raum den Detektor auf. Im Innenraum des Dewars wird das Kältemittel wirksam. Ein Fenster in der Außenwand des Dewars, das durch Beschichtung im interessierenden Wellenlängenbereich transparent ist, läßt die Strahlung auf den Detektor gelangen.

In Versuchsaufbauten wurden Wärmebildgeräte mit Platin-Silizid-Detektoren realisiert. Bild 3.3-8 zeigt das Blockschaltbild eines solchen Aufbaus. In einer Sample and Hold Schaltung wird zunächst aus dem in Bild 3.3-3 gezeigten Spannungsverlauf des Ausgangssignals ein Teil der "Umladung" festgehalten. Dieser Wert wird in einer Differenzstufe vom Ausgangssignal subtrahiert. Zum Zeitpunkt eines stabilen "Signals" wird in einer weiteren Sample and Hold Stufe die dann anstehende Spannungsdifferenz als Nutzsignal für die Weiterverarbeitung festgehalten. Im Falle der Verwendung eines Referenz-CCD's kann auf die erste Sample and Hold Stufe verzichtet werden, beide Ausgangssignale gelangen auf die Differenzstufe, aus deren Signal zum gewünschten Zeitpunkt ein Teilsignal festgehalten wird.

Um Ungleichmäßigkeiten im Nutzsignal der einzelnen Elemente auszugleichen, wird eine Korrektur durchgeführt. Dabei wird zu jedem Bildelement das Signal bei Betrachten einer wärmeneutralen Fläche in einem Korrekturspeicher festgehalten. Dieser Wert wird anschließend elementweise vom Nutzsignal abgezogen. Eine solche Korrektur kann auf der analogen Ebene aber auch nach der Signaldigitalisierung durchgeführt werden. In Bild 3.3-8 ist die analoge Korrektur gezeigt; zu diesem Zweck wird das Digitalsignal in ein analoges Signal zurückverwandelt. Der Vorteil ist darin zu sehen, daß Gleichspannungsanteile im Nutzsignal noch vor der Digitalisierung eliminiert werden, wodurch der Wandler besser genutzt wird.

Eine zweite Korrektur berücksichtigt unterschiedliche Steigungen der Empfindlichkeiten der Bildelemente. Zu diesem Zweck werden für zwei Temperaturen die Bildelementsignale in einem weiteren Korrekturspeicher festgehalten. Der aus diesen Werten abgeleitete Korrekturwert beeinflußt das Nutzsignal multiplikativ.

Die Bilddaten werden in einem Bildspeicher abgelegt, aus dem sie zum Beispiel über eine Videosignalerzeugung einem Monitor zugeführt werden.

Eine andere Art der Ausführung von Detektoren sind Hybriddetektoren. Bei diesen werden Auslesestruktur und Detektorarray auf getrennten Siliziumscheiben hergestellt. So kann jedes Teil für sich optimiert und vorgetestet werden. In einem nachfolgenden Prozeß werden unter Wärme- und Druckeinwirkung beide Teile zu einem Sandwich verbunden. Kontaktelemente, die üblicherweise aus Indium in weiteren Aufdampf-, Fotolithografie- und Ätzprozessen erzeugt werden, stellen die Verbindung zwischen dem Sensorteil und der Auslesestruktur her. Der weiter oben genannte Füllfaktor kann dadurch verbessert und auf über 75 % angehoben werden.

## 3.4  Cadmium-Quecksilber-Tellurid

Cadmium-Quecksilber-Tellurid, im Englischen Cadmium Mercury Telluride genannt, das auch unter den Kürzeln CMT oder MCT bekannt ist, wird im Zonenschmelzverfahren, neuerdings aber auch im Epitaxieverfahren hergestellt. Dabei bestimmt das Mischungsverhältnis von Cadmium-Tellurid und Quecksilber-Tellurid die charakteristischen Merkmale des Infrarotdetektors, insbesondere den Wellenlängenbereich. So läßt sich das Material gezielt für den 3...5 μm Bereich oder den 8...12 μm Bereich herstellen. Nach dem Ziehen wird ein solcher Stab in Scheiben gesägt, die in einem ersten Test auf ihre Brauchbarkeit im Wellenlängenbereich untersucht werden. Selektierte Scheiben werden in einem Schleif- und Läpp-Prozeß auf eine Stärke von 10 μm gebracht, um anschließend in einzelne Elemente getrennt zu werden. Diese werden dann auf ein Substrat, im allgemeinen Saphir, montiert, um danach mit den bekannten Fotolithografie- und Ätzprozessen weiterbearbeitet zu werden.

Parallel zu diesen Aktivitäten wird das Gehäuse vorbereitet. Auch dieses hängt wiederum stark von den Anforderungen der späteren Verwendung ab. Da CMT-Detektoren sowohl bei Raumtemperatur, als auch bei –40...–80 Grad Celsius als auch bei –196 Grad Celsius arbeiten, bestimmt die Art der Kühlung die Gehäuseform mit.

Für einfache Anwendungen  kommen in erster Linie ungekühlte und thermoelektrisch gekühlte Einelement-Detektoren in Frage. Die Gegenüberstellung in Tabelle 3.4-1 zeigt die Werte für ungekühltes CMT und mit einem zweistufigen Peltier-Kühler gekühltes CMT.

Tabelle 3.4-1    Ungekühltes und gekühltes CMT

|  | CMT ungekühlt | CMT Peltier-gekühlt |
|---|---|---|
| $D^*$ (cm Hz$^{1/2}$ W$^{-1}$) | $9{,}0 \cdot 10^8$ | $4{,}5 \cdot 10^9$ |
| $R$ (V/W) | $2{,}2 \cdot 10^3$ | $1{,}0 \cdot 10^3$ |
| $U_R$ (V Hz$^{-1/2}$) | $5{,}6 \cdot 10^{-9}$ | $0{,}5 \cdot 10^{-9}$ |

Die Größe der Detektorelemente in Tabelle 3.4-1 ist gleich. Das heißt aber, da gemäß der in Abschnitt 3.2 angegebenen Formel $D^*$, $R$ und $U_R$ verknüpft sind, daß die in der Tabelle gezeigten $D^*$-Werte direkt vergleichbar sind.

Die Abhängigkeit der charakteristischen Werte ungekühlter Detektoren von der Umgebungstemperatur ist ein gravierender Nachteil. Die Tabelle 3.4-2 gibt hierzu einen Einblick.

Tabelle 3.4-2    Temperaturabhängigkeit von ungekühltem CMT

| Temperatur | 20 °C | 0 °C |
|---|---|---|
| $D^*$ (cm Hz$^{1/2}$ W$^{-1}$) | $9{,}0 \cdot 10^8$ | $18{,}0 \cdot 10^8$ |
| $R$ (V/W) | $2{,}2 \cdot 10^3$ | $6{,}0 \cdot 10^3$ |

Aus diesem Grund gelangen zur Zeit nur gekühlte CMT-Detektoren zum Einsatz.

Mehrelement-Detektoren werden in erster Linie in abtastenden Wärmebildgeräten eingesetzt, die mit einem System von rotierenden oder in diskreten Schritten schwenkbaren Spiegeln über ein optisches System eine Wärmebildszene auf dem Detektor abbilden. In Bild 3.4-1 ist das Prinzip dieser Abtastung dargestellt.

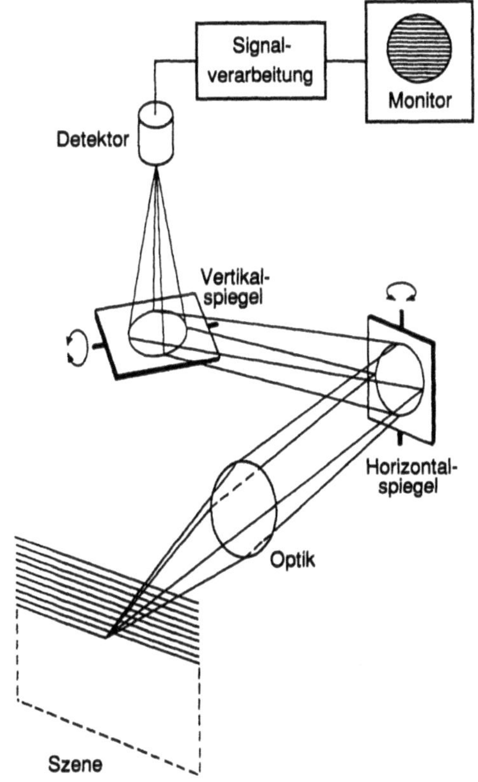



Bild 3.4-1      Prinzip der Abtastung in einem Wärmebildgerät

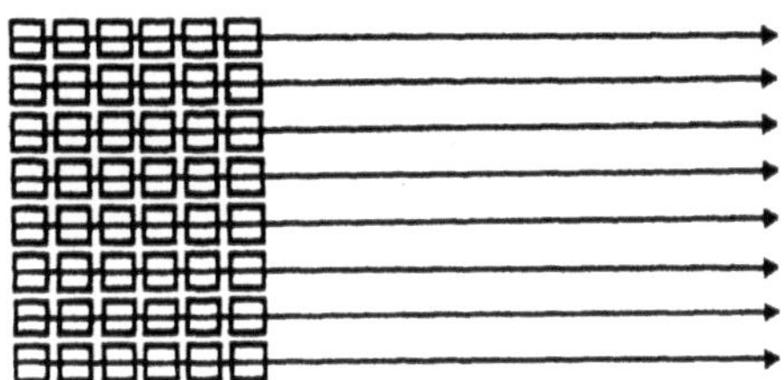

Bild 3.4-2      Idealisiertes CMT-Array mit 8 mal 6 Elementen

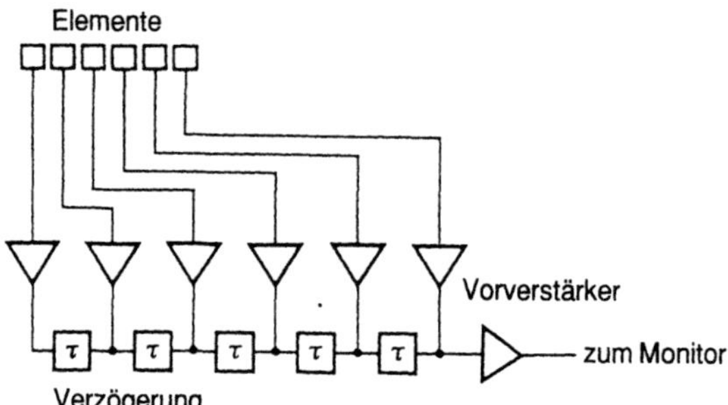


Bild 3.4-3        Prinzip der Zusammenfassung der Ausgangssignale einer Linearanordnung von 6
                 Elementen

Bild 3.4-2 zeigt ein idealisiertes Array mit $8 \times 6$ Elementen. Jedes Zeilenelement wird beim Abtasten vom gleichen Bildpunkt überstrichen. Durch Einfügen von Verzögerungselementen in der Elektronik wie in Bild 3.4-3 dargestellt, lassen sich die Ausgangssignale phasenrichtig zu einem Summensignal zusammenfassen.

Mit einer solchen Detektor-Anordnung werden 8 Zeilen eines Wärmebildes gleichzeitig erzeugt mit dem Vorteil, daß der Vertikalspiegel aus Bild 3.4-1 nur mit einem Achtel der Zeilenfrequenz geschwenkt werden muß.

Die Anordnung auf dem Kristall ist in Bild 3.4-4 dargestellt. Der Versatz ist erforderlich, um jedes Element kontaktieren zu können. Er muß in der nachfolgenden Elektronik kompensiert werden.

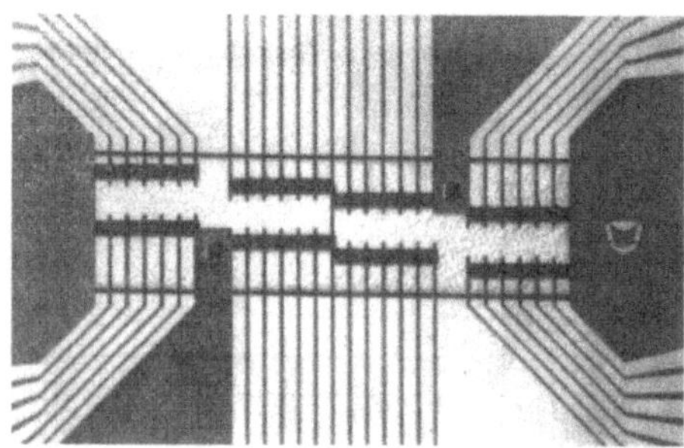

Bild 3.4-4        Anordnung eines $8 \times 6$-Elemente-Array auf dem Kristall

Die Vielzahl von Anschlüssen, Verzögerungsgliedern und Vorverstärkern kann beim Einsatz des SPRITE-Detektors drastisch reduziert werden. SPRITE steht dabei für Signal Processing In The Element. Bild 3.4-5 zeigt das Prinzip. Ein CMT-Streifen wird mit einer Vorspannung betrieben, die ein Driften des vom Bildpunkt erzeugten Ladungsträgerpaketes bewirkt. Durch Wahl der geeigneten Spannung sind Driftgeschwindigkeit der Ladungsträger und Bildpunktgeschwindigkeit gleich, sodaß eine Kumulierung der Ladungsträger entlang des Streifens bis zur Auslesezone erfolgt. Ein solcher Detektor mit drei Anschlüssen ersetzt 8 Einzelelemente mit neun Anschlüssen und die entsprechende Anzahl von Verzögerungsgliedern und Vorverstärkern. Auch die zuvor beschriebene Kompensation des optischen Versatzes entfällt. Bild 3.4-6 zeigt die Ausführung eines 8-Element SPRITE-Detektors. Durch eine zweite Auslesezone ist die Richtung der Bildabtastung frei wählbar.

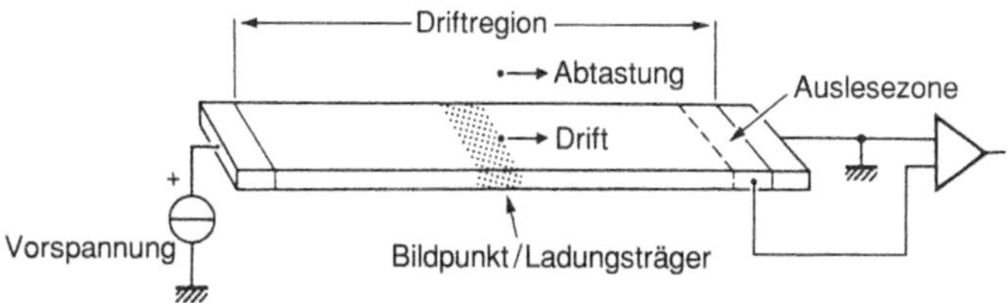


Bild 3.4-5    Prinzip des SPRITE-Detektors

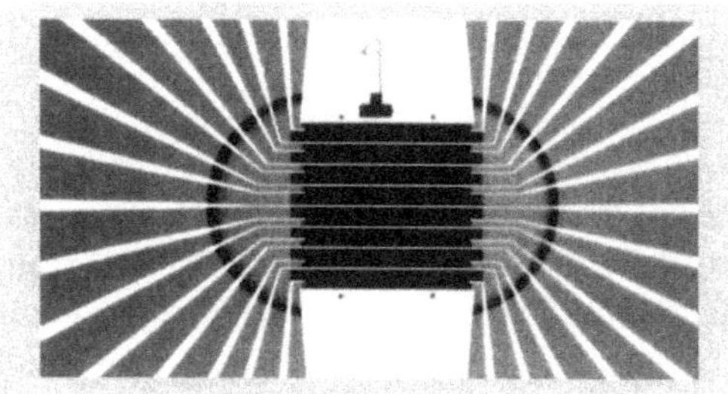

Bild 3.4-6    Kristallfoto eines 8-Element SPRITE-Detektors

Auch in CMT werden Flächenarrays zum Einsatz in Wärmebildgeräten gebaut. Da es aber nicht möglich ist, auf CMT Auslesestrukturen zu integrieren, wird von vornherein der Weg der Hybridisierung von CMT-Detektorarrays mit Silizium-Auslesestrukturen verfolgt. Es werden unterschiedliche Verfahren des Verbindens beider Teilstrukturen angewendet. Zum einen werden die Teile nebeneinandergesetzt und mit üblichen Techniken miteinander verbunden. Oder es kommt die im Kapitel über Platin-Silizid-Detektoren erwähnte Hybridtechnik mit Indium-Kontakten zur Anwendung. Oder es wird das CMT direkt auf das Silizium-Substrat durch Verklebung aufgebracht. Die Kontaktierung geschieht in diesem Fall durch Ätzen von Löchern, die bis auf metallische Kontaktflächen auf dem Silizium reichen. Durch Aufbringen von Metall auf die Lochwandung entsteht die Verbindung. Weitere Prozeß-Schritte lassen im unmittelbaren Bereich der Kontaktlöcher die aktiven Detektorelemente entstehen. So sind in dieser Technologie Arrays mit $128 \times 128$ Elementen bei Philips entstanden. Probleme ergeben sich bei der Abkühlung auf 80 K aufgrund unterschiedlicher Wärmeausdehnungskoeffizienten von Silizium und CMT.

Die höhere Komplexität von Planar-Arrays und den daraus resultierenden hohen Taktraten der Steuerpulse für die Auslesestrukturen sowohl für CMT als auch für Platin-Silizid beeinflußt die Entwicklung von neuen Dewars.

Zum Abschluß der Kapitel über CMT und Platin-Silizid sollen drei Wärmebilder gezeigt werden.

Bild 3.4-7        Wärmebild (Mit freundlicher Genehmigung der Firma Elektro Optik, Glücksburg)

Bild 3.4-7 zeigt in einer Darstellung, bei der "warm = hell" und "kalt = dunkel"ist, einen Motorradfahrer mit Helm und Rucksack, der zu seiner Maschine am Straßenrand geht, die er kurz vorher dort abgestellt hat; der Motor ist noch warm. Die Gruppe wird von zwei Mädchen in kurzen Röcken und einer Person in langen Hosen angeführt. Es ist eine Nachtaufnahme, die Beleuchtung über der Eingangstreppe und im Schaukasten ist an. Die Konturen der Häuser sind wegen der Restwärme im Mauerwerk nach Sonneneinstrahlung oder wegen unterschiedlicher Wärmeleitung von drinnen nach draußen zu erkennen. Somit lassen sich Kältebrücken in Gebäuden oder schlechte Wärmedämmung mit Wärmebildgeräten aufdecken.

Bild 3.4-8 zeigt ein Flugzeug vom Typ Tornado. Das Besondere an diesem Bild ist, daß die warmen Abgase im Wärmebild sichtbar werden und dahinter liegendes ab-

Bild 3.4-8        Wärmebild (Mit freundlicher Genehmigung der Firma Elektro Optik, Glücksburg)

schirmen. Die Reifen des Flugzeuges sind warm. Auch andere Strukturen treten hervor, so die Spantenstruktur im Seitenleitwerk aufgrund einer Erwärmung von den Triebwerken her oder Aggregate unter der Oberfläche mit hoher Temperatur, die die Außenhaut aufheizen und somit indirekt sichtbar werden.

Bild 3.4-9 zeigt eine Nachtaufnahme; die Straßenlaternen leuchten. In diesem Fall ist "warm = dunkel" und "kalt = hell" eingestellt. Die mit Grün bewachsene Lärmschutzwand ist noch relativ warm von der Sonneneinstrahlung des Tages. Das Fahrzeug im Vordergrund könnte ein Opel-Kadett sein aufgrund der besonderen Ruhestellung des Heckscheibenwischers. Die Heckscheibe reflektiert die kalte Strahlung des Himmels. Fahrbahnmarkierungen haben gegenüber der Fahrbahn eine Temperaturdifferenz und treten hervor.

Bild 3.4-9        Wärmebild (Mit freundlicher Genehmigung der Firma Elektro Optik, Glücksburg)

## 3.5   Pyroelektrische Detektoren

Das Ausgangsmaterial für pyroelektrische Detektoren ist zum einen Bleizirkonat-Titanat mit einigen weiteren Zusätzen, das gepreßt und zu einer Keramik gesintert wird. Aus diesem Material werden mit Diamantsägen Streifen herausgesägt, die auf

Ober- und Unterseite für die spätere Kontaktierung metallisiert werden. Anschließend werden die Streifen in Einzelelemente getrennt.

Die Curie-Temperatur, das ist die Temperatur, bei der die pyroelektrischen Eigenschaften reversibel verschwinden, liegt für Keramikmaterial bei über 135°C und bleibt damit ohne Einfluß auf die Funktionsfähigkeit des Detektors.

Ein anderes Material ist einkristallines Triglyzinsulfat (TGS). Reines TGS ist jedoch ungeeignet, da es oberhalb seiner Curie-Temperatur von 49 °C die pyroelektrischen Eigenschaften irreversibel verliert. Durch Zusatz von geringen Mengen l-Alanin wird dieser Nachteil ausgeglichen, das Verhalten wird reversibel. Der Ersatz einiger Wasserstoffatome im Kristallgitter durch schwere Deuteriumatome bringt eine Erhöhung der Curie-Temperatur um etwa 10 °C. Dieses DLATGS hat mit typisch $7 \cdot 10^8$ ein deutlich höheres $D^*$ als keramische Detektoren mit typisch $0{,}5 \cdot 10^8$ cm $W^{-1} s^{-1/2}$. Auch das Frequenzverhalten ist deutlich besser. Der Nachteil ist der höhere Preis.

Sowohl keramische als auch DLATGS-Detektoren werden in modifizierte Transistorgehäuse der Größe TO-5 zusammen mit einem Feldeffekttransistor zur Impedanzwandlung der sehr hochohmigen Detektorelemente, einem Schutzwiderstand und einem Fenster in Einzel- aber auch in Doppelanordnung eingebaut. Bei der Doppelanordnung werden die Elemente mit entgegengesetzter Polarität in Reihe geschaltet.

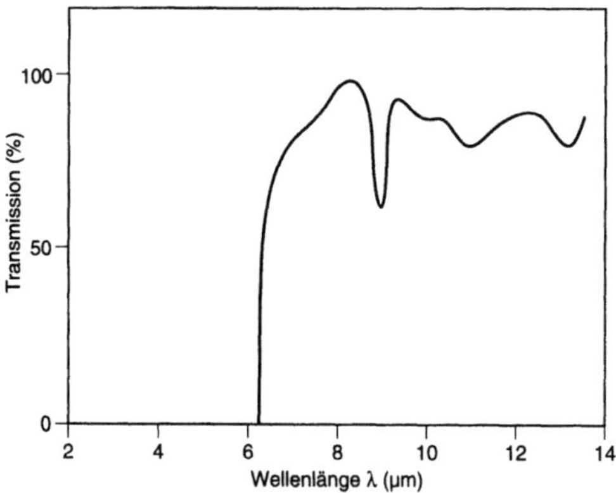


Bild 3.5-1    Transmissionskurve eines IR-Filters

Das Fenster ist üblicherweise ein Filter, das den kurzwelligen Anteil des Sonnenlichtes unterdrückt. In Bild 3.5-1 ist die Transmissionskurve eines solchen Filters gezeigt. Es sind aber auch breitbandige Fenstermaterialien einsetzbar.

Der Vorteil der Zwei-Element-Anordnung liegt in der wirksamen Unterdrückung von Störungen, die auf beide Elemente gleichermaßen einwirken, sich aber auf Grund der Gegeneinanderschaltung der Elemente kompensieren. Hierzu zählen

Signale, die auf Mikrofonie infolge Erschütterung, auf Temperaturschwankungen und auf Hintergrundstrahlung zurückzuführen sind. Gelangt die Nutzstrahlung durch eine fokussierende Optik nur auf eines der beiden Elemente, so erscheint an der Reihenschaltung beider Elemente das nahezu ungestörte Signal.

Der integrierte Feldeffekttransistor läßt sich durch äußere Schaltungsmaßnahmen in seinen Eigenschaften verbessern. Insbesondere die Streuung der Parameter läßt sich durch Wahl geeigneter Rückkopplungsmechanismen wirksam kompensieren. Die Nachfolgeschaltung orientiert sich an der gewünschten Anwendung.

Bild 3.5-2    Schnitt durch ein TO-5 Gehäuse mit zwei keramischen Detektorelementen der Abmessung $1 \times 2$ mm$^2$

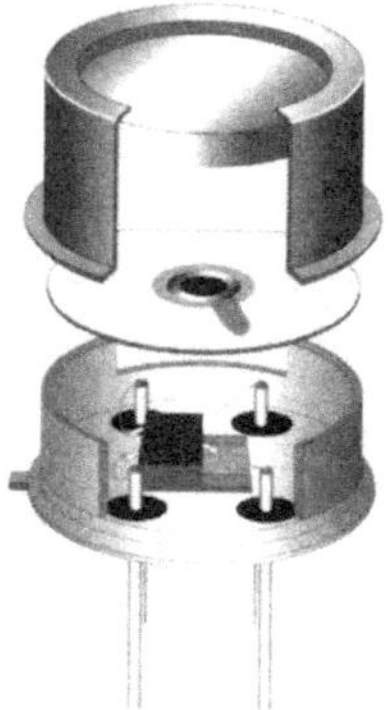

Bild 3.5-3    Aufbau eines DLATGS-Detektors mit Transistor und Blende zur Einschränkung des Gesichtsfeldwinkels

Bild 3.5-2 zeigt den Schnitt durch ein TO-5 Gehäuse mit zwei keramischen Detektorelementen der Abmessung $1 \times 2$ mm$^2$, Bild 3.5-3 den Aufbau eines DLATGS-Detektors mit Transistor und Blende zur Einschränkung des Gesichtsfeldwinkels.

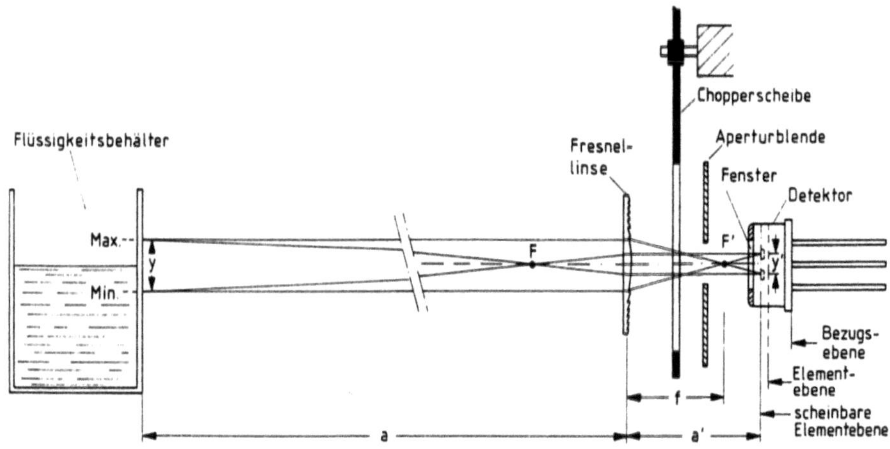


Bild 3.5-4      Füllstandsanzeige an einem Tank

Die Anwendung eines zweielementigen Detektors ist in Bild 3.5-4 am Beispiel einer Füllstandsanzeige gezeigt. Voraussetzung ist, daß zwischen gefülltem und leerem Tank eine Temperaturdifferenz gegeben ist. Die Punkte auf der Außenwand des Tanks für minimalen und maximalen Füllstand werden über eine Fresnellinse auf jeweils ein Element abgebildet. Ein Chopper unterbricht beide Strahlengänge gleichzeitig; eine Aperturblende begrenzt den Gesichtsfeldwinkel zur Reduzierung der Störstrahlung auf die Detektoren. Sofern sich der Flüssigkeitspegel zwischen Minimal- und Maximalwert befindet, wird das Signal in beiden Elementen unterschiedlich sein, auf Grund der Gegeneinanderschaltung der Elemente entsteht ein endliches Differenzsignal. Unterschreitet der Pegel den Minimalstand, so werden beide Signale gleich, das Differenzsignal wird Null. Gleiches tritt bei Überschreiten des Maximalpegels auf.

Bei gleicher Anordnung gestattet der Einsatz eines Einzelelementdetektors die Fernmessung der Oberflächentemperatur von Körpern, zum Beispiel von Drehrohröfen. Als Referenz dient die Temperatur der Chopperscheibe. Der Aufbau der Meßanordnung auf eine Schwenkvorrichtung gestattet das Abtasten der gesamten Ofenoberfläche.

Im Eisenbahnwesen wird die Temperatur der Achslager eines fahrenden Zuges von stationär im Streckennetz installierten Einzelelementanlagen überwacht. Diese Anlagen melden erhöhte Temperaturen an die nächste Zentrale. Gleichzeitig wird die Lage

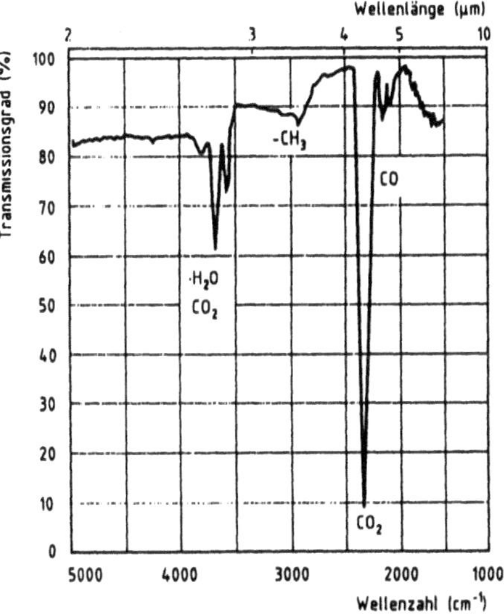


Bild 3.5-5     Absorptionsspektrum einer Abgasprobe
Wellenzahl $(cm^{-1})$ = 10000 / Wellenlänge $(\mu m)$

der kritischen Achse im Zugverband übermittelt. Auf Grund der höheren Ortsauflösung werden für diese Anwendung allerdings CMT Einzelelementdetektoren mit Peltier-Kühlung eingesetzt. Das Prinzip ändert sich jedoch nicht.

Bei der Bestimmung der Zusammensetzung von Abgasen beim Auto und in Heizungsanlagen können Infrarotdetektoren eingesetzt werden. In Bild 3.5-5 ist das Absorptionsspektrum einer Abgasprobe dargestellt. Die Abschwächung folgt dem Lambert-Beerschen Gesetz in Form einer Exponentialfunktion mit der Wellenlänge, dem Partialdruck in der Meßanordnung, der Länge der Meßanordnung und der Absorptionskonstanten im Exponenten.

Tabelle 3.5-1 zeigt die Absorptions-Wellenlängen und Konstanten einiger, im Abgas vorhandener typischer Verbindungen.

Tabelle 3.5-1     Absorptionswellenlängen und Konstanten einiger Gase

| Verbindung | $a$ [µm] | $k_a$ [Pa$^{-1}$cm$^{-1}$] |
|---|---|---|
| Kohlendioxid ($CO_2$) | 4,35 | $2,5 \cdot 10^{-6}$ |
| Kohlenmonoxid (CO) | 4,7 | $3,3 \cdot 10^{-7}$ |
| Schwefeldioxid ($SO_2$) | 7,25 | $6,2 \cdot 10^{-6}$ |
| Stickstoffdioxid ($NO_2$) | 6,2 | $7,8 \cdot 10^{-6}$ |

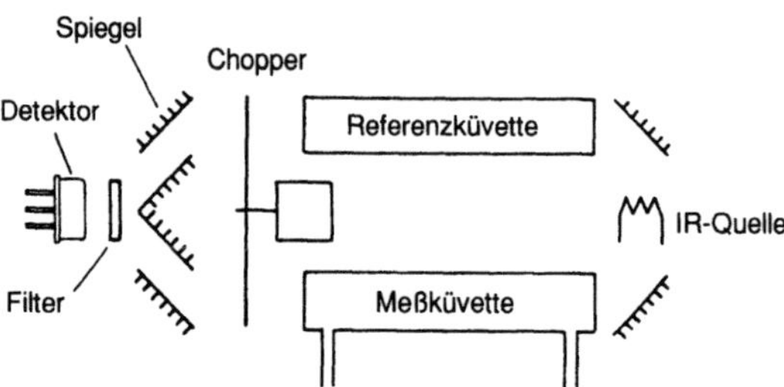


Bild 3.5-6          Meßsystem zur Gasanalyse

Ein mögliches Meßverfahren mit zeitlich stabilem Verhalten ist das Zwei-Wege-Ver-
fahren wie in Bild 3.5-6 gezeigt. Die Strahlung der IR-Quelle fällt abwechselnd
durch die Referenz- beziehungsweise die Meßküvette auf den Detektor. Dabei sorgen Spiegel für die Strahlumlenkung, der Chopper für die Selektion. Ein Schmal-
bandfilter im Strahlengang bestimmt die Wellenlänge und somit die Art des nachzuweisenden Gases. Die IR-Quelle kann durch Einstellen der Temperatur entsprechend
dem Wienschen Verschiebungsgesetz auf maximale Abstrahlung bei dieser Wellenlänge gebracht werden.

Weitere Beispiele sind im Band 3, 'Sensoren' dieser Buchreihe gegeben.

## 3.6  Peltier-Kühlung

Das Basismaterial für Peltier-Kühler ist eine Legierung, die im Zonenschmelzverfahren aus Wismut, Antimon, Tellur und Selen hergestellt wird. Durch Zusatz von Do-
tierungsstoffen werden p- und n-dotierte Ausgangsmaterialien erreicht. Das Trennen
in "Pillen" geschieht entsprechend den Anforderungen an Kühlleistung, an Warm-
und Kalttemperatur des aufzubauenden Kühlers. Die elektrische Serienschaltung von
p- und n-dotierten Pillen bildet, wie in Bild 3.6-1 gezeigt, die Grundform des ther-
moelektrischen Kühlers. Das Halten der Warmseite auf Raumtemperatur bringt das
gewünschte Ergebnis der Abkühlung der anderen, der Kaltseite. Eine Umkehrung
der im Bild 3.6-1 gezeigten Stromrichtung führt zum Austausch von warmer und
kalter Fläche. Um eine größere Kühlleistung zu erzielen, schaltet man eine Vielzahl
der relativ niederohmigen Elemente in Reihe, wobei flächenförmige Anordnungen
üblich sind. Werden höhere Kühlleistungen und vor allen Dingen niedrigere Temperaturen verlangt, so ist es üblich, mehrere Kühler übereinander anzuordnen, sodaß
die Warmseite der oberen Stufen von den jeweils darunter liegenden Kaltseiten gekühlt werden. Peltier-Kühler kühlen nicht auf eine feste Temperatur, sie bringen nur
eine Temperaturdifferenz. Durch Aufbringen eines Temperatursensors auf die Kalt-

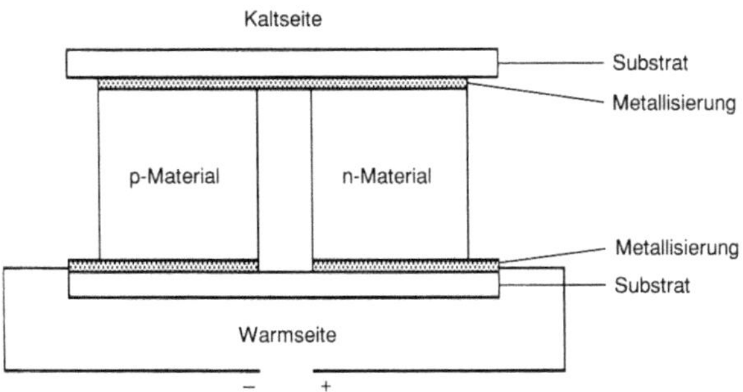



Bild 3.6-1    Prinzip des Peltier-Kühlers

fläche und dem Aufbau einer Regelschleife zur Beeinflussung des Heizstromes läßt sich jedoch eine feste Kühltemperatur einstellen.

Bei der Dimensionierung sind große Freiheitsgrade zugelassen. Frei wählbar sind die Abmessungen der Pillen, die Anzahl der Stufen und die Zahl der Pillen pro Stufe unter Berücksichtigung gewisser Vorgaben wie Leistungsaufnahme oder vorgegebener Batteriespannung oder auch verfügbarem Einbauraum oder im Hinblick auf die geforderte Kühlleistung oder auch einer geforderten Abkühlgeschwindigkeit. Eine sinnvolle Kombination dieser Vorgaben läßt sich im allgemeinen durchführen.

Bild 3.6-2    Drei verschiedene Peltier-Kühler

Peltier-Kühler sind in den unterschiedlichsten Bauformen realisiert worden. Von drei Ausführungen sind in Tabelle 3.6-1 charakteristische Werte dargestellt. Der Einbau der Kühler erfolgte in evakuierte Gefäße zur Vermeidung der thermischen Ableitung über die umgebende Luft.

Tabelle 3.6-1    Typische Peltier-Kühler (Warmtemperatur = 25 °C)

| Bauform | | TE 100 | TE 200 | TE 400 |
|---|---|---|---|---|
| Stufen | | 1 | 2 | 4 |
| Kalttemperatur | ohne Last | –40 °C | –63 °C | –83 °C |
| | 50 mW Last | –37 °C | –48 °C | –68 °C |
| Eingangsleistung | | 2,1 W | 1,4 W | 3,3 W |

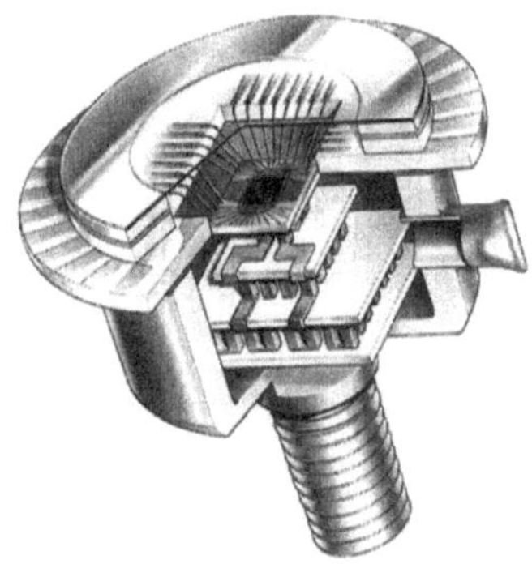

Bild 3.6-3       Einbau eines dreistufigen Peltier-Kühlers zur Kühlung eines 8 Element SPRITE-
CMT-Detektors

In Bild 3.6-2 sind drei verschiedene Kühler dargestellt; Bild 3.6-3 zeigt den Einbau eines dreistufigen Kühlers in ein mit Schraubstutzen versehenes Gehäuse zur Kühlung eines SPRITE-Detektors für den 3...5 μm-Bereich. Mit Hilfe des Schraubstutzens wird das Gehäuse auf eine metallische Wärmesenke montiert, um die entstehende Wärme des Kühlers ableiten zu können.

## 3.7  Gas-Kühlung

Gas-Kühler nach dem Joule-Thomson-Prinzip arbeiten mit hochkomprimierten Gasen, die bei Expansion stark abkühlen. Die Ausbildung des Kühlers ist so gewählt, daß das abgekühlte Gas in engen Kontakt zum zuströmenden Gas gebracht wird, wodurch das zuströmende Gas vorgekühlt wird. Schließlich wird eine Temperatur erreicht, bei der das Gas verflüssigt. Dieses ist die Arbeitstemperatur des Kühlers. Durch Wahl des geeigneten Gases läßt sich die Temperatur einstellen. Stickstoff z.B. liefert 77 Kelvin, Argon dagegen 87,2 Kelvin.

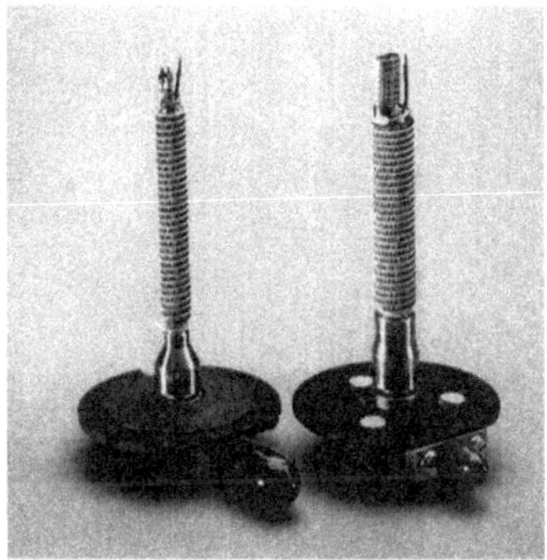

Bild 3.7-1     Zwei selbstregelnde Gas-Kühler der Firma Hymatic

Gas-Kühler werden in geregelter und ungeregelter Ausführung hergestellt. Die geregelte Version kommt in Geräten zum Einsatz, bei denen mit einem vorgegebenen Gasvolumen eine möglichst lange Einsatzzeit erzielt werden muß. Bild 3.7-1 zeigt zwei selbstregelnde Kühler der Firma Hymatic. Bild 3.7-2 zeigt den Einbau eines solchen Kühlers in ein Dewar zur Kühlung eines CMT-Detektors.

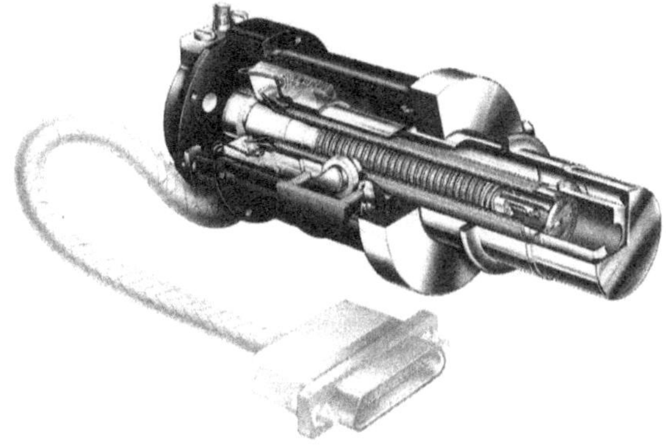

Bild 3.7-2     Einbau eines Gas-Kühlers in ein Dewar zur Kühlung eines CMT-Detektors

Die ungeregelte Version kommt in Geräten für Kurzzeitanwendungen in Frage. Hier kann über das Vorratsvolumen, den Ausgangsdruck des Gases und den Gegendruck im System die Einsatzzeit eingestellt werden. Die Form des Kühlers und die Art des Gases bestimmen die Geschwindigkeit, mit der der Detektor auf die Arbeitstemperatur abgekühlt werden kann. Konische Kühler und Argon als Kühlgas liefern das beste Ergebnis. Oft reicht die Temperatur von Argon nicht aus, sodaß ein Zweigassystem eingesetzt wird; Argon zum schnellen Abkühlen, Stickstoff zum Erreichen der

Bild 3.7-3        Detektor-Kühler-Kombination mit integriertem Gasgefäß

endgültigen Temperatur. Natürlich gehört zu einem solchen speziellen Kühler auch ein entsprechend ausgeformtes Dewar, das aber nicht in jedem Fall evakuiert sein muß. Eine Füllung mit schlechtleitendem Gas, z.B. Xenon erfüllt bei Kurzzeitanwendungen die Forderung nach thermischer Isolation des Detektors. In Bild 3.7-3 ist eine Detektor-Kühler-Kombination mit integriertem Gasgefäß für Argon dargestellt. Gasvorrat und Gasdruck sind so gewählt, daß eine Abkühlung von Raumtemperatur auf 87 Kelvin innerhalb von 6 Sekunden erfolgt und daß diese Temperatur für weitere 20 Sekunden gehalten werden kann. Die Abmessungen einer solchen Kombination liegen unter 10 cm Länge bei einem Durchmesser von etwa 4 cm. Bild 3.7-4 zeigt den Temperaturverlauf über der Zeit.

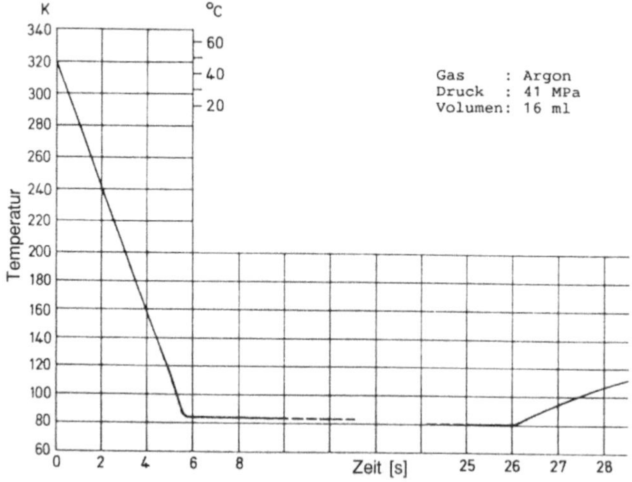


Bild 3.7-4        Abkühlverhalten der Anordnung aus Bild 3.7-3

## 3.8 Maschinen-Kühlung

Kühlmaschinen für den Einsatz mit Infrarot-Detektoren arbeiten nach dem Stirling-Prinzip und sind entweder als Monoblock-Kühler aufgebaut, bei denen Kompressor- und Kühlteil in einer Einheit zusammengefaßt sind, oder als Split-Kühler, bei denen Kompressorteil und Kühlfinger über ein Gasrohr miteinander verbunden sind.

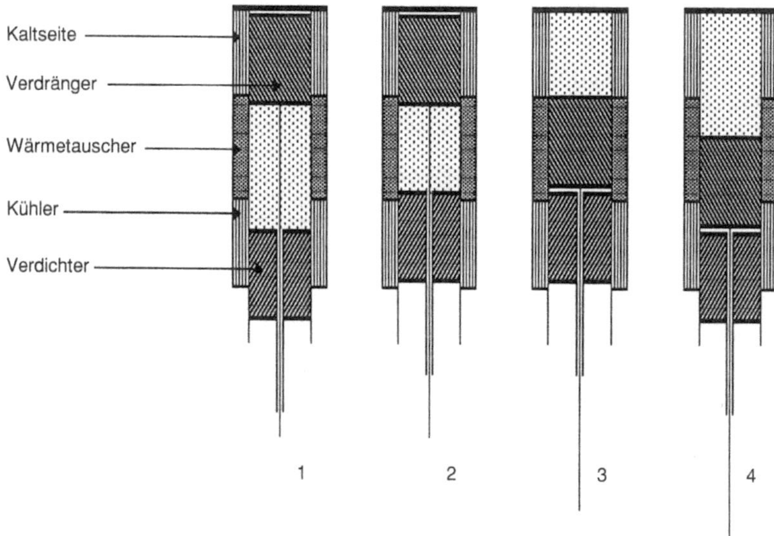


Bild 3.8-1    Die vier Phasen des Stirling-Zyklus' einer Kühlmaschine

Bei einer Stirling Maschine sind zwei Kolben so miteinander verkoppelt, daß sie mit 90° Phasenverschiebung in einem gemeinsamen Zylinder übereinander angeordnet zusammenarbeiten. Der untere Kolben dient als Verdichter, der obere als Verdränger, die Räume oberhalb und unterhalb des Verdrängers sind über einen Wärmetauscher miteinander verbunden. In Bild 3.8-1 sind die vier Phasen des Stirling-Zyklus' dargestellt. In Phase 1 befinden sich beide Kolben in ihrer extremen Position. der Raum dazwischen ist maximal und das Gas, üblicherweise Helium, ist in Kontakt mit dem Kühler. Der untere Kolben beginnt in Phase 2 seine Aufwärtsbewegung und verdichtet das Gas. In Phase 3 wird der Oberkolben nach unten bewegt und verdrängt bei konstantem Gesamtvolumen das Gas aus dem unteren Raum über den Wärmetauscher in den oberen Raum, dabei gibt das Gas seine Wärme an den Wärmetauscher ab. In der Phase 4 werden Ober- und Unterkolben zusammen nach unten bewegt, das Gas expandiert und kühlt sich dabei ab. In der letzten Phase strömt das

Gas bei konstantem Gesamtvolumen über den Wärmetauscher und nimmt die vorher abgegebene Wärme wieder auf, um sie anschließend über den Kühler an das Kühlmedium abzugeben. Durch Wiederholung des Zyklus wird die Kaltseite oberhalb des Verdrängers abgekühlt und zwar auf Temperaturen, die deutlich unter den benötigten 80 Kelvin liegen. Der Antrieb erfolgt entweder über einen Motor mit starr gekoppelten Kolben oder über ein Schwingankersystem, bei dem die Kolbenmassen, eingebaute Federn aber auch das Gas Feder-Masse-Systeme bilden, die auf eine Antriebsfrequenz abgestimmt sind und die die Phasenverschiebung von 90° sicherstellen. Durch Reduzierung der Antriebsenergie, also durch Drehzahlreduzierung bei Motorantrieben beziehungsweise durch Spannungsreduzierung bei Schwingspulantrieben und damit einer Reduzierung der Amplitude kann eine gewünschte Temperatur eingestellt werden. Die vom zu kühlenden Detektor abzuleitende Wärmemenge bestimmt die Leistungsanpassung.

## 3.9  Zusammenfassung und Ausblick

In den einzelnen Abschnitten wurden Infrarot-Detektoren auf der Basis von pyroelektrischem Material, Platin-Silizid und CMT vorgestellt. Interessant ist mit Sicherheit ein unmittelbarer Vergleich dieser drei Detektormaterialien, wobei die Randbedingungen wie Kühlung und Dewar berücksichtigt werden sollen. Die Tabelle 3.9-1 listet typische Werte auf, ohne dabei eine Bewertung einzelner Parameter durchführen zu wollen. Einige Werte sind zusätzlich mit aufgenommen, wie zum Beispiel der Quantenwirkungsgrad in Prozent. Diese Zahl gibt das Verhältnis von einfallenden Photonen zu generierten Ladungsträgern an. Für pyroelektrische Detektoren ist diese Größe irrelevant, da diese Detektoren keine Quanten-Detektoren, sondern thermische Detektoren sind. Weiterhin ist die sinnvolle Integrationszeit angegeben. Das ist die Zeit, die der Detektor der Strahlung ausgesetzt werden darf, um ein optimales elektrisches Signal zu erzeugen.

Tabelle 3.9-1    Typische Werte verschiedener Detektoren

| Material | PtSi | CMT | CMT | CMT | Pyro |
|---|---|---|---|---|---|
| Temperatur | 80 K | 80 K | 220 K | 300 K | 300 K |
| $D^*$ [cmHz$^{1/2}$W$^{-1/2}$] | $2 \cdot 10^{11}$ | $5 \cdot 10^{10}$ | $5 \cdot 10^9$ | $9 \cdot 10^8$ | $2 \cdot 10^8$ |
| $R$ [VW$^{-1}$] | — | $3 \cdot 10^4$ | $1 \cdot 10^3$ | $2 \cdot 10^3$ | $1 \cdot 10^2$ |
| Rauschspannung [V] | — | $2 \cdot 10^{-9}$ | $5 \cdot 10^{-10}$ | $6 \cdot 10^{-9}$ | $1 \cdot 10^{-9}$ |
| Wirkungsgrad | 3 % | 95 % | 95 % | 95 % | — |
| Integrationszeit | 1 ms | 10 µs | 10 µs | 10 µs | 20 ms |

Eine Bewertung kann sich immer nur am System orientieren, in dem der Infrarot-Detektor zum Einsatz kommen wird. Allein die Forderung nach erhöhter Umgebungstemperatur setzt strenge Maßstäbe und bestimmt Randbedingungen. So hat z.B. das in der Dewar-Technik verwendete Indiumlot eine Schmelztemperatur von etwa 70 Grad Celsius. CMT ist ein ternäres Materialsystem mit dem Nachteil, oberhalb von 75 Grad Celsius zu entmischen, also seine Parameter zu verändern. Kleber, die bei der Montage verwendet werden, z.B. bei der Montage des Platin-Silizid-Chips auf der Kaltfläche des Dewars, können bei 150 Grad Celsius weich werden, oder ihr Gefüge verändern. Hinzu kommen Langzeitveränderungen in den Materialien, die sich nur nach umfangreichen Versuchen ermitteln lassen. Dieses gilt insbesondere für neue Materialien. Von CMT ist bekannt, daß es bei Einhaltung vorgeschriebener Bedingungen seine Eigenschaften auch über viele Jahre hält. Materialien, die bei der Herstellung hohen Temperaturen ausgesetzt werden, wie zum Beispiel das pyroelektrische Material beim Sinterprozeß oder das Platin-Silizid beim Silizieren sind in dieser Hinsicht problemlos.

# Literatur


Valvo Datenbuch "Infrarotdetektoren 1986"
ISBN 3-7785-1342-7

Optoelektronische Bauelemente;
Philips Semiconductors 1976, ISBN 3-8709-238-5

Pyroelektrische Infrarot-Detektoren;
Valvo UB der Philips GmbH 1987, ISBN 3-7785-1595-0

Minicoolers, Joule Thomson cryostats...;
Hymatic Engineering Company Ltd., Autoflug GmbH & Co. Rellingen

Datenblatt "miniature cryogenics";
Hymatic Engineering Company Ltd., Autoflug GmbH & Co. Rellingen

Cold-Gas-Refrigerator;
United States Patent 3,991,585 von Nov. 1976

The mc80 – a magnetically driven Stirling Refrigerator;
G. J. Haarhuis, CRYOGENICS December 1978

Stirling cryogenerators with linear drive;
F. Stolfi, A. K. de Jonge, Philips Technical Review Vol. 42, No.1, 4/1985

Pyroelectric detectors ...;
Philips Components "Technical Publication 228280" 06/88

Thermoelctric heat pumps;
Mullard "Technical Publication M 83 - 0161" 04/83

Schottky-Barrier IR-CCD Focal Plane Arrays;
J. v. d. Ohe, J. Siebeneck, U. Suckow – Philips GmbH, Hamburg
H. G. Graf, M. Königer, L. Senatori – MBB GmbH, München
IEE Conf. Public. No. 263 (1986) p.1-3

Neuere Infrarot-Detektoren;
D. Hellwege, Jahrbuch der Wehrtechnik 18 p. 214-221, Bernard & Graefe Verlag

Abschlußbericht zum Studienvertrag: Pt-Si-Flächensensor 1987-1990
U.Suckow et al – Philips GmbH, Hamburg
M. Königer et al – MBB GmbH, München
Prof. M. Schulz et al – Universität Erlangen-Nürnberg

Abschlußbericht zum Forschungsauftrag: Pt-Si-IR-Detektor 1984-1986
J. Siebeneck et al – Philips GmbH, Hamburg
M. Königer et al – MBB GmbH, München

Philips Technical Publication 277 "Infrared Detectors"
064 00011 von 1988

Quick Reference Guide to Pyroelectric Sensors
Philips Infrared 06/92

# IV-4 Bildverstärker

Von Dieter Hellwege

## 4.1 Einleitung

Bildverstärker wurden in den vierziger Jahren unter anderem in Deutschland, England und den USA gleichzeitig entwickelt. Damit wurde eine Möglichkeit geschaffen, auch unterhalb bestimmter Leuchtstärkepegel noch sehen zu können. Um dieses zu verdeutlichen, sind in der Tabelle 4.1-1 typische Beleuchtungsstärkewerte angegeben. Man geht nun davon aus, daß unter 0,1 lx der Einsatz von Bildverstärkern erforderlich ist, deren Prinzip kurz folgendes ist: Das Restlicht fällt auf eine Photokathode und wird von dieser in einen äquivalenten Elektronenstrom umgesetzt. Der Elektronenstrom wird mit geeigneten Mitteln verstärkt, fokussiert und auf einem Bildschirm in sichtbares Licht zurückgewandelt.

Tabelle 4.1-1    Typische Beleuchtungsstärken

| | |
|---|---|
| Sonnenlicht | $10^{+5}$ lx |
| bedeckter Himmel | $10^{+3}$ lx |
| Dämmerung | $10$ lx |
| Vollmond | $10^{-1}$ lx |
| Neumond | $10^{-3}$ lx |
| dunkle Nacht | $10^{-5}$ lx |

Zunächst wurden Aktivsysteme eingesetzt, die aus einem starken Scheinwerfer im nahen Infrarot-Bereich und einem Bildverstärker, oder besser ausgedrückt einem Bildwandler bestanden. Letzterer wandelte das vom menschlichen Auge nicht wahrnehmbare Infrarotlicht bei gleichzeitiger geringer Verstärkung in sichtbare Strahlung um. Als es gelang, Bildverstärker mit ausreichender Verstärkung zu bauen, ging man auf passive Systeme über, um auf den Scheinwerfer verzichten zu können. In diesem Fall wird das geringe Restlicht der Nacht genutzt, das wie bei Tage von Gegenständen und Personen reflektiert wird. Diese Bildverstärker bestehen, wie schon beschrieben, aus einer Photokathode auf der Innenseite eines Glasfensters und einem Leuchtschirm. Dazwischen ist eine Elektrode zur Fokussierung angeordnet. Bild 4.1-1 zeigt den prinzipiellen Aufbau. Zur Vermeidung von Abbildungsfehlern, die durch

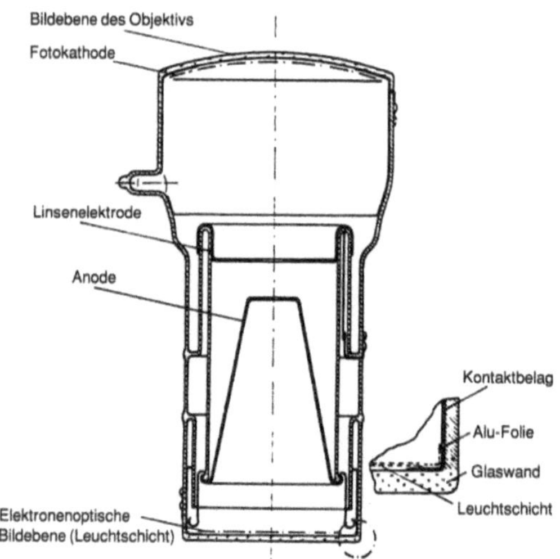



Bild 4.1-1     Prinzipieller Aufbau eines elektrostatisch fokussierten Bildverstärkers

die elektrostatische Fokussierung auftreten, ist die Kathode gewölbt. Zwischen den Elektroden werden hohe Spannungen von einigen Kilovolt angelegt zur Fokussierung und Beschleunigung der Elektronen. Die dadurch erzielbaren Verstärkungen liegen bei etwa 100 bei Auflösungen von 20 bis 30 Linienpaaren pro Millimeter.

Auf der anderen Seite gestattet die Ausbildung der Fokussierelektroden die Wahl einer Formatanpassung des Bildes, wobei eine Verkleinerung die Lichtverstärkung zusätzlich erhöht. Später wurden die Glasfenster auf Eingangs- und Ausgangsseite durch Fiberoptiken ersetzt, mit dem Vorteil, Bilder nicht mehr auf konvex gewölbte Flächen abbilden zu müssen. Somit konnten Objektiv und Okular vereinfacht werden. Wie in Bild 4.1-2 am Beispiel des Philips-Bildverstärkers XX 1050 gezeigt, sind die Innenseiten von Photokathode und Bildschirm konkav. Durch Hintereinanderschaltung von bis zu drei Bildverstärkern wie in Bild 4.1-3 am Beispiel der Philips-Type XX 1063 dargestellt kann die Lichtverstärkung auf Werte von etwa 30.000 gesteigert werden. Die hierfür erforderliche Gesamthochspannung beträgt etwa 45 kV, die aus einer Batteriespannung von 6,5 V erzeugt wird.

Schon früh werden Bildwandler und Bildverstärker ohne Fokussiersystem mit planen Glasfenstern auf Eingangs- und Ausgangsseite gebaut, um die durch das Fokussiersystem verursachten Abbildungsfehler zu vermeiden. Voraussetzung ist eine Anordnung mit geringen Abstand von 0,5 mm zwischen Kathode und Schirm und die Verwendung einer Betriebsspannung von 7 kV und höher. Dadurch ist sichergestellt, daß sich die Elektronen auf parallelen Bahnen bewegen. Der Abbildungsmaßstab ist 1.

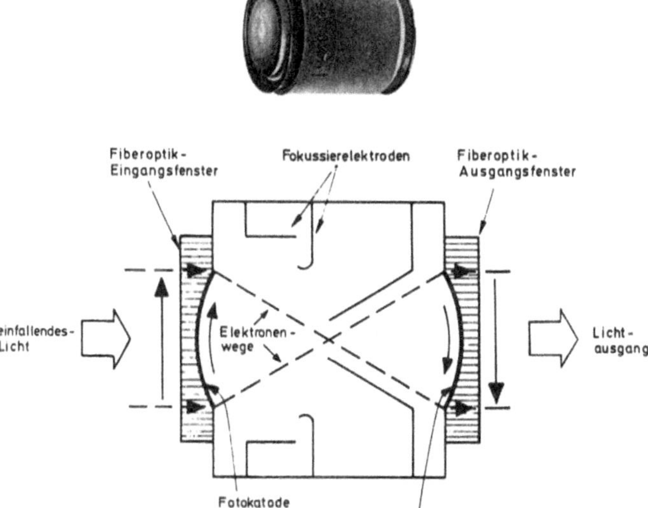


Bild 4.1-2    Elektrostatisch fokussierter Bildverstärker der 1. Generation, Typ XX 1050 von Philips

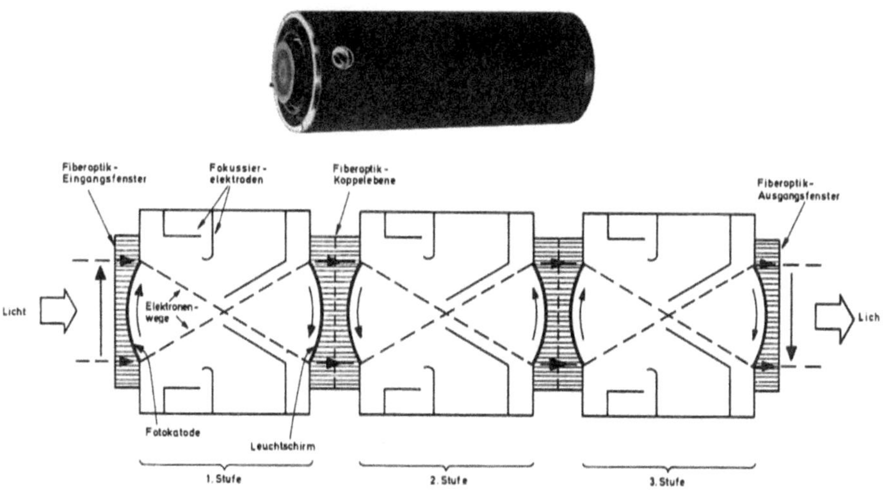


Bild 4.1-3    Dreistufiger, elektrostatisch fokussierter Bildverstärker der 1. Generation, zusammengesetzt aus 3 Röhren XX 1050 von Philips

Auf der Suche nach Wegen, die Lichtverstärkung auch in einstufigen Röhren zu steigern, ist die Mikrokanalplatte entwickelt worden, die auf Grund ihrer elektronenvervielfachenden Eigenschaften den Hauptanteil der Verstärkung im Bildverstärker bildet. In Bild 4.1-4 ist eine solche Röhre schematisch gezeigt. Der Unterschied zu Bild 4.1-2 ist der planparallele Bildschirm und die unmittelbar davor angeordnete Mikrokanalplatte.

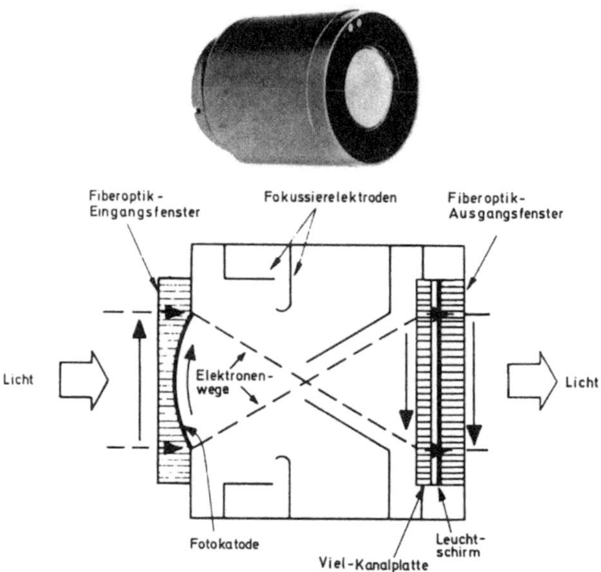



Bild 4.1-4      Elektrostatisch fokussierter Bildverstärker XX 1380 der 2. Generation mit Mikrokanalplatte von Philips

Zur Unterscheidung der Röhren ohne und mit Mikrokanalplatten werden erstere als Röhren der ersten-, solche mit Mikrokanalplatte als Röhren der zweiten Generation bezeichnet. Die Weiterentwicklung der Bildverstärker führte zu gänzlich neuen Photokathodenmaterialien auf der Basis von Gallium und Arsen und zu neuen Mikrokanalplatten. Diese Röhren, obwohl vom Aufbau her mit denen der zweiten Generation vergleichbar, werden als dritte Generation bezeichnet. Aber auch die Entwicklung der normalen Kathode ist weitergegangen. So werden bei Philips Bildverstärker gebaut, die eine verbesserte Kathode mit den übrigen Komponenten der dritten Generation kombinieren und die als Röhre der Generation $2^{super}$ bezeichnet werden.

## 4.2  Anwendungen

Bildverstärker werden in den verschiedensten Anwendungen eingesetzt. Dabei nimmt der militärische Bereich einen großen Raum ein, bei dem es darum geht, die Nachtkampffähigkeit zu erhöhen oder überhaupt erst zu ermöglichen. Für Hubschrauberpiloten werden Brillen, die zwei Bildverstärker mit den notwendigen Optiken enthalten, am Pilotenhelm montiert. Weiterhin wurden Brillen entwickelt, die zum Beispiel den Brückenbau auch nachts ohne Beleuchtung ermöglichen. Eine andere Form ist das Fahrersichtgerät, das in gepanzerten Fahrzeugen gegen das Spiegelperiskop ausgetauscht werden kann. Alle genannten Ausführungen sind binokular. Ihnen gemeinsam ist das Objektiv mit einem Gesichtsfeldwinkel, der dem des normalen Sehens entspricht. Zur Ausnutzung der beim Nachtlicht im Bereich zwischen 800 nm und 900 nm vermehrt auftretenden Infrarotstrahlung ist es bis 900 nm korrigiert. Zur leichteren Bedienung ist die Entfernungseinstellung beider Objektive gekoppelt. Die Okulare ermöglichen individuelle Dioptrienkorrektur für Fehlsichtige. Als monokulare Geräte mit Restlichtverstärkern werden Zielfernrohre gebaut, die entsprechend den Anforderungen Objektive mit kleinem Gesichtsfeldwinkel aufweisen.

Die zivile Anwendung von Bildverstärkern erfolgt in Sicherungs- und Überwachungsanlagen für Objekt- und Gebäudeschutz in der Form von Restlicht-Fernseh-Systemen. Da solche Geräte im Tag- und Nachteinsatz verwendet werden, bestehen automatische Regeleinrichtungen mit motorisch betriebenen Objektivblenden, um das auf den Bildverstärker fallende Licht optimal einstellen zu können. Die Ankopplung an das Bildaufnahmesystem erfolgt bei Verwendung von Kameraröhren über eine Koppeloptik bei gleichzeitiger Bildformatanpassung. Bei der Kopplung an Halbleiter-Bildaufnehmer kommen Fiberoptiken zur Anwendung, bei denen die Formatanpassung über zweckmäßige Formgebung, z.B. verjüngend durch entsprechendes Warmziehen der Fiberoptik erfolgt. Bildverstärker und Halbleiter-Bildaufnehmer werden dabei in einem Gehäuse zusammengefaßt.

In allen Fällen ist die abgesetzte Bilddarstellung auf einem Monitor mit Fernsteuerung der Kamera bezüglich Brennweitenveränderung, Entfernungseinstellung und Blickrichtung üblich.

Monokulare Bildverstärkergeräte mit Okular für den zivilen Einsatz werden in der mobilen Überwachung aber auch zur Tierbeobachtung eingesetzt. Eine breite Verwendung zum Beispiel bei Seglern zum Befahren von engen Seegebieten auch bei Nacht scheitert am relativ hohen Preis der Bildverstärker.

Ein weiteres Anwendungsgebiet ist die Kurzzeitphotographie in der Wissenschaft. Hierfür werden Bildverstärker ohne eigene Spannungsversorgung genommen, bei denen der Bildschirm, die Mikrokanalplatte und die Fokussiereinrichtung auf festen Spannungen liegen. Die Photokathode wird gegenüber der Mikrokanalplatte mit einem Spannungspuls, der ringförmig am Umfang eingespeist wird, aufgetastet. Somit ist die Röhre Verschluß und verstärkendes Element zugleich. Verschlußzeiten bis herunter zu 20 ns sind problemlos möglich. Bei kürzeren Verschlußzeiten machen sich Laufzeiteffekte auf der Kathode bemerkbar. Diese ist nicht niederohmig genug, als daß sich das angelegte Potential gleichmäßig über den Bildschirm verteilt. Der Iris-Effekt bewirkt, daß der Rand bei Belichtung voll arbeitet, zur Mitte hin aber eine Abnahme der Helligkeit zu bemerken ist mit vollständiger Dunkelheit in der Mitte selbst. Durch eine dünne Metallschicht auf der Kathodenrückseite kann ein Ausgleich geschaffen werden. Durch die erzielte Niederohmigkeit sind Öffnungszeiten bis herab zu wenigen Nanosekunden, mit spezieller Auslegung der Spannungszuführung unter Berücksichtigung höchstfrequenter Aspekte auch darunter zu erreichen.

## 4.3   Elemente des Bildverstärkers

Im nachfolgenden sollen die wesentlichen Elemente des Bildverstärkers beschrieben werden. Die Unterschiede zwischen den Generationen sollen dabei herausgearbeitet werden.

### 4.3.1   Photokathode

Zwei Kenngrößen charakterisieren die Photokathode. Zum einen die spektrale Empfindlichkeit in mA/W im nahen Infrarot-Bereich durch Angabe der monochromatischen Empfindlichkeit bei 800 nm und 850 nm. Diese Angaben sind ein Maß für die Fähigkeit, die Infrarot-Verschiebung des Nachtlichtes zu berücksichtigen. Zum anderen wird die Empfindlichkeit bei Beleuchtung mit weißem Licht einer Wolfram-Fadenlampe mit einer Temperatur von 2856 K in µA/lm angegeben.

Photokathoden wurden früher durch Aufdampfen einer gleichmäßig dünnen, oxydfreien Antimonschicht im Hochvakuum auf die Oberfläche des Eingangsfensters und anschließendem Einwirken von Cäsium auf die Antimonschicht hergestellt. Dabei genügte es, eine Cäsiumatmosphäre bei höheren Temperaturen einwirken zu lassen.

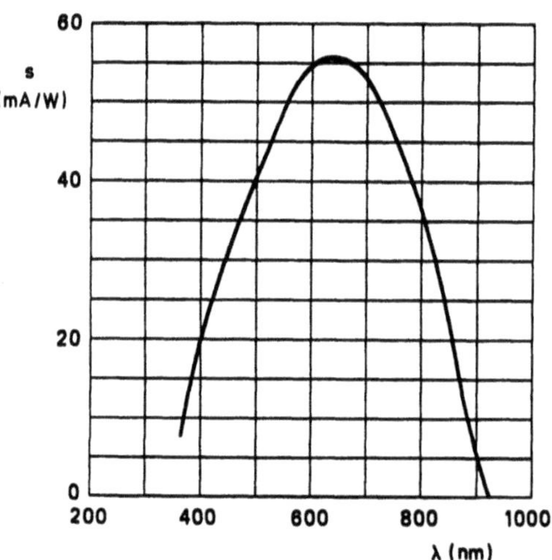


Bild 4.3-1        Empfindlichkeit der S 25 Kathode in Abhängigkeit von der Wellenlänge

Durch Messen des Photostromes wurde dieser Prozeß gesteuert. Durch Einwirken von Sauerstoff konnte eine weitere Steigerung der Empfindlichkeit, die Ende der fünfziger Jahre bereits mit 200 µA/lm angegeben wurde, und die gewünschte Verschiebung zu längeren Wellenlängen hin erzielt werden.Die heute verwendete S 25-Tri-Alkali-Kathode enthält Zusätze von Kalium und Natrium in der Antimonschicht, die vor dem Einwirken des Cäsiums durch Aufdampfen eingebracht werden, wodurch die Empfindlichkeit bei Verwendung eines Fiberoptik-Fensters auf etwa 350 µA/lm gesteigert werden konnte. Die Behandlung mit Sauerstoff entfällt; die Verschiebung des Maximums der Empfindlichkeit in Richtung des nahen Infrarotes geschieht durch Wahl einer dickeren Schicht. Entsprechend bewirken dünnere Schichten eine Verschiebung in Richtung Blau. Bild 4.3-1 zeigt für die S 25 Kathode die Empfindlichkeit in Abhängigkeit von der Wellenlänge.

Die Weiterentwicklung der Photokathode bei Philips und der Einsatz eines Glasfensters, das eine etwa 40prozentige bessere Transparenz hat als ein Fiberoptik-Fenster, das jedoch bei Auslegung des optischen Systems mit seinem Brechungsindex berücksichtigt werden muß, brachte eine Steigerung der Empfindlichkeit auf etwa 650 µA/lm. Diese Photokathode wird in der Philips-Röhre XX 1610 der 2$^{super}$-Generation eingesetzt.

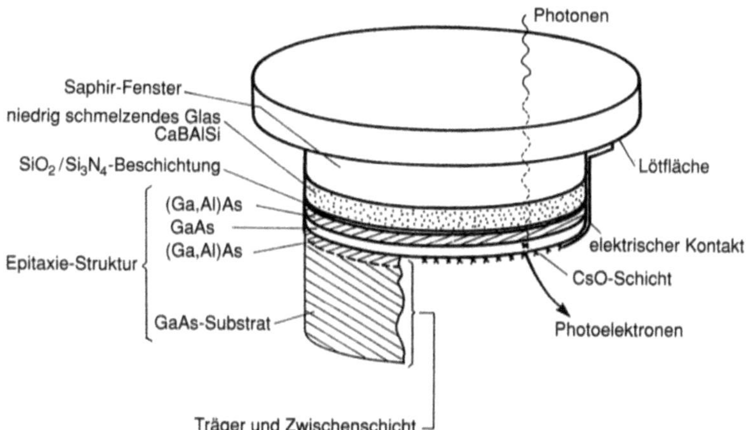


Bild 4.3-2    Schematischer Aufbau einer Gallium-Arsenid-Photo-Kathode

Die Entwicklung einer Photokathode auf Gallium-Arsenid-Basis hat noch einmal eine erhebliche Steigerung der Kathodenempfindlichkeit auf Werte bis zu 1300 µA/lm gebracht. Dabei ist ein möglicher Herstellungsprozeß der Folgende. Auf ein Substrat aus Gallium-Arsenid GaAs wird eine dünne Zwischenschicht Gallium,Aluminium-Arsenid (Ga,Al)As aufgebracht. Auf diese Trennschicht wird die eigentliche, photosensitive GaAs-Schicht aufgewachsen. Als Prozesse kommen sowohl die Dampf-

Phasen-Epitaxie als auch die Flüssig-Phasen-Epitaxie in Frage. Hierauf kommt noch einmal eine Schicht (Ga,Al)As, mit der das Gebilde auf das Fenster aus Glas oder Saphir mit einem niedrig schmelzenden Glaslot aufgeklebt wird. Anschließend wird in selektiven Ätzprozessen der GaAs-Träger und die erste (Ga,Al)As-Zwischenschicht abgeätzt. Eine nachfolgende Sensibilisierung mit Cäsium und Sauerstoff führt zu der oben angegebenen hohen Empfindlichkeit. Die Schwierigkeit in der Herstellung beruht darauf, die verschiedenen Schichten ohne Störungen aufwachsen zu lassen. Bild 4.3-2 zeigt den Aufbau.

### 4.3.2  Fenstermaterialien

Für die Photokathode sind unterschiedlichste Fenstermaterialien denkbar. neben den Glasfenstern gibt es die Fiberoptikfenster, die zwar gegenüber ersteren eine größere Lichtdämpfung aufweisen, die aber bei der Auslegung der Optik nicht in Betracht gezogen werden müssen, da sie auf dem Prinzip der Lichtleitung und nicht auf dem der optischen Gesetze beruhen. Fiberoptiken können mit beliebigen Oberflächen versehen werden, also auch mit gekrümmten Oberflächen auf der Innenseite zur Aufnahme der Photokathoden bei elektrostatisch fokussierten Bildverstärkern, aber auch auf der Außenseite, um statt eines aufwendigen Okulars eine einfache Lupe verwenden zu können.

Ausgangsmaterial ist ein Glasstab, der durch Zieheisen in seinen Abmessungen reduziert wird, um dann in kurze Stücke getrennt zu werden. Diese werden zu einem sechseckigen Stapel zusammengelegt, um erneut gezogen zu werden. Der Vorgang wiederholt sich, bis die gewünschten Abmessungen und die erforderliche Zahl von Glasfibern erreicht ist. Beim Ziehen verkleben die aneinandergrenzenden Flächen vakuumdicht, sind aber als solche weiterhin erkennbar. Im normalen Betrieb bei Draufsicht sind die Grenzen nicht zu sehen, können aber bei nicht optimalem Fertigungsprozeß, insbesondere bei Beschädigung der Fibern an den Grenzflächen doch erkennbar sein. Wegen der Sechseckigkeit der Grenzflächen wird das Auftreten als "Chicken Wire" bezeichnet.

Andere Fenstermaterialien richten sich nach dem Anwendungszweck, beziehungsweise nach dem Wellenlängenbereich, in dem sie mit angepaßter Photokathode eingesetzt werden sollen. Neben den genannten gibt es Fenster aus Quarz, Saphir und Kalzium-Fluorid insbesondere für den kurzwelligen Spektralbereich bis herunter zu 200 nm.

### 4.3.3  Fokussierung

Die Fokussierelektrode in einer Röhre der 2. Generation , zum Beispiel der Philips-Röhre XX 1380 dient zum einen der Bildumkehr, zum anderen lassen sich durch zweckmäßige Auslegung des elektronenoptischen Systems der Abbildungsmaßstab einstellen; im Falle der XX 1380 auf eine Vergrößerung von 1,5. Andere Röhren gleichen Aufbaues haben eine Verkleinerung von 50 mm auf 40 mm entsprechend 0,8.

Das elektronenoptische System führt, wie weiter oben bereits ausgeführt, zu Verzeichnungen auf Grund unterschiedlicher Vergrößerung von Bildteilen in Abhängigkeit von der Lage auf dem Bildschirm. Bei heutigen Röhren mit Fokussierung liegt die Verzeichnung bei wenigen Prozent, bei der XX 1380 bei maximal 3 %.

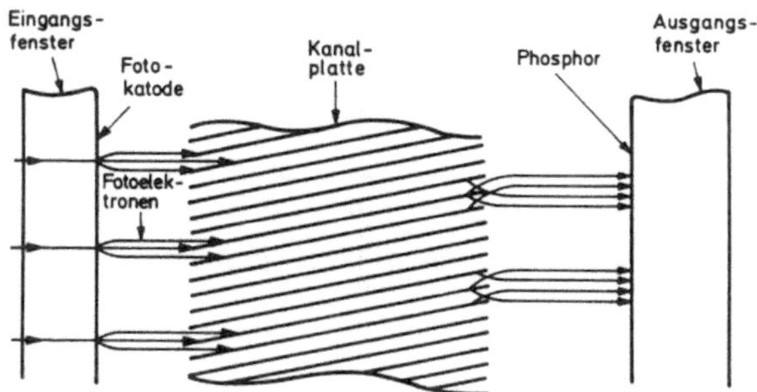


Bild 4.3-3    Philips-Bildverstärker XX 1410 vom Doppel-Proximity-Fokus-Typ mit Mikrokanalplatte

Eine andere Bauform von Bildverstärkern der 2. Generation ist der Doppel-Proximity-Fokus-Typ wie in Bild 4.3-3 am Beispiel der Philips-Röhre XX 1410 dargestellt. In dieser Röhre ist keine Fokussierelektrode vorgesehen. Die Photokathode hat einen ähnlich geringen Abstand zum Eingang der Multikanalplatte, wie der Ausgang der Mikrokanalplatte zum Leuchtschirm. Deswegen kann von einer Parallelität der Elektronenbahnen zwischen den Elektroden ausgegangen werden. Die Bildqualität wird darum nicht beeinflußt.

Zu diesem Bildverstärkertyp gehört neben der XX 1410 der 2. Generation auch die Philips-Type XX 1610 der $2^{super}$-Generation.

Die Bildumkehr erfolgt bei diesen Röhren mit einem Twister. Dieser ist ein Fiberoptik-Ausgangsfenster, bei dem in einem letzten Wärmeprozeß die Austrittsfläche gegenüber der Eintrittsfläche um 180° mit einer Genauigkeit von ±2° verdreht wird. Bei Doppel-Proximity-Fokus-Bildverstärkern tritt prinzipiell keine Verzeichnung auf.

### 4.3.4 Mikrokanalplatte

Die Mikrokanalplatte besteht aus einer Ansammlung sehr vieler kleiner Elektronen-vervielfacherkanäle, mit denen die, die Information tragende räumliche Elektronenverteilung verstärkt wird.

Für die Herstellung werden ein Glasstab und ein Glasrohr unterschiedlicher Sorte ineinandergesteckt und in einem Wärmeziehprozeß zu einem dünnen Stab geformt. Dieser Stab wird in kurze Stücke getrennt, die, sechseckförmig gestapelt einem weiteren Ziehvorgang unterworfen werden. Dieser Vorgang wird so lange wiederholt, bis ein Stab der gewünschten Außenabmessung, aber auch der gewünschten Abmessung der einzelnen Teilstäbe erreicht ist. Danach wird der Stab in üblicherweise 0,5 mm dicke Scheiben gesägt. Ein Ätzbad, das das Glas des Rohres nicht angreift, den Kern in Form des Glasstabes aber auflöst, erzeugt die gewünschte Form der Kanäle. Ein Reduktionsprozeß schließt sich an, der die Innenwandung der Kanäle mit einem hochohmigen Material überzieht, das gleichzeitig einen Sekundärelektronen-Emissionskoeffizienten von größer 1 hat. Anschließend werden Vorder- und Rückseite der Platte mit einer Chrom-Nickel-Schicht versehen, um die Kanäle zu kontaktieren. Ein fester Rand aus Glas verleiht dem Gebilde den notwendigen Halt und die Montagefläche zum Einbau im Bildverstärker. In Bild 4.3-4 ist dieser Fertigungsablauf schematisch wiedergegeben. Eine Mikrofotografie zeigt einen Ausschnitt aus einer Mikrokanalplatte.

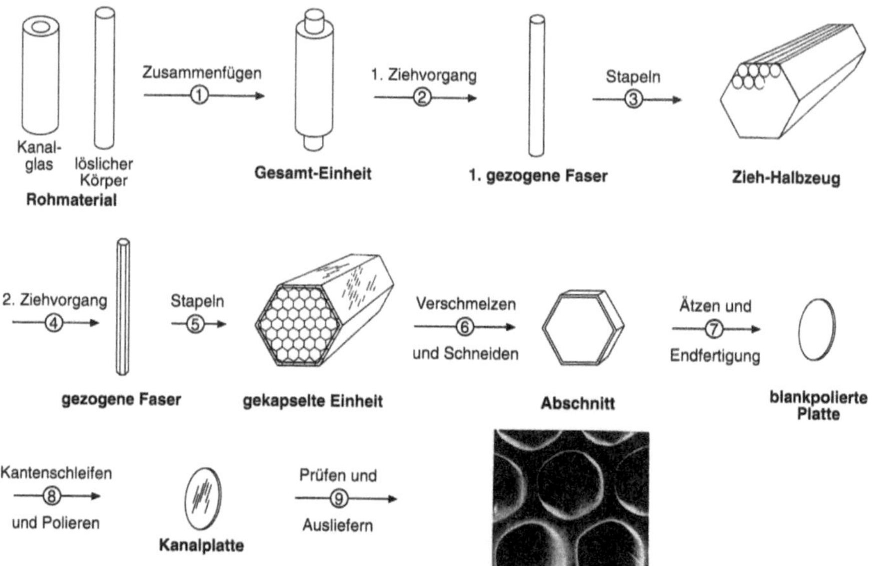


Bild 4.3-4    Schematischer Fertigungsablauf und Mikrofotografie eines Ausschnittes einer Mikrokanalplatte.

Durch Anlegen einer Spannung zwischen Ein- und Ausgang der Platte wird jeder der Kanäle gleichzeitig Dynodenkette und Spannungsteiler eines Elektronenvervielfachers. Eintreffende Elektronen lösen Sekundärelektronen aus, die auf Grund der angelegten Spannung zum Ausgang beschleunigt werden und dabei weitere Sekundärelektronen freisetzen. Die Hochohmigkeit der Kanäle begrenzt den maximalen Elektronenstrom und damit ein Überstrahlen heller Bildpunkte. Somit wird die Verstärkung bestimmt durch die Höhe der angelegten Spannung, die Sekundäremissionseigenschaften und das Längen-Dicken-Verhältnis des Kanals und nicht von den absoluten Kanalabmessungen. Der Durchmesser der Kanäle beträgt für Röhren der 2. Generation etwa 10 μm und der Mittenabstand 12,5 μm. Bei Mikrokanalplatten für Röhren der 2$^{super}$-Generation hatte man zunächst einen anderen Weg gewählt, um das Verhältnis von offener Fläche zu Gesamtfläche der Mikrokanalplatte zu verbessern. Man hatte das vordere Ende der Kanäle trichterförmig aufgeweitet, ohne den Steg zwischen den Kanälen zu schwächen. Diese Maßnahme hatte jedoch nicht das gewünschte Ergebnis, so daß man diesen sehr aufwendigen Fertigungsschritt wieder verlassen hat. Heute werden in Bildverstärkern der 2. und der 2$^{super}$-Generation die gleichen Kanalplatten mit den oben genannten Abmessungen und einem Öffnungsverhältnis von 75 % eingesetzt.

Mikrokanalplatten der 3. Generation müssen mit einer, die Eingangsseite komplett abdeckenden Schicht aus Aluminiumdioxyd ($Al_2O_3$) oder aus Siliziumdioxyd ($SiO_2$) versehen werden. Diese Maßnahme ist erforderlich, um Ionen, die beim Auftreffen der Elektronen auf die Mikrokanalplatte freigesetzt werden können, daran zu hindern, zur Kathode zu gelangen und diese zu zerstören. Durch diese Maßnahme wird die Kathodenempfindlichkeit reduziert, da nicht alle Elektronen die $Al_2O_3$-Schicht durchdringen, sondern von dieser aufgefangen werden. Mit Rücksicht auf die Haftfähigkeit dieser Schicht wird der Mittenabstand der Kanäle mit 12 μm bis 15 μm angegeben, das Öffnungsverhältnis beträgt nur 60 %. Der weiter oben genannte Wert von 1300 μA/lm geht auf etwa 1000 μA/lm zurück.

Da sich unmittelbar hinter der Mikrokanalplatte der Leuchtschirm mit hoher Beschleunigungsspannung befindet, sind die Kanäle (wie in Bild 4.3-3 angedeutet) um einen kleinen Winkel – typisch 13° – gegen die Plattennormale geneigt, um zu verhindern, daß Elektronen ohne Auslösen von Sekundärelektronen durch die Platte gelangen.

Die elektrischen Eigenschaften der Mikrokanalplatten ergeben sich aus den folgenden Anforderungen:

- Konstante Verstärkung über weite Bereiche.

- Begrenzung der Verstärkung auf einen Maximalwert (Spitzlichtbegrenzung).

- Linearität zwischen Kanalplattenspannung und Verstärkung,
  siehe Bild 4.3-5.

Dadurch ergeben sich Möglichkeiten zur automatischen Verstärkungsregelung und zur automatischen Helligkeitskontrolle im Zusammenspiel mit der Spannungsversorgung mit dem in Bild 4.3-7 gezeigten Verlauf der Verstärkung in Abhängigkeit von der Beleuchtung.

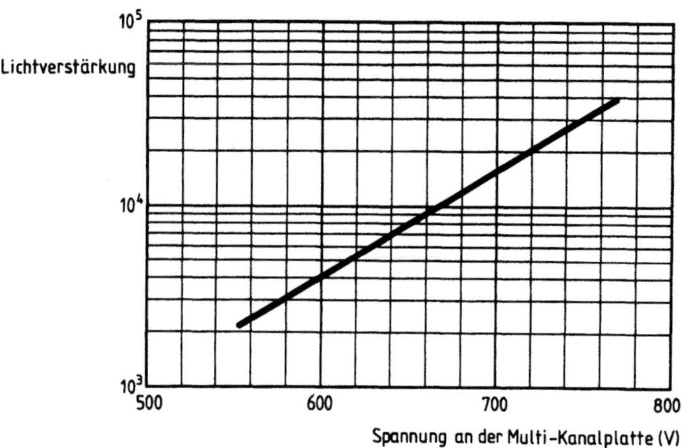


Bild 4.3-5    Linearität zwischen Multi-Kanalplattenspannung und Verstärkung

## 4.3.5 Leuchtschirm

In vielen Anwendungen wird der Leuchtschirm vom Auge direkt betrachtet. Es ist deshalb sinnvoll, einen Phosphor zu verwenden, dessen spektrale Energieverteilung dem spektralen Verhalten des dunkel adaptierten Auges weitgehend entspricht.

Diese Forderung erfüllt der P-20-Phosphor, siehe Bild 4.3-6, aber auch andere Phosphore, z.B. Mischungen von Leuchtstoffen. Letztere zeichnen sich durch geringere Nachleuchtdauer aus.

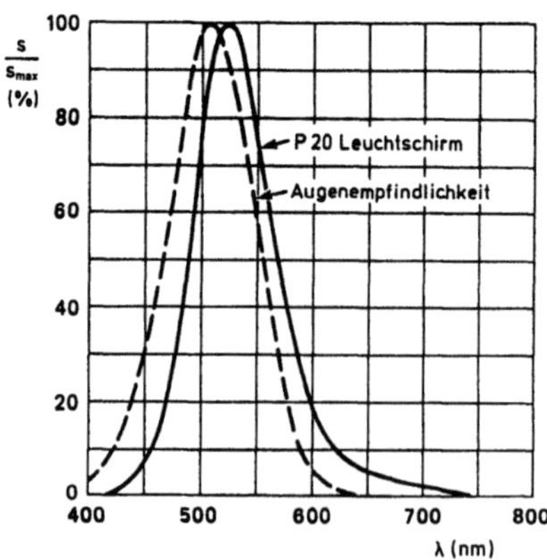


Bild 4.3-6    Relative spektrale Energieverteilung des P-20-Phosphors und das spektrale Verhalten des dunkel adaptierten Auges

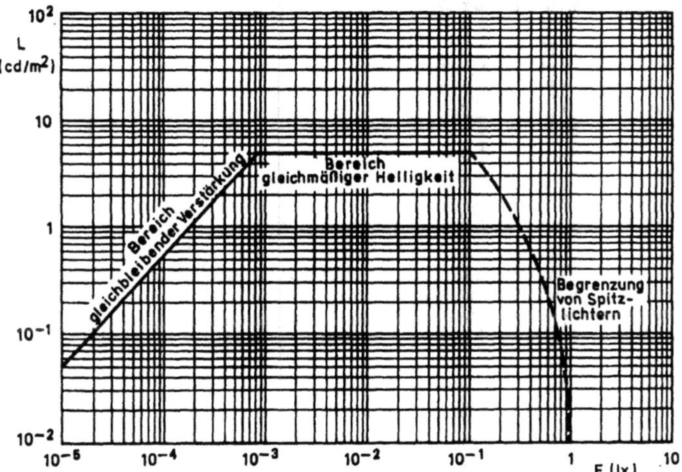


Bild 4.3-7        Verlauf der Schirmhelligkeit als Funktion der Beleuchtungsstärke

Die mittlere Schirmleuchtdichte wird bei Bildverstärkern mit integrierter Spannungsversorgung so eingestellt, daß ein Betrachten mit dunkel adaptiertem Auge problemlos möglich ist, typisch sind 3...10 cd/m². In Bild 4.3-7 ist der Verlauf der Schirmhelligkeit über der Beleuchtungsstärke dargestellt. Auf den Bereich mit konstanter
Verstärkung folgt ein Bereich mit konstanter Helligkeit, an den sich der Bereich der
Begrenzung anschließt. Bei Bildverstärkern für Anwendungen in Fernsehsystemen
zur Kopplung an Bildaufnameröhren liegt die optimale Schirmleuchtdichte mit maximal 20 cd/m² deutlich höher. Der in Bild 4.3-7 gezeigte Verlauf verschiebt sich entsprechend nach oben.

### 4.3.6  Spannungsversorgung

Heute gebräuchliche Bildverstärker sind mit einer integrierten Spannungsversorgung
ausgerüstet, die ein Betreiben der Röhre an geringen Batteriespannungen ermöglicht.
Ein Wandler mit nachgeschalteter Vervielfacherkaskade wandelt die Batteriespannung in die benötigten etwa 6 kV zum Betreiben der Röhre. Spannungsteilerketten
versorgen die einzelnen Elektroden mit zweckmäßigen Spannungen. Regelschleifen
in der Versorgung ermöglichen eine Verstärkungsregelung bzw. Helligkeitsregelung.
Potentiometer gestatten die Einstellung der Verstärkung durch Variieren der Spannung über der Mikrokanalplatte.

Die Spannungsversorgungen werden auf niedere Stromaufnahme ausgelegt. Ein Ver-
guß mit Epoxidharz zum Schutz gegen Feuchtigkeit ist unumgänglich, wie auch der
fertige Bildverstärker zusätzlich mit einem Gehäuse aus Metall oder Kunststoff versehen wird, welches zusätzlich mit einer elastischen Masse vergossen wird.

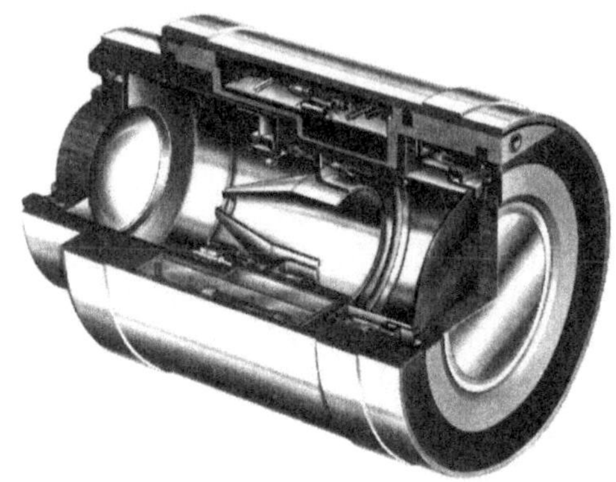

Bild 4.3-8      Schnitt durch den Bildverstärker XX 1380 der 2. Generation mit elektrostatischer
                Fokussierung

In Bild 4.3-8 ist ein Bildverstärker der 2. Generation mit elektrostatischer Fokussierung dargestellt. Es handelt sich um den Philips-Typ XX 1380. Auf der linken Seite
ist die Eingangsseite mit der Photokathode auf gekrümmter Fiberoptik zu erkennen.
Das konische Teil ist die Fokussierelektrode. Auf der rechten Seite ist die Mikrokanalplatte mit unmittelbar dahinter liegendem Leuchtschirm auf der planparallelen Fiberglasplatte zu sehen. Die Spannungsversorgung ist auf einer flexiblen gedruckten
Schaltung um den Bildverstärker herum angeordnet. Als mechanischer Schutz dient
ein Drehteil aus Aluminium. Die Zuführung der Batteriespannung erfolgt über
Druck-Kontakte auf der Stirnfläche; einer ist in der Darstellung zu sehen.

In Bild 4.3-9 ist der Schnitt durch einen Bildverstärker der 3. Generation gezeigt. Keramikringe und Stanzteile aus Metall werden zunächst zu einem Leergehäuse zusammengebaut. Hier hinein wird die Multikanalplatte auf einen Haltering gelegt und

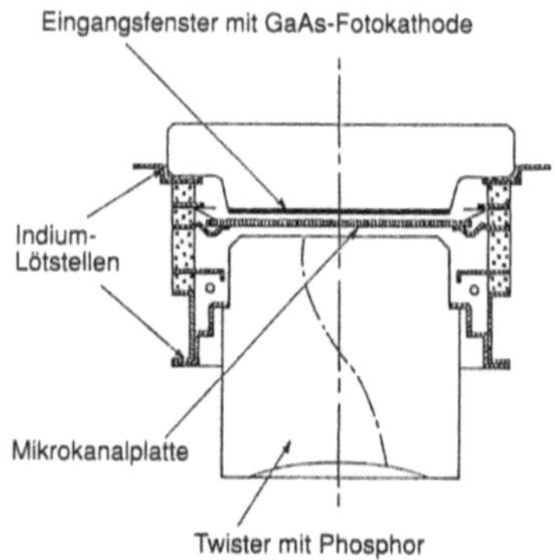


Bild 4.3-9      Schnitt durch einen Bildverstärker der 3. Generation

festgeklipst, wobei der Klipp gleichzeitig der Spannungszuführung dient. Der Twister wird in einen separaten Ring eingelötet und nach der Montage des Getters, der der Bindung der Restgasmoleküle dient, zusammen mit dem Kathodenfenster unter Hochvakuum mit niedrig schmelzendem Indiumlot mit dem Gehäuse verbunden.

Der Aufbau der XX 1610 ist bis auf die andere Photokathode von den Abmessungen her völlig identisch. Da diese unter Einfluß von Luft unbrauchbar wird, wird die Fertigung in einer Vakuum-Transfer-Kammer durchgeführt. Dabei werden alle Bauteile zur gleichen Zeit in die Kammer eingebracht, die danach evakuiert wird. Nach getrenntem Prozessieren werden die Teile mit Hilfe eines Transportmechanismus' im Vakuum zusammengeführt und dort verbunden.

Die weiter oben angesprochene Kombination von Bildverstärker und Halbleiter-Bildaufnehmer besteht aus einer XX 1610 mit planem Fiberoptik-Ausgangsfenster und einem Philips-Bildsensor, der für den CCIR-Standard in horizontaler Richtung 604 und in vertikaler Richtung 576 effektive Bildpunkte hat. Die Fiberoptik zur Ankopplung des Bildschirmes an den Sensor hat einen Verkleinerungsfaktor von 2,33, so daß die Diagonale von 17,5 mm des Schirmes und damit die der Photokathode voll ausgenutzt und auf die Sensordiagonale von 7,5 mm abgebildet wird. Durch das Seitenverhältnis von 4 : 3 steht auf der Photokathode eine Bildfläche von 14 mm × 10,5 mm zur Verfügung.

Eingebaut wird die Kombination in ein Gehäuse mit einem Durchmesser von 44 mm und einer Länge von 43,2 mm. Das Gewicht beträgt 115 Gramm. Die 24 Anschlußstifte des Bildaufnehmers ragen auf der Rückseite aus der Vergußmasse heraus. Die minimale Beleuchtungsstärke beträgt $2 \cdot 10^{-7}$ lx für ein brauchbares Bild.

## 4.4 Technische Daten von Bildverstärkern

Neben der Kathodenempfindlichkeit, die bei Röhren mit integrierter Spannungsversorgung nur während des Fertigungsablaufes gemessen werden kann, da anschließend die Kathodenzuleitung nicht mehr frei verfügbar ist, gibt es eine Reihe von Daten, die einen Bildverstärker beschreiben.

### 4.4.1 Lichtverstärkung

Die Lichtverstärkung ist das mit $\pi$ multiplizierte dimensionslose Verhältnis der Leuchtdichte $L$ in cd/m$^2$ auf dem Schirm und der Beleuchtungsstärke $E$ in lx einer Wolframfadenlampe mit 2856 K. Dabei wird $L$ über eine konzentrische Fläche mit dem Durchmesser $G$ und mit einem der Empfindlichkeit des menschlichen Auges angepaßten Fotometer gemessen.

### 4.4.2 Mittlere Schirmleuchtdichte

Die mittlere Schirmleuchtdichte in cd/m2 wird nur für Röhren mit integrierter Spannungsversorgung angegeben. Sie ist die auf eine definierte Fläche bezogene Lichtstärke. Für Bildverstärker mit Helligkeitsregelung wird die Kennlinie der Regelung in Abhängigkeit von der Beleuchtungsstärke angegeben. Bild 4.4-1 zeigt eine solche Kurve für maximale und minimale eingestellte Verstärkung.

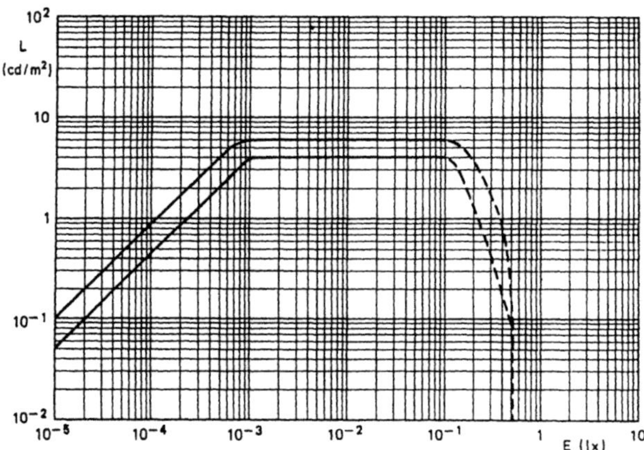


Bild 4.4-1     Kurven der Schirmhelligkeit als Funktion der Beleuchtungsstärke bei Einstellung
auf maximale und minimale Verstärkung

### 4.4.3 Auflösung

Die Auflösung ist ein Maß für die Qualitätsminderung, mit der ein Bildverstärker ein Bild auf dem Bildschirm wiedergibt, bezogen auf das Ausgangsbild auf der Photokathode. Gemessen wird der Wert mit einem Schwarz-Weiß-Bildraster mit einem Rastermaß von 1 und einem Kontrast von annähernd 100 %, das auf die Kathode abgebildet wird. Auf dem Bildschirm werden die Auflösung in Bildmitte und am Rand mit einem Mikroskop gemessen und in Linienpaaren pro mm (Lp/mm) angegeben.

Ein anderes Maß für die Bildqualität ist die Modulationsübertragungsfunktion (MTF). Hierfür wird ein Strichmuster mit sinusförmigem Intensitätsverlauf verwendet, das auf die Photokathode abgebildet wird. Auf dem Bildschirm wird ein Strichmuster erscheinen, das einen geringeren Kontrast aufweist in Abhängigkeit von der Frequenz des Strichmusters. Eine Fourieranalyse des Verhältnisses der Kontraste, bezogen auf einen Raumfrequenzbereich, ergibt die Modulationsübertragungsfunktion; die Modulationstiefe wird in Abhängigkeit von der Frequenz in Lp/mm angegeben. Bild 4.4-2 zeigt den typischen Verlauf einer Modulationsübertragungsfunktion.

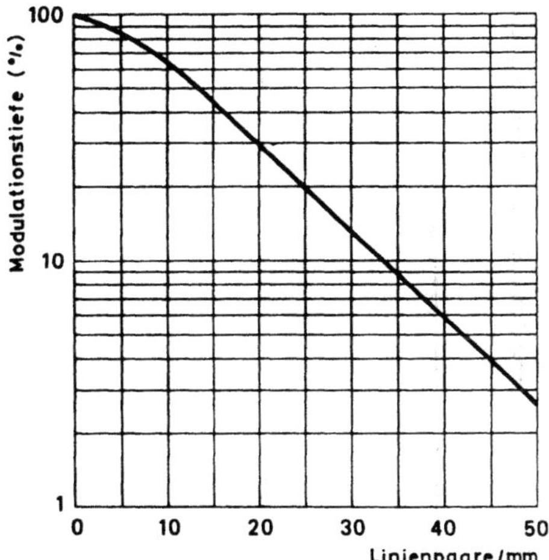


Bild 4.4-2       Typischer Verlauf einer Modulations-Übertragungsfunktion in Abhängigkeit von der Auflösung

## 4.4.4  Rauschabstand

Der Rauschabstand eines Bildes verschlechtert sich beim Durchlaufen des Bildverstärkers. Ursache hierfür ist zum einen der Quantenwirkungsgrad der Photokathode. Zum anderen treffen nicht alle Elektronen auf Kanäle der Multikanalplatte, die nur eine wirksame Eintrittsfläche von 75 % für Kanalplatten der 2. Generation und 60 % für Kanalplatten der 3. Generation hat. Einige Elektronen treffen auf die Berandung zwischen den Kanälen, von denen wiederum einige nach Reflexion doch noch in einen Kanal gelangen, andere jedoch nicht. Zum weiteren ist das Erzeugen von Sekundärelektronen in den Kanälen statistischen Gesetzen unterworfen. Insbesondere dann, wenn die Zahl der Primärelektronen auf Grund geringer Beleuchtung gering ist, macht sich dieser Einfluß deutlich bemerkbar. Und schließlich macht sich bei Bildschirmen eine kurze Nachleuchtdauer nachteilig bemerkbar, wodurch subjektiv das Rauschen erhöht wird. Ein Schirm mit längerer Nachleuchtdauer integriert aufeinanderfolgende Lichtimpulse besser, sodaß das Bild ruhiger wirkt.

Multikanalplatten von Bildverstärkern der 3. Generation haben, wie weiter oben erwähnt, zusätzlich einen Aluminiumoxydfilm auf der Eingangsseite, um das Freisetzen von Ionen zu verhindern. Durch diesen Film werden etwa 50 % der generierten Elektronen absorbiert wobei die Schwankungen in der Absorption das Rauschen beeinflussen.

Gemessen wird der Rauschabstand auf dem Bildschirm an einer Abbildung einer kleinen gleichmäßig beleuchteten Fläche auf der Photokathode.

### 4.4.5  Andere Bildfehler

Es können Leuchtdichteschwankungen auftreten, die sich auf Grund von Schwankungen in der Kathodenempfindlichkeit oder der Mikrokanalplattenverstärkung über der Oberfläche der Kathode beziehungsweise der Kanalplatte ergeben. Das Verhältnis von maximaler zu minimaler Helligkeit wird angegeben.

Es können auf Grund von Fehlern in Form von toten Mikrokanälen oder schadhaften Stellen im Leuchtschirm Flecken auftreten, deren maximale Größe und Zahl in der Röhrenspezifikation vorgegeben sind.

Tabelle 4.4-1    Daten verschiedener Bildverstärker der 1., 2., $2^{super}$ und 3. Generation

| Hersteller | | Philips | Philips | Philips | Philips | Philips | Litton Systems |
|---|---|---|---|---|---|---|---|
| Typ | | XX 1050 | XX 1063 | XX 1380 | XX 1410 | XX 1610 | M 851 |
| Generation | | 1. Generation | 1. Generation 3-stufig (3 × XX 1050) | 2. Generation | 2. Generation | $2^{super}$-Generation | 3. Generation |
| **Photokathode** | | | | | | | |
| Typ | | S 25 | S 25 | S 25 | S 25 | S 25 | GaAs |
| Empfindlichkeit | | | | | | | |
| bei Farbtemp. 2856K | µA/lm | 175 | 225 | 350 | 420 | 500 | 1000 |
| bei λ= 800 nm | mA/W | 10 | 15 | 35 | 40 | 50 | [ 125 ] |
| bei λ= 830 nm | mA/W | [ 5,8 ] | [ 9,5 ] | [ 32 ] | [ 34 ] | [ 41 ] | 100 |
| bei λ= 850 nm | mA/W | 3 | 6 | 30 | 30 | 35 | [ 85 ] |
| bei λ= 880 nm | mA/W | | [ 0,5 ] | [ 26 ] | [ 24 ] | [ 26 ] | 60 |
| Nutzbarer Ø | mm | 23 | 23 | 19,5 | 17,5 | 17,5 | 17,5 |
| Ausführung | | Fiberoptik | Fiberoptik | Fiberoptik | Fiberoptik | Glas (Index=1,49) | Glas (Sorte 7056) |
| Fläche: außen / innen | | plan / konkav | plan / konkav | plan / konkav | plan / plan | plan / plan | plan / plan |
| **Schirm** | | | | | | | |
| Typ | | P 20 | P 20 | Gemisch | Gemisch | Gemisch | P 20 |
| Fluoreszenz | | gelb / grün | gelb / grün | grün | grün | grün | gelb / grün |
| Nachleuchtdauer | | mittel | mittel | mittellang | mittel | mittel | mittel |
| nutzbarer Ø | mm | 25 | 25 | 30 | 17,5 | 17,5 | 19 |
| Ausführung | | Fiberoptik | Fiberoptik | Fiberoptik | Fiberoptik, Twister | Fiberoptik, Twister | Fiberoptik, Twister |
| Fläche: außen / innen | | plan / konkav | plan / konkav | plan / plan | konkav / plan | konkav / plan | konkav / plan |
| Fokussierung | | elektrostatisch | elektrostatisch | elektrostatisch | Proximity | Proximity | Proximity |
| Lichtverstärkung | | 85 | 35.000 @ E=200 µlx | 22.000 @ E= 50 µlx | 12.000 @ E= 20 µlx | 22.000 @ E= 20 µlx | 30.000 @ E= 20 µlx |
| mittl. Schirmleuchtdichte cd/m$\Delta$ | | | | 5 @ E= 10 mlx | 2 @ E= 20 mlx | 2,5 @ E= 20 mlx | 5 |
| Vergrößerung | | 0,95 | 0,84 | 1,5 | 1 | 1 | 1 |
| Verzeichnung | % | 7 | 25 | 0,3 | 0 | 0 | 0 |
| Rauschabstand @ E=100 µlx | | | | 15,6 | 14,1 | 15,5 | 16,2 |
| Auflösung in Bildmitte Lp/mm | | 60 | 28 | 51 | 29 | 38 | 36 |
| am Bildrand Lp/mm | | 50 | 28 | 45 | 29 | 38 | 36 |
| Modulationsübertragung | | | | | | | |
| bei 2,5 Lp/mm | % | 92 | 98 | 96 | 89 | 83 | 83 |
| bei 7,5 Lp/mm | % | 86 | 75 | 81 | 60 | 58 | 58 |
| bei 15 Lp/mm | % | 72 | 49 | 53 | 30 | 28 | 28 |
| Leuchtdichteschwankung | | | 5 : 1 | 2,5 : 1 | 3,0 : 1 | 3,0 : 1 | |
| Mittenabweichung | mm | 0,75 | 1,5 | 1 | 0,4 | 0,5 | |
| Betriebsspannung | V | 15.000 | 6,5 | 2,6 | 2,7 | 2,7 | 2,7 |
| Stromaufnahme | mA | | 30 | 25 | 10 | 10 | 10 |

Die optische und die geometrische Achse eines Bildverstärkers stimmen auf Grund von Fertigungstoleranzen nicht überein. Ein beleuchteter Punkt auf der Mitte der Kathode wird auf dem Bildschirm innerhalb eines Kreises abgebildet, dessen Radius als Mittenabweichung angegeben wird. Bildverstärker mit elektrostatischer Fokussierung weisen eine größere Mittenabweichung auf, als Proximity-Fokus-Röhren.

In der Tabelle 4.4-1 sind die Daten einiger Bildverstärkerröhren der verschiedenen Generationen zusammengefaßt. Zum Teil werden in den Datenblättern die Werte für die spektrale Empfindlichkeit nicht bei allen Wellenlängen angegeben. Um Vergleichswerte zu erhalten, wurden die fehlenden Werte abgeleitet. Die so ermittelten Werte sind zur Kenntlichmachung eingeklammert.

In einer weiteren Tabelle 4.4-2 sind mechanische Abmessungen der Bildverstärker enthalten. Auch sind Jahreszahlen angegeben, aus denen die verwendeten Daten der Tabelle 4.4-1 stammen. Diese zeigen deutlich den technischen Fortschritt auf dem Gebiet der Bildverstärker.

Tabelle 4.4-2    Mechanische Abmessungen und Gewichte der in Tabelle 4.4-1 aufgeführten Bildverstärker.

| Hersteller | | Philips | Philips | Philips | Philips | Philips | Litton Systems |
|---|---|---|---|---|---|---|---|
| Typ<br>Generation | | XX 1050<br>1. Generation | XX 1063<br>1. Generation<br>3-stufig<br>(3 × XX 1050) | XX 1380<br>2. Generation | XX 1410<br>2. Generation | XX 1610<br>$2^{super}$-Generation | M 851<br>3. Generation |
| Durchmesser | mm | 49,2 | 70 | 62 | 43 | 43 | 36,74 |
| Länge | mm | 61 | 195 | 81,6 | 29,4 | 29,4 | 30,4 |
| optische Länge | mm | 61 | [195] | 80,1 | 26,6 | 20 | 20 |
| Gewicht | g | 145 | 1000 | 350 | 100 | 100 | 85 |
| Stoßfestigkeit | 9,81 m/s$\Delta$ | | | 500 | 75 | 500 | 75 |
| mittlere Lebensdauer | h | | | 5000 | 2000 | 7500 | 7500 |
| ungefährer Zeitpunkt der Publikation von Daten | | 1976 | 1976 | 1981 | 1981 | 1988 | 1990 |

# 4.5  Zusammenfassung

Bildverstärker werden weltweit in großen Stückzahlen produziert. Dabei wird die erste Generation in erster Linie für wissenschaftliche Anwendungen in der Hochgeschwindigkeitsfotografie und für den Ersatzbedarf gefertigt. Aber auch die zweite Generation wird als Fotoverschluß eingesetzt. Hauptanwendungsgebiet ist jedoch der militärische Sektor und der Überwachungsbereich. Die dritte Generation wird nur in vergleichsweise geringen Stückzahlen gefertigt, da der Preis relativ hoch ist. Der dritten Generation in der Qualität fast vergleichbar, vom Preis her aber eher mit der Röhre der zweiten Generation zu vergleichen, ist der Bildverstärker der $2^{super}$-Generation. Dieser ersetzt in zunehmendem Maße die zweite Generation, wird aber auch an Stelle der dritten Generation genommen, da durch Wahl der passenden Spannungsversorgung ein Angleich an die mechanischen Abmessungen gegeben ist. Durch Wahl anderer Kathodenfenster, anderer Kathodenmaterialien, anderer Ausgangsfenster und anderer Leuchtschirmmaterialien können die Röhren der 2. und der $2^{super}$-Generation den unterschiedlichsten Anforderungen angepaßt werden. Für Verschluß-Anwendungen wird in den meisten Fällen die Spannungsversorgung weggelassen.

## Literaturhinweise

Dr. F. Eckart
  Elektronenoptische Bildwandler und Bildverstärker
  Johann Ambrosius Barth Verlag, Leipzig 1962

Eichmeier / Heynisch (Hrsg.)
  Handbuch der Vakuumelektronik; R. Oldenbourg Verlag, München/Wien 1989

Jean-Claude Richard
  The Gallium Arsenide Photocathode for Generation III Wafer Image Intensifier
  Tubes; Proc. of the Int. Defence Electronics Expo., Hannover 1982

Philips Technical Information 033
  Image intensifiers, September 1977

Philips Photonics Technical Publication 001
  XX 1610 The super 2nd generation image intensifier, Mai 1992
  Doku.-No. 9398 080 60011

Valvo Technische Informationen
  Bildverstärkerröhren, Juni 1978; Doku.-No. 78 06 26

Philips Bauelemente
  Datenbuch Bildverstärkerröhren, 1989; Doku.-No. 4284

Litton Systems, Inc., Electron Devices Div.,
  Datenblatt "Litton M851"; 18MM Image Intensifier Assembly, 1990

Philips Components
  Datenblatt XX 1610/SP10123-AA, Intensified CCD image sensor, Dec. 1990,
  Doku.-No. 5159

# V-1 Gassensoren und ihr Einsatz in Gaswarngeräten

Von Johannes Lagois

## 1.1 Einleitung

Schon vor 100 Jahren hatte man ein Verfahren zur Überwachung der Luftqualität. Vögel in Käfigen dienten in der Vergangenheit als sensible Beobachter, ob die Luft noch atembar war. Solange die Vögel lebten, war die Luft sauber. Wenn sie starben, war es an der Zeit, den Gefahrenbereich zu verlassen. Heute können wir es uns nicht mehr leisten, zu warten, bis Vögel sterben. Wir benötigen genauere Informationen über die Luft, die wir einatmen. Und wir benötigen sie schneller, bevor Vögel sterben und bevor Menschen Schaden nehmen.

Umweltüberwachung erfordert heute modernste Gasmeßtechnik in allen Industriezweigen, wie z.B. in chemischen Betrieben, in der Offshore-Industrie und in Kraftwerken. Zu diesem Zweck wurden in vielen Ländern von staatlicher Seite neue und strengere gesetzliche Bestimmungen zur Überwachung von Betrieben und zur automatischen Aufzeichnung von Störfällen vorbereitet oder eingeführt. Zahlreiche große Umweltkatastrophen haben uns gezeigt, wie wichtig umweltorientierte Betriebsüberwachungssysteme sind. Nur mit ihnen ist eine sofortige Reaktion auf potentiell gefährliche Situationen zu gewährleisten.

Technischer Fortschritt und Industrialisierung sollen die Lebensqualität des Menschen nicht beeinträchtigen. Die Luft soll auch bei mehr Industrie sauber bleiben, insbesondere an Arbeitsplätzen, wo das Risiko der Vergiftung und Verunreinigung am größten ist.

Die menschlichen Sinne sind jedoch zur Detektion gefährlicher Gaskonzentrationen nur sehr beschränkt geeignet. Zwar können einige wenige Gase durch ihre Farbe oder durch Kondensationseffekte optisch wahrgenommen oder durch ihren Geruch festgestellt werden. Aber solche Wahrnehmungen sind subjektiv und entsprechen nicht der sonst üblichen Empfindlichkeit in der Meß- und Regeltechnik.

Im Rahmen des Umwelt- und Arbeitsschutzes kommt heute der meßtechnischen Erfassung von Luftverunreinigungen eine ganz besondere Bedeutung zu. Dies führte zur Entwicklung zahlreicher neuer Sensoren zur Konzentrationsbestimmung gasförmiger Komponenten in der Umgebungsluft. Da hierbei häufig im Spurenbereich zu analysieren ist, sind die Anforderungen an Gassensoren erheblich. Gaskonzentrationen bis hinunter in den Bereich von einigen ppb (parts per billion, 1 mL Gas in 1000 m$^3$ Luft, $10^{-9}$) werden noch nachgewiesen. Ein optisches System müßte vergleichsweise erkennen, wenn unter 10 Millionen Ameisen eine Blattlaus hinzutritt. Sicher, der Vergleich ist nicht ganz fair, da die Arbeitsweise von Gassensoren eine andere ist als die optischer; er macht jedoch klar, welche extremen Anforderungen hier erfüllt werden.

Gefordert werden zum Beispiel kontinuierliche Arbeitsweise, ausreichende Empfindlichkeit, Selektivität, hohe Zuverlässigkeit und geringer Wartungsaufwand. So ist es nicht überraschend, daß viele neuentwickelte Gassensoren die früher angewandten Verfahren ersetzt haben.

Nicht jedes Meßprinzip kann alle Anforderungen erfüllen. Entsprechend dem jeweiligen Anwendungsfall ist der richtige Gassensor auszuwählen. Die dabei benutzten Meßverfahren beruhen auf physikalischen oder elektrochemischen Meßeffekten und liefern am Ausgang ein elektrisches Meßsignal.

## 1.2  Die Anfänge der Gasmeßtechnik

Mit der Entwicklung eines Sensors und Meßgerätes für Kohlenmonoxid (CO) begann vor 65 Jahren zum Beispiel im Drägerwerk die Geschichte der Gasmeßtechnik.

Der Anlaß kam eigenartigerweise nicht aus dem Kreis der kohlenmonoxidgefährdeten Industrien, sondern entstand durch eine interne Meßaufgabe des Drägerwerkes selbst. Das Drägerwerk stellt seit über 70 Jahren CO-Filter her. Daraus ergab sich die selbstverständliche innerbetriebliche Aufgabe, diese Filter auch zu vermessen. Man mußte sie in Prüfapparaturen mit CO-haltiger Luft durchströmen und die das Filter verlassende Luft kontinuierlich auf CO-Freiheit prüfen. Wer einmal die klassische CO-Spurenanalyse ausgeführt hat, weiß, wie zeitraubend Dutzende solcher Analysen sind – für laufende Fabrikationskontrollen eine Unmöglichkeit. Auch die "physiologische Analyse" mit weißen Mäusen, die der filtrierten Luft ausgesetzt wurden, war ein keineswegs befriedigendes Verfahren, wenn auch die Mitarbeiter eine große Fertigkeit erwarben, die ersten Spuren einer CO-Vergiftung an weißen Mäusen so früh zu erkennen, daß durch eine schnell vorgenommene Wiederbelebung mit Sauerstoff das Leben der Versuchstierchen bei den meisten Prüfungen erhalten blieb.

In den Jahren 1928/1929 wurde bei Dräger das erste Kohlenmonoxid-Meßgerät entwickelt. Die technischen Mittel waren noch sehr beschränkt, aber das erste Produkt dieser Art funktionierte. Die zu prüfende Luft wurde durch eine Kammer gepumpt, in der das CO an einem Katalysator zu Kohlendioxid verbrannt wurde. Die dabei auftretende Verbrennungswärme wurde gemessen, über ein Quecksilber-Thermometer las man die Temperatur in dem Katalysator-Behälter ab und konnte dann durch einen Blick in eine Tabelle auf die Konzentration schließen. In jenen Jahren wurden auch die ersten Messungen nach diesem Prinzip auf den Bühnen eines Hüttenwerkes durchgeführt (Bild 1.2-1).

Das Thermometer wurde seitdem durch eine elektronische Temperaturmessung ersetzt, und auch die Tabellenkalkulation geschieht inzwischen automatisch. Dieses Meßprinzip der sogenannten Wärmetönung wird allerdings auch heute noch mit Erfolg für CO und andere brennbare Gase eingesetzt.

Seit den Anfängen der Gasmeßtechnik hat sich, insbesondere in den letzten 15 Jahren, eine stürmische Entwicklung abgespielt, die zu neuen Gassensoren und zu Sensoren mit deutlich verbesserten Eigenschaften führte. Von ehemals als empfindlich und unzuverlässig bekannten Bauelementen haben sich Gassensoren inzwischen zu sehr präzisen und robusten Komponenten von tragbaren und stationären Gasmeßgeräten entwickelt. Die Stabilität von Nullpunkt und Empfindlichkeit sowie ihre Lebensdauer sind so sehr verbessert worden, daß ihre Meßqualität sich durchaus mit der von sehr viel teureren Labor-Analysatoren vergleichen läßt.

Bild 1.2-1    CO-Meßgerät auf einem Hüttenwerk im Jahre 1929

# 1.3  Katalytische Wärmetönungsgassensoren

Es ist heute kaum ein Industriezweig vorstellbar, der nicht durch brennbare Gase und Dämpfe potentiell gefährdet ist. Neben den klassischen explosionsgefährdeten Industrien, wie dem Bergbau, wie der Gewinnung, Verarbeitung und Verteilung von Erdöl und Erdgas oder wie der chemischen Industrie, gibt es unzählige weitere Gefährdungen durch brennbare Gase. Die Palette reicht von mit Hexan betriebenen Extraktionsanlagen für pflanzliche Öle über Hochgeschwindigkeitsdruckmaschinen (Lösungsmittel) und Abwasserkanäle bis zu Motorprüfständen in der Automobilindustrie (Kraftstoffe).

In diesen Bereichen werden katalytische Wärmetönungsgassensoren eingesetzt. Diese Gassensoren sind Meßwandler zur Messung des Partialdrucks explosibler Gase in der Atmosphäre. Sie arbeiten nach dem Wärmetönungsprinzip.

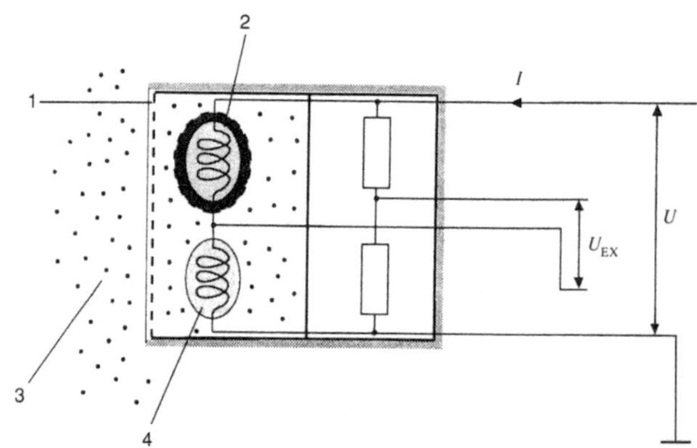

Bild 1.3-1     Schematische Darstellung eines katalytischen Wärmetönungssensors zur Messung brennbarer Gase (1: Sintermetallscheibe, 2: Detektorperle, 3: Gas, 4: Kompensatorperle)

Die zu überwachende Umgebungsluft diffundiert durch eine Sintermetallscheibe in den Sensor. Die Sintermetallscheibe verhindert eine Entzündung der Umgebungsluft aus dem Sensor heraus. In dem Sensor befindet sich ein Detektorelement (Pellistor), das aus einem dünnen gewendelten Platindraht besteht, der von einer ca. 1 mm großen Keramikperle mit einer katalytisch aktiven Oberfläche, z.B. aus Edelmetallen, umgeben ist (Bilder 1.3-1, 1.3-2). Die explosiblen Gase werden an dem aufgeheizten Detektorelement katalytisch verbrannt. Der für die Verbrennung notwendige Sauerstoff wird der Umgebungsluft entnommen. Für Methan lautet die Reaktionsgleichung zum Beispiel:

$$CH_4 + 2\,O_2 \longrightarrow CO_2 + 2\,H_2O$$

Durch die dabei entstehende Verbrennungswärme wird das Detektorelement zusätzlich erwärmt. Diese Erwärmung hat eine Widerstandsänderung des Detektorelements zur Folge. Sie ist proportional zur Konzentration der explosiblen Gase.

Im Sensor befindet sich außer dem katalytisch aktiven Detektorelement ein ebenfalls aufgeheizter inaktiver Pellistor, das Kompensatorelement. Beide Elemente sind Teil einer Wheatstoneschen Brücke. Umwelteinflüsse wie Temperatur, Luftfeuchte oder

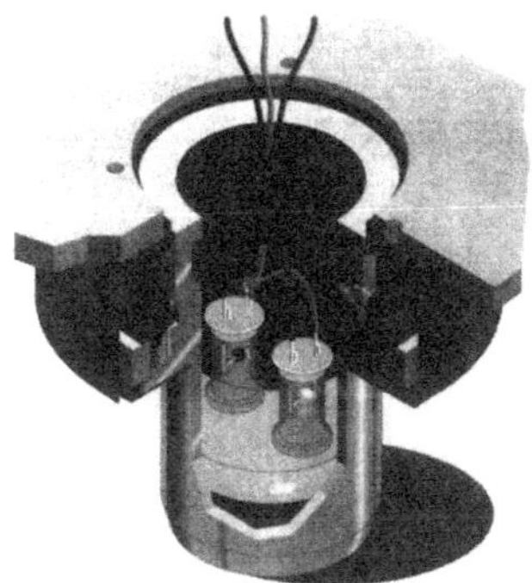

Bild 1.3-2    Querschnittszeichnung eines katalytischen Wärmetönungssensors zur Messung brennbarer Gase.

Wärmeleitung der zu überwachenden Umgebungsluft wirken auf beide Elemente in gleichem Maße ein, wodurch diese Einflüsse auf das Meßsignal nahezu vollständig kompensiert werden.

Katalytische Wärmetönungs-Gassensoren werden seit vielen Jahren in großer Zahl zur Messung und frühzeitigen Warnung dort eingesetzt, wo brennbare Gase oder Dämpfe zusammen mit Luft explosionsfähige Gemische bilden können. Ihr Meßbereich liegt bei Konzentrationen bis zur unteren Explosionsgrenze (UEG), einer stoffspezifischen Größe für brennbare Gase und Dämpfe (z.B. 4 Vol.-% für Wasserstoff).

Bild 1.3-3 zeigt das Meßsignal eines katalytischen Wärmetönungssensors in Abhängigkeit von der Gaskonzentration. Bei Konzentrationen weit oberhalb der UEG (oberhalb des stöchiometrischen Gemisches) nimmt aufgrund der Sauerstoffverarmung die Meßempfindlichkeit ab. Dies kann zu nicht eindeutigen Meßergebnissen führen.

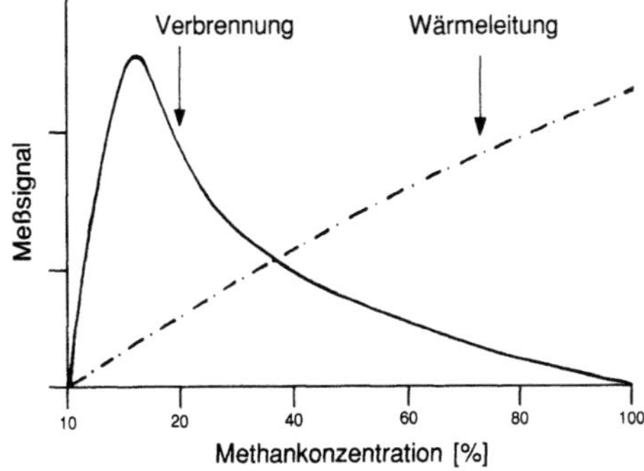


Bild 1.3-3    Sensorsignal eines Ex-Sensors für Wärmetönung (katalytische Verbrennung) und für Wärmeleitung in Abhängigkeit von der Gaskonzentration.

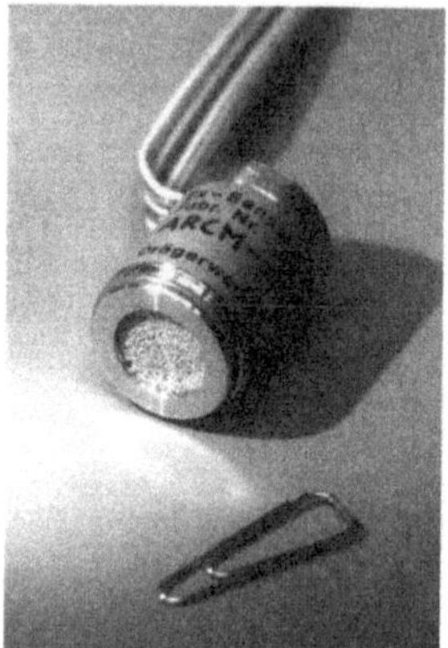

Bild 1.3-4        DrägerSensor Ex für tragbare Gasmeßgeräte

Die Entwicklung von Ex-Sensoren für tragbare Geräte konzentrierte sich in letzter
Zeit unter anderem auf die Eindeutigkeit des Sensorsignals. Durch die Auswertung
der Wärmeleitung der zu überwachenden Luft liefert das Kompensatorelement eine
zusätzliche Information, mit der man für bestimmte Gase ein eindeutiges Signal erhalten kann. Dieses Wärmeleitungssignal ist in Abhängigkeit von der Gaskonzentration auch in Bild 1.3-2 dargestellt.

Ferner benötigen kürzlich entwickelte Sensoren extrem niedrige Betriebsströme von
nur etwa 100 mA und sie widerstehen mechanischen Stößen bis zu 1500 g ohne einen Einfluß auf die Meßeigenschaften. Bild 1.3-4 zeigt einen Ex-Sensor mit Sintermetallscheibe zum Einsatz in tragbaren Gasmeßgeräten.

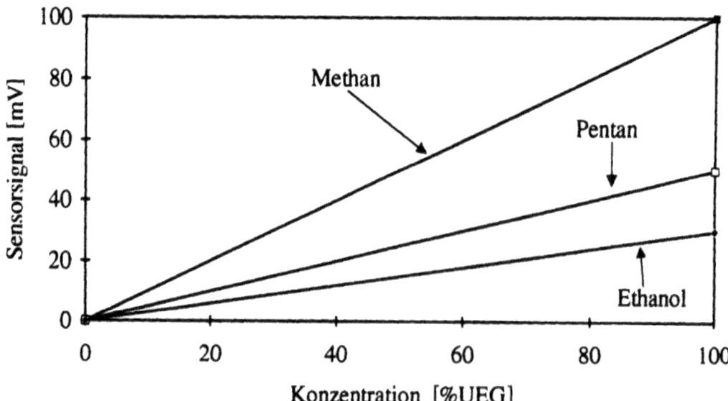


Bild 1.3-5        Wärmetönungssignal eines Ex-Sensors in Abhängigkeit von der Gaskonzentration
                  (angegeben in Anteilen der unteren Explosionsgrenze UEG) für verschiedene Gase.

Das Meßprinzip der katalytischen Wärmetönung ist nicht selektiv, da generell alle brennbaren Gase und Dämpfe in Luft ein Meßsignal verursachen. Dies ist für den Einsatz in Ex-Meßgeräten eine durchaus willkommene Eigenschaft. Die Empfindlichkeit hängt dabei jedoch vom jeweiligen Gas oder Dampf ab (Bild 1.3-5). Sind am Einsatzort verschiedene Gase oder Dämpfe zu erwarten, so ist auf denjenigen Stoff zu kalibrieren, für den der Sensor die geringste Empfindlichkeit aufweist. Auch nicht brennbare Gase und Dämpfe in höheren Konzentrationen können Querempfindlichkeiten verursachen (z.B. bei Volumenkonzentrationen von mehr als 6 % $CO_2$).

Katalytische Wärmetönungsgassensoren haben heute einen Stand der Entwicklung erreicht, der zu einer beachtenswerten Langzeitstabilität der Sensoren führte. Bild 1.3-6 zeigt das Langzeitverhalten mehrerer solcher Sensoren in Luft, die keine vergiftenden Substanzen enthält.

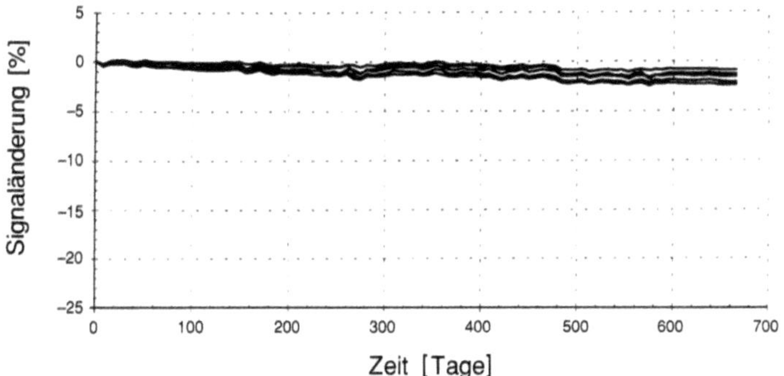


Bild 1.3-6    Langzeitverhalten mehrerer katalytischer Wärmetönungssensoren bei Betrieb in Luft und Messung mit 2 Vol.-% Methan.

Durch Katalysatorgifte am Einsatzort kann die Anwendbarkeit der Sensoren begrenzt sein. Die Katalysatoren können schon durch niedrige Konzentrationen von speziellen Gasen ihre katalytische Eigenschaft verlieren, d.h. vergiftet werden, z.B. von Schwefelverbindungen ($H_2S$), siliconhaltige Stoffen (aus Ölen oder Reinigungsmitteln), Halogenkohlenwasserstoffen (Kaltreiniger) oder flüchtigen Metallverbindungen (Tetraethylblei in Benzin, weshalb auch ein Auto mit Abgaskatalysator mit bleifreiem Benzin betrieben werden muß). Der Vergiftungseinfluß auf verschiedene Pellistortypen ist in Bild 1.3-7 dargestellt. Für den Einsatz in Anwesenheit solcher Katalysatorgifte gibt es spezielle giftwiderstandsfähige Pellistoren. Neuerdings werden auch zunehmend optische Gassensoren an Meßstellen eingesetzt, an denen es zu Vergiftungen kommen kann.

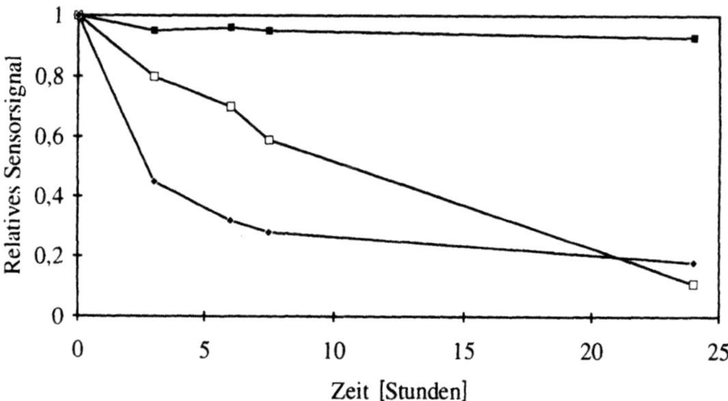

Bild 1.3-7        Vergiftungseinfluß von 30 ppm Fluorwasserstoff auf verschiedene Pellistortypen

Trotz der Kompensation von Umgebungseinflüssen in der Wheatstoneschen Brücke ist der Einfluß der Umgebungstemperatur auf das Sensorsignal ein wesentlicher Störfaktor. Deshalb muß bei der Paarung von jeweils einem Detektor und einem Kompensator zu einem Sensor ein aufwendiges Verfahren durchgeführt werden. Für das Sensorsignal $U_{Ex}$ (siehe Bild 1.3-1) gilt:

$$U_{Ex} \quad \text{prop.} \quad \frac{R_{Det}}{R_{Komp}} - \frac{R_1}{R_2}$$

wobei $R_1$ und $R_2$ die beiden hochohmigen Festwiderstände der Wheatstoneschen Brücke sind. Um in reiner Luft ein Ausgangssignal Null zu erhalten, werden $R_1$ und $R_2$ entsprechend zu den Widerständen der einzelnen Detektoren und Kompensatoren ausgesucht oder zum Beispiel durch Laserabgleich in einer Dickschichtschaltung angepaßt.

Für die Umgebungstemperaturabhängigkeit des Sensorsignals gilt dann:

$$\frac{dU_{Ex}}{dT} \quad \text{prop.} \quad \frac{1}{R_{Komp}} \cdot \frac{dR_{Komp}}{dT} - \frac{1}{R_{Det}} \cdot \frac{dR_{Det}}{dT}$$

Um den Einfluß der Umgebungstemperatur gering zu halten, müssen also die relativen Temperaturkoeffizienten von Detektor und Kompensator möglichst gleich sein. Da aufgrund des Herstellungsprozesses und aufgrund der etwas verschiedenen thermischen Eigenschaften auch bei gleichem konstantem Strom durch die Pellistoren die Pellistortemperaturen und die relativen Temperaturkoeffizienten einer gewissen

Streuung unterliegen (Bild 1.3-8), werden für einen Sensor Detektor und Kompensator individuell mit möglichst gleichem relativem Temperaturkoeffizienten ausgesucht und gepaart. Dazu werden die einzelnen Pellistoren und abschließend der gepaarte Sensor mehrstündigen aufwendigen Meßprogrammen bei variierter Umgebungstemperatur und verschiedenen Gasen und Konzentrationen unterworfen.

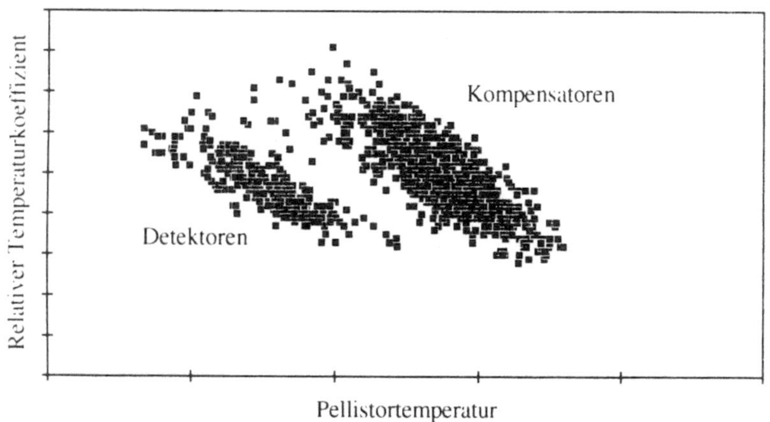


Bild 1.3-8    Verteilung der relativen Temperaturkoeffizienten von Detektoren und Kompensatoren in Abhängigkeit von der Betriebstemperatur der Pellistoren bei gleichem Pellistorstrom.

In gewissen Grenzen ist es auch möglich, den relativen Temperaturkoeffizienten und den Arbeitspunkt des Sensors durch Drahtstärke, Wicklungsdurchmesser, Windungszahl und Windungsabstand des Platindrahtes sowie durch die Größe und Form der Perle zu beeinflussen. Die Meßqualität eines katalytischen Wärmetönungsmessers wird im wesentlichen durch die Beherrschung dieser Parameter und durch den Paarungsprozeß bestimmt.

Neben den meßtechnischen Eigenschaften von katalytischen Wärmetönungssensoren spielt deren explosionssichere Ausführung wegen der immer schärfer werdenden gesetzlichen Vorschriften eine zunehmende Rolle und führt zu ansteigenden Kosten. Es muß sichergestellt sein, daß der heiße Pellistor im Inneren des Sensors nicht zu einer Zündung des explosiblen Gases außerhalb des Sensors führen kann. Dies wird durch die Gehäusekonstruktion und durch eine Sintermetallscheibe erreicht, die zwar den Gaszutritt ins Innere des Sensors zuläßt, eine Flamme aus dem Sensor beim Durchtritt nach außen jedoch so stark abkühlt, daß die Temperatur zu einer Zündung nicht mehr ausreicht.

## 1.4  Elektrochemische Gassensoren

Die Handhabung und Verarbeitung toxischer Substanzen und Gase gehört heute zum industriellen Alltag. Zum Schutz der beschäftigten Mitarbeiter vor damit möglicherweise verbundener Gefährdung ihrer Gesundheit gibt es für viele Gase einen Grenzwert der maximalen Arbeitsplatzkonzentration (MAK-Wert), der durch Gaswarngeräte überwacht werden muß. Zusätzlich werden Gaswarnanlagen häufig zur Detektion von Leckagen, zur Durchbruchsüberwachung von Filtern oder zur frühzeitigen Feststellung von Betriebsstörungen und Unregelmäßigkeiten eingesetzt.

Für diese Aufgaben werden im wesentlichen elektrochemische Gassensoren mit flüssigem oder gelartigem Elektrolyt (z.B. $H_2SO_4$, NaOH) verwendet. Sie sind Meßwandler zur Messung des Partialdruckes toxischer Gase oder von Sauerstoff in der Atmosphäre.

Die auf toxische Gase zu überwachende Umgebungsluft diffundiert durch eine Kunststoffmembran in den flüssigen Elektrolyt des Sensors. In dem Elektrolyt befinden sich eine Meßelektrode, eine Gegenelektrode und eine Referenzelektrode (Bild 1.4-1), deren Oberflächen aus einem Katalysator (z.B. Platin) bestehen. Das zu überwachende Gas wird an der Meßelektrode elektrochemisch umgewandelt und dabei fließt durch den Sensor ein Strom.

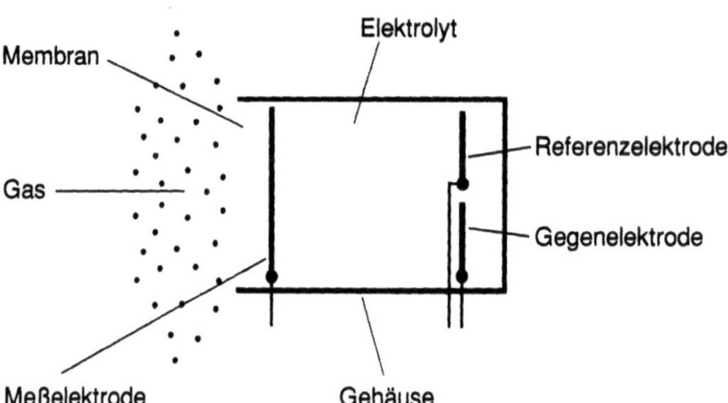


Bild 1.4-1      Schematische Darstellung eines elektrochemischen Dreielektroden-Sensors

In einem elektrochemischen Sensor laufen sehr ähnliche elektrochemische Prozesse wie in einer elektrischen Batterie ab. Eine Batterie enthält hermetisch eingekapselt alle Reaktionspartner, die für den Ablauf dieser chemischen Prozesse erforderlich sind. Ein elektrochemischer Sensor entspricht in mancherlei Hinsicht einer Batterie, bei der einer der benötigten Reaktionspartner fehlt, wobei aber die Möglichkeit vorgesehen ist, daß dieser fehlende Reaktionspartner durch die Kunststoffmembran aus der Umgebung in das Innere des Sensors diffundieren kann. Dort findet dann die bis dahin verhinderte chemische Reaktion in einem Umfang statt, der der Eindiffusion des fehlenden Partners entspricht, und der Sensor liefert wie eine Batterie ein elektrisches Signal. Die Höhe dieses Signals hängt allerdings, anders als bei der Batterie, von der Umgebungskonzentration des im Inneren fehlenden Reaktionspartners ab. Steht einer der Reaktionspartner (die zu messende Substanz) nur in begrenztem Umfang zur Verfügung und wird damit zum begrenzenden Faktor beim Reaktionsablauf, so ist der in einem äußeren Draht fließende Strom ein Maß für die Konzentration dieser begrenzt verfügbaren Substanz.

Dieser zur Konzentration des zu überwachenden Gases proportionale Strom entsteht z.B. für einen CO-Sensor entsprechend der Reaktion:

$$CO + H_2O \longrightarrow CO_2 + 2\,H^+ + 2\,e^-$$

An der Gegenelektrode findet gleichzeitig eine elektrochemische Reaktion mit Sauerstoff aus der Umgebungsluft statt:

$$1/2\ O_2 + 2\,H^+ + 2\,e^- \longrightarrow H_2O$$

Eine typische Meßkurve eines elektrochemischen CO-Sensors ist in Bild 1.4-2 gezeigt. Nach wenigen Sekunden erreicht der Sensor ein stabiles Ausgangssignal.

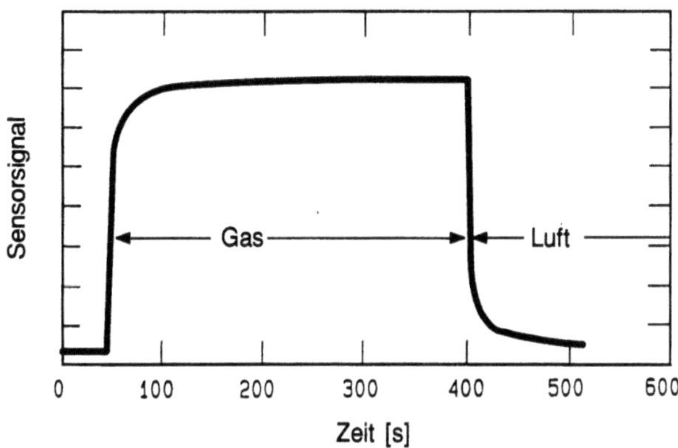


Bild 1.4-2      Ansprechverhalten eines elektrochemischen CO-Sensors unter 100 ppm CO

Die Reaktion des Gases setzt sich aus den Teilschritten Diffusion durch die Membran, Adsorption an der Elektrode, vorgelagerte Reaktionen und Ladungsaustausch zusammen. Ist die Diffusionsbarriere so ausgelegt, daß der Diffusionsprozeß geschwindigkeitsbestimmend für die Reaktion wird, so ist der Strom durch den Sensor durch das Fick'sches Diffusionsgesetz gegeben:

$$I = n \cdot F \cdot A \cdot D \cdot \frac{c}{d}$$

Dabei sind $n$ die Anzahl der umgesetzten Elektronen, $F$ die Faradaykonstante, $A$ die Querschnittsfläche der Diffusionsbarriere, $D$ der Diffusionskoeffizient, $c$ die Gaskonzentration und $d$ die Dicke der Diffusionsbarriere. Der erzeugte Strom ist direkt proportional der nachzuweisenden Gaskonzentration. Der Diffusionsprozeß läßt sich durch die Verwendung von Diffusionsmembranen gut kontrollieren.

Auch zur Messung von Sauerstoffkonzentrationen gibt es elektrochemische Sensoren. Der natürliche Sauerstoffgehalt in der Erdatmosphäre liegt bei 20,9 Vol.-%. In abgeschlossenen Räumen kann es durch sauerstoffverzehrende Prozesse, wie menschliche Atmung, Bakterientätigkeit oder Lösung von Sauerstoff in Frischwasser sowie durch Sauerstoffverdrängung durch inerte Gase wie Stickstoff, Helium oder Kohlendioxid, zu Sauerstoffmangel kommen. Als kritisch wird eine Sauerstoffkonzentration unterhalb von 17 Vol.-% angesehen. Durch Leckagen an Sauerstoffanlagen kann Sauerstoffüberschuß auftreten. Sauerstoffkonzentrationen oberhalb von 25 Vol.-% werden als brandfördernd angesehen.

Die meisten elektrochemischen Sensoren zur Messung von Sauerstoffkonzentrationen arbeiten nach dem Prinzip einer galvanischen Zelle. Die zu überwachende Umgebungsluft gelangt durch Diffusion durch eine Kunststoffmembran in den flüssigen Elektrolyt des Sensors. In dem Elektrolyt befinden sich eine Meßelektrode und eine Gegenelektrode. Der Elektrolyt und das Elektrodenmaterial sind so gewählt, daß der zu überwachende Sauerstoff an der Meßelektrode elektrochemisch reduziert wird:

$$O_2 + 2\,H_2O + 4e^- \longrightarrow 4\,(OH)^-$$

Gleichzeitig wird das Metall der Gegenelektrode oxidiert:

$$2\,Me \longrightarrow 2\,Me^{2+} + 4\,e^-$$

Dabei fließt durch den Sensor ein Strom, der proportional zur $O_2$-Konzentration in der zu überwachenden Umgebungsluft ist. Die Lebensdauer eines solchen Sensors wird durch den Verbrauch des Elektrodenmetalls bestimmt.

Elektrochemische Gassensoren werden in zunehmender Anzahl zur Messung und zur frühzeitigen Warnung dort eingesetzt, wo durch toxische Gase oder Sauerstoffmangel die Gesundheit und das Leben von Personen direkt beeinträchtigt werden können. Ihr Meßbereich liegt für toxische Gase bei Konzentrationen im unteren ppm-Bereich (parts per million $10^{-6}$), in dem typischerweise auch die Werte der maximal zulässigen Arbeitsplatzkonzentrationen toxischer Gase (MAK-Werte) liegen, für Sauerstoff im Volumenprozent-Bereich.

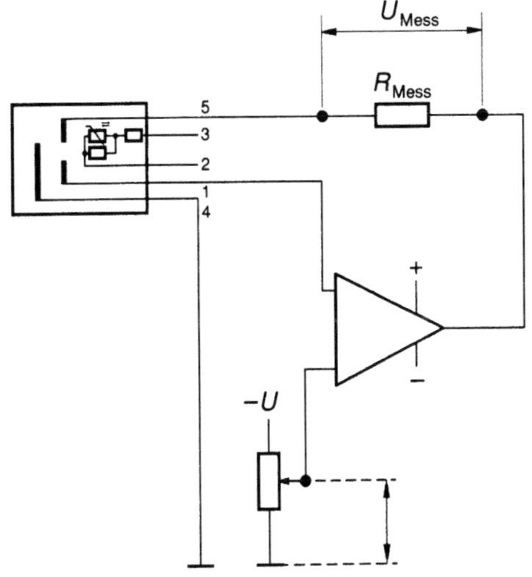

Bild 1.4-3    Potentiostatschaltung eines elektrochemischen Gassensors mit drei Elektroden und integriertem Temperatursensor. (1: Referenzelektrode, 2+3: Temperaturkompensationsnetzwerk, 4: Meßelektrode, 5: Gegenelektrode, U: Potentialspannung).

Nicht für alle Gase lassen sich Gegenelektroden finden, die die Meßelektrode so polarisieren, daß eine stromliefernde elektrochemische Reaktion stattfindet. In diesen Fällen muß durch Anlegen einer äußeren Spannung die Meßelektrode entsprechend polarisiert werden. Da sich jedoch das Potential der Meßelektrode relativ zu ihrem Ruhepotential mit zunehmendem Strom verändert, würde beim Anlegen einer festen äußeren Spannung zwischen Meß- und Gegenelektrode bei zunehmender Gaskonzentration und damit zunehmendem Strom die Linearität des Sensorsignals verloren gehen. Abhilfe schafft eine dritte Elektrode, die Referenzelektrode, die nicht stromdurchflossen ist und deren Potential deshalb konstant bleibt. Eine externe elektronische Potentiostatschaltung sorgt dafür, daß zwischen Meßelektrode und Referenzelektrode stets eine konstante elektrische Spannung herrscht (Bild 1.4-3) und damit das Potential der Meßelektrode unabhängig vom Sensorstrom wird.

Die extern angelegte Potentiostatspannung hat einen weiteren wesentlichen Vorteil. Durch sie ist es möglich, die Empfindlichkeit eines Dreielektroden-Sensors auf unterschiedliche Gase gezielt zu beeinflussen. Bild 1.4-4 zeigt den Einfluß des Potentials auf den Sensorstrom eines CO-Sensors. Der Nullstrom in sauberer Luft steigt mit zunehmendem positivem Potential wegen der Wasserelektrolyse an, bei zunehmendem negativem Potential wegen der Reaktion von im Elektrolyt gelöstem Sauerstoff. Dadurch ist eine untere Nachweisgrenze des Sensors festgelegt.

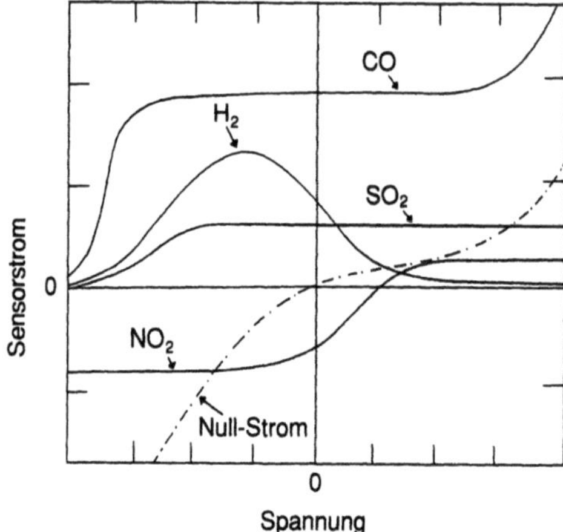


Bild 1.4-4     Schematische Darstellung des Einflusses der externen Potentialspannung auf den Sensorstrom bei der Messung verschiedener Gase.

Der Sensorstrom in Abhängigkeit des Potentials für verschiedene Gase ist ebenfalls schematisch in Bild 1.4-4 dargestellt. Für CO ergibt sich ein breites Plateau, auf dem der Sensor betrieben werden kann und dessen Höhe von der Gaskonzentration abhängt. Die Querempfindlichkeit auf andere Gase wird stark von der angelegten Spannung beeinflußt. So würde man für einen CO-Sensor mit geringer Querempfindlichkeit auf $H_2$ und positiver $NO_2$-Querempfindlichkeit ein Potential im positiven Bereich wählen. Möchte man jedoch einen CO-Sensor mit möglichst geringer Nachweisgrenze, so würde man wegen des geringen Nullstroms das Potential Null wählen. Das führt jedoch zu einer größeren Querempfindlichkeit auf $H_2$ und zu einer negativen $NO_2$-Querempfindlichkeit.

Durch vorgeschaltete chemische Selektivfilter ist man in der Lage, verbleibende und eventuell störende Querempfindlichkeiten auf verschiedene Stoffe zu eliminieren oder zumindest deutlich zu verringern.

Die Kunst der Entwicklung und des richtigen Einsatzes eines elektrochemischen Gassensors besteht also in der richtigen Auswahl der Potentialspannung, des Elektrodenmaterials und des Elektrolyt.

Auch der Temperaturbereich, in dem sich elektrochemische Sensoren einsetzen lassen, konnte durch intensive Forschungsarbeit deutlich erweitert werden. So ist es heute möglich, Meßgeräte mit elektrochemischen Gassensoren ohne Heizung oder Thermostatisierung sowohl in Sibirien bei –40 °C als auch in den Tropen bei über 50 °C einzusetzen. Bild 1.4-5 zeigt einen elektrochemischen Sensor zum Einsatz in stationären Gasmeßgeräten.

Bild 1.4-5    Elektrochemischer DrägerSensor zur Messung toxischer Gase in stationären Gasmeßgeräten.

Wegen des aktivierten Diffusionsprozesses der nachzuweisenden Gasmoleküle durch
die Membran des Sensors hängt das Ausgangssignal elektrochemischer Sensoren
stark von der Sensortemperatur ab. Deshalb ist eine Temperaturkompensation mit einem Temperaturfühler notwendig. Neben Sensoren mit extern angebrachtem Temperaturfühler gibt es jetzt auch Sensoren mit integrierter Temperaturkompensation, die
insbesondere bei einem Einsatz mit schnellen Temperaturschwankungen wesentliche
Vorteile bietet. Bild 1.4-6 zeigt das Ausgangssignal eines unkompensierten und eines
temperaturkompensierten elektrochemischen Kohlenmonoxidsensors.

Bedeutende Erfolge wurden bei der Verbesserung der Langzeitstabilität elektrochemischer Sensoren erreicht. Es sind jetzt Sensoren mit einer Lebensdauer von zwei
bis acht Jahren erhältlich, die eine bemerkenswert kleine Drift haben. Bild 1.4-7
zeigt das Langzeitverhalten eines solchen elektrochemischen Sensors.

Elektrochemische Sensoren werden inzwischen für eine große Anzahl von Gasen angeboten. Tabelle 1 gibt eine Auswahl von solchen Gasen.

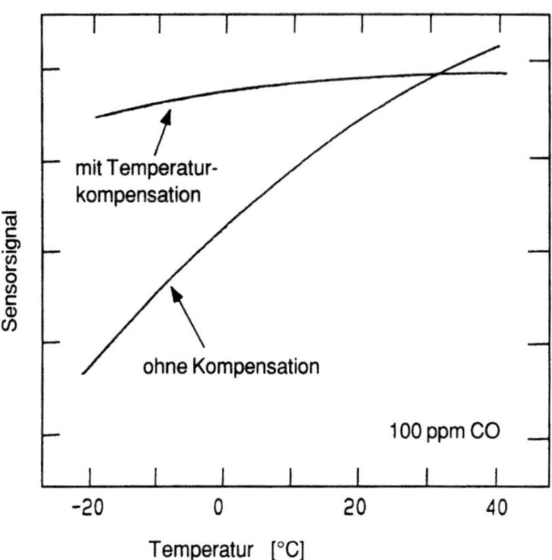



Bild 1.4-6    Ausgangssignal eines unkompensierten und eines temperaturkompensierten elektrochemischen CO-Sensors in Abhängigkeit von der Umgebungstemperatur.


Tabelle 1    Auswahl von Gasen, für welche elektrochemische Sensoren zur Überwachung verfügbar sind.

| | |
|---|---|
| Acetaldehyd | $CH_3CHO$ |
| Ammoniak | $NH_3$ |
| Arsenwasserstoff/Arsin | $AsH_3$ |
| Borwasserstoff/Diboran | $B_2H_6$ |
| Carbonylchlorid/Phosgen | $COCl_2$ |
| Chlor | $Cl_2$ |
| Chlordioxid | $ClO_2$ |
| Chlorwasserstoff/Salzsäure | $HCl$ |
| Cyanwasserstoff/Blausäure | $HCN$ |
| Ethanol | $C_2H_5OH$ |
| Fluorwasserstoff | $HF$ |
| Kohlenmonoxid | $CO$ |
| Phosphorwasserstoff/Phosphin | $PH_3$ |
| Sauerstoff | $O_2$ |
| Schwefeldioxid | $SO_2$ |
| Schwefelwasserstoff | $H_2S$ |
| Stickstoffdioxid | $NO_2$ |
| Stickstoffmonoxid | $NO$ |
| Wasserstoffperoxid | $H_2O_2$ |

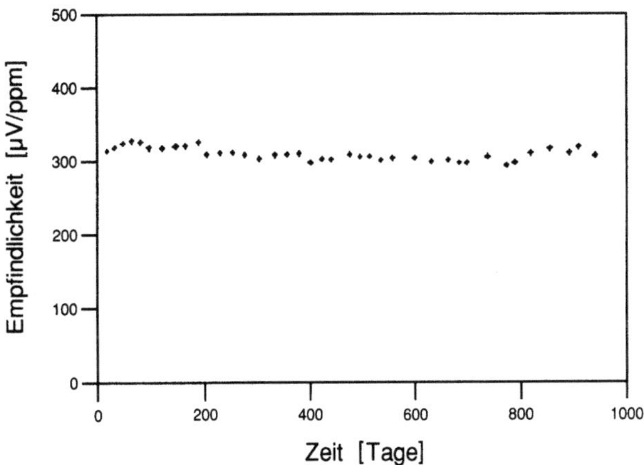

Bild 1.4-7    Langzeitverhalten der Empfindlichkeit eines elektrochemischen CO-Sensors

## 1.5  Messen im ppb-Bereich

In letzter Zeit gibt es bedeutende Anstrengungen, die Meßbereiche elektrochemischer Sensoren in den ppb-Bereich auszudehnen, da die MAK-Werte besonders toxischer Gase in den letzten Jahren ständig reduziert wurden. Messen im ppb-Bereich bedeutet, einen Teil aus 1.000.000.000 Teilen zu erkennen oder – im übertragenen Verhältnis – fünf Menschen aus der gesamten Erdbevölkerung zu erkennen.

Die Anforderungen an elektrochemische Sensoren für diesen Konzentrationsbereich sind daher erheblich. Die Detektion des entsprechenden Schadgases sollte möglichst selektiv erfolgen, um Fehlalarme durch andere Gase zu vermeiden. Um das zu erreichen, wurde der im vorhergehenden Kapitel dargestellten direkten, einstufigen Reaktion des nachzuweisenden Gases an der Meßelektrode eine Vorreaktion des Gases mit einem im Elektrolyt enthaltenen Katalysator vorgeschaltet.

Diese Reaktion hat, z.B. für einen $PH_3$-Sensor, folgendes Aussehen:

$$PH_3 + Kat^{2+} \longrightarrow Kat^{1+} + R + H^+$$

Dabei wird der Katalysator $Kat^{2+}$ unter Bildung eines Restproduktes R in seiner Oxidationsstufe von 2+ zu 1+ erniedrigt. In dieser Oxidationsstufe kann er an der Meßelektrode reagieren, wobei ein Strom fließt:

$$Kat^{1+} \longrightarrow Kat^{2+} + e^-$$

An der Gegenelektrode findet bei dieser zweistufigen Reaktion gleichzeitig wie bei einstufigen Reaktionen eine elektrochemische Reaktion mit Sauerstoff aus der Umgebungsluft statt.

Durch eine geeignete Auswahl des Katalysators und der Reaktionen ist man in der Lage, Gase mit einer ungewöhnlich großen Empfindlichkeit zu messen, die bisher elektrochemisch nur schwer oder überhaupt nicht nachweisbar waren. Mit zweistufigen Reaktionen können zum Beispiel HCN-, $NH_3$-, $PH_3$-, $AsH_3$-, $SiH_4$- oder Halogen-Konzentrationen schnell und zuverlässig bestimmt werden. So ist es mit einem neuentwickelten Sensor für die in der Halbleiterproduktion eingesetzten hochtoxischen Hydride möglich, eine Gaskonzentration von nur 100 ppb Phosphorwasserstoff $PH_3$ innerhalb von 10 Sekunden zu detektieren (Bild 1.5-1).

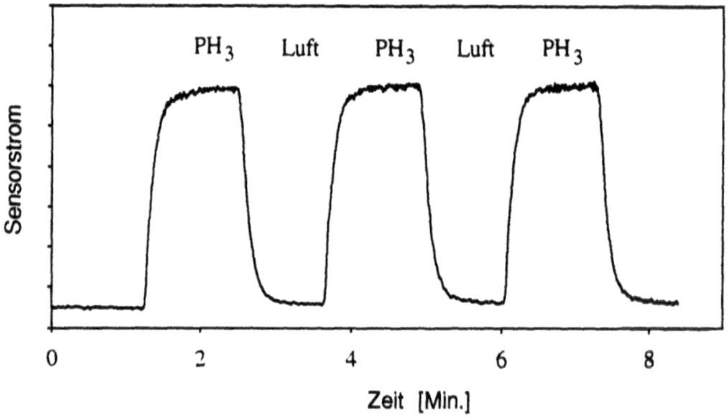


Bild 1.5-1      Ansprechverhalten eines elektrochemischen $PH_3$-Sensors auf 5 ppm Meßgas @17

## 1.6   Infrarotoptische Gassensoren

Die optischen Gassensoren sind Meßwandler zur Messung des Partialdrucks zu überwachender Gase in der Atmosphäre nach dem Prinzip der Absorption von Infrarotstrahlung.

Die durch mehratomige, nicht elementare Gase hindurchtretende IR-Strahlung wird gasspezifisch in verschiedenen Wellenlängenbereichen geschwächt (absorbiert). Wasserstoff kann z.B. nicht erfaßt werden. Das Transmissionsspektrum von Luft mit verschiedenen Beimengungen ist in Bild 1.6-1 dargestellt. Die Stärke der Absorption wird meßtechnisch erfaßt. Sie hängt von der Konzentration des Gases und der Länge des Strahlungsweges (Küvette) ab. Sie folgt dem Lambert-Beer'schen Gesetz:

$$\frac{I}{I_0} = e^{-b \cdot L \cdot c}$$

wobei $I$ die Austrittsintensität, $I_0$ die Eintrittsintensität, $b$ der Extinktionskoeffizient, $L$ die Länge des Strahlenganges und $c$ die Gaskonzentration sind.

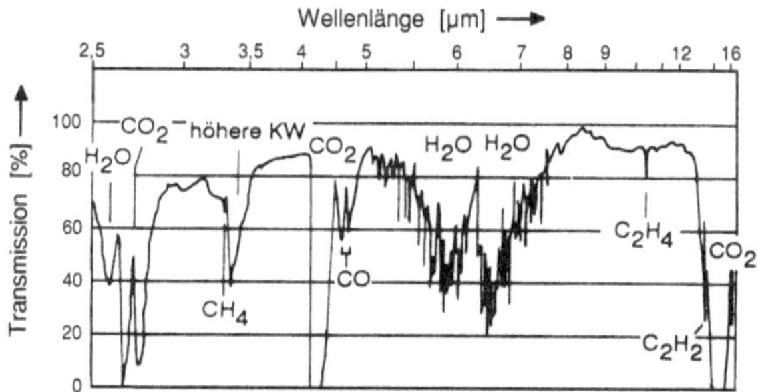

Bild 1.6-1    Optisches Transmissionsspektrum von Luft, die Beimengungen verschiedener Gase enthält.

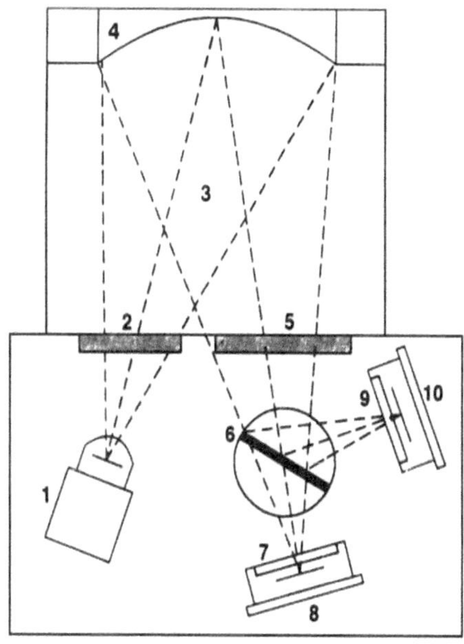

Bild 1.6-2    Schematische Darstellung eines infrarotoptischen Gassensors ohne bewegte Teile (1: Lichtquelle, 2+5: Fenster, 3: Meßküvette, 4: Spiegel, 6: Strahlteiler, 7+9: Interferenzfilter, 8+10: Detektoren).

Bild 1.6-2 zeigt schematisch den Aufbau eines infrarotoptischen Gassensors. Die zu überwachende Umgebungsluft gelangt durch Diffusion oder erzwungene Begasung in die Meßküvette, die von breitbandiger Infrarotstrahlung durchsetzt wird. Diese Strahlung fällt auf einen Strahlteiler, hinter dem ein Teil der Strahlung auf den Meßdetektor, ein Teil auf den Referenzdetektor trifft.

Enthält das Gasgemisch in der Küvette einen Anteil des zu überwachenden Gases, so wird ein Teil der Strahlung in einem schmalen Wellenlängenbereich des Meßfilters absorbiert. Der darauf abgestimmte Meßdetektor reagiert mit einem verringerten elektrischen Signal. Das Signal des Referenzdetektors bleibt unverändert. Schwankungen der Leistung des Strahlers, Verschmutzung des Spiegels und der Fenster, sowie Störungen durch eine Staub- oder Aerosolbelastung der Luft wirken auf beide Detektoren in gleichem Maße und werden nahezu vollständig kompensiert.

Diese Gassensoren werden insbesondere dort angewendet, wo es auf genaue Messung, hohe Selektivität, Vergiftungsunempfindlichkeit, definierte Funktion auch bei hohen Gaskonzentrationen und geringen Wartungsaufwand ankommt. Es gibt Sensoren für Konzentrationen vom ppm-Bereich bis zu 100 Vol.-%. Je nach zu messendem Gas und zu messender Konzentration können infrarotoptische Gassensoren sehr aufwendig sein und damit auch im Vergleich zu anderen Gassensoren hohe Preise haben.

In letzter Zeit ist es jedoch auch gelungen, für bestimmte Anwendungen wie die Messung von Kohlendioxid oder Kohlenwasserstoffen (z.B. zur Ex-Überwachung auch weit unterhalb der UEG) optische Gassensoren ohne bewegte Teile zu entwickeln, deren Preise vergleichbar zu denen anderer Gassensoren sind. Deshalb ist zu erwarten, daß optische Gassensoren in den nächsten Jahren einen stark wachsenden Anteil am Gesamtmarkt der Gassensoren einnehmen werden. Bild 1.6-3 zeigt das Foto eines solchen optischen $CO_2$-Sensors.

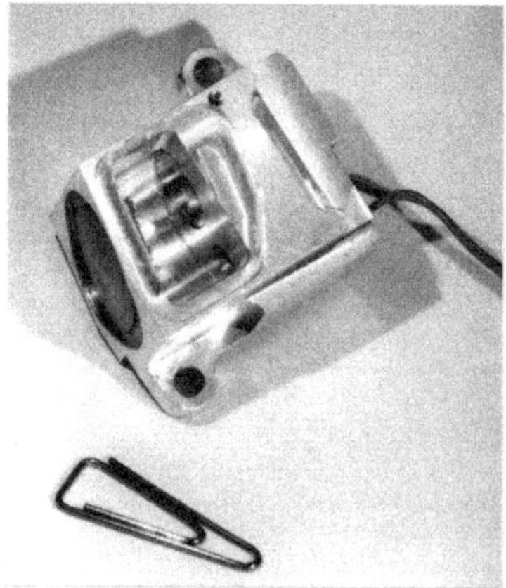

Bild 1.6-3    Infrarotoptischer DrägerSensor zur Messung von $CO_2$

In photoakustischen Gassensoren wird die Wärme- bzw. Druckerhöhung eines Gases in einem abgeschlossenen Volumen durch Absorption von Strahlung ausgenutzt. Die Anordnung eines photoakustischen Gassensors ist in Bild 1.6-4 dargestellt. In dem bestimmenden Element des Sensors sind Meßzelle und Detektor in demselben Volumen zusammengefaßt. Das Meßgas wird während der Meßphase in der Zelle eingeschlossen und mit modulierter Strahlung durchstrahlt, die nach Durchgang durch ein Interferenzfilter nur einen schmalen Wellenlängenbereich enthält und so nur von der Meßkomponente in dem in der Zelle befindlichen Gasgemisch absorbiert werden kann. Die Absorption eines Teils der Strahlung bewirkt eine Druckerhöhung, die mit einem hochempfindlichen Mikrophon gemessen wird.

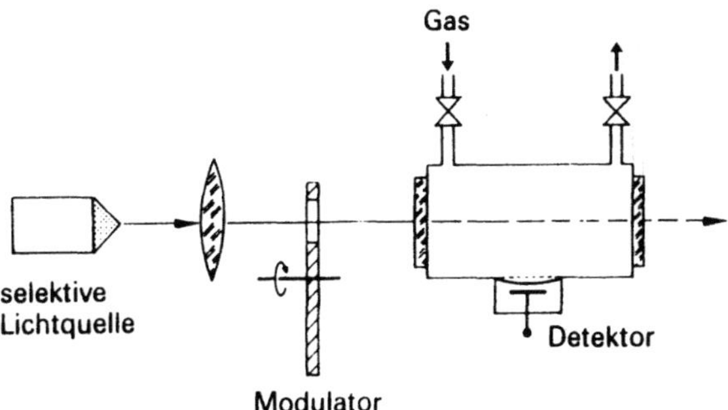


Bild 1.6-4      Schematische Darstellung eines photoakustischen Gassensors

Das Mikrophon spricht natürlich auch auf Druckschwankungen des Gasinhaltes der Zelle an, die nicht von der Strahlungsabsorption, sondern von anderen Einflüssen wie z.B. der Wirbelbildung beim Durchströmen der Zelle hervorgerufen werden. Das ist auch der Grund, warum das Verfahren mit periodischem Abschließen der Meßkammer von der Probenleitung nichtkontinuierlich betrieben wird.

Photoakustische Sensoren bieten den Vorteil, daß kein Meßsignal entsteht, wenn kein Meßgas in dem Meßvolumen ist. Das resultierende Signal wird nicht, wie bei anderen optischen Meßverfahren, durch die Differenz oder den Quotienten zweier relativ großer Signale (Nullsignal und Meßsignal) mit oft nur kleinen Unterschieden in der Signalhöhe gebildet. Dadurch haben sie einen sehr großen Dynamikbereich. Ihr Nachteil liegt in ihren hohen Herstellkosten einschließlich des Gaseinschlusses in der Meßzelle und des Mikrophons.

Neben den beschriebenen infrarotoptischen Gassensoren, bei denen die Selektivität auf bestimmte zu messende Gase durch die Auswahl von optischen Interferenzfiltern erreicht wird, gibt es die nicht dispersiven Gaskorrelationsverfahren (NDIR). Sie beruhen auf der permanenten Speicherung des Spektrums der zu messenden Komponente im Gassensor. Dies geschieht durch das Einschließen des zu messenden Gases in einer abgeschlossenen Zelle mit einer so hohen Konzentration, daß die zugehörigen Strahlungsanteile fast vollständig absorbiert werden.

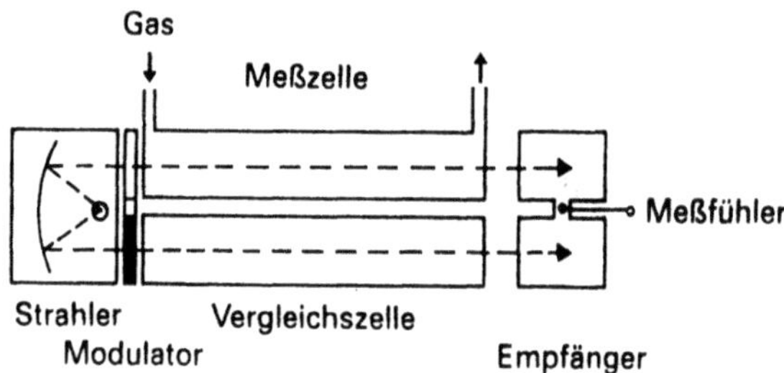


Bild 1.6-5      Schematische Darstellung eines Zweistrahl-NDIR-Gassensors

Auch bei den NDIR-Gassensoren wird aus Gründen der Stabilität des Meßsignals die Ausführung als Zweistrahl-Spektrometer bevorzugt. Eine Ausführungsform eines solchen Zweistrahl-NDIR-Gassensors zeigt Bild 1.6-5. Die Strahlung einer Strahlungsquelle wird durch ein umlaufendes Blendenrad moduliert und in je eine Meß- und eine Vergleichszelle geleitet. Die Meßzelle wird von dem Probengasgemisch durchströmt, die Vergleichszelle ist im allgemeinen mit einem nicht infrarotaktiven Gas gefüllt. Der Empfänger enthält zwei gleich dimensionierte Kammern, die mit der Gasart gefüllt sind, die der zu messenden Komponente entspricht. Zwischen den beiden Empfängerkammern ist ein Meßfühler angebracht, der auf die Differenz der in den beiden Kammern erzeugten Druck- oder Temperaturänderungen anspricht. Wenn kein Meßgas in der Meßzelle vorhanden ist, ist bei gleicher Intensität von Meß- und Vergleichsstrahl die Strahlungsabsorption und damit die erzeugte Druck- oder Temperaturänderung in beiden Empfängerkammern gleich. Differenzen entstehen, wenn in dem Meßstrahlengang ein Teil der Strahlung durch das zu untersuchende Gas vorabsorbiert wird. Das dann entstehende Differenzsignal ist der Gaskonzentration proportional.

## 1.7   Halbleitergassensoren

Halbleitergassensoren nehmen bezogen auf die produzierten Stückzahlen heute eine wichtige Stellung ein. Sie haben sich insbesondere bei Einsätzen bewährt, bei denen es auf eine Auslösung von Warnsignalen und weniger auf eine exakte Konzentrationsbestimmung ankommt. Dafür werden sie weltweit in vielen Millionen Stück verwendet. Sie bilden unter den zahlreichen Anwendungen von Halbleitern eine

Ausnahme. Anders als zum Beispiel in elektronischen oder optoelektronischen Bauelementen aus Silizium oder Galliumarsenid wird in ihnen ein elektronischer Effekt nicht im Volumen des Halbleiters, sondern an dessen Oberfläche oder an Korngrenzen in seinem Innern ausgenutzt. Dabei kommt es gerade auf die Wechselwirkung mit den Gasen der Umgebungsluft an, die man bei anderen Bauelementen möglichst unterbinden möchte.

Metalloxid-Halbleiter-Gassensoren sind Meßwandler zur Messung des Partialdruckes zu überwachender Gase in der Atmosphäre, die die Änderung der elektrischen Leitfähigkeit von Metalloxid-Halbleitern ausnutzen.

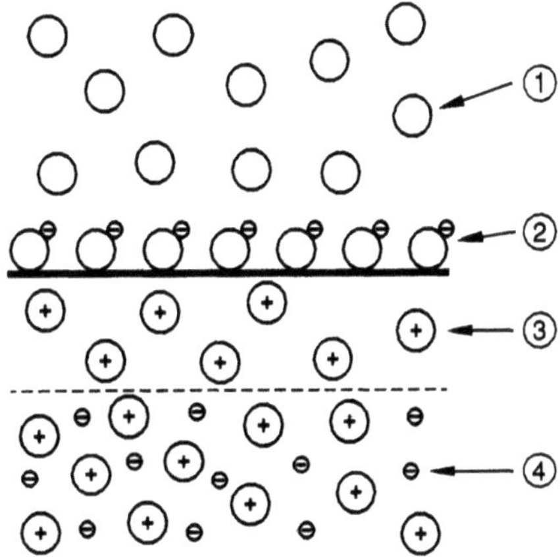

Bild 1.7-1   Schematische Darstellung der Oberfläche eines Metalloxid-Halbleiters (1: zu messende Gasmoleküle in Luft, 2: an der Halbleiteroberfläche adsorbierte Gasmoleküle, negativ geladen, 3: ortsfeste, positiv geladene Donatoratome, 4: ortsfeste, positiv geladene Donatoratome und frei bewegliche, negativ geladene Elektronen.

Die zu überwachende Umgebungsluft diffundiert an die Oberfläche des Halbleiters, wo Gasmoleküle adsorbiert werden (Bild 1.7-1). Anschließend findet ein Transfer von Elektronen aus dem adsorbierten Molekül in den Halbleiter (reduzierende Gase) oder aus dem Halbleiter zu dem adsorbierten Molekül (oxidierende Gase) statt. Das führt zu einer starken Erhöhung oder Erniedrigung der Elektronendichte des Halbleiters in der Nähe seiner Oberfläche und damit zu einer Erhöhung oder Erniedrigung der elektrischen Leitfähigkeit in einer etwa 1 µm dicken Schicht nahe seiner Oberfläche. Diese Leitfähigkeit ist proportional zur Konzentration des zu überwachenden Gases.

Die Beeinflussung der oberflächennahen Leitfähigkeit durch adsorbierte Gase wird hauptsächlich in Metalloxid-Halbleitern beobachtet. Typische Vertreter dafür sind $SnO_2$ und ZnO.

Das Verständnis der beobachteten Eigenschaften, insbesondere der Adsorptions-, Reaktions- und Desorptionsvorgänge war und ist Gegenstand sehr intensiver Forschungsarbeiten über viele Jahre. Abgesehen von einigen empirisch gewonnenen Erkenntnissen ist es bis heute jedoch nur in sehr begrenztem Umfang möglich, die Eigenschaften von Metalloxid-Halbleiter-Gassensoren gezielt zu beeinflussen.

Da die Leitfähigkeit durch die adsorbierten Gase nur in einer oberflächennahen Schicht beeinflußt wird, muß das Halbleitermaterial eines Gassensors eine möglichst große Oberfläche besitzen. Die heute meistens eingesetzten Halbleitergassensoren enthalten ein Keramikröhrchen oder Keramiksubstrat, auf das zwischen zwei elektrischen Kontakten eine polykristalline Halbleiterschicht aus einem Metalloxidpulver (z.B. ZnO oder $SnO_2$) aufgesintert wird. Diese Schicht besteht aus vielen kleinen miteinander verbundenen Körnchen, die eine große Oberfläche besitzen.

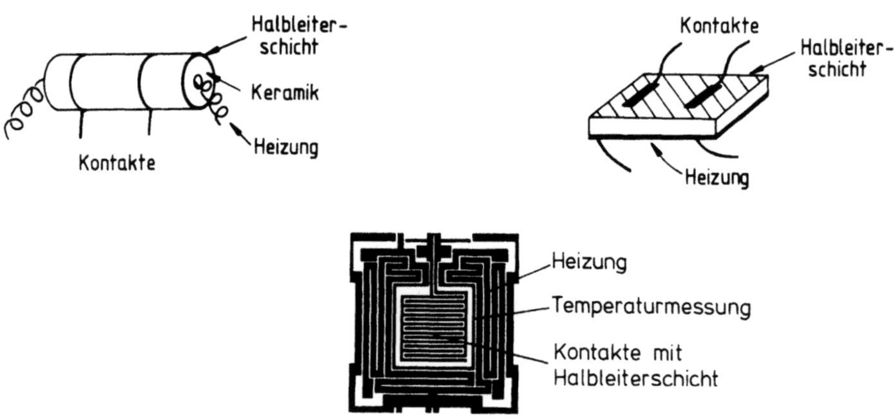


Bild 1.7-2    Metalloxid-Halbleiter-Gassensoren verschiedener Geometrien. Jeder Sensor enthält zwei Kontakte zur Messung der Leitfähigkeit und eine Heizung.

Der kontinuierliche Betrieb der Halbleitergassensoren setzt ein optimiertes Adsorptions-Desorptionsgleichgewicht an der Oberfläche voraus. Um auch eine genügende Desorption der Gasmoleküle von der Oberfläche sicherzustellen, werden die Sensoren auf einige hundert Grad geheizt. Dadurch können Reaktionszeiten unter einer Minute erreicht werden. Bild 1.7-2 zeigt das Aufbauschema verschiedener Halbleitergassensoren, die auf diesem Funktionsprinzip beruhen.

Metalloxid-Halbleiter-Gassensoren reagieren auf eine Reihe von Gasen sehr schnell und sehr empfindlich. Dadurch ist man in der Lage, Gaskonzentrationen auch im unteren ppm-Bereich nachzuweisen. Bild 1.7-3 zeigt den Verlauf des elektrischen Widerstandes eines Halbleitergassensors in Abhängigkeit von der $NO_2$-Konzentration.

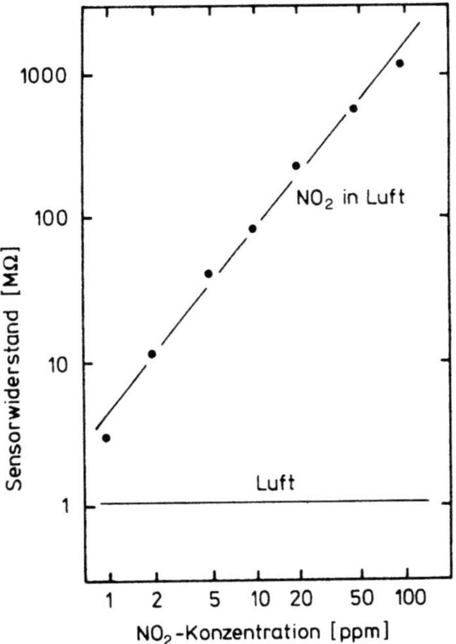



Bild 1.7-3    Sensorwiderstand eines Halbleiter-Gassensors (Halbleiter $SnO_2$) in Abhängigkeit von der $NO_2$-Konzentration.

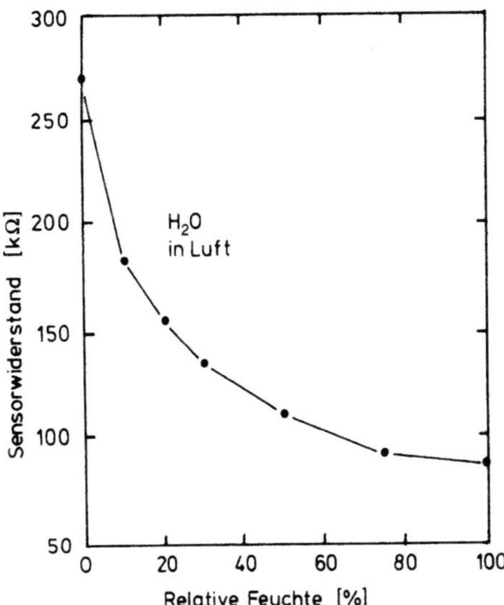



Bild 1.7-4    Sensorwiderstand eines Halbleitergassensors (Halbleiter $SnO_2$) in Abhängigkeit von der Luftfeuchte.

Das Meßprinzip der Halbleitergassensoren ist nicht selektiv. Oxidierende Gase (z.B. $NO_2$) erniedrigen die Leitfähigkeit des Halbleiters, verschiedene reduzierende Gase (z.B. CO, $CH_4$, Alkohole, $H_2O$, $H_2S$) erhöhen sie. Dadurch kann es bereits zu Querempfindlichkeiten kommen, wenn neben dem zu überwachenden Gas geringe Konzentrationen anderer Gase vorhanden sind. Beim gleichzeitigen Vorkommen oxidierender und reduzierender Gase kann ein Meßsignal sogar aufgehoben werden.

Die Abhängigkeit der Metalloxid-Halbleiter-Gassensoren von klimatischen Einflüssen, insbesondere von der Luftfeuchtigkeit bei sehr niedrigen Feuchten, kann sehr groß sein. Diese Abhängigkeit ist in Bild 1.7-4 dargestellt. Dadurch werden die Einsatzmöglichkeiten dieser Art von Gassensoren eingeschränkt.

Der Vorteil von Halbleitergassensoren liegt in ihrer hohen Meßempfindlichkeit bei Konzentrationen im unteren ppm-Bereich und in ihrem einfachen Aufbau und der damit verbundenen kostengünstigen Herstellung. Sie werden heute weltweit zu vielen Millionen Stück eingesetzt und haben sich insbesondere zur Auslösung von Warnsignalen bewährt, z.B. bei der Lecküberwachung von privaten Gasinstallationen.

Für industrielle Anwendungen werden sie weitgehend durch andere Sensoren ersetzt. Langzeitdriften, Vergiftungen und vor allem der gleichzeitige Einfluß der Querempfindlichkeit verschiedener Gase, insbesondere der Luftfeuchtigkeit, führen zu einer Meßunsicherheit, die im Vergleich zu anderen Gasen relativ hoch ist. Deshalb werden Halbleitergassensoren zur Zeit immer weniger zur genauen Messung von Gasen eingesetzt.

## 1.8  Gaswarngeräte und -systeme

In fast allen Bereichen der Industrie sind zuverlässige Gaswarngeräte und -systeme unverzichtbar. Um Leckagen früh zu erkennen, um Explosionen und Brände zu vermeiden, um Sachwerte zu erhalten und vor allem, um Mensch und Umwelt vor gefährlichen Gasen und Dämpfen zu schützen. Hier haben sich, auch unter extremen Bedingungen, Gaswarngeräte als ideale Lösung erwiesen, die die in den vorhergehenden Kapiteln beschriebenen Gassensoren einsetzen. Sie überwachen Arbeitsplätze und Anlagen auf Gasgefahren durch toxische Gase, Sauerstoffmangel und -überschuß sowie brennbare Gase und Dämpfe oder sie überwachen in medizinischen Geräten die Zusammensetzung des Atemgases.

Die Vielfalt der Anwendungen macht deutlich, daß die Anforderungen an die Leistungsfähigkeit von Gasmeßgeräten sehr unterschiedlich sein können. Deshalb wurde in den letzten Jahren eine ganze Reihe verschiedener Gasmeßgeräte entwickelt, um für jede Anwendung das angemessene Gerät zur Verfügung stellen zu können.

Für einen zuverlässigen Personenschutz sind netzunabhängige Geräte im Taschenformat die bislang beste Lösung. Sie warnen den Benutzer, ohne ihn bei seiner Arbeit zu behindern. Bei Überschreiten einer einstellbaren Alarmschwelle geben die Geräte optischen und akustischen Alarm, solange sich der Mitarbeiter im gefährdeten Bereich befindet. Tragbare Geräte zur Messung eines Gases gibt es für eine Vielzahl von toxischen oder brennbaren Gasen sowie Sauerstoff. Sie benutzen Gassensoren verschiedener Meßprinzipien. Bild 1.8-1 zeigt den Einsatz eines CO-Meßgerätes mit elektrochemischem Sensor im Bergbau.

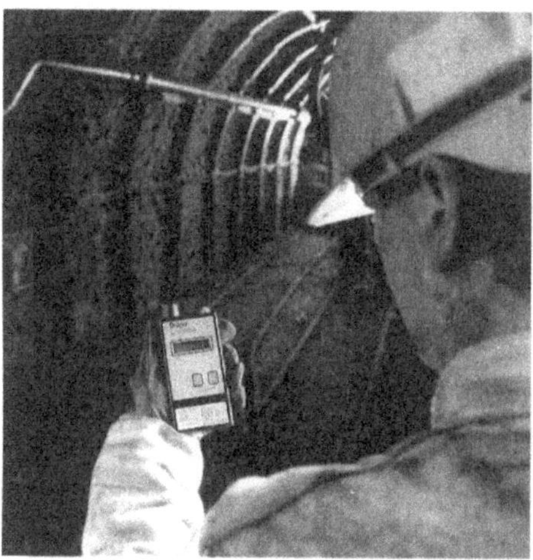

Bild 1.8-1       Einsatz eines tragbaren CO-Meßgerätes mit elektrochemischem Sensor in einem Bergwerk.

Wenn es darum geht, die Konzentration mehrerer Gase gleichzeitig und kontinuierlich zu überwachen, sind tragbare Mehrgasmeßgeräte die ideale Lösung. Einige dieser Geräte besitzen auch eine eingebaute Pumpe, mit deren Hilfe die Atmosphäre geschlossener Räume analysiert werden kann (Bild 1.8-2). Sie finden ihre Anwendung vor allem in der chemischen Industrie (toxische und brennbare Gase, $O_2$), in der Erdölindustrie und dem Offshore-Bereich (brennbare Gase, $H_2S$, $O_2$), im Abwasser-Bereich (brennbare Gase, $H_2S$, $CO_2$, $O_2$), bei Wasser-, Gaswerken und bei Tunnelbegehungen (brennbare Gase, $CO_2$, $O_2$) sowie bei der Feuerwehr (brennbare Gase, $O_2$, CO).

Die Verunreinigung der Innenraumluft hat eine Vielzahl von Ursachen. Dazu gehören durch Menschen hervorgerufene Emissionen sowie Emissionen, z.B. aus Baustoffen, Wohnungseinrichtungen oder Feuerungsanlagen. Die auftretenden Luftverunreinigungen können für Menschen belästigend oder sogar gesundheitsgefährdend sein.

Bild 1.8-2    Tragbare Gasmeßgeräte zur gleichzeitigen Messung mehrerer Gase mit intelligenter Überwachung der Konzentrationsgrenzwerte und integrierter Pumpe.

Für die Qualität der Innenraumluft sind bisher nur vereinzelt Grenzwerte vorgeschlagen oder festgelegt worden. Als Maß für die Beurteilung des Luftaustausches wird im allgemeinen der Kohlendioxidgehalt der Luft angesehen. Für einen ausreichend gelüfteten Raum gilt als oberer Richtwert eine $CO_2$-Konzentration von 0,1 Vol.-%. Dieser Grenzwert kann mit Meßgeräten, die optische Gassensoren enthalten (Bild 1.8-2), überwacht und die Lüftung entsprechend einreguliert werden.

Außer in der Raumluft kommt $CO_2$ in wesentlich höheren Konzentrationen an vielen Arbeitsplätzen in Bergwerken, Gärkellern, Futtersilos, Abwasserkanälen und Brunnenschächten vor. Dabei können so hohe Konzentrationen entstehen, daß es auch zu tödlichen Unfällen kommt, da die Gefahr hoher $CO_2$-Konzentrationen häufig verkannt wird. Auch in diesen Bereichen kann $CO_2$ mit optischen Gassensoren detektiert werden.

In stationären Anlagen wurden die Sensoren früher häufig als Analysatoren zentral installiert und das Meßgas über Gasfördereinrichtungen zum Sensor transportiert. Vorteile dieser Anordnung sind die definierten Umgebungsbedingungen für die Sensoren und die gute Zugänglichkeit für Wartungszwecke. Nachteile sind inbesondere Verzögerungen durch den Gastransport und Adsorptionseffekte in den Gasförderleitungen. Durch die Weiterentwicklung der Sensoren ist es heute möglich, die Senso-

Bild 1.8-3          Stationärer Gasmeßkopf mit elektrochemischem Sensor

ren mit zugehöriger Elektronik in einem Meßkopf vor Ort zu installieren und ein auf-
bereitetes elektrisches Signal zu einer Auswerteinheit zu übertragen. Eine Digitalanzeige stellt den Meßwert am Meßkopf zur Verfügung und erleichtert insbesondere
die Prüfung und Kalibrierung (Bild 1.8-3, 1.8-4).

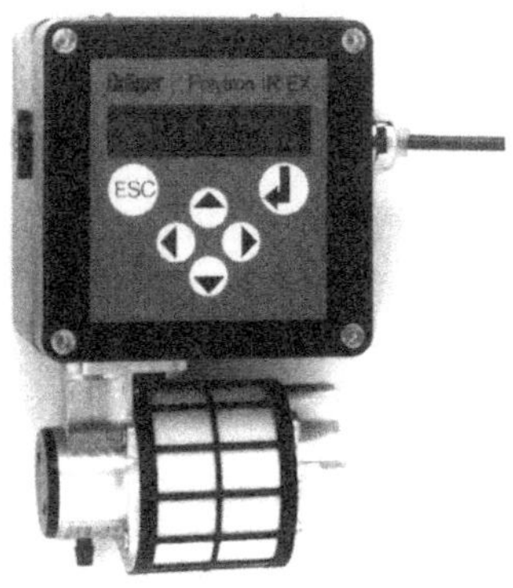

Bild 1.8-4          Infrarot-Meßkopf mit Digitalanzeige zur Messung brennbarer Gase

Die im Feld installierten Meßköpfe müssen mit Energie versorgt und ihr Ausgangs-signal ausgewertet werden. In der Vergangenheit vertrat hier zunächst jeder Geräte-hersteller seine eigene Schnittstellenphilosophie. In den letzten Jahren hat es jedoch eine anwenderfreundliche Standardisierung auf die in der Prozeßtechnik bewährte Schnittstelle 4...20 mA gegeben. Diese Standardschnittstelle zeichnet sich durch si-chere Übertragung, vertretbaren Verkabelungsaufwand und leichte Prüfbarkeit im Feld aus. Zusätzlich ermöglicht sie die Verwendung von Auswerteeinheiten ver-schiedener Hersteller.

Bei der Verbrennung von Treibstoff in Kfz-Motoren entsteht eine ganze Reihe toxi-scher Substanzen, die stoffabhängig bei einer jeweils spezifischen Konzentration ein Gefährdungspotential aufweisen. Deshalb ist in Tiefgaragen und Tunneln eine konti-nuierliche Überwachung der Schadstoffkonzentrationen notwendig.

Die raumlufttechnischen Anforderungen an Lüftungssysteme in Tiefgaragen sind in der VDI-Richtlinie 2053 beschrieben. Neben hygienisch/technischen Grundforde-rungen werden bauliche Grundlagen, Wahl der Lüftungssysteme, die Anforderungen an die CO-Meßtechnik, Betrieb und Wartung behandelt. Die als zulässig anzuse-hende CO-Konzentration in Tiefgaragen ist aufgrund des Wirkungsmechanismus als Halbstundenmittelwert von 100 ppm festgesetzt. Konzentrationen unterhalb des Grenzwertes werden beim üblichen kurzfristigen Aufenthalt in Tiefgaragen als nicht gesundheitsgefährdend angesehen.

Eine CO-Überwachungsanlage mit elektrochemischen Sensoren kann die Überwa-chung dieses Grenzwertes, die Warnung bei Überschreitung und die Steuerung der maschinellen Lüftung zur Minderung der Schadstoffkonzentration übernehmen.

Bisher wurden Gaswarngeräte und -systeme überwiegend so konzipiert, daß bei Überschreitung fester Grenzwerte bestimmte Schutz- oder Gegenmaßnahmen einge-leitet wurden. Dieses Konzept birgt allerdings Nachteile, insbesondere im Bereich der MAK-Wert-Überwachung (MAK: Maximale Arbeitsplatz-Konzentration). So können solche Geräte den zeitlichen Verlauf von Expositionen, wie es z.B. die TRGS 402 empfiehlt, nicht berücksichtigen (TRGS: Technische Regeln für Gefahr-stoffe). Bei Einstellung einer festen Alarmschwelle beispielsweise auf den MAK-Wert, führen auch kurze, für den menschlichen Organismus unbedenkliche und des-halb zugelassene Konzentrationsspitzen zu einer unnötigen Alarmierung. Wird eine Alarmschwelle hingegen zur Vermeidung von Fehlalarmen auf einen höheren Wert eingestellt, besteht die Gefahr, daß eine mögliche Gefährdung durch länger anhalten-de Expositionen nicht erkannt wird.

Durch die Verwendung moderner Mikroelektronik unter Berücksichtigung der TRGS 402 und TRGS 900 lassen sich heute zu vertretbaren Kosten wesentlich lei-stungsfähigere Geräte entwickeln und herstellen (Bilder 1.8-1, 1.8-2). Ein solches Gerät berücksichtigt automatisch den MAK-Wert des zu messenden Gases und des-sen zulässige Spitzenbegrenzung nach der TRGS 900. Auf dieser Grundlage wird durch einen Mikroprozessor kontinuierlich überprüft, ob die Kurzzeitwerthöhe nicht überschritten wird, der Mittelwert eingehalten wird, die Zeitabstände zwischen den Perioden erhöhter Exposition eine Mindestlänge im Vergleich zur zulässigen Kurzzeitwertdauer haben und ob die Häufigkeit der zulässigen Expositionen pro Schicht nicht größer als erlaubt ist. Weitere Vorteile ergeben sich durch die hohe Flexibilität eines solchen Systems, die vielseitigen Möglichkeiten zur Protokollierung von Alarmen und Störmeldungen, die klare Darstellung aktueller Gaskonzentrationen, die Archivierung von Meßergebnissen und die einfache und sichere Bedienung.

Neben den Anwendungen von Gassensoren und Gaswarngeräten im industriellen Bereich werden Gassensoren heute zunehmend auch in der Medizin zur Überwachung der Atemluft und von Narkosegasen in Beatmungs- und Narkosesystemen eingesetzt. Dabei werden zum Beispiel elektrochemische Sensoren zur Sauerstoffmessung bis zu 100 Volumenprozent $O_2$ weltweit in sehr großen Stückzahlen verwendet (Bild 1.8-5). Zur Überwachung verschiedener Narkosegase und von Kohlendioxid werden im allgemeinen optische Gassensoren benutzt.

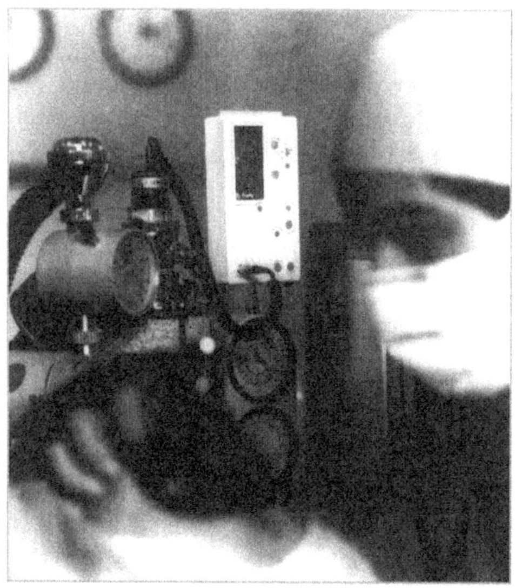

Bild 1.8-5    Elektrochemischer Sauerstoffsensor bei der Überwachung der Atemluft in einem medizinischen Narkose- und Beatmungsgerät.

## 1.9   Kalibrierung und Plazierung

Gassensoren, die auf katalytischen Vorgängen beruhen, können sich im Laufe der Zeit in ihren gasempfindlichen Eigenschaften verändern. Deshalb müssen Gaswarngeräte mit solchen Sensoren in regelmäßigen Abständen, je nach Sensor alle vier Wochen bis sechs Monate, kalibriert werden. Für sicherheitstechnisch relevante Messungen ist eine Kalibrierung vor jedem Einsatz zu empfehlen. Die Begasung wird hierbei in der Regel mit dem nachzuweisenden Gas durchgeführt. In der Praxis haben sich zwei Verfahren bewährt: die Kalibrierung aus Druckgasflaschen und die Kalibrierung mit Gas enthaltenden Ampullen.

Die Druckflasche enthält das zu messende Gas in synthetischer Luft oder Stickstoff. Über einen Druckminderer wird das Gas dem Sensor zugeführt. Der Vorteil dieser Methode liegt in der Genauigkeit – die Prüfgase werden in der Regel mit einer Toleranz von ±3 % vom Hersteller geliefert – und in der Reproduzierbarkeit. Nachteilig sind die teilweise begrenzte Haltbarkeit von Prüfgasen, der apparative Aufwand und die Handhabbarkeit. Insbesondere bei kleineren Anlagen muß geprüft werden, ob sich die Anschaffung von Druckgasflaschen und Druckminderern lohnt.

Bei solchen Anwendungen hat sich die Ampullen-Kalibrierung als preiswert und praktikabel erwiesen. Eine mit einer bestimmten Konzentration des Prüfgases gefüllte Ampulle wird in einer Kalibrierflasche mit bekanntem Volumen aufgebrochen und nach einigen Minuten bildet sich ein homogenes Gasgemisch. Dieses wird dann auf den Sensor gegeben. Die Genauigkeit der Kalibrierung mit Ampullen liegt bei ca. ±20 %.

Bei der Benutzung von Gaswarngeräten werden Ort und Einsatzbedingungen vielfach behördlich, z.B. durch TÜV, Berufsgenossenschaften oder Gewerbeaufsicht festgelegt. Dabei unterscheidet man zwischen Anlagen- und Personenschutz. Der Anlagenschutz teilt sich noch einmal in Leckagen- und Flächenüberwachung auf. Soll auf Leckagen überwacht werden, so wird der Meßkopf in unmittelbarer Nähe der potentiellen Leckagestelle positioniert. Als Beispiel sei hier die Ex-Überwachung an Benzinmotor-Prüfständen genannt. Der Meßkopf wird dabei direkt im Bereich des Kraftstoffschlauchanschlusses installiert. Ist eine potentielle Leckage nicht lokalisierbar, so wird von einer Flächenüberwachung gesprochen. Die Meßköpfe werden dann gleichmäßig und sinnvoll über den gefährdeten Bereich verteilt. Als Beispiel dient hier die Überwachung eines Lagers für Lacke. Die Meßköpfe werden z.B. im Abstand von ca. 10 Metern am Fuß der Hochregale angebracht. Je nach Art der Gefährdung können durch einen Meßkopf 40 bis 80 $m^2$ Fläche überwacht werden.

Bei der Installation ist die Dichte des nachzuweisenden Meßgases zu berücksichtigen. Wasserstoff und Methan sind so viel leichter als Luft, daß es bei Leckagen zur Ansammlung im Deckenbereich kommen kann (sog. Gasnester). Eine Anbringung der Meßköpfe im Deckenbereich ist daher sinnvoll. Gase, die schwerer als Luft sind, können bei geringen Luftbewegungen über weite Bereiche auf dem Boden dahinfließen. Zur frühzeitigen Erkennung sollten die Meßköpfe möglichst tief angebracht werden. Ferner müssen Meßköpfe so installiert werden, daß die Umweltbedingungen laut Gebrauchsanweisung eingehalten werden. So kann direkte Sonneneinstrahlung ein schwarzes Gehäuse über die maximal zulässige Temperatur aufheizen. Abhilfe schafft z.B. ein blankes Stahlblech, welches den Meßkopf wirksam abschattet.

Beim Personenschutz werden die Meßköpfe im Atmungsbereich (Kopfhöhe) des Arbeitsplatzes betrieben oder tragbare Geräte verwendet, um so eine direkte personenbezogene Überwachung möglich zu machen. Moderne Geräte berücksichtigen dabei neben den Grenzwerten der Konzentration auch die Grenzwerte für die Dosis und speichern die gemessenen Werte zur weiteren Auswertung und Archivierung.

## 1.10 Atemalkoholmessung

Während Wein von Plutarch als das schmackhafteste Arzneimittel und ägyptisches Bier als harntreibendes Mittel von Dioskurides im 1. Jahrhundert nach Christus empfohlen wurden, wird Alkohol, oder genauer gesagt Ethanol, heute in Heilmitteln höchstens als Lösungsmittel verwendet. Ansonsten wird er allgemein als Genußmittel betrachtet. Medizinisch gesehen ist er ein Zellgift.

Als in den 30er Jahren infolge der gestiegenen Fahrzeugdichte die Unfallzahlen in den USA steil in die Höhe gingen, war allen Fachleuten bekannt, daß das Fahren unter Alkoholeinfluß als wesentliche Ursache dafür in Betracht zu ziehen war. In einer der ersten Studien zum Thema "Alkohol und Fahren" wurde 1934 festgestellt, daß der Einsatz von Tests zur Feststellung der Trunkenheit eine unentbehrliche Hilfe darstellt, und ihr universeller Einsatz wurde empfohlen.

Die Suche nach einfachen Kontrollmöglichkeiten führte Ende der 30er Jahre zur Entwicklung der ersten Atemalkohol-Analysengeräte. Die Weiterentwicklung dieser Technik hat im Laufe der Jahre zu zahlreichen Geräten auf der Basis unterschiedlicher Meßprinzipien und ihrer weltweiten Verbreitung geführt. Sie werden heute als Vortestgeräte und in einigen Ländern auch anstelle der Blutalkoholanalyse als beweisfähige Meßgeräte benutzt.

Im wesentlichen werden drei verschiedene Gassensoren eingesetzt. In beweisfähigen Geräten führen optische Gassensoren zu der notwendigen hohen Präzision bei der Ethanolbestimmung und zu geringen Querempfindlichkeiten gegenüber anderen Substanzen wie z.B. Methanol oder Aceton, die auch in der Ausatemluft enthalten sein können. Diese Geräte haben in einigen Ländern inzwischen die notwendigen Zulassungen erhalten (Bild 1.10-1).

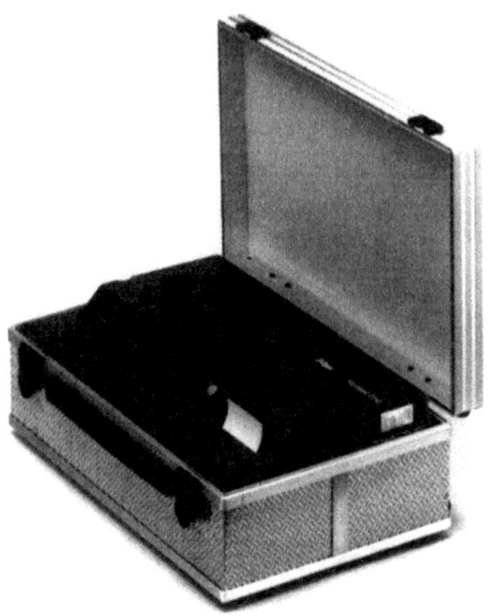

Bild 1.10-1    Alcotest-Gerät mit infrarotoptischem Gassensor

Im Bereich der Handgeräte, die als Vortestgeräte benutzt werden, wurden neben chemischen Prüfröhrchen mit einer Farbumschlagsreaktion zunächst überwiegend Halbleitergassensoren eingesetzt. Wegen der bereits geschilderten Eigenschaften dieser Sensoren mußten diese Geräte jedoch wöchentlich kalibriert werden, was bei den Benutzern einen erheblichen Aufwand bedeutete. In den letzten Jahren wurden deshalb Halbleitergassensoren weitgehend durch elektrochemische Gassensoren mit speziellen Probenahmensystemen ersetzt.

Eine solche Probenahmeeinheit enthält einen Kolben, der in einem Zylinder läuft. Der Kolben wird über einen Pleuel und einen Exzenter von einem kleinen Elektromotor angetrieben. Die Positionskontrolle des Kolbens übernimmt ein vom Exzenter betätigter Taster, der seinen Schaltzustand ändert, wenn der Kolben den unteren oder oberen Totpunkt durchläuft. Der Probenahmeschlauch und der Sensor werden zur Vermeidung von Kondensation geheizt (Bild 1.10-2).

Zur Messung wird aus dem Probenahmeschlauch durch einen Pumpenhub des Probenahmesystems ein Teil des Ausatemgases des Probanden in den Raum vor dem Sensor gezogen. Der Sensor besteht aus zwei Elektroden zwischen denen sich ein flüssiger Elektrolyt befindet. Die Bestimmung der Atemalkoholkonzentration erfolgt nach dem coulometrischen Prinzip. Hierbei ist nicht der Strom ein Maß für die Konzentration, sondern die bei der elektrochemischen Reaktion umgesetzte Ladungsmenge.

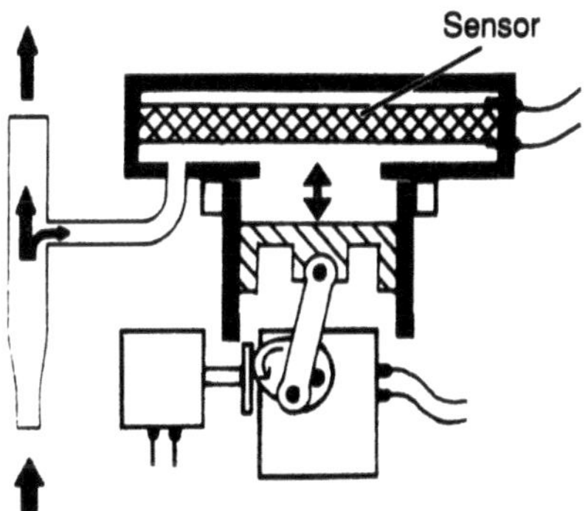


Bild 1.10-2   Schematische Darstellung der Probenahmeeinheit mit elektrochemischem Gassensor für ein tragbares Alcotest-Gerät, das nach dem coulometrischen Prinzip arbeitet.

Die Ladung wird durch das Strom-Zeit-Integral, also durch die Fläche unter der Stromkurve bestimmt (Bild 1.10-3). Diese Fläche ist unabhängig von der Form der Stromkurve und damit vom Alter des Sensors (Bilder 1.10-3, 1.10-4).

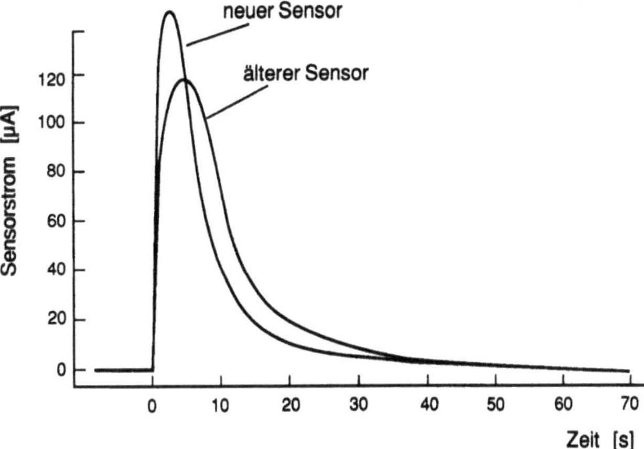


Bild 1.10-3   Zeitverlauf des Sensorstroms eines neuen und eines alten elektrochemischen Alcotest-Sensors.

Der Vorteil der coulometrischen Methode besteht darin, nicht von der Geschwindigkeit der elektrochemischen Reaktion und somit von Alterungseffekten, sondern nur von der Zahl der umgesetzten Alkoholmoleküle abhängig zu sein. Hieraus resultieren eine hohe Genauigkeit und Kalibrierintervalle von sechs Monaten, was eine deutliche

Verbesserung gegenüber Geräten mit Halbleitergassensoren bedeutet. Damit haben sie fast die Qualität optischer Systeme erreicht. Bild 1.10-5 zeigt ein solches Gerät.

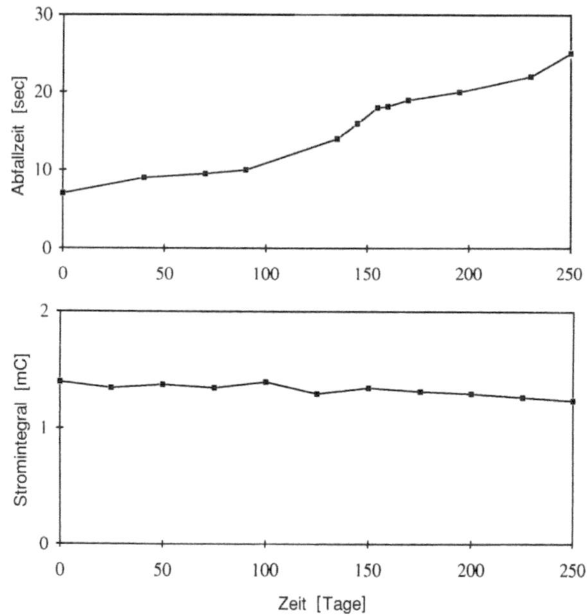

Bild 1.10-4     Langzeitverhalten der Abfallzeit und des Stromintegrals eines elektrochemischen Alcotest-Sensors.

Bild 1.10-5     Einsatz eines Alcotest-Gerät mit elektrochemischem Gassensorsystem (Foto: Impress).

# 1.11 Schluß

Die hier beschriebenen Gassensoren stellen den größten Anteil an Sensoren zur Messung toxischer oder gefährlicher Gase dar. Neben ihnen gibt es eine Reihe anderer Meßverfahren, die für spezielle Anwendungen besonders geeignet sind. Zum Beispiel werden durch Flammenionisations-Detektoren organisch gebundene Kohlenstoffatome in Gasen gemessen, durch Wärmeleitungssensoren Gase mit verschiedener Wärmeleitfähigkeit und verschiedener spezifischer Wärme detektiert. Ferner werden Prüfröhrchen mit sich verfärbenden chemischen Substanzen in großer Anzahl und für sehr viele Gase für Einzelmessungen angewendet.

Gassensoren und Gaswarnsysteme haben in den letzten Jahren einen hohen Entwicklungs- und Fertigungsstand erreicht. Sie werden in zunehmenden Stückzahlen und mit ständig verbesserten Eigenschaften weltweit eingesetzt. Sie haben sich zur Messung explosibler, toxischer und umweltschädlicher Gase sowie zur Messung von Sauerstoff seit vielen Jahren weltweit auch unter schwierigen Bedingungen bewährt. Sie werden zum Beispiel im Bergbau, auf Offshore-Bohrplattformen, in Industrieanlagen, bei der Raumfahrt oder in medizinischen Geräten eingesetzt. Gaswarngeräte und -anlagen bieten einen Schutz rund um die Uhr, 24 Stunden am Tag, 365 Tage im Jahr. Damit leisten sie einen wesentlichen Beitrag, die Verwendung von technischen Einrichtungen für den Menschen sicherer zu machen.

# V-2 ZrO₂-Lambda-Sonden für die Gemischregelung im Kraftfahrzeug

Von Hans-Martin Wiedenmann, Gerhardt Hötzel,
Harald Neumann, Johann Riegel und Helmut Weyl

## 2.1  Einleitung

Mit der Ankündigung strenger gesetzlicher Vorschriften für Abgaswerte von Ottomotoren in den USA im Jahre 1970, wurden die Versuche zur Gemischregelung mit
Hilfe von $ZrO_2$-Lambda-Sonden intensiviert. Seit dem Serienanlauf im Jahre 1976
wurden wesentliche Fortschritte sowohl bei der Lambda-Sonde (z.B. Bleiresistenz,
Potentialfreiheit, Tauchfestigkeit, Startverhalten, Standzeiten etc.), bei den Gemisch-
bildungs- und Regelungssystemen (z.B. intermittierende, sequentielle Einspritzung,
adaptive Vorsteuerung etc.), als auch in der Katalysatortechnik (z.B. Konvertierungsrate, Standzeit etc.) erreicht.

Für die Einhaltung der heute gültigen, niedrigen Emissionswerte der Schadstoffe
CO, $NO_X$ und Kohlenwasserstoffe (HC) in USA, Europa und Japan, hat sich die katalytische Nachbehandlung des Abgases mit Hilfe eines geregelten Dreiwegekatalysators durchgesetzt.

## 2.2  Grundlagen der Lambda-Regelung

Bei der vollständigen Verbrennung von Kraftstoff entstehen nur die unschädlichen
Verbrennungsprodukte Kohlendioxid und Wasser:

$$C_mH_n + \left(m + \frac{n}{4}\right)O_2 \longrightarrow m\,CO_2 + \frac{n}{2}H_2O \tag{1}$$

Hierzu ist theoretisch ein Luftbedarf von 14,7 kg Luft je kg Kraftstoff notwendig,
was etwa 10 $m^3$ Luft je Liter Kraftstoff entspricht. Wird dem Motor exakt soviel Luft
zugeführt, wie für eine vollständige Verbrennung notwendig ist, so liegt ein stöchio-
metrisches Luft/Kraftstoff-Verhältnis vor. Zur Charakterisierung der Gemischzusammensetzung wurde die Luftzahl $\lambda$ (Lambda) definiert als das Verhältnis des aktuellen
Luft/Kraftstoff-Verhältnisses zum stöchiometrischen Luft/Kraftstoff-Verhältnis [1]:

$$\lambda = \frac{\text{aktuelles Luft/Kraftstoff-Verhältnis}}{\text{stöchiometrisches Luft/Kraftstoff-Verhältnis}} \tag{2}$$

Aufgrund nicht idealer Bedingungen entstehen bei der Verbrennung im Motor selbst bei stöchiometrischem Luft/Kraftstoffgemisch *($\lambda = 1$)* außer $CO_2$ und $H_2O$ auch Produkte der unvollständigen Verbrennung wie CO, $H_2$ und HC (Kohlenwasserstoffe $C_xH_y$) neben einer entsprechenden Menge nicht reagierten freien Sauerstoffs. Dabei ist das Verhältnis von CO zu $H_2$ über das Wassergasgleichgewicht gegeben. Durch die hohen Verbrennungstemperaturen entstehen zusätzlich aus $N_2$ und $O_2$ der zugeführten Luft die Stickoxide NO, $NO_2$, $N_2O$ ($NO_X$) [2].

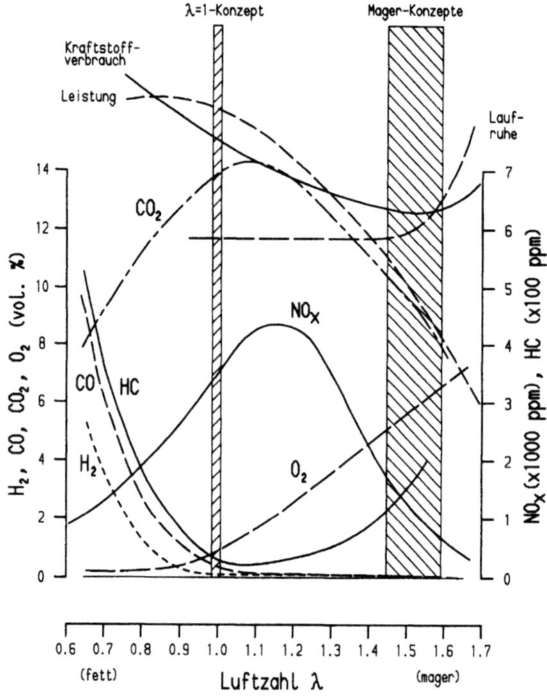


Bild 2.2-1    Typischer Verlauf von Kraftstoffverbrauch, Leistung, Laufruhe und Rohabgas-Zusammensetzung in Abhängigkeit von $\lambda$ für Ottomotoren

Die Abgaszusammensetzung (Abgasemission) ist sehr stark von der Luftzahl $\lambda$ abhängig (Bild 2.2-1). Bei fettem Gemisch ($\lambda < 1$, Kraftstoffüberschuß) entstehen hohe Konzentrationen von CO, $H_2$ und HC, während bei magerem Gemisch ($\lambda > 1$,

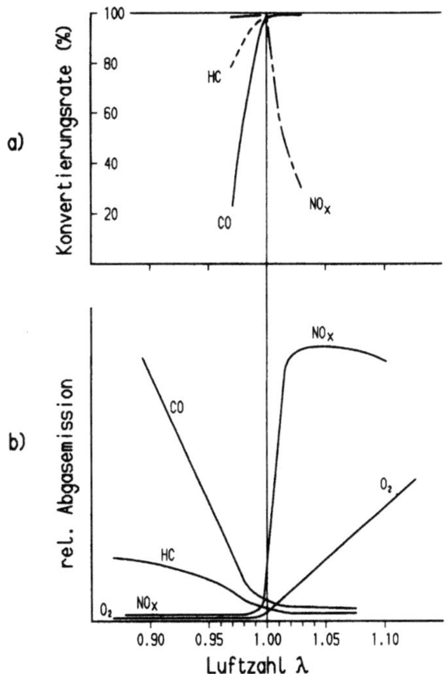


Bild 2.2-2    a) Konvertierungsraten für CO, NO$_X$ und HC eines neuen Dreiwegekatalysators

b) Typischer Verlauf der Abgaszusammensetzung hinter einem neuen Dreiwegekatalysator

Sauerstoffüberschuß) die Anteile an NO$_X$ und freiem Sauerstoff ansteigen. Bei einer Gemischzusammensetzung von $\lambda > 1{,}2$ nimmt aufgrund niedriger Brennraumtemperaturen die NO$_x$-Konzentration wieder ab, während die HC-Konzentration zunimmt. Die $CO_2$-Emission (Treibhausgas) erreicht bei leicht magerem Gemisch $(\lambda \cong 1{,}1)$ ihr Maximum.

Um die heute gültigen Abgas-Grenzwerte zu erfüllen, ist eine katalytische Nachbehandlung des Abgases, d.h. Oxidation von CO, $H_2$ und HC zu $CO_2$ und $H_2O$, sowie Reduktion von NO$_X$ zu $N_2$ und $O_2$, notwendig [3]. Als effektivstes Konzept hat sich der Dreiwegekatalysator (Selektivkatalysator) mit Lambda-Regelung erwiesen [4], womit eine Reduzierung aller drei Schadstoff-Komponenten selbst unter die sehr niedrigen Grenzwerte in den USA möglich ist [5]. Für eine optimale Funktion des Katalysators muß der Motor in einem engen Bereich $\Delta\lambda < 0{,}005$ um $\lambda = 1$ (Katalysatorfenster) betrieben werden (Bild 2.2-2). Dies ist nicht mehr mit einer reinen Gemischsteuerung erreichbar, sondern nur mit einer Gemischregelung, die mit Hilfe der Lambda-Sonde den $\lambda$-Wert vor dem Katalysator bestimmt und nachführt [6, 7].

Als Alternative zum $\lambda = 1$-Konzept werden heute auch Mager- und Mager-Mix-Konzepte untersucht [8], wobei letzteres schon in Serienfahrzeugen eingesetzt wird [9]. Beim Mager-Mix-Konzept werden neben $\lambda = 1$-Phasen auch Magerphasen bis zu $\lambda \cong 1,6$ gefahren. Der maximale λ-Wert stellt einen Kompromiß zwischen niedrigem Kraftstoffverbrauch, erlaubten Emissionswerten und akzeptabler Motorlaufruhe dar. Wenn eine höhere Motorleistung erforderlich ist, regelt man auf $\lambda = 1$, das nahe am Leistungsmaximum bei $\lambda \cong 0,9$ liegt. Da ein Mager-Mix-Motor insgesamt etwas sparsamer als ein reiner $\lambda = 1$-Motor ist, wird zwar ein geringerer CO$_2$-Ausstoß erreicht, allerdings erhält man während der Magerphase höhere NO$_x$-Werte in Verbindung mit einem Dreiwegekatalysator. Daher sind z.Z. NO$_x$-Reduktions-Katalysatoren in Untersuchung.

### 2.2.1  Funktion der ZrO$_2$-Lambda = 1-Sonde

Die Lambda-Sonde arbeitet nach dem Prinzip der galvanischen Sauerstoff-Konzentrationszelle mit Festelektrolyt (Bild 2.2-3) [10, 11]. Als gasundurchlässiger Festelektrolyt dient eine Keramik aus Zirkondioxid und Yttriumoxid. Dieses Mischoxid ist in einem weiten Temperaturbereich ein fast reiner Sauerstoffionenleiter (s. Kap. 2.3). Der Festelektrolyt ist derart gestaltet, daß er Abgas und Umgebungsluft voneinander trennt. Auf beiden Seiten sind katalytisch aktive Platin-Cermet-Elektroden aufgebracht. An der Innenelektrode (Luft; pO$_2$'' $\approx$ 0,21 bar) werden über die Elektronenreaktion

$$O_2 + 4e^- \longrightarrow 2\,O^{2-} \tag{3}$$

Sauerstoffionen in den Elektrolyten eingebaut. Diese wandern zur Außenelektrode (Abgas; pO$_2$' variabel < pO$_2$''), an deren Drei-Phasen-Grenze (Elektrolyt-Platin-Gas) die Gegenreaktion hierzu abläuft. Ein entgegenwirkendes elektrisches Feld baut sich auf und man erhält je nach Partialdruckverhältnis eine elektrische Spannung $U_s$ entsprechend der Nernst'schen Gleichung:

$$U_S = \frac{R \cdot T}{4\,F} \ln \frac{pO_2''}{pO_2'} \tag{4}$$

Hierbei bedeuten:

R   : allgemeine Gaskonstante
F   : Faraday-Konstante
T   : absolute Temperatur
pO$_2$: Sauerstoffpartialdruck

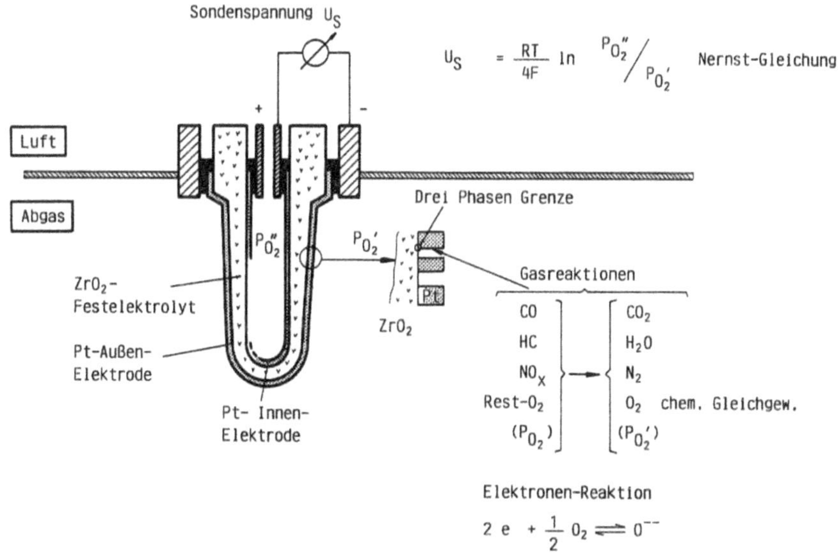



Bild 2.2-3     Schematischer Aufbau und Funktion der Lambda = 1-Sonde

Ein eindeutiger Rückschluß auf den $\lambda$-Wert des Abgases ist über die Messung des Sauerstoffgehaltes nur möglich, wenn sich an den katalytisch aktiven Elektroden der Lambda-Sonde thermodynamisches Gasgleichgewicht einstellt ("Rest-Sauerstoff") [3]. Da die Konzentration des "Rest-Sauerstoffes" sich in der Nähe der stöchiometrischen Luft-Kraftstoff-Zusammensetzung ($\lambda = 1$) um mehrere Zehnerpotenzen ändert, ergibt sich ebenfalls eine große Spannungsänderung an der Sonde ($\lambda = 1$-Sprung) (s. Bild 2.2-4). Diese charakteristische Kennlinienform gab der $\lambda{=}1$-Sonde ihren Namen.

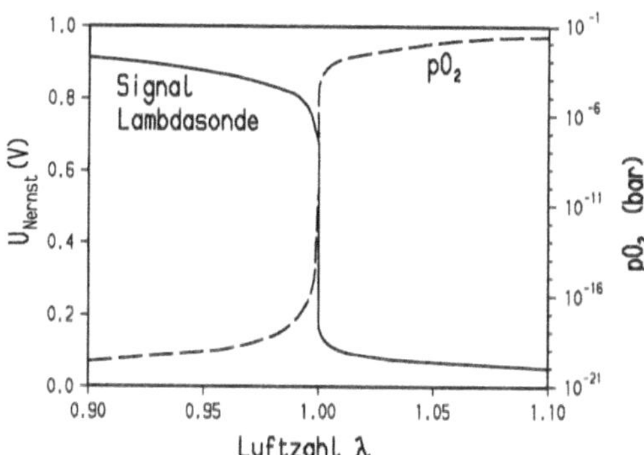



Bild 2.2-4     Gleichgewicht-Sauerstoffpartialdruck $pO_2$ und daraus resultierender Verlauf der Nernstspannung bei $\approx 700\ °C$ in Abhängigkeit von der Luftzahl $\lambda$

Da das Motorabgas in den Absolutkonzentrationen der einzelnen Gaskomponenten je nach Fahrzustand (Warmlauf, Beschleunigung, Konstantfahrt, Verzögerung) extrem hohe Konzentrationsunterschiede aufweist, muß die Lambda-Sonde in der Lage sein, das sie erreichende Gasgemisch vollständig ins thermodynamische Gleichgewicht zu setzen. Voraussetzung dafür ist eine hohe katalytische Aktivität der Elektrode und eine die Gasmenge begrenzende Schutzschicht. Kann das thermodynamische Gleichgewicht an der Elektrode nicht eingestellt werden, so "mißt" die Sonde einen falschen λ-Wert.

### 2.2.2  Resistive Lambda-Sonden

Neben der ZrO$_2$-Sonde ist als konkurrierendes Prinzip eine Lambda-Sonde aus TiO$_2$ in Serie. Obwohl dieser Sondentyp seit 1976 von verschiedenen Firmen parallel zur ZrO$_2$-Sonde entwickelt wurde [13, 14], hat er nicht deren Bedeutung erlangt.

Oxidische Halbleiter wie TiO$_2$ und SrTiO$_3$ setzen sich schon bei relativ niedrigen Temperaturen (TiO$_2$ > 300 °C bzw. SrTiO$_3$ > 600 °C) in kurzer Zeit mit dem Sauerstoff der umgebenden Gasphase ins Gleichgewicht. Bei einer Änderung des Sauerstoffpartialdruckes der Umgebung erfolgt eine Änderung in der Sauerstoffleerstellenkonzentration des Oxids (TiO$_{2-x}$, SrTiO$_{3-x}$), was zu einer Änderung der Volumenleitfähigkeit des Oxids führt. Diesem Effekt, der zur Bestimmung des λ-Wertes ausgenutzt wird, ist außerdem die Temperaturabhängigkeit der Leitfähigkeit überlagert. Je höher die Temperatur, desto geringer ist der elektrische Widerstand und desto kürzer ist die Ansprechzeit der Sensoren, da der Ausgleich über die Diffusion der Sauerstoffleerstellen schneller erfolgt.

Die poröse TiO$_2$-Dickschicht wird heute üblicherweise auf einem Al$_2$O$_3$-Substrat mit integriertem Heizer zwischen zwei Elektroden aufgebracht und eingesintert. Diese Schicht ändert bei λ = 1 ihre Leitfähigkeit aufgrund der großen pO$_2$-Änderung (analog dem Sprung bei ZrO$_2$-Lambdasonden) sehr stark. Im Neuzustand entsprechen die Funktionswerte im wesentlichen denen der ZrO$_2$-λ=1-Sonde. Während der Dauerlauf-Alterung (2000 h) steigen allerdings sowohl Fett- und Magerwiderstand, als auch die Ansprechzeiten unterschiedlich an. Dadurch wird die Abgasregellage signifikant nach mager verschoben (vgl. Kap. 2.4 u. 2.5).

### 2.2.3  Magersonden

#### 2.2.3.1  Magersonde nach Nernst-Prinzip

Entsprechend der Nernstschen Gleichung ist die Sondenspannung bei Magergasmessungen relativ klein (für λ > 1,05, d.h. pO$_2$ > 0,01 bar, ist $U_s$ < 65 mV). Dies stellt hohe Anforderungen an die Reproduzierbarkeit, da schon geringe Spannungsstörungen von wenigen mV eine deutliche Verfälschung des λ-Wertes ergeben. Bei Anwendungen, bei denen $\lambda > 1{,}05$ quantitativ bestimmt werden muß, ist daher eine spezielle Version der Sonde notwendig [11, 15, 16]. Unter anderem wird durch eine besondere Elektrodenherstellung die katalytische Aktivität erhöht und durch einen leistungsstärkeren Heizer (18 W), verbunden mit einem Schutzrohr mit vermindertem Gasdurchsatz, für eine konstantere Keramiktemperatur gesorgt.

Zusätzlich muß zur Messung der niedrigen Spannungspegel im mageren Abgas ein hochwertiger Eingangsverstärker verwendet werden. Zusammen mit einem klassischen Gemisch-Regler ist die Regelung aber beherrschbar und in Fahrzeugversuchen nachgewiesen. Selbst ein wechselweiser Betrieb ($\lambda = 1$ und mager) mit einer Sonde in demselben Fahrzeug ist möglich. Der Magerbetrieb ist je nach Genauigkeitsanforderungen bis $\lambda = 1{,}5$ möglich.

Ein weiteres Anwendungsfeld für diesen Sensor sind auch Öl- und Gasbrenner-Regelungen (Standzeiten über 5000 h). Durch den $\lambda$-geregelten Betrieb sind engere Toleranzen und Driften der Brenneranlage erreichbar, die zu niedrigerem Verbrauch, größerer Sicherheit und reduzierten Abgaswerten führen. Ein Sondeneinsatz ist ebenfalls in Stationärmotoren z.B. für Blockheizkraftwerke (BHKW) interessant, insbesondere bei schwankendem Heizwert des Brennstoffes.

### 2.2.3.2 Magersonde nach Grenzstromprinzip

Bei diesem Prinzip werden durch Anlegen einer äußeren elektrischen Spannung an zwei auf einer $ZrO_2$-Keramik aufgebrachte Elektroden $O_2$-Ionen von der Kathode zur Anode (elektrochemische $O_2$-Pumpzelle) gepumpt (Bild 2.2-5a) [16…19]. Ist das Nachfließen von $O_2$-Molekülen aus dem Abgas an die Kathode durch eine Diffusionsbarriere behindert, wird oberhalb eines Pumpspannungs-Schwellwertes eine Stromsättigung erreicht (Grenzstrombedingung). Der sich einstellende Grenzstrom $I_1$ ist in erster Näherung der Sauerstoffkonzentration $C_{O_2}$ des Abgases proportional und somit indirekt eine Funktion von $\lambda$

$$I_1 = 4\,F \cdot D\,\frac{Q}{L}\,C_{O_2} \tag{5}$$

L : Faraday-Konstante
$D$ : Diffusionskoeffizient
$Q$ : effekt. Diffusionsquerschnitt
$L$ : effekt. Diffusionslänge

Bild 2.2-5b zeigt die Strom-Spannungscharakteristik einer Grenzstromsonde bei verschiedenen $O_2$-Konzentrationen. Wird der Pumpstrom des Sensors bei konstanter Pumpspannung über $\lambda$ anstelle von $C_{O_2}$ aufgetragen, erhält man eine Kennlinie entsprechend Bild 2.2-5d. Während im mageren Abgas das Signal entsprechend Gleichung (5) mit abnehmendem $\lambda$ fällt, zeigt sich unterhalb $\lambda = 1$ ein sprunghafter Anstieg.

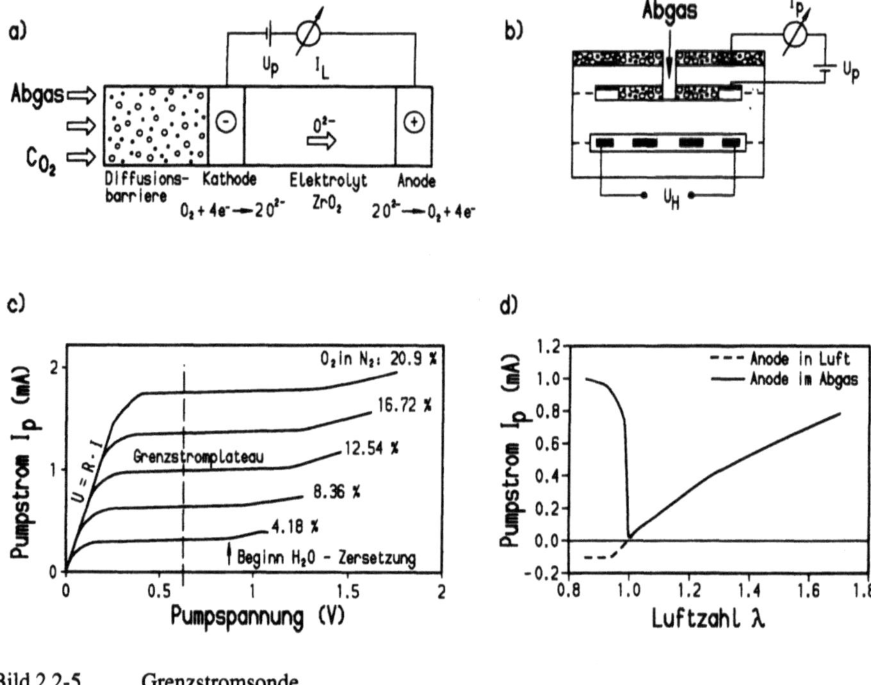


Bild 2.2-5       Grenzstromsonde
         a)    Funktionsprinzip
         b)    Schematischer Aufbau
         c)    Strom-/Spannungscharakteristik
         d)    Kennlinie über $\lambda$

Dieses von der einfachen Theorie abweichende Verhalten wird durch Zersetzungs-
effekte an der Kathode erklärt und erlaubt den Einsatz des Sensors ausschließlich im
Magergas. Den schematischen Aufbau dieses Sensortyps in Planartechnik mit integriertem elektrischen Heizelement zeigt Bild 2.2-5c. Je nach Ausführung der Diffusionsbarriere (Porenradius zu freier Weglänge der Gasmoleküle) werden, entsprechend
dem Anteil an Gasphasen- bzw. Knudsendiffusion, unterschiedliche Abhängigkeiten
des Pumpstromes (Meßsignal) von Abgasdruck und -temperatur beobachtet [17, 19].

## 2.2.4    Breitband-Lambdasonden

### 2.2.4.1 Grenzstromsonde mit anodischer Luftreferenz

Wird bei einem Grenzstromsensor entsprechend Kap. 2.2.3.2 die Anode nicht dem
Abgas, sondern einer Referenzluft ausgesetzt, so setzt sich die Spannung $U_{ges}$ an der
Sonde aus der effektiven Pumpspannung $U_P$ und einer überlagerten Nernstspannung

$U_N$ zusammen

$$U_{ges} = U_P + U_N \qquad (6)$$

Wird im Betrieb $U_{ges}$ z.B. auf 500 mV gehalten, so ergibt sich bei magerem Abgas ($\lambda > 1$, $U_N < 500$ mV) eine positive Pumpspannung, d.h. $O_2$ wird diffusionsbegrenzt von der Kathode zur Anode gepumpt. Für $\lambda = 1$ ($U_N \cong 500$ mV) geht die Pumpspannung und damit auch der Pumpstrom gegen Null. In fettem Abgas ($U_N > 500$ mV) wird die effektive Pumpspannung $U_P$ negativ und damit auch $I_P < 0$. Die Kennlinie ist in Bild 2.2-5d (unterbrochene Linie) angedeutet und zeigt einen monoton steigenden Verlauf über $\lambda$. Dieser Sensortyp ist in Fingerform in einem Mager-Mix-Konzept in Serie [9]. Dabei wird jedoch nur in der Magerphase die Sonde als Grenzstromsonde betrieben, während beim $\lambda = 1$-Betrieb die Pumpspannung abgeschaltet und die Nernstspannung als Regelsignal dient.

### 2.2.4.2 Zweizellen-Grenzstromsonde

Kombiniert man eine Grenzstromsonde mit einer Nernst-Konzentrationszelle, so erhält man einen Zweizellen-Sensor, der in Verbindung mit einer Betriebselektronik in einem weiten $\lambda$-Bereich $0,7 < \lambda < 4$ ein eindeutiges, monoton steigendes Signal liefert (Bild 2.2-6) [16, 20].

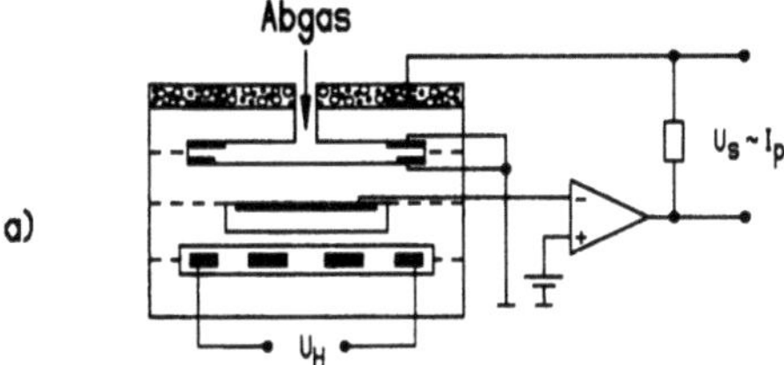


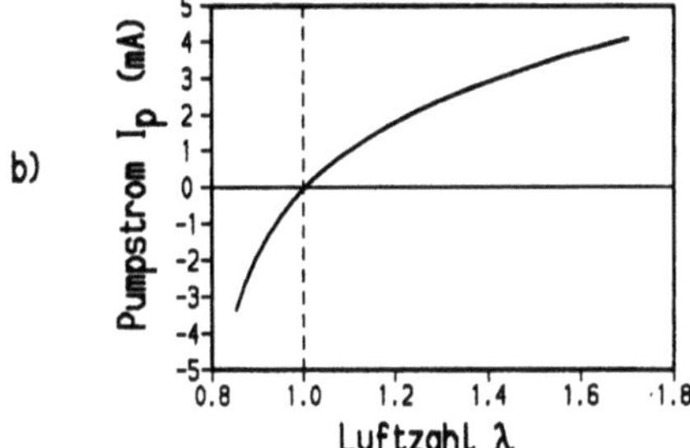


Bild 2.2-6    Zweizellen-Breitband-Lambdasonde
    a)    Schematischer Aufbau
    b)    Kennlinie über $\lambda$ ($T_{Gas} \cong 400\,°C$, $P_H \cong 12$ W)

Pumpzelle und Konzentrationszelle sind aus $ZrO_2$ und mit je 2 porösen Platinelektroden beschichtet und so angeordnet, daß zwischen ihnen ein Meßspalt von etwa 10...50 μm Höhe entsteht. Dieser Meßspalt ist durch eine Gaseinlaßöffnung im Festelektrolyten mit der umgebenden Gasatmosphäre verbunden und dient gleichzeitig als den Grenzstrom bestimmende Diffusionsbarriere. Die an die Pumpzelle angelegte Spannung wird durch eine elektronische Schaltung so geregelt, daß die Zusammensetzung des Gases im Meßspalt konstant bei z.B. $\lambda = 1$ liegt. Dies entspricht einer Spannung der Nernstzelle von $U_N = 450$ mV. Bei magerem Abgas pumpt demnach die Pumpzelle den Sauerstoff vom Meßspalt nach außen, während bei fettem Abgas die Stromrichtung umgekehrt und Sauerstoff aus dem umgebenden Abgas (durch Zersetzung von $CO_2$ und $H_2O$) in den Meßspalt gepumpt wird. Der Pumpstrom ist dabei proportional der Sauerstoffkonzentration bzw. dem Sauerstoffbedarf. Der integrierte Heizer sorgt für die notwendige Mindest-Betriebstemperatur von 600 °C.

## 2.3  $ZrO_2$-Keramik

### 2.3.1  Eigenschaften der Keramik

Wie bereits in Kap. 2.2.1 angeführt ist, wird Zirkondioxid nicht in seiner reinen Form, sondern das Mischoxid $Y_2O_3$/$ZrO_2$ als Festelektrolyt verwendet. Im Folgenden sollen die für eine dauerhaft gute Sensorfunktion wichtigen Eigenschaften Ionenleitfähigkeit, thermische Stabilität und mechanische Festigkeit dieses Mischoxids betrachtet werden.

Die Substitution des 4-wertigen Zirkoniumions durch das 3-wertige Yttriumion führt zur Bildung von Sauerstoffleerstellen, über die der Transport der Sauerstoffionen erfolgt. In erster Näherung gilt daher, daß die Ionenleitfähigkeit mit zunehmendem $Y_2O_3$-Gehalt steigt, da gleichzeitig auch die Konzentration der Sauerstoffleerstellen zunimmt. Dies wird sowohl für Yttrium als auch für andere 2- oder 3-wertige Erdalkalimetalle oder Seltene-Erd-Metalle bis zu einer bestimmten Defektkonzentration beobachtet [21], [10]. Oberhalb dieser Grenze beeinflussen sich die Fehlstellen gegenseitig so stark, daß bei weiter zunehmender Defektkonzentration die Ionenleitfähigkeit wieder abnimmt. Das Maximum wird etwa bei 9...10 mol% $Y_2O_3$ erreicht.

Beimischungen von Yttriumoxid wirken sich jedoch nicht nur auf die Ionenleitfähigkeit, sondern auch auf die kristalline Phasenzusammensetzung aus. Das bei Raumtemperatur monokline Zirkondioxid ist oberhalb 1200 °C zunächst tetragonal (metastabil) und wird oberhalb ca. 2370 °C kubisch. Durch Yttriumeinbau können die tetragonale und kubische Modifikation auch bei Raumtemperatur teilweise oder ganz stabilisiert werden (PSZ – partially stabilized zirconia; FSZ – fully stabilized zirconia, oberhalb ca. 10 mol% $Y_2O_3$) [10],[22]. Während die Temperaturwechselbeständigkeit von überwiegend monoklinem $ZrO_2$ für die Anwendung im Kfz-Abgas zu schlecht ist – die Phasenumwandlung mit den begleitenden geometrischen Veränderungen der einzelnen Kristallite führt zur Zermürbung der Keramik – ist die Festigkeit der kubischen Phase für die mechanischen und thermischen Schockbelastungen nicht ausreichend. Gute mechanische Eigenschaften dagegen besitzt die teilstabilisierte Keramik, wobei im Bereich 2...4 mol% Y$_2$O$_3$ die höchsten Festigkeiten erreicht werden [23].

Aus den Betrachtungen der Leitfähigkeit und der mechanischen Eigenschaften des Systems Y$_2$O$_3$/ZrO$_2$ wird deutlich, daß für die Auswahl der geeigneten Mischung für eine Abgassonde ein Kompromiß nötig ist. In der Praxis liegt der Yttriumoxidgehalt für $\lambda$-Sonden zwischen 4 und 5 mol%.

### 2.3.2    Herstellung der Lambda-Sonde

#### 2.3.2.1  Die klassischen Lambda-Sonden ("Finger"-Form)

Die Herstellung der Sensorelemente beginnt mit der Herstellung des teilstabilisierten ZrO$_2$. Das bekannteste Verfahren ist das Mischen und gemeinsame Vermahlen von ZrO$_2$ und Y$_2$O$_3$ (mixed oxide). Durch die unterschiedlich langen Diffusionswege – beide Oxide liegen als separate Pulverteilchen nebeneinander – ergibt sich in der Regel keine völlig homogene Yttriumverteilung im ZrO$_2$, so daß sich während des Sinterns sowohl voll stabilisierte kubische Kristallite, als auch tetragonale Kristallite ausbilden können. Letztere führen beim Abkühlen durch die Phasenumwandlung in monoklines ZrO$_2$ zu inneren Verspannungen und damit zu einer Verfestigung der Keramik. Bei bestimmten Yttriumkonzentrationen und Herstellbedingungen kann man aber erreichen, daß sich nur tetragonale Kristallite bilden, die auch nach Abkühlung stabil bleiben (TSZ – tetragonal stabilized zirconia). Tetragonal stabilisiertes Zirkondioxid weist aufgrund der nicht vorhandenen Phasenumwandlung einen nahezu konstanten thermischen Ausdehnungskoeffizienten auf.

Die Formgebung des Keramikgrundkörpers der Fingersonde (Bild 2.2-3) erfolgt in bekannter Weise durch Trockenpressen von granuliertem ZrO$_2$ und anschließendem Schleifen des Preßkörpers. Einer der wesentlichen Prozeßschritte ist das Aufbringen der gasdurchlässigen Platinelektroden. Dabei unterscheidet man grundsätzlich zwei Verfahren:

– Beim Dünnschichtverfahren (Elektrodendicke < 1 μm) wird eine mikroporöse dünne Platinschicht auf den zuvor gesinterten Grundkörper entweder thermisch aufgedampft [10], gesputtert oder chemisch abgeschieden und thermisch nachbehandelt.

– Beim Dickschichtverfahren (Elektrodendicke 5...10 μm) wird z.B. eine Platin-Cermetschicht (Mischung aus Metall und Keramikphase) auf den ungesinterten Grundkörper aufgedruckt [24],[25].

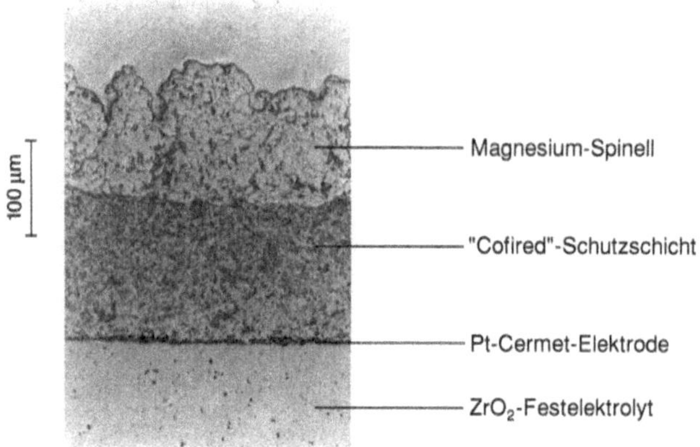


Bild 2.3-1    Schliffbild vom Elektroden- und Schutzschichtbereich einer Lambda=1-Sonde mit Doppelschutzschicht

Der funktionsrelevante Unterschied beider Verfahren liegt vor allem darin, daß die für die Umsetzung von Sauerstoff notwendige Drei-Phasen-Grenze (gemeinsame Grenzfläche zwischen Platin, Zirkondioxid und Gasphase) bei der Verwendung von Dünnschichtelektroden auf die Oberfläche des Grundkörpers beschränkt ist. verwendet man dagegen eine Dickschicht-Cermetelektrode mit einer keramischen Phase aus ZrO$_2$, wird diese Grenzfläche erheblich vergrößert und zusätzlich die Hochtemperatur-Haftfestigkeit gesteigert.

Um eine λ-Sonde langzeitstabil zu machen, muß die dem Abgas ausgesetzte Außenelektrode durch eine geeignete poröse, festhaftende Abdeckung geschützt werden. Neben dem weithin eingesetzten Plasma- oder Flammspritzverfahren, bei dem auf den gesinterten und mit Elektroden versehenen Keramikkörper eine 50...300 µm starke poröse Keramikschicht (z.B. Magnesiumspinell) aufgetragen wird, wird für neuere langzeitstabile Sondengenerationen die cofiring-Technik mit Schutzschichten auf ZrO$_2$-Basis ("cofired protection layer") oder eine Kombination beider Verfahren verwendet (Bild 2.3-1).

Die für die Funktion wichtige definierte Porosität kann bei co-gesinterten Schutzschichten entweder durch organische Porenbildner, die während des Sinterns ausbrennen, oder durch Einlagerung einer zweiten sinterinaktiven keramischen Phase z.B. Al$_2$O$_3$, eingestellt werden [26].

Poröse Schutzschichten stellen zusätzlich eine, der Elektrode vorgeschaltete, Diffusionsbarriere für Abgasmoleküle dar und beeinflussen deshalb auch grundsätzlich die Regellage der Sonde (s. Kap. 2.4), da die thermodynamisch nicht im Gleichgewicht befindlichen Abgaskomponenten unterschiedliche Diffusionskoeffizienten besitzen. Diesem Effekt kann man teilweise durch gezielte Pigmentierung der Schutzschichten entgegenwirken, die neben katalytischen auch noch vergiftungshemmende Eigenschaften aufweisen können [27].

### 2.3.2.2 Die planare Lambda-Sonde

Der Begriff der Planarsonde leitet sich aus der Tatsache ab, daß im Gegensatz zur Fingersonde alle Funktionsschichten als ebene, aufeinanderliegende Flächen ausgeführt sind. Die dazu verwendete Technologie ist sehr ähnlich der Vielschichttechnologie, wie sie zur Herstellung von keramischen Vielschichtkondensatoren oder hochvernetzten keramischen Elektronikboards (z.B. MCM – multi-chip-modules) eingesetzt wird.

Zunächst muß das ZrO$_2$-Pulver durch Zusatz einer organischen Binderphase in einem Foliengießprozeß zu keramischen Foliensubstraten verarbeitet werden. Auf diese Substrate werden in Siebdrucktechnik (Dickschichttechnik) die einzelnen Funktionsgruppen, z.B. galvanische Zelle, Pumpzelle, Referenzluftkanal und Heizer (s. auch Kap. 2.2), durch eine entsprechende Schichtfolge aufgebaut [20].

Durch Aufeinanderstapeln und Laminieren (Verbinden durch Einwirkung von Temperatur und Druck) mehrerer bedruckter Foliensubstrate lassen sich fast beliebig komplexe Gesamtstrukturen erzeugen. Ein Beispiel für eine planare Lambda=$\lambda$-Sonde zeigt Bild 2.3-2.

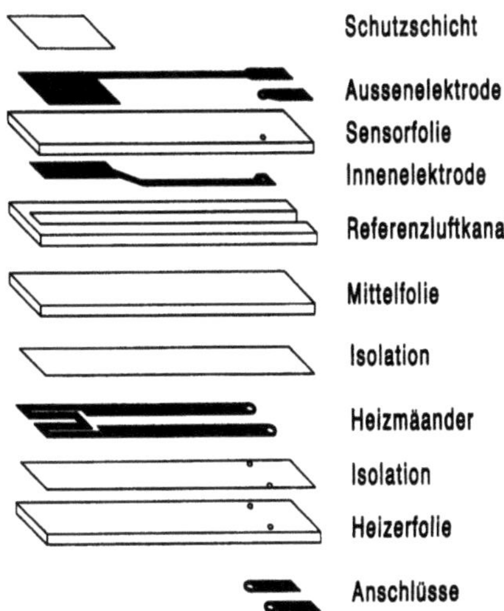


Bild 2.3-2    Schichtaufbau planare Lambda = 1-Sonde

Die flächige Arbeitsweise erlaubt als zusätzlichen Vorteil, eine Vielzahl von Einzelelementen auf einem Substrat herzustellen, die später vereinzelt werden (Mehrfachnutzen) und zu monolithischen Sensoren mit integriertem Heizelement gesintert werden. Voraussetzung für die thermische und mechanische Stabilität der erhaltenen Keramikelemente ist eine sorgfältige Abstimmung der thermischen Ausdehnungskoeffizienten der beteiligten $ZrO_2$-, Cermet- und Isolationsschichten. Der Vorteil der in dieser neuen Technologie hergestellten Sensorelemente liegt funktionell vor allem darin, daß die Integration von Heizer und Sensor in einem Bauteil mit insgesamt geringer thermischer Masse zu deutlich verringerter Heizdauerleistung (30...40 % der notwendigen Dauerleistung bei der Fingersonde), zu schnellerer Regelbereitschaft nach dem Einschalten und zu kleineren Sondenbauformen führt. Diese Merkmale kommen gerade den Forderungen des modernen Kfz (Energiebedarfsreduzierung, Gewichts- und Platzersparnis sowie strengere Abgasnormen) entgegen.

### 2.3.2.3  Die Lambda-Sonden-Montage

Bild 2.3-3 zeigt je eine komplett verbaute unbeheizte und beheizte Fingersonde. Trotz ähnlichem äußeren Aussehen ergeben sich innerlich unterschiedliche Konstruktionen, die im wesentlichen darauf zurückzuführen sind, daß bei einer beheizten Fingersonde Heizer und Sensor zwei separate Bauteile darstellen, die zusammengefügt und kontaktiert werden müssen. Die aufwendigen Konstruktionen mit verschiedenen Stützkeramikteilen sorgen dafür, daß einerseits das Referenzgasvolumen gasdicht gegenüber der Abgasseite abgeschirmt ist und andererseits die Sonde in begrenztem Maße stoß- und schlagfest ist. Das planare Sensorelement, das in sich sowohl Sensor als auch Heizer vereinigt, wird ähnlich der beheizten Fingersonde mit verkürzter Bauform montiert.

Um die steigenden Genauigkeitsanforderungen zu erfüllen, werden heute überwiegend beheizte Sonden mit Heizleistungen zwischen 7 und 18 Watt eingesetzt, während unbeheizte Sonden mehr und mehr an Bedeutung verlieren.

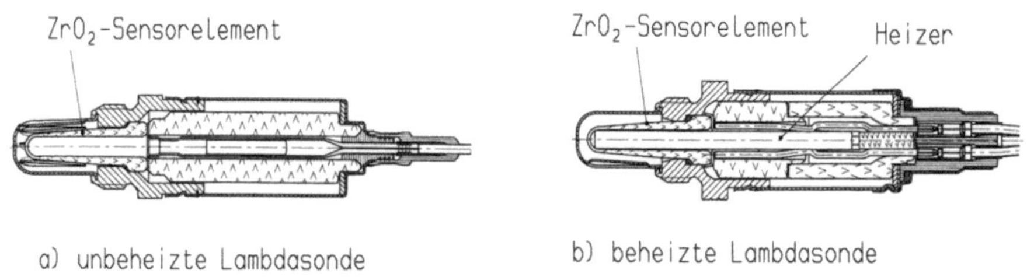


Bild 2.3-3    Konstruktiver Aufbau der Finger-Lambda-Sonde
a)    unbeheizte Sonde        b)    beheizte Sonde

## 2.4   2-Punkt Lambda = 1 - Regelung

### 2.4.1   Grundlegendes Regelungskonzept

Die Lambdaregelung ist eine, dem elektronischen Motorsteuerungssystem (z.B. KE-, L-, Mono-Jetronic und Motronic) aufgeschaltete Funktion (Bild 2.4-1) [6, 7, 28, 29]. Die heute verwendeten Regelungskonzepte basieren auf einer 2-Punkt $\lambda = 1$-Regelung, bei der die Gemischzusammensetzung mit einer gewissen Frequenz (0,5...5 Hz) und Amplitude (d$\lambda = \pm 0,01...0,05$) um den optimalen $\lambda$-Wert schwingt. Eine 2-Punkt-Regelung mit Regelschwingung ist möglich, da der Katalysator in der Lage ist, während der Magerphasen Sauerstoff zu speichern und diesen bei kurzzeitigen Fettphasen wieder freizugeben. Unvermeidliche Systemtotzeiten bedingen eine relativ geringe Regelgeschwindigkeit jeder Lambda-Regelung, weshalb eine Gemischvorsteuerung notwendig ist, die das Gemisch möglichst exakt auf $\lambda = 1$ einstellt. Dadurch werden zu große Regelamplituden und schädliche Abgasspitzen vermieden, die zu hohen Abgaswerten und einer Beeinträchtigung des Fahrverhaltens führen würden.

Verändert sich das Abgasgemisch von $\lambda < 1$ nach $\lambda > 1$ (fett nach mager), so ändert sich die Sondenspannung der Lambdasonde von ca. 800 mV auf ca. 100 mV mit einer steilen Signaländerung bei $\lambda = 1$. Ein Komparator vergleicht das Sondensignal mit einer Referenzspannung und gibt einen Spannungssprung aus, wenn das Signal die Referenzschwelle unter- oder überschreitet. Der Komparatorausgang definiert nur, ob fettes ($U_s > U_{Ref}$) oder mageres Gemisch ($U_s < U_{Ref}$) vorliegt. Dieses Signal wird einem Regler zugeführt, dessen Ausgangssignal die Kraftstoffzumessung verändert (Bild 2.4-1). Sieht die Sonde fettes Abgas, ist also das Sondensignal größer als ein vorgegebener Schwellwert (z.B. 450 mV), so wird das Gemisch kontinuierlich so lange abgemagert, bis an der Sonde mageres Abgas vorbeiströmt und das Sondensignal den Schwellwert wieder unterschreitet. Danach wird das Gemisch wieder kontinuierlich angefettet. Die Sonde reagiert erst nach einer Totzeit auf eine Gemischverstellung. Die Totzeit setzt sich aus der Vorlagerungszeit des Gemisches bis zum Ansaugen, der Verweilzeit im Zylinder, der Laufzeit bis zur Sonde (abhängig von der Drehzahl) und der Ansprechverzögerung der Sonde zusammen. Daher stellt sich eine Regelschwingung mit Frequenzen zwischen 0,5...5 Hz und Amplituden bis zu $\Delta\lambda = 0,05$ um einen mittleren $\lambda$-Wert ein. Üblicherweise wird kein Regelalgorithmus mit reinem Integralverhalten, sondern mit einem Proportional-Integralverhalten (PI-Regler) verwendet. Dadurch wird bei Über- oder Unterschreiten des Schwellwertes die Gemischzusammensetzung zunächst sprungförmig entsprechend dem Proportionalanteil und anschließend integral verändert. Eine Änderung der Totzeit und der Integratorsteigung beeinflußt die Schwingungsamplitude. Mittels des Proportionalanteiles läßt sich die Regelfrequenz beeinflussen. Da die Totzeit sehr stark von Last und Drehzahl abhängig-ist, werden die Reglerparameter den Fahrbedingungen über ein Last-Drehzahl-Kennfeld angepaßt und mitgeführt.

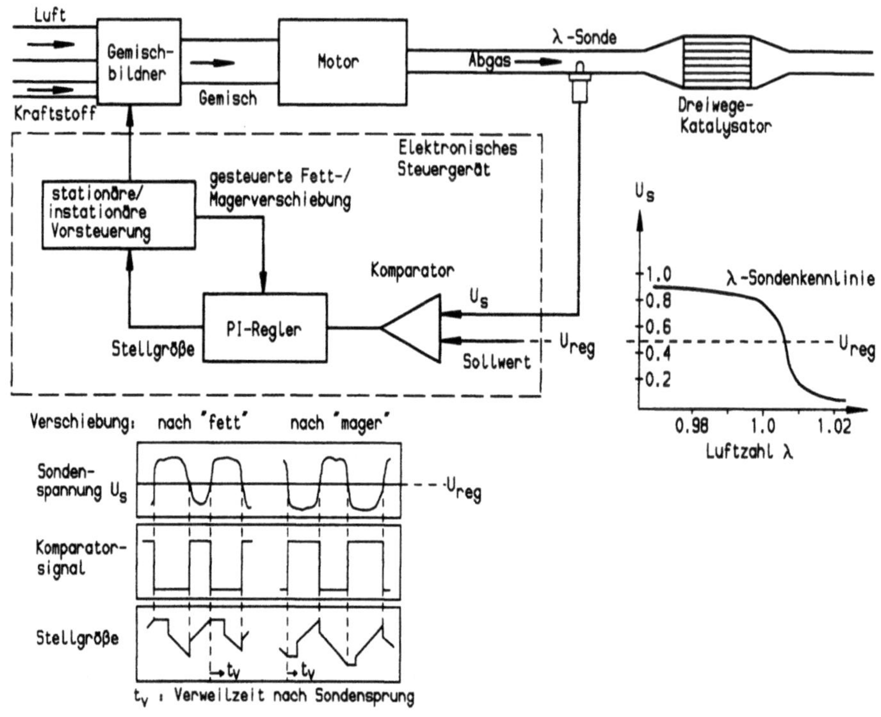


Bild 2.4-1        Funktionsschema λ-Regelung

Da das Lambdafenster (Konvertierungsrate > 90%) des Katalysators nicht exakt bei λ = 1, sondern leicht im Fetten liegt, erhält man optimale Ergebnisse in Bezug auf geringe Emissionswerte bei Referenzspannungen >550 mV. In diesem Bereich ist jedoch die Lambdasondenkennlinie über die Lebensdauer und Temperatur nicht stabil. Daher wird eine Referenzspannung zwischen 400...500 mV eingestellt, die einen relativ stabilen Punkt der Lambdasondenkennlinie darstellt. Da die steile Flanke der Sondenkennlinie nicht genau bei λ = 1 liegt, sondern leicht mager verschoben ist, vgl. auch Kap. 2.4.2.1, führt eine Regelschwelle von 400...500 mV zu einer relativ konstanten Magerverschiebung des Gemisches. Dies läßt sich elektronisch durch eine asymmetrische Regelschwingung kompensieren, die entweder durch ein verzögertes Umschalten nach dem Sondensprung (tv-Verschiebung, Bild 2.4-1), durch unterschiedliche Sprunghöhe des Reglers und/oder eine asymmetrische Rampensteigung realisiert werden kann. Die von Last und Drehzahl abhängigen Parameter für die elektronische Lambdaverschiebung werden ggf. als Kennfeld im Steuerrechner gespeichert. Diese Methode erlaubt eine λ-Korrektur bis zu λ ≤ 0,015 [7].

### 2.4.2  Einflüsse auf das Regelverhalten

Die sich stark ändernden Abgasbedingungen (Temperatur, Gasgeschwindigkeit, Totzeiten) haben komplexe Einflüsse auf das Regelverhalten. Beispielhaft zeigt hierzu Bild 2.4-2, wie sich die für das $\lambda = 1$-Regelungskonzept wichtigen Parameter – eingeregeltes Lambda (zeitlicher Mittelwert) und Regelfrequenz – über die Abgastemperatur und Strömungsgeschwindigkeit ändern, die überwiegend drehzahlabhängig sind.

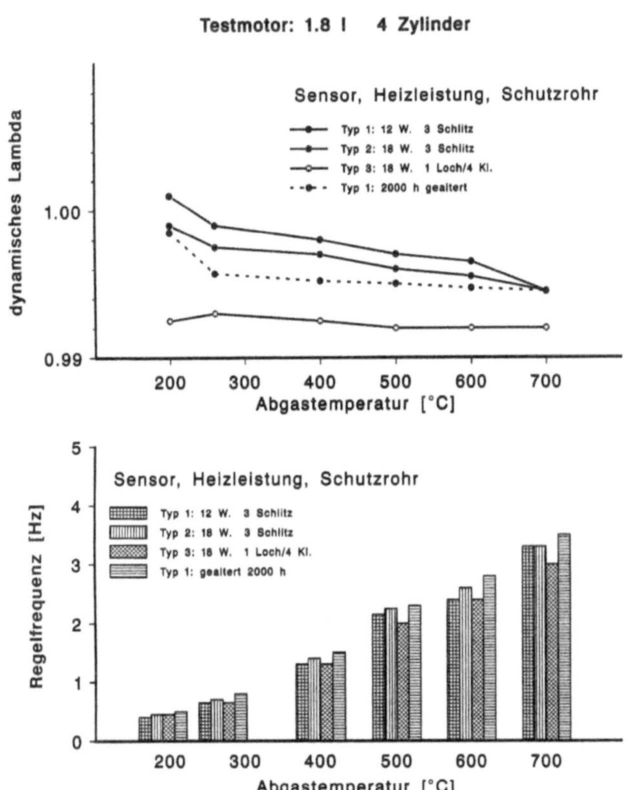


Bild 2.4-2    Einfluß der Abgastemperatur (Drehzahl) auf dynamisches Lambda und Regelfrequenz

### 2.4.2.1  Einflüsse auf die statische Sondenkennlinie

Wie bereits in den vorhergehenden Kapiteln angedeutet wurde, erfolgt der $\lambda$-Sprung der Sondenkennlinie nicht genau bei $\lambda = 1$, sondern in der Regel bei $\lambda > 1$. Der Hauptgrund dafür ist die poröse Schutzschicht, die die Elektroden vor dem abrasiven

Abgas und möglichen Verunreinigungen schützt (vgl. Kap. 2.3). Sie verlängert nicht nur die Ansprechzeit der Sonde, sondern verändert aufgrund der unterschiedlichen Diffusionskoeffizienten der einzelnen Gaskomponenten den λ-Wert an der Elektrode gegenüber dem λ-Wert des Abgases [30]. Ist die Porosität der Schutzschicht gering, so diffundiert H$_2$ im Verhältnis zu O$_2$ zu einem größeren Anteil vom Abgas zur Elektrode. Als Folge davon sieht die Elektrode fetteres Gas und die λ-Kennlinie wird nach mager verschoben. Dies wird noch verstärkt, wenn sich die Schutzschicht mit Rückständen (z.B. Ölaschen oder SiO$_2$) aus dem Abgas zusetzt. Ebenfalls zu einer schwachen Magerverschiebung führt das Absinken der Sondentemperatur, z.B. durch Abkühlung des Sensors durch kaltes Motorabgas [15].

Im Gegensatz dazu führen Rißbildungen oder ein Abplatzen der Schutzschicht zu einer Verkürzung der Ansprechzeiten und Verschiebung der statischen Kennlinie nach fett. Dieser Schädigung kann durch Anwendung einer entsprechenden Technologie bei der Schutzschichtherstellung begegnet werden (cofiring). Auch eine Deaktivierung der Elektroden, wie sie insbesondere bei der Vergiftung durch Blei beobachtet wird, verschiebt die Umschaltschwelle zu kleineren λ-Werten hin, da freier, nicht umgesetzter Sauerstoff mitgemessen wird, was eine flachere statische Kennlinie zur Folge hat [31]. Eine ähnliche Auswirkung hat auch eine Verschmutzung der Referenzatmosphäre (CSD), z.B. durch Abgas oder Wasser (Bild 2.4-3).

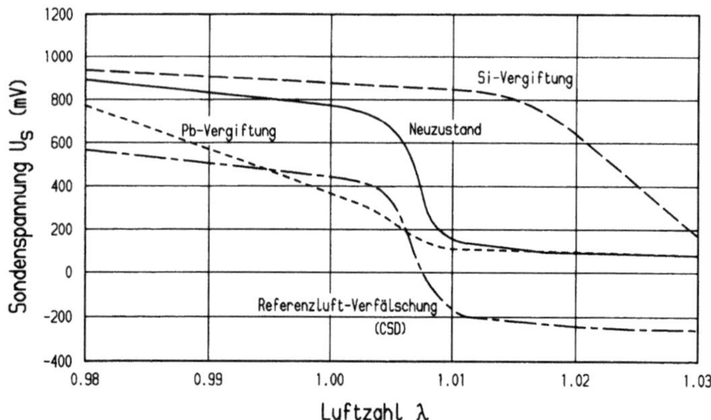


Bild 2.4-3       Vergiftungseinflüsse auf die statische Kennlinie der Lambda = 1-Sonde, gemessen im Laborprüfstand (s. Bild 2.5-4) bei $T_{gas}$ = 350 °C

## 2.4.2.2 Einflüsse auf die Sondendynamik und die Regellage

Die Regellage (eingeregeltes λ) wird nicht nur von der statischen Sondencharakteristik, sondern auch von der Sondendynamik und der Asymmetrie der Sondenansprechzeiten, insbesondere von der Schaltzeit $t_{rs}$ (rich to switchpoint) beim Sprung

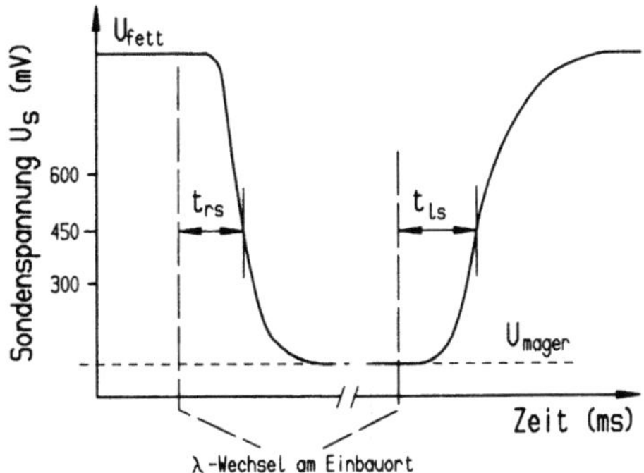


Bild 2.4-4    Definition der Zeitkennwerte $t_{rs}$, $t_{ls}$ des Sensorsignals

von Fett nach Mager und $t_{ls}$ (lean to switchpoint) beim Sprung von Mager nach Fett bestimmt (Bild 2.4-4). Eine Messung der Ansprechzeiten, bei der nur eine sprunghafte $pO_2$-Änderung ohne eine gleichzeitige sprunghafte Änderung der anderen Abgaskomponenten erzeugt wird (vgl. Abgaszusammensetzung Bild 2.2-1), ist für die Beurteilung der Abgas-Regellage nicht aussagekräftig, da die Wechselwirkungen aller Gaskomponenten untereinander und mit der Elektrode (Diffusion, Adsorption, Katalyse etc.) berücksichtigt werden müssen.

Die Sondenschaltzeiten $t_{rs}$ und $t_{ls}$ hängen sehr stark von der Gestaltung des Schutzrohres, der Schutzschicht und der Sondentemperatur ab. Ohne Schutzrohr wurden bei $ZrO_2$-Sonden mit $T_{Keramik} \cong 900\,°C$ Schaltzeiten unter 10 ms gemessen. Bei vielen derzeit applizierten Systemen ist jedoch eine derart schnelle Ansprechzeit nicht notwendig bzw. nicht erwünscht.

Erhöhen sich die Ansprechzeiten ohne daß sich die Differenz von $t_{rs}$ und $t_{ls}$ verändert, so hat dies zwar keinen Einfluß auf die Regellage, jedoch verschlechtern sich die Abgaswerte, da die Regelamplitude vergrößert und der Konvertierungsgrad des Katalysators herabgesetzt wird (vgl. Bild 2.2-2).

Erhöhen sich Ansprechzeiten $t_{rs}$ und $t_{ls}$ asymmetrisch, wirkt sich das durch eine A-Verschiebung auch auf die Regellage aus. Dabei können wiederum zwei Fälle unterschieden werden:

– Eine stärkere Zunahme von $t_{rs}$ führt zu einer Magerverschiebung. Dafür können verschiedene Gründe verantwortlich sein. Die Verweilzeit im fetten Abgas beeinflußt $t_{rs}$ über die Adsorption von CO und HC. Diese wird durch die Regelfrequenz und -amplitude bestimmt. Setzt sich die poröse Schutzschicht z.B. durch Ölaschen zu, oder sinkt die Sondentemperatur, so nimmt $t_{rs}$ meist stärker als $t_{ls}$ zu.

– Eine stärkere Zunahme von $t_{ls}$ führt dagegen zu einer Fettverschiebung. Einen Haupteinfluß auf $t_{ls}$ hat die Umsatzfähigkeit der Elektrode und Schutzschicht. Pb-

Ablagerungen verringern die katalytische Aktivität, dadurch wird $t_{ls}$ größer ohne $t_{rs}$ wesentlich zu beeinflussen.

Die Auswirkungen anderer Verunreinigungen aus Ölzusätzen, Schmierstoffen, Zylinderabrieb u.a. (z.B. S, P, Zn, Ca) auf Lambda-Sonde und Katalysator sind Gegenstand aktueller Untersuchungen [32, 33]

Je höher die Temperatur an der Elektrode, desto geringer ist im allgemeinen die Vergiftungsanfälligkeit der Sonde. Die Keramiktemperatur wird vom Heizer, von der Gastemperatur, vom Gasdurchsatz (Drehzahl, Last) und vom Schutzrohr bestimmt. Sie liegt meistens zwischen 350 °C und 1000 °C, wenn sich die Abgastemperatur im Bereich von 150 °C bis 900 °C − abhängig von der Einbaulage − ändert. Die Gasgeschwindigkeit variiert zwischen 2 m/s im Leerlauf, über 40 m/s bei mittlerer Last und Drehzahl bis zu 80 m/s bei Vollast. Der Einfluß von Gastemperatur und Schutzrohr ist aus Bild 2.4-2 ersichtlich. Das eingeregelte Lambda wird wesentlich von der Keramiktemperatur bestimmt. Ein Schutzrohr, das nur einen geringen Gasdurchsatz erlaubt (1 Loch/4 Klappen), und eine erhöhte Heizleistung (18 W) führen zu einer höheren Keramiktemperatur mit besserer Temperaturkonstanz über der Abgastemperatur. Hierdurch erreicht man einen stabiler eingeregelten λ-Wert, der gegenüber dem mit einem offeneren Schutzrohr (3 Schlitze) mit 12 W Heizleistung erzielten λ-Wert leicht fett verschoben ist.

Auf die Regelfrequenz wirken sich im wesentlichen Abgastemperatur und Drehzahl (Systemtotzeit) aus, hier ist der Sensor (Schutzrohr, Heizleistung) von untergeordneter Bedeutung (Bild 2.4-2). Die Sondenansprechzeiten ($t_{rs}$ , $t_{ls}$) haben um so größeren Einfluß auf die Regellage, je größer ihr Anteil an der gesamten Systemtotzeit ist. Die Systemtotzeit hängt von der Sondeneinbaulage (0,2 m bis 2 m nach Krümmer, typisch ≈ 1 m nach Auslaßventil) und über die Gasgeschwindigkeit von Last und Drehzahl ab. Sie beträgt im Leerlauf ca. 500 ms und verkürzt sich bei Vollast bis auf Werte < 20 ms, was im Bereich der Sondenschaltzeiten liegt.


## 2.5  Applikation

### 2.5.1  Einsatzbedingungen

Beim Betrieb im Kfz ist die Sonde extremen Umwelteinflüssen ausgesetzt. Tabelle 2.5-1 gibt einen Überblick über Art und Größe der für die Sonde wichtigsten Beanspruchungen. Richtige Auswahl und sorgfältige Abstimmung aller verwendeten Materialien (Keramik, Metall, Kunststoffe) hinsichtlich ihrer thermischen, mechanischen und chemischen Eigenschaften sind, außer der eigentlichen Sensorfunktion, eine notwendige Voraussetzung für die zu erreichende, hohe Lebensdauer von über 160'000 km.

Die Sondeneinbaulage ist von entscheidender Bedeutung für die richtige Abstimmung des Gesamtkonzeptes der $\lambda$-Regelung, da sie sowohl maßgeblich die äußeren Einflüsse als auch die Regelfunktion mitbestimmt. Sie muß einerseits so weit vom Auslaßventil entfernt sein, daß die Sonde ein für alle Zylinder repräsentatives Abgas sieht, andererseits so nah, daß die Systemtotzeit nicht unzulässig hoch wird. Beides beeinflußt die Emissionswerte.

Thermisch wird die Sonde zum einen durch die hohen möglichen Abgastemperaturen, zum anderen durch die entstehenden Temperaturgradienten beansprucht. Die Abgastemperatur ist primär von der Drehzahl abhängig und kann bei Hochleistungsmotoren 1'000 °C am Sondeneinbauort erreichen. Die höchsten Temperaturgradienten an der Sonde treten beim Warmstart mit nachfolgender scharfer Fahrweise auf, wenn Sonde und Auspuff schon abgekühlt waren. Hierbei können Abgastemperaturgradienten bis zu 500 K/s auftreten.

Nach Kaltstart kann es während der Aufheizphase, wenn durch die elektrische Beheizung eine kritische Keramiktemperatur von ca. 300 °C überschritten wird, zu Keramikbrüchen infolge Thermoschock durch Kondenswasser kommen, das sich an den Rohrwandungen niedergeschlagen hat. Durch eine möglichst motornahe Einbaulage und eine rasche Aufheizung der Auspuffrohre vor dem Sondeneinbauort kann eine Beaufschlagung mit Kondenswasser weitgehend verhindert werden. Je nach fahrzeugtypischen Gegebenheiten muß unter Umständen die Einschaltung der Sondenheizung verzögert erfolgen.

Mechanisch wird die Sonde im wesentlichen durch Vibration, Abgaspulsation, Steinschlag und Kabelzug beansprucht (s. Tabelle 2.5-1).

Tabelle 2.5-1    Übersicht Beanspruchung von $\lambda$-Sonden

| Mechanische Beanspruchung | Beanspruchung durch Umwelteinflüsse | Thermische Beanspruchung | Beanspruchung durch Abgas |
| --- | --- | --- | --- |
| - Schwingbeanspruchung<br>  (<1300 m/s²)<br><br>  * durch Körperschall vom Motor (<5kHz)<br>  * durch Abgaspulsation (< ±300mbar)<br>  * durch Fahrtwind (Kabel, <10Hz)<br><br>- Steinschlag (<1,5Nm)<br><br>- Montage/Demontage (M$_d$ ca. 50 Nm bei Einbau)<br><br>- Kabelzug (<70N)<br><br>- Handling (Stoßbelastung bis 1000 g) | - Spritz-/Schwallwasser (ggf. NaCl-,CaCl-, MgCl-haltig)<br><br>- Staub (organisch, anorganisch)<br><br>- Öl, Schmutz, Unterbodenschutz<br><br>- Bordnetzschwankungen (9...15V) Boosterbetrieb (24V)<br><br>- EMV (<200V/m)<br><br>- Klimaschwankungen (-40°C...+50°C, 10...100% rel. Feuchte) | - Abgastemperatur (150 °C ... 1000 °C)<br><br>- Abgastemperatur-gradienten<br>  * bei Kaltstart (<500K/s)<br>  * bei Schubabschaltung (<200K/s)<br><br>- Stauwärme (<300°C am Kabelanschluß)<br><br>- Strahlungswärme (macht ggf. entsprechende Schutzmaßnahmen erforderlich) | - Abgas zw. Lambda=0,85 (bei Vollast-Anreicherung) und Lambda=unendlich (bei Schubabschaltung)<br><br>- Katalysatorgifte aus dem Kraftstoff (zulässiger Pb-Gehalt: <0,013g/l, S-Gehalt: <0,1 Gew%, Br-,Cl-Verbindungen)<br><br>- Ölaschen (Ca-,P-,S-,Zn-Verbindungen) bis zu 1kg über 100.000km<br><br>- diverse Korrosionsprodukte (z.B. Fe-Oxide, Si)<br><br>- Kondenswasser |

Der anschlußseitige Teil der Sonde muß einerseits so abgedichtet sein, daß kein Spritzwasser ins Sondeninnere eindringen und die Referenzluft verfälschen kann (vgl. Kap. 2.4.2.1 und s. Bild 2.4-3), andererseits muß die Abdichtung aber so flexibel sein, daß die über das Kabel auf die Sonde wirkenden Zugkräfte und Schwingbeschleunigungen aufgefangen werden. Weitere Umwelteinflüsse sind Tabelle 2.5-1 zu entnehmen.

Tabelle 2.5-2      Übersicht der Abgasgrenzwerte für Ottomotoren (Stand Juli 1992)

| Ländergruppe | Einführung (Typzulassung) | Abgasgrenzwerte | | | | | Bemerkungen | | |
|---|---|---|---|---|---|---|---|---|---|
| | | HC | CO | $NO_x$ | $HC+NO_x$ | Einheit | | | |
| Kalifornien | MJ 1982 | 0,41 | 7,0 | 0,4 | – | g/Meile | | | |
| | MJ 1993 | 0,25 | 3,4 | 0,4 | – | g/Meile | | | |
| | MJ 1994 | 0,125 | 3,4 | 0,4 | – | g/Meile | TLEV | 10 % | in % der |
| | MJ 1997 | 0,075 | 3,4 | 0,2 | – | g/Meile | LEV | 25 | Flotte, |
| | MJ 1997 | 0,04 | 1,7 | 0,2 | – | g/Meile | ULEV | 2 % | stufenweise |
| | MJ 1998 | 0,0 | 0,0 | 0,0 | – | g/Meile | ZEV | 2 % | Erhöhung |
| USA (Bund) | MJ 1983 | 0,41 | 3,4 | 1,0 | – | g/Meile | | | |
| | MJ 1994 | 0,25 | 3,4 | 0,4 | – | g/Meile | | | |
| | MJ 2003 | 0,125 | 1,7 | 0,2 | – | g/Meile | Bei Bedarf | | |
| Kanada, Österreich, Schweiz, Südkorea, | einge– | 0,41 | 3,4 | 1,0 | – | g/Meile | = US 83 | | |
| Dänemark, Norwegen, Finnland, Schweden | führt | 0,25 | 2,1 | 0,62 | – | g/km | | | |
| Japan | 4/1981 | 0,25 | 2,1 | 0,25 | – | g/km | 10–mode | | |
| Mexiko | MJ 1991 | 0,7 | 7,0 | 1,4 | – | g/km | | | |
| | MJ 1993 | 0,25 | 2,11 | 0,62 | – | g/km | = US 83 | | |
| Chile (nur Santiago) | 9/1992 | 0,25 | 2,1 | 0,62 | – | g/km | = US 83 | | |
| Brasilien | 1/1992 | 1,2 | 12,0 | 1,4 | – | g/km | | | |
| | 1/1997 | 0,3 | 2,0 | 0,6 | – | g/km | | | |
| Australien | 1/1986 | 0,93 | 9,3 | 1,93 | – | g/km | | | |
| EG | 7/1992 | – | 2,72 | – | 0,97 | g/km | MVEG I | | |
| | 1/1996 | 0,15 | 2,1 | 0,3 | – | g/km | MVEG II Vorschl. Parlament | | |
| | | – | 2,2 | – | 0,5 | g/km | " Kommission | | |
| | 1999 | – | 1,5 | – | 0,2 | g/km | MVEG III " Deutschland | | |

MVEG: Motor Vehicle Emission Group

## 2.5.2  Abgasmeßtechnik

Zur Bestimmung der Regellage der Sonde im realen Motoreinsatz sind verschiedene Prüfungen erforderlich, die entweder direkte Aussagen über das Abgasverhalten zulassen oder aus deren Prüfergebnissen Rückschlüsse darauf möglich sind. Durch aufwendige Testverfahren muß sichergestellt werden, daß die vom Gesetzgeber vorgegebenen Abgasgrenzwerte (Tabelle 2.5-2) sowohl mit neuen als auch mit gealterten Sonden eingehalten werden.

### 2.5.2.1  Rollenprüfstandsmessungen

Auf Rollenprüfständen werden genormte Fahrkurven (Testzyklen) nachgefahren, die als repräsentatives Fahrverhalten in bestimmten Zonen angesehen werden. Roll-, Luftwiderstand und Fahrzeugmasse können hierbei mittels Wasserwirbelbremsen,

Wirbelstrombremsen und Gleichstrommotoren simuliert werden. Die Abgase werden nach einem genormten Verfahren, der CVS-Methode (Constant Volume Sampling = Verdünnungsmethode) in Beuteln gesammelt und bezüglich ihres Schadstoffgehaltes analysiert [34]. Die Meßergebnisse in Gramm oder Gramm/Meile entsprechen dem realen Schadstoffausstoß des Fahrzeuges bei einer entsprechenden Straßenfahrt. Für USA, Europa und Japan sind verschiedene Fahrkurven vorgeschrieben (FTP75-, ECE/EG- und Japan-Fahrzyklus, Bild 2.5-1). Zur Überwachung der Produktionsqualität von Seriensonden werden ständig FTP75-Tests durchgeführt.

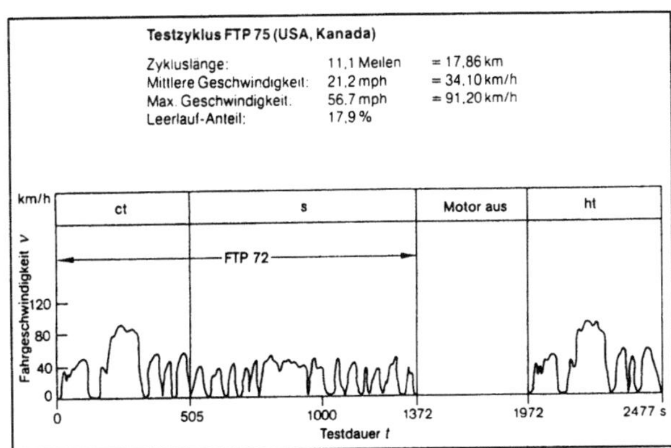


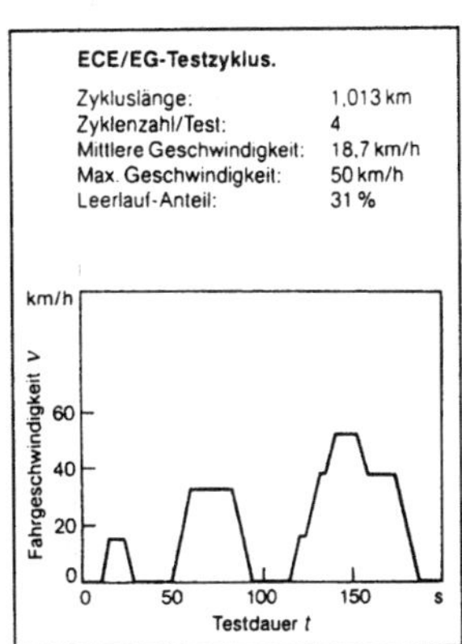


Bild 2.5-1    FTP75 (USA)- und ECE (EG)-Fahrzyklus [28, 34]

### 2.5.2.2 Abgas-Zertifikation

Für ein neu appliziertes Fahrzeugmodell muß in den USA von den Automobilherstellern der Umweltbehörde gegenüber der Nachweis erbracht werden, daß die Emissionswerte aller Schadstoffkomponenten vom Neuzustand bis Lebensdauerende unterhalb der Grenzwerte liegen und daß sich die Abgaswerte zwischen 4'000 Meilen und 50'000 Meilen (bzw. 100'000 Meilen, je nach Land/Typ ab 1994) nur innerhalb eines zulässigen Toleranzbandes verschlechtern (deterioration factor). Die in den USA geforderten Grenzwerte können von einem Fahrzeug mit ungeregeltem Katalysator ohne Sonde nicht erreicht werden. Mit geregeltem Katalysator mit Sonde werden die Grenzwerte deutlich unterschritten, und selbst mit einer Sonde nach einer Laufleistung von 200'000 km (entspricht 2000 h Motor-Dauerlauf, s. Kap. 2.5.2.3) steigen die Emissionswerte nur geringfügig an (Bild 2.5-2). Die Applikation eines neuen Systems erfordert die sorgfältige Abstimmung des Motorsteuerungssystems auf die Fertigungsstreuung und Alterung der Regelcharakteristik der Sonde, wobei auch die stark ausgeprägten Einflüsse des Temperaturganges und Alterungsverhaltens des Katalysators berücksichtigt werden müssen.

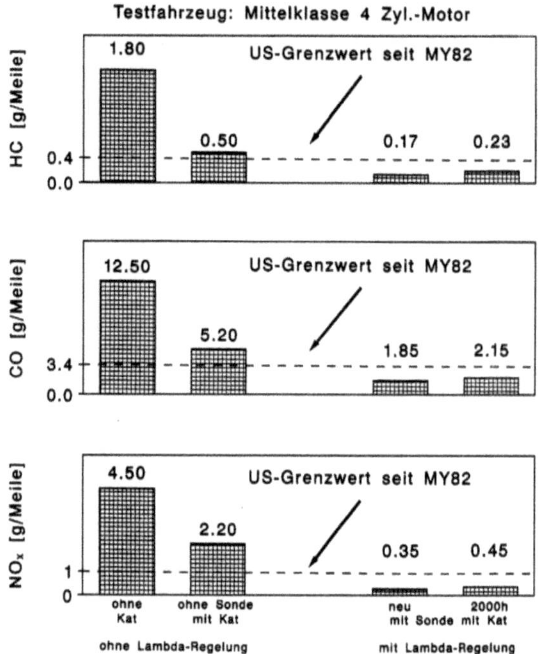


Bild 2.5-2    Vergleich der Abgaswerte ohne Katalysator, mit ungeregeltem und geregeltem Katalysator (neue und gealterte Sonde, Katalysator ca. 10'000 km)

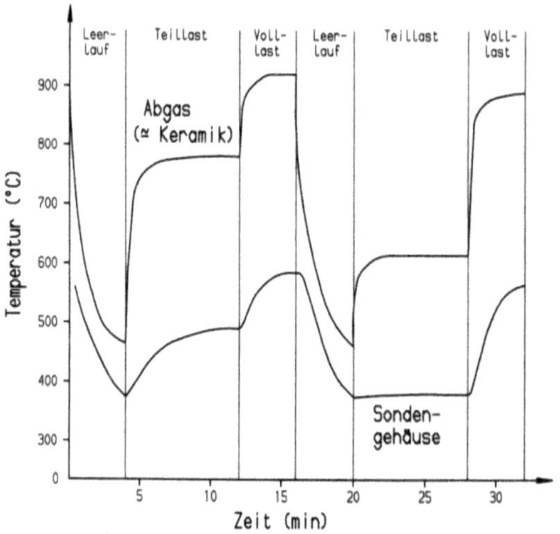


Bild 2.5-3    Prüfstands-Dauerlauf-Programm für λ-Sonden, Temperaturprofil bei motornaher Einbaulage (2,3 Liter, 4 Zyl.-Motor)

### 2.5.2.3 Dauerlauf

Zur Charakterisierung des Alterungsverhaltens werden die Sonden einem Standarddauerlauf im Abgas eines Prüfmotors unterworfen, der einer gemischten Stadt- und Überlandfahrt entspricht und von vielen Automobilherstellern als Standardprogramm übernommen wurde (Bild 2.5-3). Die mittlere Durchschnittsgeschwindigkeit beträgt ca. 100 km/h, bezogen auf einen Mittelklassewagen. Alle Neuentwicklungen müssen in diesem Programm ohne Ausfall 2'000 h ( 200'000 km) bestehen. In einem deutlich verschärften Test, der überwiegend Vollastfahrt entspricht, müssen die Sonden mindestens 1'000 h (160'000 km) überstehen. Die Sonden sind in diesen Tests hauptsächlich thermischen Beanspruchungen (Abgastemperatur bis 950 °C, Gehäusetemperatur bis 650 °C), Abgasbeanspruchungen und Schwingungen ausgesetzt. Die hierbei nicht erfaßten Umwelteinflüsse werden durch spezielle zusätzliche Labortests (Dauer- und Klimaerprobung, Sinus- und Raumschüttelprüfungen, Resonanzuntersuchungen und Tauchbadprüfungen) sowie Straßendauerläufe in Testfahrzeugen erprobt.

### 2.5.3 Laborprüfungen zur Sicherung der Sondenfunktion

Zum Nachweis ihrer Regelfähigkeit, aber mit geringer Aussagefähigkeit über das Abgasverhalten, werden für Routineuntersuchungen die Sonden bei dynamischen A-Wechseln in einem Propangasbrenner bei 350 °C und 850 °C Gastemperatur getestet.

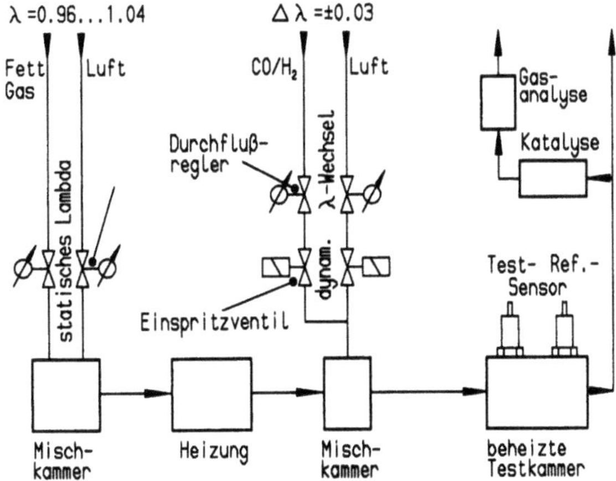


Bild 2.5-4    Prinzipaufbau eines Laborprüfstandes mit synthetischem Gas zur Bestimmung der statischen und dynamischen Sondencharakteristik

Hierbei werden die Schaltzeiten $t_{rs}$ und $t_{ls}$ der Sonden (vgl. Kap. 2.4), Fett- und Magerspannung, Sonden-Innenwiderstand und Heizleistung gemessen. Der Vorteil dieser kostengünstigen Prüfung liegt in der guten Reproduzierbarkeit und einer kurzen Meßzeit.

Die statische Kennlinienlage der Sonde wird in einem Prüfstand mit synthetischem, dem realen Abgas nachempfundenen Gas bestimmt (Bild 2.5-4). Hierbei wird das Gasgemisch stufenweise von $\lambda \approx 0{,}96 \ldots \approx 1{,}04$ verändert und $\lambda$ gleichzeitig hochgenau analysiert. Außerdem können in dieser Apparatur über zwei Einspritzventile dynamisch schnelle Lambdawechsel (Totzeit < 20 ms) unter Kfz-vergleichbaren Bedingungen durchgeführt werden. Damit kann zum einen das rein dynamische Verhalten der Sonden in Form von Ansprechzeiten und deren Asymmetrie bestimmt werden und zum anderen in einem rückgekoppelten Regelbetrieb, bei dem die Ventile über den Vergleich mit der Sondenspannung geschaltet werden, eine Aussage über Regelfrequenz und dynamische Regellage der Sonde gewonnen werden.

## 2.6  Ausblick

Die bereits 1970 wegweisende kalifornische Behörde für die Reinhaltung der-Luft – CARB – setzt mit ihren On-Board-Diagnose Gesetzen (OBD I und OBD II) neue Meilensteine in der Abgasreinigung. Die Überwachung aller abgasbeeinflussenden Komponenten, sowie die gestufte Einführung des abgasfreien Autos sind die Hauptziele.

Eine stetige λ-Regelung (Lambda-Sensor mit annähernd linearer oder linearisierter Charakteristik) im Verbund mit der Führungsregelung durch eine zusätzliche Sonde hinter dem Katalysator und der Voraussetzung möglichst guter stationärer und instationärer Gemischsteuerung können wirksame Bausteine in zukünftigen Motorsteuerungssystemen sein, um die weiter drastisch verschärften Abgasvorschriften zu erfüllen. Insbesondere die Forderung bezüglich Stabilität gegenüber Alterungseinflüssen an Katalysator und Sonden wird dabei eine hervorzuhebende technische Herausforderung sein.

Aufgrund des geringeren Kraftstoffverbrauchs und niedriger $CO_2$-Emissionen (Treibhauseffekt) werden Magerkonzepte u.a. in Verbindung mit Zweitakt-Motoren diskutiert bzw. als Mager-Mix-Konzepte bereits eingesetzt. Hierfür sind amperometrische Mager-Lambdasonden notwendig. Der Erfolg dieser Systeme wird auch davon abhängen, inwieweit die $NO_x$-Emissionen mittels eines noch zu entwickelnden, stabilen und gut konvertierenden $NO_x$-Katalysators gesenkt werden können.

# Literatur

[1] J. Brettschneider, Berechnung des Luftverhältnisses λ, Bosch Techn. Berichte 6 (1979) 4, 177-186

[2] DEKRA, Die Schadstoffemission von Kraftfahrzeugen, DEKRA, Febr. 1984

[3] G. J. Barnes, R. L. Klimisch, B. B. Krieger, Equilibrium Considerations in Catalytic Emission Control, SAE-Paper 730200, SAE National Automobile Engineering Meeting, Detroit, Jan. 1973

[4] K. Obländer, J. Abthoff, H.-D. Schuster, Der Dreiwegekatalysator – eine Abgasreinigungstechnologie für Kraftfahrzeuge mit Ottomotoren, VDI-Berichte 531 (1984) 69-96

[5] F. Schäfer, Gesetzliche Vorschriften zur Schadstoff- und Verbrauchsbegrenzung bei PKW-Verbrennungsmotoren, Motortechnische Zeitschrift 52 (1991) 7/8, 346-355

[6] O. Glöckler, Moderne Gemischbildungssysteme, Symposium "Entwicklungstendenzen auf dem Gebiet der Ottomotoren", Technische Akademie Esslingen, 24./25.Sept. 1990

[7] O. Glöckler, G. Plapp, E. Schnaibel, Gemischregelung für optimalen Betrieb eines Drei-Wege-Katalysators, 3. Aachener Kolloquium "Fahrzeug und Motorentechnik", RWTH Aachen, 15.-17. Okt. 1991

[8] R. J. Menne, M. Königs, Magerkonzepte – Eine Alternative zum Dreiwegekatalysator? Motortechnische Zeitschrift 49 (1988) 10, 421-427

[9] Y. Kimbara, K. Shinoda, H. Koide, N. Kobayashi, $NO_X$-Reduction in Compatible with Fuel Economy through Toyota's Lean Combustion System, SAE-Paper 851210, SAE National Automobile Engineering Meeting, Detroit 1985

[10] H. Duecker, K.-H. Friese, W.-D. Haecker, Ceramic Aspects of the Bosch Lambda-Sensor, SAE-Paper 750223, SAE National Automobile Engineering Meeting, Detroit, 1975

[11] G. Hötzel, H. M. Wiedenmann, Die Lambda-Sonde: Geschichte, Funktion und Anwendungen, Sensor Report 4 (1989) 32-37

[12] Robert Bosch GmbH (KH/VDT), Abgastechnik, Lambda-Sonde, Technische Informationen Nr. 1987 720 535 Nr. 1987 724 104 VDT-C 6/2 (6-80)

[13] E. M. Logothetis, Resistive-Type Exhaust Gas Sensors, Ceram. Eng. Sci. Proc. 1 (1980) 5-6, 281-301

[14] A. Takami, Development of Titania Heated Exhaust-Gas Oxygen Sensor, Ceramic Bulletin 67 (1988) 12, 1956-1960

[15] H. M. Wiedenmann, L. Raff, R. Noack, Beheizte Zirkondioxid-Sonde für stöchiometrische und magere Luft-Kraftstoff-Gemische, Bosch Techn. Berichte 7 (1984) 5, 210-219

[16] H. M. Wiedenmann, Aufbau und Funktion von Lambda-Sonden für mageres Abgas, VDI Berichte 578, S.129-151, VDI-Verlag, Düsseldorf, 1985

[17] H. Dietz, Gas-Diffusion-Controlled Solid-Electrolyte Oxygen Sensors, Solid State Ionics 6 (1982) 175-183

[18] K. Saji: Characteristics of Limiting Current-Type Oxygen Sensor, J. Electrochem. Soc.: Electrochem. Science and Technology 134 (1987) 10, 2430-2435

[19] T. Usui, A. Asada, M. Nakazawa, H. Osanai, Gas Polarographic Oxygen Sensor Using an Oxygen/Zirconia Electrolyte, J. Electrochem. Soc. 136 (1989) 2, 534-542

[20] S. Soejima, S. Mase, Multi-Layered Zirconia Oxygen Sensor for Lean Burn Engine Application, SAE-Paper 850378, SAE National Automobile Engineering Meeting, Detroit, 1985

[21] J. F. Baummerd, P. Abeland, Defect Structure and Transport Properties of $ZrO_2$-Based Solid Electrolytes, Adv. in Ceramics 12 (1984)555

[22] J. Arndt, Ceramics and Oxides, in: Sensors Fundamentals and General Aspects, Vol. 1, S.252 ff, eds. W. Göpel, J. Hesse, J. N. Zemel, VCH Verlagsgesellschaft, Weinheim, 1989

[23] T. Sakuma, H. Eda, H. Suto, 3rd Int. Conf. on Science and Technology of Zirconia, 1986

[24] K. H. Friese, W. D. Haecker, Deutsche Patentschrift DE 2852638

[25] N. Higuchi, S. Mase, A. Iino, N. Kato, Heated Zirconia Exhaust Gas Oxygen Sensor Having a Sheet-Shaped Sensing Element, SAE-Paper 850382, SAE National Automobile Engineering Meeting, Detroit, 1985

[26] K. H. Friese, Deutsche Patentschrift DE 2852647

[27] H. Neidhard, B. Topp, R. Pollner, K. H. Friese, Deutsche Patentschrift DE 2265309

[28] Bosch, Autoelektrik, Autoelektronik am Ottomotor VDI-Verlag, Düsseldorf 1987

[29] Robert Bosch GmbH, Technische Unterrichtung
a) Motronic, KH/VDT - 1987 722 011
b) Motor-Elektronik, KH/VDT - 1987 722 001

[30] K. Saji, EMF Characteristics of Zirconia Oxygen Sensor in Nonequilibrium Gas Mixtures Containing Combustible Gas and Oxygen, Proc. 1st Sensor Symposium, 1981, 103-107

[31] H. U. Gruber, H. M. Wiedenmann, Three Years Field Experience with the Lambda-Sensor in Automotive Control Systems, SAE-Paper 800017, SAE National Automobile Engineering Meeting, Detroit, Feb. 1980

[32] P.S. Brett, A.L. Neville, W.H. Preston, J. Williamson, An Investigation into Lubricant Related Poisoning of Automotive Three-Way Catalysts and Lambda-Sensors, SAE-Paper 890490, SAE National Automobile Engineering Meeting, Detroit, 1989

[33] K. Inoue, T. Kurahashi, T. Negishi, K. Akiyama, K. Arimura, K. Tasaka, Effects of Phosphorus and Ash Contents of Engine Oils on Deactivation of Monolithic Three-Way Catalysts and Oxygen Sensors, SAE-Paper 920654, SAE National Automobile Engineering Meeting, Detroit, Feb. 1992

[34] Bosch, Kraftfahrtechnisches Taschenbuch, VDI-Verlag, Düsseldorf, 1987

[35] U. Herrmann, On-Board-Diagnose II – OBD II – Fahrzeugdiagnose für abgasrelevante Bauteile ab MJ'94 in Kalifornien, Impulse Wolfsburg, VW Fahrzeug Elektrik / Elektronik, Heft 11 (1991)

# Stichwortverzeichnis

**B**



**C**



**D**

# H





# IJ

# K

## T

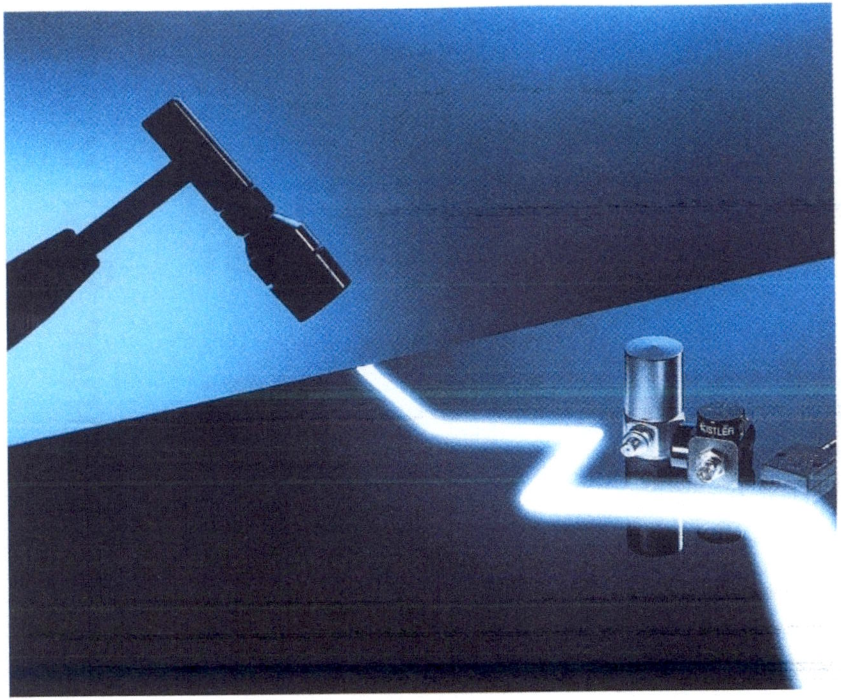

Beschleunigungs-
messung. Präzision
für die Zukunft.

Piezoelektrische
Beschleunigungsmessung made by
Kistler. Sensoren und Zubehör für
Forschung, Industrie und allgemeine
Überwachungsaufgaben. Eine neue
Dimension für Präzision, Qualität und
Langlebigkeit. Interessiert?
Rufen Sie uns an...

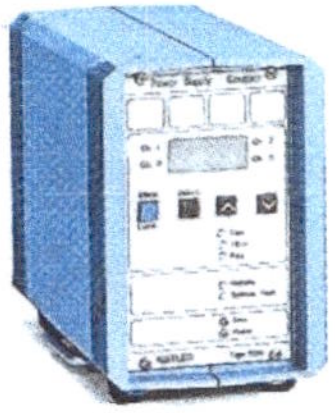

# Schaumburg
# **WERKSTOFFE**

Die für die Elektrotechnik wichtigsten Werkstoffe (Halbleiter, Metalle, Keramiken, Kunststoffe) werden nach der überwiegenden Art ihrer Atombindung und ihren typischen Anwendungsgebieten klassifiziert: Ionenbindung (Dielektrika, nichtlineare Widerstände, Resonatoren, Magnete), kovalente Bindung (Halbleiter- und keramische Bauelemente, Kunststoffe), sowie metallische Bindung (Leiter und Widerstände).

In der Praxis werden selten die elementaren Werkstoffe, sondern fast ausschließlich Legierungen eingesetzt. Deshalb erfolgt eine ausführliche Beschreibung der technischen und thermodynamischen Grundlagen der Legierungsbildung. Von großer Bedeutung ist die Temperaturabhängigkeit der Legierungszusammensetzung, die in einem Zustandsdiagramm komprimiert beschrieben wird. In ähnlicher Weise lassen sich wichtige Problemkreise wie Kristallgitterfehler, Diffusion sowie der Stromfluß von Atomen, Ionen und Elektronen behandeln.

Die Anwendungsgebiete der Werkstoffe werden praxisbezogen beschrieben, sie enthalten viele nützliche Formeln und Tabellen, die nicht nur dem Studenten, sondern auch dem Ingenieur und Wissenschaftler als späteres Nachschlagewerk dienen können.

Von Prof. Dr.
**Hanno Schaumburg**
Technische Universität
Hamburg-Harburg

1990. X, 398 Seiten
mit 293 Bildern und
54 Tabellen.
16,2 x 22,9 cm.
Geb. DM 64,–
ÖS 499,– / SFr 64,–
ISBN 3-519-06123-6

(Werkstoffe und
Bauelemente der
Elektrotechnik)

Preisänderungen vorbehalten.

### *Aus dem Inhalt*
Atome und Festkörper –
Einführung in die Gibb'sche
Thermodynamik – Mechanische Formgebung und
Stabilität – Leiter und
Widerstände – Wärme in
Festkörpern – Isolatoren
und Kondensatoren – Magnete – Formelzeichen
und Dimensionen – Naturkonstanten – Definition und
Vorzeichenkonvention

# B. G. Teubner Stuttgart

# MOBIL

... und dabei die zur Zeit genaueste
Druckmeßmöglichkeit bis 3000 bar:
Höchstpräzisions-Druckmessung mit
**DIGIQUARTZ.**
Als Barometer, Transferstandard,
Tiefensensor und für Füllstands-
messung in diversen Ausführungen
lieferbar.

Sie möchten mehr wissen?
Rufen Sie uns einfach an!



**Ihr
Info-Telefon:
06195 - 4088**

**ALTHEN**
Meß- und Sensortechnik

Frankfurter Straße 150-152 · D-65779 Kelkheim

# Schaumburg
# HALBLEITER

In diesem Band wird der Aufbau, das elektrische Verhalten sowie die Herstellungstechnologie der für die Anwendung wichtigsten Halbleiterbauelemente beschrieben. Die Eigenschaften der hierfür vorwiegend eingesetzten Werkstoffe Silizium, Galliumarsenid und Germanium und deren Legierungen werden mit Hilfe von Zustandsdiagrammen und einer Vielzahl von Abbildungen und Tabellen zusammengestellt und ausgewertet, so daß diese Abschnitte auch als Nachschlagewerk geeignet sind.

Die Berechnung des elektrischen Verhaltens von Halbleiterbauelementen wird sehr vereinfacht dadurch, daß die Ladungsträger in wichtigen Fällen wie die Atome eines idealen Gases behandelt werden können. Die physikalischen Ursachen hierfür liegen in den Grundlagen der Festkörper- und Quantenphysik sowie der statistischen Thermodynamik: Es werden wichtige Konsequenzen daraus abgeleitet.

Die für das Bauelementverhalten wichtigen Grundgleichungen werden in einfacher Weise entwickelt und so formuliert, daß sie für alle behandelten Bauelemente in gleicher Weise angewendet werden können. Dasselbe gilt auch für Übergänge zwischen Halbleitern untereinander und mit anderen Werkstoffen: Alle lassen sich nach demselben einfachen Verfahren über eine Energiebilanz im Bändermodell berechnen. Weiterhin wird die Überwindung von Energiebarrieren durch Ladungsträger geschlossen behandelt und später auf die verschiedenen Bauelemente angewendet.

Von Prof. Dr.
**Hanno Schaumburg**
Technische Universität
Hamburg-Harburg

1991. XII, 614 Seiten
mit 683 Bildern und
29 Tabellen.
16,2 x 22,9 cm.
Geb. DM 89,–
ÖS 694,– / SFr 89,–
ISBN 3-519-06124-4

(Werkstoffe und
Bauelemente der
Elektrotechnik)

Preisänderungen vorbehalten.

***Aus dem Inhalt***
Elektronengas – Bandstruktur von Festkörpern – Halbleiterwerkstoffe Germanium, Silizium und Galliumarsenid – Bändermodell von Halbleitern – Halbleiterübergänge – Überschußladungsträger – Stromfluß über Barrieren – Halbleitertechnologie – Dioden – Transistoren – Thyristoren – Integrierte Schaltungen – Wärme in Halbleiterbauelementen – Rauschen

# B. G. Teubner Stuttgart

Schaumburg
# SENSOREN

**Überblick über die Sensoren**
**Ladungsträger in Festkörpern:**
Bändermodell – Stromdichtegleichungen

**Temperatursensoren (TS):**
thermoelektrische Sensoren – resistive
TS – Transistoren als TS – pyroelektrische
TS – Quarz-TS – faseroptische TS –
mechanische und chemische TS

**Kraft- und Drucksensoren (KDS):**
resistive KDS – piezoelektrische KDS – induktive und kapazitive KDS – andere KDS

**Magnetsensoren:**
Halleffekt-Sensoren – magnetoresistive
Sensoren – Spulen – Wiegand- und Im-
pulsdrahtsensoren – Reed-Sensoren –
magnetoelastische Sensoren – Wirbel-
stromverfahren – SQUIDs – Magneto-
dioden und Magnetotransistoren –
Anwendungen von Magnetsensoren

**Optische Sensoren (Photosensoren):**
Wirkung optischer Strahlung auf Festkör-
per – Kenngrößen optischer Sensoren –
thermische Photosensoren (Bolometer) –
Photokathoden und -multiplier – Photo-
leiter – bipolare optische Halbleitersen-
soren – Ladungsspeicher und CCDs –
Überblick über die Glasfasersensoren –
Gasgefüllte Strahlungsdetektoren –
Halbleiter-Kernstrahlungsdetektoren

**Feuchtesensoren:**
kapazitive und resistive Feuchtesensoren
– Taupunktverfahren

**Chemische Sensoren (mit W. Göpel):**
Übersicht und Funktionsprinzipien – Erkennung chemischer Stoffe durch Sensoren – thermodynamische und kineti-
sche Aspekte der chemischen Sensorik
und heterogenen Katalyse – der Begriff
des Katalysators – chemische Sensoren
und Katalysatoren: Ähnlichkeiten und Unterschiede im Überblick, Charakterisierung von Grenzflächen, Grundlagen der
molekularen Erkennung in Gassensoren –
Pellistoren – elektrochemische Sensoren
mit ionensensitiven Elektroden – Sensoren mit Feststoffelektrolyten – Metalloxyd-
sensoren – CHEMFETs

Von Prof. Dr.
**Hanno Schaumburg**
Technische Universität
Hamburg-Harburg

Unter Mitwirkung
von Prof. Dr.
**Wolfgang Göpel**
Universität Tübingen

1992. X, 517 Seiten mit
790 Bildern, 48 Tabellen
und 14 Datenblättern.
16,2 x 22,9 cm.
Geb. DM 79,–
ÖS 616,– / SFr 79,–
ISBN 3-519-06125-2

(Werkstoffe und
Bauelemente der
Elektrotechnik)

Preisänderungen vorbehalten.

# B. G. Teubner Stuttgart

# Schaumburg (Hrsg.)
# KERAMIK

**Einführung**
Prof. Dr. H. Schaumburg,
Hamburg-Harburg

**Mikrostruktur
keramischer Werkstoffe**
Prof. Dr. P. Greil, Erlangen

**Herstellverfahren der Keramik**
Dr. F. J. Esper, Stuttgart

**Lineare und nicht-lineare
Widerstände**
Prof. Dr. R. Waser, Aachen

**Keramische Gassensoren**
Prof. Dr. K. H. Härdtl, Karlsruhe

**Supraleitende Keramiken**
Dr. M. Peuckert, Frankfurt,
und Dr. D. Peuckert, Hanau

**Thermodynamik supraleitender
Keramiken**
Prof. Dr. R. Bormann,
Hamburg-Harburg und Geesthacht

**Dielektrische Keramiken**
Prof. Dr. R. Waser, Aachen,
Dr. D. Hennings, Aachen, und
Dr. T. Baiatu, CH-Baden Dättwil

**Piezoelektrische Keramiken**
U. Böttger, Aachen, und
K. Ruschmeyer, Hamburg

**Pyroelektrische Keramiken**
Dr. J. Pankert, Aachen

**Elektrooptische Keramik**
Dr. H. Schmitt, Saarbrücken

**Hartmagnetische Keramiken**
Dr. U. D. Scholz, Dortmund

**Weichmagnetische Keramiken**
Dr. H. Hinck, Hamburg,
Dr. E. Visser, Hamburg, und
Ir. T. G. W. Stijntjes, Eindhoven

Herausgegeben von
Prof. Dr.
**Hanno Schaumburg**
Technische Universität
Hamburg-Harburg

1994. XVII, 650 Seiten
mit 632 Bildern und
63 Tabellen.
16,2 x 22,9 cm.
Geb. DM 218,–
ÖS 1701,– / SFr 218,–
ISBN 3-519-06127-9

(Werkstoffe und
Bauelemente der
Elektrotechnik)

Preisänderungen vorbehalten.


# B. G. Teubner Stuttgart

# Werkstoffe und Bauelemente der Elektrotechnik

Herausgegeben von
Prof. Dr. **Hanno Schaumburg,** Hamburg-Harburg

**Band 1: Werkstoffe**
1990.X, 398 Seiten mit 293 Bildern und 54 Tabellen.
Geb. DM 64,– / ÖS 499,– / SFr 64,–
ISBN 3-519-06123-6

**Band 2: Halbleiter**
1991. XII, 614 Seiten mit 683 Bildern und 29 Tabellen.
Geb. DM 89,– / ÖS 694,– / SFr 89,–
ISBN 3-519-06124-4

**Band 3: Sensoren**
1992. X, 517 Seiten mit 790 Bildern, 48 Tabellen
und 14 Datenblätter.
Geb. DM 79,– / ÖS 616,– / SFr 79,–
ISBN 3-519-06125-2

**Band 5: Keramik**
1994. XVII, 650 Seiten mit 632 Bildern und 63 Tabellen.
Geb. DM 218,– / ÖS 1701,– / SFr 218,–
ISBN 3-519-06127-9

**Band 6: Polymere**
1995. ca. 800 Seiten mit ca. 540 Bildern und 94 Tabellen.
ISBN 3-519-06145-7

**Band 8: Sensoranwendungen**
1995. XX, 412 Seiten mit 391 Bildern und 37 Tabellen.
Geb. DM 198,- / ÖS 1465,– / SFr 198,–
ISBN 3-519-06147-3

Preisänderungen vorbehalten.

# B. G. Teubner Stuttgart